Springer-Lehrbuch

Joachim Prätsch • Uwe Schikorra
Eberhard Ludwig

Finanzmanagement

Lehr- und Praxisbuch für Investition, Finanzierung und Finanzcontrolling

4. erweiterte und überarbeitete Auflage

 Springer Gabler

Prof. Dr. Joachim Prätsch
Hochschule Bremen
Bremen, Deutschland

Dipl. Bw. Eberhard Ludwig
Bremen, Deutschland

Prof. Dr. Uwe Schikorra
Hochschule Bremerhaven
Bremerhaven, Deutschland

ISSN 0937-7433
ISBN 978-3-642-25390-4
DOI 10.1007/978-3-642-25391-1

ISBN 978-3-642-25391-1 (eBook)

Die Deutsche Nationalbibliothek verzeichnet diese Publikation in der Deutschen Nationalbibliografie; detaillierte bibliografische Daten sind im Internet über http://dnb.d-nb.de abrufbar.

Springer Gabler
© Springer-Verlag Berlin Heidelberg 2012

Springer Gabler ist eine Marke von Springer DE.
Springer DE ist Teil der Fachverlagsgruppe Springer Science+Business Media
www.springer-gabler.de

Vorwort zur 4. Auflage

Wir freuen uns, die nunmehr 4. Auflage unseres Lehr- und Praxisbuches **Finanzmanagement** im Springer Verlag vorlegen zu können.

Viele der uns zugegangenen Vorschläge, Ideen und Beispiele von diversen Fachvertretern wurden in die jetzt vorliegende Auflage integriert. Der Anregung der Leserschaft folgend, haben wir die schwerpunktmäßige Zielsetzung der ersten drei Auflagen dieses Werkes, und zwar die ausschließliche Konzentration auf Aspekte der Finanzierung, aufgegeben und den Bereich Investition als Kap. 8 aufgenommen. Damit wird dem Anspruch auf eine geschlossene Darstellung des Finanzmanagements Rechnung getragen. Das bisherige Kap. 3 Außenfinanzierungsentscheidungen wurde aus Gründen der Übersichtlichkeit aufgelöst und in die Kap. 2 Beteiligungsfinanzierung und 3 Kreditfinanzierung zerlegt. Eine Fallstudie zur Analyse der Bilanz und GuV vervollständigt nunmehr das Kap. 7 Finanzcontrolling. Des Weiteren wurden alle Kapitel aktualisiert, überarbeitet und ergänzt. Lediglich das Kapitel Innenfinanzierung wurde beibehalten. Die in den Kapiteln integrierten Beispiele und Aufgaben dienen der notwendigen Anwendungsorientierung und Praxisrelevanz.

Für die Gesprächsbereitschaft und Unterstützung danken die Autoren stellvertretend insbesondere den Herren Dr. Spreter (KGAL/Leasing), Dr. Lubitz (Deutsche Factoring Bank/Factoring), Dipl. W.-Ing. Götzel (nwk nordwest/Mezzanine Finanzierung).

Im Rahmen der Überarbeitung und technischen Umsetzung unseres Buches konnten wir auf Herrn Diplom-Betriebswirt R. Sievert von der Hochschule Bremen zurückgreifen, ohne dessen Rat und tatkräftige Unterstützung diese vierte Auflage nicht realisiert worden wäre. Ihm gilt unser besonderer Dank.

Mitten in den Vorbereitungen dieser 4. Auflage ist der Initiator der Veröffentlichung, Professor Dr. Joachim Prätsch, verstorben. Wir betrachten es als unsere Verpflichtung, das **Finanzmanagement** in seinem Sinne fortzuführen und weiter zu entwickeln.

Aus Gründen unserer bewährten Leserorientierung erwarten wir gerne Anregungen, Kommentare und Fragen unter folgender Adresse: Lehrbuch_Finanzmangement@ web.de.

Bremerhaven und Bremen   Uwe Schikorra
im Dezember 2011   Eberhard Ludwig

Inhalt

Abkürzungsverzeichnis

ABS	Asset Backed Securities
ABCP	Asset Backed Commercial Papers
AG	Aktiengesellschaft
AktG	Aktiengesetz
AKA	Ausfuhrkredit-Gesellschaft mbH
BaFin	Bundesanstalt für Finanzdienstleistungsaufsicht
BAND	Business Angels Netzwerk Deutschland
BAV	Bundesaufsichtsamt für das Versicherungs- und Bausparwesen
BBO	Belegschafts Buy-Out
BGB	Bürgerliches Gesetzbuch
BörsO	Börsenordnung der Frankfurter Wertpapierbörse
BOO	Build Own Operate
BOOT	Build Operate Own Transfer
BOT	Build Operate Transfer
BP-14	Backpropagation-Netz
BRADI	Branchendienst
BVK	Bundesverband Deutscher Kapitalbeteiligungsgesellschaften e. V.
CF	Cashflow
CFRoI	Cashflow-Return-on-Investment
CVA	Cash Value Added
DB	Der Betrieb (Zeitschrift)
DRS	Deutscher Rechnungslegungs Standard
DSRC	Debt Service Coverage Ratio
DTB	Deutsche Terminbörse
DV	Datenverarbeitung
DVFA/SG	Deutsche Vereinigung für Finanzanalyse und Asset Management/ Schmalenbach-Gesellschaft
EAD	Exposure of Default
EBIL	Einzelbilanzanalyse
EBILGRAPH	Einzelbilanzanalyse (graphische Darstellung)
EBIT	Earnings Before Interest and Taxes
EDV	Elektronische Datenverarbeitung
EVA	Economic Value Added
eG	eingetragene Genossenschaft
e. V.	eingetragener Verein
EK	Eigenkapital
EStG	Einkommenssteuergesetz
EUREX	European Exchange

FABIS	Freiberufler Analyse-, Beratungs- und Informationssystem
FAZ	Frankfurter Allgemeine Zeitung für Deutschland
FILIP	Finanzplanung mit integrierter Liquiditätsplanung
FK	Fremdkapital
FRA	Forward Rate Agreement
GmbH	Gesellschaft mit beschränkter Haftung
GuV	Gewinn- und Verlustrechnung
HGB	Handelsgesetzbuch
IAS	International Accounting Standards
IDW	Institut der Wirtschaftsprüfer
IFRS	International Financial Reporting Standards
IGC	International Group of Controlling
IPO	Initial Public Offering
IRB	Internal Ratings Based Approach
KG	Kommanditgesellschaft
KGaA	Kommanditgesellschaft auf Aktien
KGV	Kurs-Gewinn-Verhältnis
KfW	Kreditanstalt für Wiederaufbau
Kleine	AG Kleine Aktiengesellschaft
KNN	Künstliche Neuronale Netze
KONDAN	Kontodatenanalyse
KonTraG	Gesetz zur Kontrolle und Transparenz
KWF	Kapitalwiedergewinnungsfaktor
KWG	Kreditwesengesetz
LBO	Leveraged Buy-Out
LGD	Loss Given Default
LIFFE	London International Financial Futures Exchange
LLCR	Life of Loan Cover Ratio
LMBO	Leveraged Management Buy-Out
MAB	Mitarbeiterbeteiligung
MBI	Management Buy-In
MBO	Management Buy-Out
MDA	Multivariate Diskriminanzanalyse
OHG	offene Handelsgesellschaft
PD	Probability of Default
PER	Price Earning Ratio
RoCE	Return on Capital Employed
RoE	Return on Equity
RoI	Return on Investment
RoIC	Return on Invested Capital

RoNA	Return on Net Assets
RSW	Rendite Sicherheit Wachstum (Verfahren)
SPC	Special Purpose Company
SPV	Special Purpose Vehicle
STATBIL	Statistische Bilanzanalyse
STEBA	Statistische Einzelbranchenanalyse
US-GAAP	United States-Generally Accepted Accounting Principles
UUB	Unternehmer- und Unternehmensbeurteilung
VAG	Versicherungsaufsichtsgesetz
VC	Venture Capital
VIK	Verband der Industriellen Energie- und Kraftwirtschaft
WACC	Weighted Average Cost of Capital
WISU	Das Wirtschaftsstudium (Zeitschrift)
WPg	Die Wirtschaftsprüfung (Zeitschrift)
WpHG	Wertpapierhandelsgesetz
zfbf	Schmalenbachs Zeitschrift für betriebswirtschaftliche Forschung
ZfgK	Zeitschrift für das gesamte Kreditwesen

1 Grundlagen des Finanzmanagements

1.1 Einführung

Eine der Kernaufgaben der Betriebswirtschaftslehre ist die Lösung finanzwirtschaftlicher Problemstellungen.

Nicht nur die wachsende Internationalisierung der Unternehmungen, die ständigen Veränderungen der Finanzmärkte, sondern auch die Schaffung immer neuer Finanzinstrumente sowie nicht zuletzt die unternehmensstrategische Relevanz der verschiedenen Anspruchsgruppen führen dazu, dass finanzwirtschaftlichen Aufgabenstellungen eine immer größere Bedeutung zukommt. Zudem ist das Vorhandensein finanzwirtschaftlicher Ressourcen, infolge sich verkürzender Produktlebenszyklen, der fortschreitenden Technologieentwicklung und des stetig wachsenden Wettbewerbsdrucks, entscheidend für die Wettbewerbsposition und nicht zuletzt für die Überlebensfähigkeit einer Unternehmung.

Ein Unternehmen kann nur dann seinen unternehmenspolitischen Gestaltungsspielraum ausschöpfen und unternehmensstrategische Maßnahmen realisieren, wenn die erforderlichen finanziellen Ressourcen vorhanden sind. Insofern wird hier die Auffassung vertreten, die Finanzwirtschaft steht im Mittelpunkt unternehmerischen Handelns (vgl. Abb. 1.1).

> Das Finanzmanagement der BASF-Gruppe ist weitgehend zentral organisiert und wird durch regionale Kompetenzzentren unterstützt. Unsere Finanzierungs- und Anlagepolitik ist wertorientiert. Das Risikomanagement hat Vorrang vor Rentabilitätsaspekten. Währungs-, Zinsänderungs- und Bonitätsrisiken werden im Rahmen des Finanzmanagements systematisch analysiert und durch den Einsatz von modernen Prozessen und Finanzinstrumenten begrenzt. Die Kapitalstruktur der BASF kontrollieren wir mit einem effizienten Finanzplanungsinstrumentarium unter Berücksichtigung ausgewählter Finanzkennzahlen.

Abb. 1.1 Grundsätze und Ziele des Finanzmanagements der BASF-Gruppe. (Quelle: Vgl. Lagebericht 2007 der BASF)

Durch den Wandel vom Verkäufermarkt zum Käufermarkt wird in fast zwangsläufiger Folge die zentrale Stellung der Finanzwirtschaft in einem Unternehmen verstärkt. Langfristig werden diejenigen Unternehmen die Erfolgreichsten sein, die sich in ihrer Gesamtheit in den Dienst des Kunden stellen. In den Gesamtkontext einer Kundenorientierung hat der Verkäufer eines Produktes bzw. einer Dienstleistung auch die Problemstellung der Finanzierung einer vom Kunden vorgesehenen Investition einzubinden.

Bei dieser Betrachtungsweise dürfte es nicht so sehr darauf ankommen, ob das Wissenspotenzial vom Verkäufer selbst eingebracht wird oder ob er dieses Wissen von einem Dritten bezieht. Der Kunde wird eine ganzheitliche Lösung vielleicht sogar fordern, weil er die Verzahnung von Investition einerseits und Finanzierung andererseits möglicherweise nicht zu lösen vermag.

Beispielhaft ist das **Financial Engineering** zu nennen. Hier handelt es sich um ein auf den potenziellen Abnehmer ausgerichtetes Finanzierungskonzept als Grundvoraussetzung eines komplexen Anlagegeschäftes. So ist es nicht unüblich, im Rahmen einer Ausschreibung darauf zu verweisen, dass nur derjenige Anbieter zum Zuge kommen wird, der eine Finanzierungslösung anbietet. Das Fehlen eines Finanzierungsangebotes kann sogar zum Ausschluss aus dem Bieterkreis führen.

Der Begriff **Financial Services** fußt auf dem Gedanken, nicht nur einmalig, sondern möglichst fortdauernd die verschiedensten Finanzdienstleistungen um das Kernprodukt herum als Service des Unternehmens für seine Kunden anzubieten. Das Angebotsspektrum der Autobanken – bis hin zum Bankschalter im Autohaus – ist hier einzuordnen. Das Finanzmanagement muss sich zunehmend der Symbiose von Investition resp. Konsum und Finanzdienstleistung stellen.

Ihre Ergänzung findet die Finanzwirtschaft durch die führungsergänzenden und führungsunterstützenden Funktionen des finanzwirtschaftlichen Controllings. Investition und Finanzierung stellen die beiden Teilfunktionen der Finanzwirtschaft dar (vgl. Abb. 1.2).

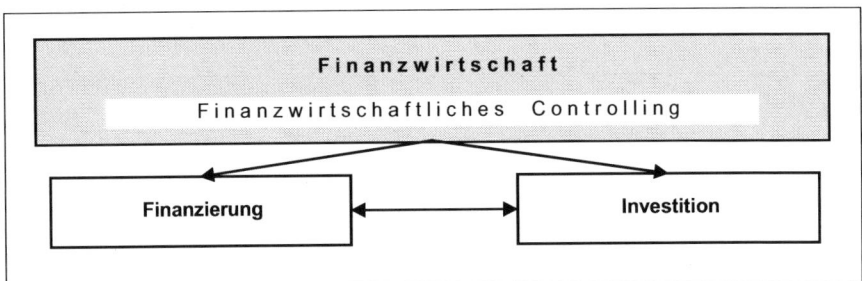

Abb. 1.2 Finanzwirtschaft

Investition bedeutet das Management des Anlagevermögens und des Umlaufvermögens. Aufgabe der **Finanzierung** ist einerseits die Planung, die Steuerung und die Kontrolle der finanziellen Vorgänge sowie andererseits die Erschließung und Nutzung von Finanzierungsquellen.

Einen detaillierten Überblick über die wesentlichen Funktionen des Finanzmanagements vermittelt die Abb. 1.15 im Kap. 1.4.1.

Im Rahmen ihrer unternehmerischen Tätigkeit ist jede Unternehmung Risiken ausgesetzt, die untrennbar mit dem unternehmerischen Handeln verbunden sind. Risiken, denen eine Unternehmung ausgesetzt ist, sind nicht nur Personal- und Lieferantenrisiken, sondern auch Geschäftsrisiken, bezogen auf Preise, Qualität, Entwicklung, Geschäftsprozesse und dergleichen. Hinzu kommen u. a. Kredit-, Währungs- und Zinsrisiken sowie Finanzmarktrisiken. Im Rahmen des Finanzmanagements ist ein nachprüfbarer kontrollierter Umgang mit Unternehmensrisiken erforderlich, um die notwendige Transparenz zu erhöhen und die Eintrittswahrscheinlichkeit bzw. die Auswirkungen von Ereignisrisiken zu verringern, die das Unternehmensergebnis und u. U. den Fortbestand der Unternehmung gefährden. Finanzrisikorelevante Entscheidungen (vgl. Kap. 1.4.6) sollten daher immer aufgabenadäquat durch ein Risikocontrolling (vgl. Kap. 7.2.10) als Bestandteil des finanzwirtschaftlichen Controllings unterstützt werden.

Die strategische Aufgabenstellung des Finanzmanagements beinhaltet die nachhaltige Unternehmenswertsteigerung unter Beachtung der strengen Nebenbedingung „Sicherstellung der Zahlungsfähigkeit" als operative Handlungsmaxime (vgl. Abb. 1.3).

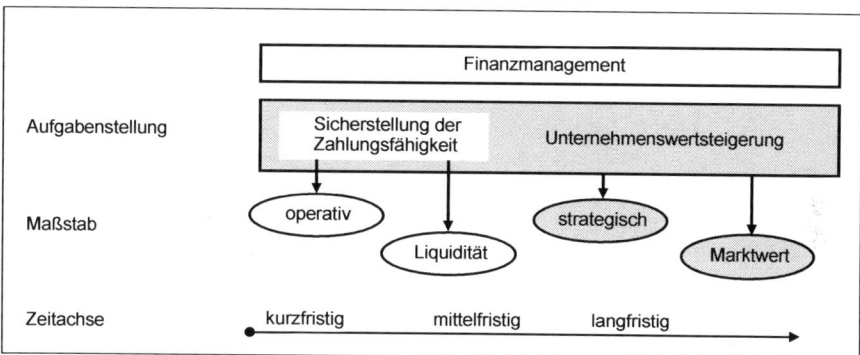

Abb. 1.3 Hauptziele des Finanzmanagements

Ein Unternehmen kann als pluralistische Wirtschaftseinheit angesehen werden, die zu einer Vielzahl von Personen und Institutionen in Beziehung steht. Diese Bezugs- oder auch Anspruchsgruppen (vgl. hierzu Schmid 1998, S. 1062 ff.) leisten, wenn auch mit unterschiedlicher Relevanz, einen Beitrag zur Wertschöpfung einer Unternehmung (vgl. Abb. 1.4).

Dass als Äquivalent für erbrachte Leistungen Ansprüche seitens der Bezugsgruppen geltend gemacht werden, ist zwangsläufig. Das Management und die Mitarbeiter stellen die systeminternen Anspruchsgruppen dar, während Eigenkapitalgeber, Fremdkapitalgeber, Kunden, Lieferanten und das Gemeinwesen die systemexternen Anspruchsgruppen bilden.

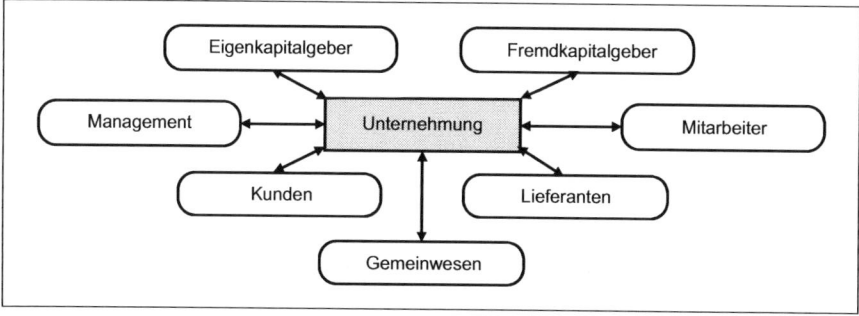

Abb. 1.4 Die Unternehmung und ihre Bezugsgruppen

Abbildung 1.5 lässt erkennen, dass die verschiedenen Anspruchs- oder Bezugsgruppen neben bewertbaren finanziellen Ansprüchen auch nicht-bewertbare Ansprüche verfolgen. Am Beispiel der Bezugsgruppe Management soll diese Aussage verdeutlicht werden: Der bewertbare finanzielle Anspruch „Entlohnung" wird ergänzt durch nicht-bewertbare Ansprüche wie „Soziale Anerkennung", „berufliche Erfüllung" und „Einfluss auf das System und seine Umwelt".

Bezugsgruppe	Beiträge der Bezugsgruppe	Ansprüche der Bezugsgruppe
Eigenkapitalgeber	Eigenkapital	Einkommen, Unternehmenswertsteigerung, Mitsprache, Einfluss
Fremdkapitalgeber	Fremdkapital	Verzinsung, Sicherheit und Rückzahlung des eingesetzten Kapitals, Unternehmenswertsteigerung, Kontrolle
Management	Qualifikation, Leistung, Verantwortung	Entlohnung, Einfluss auf das System und seine Umwelt, berufliche Erfüllung, soziale Anerkennung
Mitarbeiter	Qualifikation, Leistung, Engagement	Entlohnung, Selbstentfaltung am Arbeitsplatz, Existenzsicherung, Sicherheit des Arbeitsplatzes, zufriedenstellende Arbeitsbedingungen
Gemeinwesen (Staat und Gesellschaft)	gesetzliche Rahmenbedingungen, Gewerbeflächen, Infrastruktur, Kultur-und Bildungseinrichtungen, konjunkturelle Stabilität	Einhaltung von Vorschriften, Normen, Gesetzen, Erfüllung der Abgabepflichten, Wirtschaftswachstum, Förderung des Gemeinwohls, Bereitstellung von Arbeitsplätzen
Kunden	Erwerb der Produkte, Kundentreue	günstiges Preis-/Leistungsverhältnis, Produktqualität, Beratung, Service, Ersatzteilversorgung, Finanzierung
Lieferanten	Lieferungen von Produkten und Dienstleistungen	dauerhafte Beziehung, Zahlungsfähigkeit, Existenzerhaltung

Abb. 1.5 Übersicht der Bezugsgruppen – ihre Beiträge und ihre Ansprüche

Finanzmanagement ist sowohl unter dem funktionalen als auch unter dem institutionalen Aspekt zu betrachten.

Finanzmanagement im institutionalen Sinne bedeutet die Beschäftigung mit der Finanzorganisation. Dabei umfasst die Finanzorganisation die Aufbau- sowie die Ablauforganisation. Während die Aufbauorganisation die formalen Strukturen der Finanzorganisation umfasst, beschreibt die Ablauforganisation die Prozesse mit ihren Abläufen von Aufgaben.

Bezüglich der Einordnung des Finanzmanagements in die Organisation einer Unternehmung können die Formen der funktionalen oder divisionalen Aufbauorganisation ebenso herangezogen werden wie die Matrix-Organisation. Finanzaufbauorganisation und Finanzablauforganisation beeinflussen sich gegenseitig. Die Finanzablauforganisation hat die Aufgabe, für eine optimale, koordinierte und wirtschaftliche Durchführung der Finanzwirtschaft innerhalb der betreffenden Unternehmung Sorge zu tragen. Organisatorische Hilfsmittel sind beispielsweise Richtlinien, Arbeitsanweisungen, Flussdiagramme.

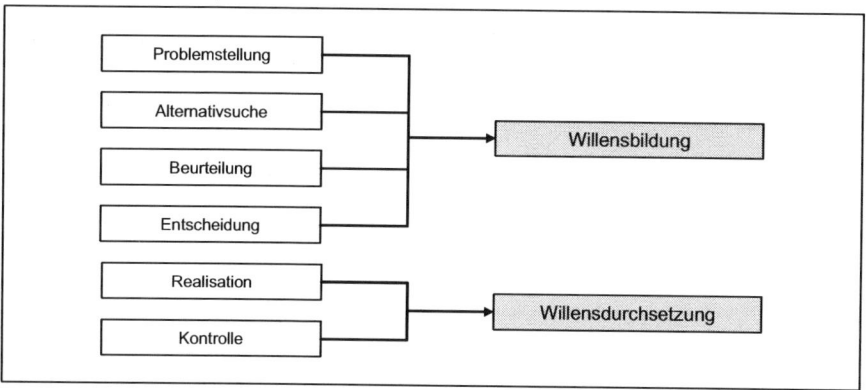

Abb. 1.6 Der Führungsprozess des Finanzmanagements

Finanzwirtschaft aus funktionaler Sicht zu betrachten, bedeutet die Auseinandersetzung mit dem Finanzführungsprozess. Es handelt sich hierbei um einen Problemlösungsprozess, der in den Prozess der Willensbildung und den Prozess der Willensdurchsetzung zu unterteilen ist (vgl. Abb. 1.6). Der Prozess der Willensbildung umfasst die Teilprozesse Problemstellung, Alternativsuche, Beurteilung und Entscheidung. Der Prozess der Willensdurchsetzung beinhaltet die Teilprozesse Realisation und Kontrolle.

Eine zwingende zeitlich hintereinander geschaltete Abfolge dieses Problemlösungsprozesses ist in der Praxis keinesfalls gegeben. Insofern stellen die Teilprozesse lediglich eine Ordnungsstruktur dar. Die Zusammenhänge der einzelnen Teilprozesse mit ihren gegebenenfalls komplexen Entscheidungsverläufen sollen verdeutlicht werden.

1.2 Begriffsbestimmungen des Finanzmanagements

Um in die grundlegenden Sachverhalte des Finanzmanagements der Unternehmung einzuführen und die notwendigen Grundlagen für das Verständnis dieses Wissensgebietes zu schaffen, stellt Abb. 1.7 die verkürzte Bilanz einer AG dar.

Der Nachweis des zur Verfügung gestellten Kapitals einer Unternehmung erfolgt auf der Passivseite der Bilanz, während die Aktivseite der Bilanz die Aussage darüber trifft, wie das Vermögen eingesetzt wird. Der Ausweis von Kapital und Vermögen erfolgt stichtagsbezogen in Beständen.

Bilanz zum...			Tsd. Euro	
Aktiva			Passiva	
Anlagevermögen		Eigenkapital		
Sachanlagen	6.810	gez. Kapital		215
Finanzanlagen	385	Kapitalrücklage		110
Umlaufvermögen		Gewinnrücklage		2.460
Vorräte	1.760	Fremdkapital		
Forderungen	1.190	Rückstellungen		6.735
Wertpapiere	1.915	Verbindlichkeiten		3.590
Kassenbestand	1.050			
	13.110			13.110

Abb. 1.7 Verkürzte Bilanz einer Aktiengesellschaft

Kapital und Vermögen sind miteinander verbunden, wobei der Aufgliederung des Vermögens in Anlage- und Umlaufvermögen bzw. des Kapitals in Eigen- und Fremdkapital im Rahmen der Bilanzgleichung (Kapital = Vermögen) keine Bedeutung zukommt.

Aus finanzieller Sicht gibt die Passivseite der Bilanz – gegliedert in Eigen- und Fremdkapital, die insgesamt auch als Kapitalfonds des Unternehmens bezeichnet werden – einen Hinweis auf die Herkunft der finanziellen Mittel. Die Aktivseite der Bilanz erläutert, wie die zur Verfügung gestellten Mittel verwendet werden, ob sie im Anlagevermögen oder im Umlaufvermögen gebunden sind. In der Literatur werden Mittelherkunft oder auch Kapitalaufbringung als Finanzierung, Mittelverwendung oder auch Kapitalverwendung als Investition bezeichnet (vgl. Abb. 1.8).

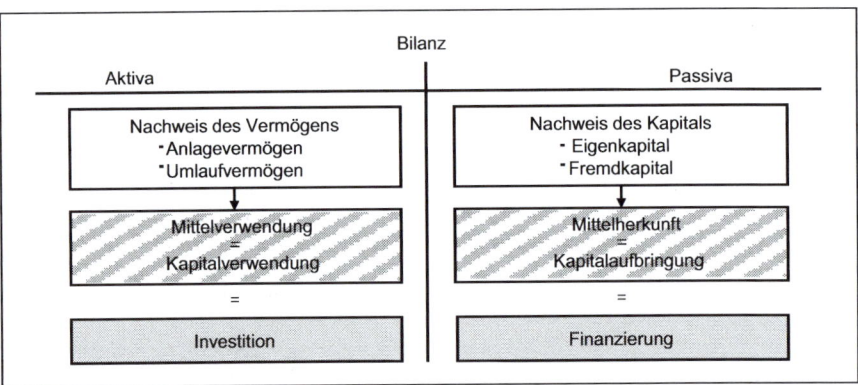

Abb. 1.8 Zusammenhänge zwischen dem Aufbau einer Bilanz und Funktionen des Finanzmanagements

1.2.1   Kapital und Vermögen

Das auf der Passivseite der Bilanz ausgewiesene Kapital, auch als abstraktes Kapital bezeichnet, lässt sich in Eigenkapital und Fremdkapital untergliedern. Die Einzelpositionen, aus denen sich das bilanzielle Eigenkapital zusammensetzt, gliedern sich folgendermaßen auf:

I. *Gezeichnetes Kapital*

II. *Kapitalrücklage*

III. *Gewinnrücklage*

    1. *Gesetzliche Rücklage*
    2. *Rücklage für eigene Anteile*
    3. *Satzungsmäßige Rücklagen*
    4. *Andere Gewinnrücklagen*

IV. *Gewinnvortrag und Verlustvortrag*

V. *Jahresüberschuss und Jahresfehlbetrag*

Darüber hinaus sind die in der Bilanz nicht erkennbar ausgewiesenen im Unternehmen aber befindlichen stillen Reserven dem Eigenkapital zuzuordnen.

Als Fremdkapital einer Unternehmung ist die Gesamtheit aller Schulden, die eine Unternehmung auf der Passivseite der Bilanz ausweist, zu bezeichnen. Zu unterscheiden sind:

Rückstellungen sind Verpflichtungen, die zum Bilanzstichtag dem Grunde nach bekannt, bezüglich Höhe und Fälligkeit aber ungewiss sind.

Verbindlichkeiten sind schuldrechtliche Verpflichtungen, die betragsmäßig und terminlich feststehen.

Eigenkapital, auch als Beteiligungskapital definiert, sowie **Fremdkapital**, hierfür wird auch der Begriff Gläubigerkapital verwendet, sind durch verschiedene Merkmale gekennzeichnet. Die Differenzierung beruht letztlich auf der rechtlich unterschiedlich geregelten Stellung der Kapitalgeber. Einige wesentliche Unterscheidungsmerkmale sind in der Abb. 1.9 aufgeführt.

Merkmale	Eigenkapital	Fremdkapital
Finanzierungsart	Beteiligungsfinanzierung	Kreditfinanzierung
Rechtsverhältnis	Beteiligungsverhältnis	Schuldverhältnis
Fristigkeit	Grundsätzlich unbefristet	Befristet
Haftung	Mindestens in Höhe der Einlage	Keine Haftung
Vermögensanspruch	Anteil am Liquidationserlös nach Schuldenabzug	Anspruch auf Rückzahlung
Leitung	Mitsprache/Mitwirkung	Nicht gegeben, aber möglich
Einkommen	Beteiligung am Gewinn/Verlust	Fixierter Zinsanspruch
Mitbestimmung	Grundsätzlich ja	Grundsätzlich nein

Abb. 1.9 Übersicht wesentlicher Merkmale von Eigenkapital und Fremdkapital

Das auf der Aktivseite der Bilanz ausgewiesene Vermögen wird auch als konkretes Kapital bezeichnet. Es sagt aus, in welche Form das der Unternehmung zur Verfügung gestellte Kapital umgewandelt wurde, zum Beispiel in Sachgüter, Rechte etc. Aus bilanzieller Sicht wird zwischen Anlagevermögen und Umlaufvermögen unterschieden.

Das **Anlagevermögen** unterliegt nach den gesetzlichen Bestimmungen folgender Gliederung:

I. *Immaterielle Vermögensgegenstände*

II. *Sachanlagen*

III. *Finanzanlagen.*

Es umfasst alle diejenigen Vermögensgegenstände, die dazu bestimmt sind, dem Unternehmen dauerhaft zu dienen.

Das **Umlaufvermögen** gliedert sich wie folgt:

I. *Vorräte*

II. *Forderungen und sonstige Vermögensgegenstände*

III. *Wertpapiere*

IV. *Schecks, Kassenbestand, Guthaben bei Kreditinstituten.*

Zum Umlaufvermögen werden diejenigen Vermögensgegenstände gerechnet, die im Gegensatz zum Anlagevermögen, nicht dauernd dem Geschäftsbetrieb eines Unternehmens dienen sollen.

1.2.2   Finanzierung und Investition

In der bisherigen Betrachtungsweise werden Kapital und Vermögen aus der Sicht der Bilanz bestandsorientiert erläutert. Diese bilanzorientierte Sichtweise ist auf Grund der Tatsache, dass Bestände bzw. deren Veränderungen immer nur entstehen können, wenn Zahlungsvorgänge stattfinden, konsequenterweise um eine zahlungsstromorientierte Sichtweise zu ergänzen. Die unterschiedlichen Betrachtungsweisen werden nachfolgend erläutert:

Beispiel: Betrachtungsweisen des Zahlungsstroms

Ein Fremdkapitalgeber, z. B. ein Kreditinstitut, gewährt einer Unternehmung ein Darlehen in Höhe von 50 Tsd. EUR. Folgende Konditionen wurden der Kreditgewährung zu Grunde gelegt: (1) Auszahlung 100 %, (2) Laufzeit 5 Jahre, (3) Zinssatz (10 %), (4) im Zeitablauf konstante Annuität.

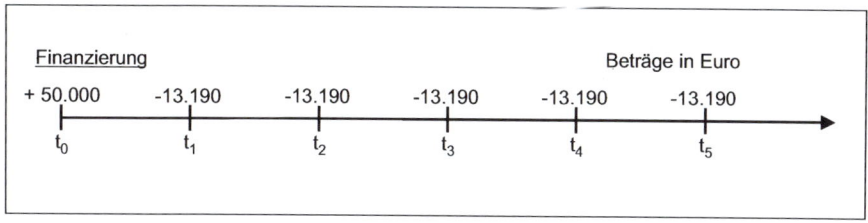

Abb. 1.10 Zahlungsstrom aus der Betrachtungsweise des Kreditnehmers

Aus der Sicht der Unternehmung als Kreditnehmer bedeutet die Gewährung des Darlehens in Höhe von 50 Tsd. EUR Mittelherkunft. Der Erhalt dieser Mittel vollzieht sich durch eine Einzahlung. Zu einem späteren Zeitpunkt sind vertraglich geregelte Zahlungen für Zins und Tilgung zu den Zeitpunkten t1 bis t5 zu leisten.

Finanzierung (= Mittelherkunft) soll somit in Anlehnung an Schmidt und Terberger wie folgt definiert werden (vgl. Schmidt und Terberger 2006, S. 52):

Eine **Finanzierung** (vgl. Abb. 1.10) ist durch einen Zahlungsstrom gekennzeichnet. Sie beginnt mit einer Einzahlung, auf die zu späteren Zeitpunkten Auszahlungen erfolgen.

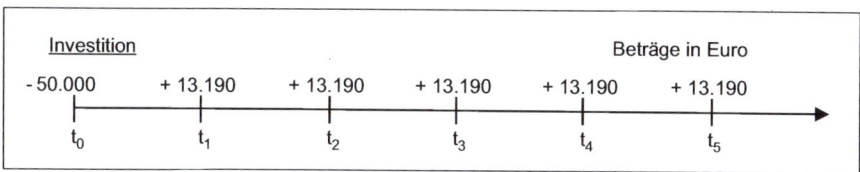

Abb. 1.11 Zahlungsstrom aus der Betrachtungsebene des Kreditgebers

Seitens des Kreditinstitutes bedeutet die Hingabe des Darlehens Mittelverwendung = Investition. Auf die Auszahlung des Kredites erfolgt zu den späteren, vertraglich geregelten Zeitpunkten t1 bis t5 der Erhalt von Zins- und Tilgungsleistungen.

Investition (= Mittelverwendung) soll somit in Anlehnung an Schmidt und Terberger wie folgt definiert werden (vgl. Schmidt und Terberger 2006, S. 52):

Eine **Investition** (vgl. Abb. 1.11) ist durch einen Zahlungsstrom gekennzeichnet. Sie beginnt mit einer Auszahlung, auf die zu späteren Zeitpunkten Einzahlungen erfolgen.

Die zahlungsstromorientierten Definitionen lassen erkennen, dass sich Investition und Finanzierung nicht trennen lassen. Aus der Sicht des Kapitalgebers bedeutet die Vergabe des Kredites eine Investition. Derselbe Vorgang aus der Betrachtungsebene des Kapitalnehmers stellt eine Finanzierung dar. Somit wird deutlich, dass es nur in Abhängigkeit von der Sichtweise möglich ist, Finanzierung und Investition zu trennen.

Die vorgenannten Begriffsbestimmungen erläutern Investition und Finanzierung rein monetär. Bei dieser (zahlungs-)stromorientierten Sichtweise, die nicht-monetäre Aspekte von Entscheidungen über Finanzierung und Investition ausklammert, handelt es sich um die moderne Auffassung von der Finanzwirtschaft der Unternehmung, auch als Investitions- und Finanzierungstheorie bezeichnet.

Die traditionelle Auffassung von Investitions- und Finanzierungsvorgängen ist dagegen geprägt durch das Verständnis, dass die Leistungswirtschaft den benötigten Kapitalbedarf bestimmt. Finanzierung und Investition werden lediglich als Hilfsfunktionen angesehen (vgl. hierzu Schäfer 2002, S. 52; Schmidt und Terberger 2006, S. 9 f).

1.3 Finanzwirtschaftliche Orientierung der Unternehmensführung

Bei jeder Entscheidung über finanzwirtschaftliche Vorgänge hat die Unternehmensführung die Frage zu beantworten, welche Zielsetzungen sie bei Investitions- und Finanzierungsprozessen zu Grunde zu legen hat.

Die Zielprioritäten des Finanzmanagements sind in der Abb. 1.12 dargestellt.

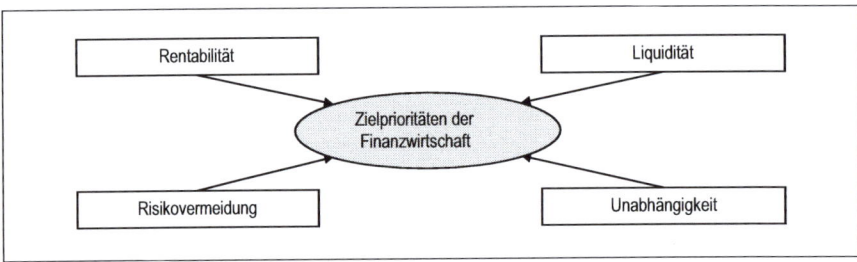

Abb. 1.12 Zielprioritäten des Finanzmanagements

1.3.1 Rentabilität

Die Rentabilität ist eine Messgröße, sie wird in Kennzahlen ausgedrückt und spiegelt das Verhältnis zwischen dem Kapitaleinsatz und dem Überschuss, der mit diesem Kapitaleinsatz erzielt wird, wider.

Die Rentabilität kann zum einen als Ergebnisgröße dargestellt werden, zum anderen aber auch als Zielbildungsgröße eingesetzt werden. Die Ermittlung als Ergebnisgröße erlaubt die Messung des Erfolges nach erfolgter Realisierung einer Maßnahme mit der Maßgabe des internen oder möglicherweise auch externen Vergleiches. Der Einsatz als Zielbildungsgröße ermöglicht es, Entscheidungen unter Zuhilfenahme von Plandaten zu treffen, um gleichzeitig die Zielerreichung durch Steuerung und Überwachung zu gewährleisten.

Rentabilitäten können für eine gesamte Unternehmung ermittelt werden, aber auch für Teilbereiche oder für einzelne investive Maßnahmen. Als Berechnungszeitraum können eine Periode oder die Gesamtlebensdauer des Vorhabens herangezogen werden.

1.3.2   Liquidität

Liquidität, in der Betriebswirtschaftslehre unterschiedlich interpretiert, soll als Fähigkeit von Unternehmen definiert werden, den fälligen Zahlungsverpflichtungen sowohl betragsgenau als auch zeitpunktgenau nachkommen zu können (vgl. hierzu Perridon und Steiner 2007, S. 12).

Liquidität ist unabdingbare Voraussetzung für den Fortbestand einer jeden Unternehmung, denn eine Zahlungsunfähigkeit stellt unabhängig von der Rechtsform einen Insolvenzgrund dar. Bei Genossenschaften und bei Aktiengesellschaften kommt als weiterer allgemeiner Insolvenzgrund die Überschuldung hinzu. Somit stellt die Aufrechterhaltung der Zahlungsfähigkeit für die finanzielle Unternehmensführung ein Zeitpunkt- und ein Deckungsproblem zugleich dar. Zur Sicherstellung der Liquidität dient als wesentliches Instrument die Finanzplanung.

Hinsichtlich der Liquiditätslage einer Unternehmung ist zu unterscheiden zwischen der statischen Liquidität, sie bezieht sich auf die Liquidität an einem Stichtag, und der dynamischen Liquidität, hier handelt es sich um die Liquidität, die zukünftig erwartet wird.

Im Rahmen der statischen Liquiditätsbetrachtung werden bestimmte Positionen der Aktivseite und der Passivseite der Bilanz zu einem bestimmten Zeitpunkt gegenüber gestellt.

Mit Hilfe der dynamischen Liquidität wird das Management in die Lage versetzt, ein Unternehmen aus finanzwirtschaftlicher Sicht zu steuern. Instrumente der dynamischen Liquidität sind die Kapitalflussrechnung und der Cashflow. Als finanzwirtschaftliche Stromgröße dient der Cashflow der Ermittlung der Innenfinanzierungskraft einer Unternehmung für Investitionen, gibt Hinweise zur Schuldentilgung und zur Aufrechterhaltung der Liquidität. Die Ermittlung des Cashflows kann mittels direkter bzw. indirekter Methode erfolgen.

Statische und dynamische Liquidität bezeichnet man auch als relative Liquidität. Der relativen Liquidität steht die absolute Liquidität gegenüber. Liquidität im Sinne absoluter Liquidität bedeutet die Eigenschaft von Vermögensteilen, als Zahlungsmittel verwendet oder in Zahlungsmittel umgewandelt zu werden (vgl. Abb. 1.13).

Da die Aufrechterhaltung der Liquidität ein zwingendes Erfordernis bezüglich der Existenz einer Unternehmung darstellt, bedeutet die Liquiditätssicherung eine zentrale Aufgabe der finanziellen Führung. Die beiden Komponenten der Liquiditätssicherung sind die situative und die strukturelle Liquiditätssicherung.

Bei der situativen Liquiditätssicherung handelt es sich um die Sicherstellung der unmittelbar benötigten Liquidität mittels der permanenten Abstimmung der eingehenden und ausgehenden Zahlungsströme. Strukturelle Liquiditätssicherung bedeutet für das Finanzmanagement, die Einhaltung der Finanzierungsregeln zu gewährleisten und für eine gleichgewichtige Kapitalstruktur Sorge zu tragen.

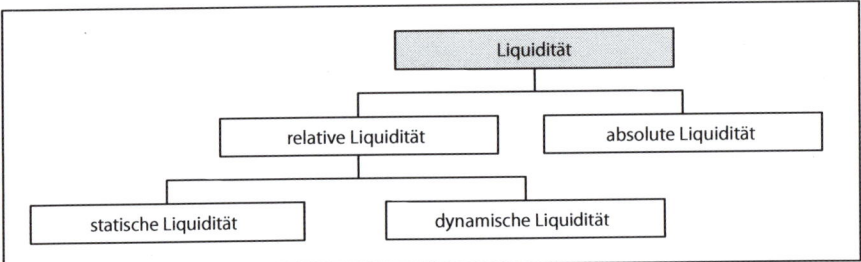

Abb. 1.13 Formen der Liquidität

Zwischen den finanzwirtschaftlichen Zielprioritäten Rentabilität und Liquidität besteht ein Zielkonflikt. Während die Rentabilität einer Unternehmung bei den Eigentümern eine Vorrangstellung einnehmen dürfte, steht bei den Gläubigern die Zahlungsfähigkeit der Unternehmung im Vordergrund der Bewertung.

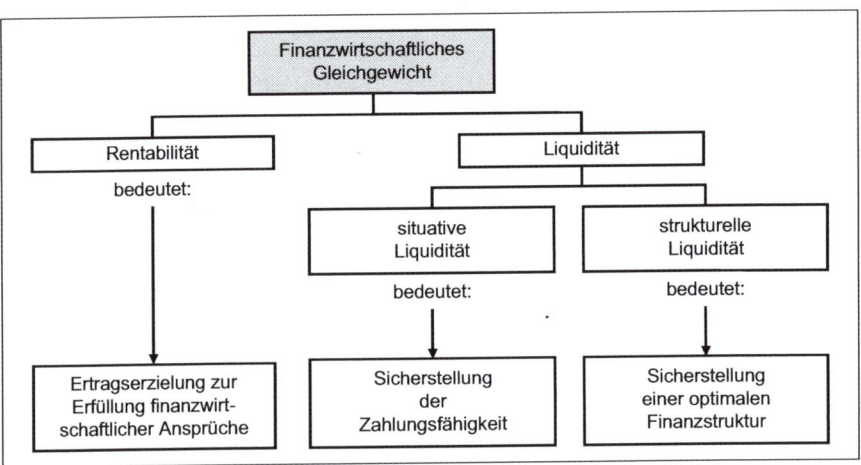

Abb. 1.14 Finanzwirtschaftliches Gleichgewicht. (Quelle: Vgl. Perridon und Steiner 2007, S. 535)

Daraus abgeleitet besteht für das Finanzmanagement die Aufgabe, ständig für ein Gleichgewicht zwischen Rentabilität und Liquidität zu sorgen und eine optimale Liquidität zu realisieren (vgl. Abb. 1.14).

1.3.3 Unabhängigkeit

Die Zuführung neuen Eigenkapitals im Rahmen einer Beteiligungsfinanzierung gewährt in Abhängigkeit von der Unternehmensrechtsform Informations-, Mitentscheidungs- und Kontrollrechte der hinzukommenden Eigner, welche die Dispositionsfreiheit der bisherigen Eigner einengen (vgl. hierzu auch im Folgenden Perridon und Steiner 2007, S. 9).

Bei der Aufnahme von Fremdkapital können möglicherweise Auswirkungen auf die Dispositionsfreiheit der Unternehmensführung ebenso die Folge sein, so dass das Bestreben sein sollte, primär mit eigenen Mitteln Flexibilität und Unabhängigkeit zu erhalten, oder aber eine alternative Finanzierung zu wählen, die einen möglichst geringen Einfluss auf Unternehmensentscheidungen ausüben kann.

Eine Einschränkung der Dispositionsfähigkeit der Unternehmensführung, ausgehend durch die Aufnahme von Fremdkapital, ergibt sich bereits indirekt durch den Aspekt der zeitlich befristeten Überlassung derartiger Forderungstitel, mit einer unter Umständen verbundenen Kündigungsmöglichkeit. Direkte Eingriffe in die unternehmerische Unabhängigkeit sind im Zusammenhang mit der Aufnahme von Fremdkapital teilweise durch vertragliche Regelungen gegeben, die durch die Unternehmensführung zu beachten sind.

1.3.4 Risikovermeidung

Da finanzwirtschaftliche Maßnahmen in die Zukunft reichen, werden sie immer unter der Prämisse der Unsicherheit getroffen. Hiervon sind sowohl Entscheidungen über Kapitalaufnahmen als auch über Kapitalverwendung betroffen.

So ist jede Investitionsentscheidung ausgehend von der Tatsache, dass die Rückgewinnung der eingesetzten Mittel ungewiss ist, mit einem Risiko behaftet, und bei der Aufnahme von Fremdkapital dürfte das Streben nach Sicherheit einer zu hohen Verschuldung entgegen stehen.

1.4 Hauptfunktionen für das Finanzmanagement

1.4.1 Finanzmanagement im Führungssystem der Unternehmung

Die Aufgaben und die Stellung des Finanzmanagements haben sich in den letzten Jahrzehnten in vielen Industrie-, Handels- und Dienstleistungsunternehmen grundlegend verändert. Als Ursachen für die zunehmende Bedeutung von Finanzmanagementfunktionen sind Umweltentwicklungen, Veränderungen der Rahmenbedingungen sowie die damit häufig notwendigen Änderungen der Organisations- und Unternehmensstruktur anzusehen. Insbesondere folgende Veränderungen tangieren maßgeblich das Finanzmanagement:

- Internationalisierung bzw. Globalisierung auf den Absatz- und Beschaffungsmärkten sowie parallel dazu an den Finanzmärkten,

- Entwicklung und Einsatz einer Vielzahl von Finanzinnovationen und

- Fortschritte in der Kommunikations- und Informationstechnologie ermöglichen Veränderungen der Finanzprozesse (z. B. Einsatz von Cash-Management).

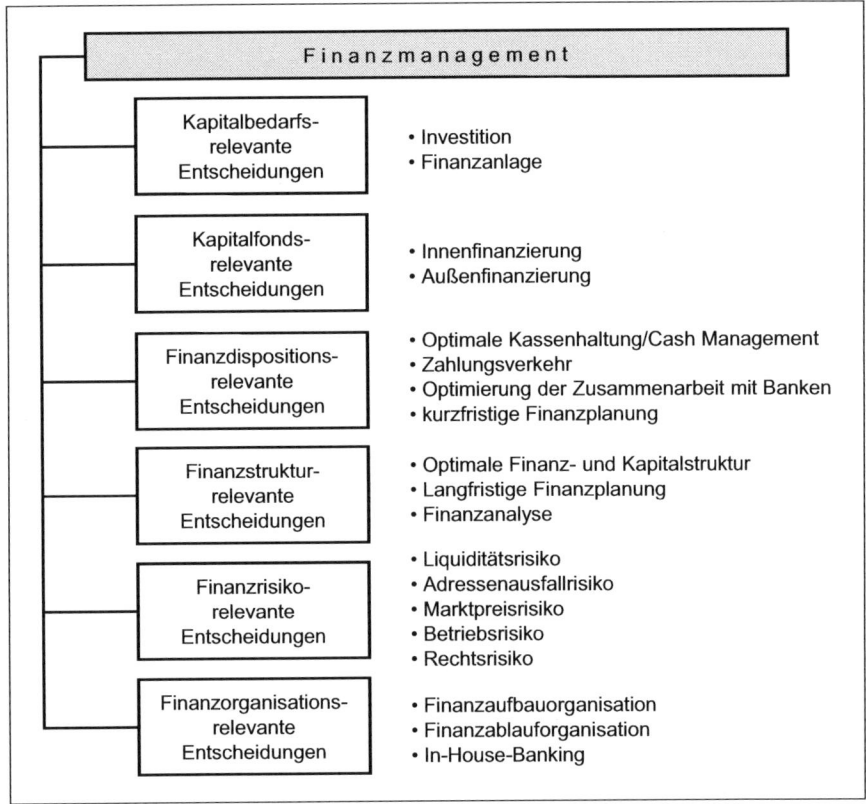

Abb. 1.15 Wesentliche Funktionen des betrieblichen Finanzmanagements

Folgt man den bilanzorientierten Vorstellungen der Finanzierungslehre sowie der Finanzierungspraxis, so lässt sich der betriebliche Unternehmensführungsprozess als ein System von Vorgängen der Kapitalbeschaffung (Finanzierung), der Kapitalbindung (Investition), der Kapitalfreisetzung (Desinvestition) und der Kapitalrückführung (Definanzierung) kennzeichnen. Diese Finanzvorgänge bzw. Finanzbewegungen werden sowohl von Finanzierungsentscheidungen (Entscheidungen, welche die Zusammensetzung von Eigen- und Fremdkapital, d. h. den **Kapitalfonds**, tangieren) als auch von Investitionsentscheidungen (Entscheidungen, die den **Kapitalbedarf** tangieren) geprägt. Sie determinieren auch die Aufgabenkomplexe der Finanzdisposition, der Finanz- und Kapitalstruktur sowie der finanzwirtschaftlichen Risiken und nicht zuletzt auch der betrieblichen Finanzorganisation.

Grundsätzlich beinhaltet das Finanzmanagement:

1. die an den betrieblichen Leistungsprozess eines Unternehmens unmittelbar gekoppelten finanziellen Entscheidungen sowie

2. die unmittelbar an dem Kapitalfonds ausgerichteten Entscheidungen der finanziellen Sphäre.

Abbildung 1.15 kennzeichnet im Überblick die Hauptfunktionen des betrieblichen Finanzmanagements, die sowohl für mittelständische Unternehmen als auch für multinationale Konzerne wichtige praxisrelevante Entscheidungen beinhalten. Ein effizientes Finanzmanagement, das alle wesentlichen Entscheidungsparameter mit berücksichtigt, gewinnt zunehmend an Bedeutung und kann angesichts eines immer komplexeren Umfeldes und der erhöhten Risiken als ein strategischer Erfolgsfaktor für alle Unternehmen bezeichnet werden.

Zentrale Unterstützungsfunktionen und Instrumente des Finanzcontrollings werden detaillierter im Kap. 7 dargestellt, nachdem im anwendungsorientierten Gesamtkonzept alle Entscheidungsalternativen zur Finanzierung behandelt wurden.

1.4.2 Kapitalbedarfsrelevante Entscheidungen

Impulse aus den Funktionsbereichen der leistungswirtschaftlichen Sphäre können im Rahmen der finanziellen Sphäre kapitalbedarfsrelevante Entscheidungen veranlassen, die zu einer Kapitalbindung bzw. -freisetzung führen. So ist das Finanzmanagement an der Planung von Sach- und Personalinvestitionen zu beteiligen, um insbesondere den durch die Investitionsvorhaben erforderlichen Kapitalbedarf beurteilen und ausreichende Mittel der Innen- und/oder Außenfinanzierung fristgerecht bereitstellen zu können. Ein Investitionsplan sollte darüber hinaus eine Überwachung und Kontrolle der Kapitalbindung durch Investitionen sowie der Kapitalfreisetzung durch Desinvestitionen sicherstellen. Alternativ kann auch der Erwerb von Finanzanlagen zur Optimierung von überschüssigen Liquiditätsbeständen unter Rentabilitätsaspekten z. B. in Wertpapieren und Beteiligungen erfolgen. Dieser Sachverhalt wird auch als Planung der optimalen Liquidität bezeichnet. Kapitalbedarfsrelevante Entscheidungen weisen daher in der Praxis i. d. R. enge Interdependenzen zu kapitalfondsrelevanten Entscheidungen auf.

1.4.3 Kapitalfondsrelevante Entscheidungen

Zur Realisierung eines betrieblichen Leistungsprozesses benötigen Unternehmen Verfügungsmacht über Produktivfaktoren. Diese Verfügungsmacht kann einem

Unternehmen in Form von Kapital extern übertragen bzw. intern im Unternehmen selbst gebildet werden. Mit dem Vorgang der leistungswirtschaftlichen Sphäre wird somit unmittelbar der Bereich der finanziellen Sphäre berührt, der alle Entscheidungen zur Bereitstellung, Ausstattung und Zusammensetzung des betrieblichen Kapitalfonds mit Eigen- und Fremdkapital umfasst.

Aus bilanzieller Betrachtungsweise kann Finanzierung somit auch als Summe aller kapitalfondsrelevanten Entscheidungen verstanden werden, die eine Kapitalbeschaffung sowohl in monetärer als auch in naturaler Form (z B. Sacheinlagen) beinhaltet und sich auf der Passivseite der Bilanz niederschlagen (vgl. Systematisierung der Finanzierungsalternativen in Kap. 1.5.1).

1.4.4 Finanzdispositionsrelevante Entscheidungen

Finanzdispositionsrelevante Entscheidungen umfassen primär die Aufgabengebiete des Inlands- und Auslandszahlungsverkehrs sowie die **Geldplanung bzw. kurzfristige Finanzplanung** eines Unternehmens. Die Finanzdisposition beinhaltet somit die Planung und Steuerung von Einzahlungen und Auszahlungen für einen Planungszeitraum von maximal einem Jahr. Mit Hilfe von Cash-Management-Systemen, welche von Banken und Softwarehäusern angeboten werden, können diese Funktionen sowohl in mittelständischen Unternehmen als auch in Konzernunternehmen jeweils unternehmensadäquat gelöst werden, wenn der Leistungsumfang des ausgewählten Systems optimal den Leistungsanforderungen der Finanzdisposition entspricht. Von Bedeutung sind somit die Ziele, die bei der Implementierung eines Cash-Management-Systems realisiert werden sollen. Exemplarisch werden wesentliche Ziele in der Abb. 1.16 dargestellt.

Cash-Management kann in jedem Unternehmen als dynamischer Prozess gekennzeichnet werden, in dem die Instrumente der Liquiditätsplanung und -kontrolle sowie der Liquiditätsdisposition und des täglichen Liquiditätsstatus zusammen effizient eingesetzt werden sollten.

Bei der zahlungsstromorientierten kurzfristigen Finanzplanung bzw. Liquiditätsplanung erfolgt eine zeitliche Dimensionierung des Aufgabengebietes mit Hilfe der rollenden Zeitstufenplanung. Hierbei wird auf Basis eines täglich zu erstellenden Liquiditätsstatus ein maximaler Zeitraum von einem Jahr unterstellt, der z. B. in Wochen, Monate und Quartale weiter unterteilt wird (vgl. Abb. 1.17). Die kurzfristige, zahlungsstromorientierte Finanzplanung beachtet als Nebenbedingung stets die Forderung nach Sicherstellung der situativen (aktuellen bzw. dispositiven) Liquidität im Sinne eines jederzeitigen Gleichgewichts zwischen Aus- und Einzahlungsströmen. Sie lässt sich somit als Zahlungsmittel- bzw. Geldplanung charakterisieren.

Hauptziele des Cash-Managements

- Aufrechterhaltung der jederzeitigen Zahlungsfähigkeit durch Realisierung einer Liquiditäts-planung
- Maximierung der Verfügbarkeit liquider Mittel zur richtigen Zeit, am richtigen Ort, in der richtigen Währung und zu akzeptablen Kosten
- Optimierung aller Ein- und Auszahlungsströme
- Reduzierung der Inanspruchnahme von Krediten und ihrer Zinskosten
- Verbesserung der Kreditkontrolle
- Minimum der Transaktionskosten und Bankgebühren
- Optimierung der Abwicklung des internen und externen Zahlungsverkehrs
- Minimierung der Steuerverbindlichkeiten

Abb. 1.16 Hauptziele bei der Implementierung eines Cash-Management-Systems

Der jederzeitigen Gewährleistung der Zahlungsfähigkeit kommt im Rahmen der kurzfristigen Finanzplanung besondere Bedeutung zu, da jede Außerachtlassung zugleich eine Existenzgefährdung eines Unternehmens darstellt, die über eine Illiquidität zur Insolvenz führen kann (vgl. u. a. Prätsch 1986, S. 32 ff).

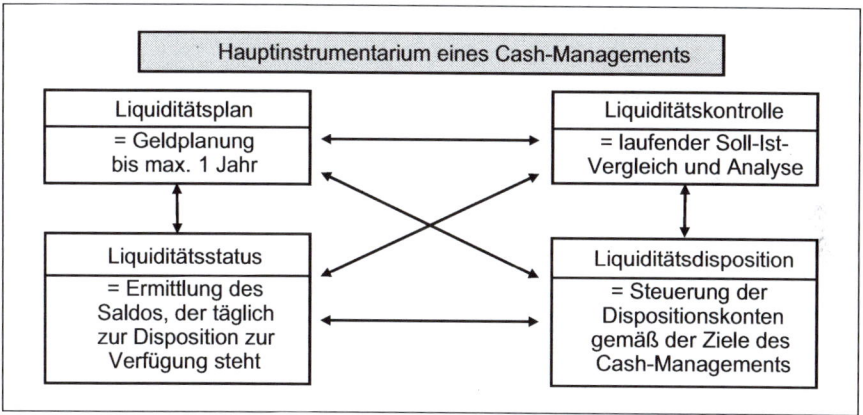

Abb. 1.17 Hauptinstrumentarium eines Cash-Managements. (Quelle: Vgl. Nitsch und Niebel 1997, S. 43)

Um diese Gefahr abzuwenden, sollten im Rahmen einer Liquiditätsdisposition ef-fiziente Gegensteuerungsmaßnahmen ergriffen werden. Hierbei spielt nicht zuletzt auch eine optimale Zusammenarbeit mit Banken, insbesondere mit der Hausbank, eine wichtige Rolle (vgl. Abb. 1.18).

Finanzwirtschaftliche Steuerungsmöglichkeiten bei:	
Unterdeckung	**Überdeckung**
• Kreditprolongation • Kreditsubstitution • Eigenkapitalerhöhung • Kreditneuaufnahme • Desinvestition von Finanzanlagen • Leasing • Factoring	• Vorzeitige Kredittilgung • Eigenkapitalverminderung • Termineinlagen • Erwerb von Finanzanlagen und Beteiligungen

Abb. 1.18 Steuerungsmöglichkeiten der Finanzdisposition zur Sicherstellung einer optimalen Liquidität

1.4.5 Finanzstrukturrelevante Entscheidungen

Finanzstrukturrelevante Entscheidungen können mit Hilfe einer **langfristigen Finanzplanung** erfolgen, die maximal einen Zeitraum umfasst, für den noch betriebswirtschaftlich sinnvolle Planungsaussagen bis zum so genannten ökonomischen Horizont getroffen werden können. Unternehmensbefragungen haben ergeben, dass häufig Planungszeiträume von ca. 5 Jahren bevorzugt werden, da in der Regel längere Planungszeiträume ihre Begrenzung im Informationshorizont finden.

Wichtig in diesem Zusammenhang ist auch eine Abstimmung des Planungszeitraums der Finanzplanung mit den anderen betrieblichen Teilplänen, insbesondere mit der Investitionsplanung. Wie bei der kurzfristigen Finanzplanung ist auch bei der langfristigen Finanzplanung in der Praxis eine rollende Zeitstufenplanung erforderlich. Damit kann eine gleitende regelmäßige Abstimmung von Kapitalbedarf und Kapitalfonds erfolgen. Eine periodische Planfortschreibung bzw. Neuplanung ermöglicht in der Regel nach Ablauf des ersten Jahres eine Erweiterung des Planungshorizontes um die jeweils verstrichene Zeitdistanz.

Unter Verwendung von Plan-Bilanz und Plan-Gewinn- und Verlustrechnung erfolgt für einen festgelegten Zeitraum die unternehmenszielgerechte qualitative sowie quantitative Abstimmung von Kapitalbedarf und Kapitalfonds unter Berücksichtigung von strukturellen Überlegungen. Bilanzielle Strukturanforderungen beziehen sich auf die horizontale und vertikale Finanz- bzw. Kapitalstruktur eines Unternehmens und sind Gegenstand eines Entscheidungsprozesses, der aus einer Vielzahl von Verhandlungen zwischen Eigen- und Fremdkapitalgebern resultiert. Ausgehend vom Zielbildungsprozess müssen im Rahmen der langfristigen Finanzplanung Strategien zur Erreichung der Ziele, wie z. B. **Finanzstruktur-, Gewinnverwendungs- und Rückstellungsstrategien,** entwickelt werden.

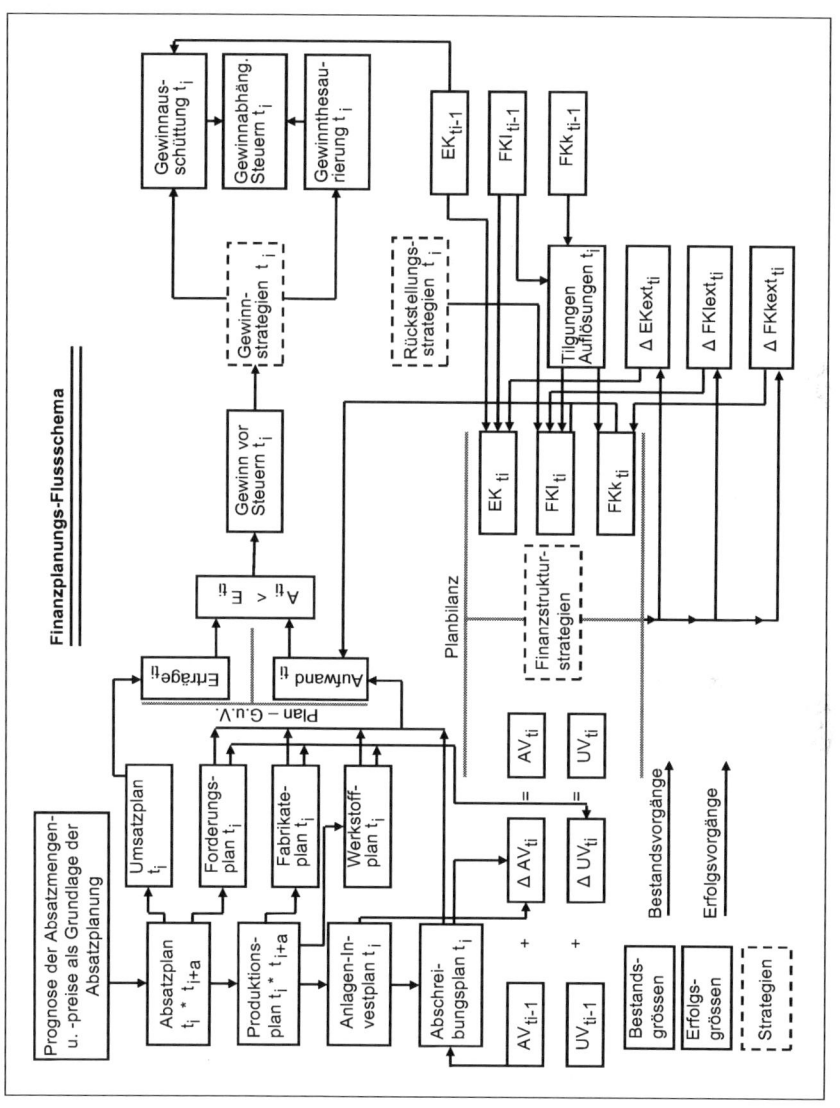

Abb. 1.19 Flussschema einer langfristigen Finanzplanung

In Abb. 1.19 wird der Ablauf einer langfristigen Finanzplanung im Unternehmen als Flussschema unter Berücksichtigung von Bestands- und Erfolgsgrößen sowie wesentlicher Strategien unter Nutzung folgender Symbole dargestellt:

t_1	=	Bestandsgrößen der Planungsperiode
t_{i-1}	=	Größen der Vorperiode bzw. der Bestand zu Ende der Vorperiode (zu Beginn der lfd. Periode)
t_a	=	Restperioden des gesamten Planungszeitraum
T_{i+a}	=	gesamter Planungszeitraum

A	=	Aufwand			
E	=	Ertrag			
AV	=	Anlagevermögen	FKk	=	Fremdkapital, kurzfristig
UV	=	Umlaufvermögen	FKl	=	Fremdkapital, langfristig
EK	=	Eigenkapital	FKkext	=	Fremdkapital, kurzfristig, extern
FK	=	Fremdkapital	FKlext	=	Fremdkapital, langfristig, extern

Der langfristige Finanzplanungsprozess beinhaltet insbesondere drei Hauptaufgabenbereiche:

1. Ermittlung des Gesamtkapitalbedarfs (= Kapitalfonds-Soll) für das Anlage- und Umlaufvermögen,
2. Planung des Kapitalfonds, wobei zunächst die Festlegung des Innenfinanzierungsanteils (Kapitalbildung im Unternehmen) erfolgt,
3. Vor- und Endabstimmung des Kapitalfonds-Ist mit dem Kapitalfonds-Soll durch Ermittlung des notwendigen Außenfinanzierungsbedarfes (Kapitalbildung außerhalb des Unternehmens).

1.4.6 Finanzrisikorelevante Entscheidungen

Am 01.05.1998 hat der Gesetzgeber das Gesetz zur Kontrolle und Transparenz im Unternehmensbereich (KonTraG) verabschiedet, das sich mit Änderungen und Ergänzungen insbesondere im Handelsgesetzbuch (HGB) und Aktiengesetz (AktG) niederschlägt. So hat nach § 91 Abs. 2 AktG „… der Vorstand geeignete Maßnahmen zu treffen, insbesondere ein Überwachungssystem einzurichten, damit den Fortbestand der Gesellschaft gefährdende Entwicklungen früh erkannt werden". Als den „Fortbestand der Gesellschaft gefährdende Entwicklungen" sind z. B. risikobehaftete Geschäfte, Nichteinhaltung gesetzlicher Vorschriften, die sich vor allem auf die Finanz-, Ertrags- und Vermögenslage des Unternehmens gegenwärtig und/oder zukünftig auswirken, anzusehen. Daher ist der Vorstand verpflichtet, ein angemessenes Risikomanagement und ein internes Überwachungssystem zu realisieren.

Als wesentliche Risiken des Finanzmanagements (vgl. Abb. 1.20) sind das Liquiditätsrisiko, das Adressenausfallrisiko, das Marktpreisrisiko, das Betriebsrisiko sowie das Rechtsrisiko zu nennen, zwischen denen auch Interdependenzen bestehen können (Scharpf 2000, S. 253 ff; Keitsch 2004, S. 23 ff.).

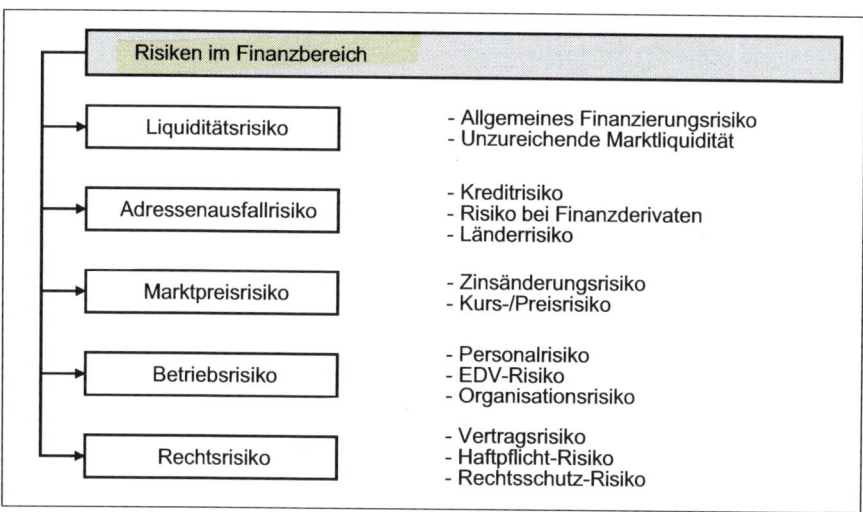

Abb. 1.20 Darstellung wesentlicher Risiken des Finanzmanagements

Mit der wichtigen finanzwirtschaftlichen Zielsetzung **Liquidität** sind das **allgemeine Finanzierungsrisiko**, d. h. das Unternehmen kann seine Auszahlungsverpflichtungen in einer liquiditätsmäßigen Engpasssituation nicht termingerecht erfüllen, und das Risiko einer **unzureichenden Marktliquidität** verbunden. Dieses Risiko kennzeichnet einen illiquiden Finanzmarkt, bei dem z. B. bei bestehenden Positionen Kurs-/Preisausschläge (Volatilitäten) aufgrund einer unzulänglichen Markttiefe oder wegen Marktstörungen auftreten und zu erheblichen Verlusten führen können.

Das **Adressenausfallrisiko** wird häufig auch als **Kreditrisiko** bezeichnet. Dieses Risiko beinhaltet die Gefahr des ganzen oder teilweisen Verlustes des Kapitals inklusive seiner Erträge. Neben dem Adressenausfall kann auch eine Abnahme der Bonität einer Vertragspartei eintreten. Das **Risiko bei Finanzderivaten** besteht im Gegensatz zu den Marktpreisrisiken auch bei vollständig geschlossenen Positionen. Hierbei sind insbesondere das Risiko der aktuellen Marktwerte und das Wiedereindeckungsrisiko zu berücksichtigen. Als **Länderrisiko** wird das Risiko grenzüberschreitender Kapitaldienstleistungen bezeichnet. Die Gründe liegen häufig nicht beim ausländischen Vertragspartner, sondern in wirtschaftlichen, rechtlichen sowie politischen Veränderungen eines ausländischen Staates.

Das **Marktpreisrisiko** ist auf Veränderungen einzelner Bewertungsparameter des Marktes wie z. B. Zinssätze, Aktienkurse, Rohstoffpreise sowie Währungskurse zurückzuführen. Das **Zinsänderungsrisiko** umfasst die Gefahr von Marktzinsveränderungen für Unternehmen sowohl im Rahmen einer Kreditfinanzierung als auch einer Anlagepolitik, die entweder auf einer festverzinslichen oder variabelverzinslichen vertraglichen Vereinbarung beruhen. Das **Kursrisiko** ist in den zyklischen Schwankungen der Aktienkurse an den globalen Kapitalmärkten begründet. Im Rahmen der internationalen Ausrichtung vieler Unternehmen muss nicht zuletzt

auch das **Währungsrisiko** beachtet werden, wenn eine Verrechnung der Zahlungs-
transaktionen in Abhängigkeit von Devisenkursen erfolgt (= Transaktionsrisiko).
In diesem Zusammenhang können auch ein Bilanzierungs- und Bewertungsrisiko
(= Translationsrisiko) sowie ein Risiko, das sich auch auf Marktanteile und Ge-
schäftsergebnisse auswirkt (= ökonomisches Risiko), entstehen.

Das **Betriebsrisiko** umfasst als kritischen Faktor die im Unternehmen tätigen Personen und die Notwendigkeit ihres Einsatzes entsprechend ihrer aufgabenadäqua-
ten Qualifikation, was auch als **Personalrisiko** bezeichnet wird. Das **EDV-Risiko**
ist ebenfalls bei vielen Unternehmen immanent, was z. B. neben unzureichenden
Informationssystemen im Hard- und Softwarebereich auch auf einer mangelnden
Datensicherung bzw. einer fehlenden Notfallplanung beruhen kann. Ein weiteres
Risiko ist aus der Organisationsstruktur (Aufbau- und Ablauforganisation) des Unternehmens und der Gestaltung des Finanzmanagements als zentralem und/oder de-
zentralem Bereich abzuleiten (**Organisationsrisiko**).

Das **Rechtsrisiko** kann in abgeschlossenen Kontrakten z. B. bei derivativen Finanzinstrumenten und bei nicht mehr einklagbaren Verträgen liegen. Daneben können Risiken in Versicherungsverträgen enthalten sein, wenn ein Schadensfall für
das Unternehmen eintritt. In diesem Zusammenhang sind insbesondere das **Haft-
pflicht-** und das **Rechtsschutz-Risiko** zu berücksichtigen.

Aufgrund der aufgezeigten zahlreichen Risiken für das Finanzmanagement sollte
ein Risikomanagement basierend auf den operativen und strategischen Zielen eine
Risikoidentifikation, -analyse, -bewertung sowie -steuerung umfassen. Das Risikomanagement ist in allen Phasen durch ein Risikocontrolling zu unterstützen (siehe
hierzu auch Abschnitt 7.2.10).

1.4.7   Finanzorganisationsrelevante Entscheidungen

Für die Finanzorganisation relevante Entscheidungen umfassen alle Fragen der
Aufbau- und der Ablauforganisation für den Finanzbereich. Unterschiede in der
Praxis zeigen sich insbesondere hinsichtlich der Unternehmensgröße, der Rechtsform, der Branche und der räumlichen Diversifizierung. Entscheidungen zur **Finanzaufbauorganisation** (vgl. Abb. 1.21) beinhalten die Gestaltung der Struktur,
der Aufgabenverteilung und der Kompetenzen im Rahmen einer funktionalen bzw.
divisionalen oder Matrix-Unternehmensorganisation, wobei entsprechend der gesetzlichen Vorschriften (vgl. HGB und AktG) insbesondere eine Funktionstrennung
zwischen dem Handelsbereich, der auch als Treasury bezeichnet wird, und den übrigen Bereichen wie Abwicklung, Finanzcontrolling und Rechnungswesen zu gewährleisten ist (vgl. Scharpf 2000, S. 278 ff.).

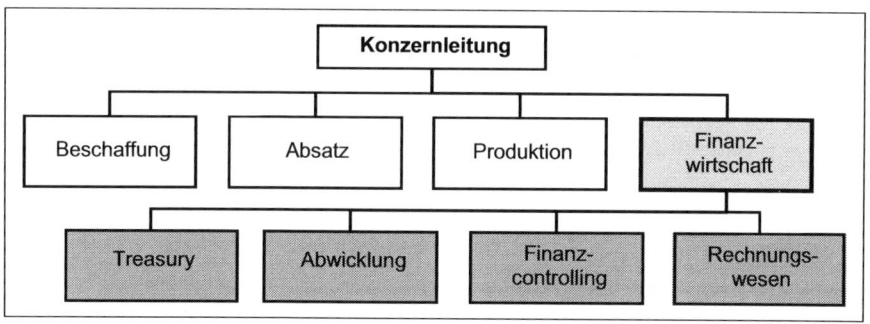

Abb. 1.21 Beispiel einer Finanzaufbauorganisation eines Konzerns nach dem Funktionalprinzip

Im Treasury werden primär finanzdispositionsrelevante Entscheidungen getroffen unter Berücksichtigung von Kapitalbedarf und Kapitalfonds und ihrer Risiken (zur Abgrenzung der Funktionen von Treasury und Controlling im Financial Management vgl. auch Horváth 2006, S. 25).

Eine mögliche Arbeitsteilung zwischen Finanzvorstand, Treasurer und Controller ist allerdings i. d. R. sowohl organisatorisch als auch ökonomisch nur in Großunternehmen zu vertreten, denn je kleiner ein Unternehmen ist, umso weniger findet in der Praxis eine Spezialisierung auf mehreren Instanzen statt. In kleinen und mittleren Unternehmen gehen daher die Funktionen des Treasurers auf den für Finanzen verantwortlichen Geschäftsführer bzw. Vorstand über, während die übrigen Bereiche der Abwicklung und des Finanzcontrolling häufig in der Abteilung Rechnungswesen zusammengefasst werden.

Entscheidungen zur **Finanzablauforganisation** beinhalten immer die optimale Gestaltung und Regelung interner EDV-organisatorischer Prozesse unter Berücksichtigung von Sicherheits- und Effizienzzielen sowie Interdependenzen zu anderen Managementbereichen des Unternehmens. Die Leistungsfähigkeit der eingesetzten Hardware und Software ist hinsichtlich der sich ändernden Aufgabenstellungen des Finanzmanagements regelmäßig zu überprüfen und ggf. neu auszurichten, um alle relevanten Informationen den Entscheidern rechtzeitig und problemadäquat bereitzustellen.

Aktiva	Passiva
Anlagevermögen - Mergers & Acquisitions Umlaufvermögen - Cash Management - Credit Management - Portfolio Management	Eigenkapital - Going Public - Aktienemissionen Fremdkapital - Geldmarktfinanzierungen - Kapitalmarktfinanzierungen

Abb. 1.22 Hauptfunktionen des In-House-Banking eines internationalen Unternehmens. (Quelle: Vgl. Richtsfeld 1994, S. 10 sowie die dort angeführten Literaturquellen)

Unter **In-House-Banking** kann die Neuausrichtung eines Finanzmanagements, insbesondere beim internationalen Unternehmen, verstanden werden, das z. B. in der Konzernzentrale zur Wahrnehmung der finanzwirtschaftlichen Ziele und Funktionen weitgehend auf die Inanspruchnahme von Banken und anderen Finanzdienstleistern verzichtet und stattdessen die Rolle im Unternehmen mit dem Ziel der Steigerung des Gewinns und der Realisierung von Kosteneinsparungen übernimmt (vgl. u. a. Richtsfeld 1994, S. 8 ff.).

Entscheidungen des In-House-Banking (vgl. Abb. 1.22) können sowohl das Umlauf- und Anlagevermögen als auch den Kapitalfonds (Eigen- und Fremdkapital) tangieren. Nicht nur im Rahmen eines In-House-Banking erfolgt eine Entscheidungszentralisation des Finanzmanagements internationaler Unternehmen. Zahlreiche Studien belegen darüber hinaus die generelle Tendenz zur Zentralisation finanzieller Entscheidungen für wesentliche funktionale Aufgabenfelder wie z. B. Cash-Management und Portfolio Management (vgl. insbes. Reis 1999, S. 202 ff sowie die dort angeführten Ergebnisse empirischer Untersuchungen).

1.5   Die Deckung des Kapitalbedarfs

Im Rahmen der Unternehmensführung stellt die Finanzierung häufig einen Engpasssektor dar, der auf eine unzureichende Deckung des Kapitalbedarfs im Unternehmen zurückzuführen ist. Als Kapitalbedarf bezeichnet man den gesamten liquiden Geldbedarf, den ein Unternehmen benötigt, um seine Investitionen durchzuführen und den Betriebsmittelbedarf zu decken. Die Problematik der Kapitalbedarfsdeckung liegt häufig in der Komplexität der leistungswirtschaftlichen Prozesse im Unternehmen, die aus sämtlichen Beziehungen zu Partnern in den Beschaffungs- und Absatzmärkten resultieren. Da die einzelnen Zahlungsströme unterschiedlich hoch sind und zeitlich auseinander fallen, kann es z. B. in einem bestimmten Zeitpunkt zu höheren kumulierten Auszahlungen als Einzahlungen kommen, wodurch ein erhöhter Kapitalbedarf entsteht. Weitere finanzielle Vorgänge, wie die Beschaffung oder Tilgung von Kapital auf den Finanzmärkten nehmen Einfluss auf die finanziellen Mittel im Unternehmen. Daher kommt der finanzwirtschaftlichen Führung eines Unternehmens bei der Abstimmung des Kapitalbedarfs mit dem Kapitalfonds eine primäre operative und strategische Rolle zu, die alle Entscheidungen zur Bereitstellung und Ausstattung des betrieblichen Kapitalfonds umfasst.

1.5.1   Systematisierung der Finanzierungsalternativen

Die Finanzierungsmöglichkeiten eines Unternehmens lassen sich nach verschiedenen Gliederungskriterien systematisieren (vgl. z. B. Perridon und Steiner 2007, S. 347 ff; Wöhe und Bilstein 2009, S. 14 ff; Olfert und Reichel 2005, S. 30 ff; Schäfer 2002, S. 20 ff.):

1. **Nach der Rechtsstellung der Kapitalgeber** (vgl. Abb. 1.23) erfolgt eine Einteilung in Eigen- und Fremdfinanzierung.

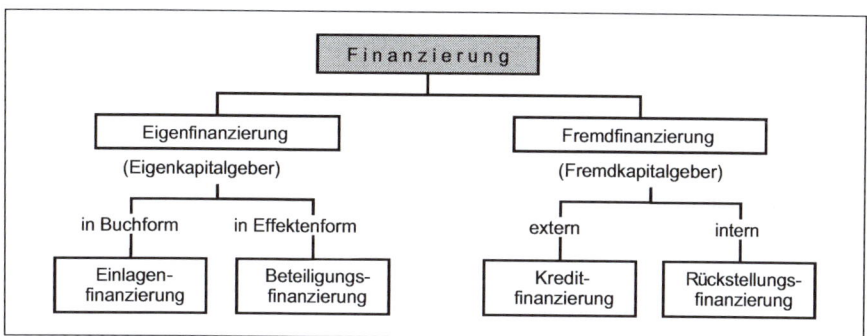

Abb. 1.23 Einteilung der Finanzierung nach der Rechtsstellung der Kapitalgeber

2. **Nach der Kapitalherkunft** (vgl. Abb. 1.24) wird in Außenfinanzierung und Innenfinanzierung unterschieden. Außenfinanzierung bedeutet, dass der Kapitalbedarf eines Unternehmens aus externen Quellen gedeckt wird. Banken, Versicherungen, Privat-, Geschäftspersonen, Unternehmen etc. stellen die notwendigen Finanzmittel zur Verfügung. Der Begriff Außenfinanzierung beschreibt daher nur den Zufluss der Finanzmittel (vgl. Busse 1996, S. 45). Der Mittelzufluss erfolgt durch Einlagen der Unternehmenseigner, Beteiligung von Gesellschaftern in Form von neuen oder zusätzlichen Beteiligungen (Beteiligungsfinanzierung) oder durch Fremdkapital von Gläubigern (Kreditfinanzierung und Fremdfinanzierung).

3. **Nach der Fristigkeit** wird bei der Bereitstellung von Fremdkapital unterschieden, wobei eine Einteilung in kurz-, mittel- und langfristiges Fremdkapital erfolgt. Die zeitlichen Begrenzungen werden in Theorie und Praxis z. T. unterschiedlich gesehen. Nach der Statistik der Deutschen Bundesbank und dem HGB ist eine Klassifizierung wie folgt vorgesehen:

- kurzfristig bis zu 1 Jahr
- mittelfristig von 1 bis unter 5 Jahre und
- langfristig ab 5 Jahre.

Eigenkapital wird dem Unternehmen i. d. R. langfristig oder sogar unbefristet zur Verfügung gestellt. In Abhängigkeit vom Gesellschaftsvertrag spielt neben der vereinbarten Fristigkeit auch die beabsichtigte Kapitalüberlassungsdauer des Eigenkapitals eine Rolle.

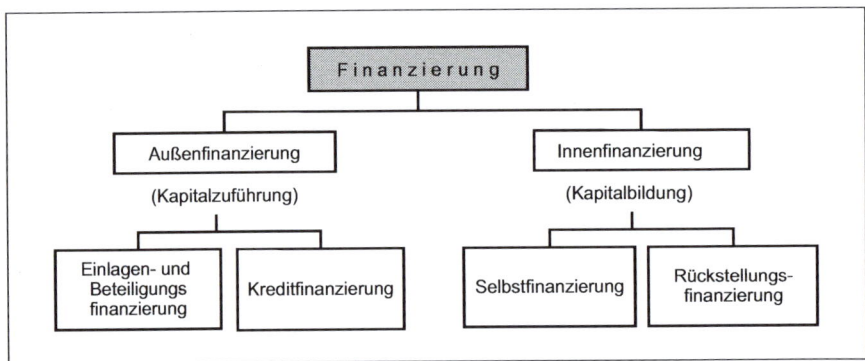

Abb. 1.24 Einteilung der Finanzierung nach der Herkunft des Kapitals

4. **Nach dem Anlass** (vgl. Abb. 1.25) kann insbesondere in Gründungsfinanzierung, Erweiterungsfinanzierung sowie in Umfinanzierung und Sanierungsfinanzierung unterschieden werden.

Gründungsfinanzierung
Bereitstellung des für die Existenzgründung notwendigen Kapitalfonds
Erweiterungsfinanzierung
Bereitstellung von Kapital für Zwecke der Erweiterungsinvestition(en)
Umfinanzierungen
Bereitstellungen von Kapital für finanzierungseigene Zwecke im Wege
    - der Substitution (z.B. Ersatz eines Kredites der Bank A durch den Kredit der Bank B)
    - der Transformation (Umwandlung von einer Kapitalart in eine andere Kapitalart des
      Kapitalfonds)
Sanierungsfinanzierung
Verminderung des Eigenkapitals durch eine Kapitalherabsetzung zum Zweck der Sanierung des
Unternehmens mit nachfolgender Kapitalerhöhung

Abb. 1.25 Einteilung der Finanzierung nach dem Anlass

5. **Nach der Abstimmung zwischen Kapitalbedarf und Kapitalfonds** (vgl. Abb. 1.26) kann in eine bedarfsadäquate Finanzierung bzw. in eine Unterfinanzierung oder eine Überfinanzierung differenziert werden.

Bedarfsadäquate Finanzierung

Bereitstellung eines Kapitalfonds, der hinsichtlich des Kapitalbedarfs eine Volumens- und Zeitkongruenz aufweist, d.h.

| Kapitalfonds = Kapitalbedarf |

Unterfinanzierung

Bereitstellung eines Kapitalfonds, der zur Abdeckung des notwendigen Kapitalbedarfs nicht ausreicht, d.h.

| Kapitalfonds < Kapitalbedarf |

Überfinanzierung

Bereitstellung eines Kapitalfonds, der die Abdeckung des notwendigen Kapitalbedarfs übersteigt, d.h.

| Kapitalfonds > Kapitalbedarf |

Abb. 1.26 Einteilung der Finanzierung nach der Abstimmung zwischen Kapitalbedarf und Kapitalfonds

Ziel der Unternehmung sollte eine bedarfsgerechte Finanzierung mit einer optimalen Liquidität sein. Im Falle der Unterfinanzierung besteht die Gefahr einer Illiquidität, während sich eine Überfinanzierung negativ auf die Rentabilität auswirkt.

Einen Gesamtüberblick über die Finanzierungsalternativen der Unternehmung vermittelt Abb. 1.27. Basierend auf den in Theorie und Praxis häufig verwendeten Gliederungskriterien der Kapitalherkunft und der Rechtsstellung der Kapitalgeber werden grundlegende Quellen aufgezeigt, aus denen Kapital bereitgestellt werden kann (vgl. Prätsch 1986, S. 23 f.). Häufig sind bei der Systematisierung von Finanzierungsalternativen mehrere Zuordnungskriterien gültig.

Herkunft des Kapitals / Rechtsstellung der Kapitalgeber	Außenfinanzierung (Kapitalzuführung)	Innenfinanzierung (Kapitalbildung)
Eigenfinanzierung (Eigenkapitalgeber)	1. Eigenfinanzierung in Buchform/ Beteiligungsfinanzierung bei nicht-emissionsfähigen Unternehmen 2. Eigenfinanzierung in Effektenform/Beteiligungsfinanzierung bei emissionsfähigen Unternehmen	Selbstfinanzierung (Gewinnthesaurierung) 1. offene Selbstfinanzierung (versteuert bzw. unversteuert) 2. stille Selbstfinanzierung (unversteuert)
Fremdfinanzierung (Fremdkapitalgeber)	externe Fremdfinanzierung/ Kreditfinanzierung 1. langfristige (z.B. Schuldverschreibungen und Bankkredite) 2. kurzfristige (z.B. Lieferanten- und Bankkredite)	interne Fremdfinanzierung 1. langfristige (z.B. Pensionsrückstellungen) 2. kurzfristige (z.B. Rückstellungen für gewinnabhängige Steuern und Gratifikationen)

Abb. 1.27 Systematik der Finanzierungsalternativen nach der Rechtsstellung der Kapitalgeber und der Kapitalherkunft

1.5.2 Finanzierungsverhältnisse deutscher Unternehmen

Die folgenden Ausführungen erfolgen in Anlehnung an den Monatsbericht der Deutschen Bundesbank aus dem Juni 2006.

Das Mittelaufkommen deutscher Unternehmen, das sich aus Innenfinanzierung und Außenfinanzierung zusammensetzt betrug 2005 insgesamt 235,7 Mrd. EUR (vgl. Abb. 1.28), wobei nur nichtfinanzielle Unternehmen, d. h. keine Kreditinstitute und Versicherungen, Berücksichtigung finden. Der Finanzierungsbedarf ist nach einer Periode des Rückgangs wieder gestiegen und erreichte ein Plus von 26,9 % gegenüber dem Vorjahr.

Position	2002	2003	2004	2005	Differenz 04/05
Mittelaufkommen/Finanzierung					
Innenfinanzierung	198,2	186,9	218,7	220,0	1,3
nicht entnommene Gewinne [1]	16,1	4,9	33,7	34,7	1,0
Abschreibungen	182,1	181,9	185,0	185,3	0,3
Nachrichtlich: Innenfinanzierungsquote[2]	83,0	82,2	102,1	88,6	- 13,5
Außenfinanzierung	59,3	44,7	- 33,0	15,7	48,7
bei Banken	- 22,6	- 46,5	- 44,5	- 11,0	33,5
bei sonstigen Kreditgebern [3]	40,0	24,6	- 24,0	17,0	41,0
am Wertpapiermarkt [4]	5,7	27,2	2,1	3,1	1,0
in Form von Beteiligungen [5]	27,5	31,5	26,8	0,0	- 26,8
Bildung von Pensionsrückstellungen	8,7	7,9	6,6	6,6	0,0
Finanzierung insgesamt	257,5	231,5	185,7	235,7	50,0
Mittelverwendung/Investitionen					
Bruttoinvestitionen	191,9	198,8	208,1	215,5	7,4
Bruttoanlageinvestitionen	214,1	210,1	212,7	215,4	2,7
Vorratsveränderungen	- 22,2	- 11,2	- 4,6	0,1	4,7
Nettozugang an nichtproduzierten Vermögensgütern	0,5	0,5	0,5	0,4	- 0,1
Geldvermögensbildung	46,5	28,1	5,7	32,3	26,6
bei Banken [6]	- 10,4	32,0	27,7	35,3	7,6
in Wertpapieren [7]	- 53,0	- 46,5	- 42,9	9,1	52,0
in Beteiligungen [5]	68,6	12,6	16,5	- 31,2	- 47,7
Kredite [3]	40,2	29,3	2,9	16,8	13,9
bei Versicherungen	1,1	0,6	1,5	2,3	0,8
Investitionen insgesamt	238,9	227,4	214,3	248,2	33,9
Nettogeldvermögensbildung	- 12,9	- 16,5	38,7	16,6	- 22,1

Abb. 1.28 Mittelaufkommen und -verwendung deutscher nichtfinanzieller Unternehmen (Mrd. EUR). (Quelle: Deutsche Bundesbank, 2006, S. 20.)

Anmerkungen zur Abb. 1.28:

1) Einschl. empfangene Vermögensübertragungen (netto)

2) Innenfinanzierung in % der gesamten Vermögensbildung

3) Einschl. sonstige Forderungen bzw. sonstige Verbindlichkeiten

4) Durch Absatz von Geldmarktpapieren und Rentenwerten

5) Aktien und sonstige Beteiligungen

6) Im In- und Ausland

7) Geldmarktpapiere, Rentenwerte (einschl. Finanzderivate) und Investmentzertifikate.

Wie schon in den Jahren zuvor konnte der Finanzierungsbedarf überwiegend mit eigenen Mitteln gedeckt werden. Die Innenfinanzierungsquote lag mit einer Quote von 88,6 % zwar um 15,2 % unter dem Vorjahreswert, im Vergleich ist der Wert jedoch der zweithöchste Wert seit 1991. Insgesamt wuchsen die selbst erwirtschafteten Mittel der deutschen Unternehmen nur geringfügig um 0,6 % auf 220 Mrd. EUR.

Die Außenfinanzierung der Unternehmen hat erstmals seit Jahren wieder zugenommen. Im Vergleich zu den Vorjahren ist ein Bedarf an externen Finanzmitteln von insgesamt fast 16 Mrd. EUR bemerkenswert. Damit hat die mehrjährige Phase der Schuldenkonsolidierung, die unter anderem in Schuldenrückzahlungen ihren Niederschlag fand, einen gewissen Abschluss gefunden. Ein Umschwung lässt sich besonders bei den sonstigen Kreditgebern (Krediten von Nichtbanken) feststellen. Die per Saldo aufgenommenen Mittel erreichten 17 Mrd. EUR, das bedeutet eine Steigerung von 41,0 Mrd. EUR im Vergleich zum Vorjahr. Bankkredite wurden von Unternehmen in 2005 zwar zum vierten Mal in Folge netto getilgt. Allerdings fiel das Volumen mit 11 Mrd. EUR deutlich geringer aus als 2004 mit insgesamt 44,5 Mrd. EUR. Eigene Wertpapieremissionen nahmen die Unternehmen in 2005 mit 3,1 Mrd. EUR nur wenig mehr als 2004 auf. Der Negativtrend bei der Beteiligungsfinanzierung konnte auch 2005 insgesamt nicht gestoppt werden. Es fand eine Überlagerung von unterschiedlichen Entwicklungen statt, so dass die Beschaffung von Mitteln über Beteiligungen in der Summe bei null lag. Der Wert der Pensionsrückstellungen ist mit 6,6 Mrd. EUR auf Vorjahresniveau geblieben.

Der Aufwärtstrend der Wirtschaft wirkte sich insgesamt positiv auf das Investitions- und Finanzierungsverhalten der Unternehmen aus. Mit den aufgenommen Mitteln im Jahr 2005 konnten Investitionen von 248,2 Mrd. EUR realisiert werden. Insgesamt hat sich allerdings die Nettogeldvermögensbildung in 2005 auf 16,6 Mrd. EUR abgeflacht.

Im Rahmen der Mittelverwendung der Unternehmen wurde 2005 die Sachvermögensbildung bevorzugt, deren Anteil an der Mittelverwendung insgesamt fast 87 % betrug. Die Bruttoinvestitionen stiegen mit über 7 Mrd. auf 215,5 Mrd. EUR. Von diesem Zuwachs waren insbesondere Ausrüstungsinvestitionen aber auch höhere Vorratsbestände betroffen. Bei der gewerblichen Bautätigkeit wurde auch in diesem Jahr wieder ein Minus im Vergleich zum Vorjahr festgestellt.

Ein höheres Plus als bei den Sachinvestitionen ist in der Geldvermögensbildung der Unternehmen zu verzeichnen. In 2005 legten die Firmen Finanzaktiva von 32,2 Mrd. EUR an. Wertpapiere wiesen mit einer Steigerung um 52 Mrd. EUR den höchsten Zuwachs gegenüber dem Vorjahr auf. Damit konnte in diesem Bereich zum ersten Mal seit 2001 wieder ein positives Ergebnis erreicht werden. Während die Vermögensbildung bei Banken und in Krediten auch gute Steigerungsraten erzielten, wirkte der Verkauf von Firmenbeteiligungen stark dämpfend auf die Geldvermögensbildung der Unternehmen. Der Anteil der Beteiligungen fiel drastisch um 47,7 Mrd. EUR auf insgesamt Minus 31,2 Mrd. EUR.

Im Zusammenhang mit dem internationalen Wirtschaftsaufschwung haben deutsche Unternehmen einen Zuwachs der Gesamtinvestitionen von insgesamt 15,8 % realisiert.

1.6   Grundzüge der finanzwirtschaftlichen Forschung

1.6.1   Grundlagen

Die finanzwirtschaftliche Forschungstellt das theoretische Fundament der Finanzwirtschaft der Unternehmung dar.

Forschungsgegenstand (vgl. Abb. 1.29) sind im Einzelnen die Kapitalgeber, die Kapitalnehmer, der Übertragungsvorgang des Kapitals zwischen Kapitalgebern und Kapitalnehmern und der Markt (vgl. Perridon und Steiner 2007, S. 16; Bieg und Kussmaul 2000, S. 24).

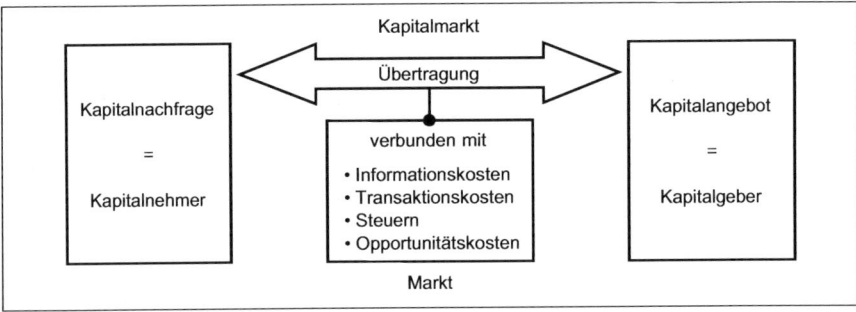

Abb. 1.29 Übersicht über die Forschungsgebiete der Finanzwirtschaft. (Quelle: In Anlehnung an Perridon und Steiner, 2007, S. 16)

Auf dem Markt treffen Nachfrager nach Kapital auf Anbieter von Kapital, wobei das Kapital in Form einer Geldlieferung und/oder einer Sachlieferung bestehen kann. Aus der Sicht des Kapitalgebers (= Investors) bedeutet die Übertragung des Kapitals zum heutigen Zeitpunkt Einzahlungsansprüche später, aus der Sicht des Kapitalnehmers Verpflichtungen aus späteren Auszahlungen.

Beide Seiten – Kapitalnehmer wie Kapitalgeber – übernehmen mit der Übertragung des Kapitals sowohl Rechte als auch Pflichten, diese werden in ihrer Gesamtheit auch als Finanzierungstitel bezeichnet. Der hier verwendete Begriff *Markt* oder auch *Kapitalmarkt* ist theoriegeleitet und nicht zu verwechseln mit dem Kapitalmarkt für mittel- und langfristige Finanzmittel, der zusammen mit dem Geldmarkt für kurzfristige Finanzmittel den *Finanzmarkt* als Oberbegriff bildet.

1.6.2   Übersicht über die Forschungsansätze

Die Forschungsansätze der Finanzwirtschaft lassen sich in die Finanzwirtschaftslehre einerseits und in die Finanztheorien andererseits gliedern (vgl. Abb. 1.30).

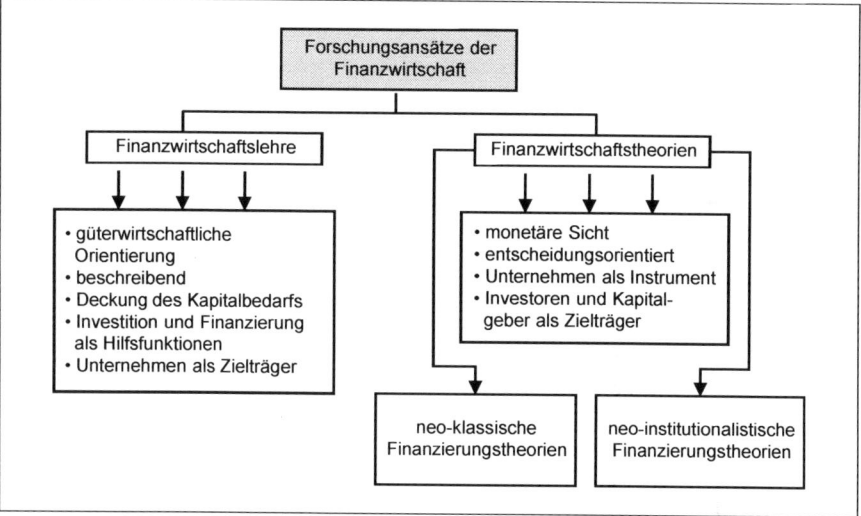

Abb. 1.30 Skizzierung der Forschungsansätze der Finanzwirtschaft anhand ausgewählter Merkmale

Die **Finanzwirtschaftslehre** erschöpft sich in einer beschreibenden Funktion. Der Markt, in den die Beziehungen von Kapitalgebern und Kapitalnehmern eingebettet sind, findet in der Finanzwirtschaftslehre keine Berücksichtigung. Der Übertragungsvorgang, der Steuern, Informationskosten, Transaktionskosten, Opportunitätskosten beinhaltet, hat eine geringe Bedeutung. Formenlehre, projektorientierter Ansatz, Finanzanalyse sowie Finanzplanung bilden die vier Teilbereiche der Finanzwirtschaftslehre (vgl. Perridon und Steiner 2007, S. 15 ff.).

Die **Formenlehre** systematisiert die Finanzierungsformen in externe und interne Finanzierung. Sie sieht es als ihre Aufgabe an, bei vorgegebenem Kapitalbedarf die adäquate Finanzierungsquelle herauszufinden. Die Finanzierung aus Vermögensumschichtung, Abschreibungsgegenwerten, Rückstellungsgegenwerten sowie die Selbstfinanzierung sind interne Finanzierungsquellen. Formen der externen Finanzierung sind Eigenkapitalfinanzierung, Fremdkapitalfinanzierung und Zwischenformen von Beteiligungs- und Fremdfinanzierung.

Die im Zusammenhang mit der Gründung, der Fusion, der Sanierung, der Liquidation, der Umwandlung und ähnlichen Sonderfällen verbundenen finanztechnischen

Maßnahmen und damit einhergehende Rechtsfolgen sind Forschungsgegenstand des **projektorientierten Ansatzes**. Mit der fortschreitenden Entwicklung auf dem finanztechnischen Sektor mit Transaktionen wie z. B. Going Public, Management Buy-Out, Projektfinanzierung ergeben sich neue Untersuchungsgebiete dieser Forschungsrichtung (vgl. Perridon und Steiner 2007, S. 17).

Kennzahlen und Kennzahlensysteme stehen im Mittelpunkt der **Finanzanalyse**. Sie dienen zum einen der Analyse der vergangenheitsbezogenen sowie der Steuerung der zukünftigen Unternehmensentwicklung, zum anderen finden sie bei Unternehmensexternen im Rahmen der Bonitätsprüfung Anwendung. Bei diesem Forschungszweig vollzieht sich ein Wandel von der statischen, bilanzorientierten Betrachtungsweise hin zur zahlungsstromorientierten, dynamischen Anwendung.

Das Erfordernis der Erfassung der ein- und ausgehenden Zahlungsströme kennzeichnet die **Finanzplanung** als viertem und neuestem Forschungszweig der Finanzwirtschaftslehre. Die Erkenntnis über die Notwendigkeit der Erstellung von Finanzplänen vollzieht sich vor dem Hintergrund, dass die Sicherung der Zahlungsfähigkeit Grundlage der Lebensfähigkeit von Unternehmen ist (vgl. Perridon und Steiner 2007, S. 18; Bieg und Kussmaul 2000, S. 27).

Die moderne Sicht von Investitions- und Finanzierungsentscheidungen findet ihren Niederschlag in der **Finanzwirtschaftstheorie**. Diese Sichtweise ist entscheidungsorientiert. Unternehmen sind dieser Auffassung nach Instrumente, deren sich Wirtschaftssubjekte bedienen, um ihren Nutzen zu maximieren (vgl. Schmidt und Terberger 2006, S. 77). Es lassen sich zwei Richtungen, die neo-klassischen und die neo-institutionalistischen Finanzierungstheorien unterscheiden.

Im Rahmen des **neo-klassischen Erklärungsansatzes** stehen die Ziele und die Rendite-Risiko-Gesichtspunkte von Kapitalgebern und Kapitalnehmern unter Berücksichtigung des Marktes und seiner Zusammenhänge im Vordergrund. Die Übertragung des Kapitals wird vernachlässigt. Dabei beruhen die neo-klassischen Finanzierungstheorienauf der Annahme eines vollkommenen Kapitalmarktes, auf dem ein reibungsloser Austausch von Rechten gegeben ist.

Ein derartiger vollkommener Kapitalmarkt schafft für alle Marktteilnehmer einen gleichen Marktzugang, auf ihm entfallen Informationskosten, Steuern und Transaktionskosten. Als neo-klassische Finanzierungstheorien sind u. a. zu nennen das Separationstheorem von Fisher, die Irrelevanzthesen von Modigliani und Miller, die Portfoliotheorie von Markowitz, die Überlegungen des Capital Asset Pricing Models von Sharpe/Lintner/Mossin und die Arbitrage Price Theory von Ross.

Auf I. Fisher geht die Überlegung zurück, dass auf der Grundlage eines vollkommenen und vollständigen Kapitalmarktes mit einem einheitlichen Zinssatz für Kapitalangebot und Kapitalnachfrage die voneinander unabhängige Entscheidung (= Separation) von Investition einerseits sowie Finanzierung und Konsum andererseits getroffen werden kann. Man spricht hier vom **Fisher-Modell** oder auch vom **Separationstheorem**.

Unter dem Begriff Kapitalstruktur versteht man im Zusammenhang mit finanztheoretischen Erörterungen das Verhältnis von Fremdkapital zu Eigenkapital einer Unternehmung. Nach traditioneller Auffassung existiert eine optimale **Kapi-**

talstruktur, dabei liegt der **Verschuldungsgrad** im Minimum der durchschnittlichen Kapitalkosten. Franco Modigliani und H. H. Miller haben dieser These, die auf Vermutungen über das Verhalten von Eigen- und Fremdkapitalgebern beruht, die Auffassung entgegengesetzt, dass unter der Voraussetzung des vollkommenen Kapitalmarktes und der Einteilung der Unternehmen in Risikoklassen die Kapitalstruktur eines Unternehmens für den Unternehmenswert unerheblich ist. Diese **Irrelevanz der Kapitalstruktur** wird auch als Irrelevanztheorem bezeichnet.

Auf H. Markowitz geht die **Portfoliotheorie** als Theorie der optimalen Wertpapiermischung zurück. Diese Portfolio-Selection-Theorie weist unter Beachtung bestimmter Kriterien den Weg, wie durch Diversifikation ein effizientes Portfolio gewonnen werden kann. Dabei sind die von einem Investor erwartete Rendite und das von ihm einzugehende Risiko für die Portfoliozusammensetzung entscheidend.

Das **Capital Asset Pricing Model** (CAPM) baut auf der Portfoliotheorie auf. Es handelt sich um ein Gleichgewichtsmodell, es beschreibt die Bewegung des Marktes zu einem stabilen Gleichgewicht. Das CAPM versucht zu erklären, welche Rendite ein Investor für ein Wertpapier zu erwarten hat, wenn sowohl eine risikobehaftete als auch eine risikolose Anlagemöglichkeit besteht.

Als Alternative zum CAPM wurde die **Arbitrage Pricing Theorie** (APT) entwickelt. Auch hier handelt es sich um einen kapitalmarkttheoretischen Ansatz. Unter der Annahme arbitragefreier Märkte wird versucht, unter Zuhilfenahme eines linearen Mehrfaktorenmodells die erwartete Aktienrendite zu berechnen.

Die **neo-institutionalistischen Finanzierungstheorien** vermeiden die zentrale Annahme des vollkommenen Kapitalmarktes der neo-klassischen Finanzierungstheorien. Im Mittelpunkt steht nunmehr der Vorgang der Übertragung des Kapitals unter Berücksichtigung der Informationskosten, der Transaktionskosten u. ä. Die Ziele von Kapitalgebern und Kapitalnehmern werden weitgehend vernachlässigt. Der Markt mit den Kapitalgeber- und Kapitalnehmerbeziehungen wird außer Acht gelassen (vgl. Bieg und Kussmaul 2000, S. 31).

Die Property-Rights-Theorie, die Agency-Theorie und die Transaktionstheorie sind die drei grundlegenden Erklärungsansätze der neo-institutionalistischen Finanzierungstheorien (vgl. Achleitner 2002, S. 47).

Die Theorie der Eigentumsrechte (= **Property-Rights-Theorie**) setzt sich mit den Auswirkungen rechtlicher und institutioneller Regelungen auseinander. Es gilt, eine optimale Zuordnung von Nutzungs-, Gestaltungs-, Gewinnaneignungs- und Veräußerungsrechten zu gestalten (vgl. Achleitner 2002, S. 47). Ausgehend von der Annahme, dass zwischen dem Auftraggeber (= Prinzipal) einerseits und dem Auftragnehmer/Manager (= Agenten) andererseits eine asymmetrische Informationsverteilung besteht, setzt sich die **Agency-Theorie** mit der Ausgestaltung von Verträgen und Finanzierungsbeziehungen auseinander, um eine weitestgehende Interessenübereinstimmung zwischen Prinzipal und Agent zu erzielen (vgl. Perridon und Steiner 2007, S. 523 ff.).

Als Transaktionskosten werden im Allgemeinen diejenigen Kosten bezeichnet, die durch die Vorbereitung, den Abschluss, die Durchführung, die Überwachung und ggf. die spätere Korrektur von Verträgen verursacht werden. Diese Kosten – als Folge von Austauschbeziehungen – stehen im Mittelpunkt der **Transaktionskostentheorie**. Zur Minimierung der Transaktionskosten stehen alternativ die Abwicklung der Transaktion über den Markt oder innerhalb der Unternehmung zur Verfügung, wobei die jeweiligen Ausprägungen der Transaktion für die beiden alternativen Lösungswege maßgeblich sind (vgl. Perridon und Steiner 2007, S. 522 f; Achleitner 2002, S. 48).

1.6.3 Einführung in die Problematik von Kapitalstruktur und Verschuldungsgrad

1.6.3.1 Die traditionelle These

Der Nachweis des einer Unternehmung zur Verfügung stehenden Kapitals untergliedert in Eigenkapital und Fremdkapital erfolgt auf der Passivseite der Bilanz. Die Abb. 1.31 gibt einen Überblick wie sich die Passivseite der Bilanzen deutscher Unternehmen zusammensetzt.

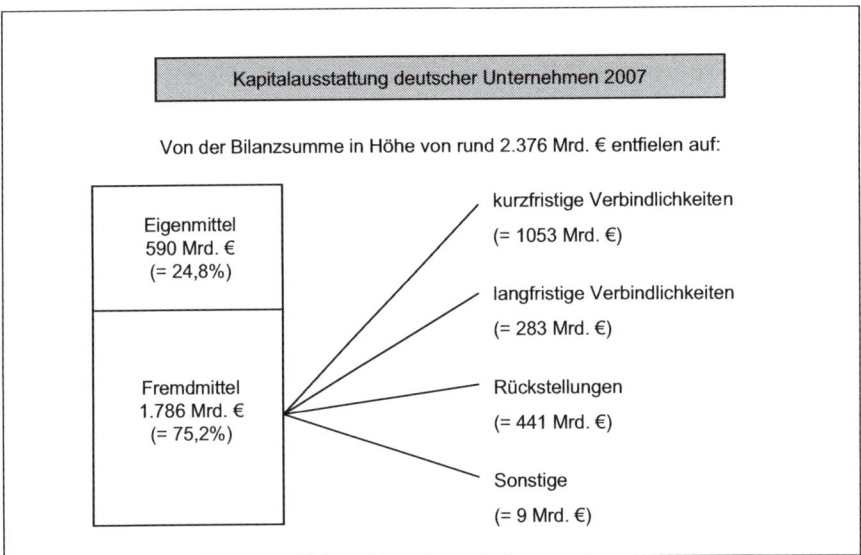

Abb. 1.31 Kapitalausstattung für kleine und mittelgroße Unternehmen sowie Großunternehmen in Deutschland (hochgerechnete Angaben). (Quelle: Vgl. Deutsche Bundesbank)

Aus der statistischen Übersicht der Deutschen Bundesbank ist erkennbar, dass es sich bei der Unternehmensfinanzierung deutscher Unternehmen um eine Mischfinanzierung aus Eigen- und Fremdmitteln handelt. Eine der grundlegenden finanzwirtschaftlichen Problemstellungen ist das Verhältnis von Fremdkapital zu Eigenkapital, auch als **Kapitalstruktur** bezeichnet. Im Rahmen der nachfolgenden Überlegungen werden die beiden Kapitalarten als gleichartig betrachtet und beispielsweise die Dauer der Kapitalüberlassung ausgeklammert.

Für die Überlassung des Kapitals werden sowohl Eigenkapitalgeber als auch Fremdkapitalgeber eine Verzinsung verlangen, die, da sie zukunftsgerichtet ist, als unsicher bezeichnet werden kann. Die Unsicherheit der Verzinsung auf das gesamte eingesetzte Kapital bezeichnet man als **Geschäftsrisiko** (= **business risk**). Für die Bereitstellung des Fremdkapitals erwartet der Fremdkapitalgeber die vertraglich festgelegten Fremdkapitalzinsen, die vom Unternehmen unabhängig von seiner Ertragslage aus den Jahresüberschüssen zu leisten sind. Den Eigenkapitalgebern verbleibt als Verzinsung für das eingebrachte Eigenkapital eine Restgröße, die aus den Jahresüberschüssen abzüglich Fremdkapitalzinsen zu begleichen ist. Das bedeutet, dass die Verzinsung des Eigenkapitals (= **Eigenkapitalrentabilität**) von mehreren Sachverhalten abhängig ist, und zwar (1) von der **Gesamtkapitalrentabilität**, das ist die Verzinsung des Gesamtkapitals, (2) von der Verzinsung des Fremdkapitals (= **Fremdkapitalrentabilität**,) und (3) dem Verhältnis von Fremdkapital zu Eigenkapital, auch als **Verschuldungsgrad**, bezeichnet. Die Zusammenhänge und die Ermittlung der Residualgröße Eigenkapitalrentabilität sind in der Abb. 1.32 dargestellt.

GK =	Gesamtkapital	
EK =	Eigenkapital	
VG =	Verschuldungsgrad	$= \dfrac{FK}{EK}$
GE =	Gesamtertrag	
rEK =	Eigenkapitalrentabilität oder	
	Eigenkapitalverzinsung	$= rEK * EK$
rFK =	Fremdkapitalrentabilität oder	
	Fremdkapitalverzinsung	$= rFK * FK$
GE =	kann zweifach definiert werden	
	(1) als Verzinsung von	
	Eigenkapital und Fremdkapital	
	oder	$= rGK * (EK + FK)$
	(2) als Summe der Produkte	
	aus Eigenkapitalrentabilität und	
	Eigenkapital sowie aus	
	Fremdkapitalrentabilität und	
	Fremdkapital	$= rEK * EK + rFK * FK)$

Fasst man die Gleichungen (1) und (2) zusammen, so gilt

$rGK * (EK + FK) = rEK * EK + rFK * FK$

Eine Auflösung nach der Eigenkapitalrentabilität ergibt

$$rEK = rGK + \frac{FK}{EK} \ (rGK - rFK)$$

oder

$$rEK = rGK + V \ (rGK - rFK)$$

Abb. 1.32 Die Zusammenhänge von Eigenkapital, Fremdkapital und Verschuldungsgrad sowie die Ermittlung der Eigenkapitalrentabilität

Eine nachvollziehbare von den Eigenkapitalgebern geforderte Maximierung der Eigenkapitalrentabilität kann unter folgenden Prämissen erzielt werden: (1) die Gesamtkapitalrentabilität liegt über der Fremdkapitalverzinsung, (2) der Gesamtkapitaleinsatz bleibt konstant und (3) das Eigenkapital wird durch Fremdkapital ersetzt.

Aufgabe: Der Leverage-Effekt

Ausgangsdaten
Eine Unternehmung weist ein Gesamtkapital in Höhe von 50.000 GE aus (siehe hierzu Abb. 1.33). Es wird zu 100 % mit Eigenkapital aufgebracht. Als nachhaltiger Gewinn werden 5.000 GE vor Fremdkapitalzinsen erwartet. Es besteht die Möglichkeit, Fremdkapital aufzunehmen, der Zinssatz beträgt 6 %.

Aufgabenstellung
Wie verändert sich die Eigenkapitalrentabilität (r_{EK}), wenn die Möglichkeit besteht, Fremdkapital in Höhe von 10.000 GE, alternativ 25.000 GE oder 35.000 GE aufzunehmen? Der Fremdkapitalzinssatz verhält sich konstant.

Lösung

	Situation 1	Situation 2	Situation 3	Situation 4
Gesamtkapital (GK)	50.000	50.000	50.000	50.000
Eigenkapital (EK) Fremdkapital (FK)	50.000 0	40.000 10.000	25.000 25.000	15.000 35.000
Verschuldungsgrad = $\dfrac{FK}{EK}$	0	0,25	1	2,3
Gewinn (nachhaltig vor Fremdkapitalzinsen) - 6 % Fremdkapitalzinsen (p.a. nachschüssig)	5.000 0	5.000 600	5.000 1.500	5.000 2.100
Gewinn	5.000	4.400	3.500	2.900
Eigenkapitalrentabilität (r_{EK})	10%	11%	14%	19,3%

Abb. 1.33 Leverage-Effekt

Diese Hebelwirkung zunehmender Verschuldung auf die Eigenkapitalrentabilität wird als **Leverage-Effekt**, bezeichnet. Eine positive Entwicklung kann unter bestimmten Fallkonstellationen auch negativ verlaufen. Die Annahme, dass bei geringer Verschuldung die Eigenkapitalrendite sicher ist und bei stärkerer Verschuldung unsicher, dürfte unstritig sein. Den Sachverhalt, dass die Eigenkapitalrentabilität mit steigender Verschuldung unsicherer wird, bezeichnet man als **Kapitalstruktur-risiko** oder **financial risk**.

Es liegt nahe, dass das Finanzmanagement versuchen wird, Eigenkapital solange durch Fremdkapital zu ersetzen, bis die bei anwachsender Verschuldung steigenden Zinsen der Rentabilität des eingesetzten Kapitals entsprechen (vgl. Abb. 1.34). Es existiert somit eine optimale Kapitalstruktur, bei der die Gesamtkapitalkosten minimiert werden. Man spricht in diesem Falle von der traditionellen These einer Kapitalstruktur.

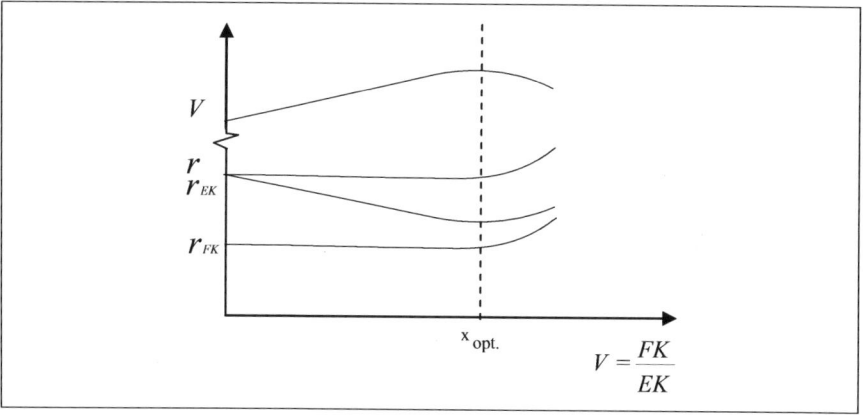

Abb. 1.34 Verlauf der Kapitalkosten nach der traditionellen These einer optimalen Kapitalstruktur

Für die weiteren Überlegungen ist es notwendig, die vollzogene Herleitung des optimalen Verschuldungsgrades näher zu betrachten. Bei zunächst geringer Verschuldung (= Fremdkapitalanteil) besteht für die Eigenkapitalgeber ein zu vernachlässigendes Risiko, ebenso werden die Fremdkapitalgeber keine Veranlassung sehen, einen Zuschlag auf den vereinbarten Zinssatz zu fordern. Unter diesen Voraussetzungen sinken bei zunehmender Verschuldung die durchschnittlichen Gesamtkapitalkosten, der Marktwert der Unternehmung kann gesteigert werden. Erst ab einem *bestimmten* Verschuldungsgrad wird den Eigenkapitalgebern das gestiegene Risiko bewusst, sie verlangen einen *zusätzlichen* Risikoaufschlag. Auch die Fremdkapitalgeber erkennen bei zunehmender Verschuldung, dass das von ihnen bereitgestellte Kapital nicht mehr risikolos ist mit der Folge eines weiteren Risikoaufschlages. Es ist nachvollziehbar, dass angenommen wird, dass die Kapitalgeber sich entsprechend verhalten. Dieses Verhalten erscheint plausibel, eine exakte Bestimmung und Berechnung des *optimalen Verschuldungsgrades* vorzunehmen, ist jedoch nicht möglich, da lediglich Vermutungen über das Verhalten der Kapitalgeber zu Grunde gelegt werden. Der Kapitalmarkt selbst mit seinen möglichen Reaktionen wird bei dieser Vorgehensweise ausgeklammert.

Die Wirkungszusammenhänge in den verschiedenen Situationen sind in der Abb. 1.35 dargestellt.

	Situation 1	Situation 2	Situation 3	Situation 4
Gesamtkapital (GK)	50.000	50.000	50.000	50.000
Eigenkapital (EK)	50.000	40.000	25.000	10.000
Fremdkapital (FK)	0	10.000	25.000	40.000
Verschuldungsgrad	0	0,25	1	4
Gewinn (vor Fremdkapitalzinsen)	5.000	5.000	5.000	5.000
- Fremdkapitalzinsen es wird angenommen, dass bei zunehmender Verschuldung ein Risikozuschlag verlangt wird		6%	6%	8%
Fremdkapitalzinsen effektiv	0	600	1.500	3.200
Gewinn	5.000	4.400	3.500	1.800
Eigenkapitalrentabilität	10%	10%	11%	15%
Eigenkapital → absolut zum Marktwert berechnet aus = $\dfrac{\text{Jahresüberschuss}}{\text{Eigenkapitalrentabilität}}$	50.000	44.000	31.817	12.000
→ prozentual zum nominellen Eigenkapital	100%	110%	127%	120%
Marktwert des Gesamtkapitals (resultiert aus: Fremdkapital zuzüglich Marktwert des Eigenkapitals)	50.000	54.000	56.817	52.000
Gesamtkapitalrentabilität = r (Gewinn vor FK-Zinsen dividiert durch Marktwert des Gesamtkapitals)	10%	9,26%	8,8%	9,6%

Abb. 1.35 Situationen gemäß der traditionellen These von der Existenz eines optimalen Verschuldungsgrades. (Quelle: Schierenbeck 1995, S. 462 f.)

Die traditionelle Auffassung von einer optimalen Verschuldung verdeutlicht das Zahlenbeispiel in Abb. 1.35. Es werden in den unterschiedlichsten Situationen die Wirkungszusammenhänge deutlich.

Bei der Beurteilung ist es bedeutsam, dass angenommen wird, dass die Eigenkapitalgeber einen Aufschlag für das gestiegene Risiko auf ihre Renditeforderung erheben. Ebenso wird vermutet, dass die Fremdkapitalgeber bei anwachsender Verschuldung einen Aufschlag auf den vereinbarten Zinssatz für die Kapitalüberlassung wegen des erhöhten Risikos verlangen. Es ist plausibel, aber es wird vermutet, bestimmbar i.S. eines Beweises ist es nicht.

In dem vorliegenden Beispiel liegt bei einem Verschuldungsgrad von 1 das Maximum des Marktwertes der Unternehmung.

1.6.3.2   Der Ansatz von Modigliani und Miller

Dem traditionellen Ansatz von der Existenz einer optimalen Kapitalstruktur haben Franco Modigliani und Merton H. Miller (= MM) in einem 1958 erschienenen Aufsatz widersprochen (vgl. Schmidt und Terberger 2006, S. 252 f sowie Franke und Hax 1990, S. 452 f.). Für das Verständnis der Thesen von Modigliani und Miller bilden die zu Grunde gelegten Prämissen die entscheidenden Voraussetzungen. Es handelt sich im Einzelnen um:

- Hinsichtlich des bestehenden Risikos können sämtliche Unternehmen in Risikoklassen eingeteilt werden. Alle Unternehmen dergleichen Risikoklasse weisen das gleiche Risiko auf. In jeder Risikoklasse gibt es mindestens zwei Unternehmungen.

- Eine Insolvenz ist ausgeschlossen.

- Die Erwartungen der Kapitalgeber sind gleichartig, das bedeutet, alle Kapitalanleger operieren mit der gleichen Wahrscheinlichkeitsverteilung.

- Das Fremdkapital ist unabhängig von der Kapitalstruktur der Unternehmung sicher.

- Das Investitionsprogramm der Unternehmung ist gegeben und von der Finanzierung von Eigen- und Fremdkapital unabhängig.

- Lediglich die Eigenkapitalgeber erhalten zuzüglich zu ihrer Renditeforderung eine Risikoprämie, da nur sie ein Risiko eingehen, obwohl grundsätzlich alle Kapitalgeber risikoscheu sind und Risikoprämien fordern.

Ausgangspunkt der Überlegungen von Modigliani und Miller ist jedoch die neoklassische Annahme eines vollkommenen Kapitalmarktes, was z. B. bedeutet, dass keine *Informationsasymetrien* bestehen und weder Steuern noch Transaktionskosten anfallen. Demzufolge ist der Kapitalmarkt ein Markt, auf dem gleiche Güter im Gleichgewicht den gleichen Preis haben (vgl. Schmidt und Terberger 2006, S. 252). Es lassen sich drei Thesen von Modigliani und Miller im Rahmen ihrer Überlegungen zur Kapitalstruktur von Unternehmungen anführen:

1. MM-These

Zwei Unternehmungen einer Risikoklasse, die gleich hohe Bruttogewinne erwarten, unterscheiden sich trotz unterschiedlicher Kapitalstruktur hinsichtlich ihrer Gesamtwertes nicht.

2. MM-These

Die Kosten des Eigenkapitals einer Unternehmung einer bestimmten Risikoklasse sind eine linear steigende Funktion des Verhältnisses der Marktwerte von Eigenkapital und von Fremdkapital

3. MM-These

Im Gleichgewicht sind die Kapitalkosten einer verschuldeten Unternehmung konstant. Sie sind unabhängig von der Kapitalstruktur. Sie unterscheiden sich von den Eigenkapitalkosten einer unverschuldeten Unternehmung und der zukünftigen Rendite des zu Marktwerten bewerteten Gesamtkapitals anderer Unternehmungen dieser Risikoklasse nicht (vgl. Abb. 1.36).

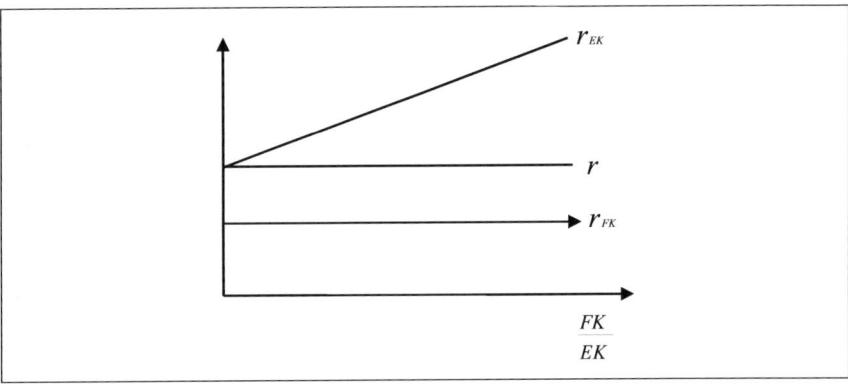

Abb. 1.36 Verlauf der Kapitalkosten gemäß Modigliani und Miller

Bei der Kritik der Thesen von Modigliani und Miller zur Irrelevanz der Kapitalstruktur darf nicht übersehen werden, dass es sich um mathematische Modelle handelt, die lediglich unter den gesetzten Annahmen gelten. Es ist ein methodischer Ansatz, der im Gegensatz zur traditionellen Auffassung von einer optimalen Kapitalstruktur mit seinen leicht widerlegbaren Annahmen steht.

2 Beteiligungsfinanzierung

Die Beteiligungsfinanzierung beinhaltet grundsätzlich alle Formen der Eigenkapitalbeschaffung von außen. Die Beteiligung kann in Form von **Finanzeinlagen, Sacheinlagen** und **Rechten** erfolgen. Je nach Rechtsstellung der Eigenkapitalgeber und Rechtsform der Unternehmung können sich unterschiedliche Rechtsfolgen (Haftung, Mitsprache, Mitbestimmung, Gewinnanteile etc.) und differierende steuerliche Konsequenzen (Einkommensteuer, Körperschaftssteuer etc.) für das Unternehmen und die Kapitalgeber ergeben. Für die Aufbringung von Eigenkapital bei der Beteiligungsfinanzierung ist die Rechtsform einer Unternehmung entscheidend. Finanzsystematisch zählt die Beteiligungsfinanzierung neben der Innenfinanzierung zur Eigenfinanzierung.

2.1 Beteiligungsfinanzierung bei emissionsfähigen Unternehmen

2.1.1 Merkmale emissionsfähiger Unternehmen

Emissionsfähige Unternehmen sind Gesellschaften in der Rechtsform der Aktiengesellschaft (vgl. Abb. 2.1). Sie können bei der Eigenkapitalbeschaffung den organisierten **Kapitalmarkt** (Wertpapierbörse) nutzen. Unter Emission wird die Ausgabe von Aktien und anderen Wertpapieren, d. h. die Einführung in den Wertpapierhandel verstanden. Die Ausgabe von Aktien räumt emissionsfähigen Unternehmen die Möglichkeit ein, hohe Kapitalbeträge von einer Vielzahl kleinerer Aktionäre einzusammeln. Durch die Novelle des Aktiengesetzes von 1994 hat sich die Rechtsform der Aktiengesellschaft für mittelständische Unternehmen zu einer attraktiven Gesellschaftsform entwickelt (vgl. Perridon und Steiner 2007, S. 357).

Emissionsfähige Unternehmen
• AG (Aktiengesellschaft)
• KGaA (Kommanditgesellschaft auf Aktien)
• Kleine AG

Abb. 2.1 Emissionsfähige Unternehmen

Emissionsfähige Unternehmen lassen sich durch folgende Merkmale charakterisieren (vgl. Perridon und Steiner 2007, S. 358; Schäfer 2002, S. 149):

- Die Beschaffung großer Eigenkapitalbeträge ist durch Aufteilung in viele kleinere Teilbeträge (Aktien) leicht möglich,

J. Prätsch et al., *Finanzmanagement*, Springer-Lehrbuch,
DOI 10.1007/978-3-642-25391-1_2, © Springer-Verlag Berlin Heidelberg 2012

- hohe Fungibilität (Handelbarkeit) der Beteiligungsanteile (Aktien),

- detaillierte rechtliche Gestaltung des Gesellschaftsvertrages durch das Aktiengesetz,

- Abkopplung der Eigenkapitalgeberposition von der Geschäftsführung mit der Folge einer kontinuierlichen und unveränderten Geschäftspolitik bei einem Eigenkapitalgeberwechsel,

- Zugriff auf den anonymen Kapitalmarkt.

2.1.2 Beteiligungsfinanzierung bei Aktiengesellschaften

Die Aktiengesellschaft ist eine Kapitalgesellschaft, bei der die Aktionäre ihr Risiko auf das Grundkapital beschränken.

Im Gegensatz zu Personengesellschaften, die ein variables Eigenkapitalkonto besitzen, weisen Kapitalgesellschaften ein fixes haftendes Kapital (Grundkapital bei der AG, Stammkapital bei der GmbH) auf. Das Eigenkapital einer Aktiengesellschaft setzt sich aus verschiedenen Positionen zusammen:

I.	Gezeichnetes Kapital (Grundkapital)	Nominalkapital	Rechnerisches Eigenkapital	Effektives Eigenkapital
II.	Kapitalrücklage			
III.	Gewinnrücklagen			
1.	gesetzliche Rücklage			
2.	Rücklage für eigene Anteile			
3.	satzungsmäßige Rücklagen			
4.	andere Gewinnrücklagen			
IV.	Gewinnvortrag/Verlustvortrag			
V.	Jahresüberschuss/Jahresfehlbetrag			
=	bilanzielles Eigenkapital			
VI.	stille Reserven			

Das **Grundkapital** ergibt sich aus der Summe aller Nennwerte der gezeichneten Aktien unabhängig davon, ob der Gegenwartswert bereits eingezahlt wurde oder nicht.

Die Differenz zwischen Ausgabekurs und Nominalwert einer Aktie, das Agio bzw. Aufgeld wird in die **Kapitalrücklage** der Gesellschaft eingestellt.

Die **Gewinnrücklagen** werden aus dem jeweiligen Jahresüberschuss in verschiedene Rücklagepositionen eingestellt.

Unter der **gesetzlichen Rücklage** versteht man nach dem HGB den Teil der Gewinnrücklagen, der aufgrund gesetzlicher Vorschriften gebildet werden muss. Gemäß § 150 Abs. 2 AktG sind so lange 5 % des Jahresüberschusses in die gesetzliche

Rücklage einzustellen, bis diese zusammen mit der Kapitalrücklage 10 % des Grundkapitals oder einen von der Satzung bestimmten höheren Prozentsatz erreicht hat.

Die **Rücklage für eigene Anteile** erfasst den Betrag für im Unternehmen gehaltene
eigene Anteile. Gemäß § 266 Abs. 3 HGB ist die „Rücklage für eigene Anteile" zu
bilden, die in ihrer Höhe dem nach § 266 Abs. 2 HGB auf der Aktivseite der Bilanz
für eigene Anteile auszuweisenden Betrag entspricht (vgl. § 272 Abs. 4 HGB).

Satzungsmäßige Rücklagen bzw. statutarische Rücklagen erfassen alle die Rücklagen, zu deren Bildung die Kapitalgesellschaft aufgrund der Satzung oder des Gesellschaftsvertrages verpflichtet ist.

Andere Gewinnrücklagen umfassen all diejenigen Rücklagen, die aus dem Jahresüberschuss eingestellt werden, die jedoch gemäß § 266 Abs. 3 HGB nicht gesondert auszuweisen sind. Sie stellen somit eine Sammelposition dar (vgl. Coenenberg
1997, S. 194 ff.).

Zunehmend mehr deutsche Unternehmen wählen die Aktiengesellschaft als Rechtsform, da sie viele Vorteile mit sich bringt. Im Einzelnen sind es die folgenden Vorteile:

- Die **Kapitalaufteilung in kleine und kleinste Teilbeträge**, so dass eine Beteiligung mit geringem Kapital möglich ist (großer potenzieller Aktionärskreis),

- die **hohe Fungibilität der Kapitalanteile** über organisierte Kapitalmärkte, die
Wertpapierbörsen,

- die **große Anzahl von Eigentümern**, die nur kapitalmäßige Interessen verfolgen,

- die umfangreiche **rechtliche Ausgestaltung** des Gesellschaftsvertrages durch
das Aktiengesetz. Aktionäre erhalten dadurch eine relativ große Rechtssicherheit
und Transparenz.

2.1.2.1 Aktienarten

Aktien sind Wertpapiere, die dem Aktionär Rechte an einer Aktiengesellschaft ein-
räumen. Sie werden bei der **Gründung**, der **Umwandlung** von einer Personengesellschaft oder Gesellschaft mit beschränkter Haftung und bei einer **Kapitalerhöhung** herausgegeben.

Der Aktiennennwert beträgt mindestens 1 EUR. Ausgaben unter dem Nennwert
(Unterpari-Emissionen) sind verboten. Überpari-Emissionen hingegen sind bei
Wertpapieremissionen die gängige Praxis. Das Agio (Aufgeld), der Betrag über
den Nennwert hinaus, wird in die Kapitalrücklage eingestellt. Er gehört zum
Eigenkapital der Unternehmung (vgl. § 272 Abs. 2 HGB, § 150 AktG). Die Sum-
me aller Aktiennennwerte bildet das Grundkapital einer AG. Zusammen mit der
Kapitalrücklage und den Gewinnrücklagen stellt es das Eigenkapital der Gesell-
schaft dar.

Der Begriff Aktien umfasst:

- Die mit der Aktie verbundenen Rechte und Pflichten,

- den Anteil an einem Unternehmen,

- die Urkunde (bei effektiver Aushändigung).

Aktien werden je nach Verwendung unterschiedlich bezeichnet. Die diversen Arten der Aktien sind anhand verschiedener Kriterien zu unterscheiden (vgl. Abb. 2.2).

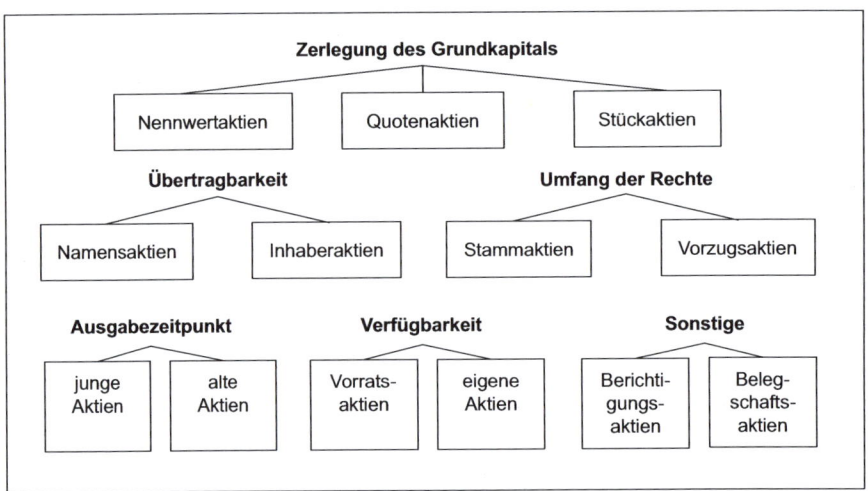

Abb. 2.2 Aktienarten

Das Grundkapital einer Aktiengesellschaft kann, je nach Aktiengattung, auf die herausgegebenen Aktien unterschiedlich aufgeteilt sein. **Nennwertaktien** lauten auf einen bestimmten Nennbetrag z. B. 1 EUR oder ein Vielfaches davon. Die Summe der Nennwerte ergibt das Grundkapital einer Aktiengesellschaft. Bei der Aktienemission werden in Deutschland i. d. R. Nennwertaktien emittiert. Wird der Wert einer Aktie durch eine Quote am Reinvermögen ausgedrückt, hat das Unternehmen **Quotenaktien** herausgegeben. Quotenaktien, die in Deutschland verboten sind, sind in den USA weit verbreitet. Die Anzahl der emittierten Aktien richtet sich nach der Quotenaufteilung. Neben den Nennwertaktien sind in Deutschland auch **Stückaktien** zugelassen. Bei der Einführung von Stückaktien ist in der Satzung die Anzahl der insgesamt umlaufenden Aktien anzugeben. Stückaktien sind **nennwertlose Aktien**, die einen Anteil am Grundkapital verkörpern. Ihr Wert ergibt sich, indem das Grundkapital durch die Anzahl der Aktien geteilt wird. Einen ökonomischen Unterschied zwischen den drei Ausgestaltungsformen gibt es nicht (vgl. Perridon und Steiner 2007 S. 360; Wöhe und Bilstein 2002, S. 45).

Nach den Möglichkeiten der Übertragung wird zwischen Inhaber- und Namensaktien unterschieden. **Inhaberaktien** lauten im Gegensatz zu den Namensaktien nicht auf einen bestimmten Aktionär, sondern die die Aktien innehaltende Person ist Inhaber, und damit legitimer Eigentümer der Aktie. Die Weitergabe der Aktie erfolgt durch Einigung und Übergabe (§ 929 BGB). Voraussetzung für die Ausgabe von Inhaberaktien ist die volle Einzahlung der Nennwerte.

Die meisten deutschen Aktien lauten auf den Inhaber, sie können aber auch auf den Namen des Aktionärs (**Namensaktien**) lauten. Die Aktionäre werden im Aktienbuch der Gesellschaft (§ 67 AktG) eingetragen. Namensaktien sind geborene Orderpapiere, ihre Übergabe erfolgt durch Einigung, Übergabe der indossierten Aktie und Umschreibung im Aktienbuch der Gesellschaft. Nur die im Aktienbuch eingetragene Person gilt gegenüber der Gesellschaft als legitimer Aktionär. Ist die Übertragung von Namensaktien an die Zustimmung der Gesellschaft gebunden, handelt es sich um **vinkulierte Namensaktien**. Diese Aktiengattung wird zur Gestaltung des Aktionärskreises herausgegeben. Die Übertragung ist von der Zustimmung der Gesellschaft abhängig. Hierdurch soll eine unerwünschte Übernahme von Aktien durch Dritte (unfriendly takeover) vermieden werden. Sie wird häufig bei Familienaktiengesellschaften ausgegeben. Die Emission von vinkulierten Namensaktien kann aber auch gesetzlich vorgeschrieben sein, wie z. B. bei Nebenleistungs-Aktiengesellschaften, bei denen die Aktionäre verpflichtet sind, zusätzlich ständig wiederkehrende Leistungen zu erbringen, wie die Lieferung von Zuckerrüben an eine Zucker-AG oder Milchlieferungen an eine Molkerei-AG (§§ 50, 180 AktG). Es muss Gewissheit bestehen, dass der Aktionär in der Lage ist, die Leistungen zu erbringen. Die Ausgabe von Namensaktien erfolgt i. d. R. ergänzend zu Stammaktien. Sie sind sehr eingeschränkt fungibel und verursachen einen erheblichen Verwaltungsaufwand (vgl. Däumler 1997, S. 344; Wöhe und Bilstein 1998, S. 47).

Nach dem Umfang der verbrieften Rechte werden Aktien in Stamm- und Vorzugsaktien kategorisiert. **Stammaktien** sind die gewöhnlich (Normaltyp) von einer AG zur Beschaffung von Grundkapital herausgegebenen Teilhaberpapiere. Sie gewähren den Aktionären die lt. Aktiengesetz oder Satzung zustehenden Rechte wie:

- Recht auf Teilnahme an der Hauptversammlung,
- Stimmrecht in der Hauptversammlung,
- Anspruch auf Anteil am Gewinn (Dividendenrecht),
- Anspruch auf Bezug junger Aktien bei Kapitalerhöhungen (Bezugsrecht),
- Anspruch auf Anteil am Liquidationserlös bei Auflösung der AG,
- Anspruch auf Auskunft durch den Vorstand.

Vorzugsaktien räumen den Aktionären in Bezug auf die mit der Stammaktie verbrieften Rechte bestimmte Vorzüge ein. Einige Vorzugsaktien gewähren ausschließlich zusätzliche Rechte (**absolute Vorzugsaktien**) z. B. Dividendenvorzugsaktien mit Stimmrecht. Ist hingegen die Gewährung des Vorzuges mit einem Nachteil verbunden, z. B. Verzicht auf das Stimmrecht, handelt es sich um **relative Vorzugsaktien** (vgl. Perridon und Steiner 2007, S. 360).

Die Unterscheidung von Vorzugsaktien ist der Abb. 2.3. zu entnehmen.

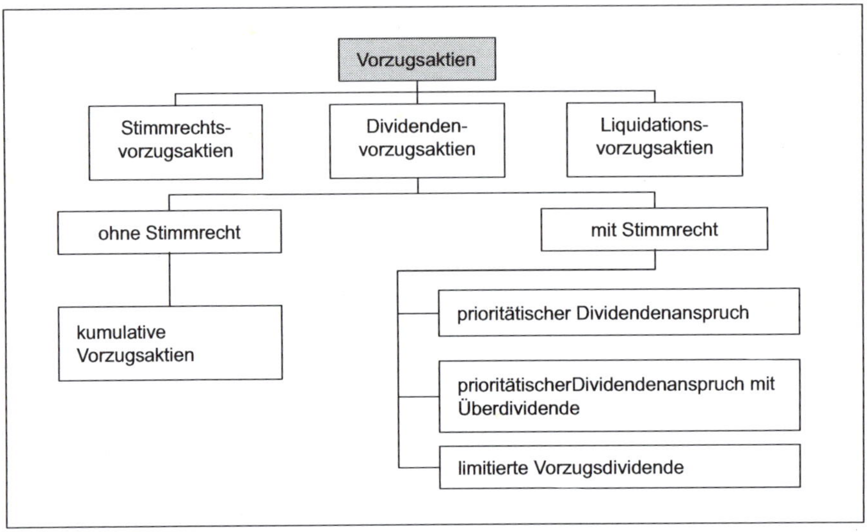

Abb. 2.3 Arten von Vorzugsaktien. (Quelle: In Anlehnung an Schäfer 2002, S. 163)

Bei der **stimmrechtslosen kumulativen Vorzugsaktie** verzichtet der Aktionär zugunsten eines Nachbezugsrechts von Dividende auf sein Stimmrecht. Auch in Verlustjahren erwirbt er einen Anspruch auf Vorzugsdividende, der in den darauf folgenden Gewinnjahren ausgeglichen werden muss. Wird die rückständige Dividende im darauf folgenden Geschäftsjahr von der Gesellschaft nicht gezahlt, lebt das Stimmrecht wieder auf (§ 140 AktG). Bis zur Zahlung aller rückständigen Dividenden bleibt das Stimmrecht bestehen. Stammaktionäre erhalten erst dann wieder Dividende, wenn die Ansprüche der Vorzugsdividendenaktionäre erfüllt worden sind. Bei diesem Aktientyp ist das Ertragsausfallrisiko für die Aktionäre weitgehend eingeschränkt, es besteht nur ein Zinsrisiko bzw. das Risiko, dass keine Gewinne mehr erwirtschaftet werden. Gesellschaften emittieren solche Aktiengattung immer dann, wenn die Eigenkapitalbasis bei gleichzeitigem Erhalt der Machtverhältnisse erhöht werden soll (vgl. Schäfer 2002, S. 162).

Bei **Vorzugsaktien mit prioritätischem Dividendenanspruch** werden bei der Gewinnverteilung zuerst die Vorzugsaktionäre und anschließend die Stammaktionäre bedient. Ein verbleibender Restbetrag wird gleichmäßig auf die Vorzugs- und Stammaktionäre verteilt (vgl. Busse 1996, S. 77).

Beispiel: Vorzugsaktie mit prioritätischem Dividendenanspruch

Eine Aktiengesellschaft hat 70.000 Stammaktien und 30.000 Vorzugsaktien im Nennwert von 5 EUR ausgelegt. Die Vorzugsaktionäre erhalten eine Vorabdividende in Höhe von 25 Cent je Aktie. Für die Stammaktionäre bedeutet dies, dass sie nur bei einem ausschüttungsfähigen Bilanzgewinn von weniger als 25.000 EUR schlechter als die Vorzugsaktionäre gestellt sind. Der Gewinnanteil, der die ausgeschüttete Vorabdividende und die Dividende auf die Stammaktien in gleicher Höhe übersteigt, wird gleichmäßig auf alle Aktien verteilt.

Auszuschüttender Bilanzgewinn	Aufteilung der Gewinne		Dividende je Aktiengattung	
	Vorzugsaktien (30 %)	Stammaktien (70 %)	Vorzugsaktie	Stammaktie
EUR	EUR	EUR	Cent/Stück	Cent/Stück
3.000	3.000	–	10	–
6.000	6.000	–	20	–
7.500	7.500	–	25	–
14.500	7.500	7.000	25	10
25.000	7.500	17.500	25	25
30.000	9.000	21.000	30	30
35.000	10.500	24.500	35	35
45.000	13.500	31.500	45	45

Aktionäre, die Vorzugsaktien mit **prioritätischem Dividendenanspruch mit Überdividende** halten, bekommen, nachdem sie ihre Vorabdividende erhalten haben, aus dem dann noch zur Verfügung stehenden Gewinn einen Dividendenbetrag, der immer um einen bestimmten Betrag höher ist als der der Stammaktionäre.

Beispiel: Vorzugsaktie mit prioritätischem Dividendenanspruch mit Überdividende

Eine Aktiengesellschaft hat 70.000 Stammaktien und 30.000 Vorzugsaktien im Nennwert von 5 EUR ausgelegt. Die Vorzugsaktionäre erhalten eine Vorabdividende in Höhe von 25 Cent je Aktie. Zusätzlich ist vereinbart, dass die Vorzugsaktionäre eine um 20 Cent höhere Dividende als die Stammaktionäre erhalten. Nach Befriedigung der Vorzugsaktionäre erhalten auch die Stammaktionäre Dividende. Ihr Gewinnanteil ist immer 20 Cent geringer als der der Vorzugsaktionäre.

Auszuschüttender Bilanzgewinn	Aufteilung der Gewinne		Dividende je Aktiengattung	
	Vorzugsaktien (30 %)	Stammaktien (70 %)	Vorzugsaktie	Stammaktie
EUR	EUR	EUR	Cent/Stück	Cent/Stück
3.000	3.000	–	10	–
6.000	6.000	–	20	–
7.500	7.500	–	25	–
11.000	7.500	3.500	25	5
16.000	9.000	7.000	30	10
26.000	12.000	14.000	40	20
36.000	15.000	21.000	50	30
46.000	18.000	28.000	60	40

Bei der **Vorzugsaktie mit limitierter Vorzugsdividende** werden zunächst die Vorzugsaktionäre bedient, allerdings wird die Vorzugsdividende auf einen Betrag begrenzt. Der dann noch ausstehende Restgewinn wird ausschließlich auf die Stammaktionäre verteilt. Bei sehr guten Unternehmensgewinnen kann sich diese Aktie schnell zu einer finanziellen Nachteilsaktie entwickeln.

Beispiel: Vorzugsaktie mit limitierter Vorzugsdividende

Eine Aktiengesellschaft hat 70.000 Stammaktien und 30.000 Vorzugsaktien im Nennwert von 5 EUR ausgelegt.

Auszuschüttender Bilanzgewinn	Aufteilung der Gewinne		Dividende je Aktiengattung	
	Vorzugsaktien (30 %)	Stammaktien (70 %)	Vorzugsaktie	Stammaktie
EUR	EUR	EUR	Cent/Stück	Cent/Stück
3.000	3.000	–	10	–
6.000	6.000	–	20	–
7.500	7.500	–	25	–
14.500	7.500	7.000	25	10
25.000	7.500	17.500	25	25
30.000	9.000	21.000	30	30
35.000	10.500	24.500	35	35
43.500	12.000	31.500	40	45
47.000	12.000	35.000	40	50
54.000	12.000	42.000	40	60

Die Vorzugsaktionäre erhalten eine Vorabdividende in Höhe von 25 Cent je Aktie, die auf einen Höchstbetrag von 40 Cent limitiert ist. Für die Stammaktionäre bedeutet dies, dass sie nur bei einem ausschüttungsfähigen Bilanzgewinn von weniger als 25.000 EUR schlechter als die Vorzugsaktionäre und ab einem Betrag von mehr als 40.000 EUR besser als die Vorzugsaktionäre gestellt sind.

Stimmrechtsvorzugsaktien räumen dem Vorzugsaktionär ein mehrfaches Stimmrecht je Aktie ein. Die Ausgabe dieser Aktien ist allerdings in Deutschland nicht mehr zulässig. Zur Wahrung überwiegend gesamtwirtschaftlicher Belange darf von dieser Regelung abgewichen werden. Die heute noch im Umlauf befindlichen Stimmrechtsvorzugsaktien stammen aus der Zeit vor dem Inkrafttreten des Aktiengesetzes von 1937 (Siemens sechsfach, Goldschmidt AG zehnfach) (vgl. Däumler 2002, S. 347).

Liquidationsvorzugsaktien haben kaum eine praktische Bedeutung. Sie räumen ihren Aktionären bei der Verteilung des Liquidationserlöses ein Vorrecht ein. Herausgegeben wird diese Aktiengattung bei Unternehmenssanierungen, wenn nur einige Aktionäre bereit sind, die Gesellschaft durch weitere Finanzmittel zu unterstützen. Im Falle eines Scheiterns der Sanierung und der anschließenden Auflösung des Unternehmens können sie, bei genügend Vermögensmasse, einen Teil ihrer Zuzahlung wieder erstattet bekommen (vgl. u. a. Däumler 2002, S. 347 ff.; Perridon und Steiner 2007, S. 360 ff.; Olfert und Reichel 2005, S. 212 ff.).

Junge Aktien erhalten Aktionäre nach einer Erhöhung des Grundkapitals. Inhabern der **alten Aktien** steht ein Recht auf Bezug junger Aktien zu. Die Unterscheidung zwischen junger und alter Aktie ergibt sich aufgrund unterschiedlicher Dividendenansprüche. Eine getrennte Notierung der Aktien entfällt, sobald eine Gleichstellung beider Gattungen erfolgt ist.

Durch die Umwandlung von Rücklagen in Grundkapital (Passivtausch) erhalten Aktionäre **Gratis- bzw. Berichtigungsaktien**. Sie sind kein Geschenk für die Aktionäre, sondern es erfolgt lediglich eine Änderung im Grundkapital. Der quotale Eigenkapitalanteil wird dadurch nicht verändert. Das nominelle Gesamtkapital einer Aktiengesellschaft ändert sich nicht, lediglich das ausgewiesene Grundkapital.

Eigene Aktien dürfen nur in Ausnahmefällen durch die AG erworben werden, da dies ansonsten einer Rückzahlung von Gesellschaftskapital gleichkäme. Dies verstößt gegen das Prinzip des Gläubigerschutzes und ist deshalb gemäß § 71 AktG verboten. Ausnahmefälle für den Erwerb der eigenen Aktien liegen vor, wenn

- ein schwerer Schaden abgewendet werden kann,
- die eigenen Aktien als Belegschaftsaktien an die Arbeitnehmer weitergegeben werden,
- durch den Rückkauf der Aktien Aktionäre abzufinden sind, weil die AG einen Eingliederungs- und Beherrschungsvertrag geschlossen hat.

Gesellschaften dürfen eigene Aktien in den genannten Fällen maximal in Höhe von 10 % des Grundkapitals erwerben. Des Weiteren sind nach § 272 Abs. 4 HGB hierfür Rücklagen zu bilden.

Aktiengesellschaften dürfen mehr als 10 % ihrer eigenen Aktien am Sekundärmarkt aufkaufen, wenn

- die Gesellschaft die Aktien unentgeltlich erwirbt oder ein Kreditinstitut mit dem Erwerb eine Einkaufskommission ausübt (trifft für Banken in der Rechtsform der AG zu, die ihre Aktien aus Kapitalerhöhungen selbst an die Börse bringen, „Selbstemission"),
- der Erwerb durch die Gesamtrechtsnachfolge eintritt (durch die Fusion zweier Aktiengesellschaften entsteht eine neue AG),
- das Grundkapital herabgesetzt werden soll (z. B. im Falle einer Sanierung).

Vorratsaktien entstehen, wenn

- eine Kapitalerhöhung höher ist, als der tatsächliche Kapitalbedarf,
- eine treuhänderische Übernahme und ein entsprechender Einsatz nach Weisung der Gesellschaft vorliegt (vgl. Schäfer 2002, S. 161; Jahrmann 1999, S. 290; Däumler 1997, S. 349 f.).

Sie haben an Bedeutung verloren. Der Grund hierfür ist, dass Aktiengesellschaften genehmigtes Kapital schaffen können. Nach § 136 AktG darf das Stimmrecht nicht ausgeübt werden.

Die Beteiligung der Mitarbeiter am Unternehmensvermögen erfolgt immer häufiger. Ziel dieser Beteiligungen ist es, eine stärkere Identifikation, eine bessere Motivation und damit höhere Leistungen der Mitarbeiter zu erreichen und auf diese Weise den langfristigen Unternehmenserfolg zu sichern. Die an die Mitarbeiter herausgegebenen Aktien werden als **Belegschaftsaktien** bezeichnet.

2.1.2.2 Aktienemission

Der Verkauf von Wertpapieren (Aktien, Anleihen) kann auf sehr unterschiedliche Weise erfolgen (vgl. Abb. 2.4).

Bei der **Selbstemission** übernimmt die Unternehmung selbst die Unterbringung seiner Aktien. Wird der Verkauf der Aktien mit sämtlichen dazugehörigen Aufgaben von einer Bank oder von mehreren Banken (Konsortium) übernommen, handelt es sich um eine **Fremdemission.** Werden im Rahmen einer Fremdemission alle Aktien von der Bank oder dem Bankenkonsortium unter Zahlung eines Preises übernommen, spricht man von einer Übernahme, die Bank trägt das Übernahmerisiko. Bei einer kommissionsweisen Übernahme (Begebung) durch eine Bank oder mehrere Banken verbleibt das Risiko der nicht vollständigen Unterbringung des Wertpapiers bei dem emittierenden Unternehmen.

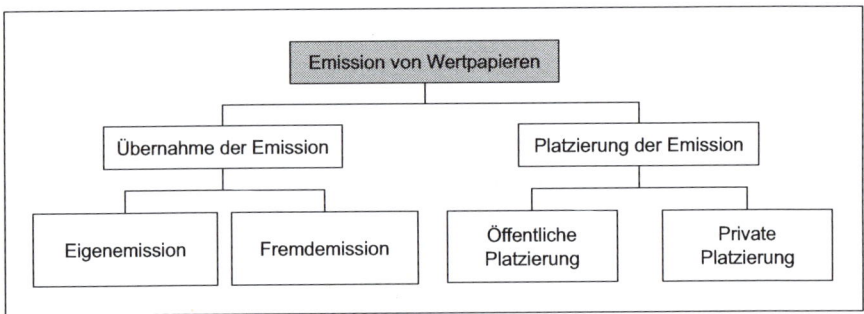

Abb. 2.4 Emission von Wertpapieren

Hinsichtlich der Platzierung von Aktien unterscheidet man die **Privatplatzierung** und die **öffentliche Platzierung** (vgl. Abb. 2.5). Bei einer Privatplatzierung wird das Wertpapier nur einem ausgewählten Investorenkreis angeboten, privat platzierte Wertpapiere werden im Allgemeinen nicht an der Börse gehandelt. Bei einer öffentlichen Platzierung können drei Verfahren genannt werden.

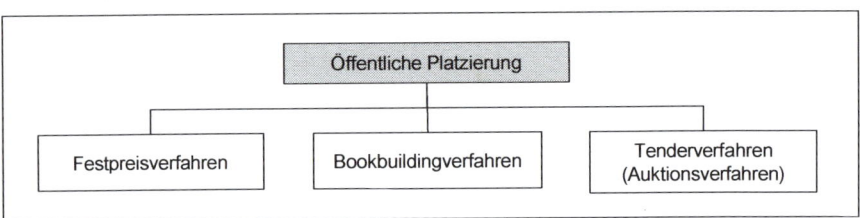

Abb. 2.5 Formen der öffentlichen Platzierung

Bei dem **Festpreisverfahren** handelt es sich um das klassische Verfahren der Emissionspreisfindung. Bank und emittierendes Unternehmen legen den Preis, zu dem die Aktie verkauft wird, von vornherein fest. Der Käufer teilt lediglich mit, wie viel Aktien er erwerben möchte.

Das **Bookbuilding**-Verfahren ist ein Bieterverfahren, bei dem die potenziellen Anleger innerhalb einer vom Emittenten vorgegebenen Preisspanne (*Bookbuildingspanne*) ihre Zeichnungsangebote für das auszugebende Wertpapier abgeben können. Neben der gewünschten Stückzahl ist der maximale Preis, der gezahlt werden soll, zu nennen. Die Interessen der Emittenten werden bei dieser mehrstufigen (s. u.) Platzierungstechnik gleichermaßen bei der Preisfindung berücksichtigt wie die der potenziellen Anleger. Die Zeichnungswünsche der Investoren werden vom Konsortialführer, der gleichzeitig Bookrunner ist, zentral in einem EDV-Buch erfasst. Auf dieser Grundlage erfolgt sowohl die Preisfestsetzung für das Wertpapier als auch die Zuteilung.

Die verschiedenen Phasen des Bookbuilding-Verfahrens sind wie folgt zu skizzieren (vgl. Bieg und Kussmaul 2000, S. 128 ff.):

- Wahl des **Konsortialführers** bzw. des Konsortiums,

- Pressekonferenzen, Unternehmenspräsentationen, Kontakte mit Investoren und Darstellung des Preisrahmens i. R. der **Pre-Marketing-Phase**,

- innerhalb der **Marketing-Phase** finden Road-Shows und die gezielte Ansprache institutioneller Anleger statt. Bekanntgabe des Preisrahmens, Sammlung der Angebote (=Ordertaking),

- das **Bookbuilding** i. e. S. umfasst neben der Analyse und der Auswertung der Angebote die Festlegung des Emissionspreises und die Zuteilung,

- die **Greenshoe-Phase** wird genutzt, um zur Marktpflege die Platzierungsreserve – ein zuvor festgelegter Prozentsatz des Emissionsvolumens – unterzubringen.

Das **Tenderverfahren** oder auch Auktionsverfahren kann als diejenige Methode angesehen werden, bei der den Marktgegebenheiten im Rahmen der Preisfindung am besten Rechnung getragen wird. In der Regel werden die Aktien dem Meistbietenden unter Beachtung eines Mindestpreises verkauft, dabei werden für gewöhnlich unrealistisch hohe Gebote ausgeschlossen. Die schriftlichen Angebote der Investoren müssen Menge und Preis umfassen. Die Zuteilung wird ausgehend vom Höchstgebot vorgenommen.

2.1.2.3 Aktienbewertung

Der Wert einer Aktie wird als Kurs dargestellt. Er findet seinen Ausdruck im:

- Börsenkurs,

- Ertragswertkurs (Discounted Cashflow-Modell),

- Bilanzkurs,

- Kurs-Gewinn-Verhältnis (KGV).

Grundsätzlich wird der Wert einer Aktie als (Aktien-) Kurs bezeichnet. Der **Börsenkurs** ist der Preis einer Aktie, der sich an einem Handelstag durch Angebot und Nachfrage an der Wertpapierbörse ergibt.

Die Bildung von **Aktienkursen/Börsenkursen** hängt von vielen Einflussfaktoren ab (vgl. Jahrmann 1999, S. 311). Diese können zu folgende Gruppen zusammengefasst werden:

• Unternehmensbedingte Faktoren: Gewinnsituation, Auftragslage, Innovationspotenzial, Management, Unternehmensalter etc.,

• aktienpolitische Faktoren: Dividendenhöhe, Kapitalerhöhungen, Gratisaktien,

• branchenbedingte Faktoren: Umsatz im In- und Ausland, Wachstumsprognosen, Innovationsgeschwindigkeit etc.,

• monetäre Faktoren: derzeitiges und künftiges Zinsniveau, Inlandsgeldmenge, Ausländerliquidität,

• wirtschaftspolitische Faktoren: Konjunkturverlauf, Steuerpolitik, Sozialpolitik, Gewerkschaften, Geldpolitik etc.,

• spekulative Faktoren: grundsätzliche Erwartungen oder Verhaltensweisen durch bestimmte Anlegergruppen, Börsenphantasien, Börsentipps durch bestimmte Gruppen.

Ausgehend von den dargestellten Einflussfaktoren wird in der Theorie versucht, für die Praxis künftige **Aktienkursentwicklungen** rechtzeitig zu prognostizieren. In der Finanzierungstheorie und Aktienanalyse hat sich ein einfacher pragmatischer Erklärungsansatz durchgesetzt. Bei diesem Modell, das unterstellt, dass ein Anleger Aktien zur langfristigen Kapitalanlage erwirbt, wird davon ausgegangen, dass Aktienkurse maßgeblich von den beiden folgenden Faktoren bestimmt werden:

• Dividendenzahlungen während der Halteperiode,

• Kursgewinn (Kursverlust) zum Verkaufszeitpunkt.

Grundlage zur Bestimmung eines Aktienkurses ist das **Discounted Cashflow-Modell**, das methodisch gesehen die Anwendung des Present Value-Konzepts auf die Aktienbewertung darstellt:

$$P_t = \frac{D_{t+1}}{(1+k)} + \frac{P_{t+1}}{(1+k)}$$

P_t = gegenwärtiger Aktienkurs
P_{t+1} = Aktienkurs in der (zukünftigen) Periode $t+1$
D_{t+1} = Dividende in der (zukünftigen) Periode $t+1$
k = Kalkulationszinsfuß/Kapitalkostensatz

Die Ermittlung des künftigen Aktienkurses erfolgt in den folgenden Schritten:

1. Schätzung des Aktienkurses der folgenden Periode:

$$P_{t+1} = \frac{D_{t+2}}{(1+k)} + \frac{P_{t+2}}{(1+k)}$$

2. Ermittlung des Aktienkurses für die Gesamtperiode:

$$P_{t+1} = \frac{D_{t+1}}{(1+k)} + \frac{D_{t+2}}{(1+k)^2} + \frac{P_{t+1}}{(1+k)^2}$$

Verallgemeinert lässt sich der Wert durch folgende Formel ermitteln:

$$P_{t+1} = \frac{D_{t+1}}{(1+k)} + \frac{D_{t+2}}{(1+k)^2} + \frac{D_{t+3}}{(1+k)^3} + \cdots + \frac{D_{t+n+1}}{(1+k)^{n+1}} + \cdots$$

Die Formel zeigt, dass der Wert einer Aktie dem Gegenwartswert aller zukünftigen Dividenden entspricht. Sie stellen den primären Bestimmungsfaktor eines börsenmäßig errechneten Aktienkurses dar. Dabei handelt es sich um einen Ertragswertkurs (vgl. u. a. Schäfer 2002, S. 170 ff.)

Der **Ertragswertkurs** ist eine betriebswirtschaftliche Kennzahl, die den inneren Wert einer Aktie aufgrund gegebener Ertragserwartungen anzeigt. Er wird ermittelt, indem die Summe der künftigen Gewinne (Nettoeinzahlungen) mit dem Kalkulationszinsfuß k des Anlegers diskontiert werden. Er hängt ab von der Länge des Planungszeitraumes, der Zahlungshöhe und -verteilung.

Wird unterstellt, dass die Dividenden in allen Perioden des unendlichen Planungszeitraums gleich hoch sind, vereinfacht sich die Berechnung. Der Ertragswert wird ermittelt, indem die nachhaltig erzielbaren Dividendenzahlungen durch k dividiert werden.

$$P_t = \frac{D}{k}$$

Neben den Aktienkursen, die an der Börse ermittelt werden, arbeitet die Praxis auch mit dem einfachen oder korrigierten **Bilanzkurs.** Der einfache Bilanzkurs ergibt sich aus dem Verhältnis des gesamten bilanzierten Eigenkapitals (gezeichnetes Kapital + Rücklagen + Gewinnvortrag – Verlustvortrag) zum gezeichneten Kapital.

Der Aussagewert der Kennzahl ist sehr eingeschränkt, lediglich durch den Vergleich mit dem Börsenkurs einer AG können Rückschlüsse auf die Höhe der stillen Reserven im Unternehmen bzw. dem Goodwill und damit mögliche Kursentwicklungen geschlossen werden.

$$\text{Einfacher Bilanzkurs} = \frac{\text{bilanziertes Eigenkapital}}{\text{gezeichnetes Kapital}}$$

Der **korrigierte Bilanzkurs** berücksichtigt die stillen Reserven. Ausgehend von der Ermittlung des einfachen Bilanzkurses werden zum bilanzierten Eigenkapital noch die stillen Reserven hinzugerechnet. Schwierig, insbesondere für externe Analysten, ist die Ermittlung der stillen Reserven. Sie können lediglich subjektiv geschätzt werden (vgl. Däumler 2002, S. 356 ff.; Schäfer 2002, S. 168 ff.).

$$\text{Korrigierter Bilanzkurs} = \frac{\text{bilanziertes Eigenkapital} + \text{stille Reserven}}{\text{gezeichnetes Kapital}}$$

Die ermittelten Bilanzkurse bieten nur eine grobe Orientierungshilfe. Sie sind ein vereinfachtes Verfahren zur Bestimmung des individuellen Anlegernutzens. Börsenkurse ergeben sich durch Angebot und Nachfrage. Sie werden durch die bereits dargestellten Faktoren beeinflusst.

Wie bereits erläutert, sind der Aktienkurs und die Dividende wichtige Größen bei der Ermittlung künftiger Aktienkursentwicklungen. Setzt man den Kurs zum Gewinn ins Verhältnis, so ergibt sich das **Kurs-Gewinn-Verhältnis (KGV)** einer Aktie. Im angloamerikanischen Raum entspricht dies der Price Earning Ratio (PER). Diese Kennzahl bringt zum Ausdruck, mit welchem Faktor des Jahresgewinns die Börse eine Aktie bewertet.

$$\text{KGV} = \frac{\text{Börsenkurs}}{\text{Gewinn pro Aktie}}$$

Die täglich schwankenden Aktienkurse führen bei konstantem Gewinn in einer Periode ständig zu neuen KGVs. Selbst bei gleichem Gewinn kann das KGV bei den verschiedenen an der Börse notierten Anteilsscheinen unterschiedlich sein. Ursache hierfür sind die Marktmechanismen an den Aktienbörsen. Das Kurs-Gewinn-Verhältnis ist die am häufigsten verwendete Bewertungskennzahl bei institutionellen und privaten Anlegern (vgl. Perridon und Steiner 2007, S. 214).

Aus dem KGV können Kauf- und Verkaufsempfehlungen abgeleitet werden (vgl. Jahrmann 1999, S. 342 ff.):

*   **steigendes KGV im Zeitablauf**
    Kaufempfehlung, da die Aktie entsprechend ihren Zukunftserwartungen noch unterbewertet ist,

*   **niedriges KGV im Branchenvergleich**
    Kaufempfehlung, da entweder der niedrige Kurs die ungünstige Geschäftsentwicklung der letzten Zeit bereits berücksichtigt hat oder
    keine Kaufempfehlung, da das Unternehmen nicht den Anschluss an die Branchenentwicklung findet,

*   **sinkendes KGV im Zeitablauf**
    Verkaufsempfehlung, da im Börsenkurs bereits die gute Entwicklung der letzten Zeit berücksichtigt ist und eher weniger gute Erwartungen überwiegen,

*   **hohes KGV im Branchenvergleich**
    Verkaufsempfehlung, da im Börsenkurs bereits die gute Geschäftsentwicklung der letzten Zeit eskomptiert ist oder
    Halteempfehlung, da mit weiter guten Ergebnissen gerechnet wird.

2.1.2.4 Aktienanalyse

Aktien sind zum einen Anteils- oder Teilhaberpapiere, zum anderen stellen sie eine Vermögensanlage dar. Eine Entscheidung sowohl privater als auch institutioneller Anleger zum Kauf oder Verkauf von Aktien erfolgt weitgehend auf der Grundlage von Aktienanalysen.

Es werden drei Analysemethoden unterschieden (vgl. Bieg und Kussmaul 2000, S. 153 ff.; Steiner und Bruns 2002, S. 227 ff.), und zwar die Random-Walk-Hypothese, die Technische Analyse und die Fundamentalanalyse (vgl. Abb. 2.6).

Random-Walk-Hypothese

Ein informationseffizienter Kapitalmarkt ist der Ausgangspunkt der Aktienanalyse nach der Random-Walk-Hypothese. Informationseffizient ist ein Kapitalmarkt, wenn sich jederzeit alle verfügbaren Informationen in den Preisen widerspiegeln (vgl. Fama 1970, S. 383). Der Preis (= Kurs) einer Aktie ist nach Auffassung der Vertreter der Random-Walk-Hypothese das Ergebnis eines Zufallprozesses und resultiert aus der Schätzung der Marktteilnehmer über den inneren Wert des Wertpapiers. Aufgrund der unterschiedlichen Einschätzungen der Marktteilnehmer ergeben sich Schwankungen, die sich immer um diesen inneren Wert bewegen.

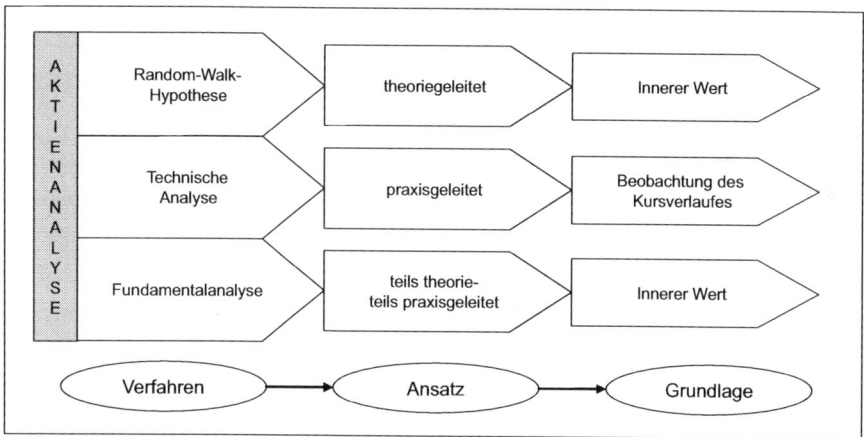

Abb. 2.6 Verfahren der Aktienanalyse

Ein informationseffizienter Kapitalmarkt gleicht diese differierenden Einschätzungen unverzüglich aus, so dass der Kurs der Aktie zukünftige Erwartungen ebenso wie Ereignisse der Vergangenheit reflektiert (vgl. Perridon und Steiner 2007, S. 197). Ausgehend von der Zufälligkeit ergibt sich nach der Random-Walk-Hypothese, dass die Kurse von Wertpapieren nicht vorhersehbar sind.

Der derzeitige Forschungsstand lässt keine Aussage zu, ob die Random-Walk-Hypothese zutreffend ist. Hinzu kommt, dass die verschiedenen Erscheinungsformen

– orthodoxe Form, Martingale-Modell, Submartingale-Modell – von unterschiedlichen Annahmen ausgehen.

Fundamentalanalyse

Der Fundamentalanalyse liegt die Annahme zu Grunde, dass der Kurs einer Aktie
einer Unternehmung durch den inneren Wert (= intrinsic value) bestimmt wird.
Grundlagen der Bestimmung dieses inneren Wertes sind unternehmensexterne
Daten, die durch eine Umweltanalyse gewonnen werden, und schwerpunktmäßig
unternehmensinterne Daten, die von einer Unternehmensanalyse ausgehen. Beide
Analysebereiche umfassen qualitative wie quantitative Aspekte.

Ein einheitliches Vorgehen zur Ermittlung des inneren Wertes im Rahmen der Fundamentalanalyse ist derzeit nicht erkennbar. Die Methode der ‚present-value-theory'
kann jedoch als vorherrschend angesehen werden. Sie bedient sich zur Ermittlung
des inneren Wertes einer Aktie des Barwertkonzeptes: Zukünftig zu erwartende
Rückflüsse (z. B. Dividenden, Cashflows) werden diskontiert.

Die den inneren Wert von Aktien beeinflussenden Faktoren lassen sich drei Ana-
lysebereichen zuordnen (vgl. Abb. 2.7).

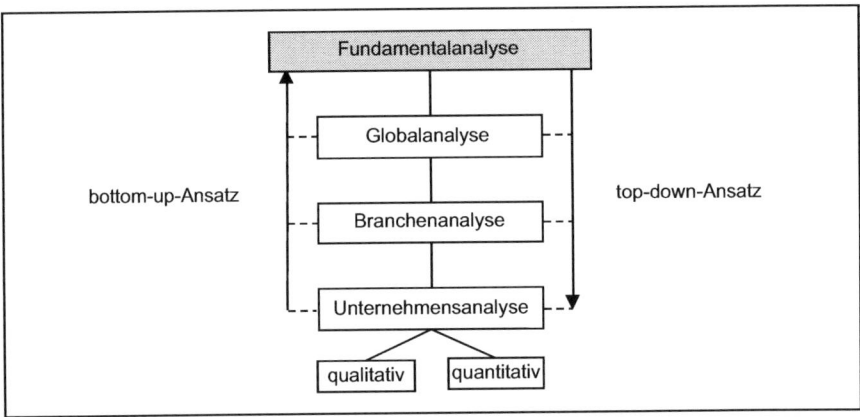

Abb. 2.7 Einflussfaktoren der Fundamentalanalyse

Der **Globalanalyse** kommt die Aufgabe zu, Konjunktur, Währungen, Preise,
Zinsen sowohl international als auch national zu betrachten. Dies ist notwendig,
weil die Entwicklung eines einzelnen Aktienwertes nicht abgekoppelt vom Ge-
samttrend des Aktienmarktes gesehen werden kann. Die **Branchenanalyse** hat
Erkenntnisse darüber zu gewinnen, welche Branchen sowohl national wie international optimale Entwicklungsmöglichkeiten für die Zukunft anzeigen. Neben
einer Einschätzung der gegenwärtigen und der zukünftigen Branchensituation ist
u. a. zu prüfen, ob und ggf. welche Marktbarrieren bestehen und ob steuerliche
oder sonstige allgemeine gesetzgeberische Einflussnahmen vorhanden bzw. zu erwarten sind.

Die **Unternehmensanalyse** stellt den dritten Teilbereich der Fundamentalanalyse dar. Diese Analyse dient neben dem Erkennen der Stärken und Schwächen vor allem dem Erkennen strategischer Erfolgspotenziale einer Unternehmung, die erforderlich sind, um in einem sich ständig verändernden Umfeld nachhaltig Gewinne bzw. Cashflows zu erwirtschaften. Die Abschätzung strategischer Erfolgspotenziale, das sind die Speicher spezifischer Stärken, erfolgt auf der Grundlage quantitativer und qualitativer Informationen.

Bei den Verfahren der Fundamentalanalyse kann zwischen dynamisch-orientierten und statisch-orientierten Verfahren (vgl. Bieg und Kussmaul 2000, S. 180 ff.) unterschieden werden (vgl. Abb. 2.8).

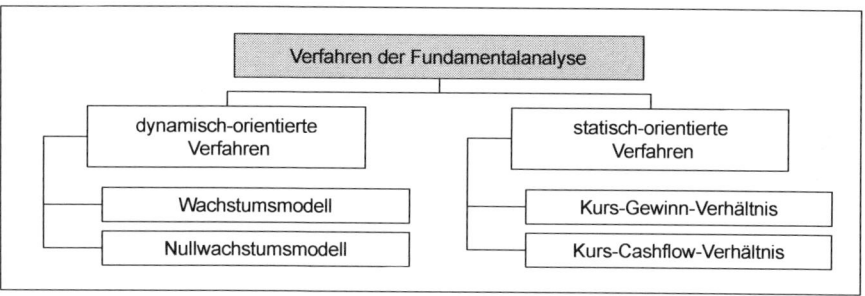

Abb. 2.8 Verfahren der Fundamentalanalyse

Bei den Varianten Wachstumsmodell und Nullwachstumsmodell handelt es sich um barwerttheoretische Ansätze. Bezüglich der statisch-orientierten Verfahren wird auf die Ausführungen in Kap. 2.1.2.3 verwiesen.

Technische Analyse

Das sich alle den Kurs eines Wertpapiers bestimmenden Faktoren in seinem Kurs niederschlagen, ist die Grundüberlegung der Vertreter der Technischen Analyse. Mit dieser These kommt zum Ausdruck, dass sich Kurse nicht nur aus Angebot und Nachfrage bilden, sondern dass Kurse auch das Unternehmensgeschehen und das dazugehörige Umfeld berücksichtigen, und darüber hinaus, dass die Kursbildung nicht nur rationalen, sondern auch irrationalen Einflüssen unterliegt.

Die Technische Analyse konzentriert sich ausschließlich auf den Kursverlauf. Als Hilfsmittel (vgl. Perridon und Steiner 2007, S. 221 ff.) werden Kursdiagramme, sog. Charts, herangezogen. Derartige grafische Auswertungen bilden den Verlauf von Kursen über einen bestimmten Zeitraum der Vergangenheit ab. Liniencharts, Balkencharts, Point & Figure-Charts und Candlestick-Charts sind Formen von Chartdarstellungen (vgl. Abb. 2.9).

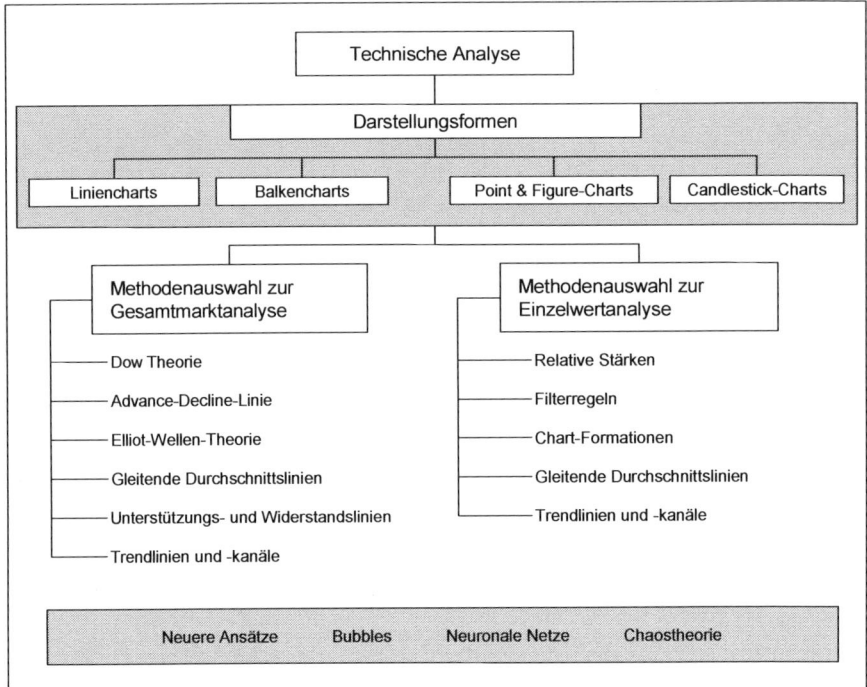

Abb. 2.9 Methoden und Darstellungsformen der Technischen Analyse

Point & Figure-Charts sind die ältesten Formen der Chartdarstellung. Sie sind vor allem in den USA weniger dagegen in Europa verbreitet. Unter Verzicht auf den Zeitaspekt werden lediglich wesentliche Kursveränderungen abgebildet. Bei Liniencharts werden die Schlusskurse der aufeinander folgenden Börsentage mit einer Linie verbunden. Bei Balkencharts werden zusätzlich zum börsentäglichen Schlusskurs auch die täglichen Höchst- und Tiefstkurse des jeweiligen Wertpapiers durch einen vertikalen Balken wiedergegeben. Der Schlusskurs wird durch einen horizontalen Strich rechts des Balkens markiert. Bei den Candlestick-Charts handelt es sich um eine den Balkencharts vergleichbare Darstellungsform. Ähnelnd einer Kerze ergibt die Differenz von Schlusskurs und Eröffnungskurs die Höhe der Kerze. Bei positiver Differenz wird die Kerze weiß, bei negativer Differenz schwarz markiert (vgl. Steiner und Bruns 2007, S. 363). Die Verfahren der technischen Analyse lassen sich gruppieren in Verfahren zur *Analyse des Gesamtmarktes* und Verfahren zur *Analyse von Einzelwerten*. Aussagen über künftige Börsentendenzen werden von Gesamtmarktanalysen abgeleitet.

Die Dow-Theorie

Die Dow-Theorie – eine Chart-Analyse – geht zurück auf Charles H. Dow. Er entwickelte zusammen mit E.C. Jones den Dow-Jones-Index, der aus drei Teilindices, und zwar dem Industrie-, dem Transport- und dem Versorgungsindex besteht (siehe hierzu und im Folgenden Steiner und Bruns 2002, S. 277 f.). Die Dow-Theorie geht davon aus, dass anhand dieser das Marktgeschehen verdichtender Indizes eine Aussage über die **Gesamtmarktentwicklung** möglich ist. Von den wiederkehrenden Kursbewegungen, die in Primär-, Sekundär- und Tertiärtrends untergliedert werden, liefern Primärtrends und Sekundärtrends Informationen, ob das betreffende Wertpapier die bisherige Richtung beibehält oder ob eine Änderung der Richtung des Trends zu erwarten ist. Derartige Trendänderungen, auch Trendumkehrungen genannt, können die Grundlage für entsprechende Handlungsempfehlungen sein (vgl. Abb. 2.10).

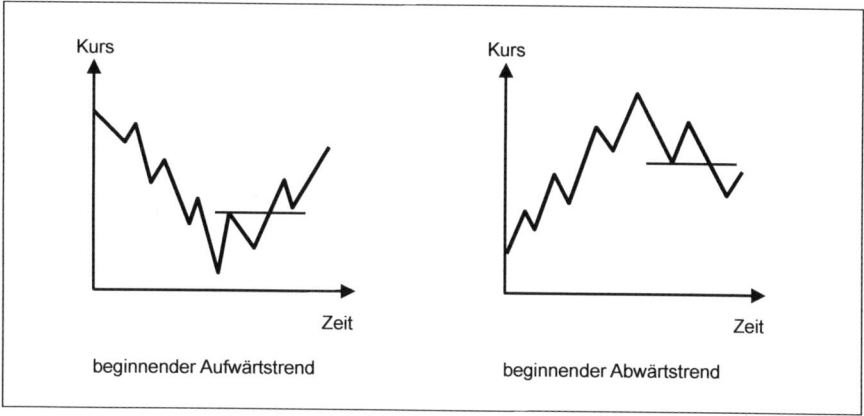

Abb. 2.10 Trendänderungen

In der Abb. 2.10 sind scheinbar zufällig Zacken erkennbar. Es handelt sich jedoch um kurzfristige Kursschwankungen, auch als *Primärtrend* bezeichnet. Ein Primärtrend ist entweder ein Aufwärtstrend oder ein Abwärtstrend. Ein Aufwärtstrend liegt vor, wenn jeder Hochstand eines Kurses über dem vorhergehenden Höchststand liegt. Ein Abwärtstrend liegt demzufolge vor, wenn jeder Tiefpunkt eines Kurses den vorhergehenden Tiefpunkt unterschreitet.

Gleitende Durchschnitte

Um die nicht aussagekräftigen Tagesschwankungen von Kursen einzelner Aktien oder von Indizes auszuschalten, bietet sich das Analyseinstrument der Methode der gleitenden Durchschnitte an (vgl. Abb. 2.11).

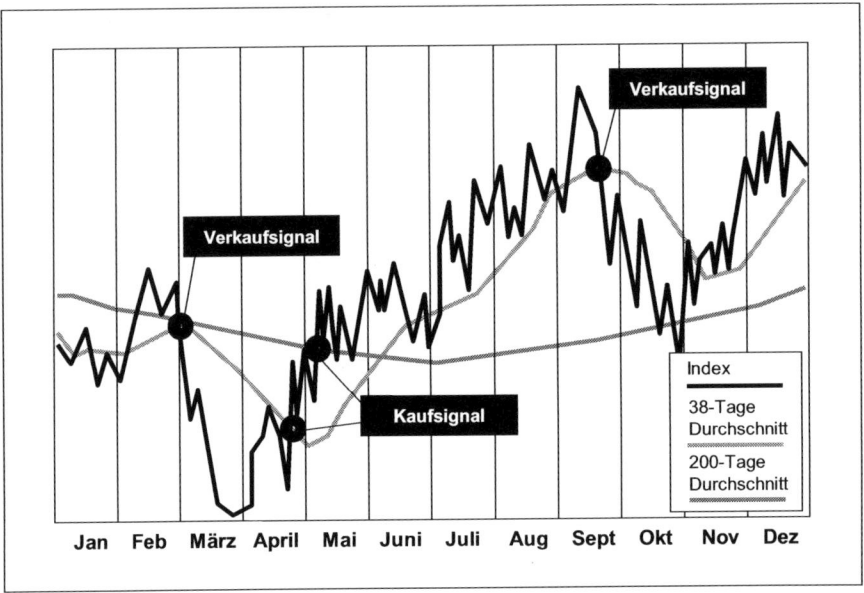

Abb. 2.11 Gleitende Durchschnitte und Aktienindex. (Quelle: Vgl. Deutsches Aktieninstitut 2004, S. 47)

Zu erkennen sind eine Index-Kurve, beispielsweise ein Aktienindex, und die Kurve der gleitenden Durchschnitte, in diesem Beispiel ein 200-Tage-Durchschnitt. Verglichen werden beide Kursverläufe. Schneidet die Kurslinie die Linie der gleitenden Durchschnitte von unten nach oben (= 1. Fall), bedeutet dieser Sachverhalt eine Kaufempfehlung, sinkt der Kurs unter die Durchschnittslinie (=2. Fall), wird dies als Verkaufsempfehlung verstanden.

Wie viel Börsentage in eine Durchschnittsbildung eingebunden werden, ist nicht normiert. Kurzfristcharts wählen eine 38-Tage-Linie. Langfristcharts beispielsweise eine 200-Tage-Linie. Die gleitenden Durchschnitte sind das arithmetische Mittel aus einer bestimmten Menge von Kursen der Vergangenheit, die für jeden Börsentag der gewählten Zeitreihe gebildet werden. Am folgenden Börsentag entfällt der älteste Kurs, der aktuelle Kurs wird hinzugefügt. Anschließend erfolgt der Vergleich der Kurve der gleitenden Durchschnitte mit der Kurve des Index-Kursverlaufes.

Advance-Decline-Linie

Die Advance-Decline-Linie (ADL) dient der Ergänzung der Verkaufsbeobachtung. Bei diesem Verfahren werden je Börsentag die Anzahl der Aktien mit gestiegenem Kurs sowie die Anzahl der Aktien mit gesunkenem Kurs festgestellt. Aus der Differenz der beiden Zahlen wird eine Zeitreihe gebildet, der börsentäglich aktuelle Wert wird dem Wert des Vortages zugeschlagen (vgl. Deutsches Aktieninstitut 2004, S. 45). Überwiegt die Zahl der gefallenen Kurse, ist die Differenz vom Vortragswert zu subtrahieren. Die sich bildende Kurve bezeichnet man als Advance-Decline-Linie. Eine sinkende ADL signalisiert, dass die Anzahl derjenigen Aktien mit Kursgewinnen abnimmt, eine steigende ADL zeigt an, dass die Anzahl derjenigen Titel, die einen steigenden Kursverlauf haben, zunehmen.

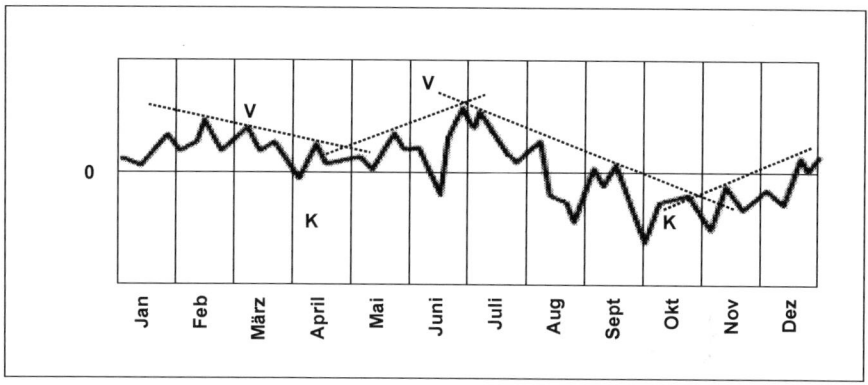

Abb. 2.12 Gleitende Durchschnitte und Aktienindex. (Quelle: Vgl. Deutsches Aktieninstitut 2004, S. 47)

Bewegt sich die Advance-Decline-Linie parallel (vgl. Abb. 2.12) zum Index, wird dieser Sachverhalt als Bestätigung des Aufwärtstrends oder des Abwärtstrends interpretiert. Steigt der Index, während die Advance-Declinie-Linie bereits fällt, verliert der Kursaufschwung an Kraft. Im Allgemeinen gilt die Empfehlung, sich nach der Advance-Decline-Linie zu richten, wenn die Richtung der Advance-Decline-Linie nicht mit der Indexbewegung übereinstimmt.

Chart-Formationen

Während die Gesamtmarktanalyse Aussagen über zukünftige Börsentrends geben will, wird versucht, mit Hilfe der Einzelwertanalyse Aussagen über die Kursverläufe einzelner Aktien zu treffen. Zu den gebräuchlichsten, sicherlich auch umstrittensten Methoden im Rahmen der Einzelwertanalyse gehören die Chart-Formationen. Zur Interpretation dieser Kursbilder werden geometrische Figuren, wie z. B. Dreiecke oder andere grafische Figuren wie z. B. Wimpel oder Keile, herangezogen (vgl. Abb. 2.13).

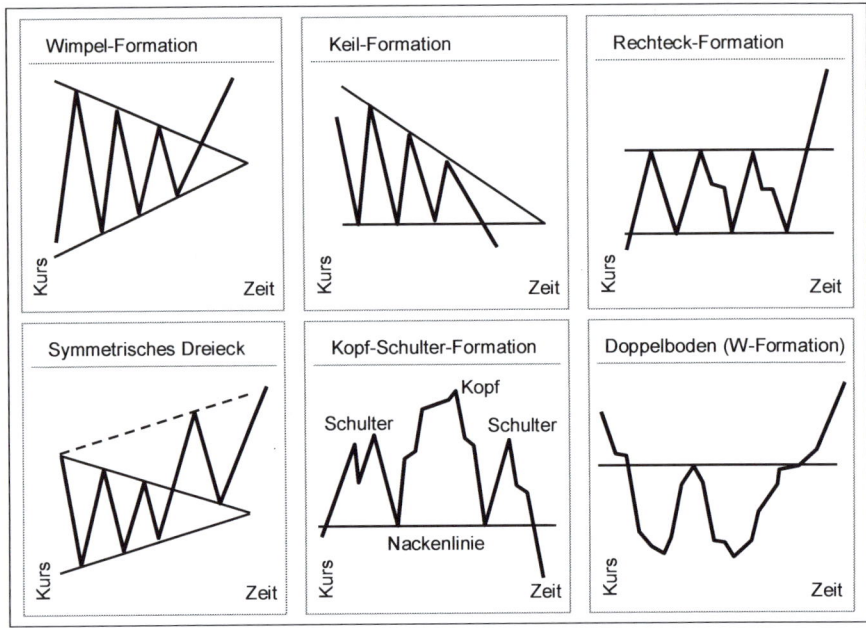

Abb. 2.13 Chart-Formationen. (Quelle: Vgl. Deutsches Aktieninstitut 2004, S. 50 und 51)

Diese Formationen unterscheidet man dahingehend, ob sie den bisherigen Trend bestätigen oder ob eine Änderung des bisher vorherrschenden Trends (= Trendumkehr) zu verzeichnen ist.

Die Wimpel-Formation gehört zu den trendbestätigenden Formationen. Diese bildet sich meistens nach einem starken Kursanstieg oder aber Kursrückgang bei gleichzeitig hohen Umsätzen. Rechtecke und Dreiecke (vgl. hierzu und im Folgenden Deutsches Aktieninstitut 2004, S. 50 f.) können sowohl einen Trend bestätigen als auch eine Trendumkehr anzeigen. Bei einem Rechteck stellt die untere Begrenzung eine Unterstützungslinie, die obere eine Widerstandslinie dar. Erst nach Ausbruch nach oben oder nach unten lässt sich sagen, ob es sich um eine Trendumkehr oder eine Trendbestätigung handelte. Eine eindeutige Trendumkehrformation stellt die Kopf-Schulter-Formation dar, die sich am Ende einer Baisse oder einer Hausse einstellen kann. Varianten davon sind die M-Formation und die W-Formation, bei denen sich ein Doppelboden oder eine Doppelspitze ausbilden. Die Kopf-Schulter-Formation ist verhältnismäßig leicht zu erkennen, charakteristisch ist, dass die Umsätze während der Ausbildung der ersten Schulter einen Höhepunkt erreichen und bei der Ausbildung des Kopfes sowie der zweiten Schulter jeweils zurückgehen.

2.1.2.5 Kapitalerhöhung bei der Aktiengesellschaft

Basis langfristig erfolgreicher und sicherer Geschäftspolitik ist u. a. eine solide und ausreichende Eigenkapitalbasis. Sie ist notwendig für Innovationen, Expansionen und Absicherung in Krisenzeiten. Aktiengesellschaften können nach dem Aktien-

recht ihr Eigenkapital durch verschiedene Formen der Eigenkapitalerhöhung auf-
stocken. Zu unterscheiden sind dabei:

*   Die **ordentliche Kapitalerhöhung**, sie stellt den Normalfall dar und erfolgt durch Ausgabe und Verkauf junger Aktien (§§ 182–191 AktG),

*   die **bedingte Kapitalerhöhung**, sie darf nur bei Eintritt bestimmter Situationen durchgeführt werden (§§ 192–201 AktG),

*   die **genehmigte Kapitalerhöhung**, bei der die Hauptversammlung den Vorstand zu einem von ihm als günstig gewählten Zeitpunkt ermächtigt, junge Aktien aus-zugeben (§§ 202–206 AktG),

*   die **Kapitalerhöhung aus Gesellschaftsmitteln** mit einer Umwandlung von Rücklagen in gezeichnetes Kapital (§§ 207–220 AktG).

Grundsätzlich werden Kapitalerhöhungen durchgeführt, wenn

*   Unternehmenskapazitäten erheblich erweitert werden sollen,

*   Beteiligungen an anderen Unternehmen anstehen,

*   größere Umstellungen im Produktionsprogramm anstehen,

*   Fremdkapital durch Eigenkapital ersetzt werden soll,

*   die Kapitalstruktur verbessert werden soll.

Eine erfolgreiche Durchführung der Kapitalerhöhung hängt von einer guten Vorplanung ab. Dabei sind folgende Überlegungen von besonderer Bedeutung:

*   die Wahl des Ausgabezeitpunktes (Situation der Kapitalmarktverfassung, Plat-zierungs-/Aufnahmemöglichkeit, Stimmung etc.),

*   die Ermittlung des notwendigen Kapitalbetrages (langfristige Kapitalbestim-mung),

*   die Festlegung des Ausgabe- und Bezugskurses (entscheidend für die Attraktivi-tät der emittierten Aktien).

Ordentliche Kapitalerhöhung

Die ordentliche Kapitalerhöhung bedarf, wie auch die anderen Formen der Kapitalerhöhung, der Zustimmung von 75 % des in der Hauptversammlung anwesenden
Aktienkapitals. Wird das Aktienkapital aus mehreren Aktienarten z. B. Vorzugsaktien gebildet, so muss für jede Aktienart eine 75 %-Mehrheit vorliegen (§ 182
Abs. 2 AktG).

Grundsätzlich steht den Altaktionären ein Bezugsrecht auf junge Aktien zu (§ 186
Abs. 1 AktG). Das Bezugsrecht auf junge Aktien richtet sich nach dem bisherigen
Grundkapital. Altaktionäre sollen hierdurch die Möglichkeit erhalten, nach der
Eigenkapitalerhöhung die gleiche Eigenkapitalquote zu halten wie vor der Eigenka-
pitalerhöhung. Nutzen sie ihr Bezugsrecht auf junge Aktien nicht aus, so stellt das

Bezugsrecht einen Wertausgleich für den inneren Wertverlust der alten Aktien dar (neue Aktionäre partizipieren an den stillen Reserven). Des Weiteren wird ihnen dadurch die Möglichkeit eingeräumt, ihren Stimmrechtsanteil und damit ihre Einflussnahme auf das Unternehmensgeschehen gleich zu halten. Das Bezugsrecht ist kein Geschenk, sondern eine erworbene Vermögensentschädigung.

Das Bezugsrecht sichert den bisherigen Aktionären den Erwerb junger Aktien zu. Würden alle Altaktionäre von ihrem Bezugsrecht Gebrauch machen, änderten sich in der Gesellschaft weder Stimm- noch Vermögensrechte. Die Hauptversammlung kann mit einer 75 %-Mehrheit das Bezugsrecht ausschließen. Dabei muss die Hauptversammlung ihre Entscheidung über den Bezugsrechtsausschluss der Altaktionäre zusammen mit dem Beschluss für die Erhöhung des Grundkapitals fällen. Unterschieden wird zwischen dem **materiellen und formellen Bezugsrechtsausschluss**.

Der **formelle Bezugsrechtsausschluss** wird i. d. R. in der Praxis dann angewandt, wenn die Emission erleichtert werden soll. Die Emission wird en bloc an ein Bankenkonsortium gegeben, das sich verpflichtet, die neuen Aktien im beschlossenen Verhältnis den bisherigen Aktionären innerhalb einer bestimmten Frist (i. d. R. 2 Wochen) anzubieten. Mit der Übergabe an das Bankenkonsortium ist die Kapitalerhöhung abgeschlossen. Aktionäre, die effektive Stücke halten und innerhalb der Frist nicht von ihrem Bezugsrecht Gebrauch machen, verlieren dieses automatisch an das Konsortium. Der Sinn des formellen Bezugsrechtsausschlusses ist, die gesamte mit der Fusion zusammenhängende Verwaltungsarbeit vom Konsortium erledigen zu lassen.

Bei einem materiellen Bezugsrechtsausschluss werden den Altaktionären keine jungen Aktien angeboten. Die Ausgabe von Belegschaftsaktien und möglicherweise von Options- und Wandelanleihen kann zu einem **materiellen Bezugsrechtsausschluss** führen (vgl. Perridon und Steiner 2007, S. 363; Jahrmann 1999, S. 293).

Die Ausübung des Bezugsrechts muss gemäß § 186 Abs. 1 AktG mindestens 2 Wochen betragen. Die Bezugsrechte werden in dieser Zeit eigenständig gehandelt, die Altaktien erhalten im Handel einen Abschlag „ex B". Bezugsrechte sind selbständig veräußerbar. Der erzielte Preis stellt dann einen Wertausgleich dar.

Der rechnerische Wert des Bezugsrechts entspricht der Differenz zwischen dem Kurs der alten Aktie und dem neuen Mittelkurs. Er wird bestimmt vom Bezugsverhältnis, dem Bezugskurs der jungen Aktien und dem Börsenkurs der alten Aktien. Er wird wie folgt ermittelt:

$$B = \frac{\text{Kurs der alten Aktie} - \text{Kurs der neuen Aktie}}{\text{Bezugsverhältnis} + 1} \qquad B = \frac{K_a - K_n}{\frac{a}{n} + 1}$$

B = rechnerischer Wert des Bezugsrechtes (EUR/Aktie)

K_a = Kurs der alten Aktien (EUR/Aktie)

K_n = Kurs der neuen Aktien

a = Zahl der alten Aktien

n = Zahl der jungen/neuen Aktien

$a{:}n$ = Bezugsverhältnis

Junge Aktien sind im laufenden Geschäftsjahr häufig noch nicht oder noch nicht voll dividendenberechtigt. Der Dividendennachteil kann als Abzug vom Kurs der alten Aktien oder als Erhöhung des Bezugskurses der jungen Aktien berücksichtigt werden. Rechnerisch wird er wie folgt ermittelt:

$$B = \frac{K_a - (K_n + dn)}{\dfrac{a}{n} + 1}$$

Beispiel: Eigenkapitalerhöhung bei einer AG

Eine Aktiengesellschaft erhöht ihr Grundkapital um 2 Mio. EUR. Das bisherige Grundkapital betrug 4 Mio. EUR, der Nennwert je Altaktie 1 EUR. Emittiert werden ebenfalls Aktien mit einem Nennwert von 1 EUR. Der Börsenkurs der alten Aktie beträgt 80 EUR, der Emissionskurs der jungen Aktie beläuft sich auf 71 EUR. Das Bezugsverhältnis lautet 2 : 1. Der rechnerische Wert des Bezugsrechts ermittelt sich wie folgt:

$$\frac{80 - 71}{\dfrac{2}{1} + 1} = 3 \text{ EUR/Aktie}$$

Die Vermögenslage eines Aktionärs, der zwei alte Aktien hält und sein Bezugsrecht auf junge Aktien ausübt, stellt sich wie folgt dar:

Kurs der alten Aktie $= 2 \times 80$ EUR $= 160$ EUR

Kauf der jungen Aktie $= 1 \times 71$ EUR $= 71$ EUR

Gesamtvermögen in Aktien $= 231$ EUR : 3 Aktien $= 77$ EUR/Aktie.

Der Wert je Aktie ergibt sich auch dann, wenn ein neuer Aktionär 2 Bezugsrechte zum rechnerischen Wert (2×3 EUR $= 6$ EUR) und eine Aktie zum Emissionskurs in Höhe von 71 EUR erwerben würde.

Der rechnerische Wert des Bezugsrechtes ist eine Orientierungsgröße. Er muss nicht mit dem tatsächlichen Wertverlust der alten Aktien übereinstimmen. Der tatsächliche Wert für das Bezugsrecht ergibt sich durch Angebot und Nachfrage im Börsenhandel.

Genehmigte Kapitalerhöhung

Bei der genehmigten Kapitalerhöhung (§§ 202–206 AktG) wird der Vorstand durch die Hauptversammlung ermächtigt, in Absprache mit dem Aufsichtsrat, das Grundkapital um einen bestimmten Nennbetrag (genehmigtes Kapital) durch Ausgabe neuer Aktien zu erhöhen. Die Eigenkapitalerhöhung ist auf einen Zeitraum von maximal fünf Jahren begrenzt. Sie darf die Hälfte des gezeichneten Kapitals nicht übersteigen.

Vorteile:

- Betriebsnotwendiges Eigenkapital wird erst dann beschafft, wenn es benötigt wird,

- durch die freie Wahl des Zeitpunktes kann der Vorstand günstige Kapitalmarkt-situationen ausnutzen (Hausse) und ungünstige Zeitpunkte (Baisse) vermeiden,

- die Kapitalerhöhung führt zu einer hohen Dispositionsfreiheit des Vorstandes, da keine aufwendigen Formalien, wie bei der ordentlichen Kapitalerhöhung, durchgeführt werden müssen.

Bedingte Kapitalerhöhung

Bei der bedingten Kapitalerhöhung (§§ 192–201 AktG) hängt die tatsächliche Erhöhung des Aktienkapitals von der Ausübung der Bezugs- und Umtauschrechte ab. Die Hauptversammlung muss den Zweck, die Bezugsberechtigten und den Ausgabebetrag festlegen. Der gesamte Emissionsbetrag darf die Hälfte des bisherigen Nennbetrages nicht übersteigen.

Die bedingte Kapitalerhöhung darf nur in den folgenden Fällen durchgeführt werden:

- Zum Zweck der Gewährung von Umtausch- oder Bezugsrechten an Inhaber von Wandel- oder Optionsschuldverschreibungen,

- zur Vorbereitung von Fusionen (Gewährung von Umtausch bzw. Bezugsrechten),

- zur Ausgabe von Belegschaftsaktien gegen Einlage von Geldforderungen, die den Mitarbeitern aus einer ihnen von der Gesellschaft eingeräumten Gewinnbeteiligung zustehen.

Kapitalerhöhung aus Gesellschaftsmitteln

Bei der Kapitalerhöhung aus Gesellschaftsmitteln (§§ 207–220 AktG) werden freie Rücklagen, die durch einbehaltene Gewinne entstanden sind, in Grundkapital umgewandelt. Die Summe des gesamten Eigenkapitals auf der Passivseite der Bilanz ändert sich nicht. Es erfolgt lediglich ein Passivtausch (Rücklagen gegen Grundkapital). Finanzsystematisch gehört diese Finanzierung zur Innenfinanzierung. Durch diese Form der Grundkapitalerhöhung ändert sich die Relation von stimmberechtigtem und dividendenberechtigtem Grundkapital.

Für die Durchführung ist die Zustimmung von 3/4 des vertretenen Grundkapitals in der Hauptversammlung notwendig. Die Zusatzaktien stehen den bisherigen Aktionären zur Verfügung. Sie haben ein entsprechendes Bezugsrecht (§ 212 AktG).

Auch bei der Ausgabe von Berichtigungsaktien kann der rechnerische Wert des Bezugsrechts ermittelt werden. Dabei ist, in Anlehnung an die bisherigen Ausführungen zur Bezugsrechtsermittlung, für den Ausgabekurs der jungen Aktien „$K_n = 0$" anzusetzen.

Gründe für die Ausgabe von Berichtigungsaktien/Gratisaktien:

- Kursniveaukorrektur (durch die Ausgabe zusätzlicher Aktien wird der Börsenkurs je Aktie und damit der Anschaffungspreis niedriger. Die Aktie wird für Kleinaktionäre attraktiver),

- **Dividendenverbesserung** (die Gesamtsumme der Dividenden erhöht sich bei gleichbleibender Ausschüttungsquote),

- Erhöhung des Haftungskapitals (gezeichnetes Kapital),

- Vorbereitung einer Fusion (eine Reduzierung des Aktienkurses auf ein Niveau, das ein geeignetes Umtauschverhältnis ergibt, kann psychologisch wichtig sein),

- bargeldlose Gewinnausschüttung (durch den Verkauf der Aktien kann ein Aktionär sich Liquidität verschaffen),

- Vorbereitung einer Kapitalerhöhung (durch einen niedrigeren Kurs lässt sich die Kapitalerhöhung leichter durchführen).

Beispiel: Börsenkursbildung nach Ausgabe von Gratisaktien

Die EMMO-Software AG erhöht ihr Grundkapital im Wege einer Kapitalerhöhung aus Gesellschaftsmitteln um 20 Mio. EUR auf 100 Mio. EUR zu Lasten der Gewinnrücklagen. Das Bezugsverhältnis beträgt 4:1.

$$\text{Rechnerischer Kurs (Bilanzkurs)} = \frac{\text{bilanziertes Eigenkapital} \times 100}{\text{gezeichnetes Kapital}}$$

Aktiva	Bilanz vor der Kapitalerhöhung in Mio. EUR		Passiva
Vermögen	200	Gezeichnetes Kapital	80
		Gewinnrücklagen	100
		Verbindlichkeiten	20
	200		200

Rechnerischer Bilanzkurs vor der Kapitalerhöhung: 225 %

Aktiva	Bilanz nach der Kapitalerhöhung in Mio. EUR		Passiva
Vermögen	200	Gezeichnetes Kapital	100
		Gewinnrücklagen	80
		Verbindlichkeiten	20
	200		200

Rechnerischer Bilanzkurs nach der Kapitalerhöhung (Bilanzkurs): 180 %

Ein Aktionär, der vor der Kapitalerhöhung vier Aktien bei einem Kurs von 225 % besitzt, hält ein Vermögen von 90 EUR. Die fünf Aktien nach der Kapitalerhöhung (vier alte Aktien + eine Berichtigungsaktie) stellen bei einem Kurs von 180 % ebenfalls ein Vermögen von 90 EUR dar.

Weder das konkrete Eigenkapital auf der Aktivseite noch das abstrakte Kapital auf der Passivseite der Bilanz ändern sich. Die Gesellschaft erhält kein neues

Beteiligungskapital, auf der Passivseite der Bilanz ergibt sich lediglich eine andere Darstellung der Eigenkapitalpositionen (vgl. hierzu Eilenberger 1997, S. 261 ff.; Busse 1996, S. 89 ff.; Olfert und Reichel 2005, S. 244 ff.; Däumler 2002, S. 377 ff.).

2.1.3   Die kleine Aktiengesellschaft

Das deutsche Kapitalgesellschaftsrecht ist durch die Aufteilung zwischen GmbHs und AGs geprägt. Lange Zeit ging der Gesetzgeber davon aus, dass mittelständische Unternehmen als kapitalgesellschaftliche Rechtsform die GmbH und große Unternehmen die Rechtsform der AG wählen. Versuche, GmbH-Anteile fungibler zu machen bzw. einen organisierten Kapitalmarkt für GmbH-Anteile zu entwickeln, scheiterten.

Unternehmen in der Rechtsform der AG besitzen eine deutlich bessere Eigenkapitalausstattung als andere Unternehmen, börsennotierte Unternehmen ihrerseits liegen wiederum deutlich über dem Durchschnitt der Aktiengesellschaften. Unternehmen ohne Zugang zum Eigenkapitalmarkt sind gezwungen, sich verstärkt fremd zu finanzieren, mit der Folge in konjunkturschwachen Zeiten krisenanfälliger zu sein. Das bis zur Aktiengesetzreform 1994 geltende Aktienrecht war am Leitbild großer börsennotierter Publikumsgesellschaften ausgerichtet. Kleine und mittlere Unternehmen wurden durch die enorme Regelungsdichte von der Rechtsform AG ferngehalten.

Das Gesetz für kleine AGs und zur Deregulierung des Aktienrechts setzt genau an diesem Punkt an. Hierdurch wurde keine neue eigenständige Rechtsform geschaffen, sondern eine Modifizierung des Aktiengesetzes, so dass für mittelständische Unternehmen diese Rechtsform nunmehr attraktiver geworden ist. Es ist also kein eigenständiger Gesellschaftstyp im Sinne einer Rechtsform. Im Aktiengesetz ist diese Bezeichnung an keiner Stelle zu finden. Streng genommen darf nach Ansicht einiger Experten nicht einmal von einer Sonderform einer Aktiengesellschaft gesprochen werden (vgl. Gaugler 2000, S. 3; Jaschinski 2009, S. 1).

Der Name „kleine AG" hat sich für kleine und mittlere Aktiengesellschaften eingebürgert, die vor allem zwei Kriterien erfüllen: Erstens handeln sie ihre Aktien nicht unbedingt an der Börse und zweitens ist ihr Gesellschafterkreis in der Regel recht überschaubar. Oft wird die kleine Aktiengesellschaft auch als eine Art „Übergangsrechtsform" definiert, die als Einstieg einen schrittweisen Gang an die Börse ermöglichen soll. Sie wird pragmatisch aber auch als „Zusammenfassung von einzelnen Änderungen des Aktienrechts" bezeichnet (vgl. Gaugler 2000, 3; Jaschinski 2009, S. 1; Brinkmann 1998, S. 37).

Besonders der in den nächsten Jahren anstehende Generationenwechsel in kleinen und mittelständischen Unternehmen wird durch die Rechtsform der AG zu gesicherten Unternehmensexistenzen führen.

Die Modifizierungen des Aktienrechts bezogen sich u. a. auf:

- Die Gründungsvorschriften,

- das Prozedere der Einberufung und Durchführung der Hauptversammlung,

- die erleichterte Möglichkeit zum Ausschluss des Bezugsrechts bei Kapitalerhöhungen,

- die variablere Gewinnverwendung und

- die Einzelverbriefung von Aktien und Regelungen zu stimmrechtslosen Vorzugsaktien.

Gründungsvorschriften

Die Mindestanzahl von Gründungspersonen wurde von mindestens fünf auf eine reduziert. Dadurch sind die bis dahin gängigen „Strohmann-Gründungen" nicht mehr erforderlich, bei denen ein Dritter im eigenen Namen, aber für Rechnung des eigentlichen Gründers handelt.

Der Bareinlageverpflichtung des alleinigen Unternehmensgründers kann durch die Bestellung einer Sicherheit nachgekommen werden (§ 36 Abs. 2 AktG). Hierdurch erfolgte eine Angleichung an das GmbH-Recht. Auch für bereits bestehende Aktiengesellschaften gilt diese Vorschrift, so dass auch noch nach Gründung alle Aktien durch eine Person übernommen werden können. Dieser Vorgang muss dem Handelsregister mitgeteilt werden.

Eine weitere wichtige Überarbeitung betraf die Arbeitnehmervertreter im Aufsichtsrat. Bei Sachgründung musste bis zur Novelle der Aufsichtsrat nach der ersten Hauptversammlung neu bestellt werden. Dadurch konnte innerhalb kurzer Zeit ein erneutes Wahlverfahren erforderlich werden. Für die Aktionäre kein besonders großes Problem, aber die Wahl der Arbeitnehmervertreter ist zeit- und kostenaufwändig. Die Amtszeit der Arbeitnehmervertreter kann jetzt über die Amtszeit verlängert werden, und sie können daher sofort für die reguläre Amtszeit von 4 Jahren bestellt werden.

Einberufung und Durchführung der Hauptversammlung

Die Novelle führte zu folgenden Vereinfachungen:

- Wegfall der Einberufungsfrist,

- keine öffentliche Bekanntmachung der Tagesordnung,

- freie Wahl des Ortes und der Zeit der Hauptversammlung,

- Möglichkeit der Beschlussfassung auch über nicht ordnungsgemäß bekannt gemachte Tagesordnungspunkte,

- Vollversammlung (die Hauptversammlung kann jetzt Beschlüsse ohne Einhaltung der Bestimmung der §§ 121–128 AktG fassen, sofern alle Aktionäre erschienen oder vertreten sind und kein Aktionär der Beschlussfassung widerspricht),

- keine notarielle Beurkundung der Hauptversammlung, allerdings ist diese dann notwendig, wenn Beschlüsse mit einer 3/4 oder größeren Mehrheit gefasst werden sollen; ansonsten kann der Aufsichtsratsvorsitzende eine Niederschrift allein unterzeichnen.

Durch die Neuregelung konnten die Kosten für die Durchführung der Hauptversammlung drastisch gesenkt werden. Weiterhin ist die Hauptversammlung sehr flexibel. Dies ist besonders für kleine Gesellschaften und Familiengesellschaften ein Vorteil, um Hauptversammlungen unbürokratisch durchzuführen.

Ausschluss des Anspruchs auf Einzelverbriefung (§ 10 Abs. 5 AktG)

Aktiengesellschaften können in der Satzung den Anspruch des Aktionärs auf Verbriefung jeder einzelnen Aktie in einer Einzelurkunde ausschließen oder einschränken (Ausgabe von Mehrfachurkunden). Grundsätzlich besteht zwar der Anspruch auf Verbriefung der Mitgliedschaftsrechte, aber der Aktiengesellschaft entstehen keine hohen Kosten durch den Aktiendruck (hohe Kostenersparnis insbesondere für kleinere Unternehmen).

Verwendung des Jahresüberschusses (§ 58 Abs. 2 AktG)

Vorstand und Aufsichtsrat können in der Satzung ermächtigt werden, nicht nur einen größeren Teil, sondern auch einen kleineren Teil als die Hälfte des Jahresüberschusses in die Gewinnrücklagen einzustellen. Dadurch erhalten besonders personalistisch strukturierte Aktiengesellschaften mehr Satzungsautonomie und mehr Gestaltungsspielraum bei der Gewinnverwendung.

Erleichterte Mitbestimmung für Familiengesellschaften

Aktiengesellschaften mit weniger als 500 Beschäftigten, die nach dem 3. August 1994 durch Eintragung entstehen, unterliegen nicht mehr der Mitbestimmung. Hierdurch wurde eine sachlich nicht gerechtfertigte Ungleichbehandlung der AG gegenüber der GmbH aufgehoben. Die Furcht vor der Mitbestimmung bei der Umwandlung von kleinen und mittleren Unternehmen besteht nun nicht mehr.

2.1.4 Societas Europaea (SE)/Europa AG

Die SE ist die erste supranationale[1] Kapitalgesellschaft. Ihre Haftung ist beschränkt und sie besitzt eine eigene Rechtspersönlichkeit. Sie ist eine Rechtsform für Unternehmen, die in der Europäischen Union grenzüberschreitend tätig werden wollen oder es bereits sind. Durch die SE müssen Unternehmen nicht mehr in jedem Mitgliedsstaat, in dem sie tätig sind, Tochtergesellschaften nach den dortigen Vorschriften gründen. Grenzüberschreitende Kooperationen werden deutlich erleichtert. Des Weiteren kann die SE ihren Sitz innerhalb der EU-Mitgliedsstaaten grenzüber-

---

[1] Der Begriff supranational bedeutet aus dem lateinischen übersetzt überstaatlich. Kompetenzen nationaler Ebene werden auf eine höhere Ebene verlagert. Der Begriff wird auch für die Umschreibung der Europäischen Union genutzt. (vgl.: http://www.calsky.com/lexikon/de/txt/s/su/supranational.php (27.08.2008).

schreitend ändern, ohne dass sie sich vorher auflösen muss (vgl. Eisenhardt 2007, S. 271; Raiser und Veil 2006, S. 851).

Als supranationale Rechtsform besteht die Rechtsgrundlage der SE aus EU-Recht und aus nationalem Recht. In Deutschland sind neben dem SEEG auch das HGB und das AktG anwendbar. Durch den Anteil an nationalem Recht bei der SE kommt es zu deutlichen Unterschieden zwischen den SEs in den jeweiligen Mitgliedsstaaten (vgl. Eisenhardt 2007, S. 271).

Das Kapital bei allen SEs ist in Aktien aufgeteilt und muss mindestens 120.000 EUR betragen. Die einzelnen Mitgliedsstaaten können ein höheres Mindestkapital für die SEs mit Sitz in ihrem Land vorschreiben. Die SE muss ihren Sitz in dem Mitgliedsstaat der Europäischen Union haben, indem sich auch ihre Hauptverwaltung befindet (vgl. Tümmel 2005, S 25 ff.).

Die Organe der SE bestehen aus der Hauptversammlung und wahlweise nach dem dualistischen System über ein Aufsichtsorgan und ein Leitungsorgan oder nach dem monistischen System über ein Verwaltungsorgan. Die Hauptversammlung, bestehend aus den Aktionären der SE, beschließt in den ihr von der SE-VO übertragenen Angelegenheiten[2].

Das *dualistische System* stimmt mit dem des deutschen Aktienrechts überein. Es besteht aus einem Leitungsorgan bei der deutschen AG der Vorstand und einem Kontrollorgan, bei der deutschen AG der Aufsichtsrat.

Für das *monistische System* gibt es im deutschen Aktienrecht kein ähnliches Modell. Geschäftsleitung und Kontrolle durch den Aufsichtsrat sind hier im Verwaltungsorgan zusammengefasst. Das Verwaltungsorgan ist für die Leitung der Gesellschaft zuständig, sofern hier kein Geschäftsführer bestellt wird. Des Weiteren legt das Verwaltungsorgan auch die grundlegende Richtung des Unternehmens fest und überwacht die Umsetzung von Aufgaben und Vorgaben. Die Hauptversammlung wählt die Mitglieder des Verwaltungsrates. Meistens besteht er aus geschäftsführenden und nicht im operativen Geschäft tätigen Mitgliedern. Der Geschäftsführer oder auch geschäftsführender Direktor der SE kann aber auch ein Außenstehender Dritter sein. Der Einfluss des Direktors ist vergleichbar mit der Stellung des GmbH Geschäftsführers. Der Verwaltungsrat ist gegenüber dem Direktor weisungsbefugt und kann ihn jederzeit durch einen Beschluss abberufen. Für den Verwaltungsrat gelten in Deutschland nicht die Paragraphen des AktG sondern die §§ 21–49 SE-AGn (vgl. Barton 2005, S. 78; Mellert 2005, S 194).

Für die SE ist eine Bar- oder Sachgründung, wie beispielsweise die deutsche AG gegründet werden kann, nicht möglich (vgl. Mellert 2005, S. 189; Tümmel 2005, S. 41). Für die Gründung der SE gibt es vier Möglichkeiten:

• Gründung durch Verschmelzung (Art. 2 Abs. 1 SE-VO)

---

[2] Die Aufgaben der Hauptversammlung werden durch die SE-VO festgelegt, weiterhin gelten dieselben Aufgaben wie die, die der Hauptversammlung einer Aktiengesellschaft im jeweiligen Mitgliedsstaat auch übertragen werden.

- Gründung einer Holding-SE (Art. Abs. 2 SE-VO)

- Gründung einer Tochter-SE (Art. 2 Abs. 3 SE-VO und Art. 3 Abs. 2 Satz 1 SEVO)

- Gründung durch Umwandlung in eine SE (Art. 2 Abs. 4 SE-VO)

Für alle Gründungsformen der SE ist Voraussetzung, dass mindestens zwei Mitgliedsstaaten der EU berührt werden. Diese Vorschrift soll verhindern, dass die AG im Inland die SE gründet, um das innerstaatliche Recht zu umgehen (vgl. Eisenhardt 2007, S. 271).

Bei der Entstehung der SE ist der erste Schritt, dass sich die Gründer rechtlich verbindlich verabreden, eine SE zu errichten. Als nächstes wird der Gesellschaftsvertrag, der gleichzeitig die Satzung darstellt, abgeschlossen und notariell beurkundet. Nachdem der Gesellschaftsvertrag notariell beurkundet ist, entsteht die sog. Vorgesellschaft. Der letzte Schritt bei der Entstehung der SE ist die Eintragung ins Handelsregister, die rechtsbegründende Wirkung hat. Für das Handelsregister besagt § 125 Abs. 1 FGG, dass in dem Bezirk des Amtsgerichts ein Landesgericht seinen Sitz haben soll (vgl. Bartone 2005, S. 22 ff.).

Die SE muss in ihrer Firmierung den Zusatz SE enthalten. Der Zusatz kann entweder vor oder nach dem Namen stehen. Das Fehlen des Zusatzes kann den Verlust der beschränkten Haftung bedeuten.

2.2 Börse

Die Bezeichnung Börse geht auf das niederländische Wort „beurs" zurück, das seinen Ursprung im Namen der Brügger Kaufmannsfamilie „van der Burse", vor deren Haus sich Kaufleute zu Geschäftszwecken regelmäßig trafen, hat. Hierbei handelte es sich also um regelmäßige Zusammentreffen von Kaufleuten an feststehenden Orten mit dem Ziel, Handelsgeschäfte abzuschließen. (vgl. o. V. Deutsches Universalwörterbuch, 2003; o. V. Großes Lexikon 1996; o. V. Das große Wörterbuch der deutschen Sprache 1976, S. 419; Vogel 2003, S. 4)

Mit dem Begriff Börsenwesen bezeichnet man alles, was mit der Börse zusammenhängt, einschließlich der Funktion, Organisation und Verwaltung. Die Börse ist ein organisierter Markt, auf dem unter staatlicher Aufsicht Angebot und Nachfrage an Waren, Devisen, Wertpapieren und Frachten aufeinandertreffen.

Das Börsenwesen in Deutschland ist föderalistisch organisiert. Rechtsgrundlage für die Aktivitäten sind das Börsengesetz, die Börsenordnungen der jeweiligen Börsen, das Gesetz über den Wertpapierhandel und die Börsenzulassungsverordnung. Das Börsenwesen unterliegt zurzeit einem rasanten Wandel. Verantwortlich hierfür sind u. a. geänderte Anforderungen an Finanzmarktprodukte, die Globalisierung der Märkte, Probleme in einigen Marktsegmenten, die Nutzung neuer Medien etc.

Werden die einzelnen Börsen nach Handelsobjekten systematisiert, so unterscheidet man zwischen Kassa- und Terminbörsen. Diese Unterscheidung wird nach der Erfüllungsfrist der getätigten Geschäfte vorgenommen. Die Untergliederung der Börsen in Kassa- und Terminbörsen sowie die weitere Untergliederung nach Handelsobjekten ist aus Abb. 2.14 ersichtlich.

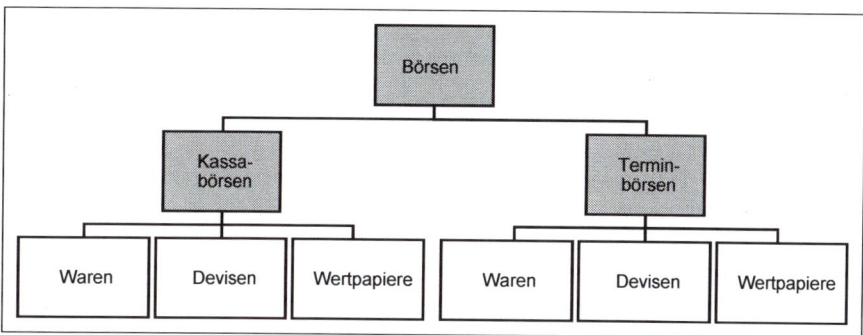

Abb. 2.14 Systematisierung der Börsen

An Kassabörsen werden Geschäfte durchgeführt, die sofort bzw. innerhalb weniger Arbeitstage zu erfüllen sind. In Deutschland beträgt dieser Zeitraum zwei Börsentage. Die Abrechnung wird zum Kassakurs durchgeführt. Unter diesem ist der am Kassamarkt zustande kommende Börsenpreis zu verstehen. Der Kassakurs kann sowohl fortlaufend als variabler Kurs als auch einmal am Tag als Einheitskurs gebildet werden. Kassabörsen können ferner in Devisen-, Waren- und Wertpapierbörsen untergliedert werden (vgl. Fischer und Rudolph 2000, S. 378 ff.; o. V.: Gabler Wirtschaftslexikon 2000, S. 1711 f.).

Die **Warenbörsen** sind für die internationalen Warenmärkte und dabei insbesondere für den Handel mit vollständig fungiblen landwirtschaftlichen und mineralischen Rohstoffen wichtig.

Devisenbörsen sind i. d. R. Teil der Wertpapierbörsen. In Deutschland existieren Devisenbörsen in Berlin, Düsseldorf, Frankfurt am Main, Hamburg und München. Da der Terminhandel durch die Banken erfolgt, werden hier nur Kassageschäfte getätigt. Aufgrund des Devisenhandels zwischen den international tätigen Kreditinstituten haben die Devisenbörsen nur noch eine untergeordnete Bedeutung.

Transaktionen an den Terminbörsen werden nicht sofort, sondern erst zu einem späteren Zeitpunkt erfüllt. Zu unterscheiden sind hierbei Warentermin- und Finanzterminbörsen.

An **Warenterminbörsen** werden Termingeschäfte über Einheiten an Naturprodukten, z. B. Getreide und Baumwolle, geschlossen. Die Qualität und Menge der gehandelten Produkte unterliegen einem einheitlichen Standard. Die einzige deutsche Warenterminbörse existiert seit 1998 in Hannover.

Standardisierte Termingeschäfte in Form von Futures und Optionen sind Gegenstand der **Terminbörsen**. Futures sind Geschäfte über den Kauf oder Verkauf eines bestimmten Vermögensgegenstandes zu einem vorher festgelegten Preis und zu einem festgelegten zukünftigen Zeitpunkt. Dabei besteht für den Verkäufer die Pflicht zu verkaufen und für den Käufer die Pflicht zu kaufen und den Kaufpreis zu entrichten. Futures können auf Zinsen von Anleihen, Aktien oder Indizes abgeschlossen werden. Optionen dagegen enthalten keine Verpflichtung des Optionsinhabers, sondern ein Recht, das Angebot anzunehmen bzw. abzulehnen (vgl. Fischer und Rudolph 2000, S. 378 ff.; o. V.: Gabler Wirtschaftslexikon 2000, S. 1102, 1084, 2321; o. V. Brockhaus Enzyklopädie 2003, Börse).

2.2.1 *Wertpapierbörse*

Wertpapiere werden an sechs deutschen Börsen in Berlin, Düsseldorf, Frankfurt, Hamburg – Hannover, München und Stuttgart gehandelt. Der Handelsplatz Frankfurt ist dabei der wichtigste. Die Einrichtung einer Wertpapierbörse obliegt gemäß § 1 BörsG der jeweiligen Landesregierung. Sie ist zugleich die zuständige Aufsichtsbehörde und übernimmt Überwachungs- und Kontrollfunktionen (vgl. u. a. Rödl und Zinser 2000, S. 49; Schwanfelder 2000, S. 45). Die Wertpapierbörsen übernehmen die Kapitalumschlagsfunktion und die Kapitalbewertungsfunktion.

Die Kapitalumschlagsfunktion ergibt sich aus dem regelmäßigen Kauf und Verkauf von Wertpapieren (Börsenhandel). Die Zulassungsvorschriften der gehandelten Wertpapiere sichern Qualität und Handelsfähigkeit. Weiterhin wird durch die Konzentration des Handels an einer Börse ausreichende Liquidität gewährleistet, da stets viele Anbieter und Nachfrager vorhanden sind und somit jederzeit die Wertpapiere veräußert werden können.

Die Kapitalbewertungsfunktion findet ihren Ausdruck in der marktgerechten Preisfindung. Der an der Börse ermittelte Preis entspricht in der Regel der wirklichen Geschäftätigkeit, da jederzeit viele Kauf- und Verkaufsaufträge zusammentreffen. Des Weiteren sind die Regeln der Preisfeststellung definiert und den Marktteilnehmern bekannt. Durch die Veröffentlichung der Kurse wird eine hohe Markttransparenz gewährleistet (vgl. Grill und Perczynski 2005, S 254).

Ein erfolgreicher Börsengang hängt besonders von der Wahl des Marktsegmentes sowie dem Börsenplatz ab. Unternehmen können hierbei zwischen dem regulierten Markt und dem Freiverkehr wählen. Die Marktsegmente unterscheiden sich im Hinblick auf ihre Zulassungsbedingungen und rechtlichen Regelungen. Das Börsengesetz gilt für alle Börsensegmente gleichermaßen.

2.2.2 EUREX

Die deutsche Terminbörse (DTB) war die erste vollelektronische Börse Deutschlands. Sie nahm im Januar 1990 den Handel auf. 1998 fusionierte die DTB mit der Schweizer Terminbörse SOFEX zur EUREX. Die EUREX Frankfurt unterliegt dem Börsengesetz und unterscheidet sich hinsichtlich ihrer Organisation nicht von anderen Börsen. Sie ist keine Präsenz- sondern eine Computerbörse, daher können nicht nur in Frankfurt ansässige Händler teilnehmen, sondern sie ist offen für viele Händler und Kunden. Aufgrund der hohen Zulassungsanforderungen sind jedoch nur institutionelle Börsenteilnehmer dort tätig.

An der EUREX werden Derivate (Optionen und Futures) gehandelt. Die Entwicklung von Derivaten galt ursprünglich der Absicherung von Zins-, Kurs- und Wechselkursrisiken durch gegenläufige Options- oder Future-Geschäfte (Hedging) und nicht der Spekulation auf hohe Gewinne.

Zu den Optionskontrakten zählen u. a. Optionen auf deutsche Standardaktien, Optionen auf den Deutschen Aktienindex (DAX-Optionen) sowie Optionen auf verschiedene, ebenfalls an der DTB gehandelte Future-Kontrakte.

Gegenwärtig werden folgende Produkte an der EUREX gehandelt (http://www.eurexchange.com/trading/products_de.html):

• Zinsderivate (z. B. Euro-Bund-Futures, Euro-Bobl-Futures),

• Aktienderivate (Aktienoptionen sowie Aktien-Futures auf europäische, brasilianische und US-amerikanische Basiswerte),

• Aktienindexderivate (z. B. EURO STOXX 50® Index Futures, DAX®-Futures, SMI®-Futures),

• Aktienindex-Dividendenderivate,

• Volatilitätsindexderivate,

• Exchange Traded Funds-Derivate,

• Kreditderivate (iTraxx® Europe 5-year Index Series, iTraxx® Europe HiVol 5-year Indexseries, iTraxx® Europe Crossover 5-year Index Series),

• Inflationsderivate,

• Rohstoffderivate (Agrarderivate, Gold- und Silberderivate, Strom und CO_2-Derivate in Kooperation mit der EEX),

• Wetterderivate,

• Immobilienderivate.

Die Abwicklung der abgeschlossenen Geschäfte geschieht über eine Clearingstelle. Um an der EUREX als Kreditinstitut Geschäfte abschließen zu können, muss man Börsenteilnehmer mit Clearing-Lizenz sein oder Vertragsbeziehungen zu einem Börsenteilnehmer mit Lizenz unterhalten, über welchen dann die Geschäfte abgewickelt werden können (vgl. Abb. 2.15).

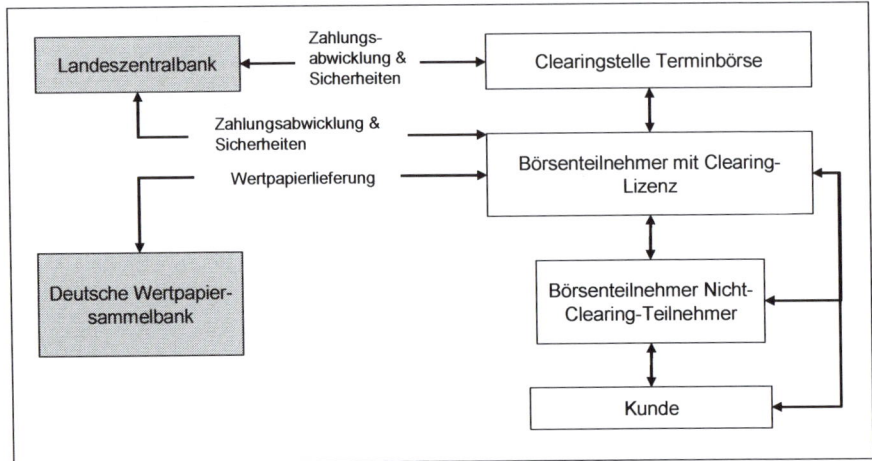

Abb. 2.15 Kontraktabwicklung von Optionen. (Quelle: http://www.bankstudent.de/downloads2/bbl34. htm)

Jeder Börsenteilnehmer mit Clearing-Lizenz muss zur Absicherung seiner Geschäfte Sicherheiten hinterlegen (Margin), deren Höhe von der EUREX-Clearing AG auf Basis des Schlusskurses (Settlement-Preis) festgelegt wird. Die Volatilität der Basiswerte sowie die Art der Kontrakte bestimmen die Höhe der Sicherheitsleistung. Börsenteilnehmer ohne Lizenz haben an ihren Vertragspartner mit Lizenz die Margin in der von der EUREX geforderten Höhe zu hinterlegen. Ein Verzug bei der Sicherheitenhinterlegung ist der EUREX zu melden.

Geschäftsabschlüsse erfolgen durch Matching, indem die Aufträge der Börsenteilnehmer zur Kursfeststellung wie bei den Präsenzbörsen, zusammengeführt werden (vgl. Jahrmann 2009, S. 243 ff.; Perridon und Steiner 2007, S. 158 ff.).

2.3 Börsensegmente

2.3.1 Regulierter Markt

Das am stärksten reglementierte Marktsegment ist der Regulierte Markt. Dieses Segment entstand zum 1. November 2007 als die Unterteilung in den Amtlichen und Geregelten Markt aufgehoben wurde. Wertpapiere die zuvor auf dem Geregelten Markt gehandelt wurden, sind seit 1. November 2007 zum Regulierten Markt zugelassen (http://www.boerse-frankfurt.de).

Die Zulassung zu diesem umsatzstärksten Segment ist in Bezug auf den Anlegerschutz und die Publizitätspflichten am stärksten reguliert. Die Unternehmen sind verpflichtet, vor Handelszulassung einen Zulassungsprospekt zu erstellen. Der Börsenzulassungsprospekt enthält die Bilanzen und Gewinn- und Verlustrechnungen der letzten drei Jahre. Der Prospekt ist der zuständigen Zulassungsstelle zur Prüfung und Genehmigung vorzulegen (§§ 45 ff. BörsG).

Weitere wichtige Zulassungsvoraussetzungen und Folgepflichten sind:

- Das emittierende Unternehmen besteht seit mindestens drei Jahren,

- der erwartete Emissionskurswert beträgt mindestens 1,25 Mio. EUR,

- der Gesamtnennwert bei Aktien beläuft sich auf mindestens 250.000 EUR, bei nennwertlosen Stückaktien beträgt die Mindestanzahl 10.000,

- 25 % der zuzulassenden Aktien sind im Publikum zu streuen,

- mindestens ein Zwischenbericht zur Finanzlage und zum allgemeinen Geschäftsgang wird während des Geschäftsjahres veröffentlicht,

- unternehmensrelevante Informationen werden sofort veröffentlicht,

- die Publikationssprache ist deutsch bzw. englisch.

Die erhöhte Publizitätspflicht, Zwischenbericht der Geschäftstätigkeit in den ersten 6 Monaten sowie die Veröffentlichung innerhalb von 2 Monaten nach dem Ende des jeweiligen Berichtszeitraums, dienen dem Anlegerschutz (vgl. http://deutsche-boerse.com; Priermeier und Schubeck 1999, S. 68; Rödl und Zinser 2000, S. 45).

2.3.2   Freiverkehr (Open Market)

Das Marktsegment Freiverkehr entstand 1987 durch den Zusammenschluss des geregelten und ungeregelten Freiverkehrs und wurde zum 10. Oktober 2005 in Open Market umbenannt. Allein an der Frankfurter Wertpapierbörse werden in diesem Segment ca. 10.200 Titel gelistet (vgl. DAI-Factbook 2010, S. 02-1-1-2). Die Zulassungsvoraussetzungen beschränken sich dabei auf ein Minimum. So sind Unternehmen von der Ad-hoc-Publizitätspflicht befreit und haben auch sonst keine Folgepflichten. Den Zulassungsantrag für den Open Market muss ein Kreditinstitut stellen, das zum Handel an der Börse zugelassen ist. Die Richtlinien der Deutschen Börse AG bilden die Grundlage für die Zulassung der Wertpapiere. Die Börsenkurse für die Werte des Open Markets ermitteln Freimakler (vgl. http://deutsche-boerse.com; Priermeier und Schubeck 1999, S. 70; Rödl und Zinser 2000, S. 56).

2.3.3   General Standard

Die Zulassung zum General Standard setzt die Einhaltung der nationalen gesetzlichen Anforderungen voraus. Unternehmen in diesem Segment müssen die Anforderungen des Regulierten Marktes erfüllen. Des Weiteren sind folgende Berichtspflichten zu erbringen:

- Ad-Hoc-Mitteilungen,

- Anwendung internationaler Rechnungslegungsstandards (IFRS/IAS oder US-GAAP),

- Veröffentlichung eines Halbjahresfinanzberichts.

Der General Standard eignet sich für Unternehmen, deren Zielgruppe bei Investoren und Kunden im nationalen Bereich zu sehen ist. Deutsche Unternehmen werden zugleich im CDAX aufgenommen. Die Aufnahme in einen Auswahlindex setzt eine Zulassung zum Prime Standard voraus (vgl. http://deutsche-boerse.com).

2.3.4 Prime Standard

Materielle Zulassungsvoraussetzung ist die Zulassung Regulierten Markt. Emittenten im Prime Standard müssen über das Maß des General Standard hinausgehende internationale Transparenzanforderungen erfüllen. Hierdurch sollen Unternehmen auch für internationale Investoren von Interesse sein (vgl. http://deutsche-boerse. com).

Aktien im Prime Standard sind verpflichtet, die folgenden zusätzlichen Zulassungsvoraussetzungen zu erfüllen:

- Veröffentlichung von Quartalsfinanzberichten mit bestimmten Mindestangaben in deutsch und englischer Sprache,

- Veröffentlichung eines Unternehmenskalenders mit den wesentlichen kapitalmarktspezifischen Terminen, z. B. Hauptversammlung, Bilanzpressekonferenz,

- Durchführung einer jährlichen Analystenkonferenz,

- Veröffentlichung von Ad-hoc-Mitteilungen in englischer Sprache.

2.3.5 Entry Standard

Der Handel im Entry Standard begann im Jahre 2005. Er ist im Open Market angesiedelt und soll kleinen und mittleren Unternehmen einen kostengünstigen Kapitalmarktzugang mit geringeren Anforderungen ermöglichen und dabei stärker für Investoren wahrnehmbar sein. Zurzeit sind 122 Unternehmen in diesem Segment gelistet (vgl. DAI-Factbook 2010, S 02-1-2). Da es sich beim Open Market und somit auch beim Entry Standard nicht um einen organisierten Markt nach § 2 Abs. 5 Wertpapierhandelsgesetz handelt, gelten die strengen Regelungen beispielsweise bezüglich der Ad-hoc-Publizität oder der Zwischenberichte nicht. Gelistete Unternehmen in diesem Segment müssen ein Kurzporträt des Unternehmens, einen Zwischenbericht über das erste Halbjahr sowie unverzüglich wesentliche Nachrichten auf ihrer Webseite veröffentlichen (vgl. o. V. Prime vs. General vs. Entry Standard

2006, S. 18; o. V. Entry Standard 2005; http://deutsche-boerse.com; o. V. Neue Hoffnungen auf IPOs 2005, S. 16).

2.3.6   Regionale Börsensegmente

Die regionalen Börsen entwickeln und führen eigenständige Marktsegmente mit dem Ziel ein, die lokale Wirtschaft zu fördern und jungen bzw. kleinen und mittleren Unternehmen den Zugang zum organisierten Kapitalmarkt zu ermöglichen.

Die individuellen Marktsegmente sind i. d. R. im Freiverkehr angesiedelt, denn dort bestehen die geringsten Zulassungsvorschriften und es werden keine Mindestemissionsvolumina verlangt. Bezogen auf die Gebühren, gehört der Freiverkehr zu den kostengünstigen Alternativen. Alle sechs Börsenplätze bieten den Freiverkehr an.

Der Berliner Freiverkehr hat sich mit dem KMU-Markt etabliert. Gehandelt werden Aktien von kleinen und mittleren Unternehmen mit überdurchschnittlichem Wachstumspotential. Voraussetzungen für die Einbeziehung von Aktien sind unter anderem ein Mindestnennbetrag der Emission von nominal 250.000 EUR und ein voraussichtlicher Kurswert von mindestens 1.500.000 EUR des dem Markt zur Verfügung stehenden Kapitals (vgl. Börse Berlin – Geschäftsbedingungen für den Freiverkehr § 9). Als Folge aus der Aktienemission im KMU-Markt ist der Emittent verpflichtet, zum Beispiel sogenannte Insiderinformationen auf seiner Internetseite unverzüglich zu veröffentlichen und regelmäßig innerhalb eines Geschäftsjahres mindestens einen Zwischenbericht zur Verfügung zu stellen (vgl. Börse Berlin – Geschäftsbedingungen für den Freiverkehr § 10; WpHG § 15 Abs. 1).

Im Rahmen des Freiverkehrs hat die Börse München das Segment M:access entwickelt, das neben Emittenten des Freiverkehrs auch solchen des Regulierten Marktes offen steht. Um die Transparenzanforderungen zu erhöhen, sind die Emittenten aufgefordert mindestens einen Jahresabschluss als Aktiengesellschaft aufzustellen sowie ein Grundkapital von mindestens 1 Mio. EUR aufzuweisen. Unternehmen in diesem Marktsegment müssen eine Webseite unterhalten, auf der u. a. ein unterjähriger Emittentenbericht mit relevanten Informationen zur Aktienbewertung publiziert wird sowie Ad-hoc-Meldungen, der Unternehmenskalender und Kernaussagen des geprüften Jahresabschlusses veröffentlicht werden (o. V. Regelwerk für das Marktsegment M:access, 2011).

Die älteste Wertpapierbörse Deutschlands, die Börse Hamburg, bietet jungen, kapitalsuchenden Unternehmen unter der Bezeichnung „START UP MARKET" ebenfalls ein individuelles Marktsegment im Freiverkehr an. Insbesondere junge Unternehmen (< 1 Jahr) können dort an die Börse gehen. Das Grundkapital muss mindestens 250.000 EUR betragen. Die hanseatische Wertpapierbörse führt kapitalsuchende Wachstumsunternehmen mit risikobewussten Investoren zusammen.

Um die Attraktivität kleinerer Unternehmen zu fördern, hat die Deutsche Börse AG den S-DAX entwickelt. Dieser Index besteht aus 50 Unternehmen, die sowohl aus klassischen Branchen und Technologiebranchen bestehen. Jedoch müssen die Emittenten die gesetzlichen Mindestanforderungen der alten Marktsegmente erfüllen, um dann auf Antrag in den Prime Standard zu gelangen. Die Aufnahme in den S-DAX erfolgt nach Zuordnung der Unternehmen nach Marktkapitalisierung, Streubesitz und Börsenumsatz.

2.4 Over-the-Counter-Handel

Der außerbörsliche Handel (OTC) beinhaltet sowohl den Handel mit Wertpapieren, die nicht in den genannten Marktsegmenten gehandelt werden, als auch den Handel mit Finanztiteln, die zum Börsenhandel zugelassen sind. Kennzeichnend für den OTC-Handel, der bilateral zwischen den verschiedenen Marktteilnehmern per Telefon erfolgt, sind u. a. große durchschnittliche Ordervolumina, die Intransparenz der ausgeführten Geschäfte und die fehlende Anonymität der Marktteilnehmer. Zielsetzung des außerbörslichen Handels ist es, insbesondere durch große Orders im Rahmen des Blockhandels Preiseinflüsse zu vermeiden. Dabei werden die Geschäfte und die Wertpapierverwahrung größtenteils über die Deutsche Börse abgewickelt. Die Volumina des OTC-Handels – bezogen auf das gesamte Handelsvolumen – liegen den Aktienhandel betreffend bei etwa 50 %, während der Anteil bei den Rentenwerten ca. 90 % beträgt. Seit der Einführung des Zweiten Finanzmarktförderungsgesetzes im Jahre 1994 unterliegt auch der außerbörsliche Handel einer staatlichen Regulierung, nämlich der Kontrolle des Bundesaufsichtsamts für den Wertpapierhandel und den Vorschriften des Wertpapierhandelsgesetzes, insbesondere den Insiderhandel und die Wohlverhaltensregeln betreffend (vgl. Rudolph 1997, S. 229; Büschgen 1998, S. 230).

2.5 Aktienindizes

Ein Aktienindex ist eine Kennzahl, die zeitlich fortlaufende Kursveränderungen in Relation zum Kurs einer Basisperiode zum Ausdruck bringt. Häufig dienen Indizes Anlegern als Orientierung bei der Zusammensetzung ihrer Portfolios. Die Deutsche Börse hat parallel zur Neustrukturierung des Aktienmarktes eine neue Indexsystematik eingeführt. Dax, M-Dax, Tec-Dax und S-Dax sind die Auswahlindizes.

Die im „Deutschen Aktienindex" (Dax) gelisteten Werte gehören zu den attraktivsten Aktien in Deutschlands. Auch international genießen sie ein hohes Ansehen. Die Dax-Entwicklung ist Abb. 2.16 zu entnehmen.

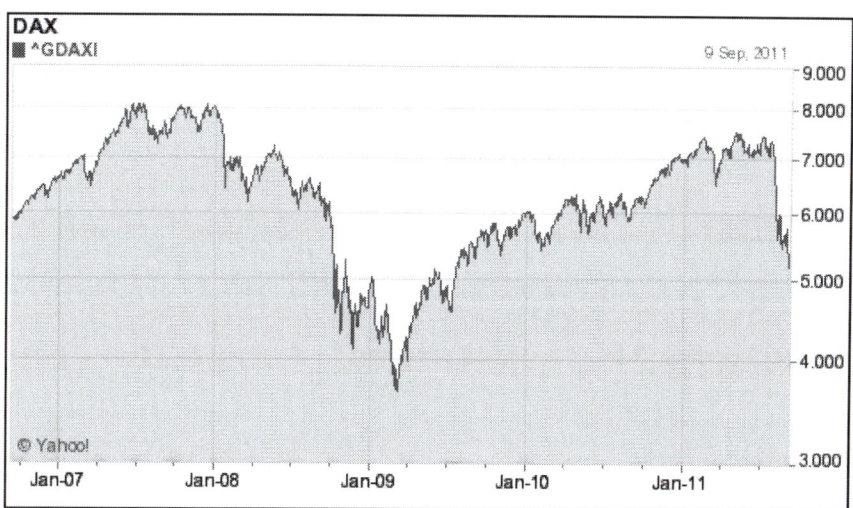

Abb. 2.16 Entwicklung des DAX. (Quelle: http://de.finance.yahoo.com/q/bc?s=%5EGDAXI&t=my&l=on&z=m&q=l&c=)

Er nimmt die Aktien der 30 größten und umsatzstärksten Unternehmen mit Sitz in Deutschland aus dem Prime Standard der Frankfurter Wertpapierbörse auf. Die Basis dieses Indexes bildet der Stand vom Jahresende 1987, der mit 1.000 Punkten angesetzt wurde. Über die Zusammensetzung dieses Leitindexes wird jährlich im September durch den Arbeitskreis Aktienindizes der Deutschen Börse entschieden; dabei gelten als Kriterien für die Aufnahme neben der Zulassung zum Prime Standard und dem fortlaufenden Xetra-Handel der Börsenumsatz sowie die Marktkapitalisierung. Letztere wird durch Multiplikation des Aktienkurses des betrachteten Unternehmens mit der Anzahl der ausgegebenen Aktien errechnet. Weitere Indices der Deutschen Börse sind der Abb. 2.17 zu entnehmen.

Deutscher Aktienindex (DAX)	Umfasst die 30 größten Werte des Prime Standard der Frankfurter Wertpapierbörse (Bluechips)
Midcap-DAX (MDAX)	Umfasst die 50 nächstgrößten Werte der klassischen Branchen des Prime Standard der Frankfurter Wertpapierbörse
Smallcap-DAX (SDAX)	Umfasst die 50 größten auf den MDAX folgenden Werte der klassischen Branchen des Prime Standard der Frankfurter Wertpapierbörse
Technology-DAX (TecDAX)	Umfasst die 30 größten Werte der Technologiebranchen des Prime Standard der Frankfurter Wertpapierbörse
Entry-Standard-Index	Umfasst die 30 umsatzstärksten Unternehmen aus dem Entry Standard Segment
General-Standard-Index	Umfasst die 200 umsatzstärksten Unternehmen aus dem General Standard Segment

Abb. 2.17 Auswahlindizes der Deutschen Börse

2.6 Investor Relations

Die Geschichte der Investor Relations beginnt 1953 in den USA. General Electric entwickelte ein Kommunikationsprogramm mit dem Titel „investor relations", das ausschließlich Kommunikationszwecken mit den privaten Investoren diente. In Deutschland startet die Geschichte der Investor Relations erst Anfang der 80er Jahre, die endgültige Etablierung erfolgte Mitte der 90er Jahre.

Ursache für den Start von Investor Relations in Deutschland waren zum einen der Börsengang der Deutschen Telekom 1996, bei dem ca. 500 Mio. Aktien an der Börse platziert und Einnahmen von mehr als 20 Mrd. DM getätigt werden sollten. Um dieses Ziel zu erreichen wurde erstmalig in Deutschland eine Werbekampagne für eine Aktie gestartet. Ein weiterer wesentlicher Grund war der Start des Neuen Marktes, ein neues Börsensegment an der Frankfurter Börse für innovative, junge und in Wachstumsbranchen tätige Unternehmen. Der anfängliche Erfolg der so genannte Börsenhype führte zu einem totalen Zusammenbruch des Neuen Marktes und zu seiner Einstellung zum 31.12. 2003 (vgl. Streuer 2004, S. 5 ff.; Schumacher et al. 2001, S. 14 f.).

Die zielgerichtete Gestaltung der Beziehungen zwischen einer Unternehmung und der Financial Community wird als Investor Relations bezeichnet. Es handelt sich hierbei um Maßnahmen und Handlungen, die darauf ausgerichtet sind, das Beziehungsgefüge mit den gegenwärtigen Eigenkapitalgebern zu pflegen sowie die Aufmerksamkeit potentieller Kapitalanleger zu wecken und sie ggf. zu akquirieren. Investor Relations ist somit ein ganzheitlicher Prozess, dessen oberste Priorität auf der Schaffung von langfristigem Vertrauen und einer gerechten Beurteilung der Aktien der jeweiligen Unternehmen liegt. Dabei darf Investor Relations nicht nur als Lieferant von Unternehmenszahlen an die Zielgruppen des Unternehmens verstanden werden, sondern schwerpunktmäßig müssen bei der Investor-Relations-Arbeit die unternehmerischen Zusammenhänge verstanden und kommuniziert werden, u. U. müssen einzelne Informationen zunächst interpretiert werden, bevor sie weitergegeben werden können. Schlussendlich handelt es sich bei Investor Relations um das Management der Erwartungen, das sich nachhaltig auf die Unternehmensbewertung auswirkt.

Genauso wie eine Unternehmensleitung die Beziehung zu den Mitarbeitern, den Abnehmern usw. als Bezugsgruppe resp. Koalitionspartner zu pflegen hat, ist es ihre Aufgabe, das Verhältnis zu den gegenwärtigen Kapitalgebern im Sinne einer vertrauensbildenden Maßnahme zur Stärkung der Anlagentreue zu gestalten, um die gewünschte Kapitalgeberstruktur zu erhalten.

Während in der Vergangenheit die Informationspolitik einer börsennotierten Unternehmung dadurch gekennzeichnet war, die Aktionäre/Eigentümer weitgehend auf der Grundlage der gesetzlichen Verpflichtungen zu unterrichten, setzt sich zunehmend die Erkenntnis durch, dass eine unternehmenswertorientierte Unternehmensführung ein geändertes Informationsverhalten notwendig macht.

Sichtbarer Ausdruck eines solchen Verhaltens ist die Tatsache, dass der Zeitraum zwischen Geschäftsjahresende und der Veröffentlichung der Jahresberichterstattung zunehmend kürzer wird und dass innerhalb dieses Zeitraumes (vorläufige) Informationen seitens der Unternehmensleitung den verschiedenen Bezugsgruppen übermittelt werden.

Pressemitteilungen, Ad-hoc-Informationen und Quartalsberichte richten sich nicht ausschließlich an die derzeitigen Aktionäre, sondern sind gleichermaßen an Gläubiger-Banken, Ratingagenturen, Finanzintermediäre, Finanzanalysten und zukünftige Kapitalgeber gerichtet.

Ein ständiger Austausch mit der **Financial Community** ist unerlässlich. Es ist erkennbar, dass die unternehmerische Kapitalmarktkommunikation über den gesetzlich vorgegebenen Rahmen hinausgeht. Nicht nur allein aufgrund der Tatsache, dass eine gute Beziehung zu den Aktionären einen wichtigen Faktor in der Strategie zur Verhinderung von feindlichen Übernahmen darstellt.

Die Übertragung der Finanzmarktkommunikation auf eine Abteilung für Investor Relations kommt sicherlich nur für größere Unternehmen in Frage. Sofern nach sorgfältiger Prüfung und Kosten-Nutzen-Abwägung eine eigene Abteilung nicht gerechtfertigt ist, ist die Übertragung auf eine Investor Relations-Agentur ratsam.

Unabhängig von einer internen oder externen Aufgabenerfüllung schließt eine aktive Investor Relations-Arbeit die Form von Einzel- oder Gruppengesprächen der Unternehmensleitung mit den Anteilseignern ein. Road-Shows, allgemeine Unternehmenspräsentationen und Analysten-Konferenzen ergänzen diese Aktivität (vgl. Abb. 2.18).

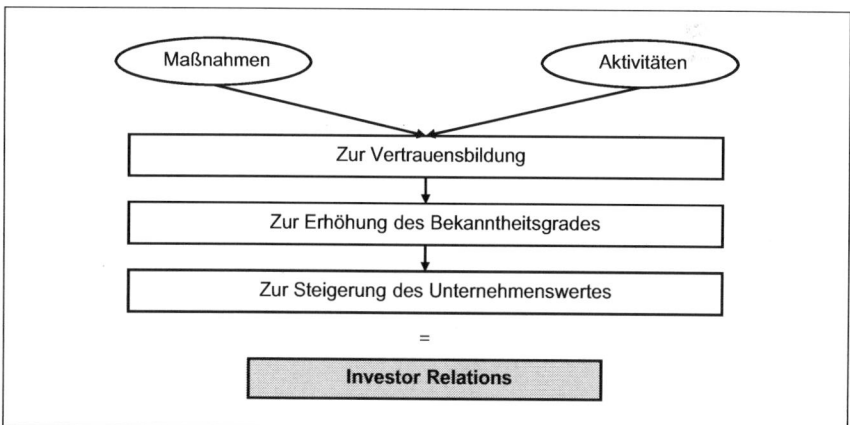

Abb. 2.18 Investor Relations

Für die Finanzmarktkommunikation bedeutet das Internet eine neue Dimension zur Informationsgestaltung. Der dadurch geschaffene direkte Dialog mit allen Adressaten vermeidet mögliche Interessenkonflikte und Informationsfilterung durch Finanzintermediäre. Originalinformationen können vom Kapitalanleger bedarfsgerecht abgerufen werden. Die Kontaktaufnahme ermöglicht ergänzende und vertiefende Informationen.

Hier ist die Möglichkeit eines One-to-One-Marketing-Ansatzes geschaffen, mit der Ausrichtung auf den gegenwärtigen und zukünftigen Kapitalanleger, mit dem Ziel, eine individuelle Ansprache zu ermöglichen. So bietet sich der Weg, im Rahmen des „one face to the investor" zu einer besseren und nachhaltigeren Beziehung zu Kapitalanlegern zu gelangen.

Die Öffnung der unternehmerischen Informationspolitik im Sinne einer wertorientierten Unternehmensführung muss soweit gestaltet werden, dass die Unternehmenszielgrößen (z. B. die Kapitalrendite RoIC) nicht nur genannt und erklärt, sondern eventuelle Abweichungen auch erläutert werden. Dieser Sachverhalt bedeutet eine Hinwendung zur Übermittlung von Informationen, die Einblick geben in die Unternehmenssteuerung und die unternehmerische Entscheidungsfindung.

Unternehmensdaten sind keine feststehende Größe. So stellen geprüfte Jahresabschlüsse Momentaufnahmen dar. Daraus folgt, dass stets auch die Unternehmensentwicklung als Ausblick beschrieben werden muss. Dass für die Financial Community die Verlässlichkeit der Informationen von großer Bedeutung ist, sollte Maßstab für die unternehmerische Investor Relations-Tätigkeit sein.

Um gegenüber tatsächlichen oder potentiellen Kapitaleignern die Attraktivität der eigenen Aktien herauszustellen, ist es für börsennotierte Unternehmen unerlässlich, vergleichende Gegenüberstellungen des Kursverlaufes und der Rendite der Wertpapiere über verschiedene Zeiträume vorzunehmen (vgl. Abb. 2.19).

Performance der RWE-Aktien und wichtiger Indizes bis Ende 2009	1 Jahr	5 Jahre	10 Jahre
RWE-Stammaktie	+15,8	+15,6	+9,9
RWE-Vorzugsaktie	+27,5	+18,3	+12,3
DAX 30	+23,8	+6,8	-1,5
Dow Jones EURO STOXX 50	+25,6	+2,9	-2,6
Dow Jones STOXX 50	+28,7	+1,7	-3,2
Dow Jones STOXX 600	+32,4	+3,0	-1,5
Dow Jones STOXX Utility	+6,2	+8,4	+5,7
REXP[1]	+4,9	+4,3	+7,8
1) Index für Staatspapiere am deutschen Rentenmarkt			

Abb. 2.19 Performance der RWE-Aktien. (Quelle: http://www.rwe.com/web/cms/de/206254/rwe/ investor-relations/aktie/aktienkurse/performance/)

Als Musterbeispiel dienen die Abbildungen der RWE AG bezüglich Kennzahlen und Performance der Aktien (vgl. Abb. 2.20).

Kennzahlen der RWE-Aktien[1]		2009	2008	2007	2006	2005
Ergebnis je Aktie	€	6,70	4,75	4,74	6,84	3,97
Nachhaltiges Nettoergebnis je Aktie	€	6,63	6,25	5,29	4,38	4,01
Cash Flow aus laufender Geschäftstätigkeit je Aktie	€	9,94	16,44	10,82	12,06	9,43
Dividende je Aktie	€	3,50	4,50	3,15	3,50	1,75
Börsenkurse Stammaktie						
Kurs zum Jahresende	€	67,96	63,70	96,00	83,50	62,55
Höchstkurs	€	68,58	100,64	97,90	89,85	63,24
Tiefstkurs	€	46,52	52,53	74,72	61,56	41,10
Börsenkurse Vorzugsaktie						
Kurs zum Jahresende	€	62,29	53,61	83,07	72,00	54,44
Höchstkurs	€	62,65	84,39	86,00	73,91	55,09
Tiefstkurs	€	41,75	37,46	66,33	54,18	34,79
Ausschüttung	Mio. €	1.867	2.401	1.689	1.968	984
Zahl der im Umlauf befindlichen Aktien (Jahresdurchschnitt)	Tsd.Stk.	533.132	538.364	562.373	562.374	562.375
Börsenkapitalisierung zum Jahresende	Mrd. €	38,0	35,4	53,5	46,5	34,9

[1] Bezogen auf die jahresdurchschnittliche Anzahl der im Umlauf befindlichen Aktien

Abb. 2.20 Kennzahlen der RWE-Aktien. (Quelle: RWE AG, 2009, S. 23)

2.7 Beteiligungsfinanzierung bei nicht-emissionsfähigen Unternehmen

2.7.1 Merkmale nicht-emissionsfähiger Unternehmen

Die deutsche Wirtschaft ist geprägt von einer großen Zahl kleiner und mittlerer Unternehmen. Diese treten überwiegend als Einzelunternehmen, Personengesellschaft oder GmbH auf. Für sie steht kein organisierter Kapitalmarkt zur Beschaffung von Eigenkapital zur Verfügung. Die Beschaffung von Eigenkapital hängt maßgeblich von der Haftung der Eigenkapitalgeber ab. Ein hohes Haftungsrisiko bedingt höhere Gewinnansprüche und mehr Mitsprache- und Mitwirkungsrechte bei unternehmerischen Entscheidungen. Die Beschaffung von neuem Eigenkapital hängt daher stark von der jeweiligen Rechtsform ab. Zu den nicht-emissionsfähigen Unternehmen zählen die in den Abb. 2.21 und 2.22 dargestellten Rechtsformen. Hinzu kommen noch so genannte Mischformen, d. h. Rechtsformkombinationen wie z. B. GmbH & Co KG.

Nicht-emissionsfähige Unternehmen

• Einzelunternehmen

• OHG (offene Handelsgesellschaft)

• KG (Kommanditgesellschaft)

• GmbH (Gesellschaft mit beschränkter Haftung)

• eG (eingetragene Genossenschaft)

Abb. 2.21 Nicht-emissionsfähige Unternehmen

Hinsichtlich der Möglichkeiten Beteiligungskapital zu sammeln, lassen sie sich durch folgende Merkmale charakterisieren:

•   Keine Möglichkeit, den organisierten Kapitalmarkt (Wertpapierbörse) zur Kapitalbeschaffung zu nutzen,

•   geringe Fungibilität der Unternehmensanteile,

•   das Anlagerisiko ist für neue Gesellschafter schwierig im Voraus richtig zu beurteilen (geringe Transparenz),

•   neue Aufteilung der Mitspracherechte durch die zusätzliche Aufnahme weiterer Gesellschafter (Kompetenzgerangel),

•   die Aufteilung der aufgebauten stillen Reserven ist wegen der Bewertung äußerst schwierig,

•   individuelle persönliche Ziele der Gesellschafter sind schwieriger in Einklang zu bringen (Höhe der Gewinnausschüttung oder Gewinnthesaurierung),

•   schnelle und umfangreiche Kapitalbeschaffung ist kaum möglich.

Merkmale	Gesellschaftsformen				
	Einzelkaufmann	OHG	KG	GmbH	eG
Eigentümer	Kaufmann	Gesellschafter	a) Komplementäre b) Kommanditisten	Gesellschafter	Genossen
Mindestzahl der Gründer	1	2	• 1 • 1	1	7
Mindest-kapital u. -anteil	• kein festes Eigenkapital • keine Mindesteinlage vorgeschrieben	• kein festes Eigenkapital • keine Mindesteinlage vorgeschrieben	• Komplementäre wie Einzelkaufmann • Kommanditisten feste Einlage Höhe nach Vereinbarung	• festes Stammkapital • mind. 25.000 € • Mindestanteil 100 €	• kein festes Grundkapital • Mindesteinlage statutarisch festgelegt
Haftung	Unbeschränkt, persönlich	Gesamtschuldnerisch, jedet Gesellschafter haftet unmittelbar, unbeschränkt und solidarisch für die Schulden der Gesellschaft	Vor Eintragung ins Handelsregister haften alle Gesellschafter unbeschränkt, danach haften Komplementäre unbeschränkt und Kommanditisten nur bis zur Höhe ihrer Einlage	Gesellschaftsvermögen haftet in voller Höhe. Vor Eintragung ins Handelsregister haften alle Gesellschafter solidarisch, danach schulden die Gesellschafter nur ihre rückständigen Einlagen	Es haftet nur das Vermögen der Genossenschaft. Die Satzung kann Nachschüsse der Genossen an die Konkursmasse beschränkt oder unbeschränkt vorschreiben
Steuerliche Behandlung	Besteuerung der Gesellschafter durch Einkommensteuer			Körperschaftsteuer	Körperschaftsteuer mit Vergünstigung
Organe	Kaufmann	Gesellschafter	Komplementär	Geschäftsführer, Gesellschaftsversammlung Evtl. Aufsichtsrat	Vorstand, Aufsichtsrat Generalversammlung (Mitglieder oder Vertreterversammlung)
Erfolgsbeteiligung	Nach Vorstellungen und finanziellen Möglichkeiten des Inhabers	4% auf Einlage, Rest nach Köpfen	4% auf Einlage, Rest angemessen	Nach Höhe der Geschäftsanteile	Nach Anteil am Geschäftsguthaben
Gesetzliche Vorschriften	HGB §§ 1-104	HGB, bes. §§ 105-160 BGB §§ 705-740	HGB, bes. §§ 105-177 BGB §§ 705-740	GmbH-Gesetz, HGB §§ 238-336	GenossenschaftsG, HGB §§ 336-339
Beispiele	Kleine und mittelständische Handwerksbetriebe, Einzelhändler, selten Großunternehmen	Typische Rechtsform der meisten mittelständischen, familiengeführten Unternehmen in Deutschland		Rechtsform von Unternehmen aller Branchen und Größenklassen, überwiegend kleine und mittelständische Unternehmen	Volks- und Raiffeisenbanken, Wohnungsbau-, Waren- und Konsumgenossenschaften, bäuerliche Bezugsgenossenschaften

Abb. 2.22 Eigenschaften von nicht-emissionsfähigen Unternehmen. (Quelle: Vgl. Schäfer 2002, S. 152 ff.)

2.7.2 Beteiligungsfinanzierung bei Einzelkaufleuten und Personengesellschaften

Die Eigenkapitalbeschaffung beim Einzelunternehmen erfolgt durch Entnahmen aus dem Privatvermögen des Unternehmers oder durch Aufnahme eines stillen Gesellschafters. Die Eigenkapitalausstattung des Einzelunternehmens hängt daher von der Höhe des Privatvermögens und den persönlichen Entnahmegewohnheiten des Unternehmers ab. Das Eigenkapitalkonto ist ein ständig variierendes Konto. Die Eigenkapitalfinanzierung geschieht i. d. R. durch Gewinnthesaurierung.

Eigenkapitalerhöhung bei Einzelunternehmen:

• Gewinnthesaurierung,

• Stille Beteiligung.

Die **stille Gesellschaft** ist eine reine Innengesellschaft, die nach außen nicht in Erscheinung zu treten braucht. Die Kapitaleinlage des stillen Gesellschafters geht in das Vermögen des Einzelunternehmens über. Für Außenstehende ist die stille Beteiligung aus der Bilanz normalerweise nicht ersichtlich, da gewöhnlich die stille Beteiligung nicht separat ausgewiesen wird, sondern nur ein einziges Eigenkapitalkonto besteht. Der stille Gesellschafter ist immer mit „angemessenem Anteil" am Gewinn zu beteiligen, Verlust übernimmt er maximal bis zur Höhe seiner Einlage. Die stille Gesellschaft tritt als **typische** und **atypisch stille Gesellschaft** auf. Scheidet der typische stille Gesellschafter aus einem Unternehmen aus, hat er kein Recht auf Beteiligung am Vermögen des Unternehmens (stille Reserven). Er wird mit seiner nominellen Einlage abgefunden. Der atypisch stille Gesellschafter hingegen wird am Vermögenszuwachs des Betriebs beteiligt und als Mitunternehmer angesehen. Dem atypischen stillen Gesellschafter werden i. d. R. zusätzliche Rechte gewährt wie z. B. Recht auf Beteiligung an den stillen Reserven, am Geschäftswert, zusätzliche Kontrollen und Mitwirkungsrechte.

Bei der **offenen Handelsgesellschaft (OHG)** erfolgt die Eigenkapitalerhöhung durch die Heraufsetzung der Einlagen der Gesellschafter oder durch Aufnahme neuer Gesellschafter. Grundsätzlich können beliebig viele neue Gesellschafter in einer OHG aufgenommen werden. Die unbegrenzte Aufnahme weiterer Gesellschafter ist allerdings nicht praktikabel. Dies führt zu einer Reorganisation der Geschäftsleitung, mit der Folge, dass die bisherigen Gesellschafter Einfluss und Macht aufgeben müssen. Die Zahl der Gesellschafter, und damit auch das Kapital, werden daher auch von der Aufteilung der Unternehmensfunktionen bestimmt. Der Unternehmenserfolg hängt u. a. von einem guten persönlichen Verhältnis der Gesellschafter untereinander ab. Des Weiteren bedeutet die Aufnahme neuer Gesellschafter, dass die geschaffenen stillen Reserven bewertet werden müssen. Insbesondere die objektive und für alle Beteiligten zufriedenstellende Bewertung der stillen Reserven ist bei der Aufnahme und auch beim Ausscheiden von Gesellschaftern schwierig.

Eigenkapitalerhöhung bei der OHG:

- Gewinnthesaurierung,

- Aufnahme neuer Gesellschafter,

- Stille Beteiligung.

Grundsätzlich kann das Eigenkapital einer **Kommanditgesellschaft (KG)** durch weitere Komplementäre (Vollhafter) und Kommanditisten (Teilhafter) erhöht werden. Die Anzahl der Komplementäre sollte aus den bei der OHG angeführten Gründen begrenzt sein. Jedoch bietet die KG durch die Möglichkeit der Aufnahme von Kommanditisten, deren Haftung auf ihre Kapitaleinlage beschränkt ist und die keine Geschäftsführungsbefugnisse besitzen, günstigere Voraussetzungen als bei der OHG und der Einzelunternehmung. Die Risikobeurteilung ist maßgeblich für Kommanditisten. Kommanditisten können also nur dann gewonnen werden, wenn das Risiko aus der Beteiligung überschaubar ist und die Vermögenslage des Komplementärs als gut zu bezeichnen ist. Die Probleme der Sicherheit und der Handelbarkeit der Kommanditanteile schränken die Ausweitung der Kapitalbasis ein.

Eigenkapitalerhöhung bei der KG:

- Gewinnthesaurierung,

- Aufnahme neuer Komplementäre,

- Aufnahme neuer Kommanditisten,

- Stille Beteiligung.

Die Beteiligungsfinanzierung bei **Gesellschaften mit beschränkter Haftung (GmbH)** erfolgt durch Erhöhung des Eigenkapitals der Altgesellschafter oder durch die Aufnahme neuer Gesellschafter. Die Aufnahme weiterer Gesellschafter ist bei der GmbH weniger schwierig als bei der OHG oder KG, da es sich bei der GmbH um eine Kapitalgesellschaft mit eigener Rechtspersönlichkeit handelt, die selbständig unbeschränkt mit ihrem Vermögen haftet. Die Haftung der Gesellschafter ist auf ihre Einlage und eventuell auf Nachschüsse begrenzt, soweit die Nachschusspflicht im Gesellschaftsvertrag festgeschrieben ist. Die Beschränkung der Haftung erleichtert die Aufnahme weiterer Gesellschafter. Die mangelnde Fungibilität, die Übertragung der Anteile bedarf der notariellen Form, und das Fehlen eines organisierten Kapitalmarktes, wie z. B. die Wertpapierbörse, erschweren die Beteiligungsfinanzierung.

Eigenkapitalerhöhung bei der GmbH:

- Gewinnthesaurierung,

- Aufnahme neuer Gesellschafter,

- Erhöhung des Stammkapitals durch die Gesellschafter.

Das Eigenkapital der **Genossenschaften (eG)** ist schwankend. Es ist abhängig von der Anzahl der Mitglieder. Genossenschaftsanteile können unter Einhaltung einer Kündigungsfrist zum Ende eines Geschäftsjahres gekündigt werden. Die Beteiligungsfinanzierung erfolgt durch die Werbung neuer Mitglieder, die Erhöhung der Genossenschaftsanteile sowie durch Erhöhung der Einzahlungsquote. Aufgrund der schwankenden Kapitalbasis müssen Genossenschaften verstärkt auf die Selbstfinanzierung und die Bildung von Reserven zurückgreifen.

Eigenkapitalerhöhung bei der Genossenschaft:

- Gewinnthesaurierung,

- Aufnahme neuer Genossen,

- Erhöhung der Haftsummenzuschläge.

2.8   Eigenkapitalbeschaffung auf Zeit

In einer modernen Volkswirtschaft sind innovative Unternehmen häufig ein Wachstumsmotor. Innovationen und Expansionen setzen eine solide, ausreichende Eigenkapitalbasis voraus. Die Eigenkapitalausstattung junger Unternehmen sowie die Möglichkeiten der Fremdkapitalaufnahme sind gerade bei diesen Unternehmen sehr begrenzt. Venture Capital-Gesellschaften und Business Angels sind für solche Unternehmen grundsätzlich mögliche Kapitalgeber.

2.8.1   *Venture Capital*

Der Begriff Venture Capital (VC) wird häufig mit **Risiko-, Wagnis- oder Chancenkapital** übersetzt. Dabei handelt es sich um Beteiligungskapital, das zu Beginn sehr risikoreich ist, langfristig aber zu überdurchschnittlichem Gewinn führen kann. Das kapitalnehmende Unternehmen muss die Mittel nicht, wie bei einem Kredit, tilgen und Zinsen zahlen, sondern die Rückführung erfolgt i. d. R. durch Verkauf der Unternehmensanteile (vgl. Schäfer 2002, S. 251).

Venture Capital-Gesellschaften engagieren sich für eine begrenzte Zeit i. d. R. drei bis acht Jahre finanziell im Unternehmen. Die Untergrenze liegt bei zwei bis drei Jahren. Nur wenige Gesellschaften halten Anteile längerfristig oder sogar auf unbestimmte Zeit. Das zur Verfügung gestellte Kapital dient zur Stärkung der Eigenkapitalausstattung junger Unternehmen, damit diese, besonders in Wachstumsphasen, Mittel zur Unternehmensexpansion zur Verfügung haben. Die Bonität, die Kreditwürdigkeit und die Möglichkeit Fremdkapital aufzunehmen, werden ebenfalls verbessert. Gleichzeitig unterstützen VC-Gesellschaften das Management durch umfangreiche Beratungsleistungen (betriebswirtschaftliches Know-how) in den Bereichen Planung, Organisation, Finanzen, Produktion, Marketing und Personal. Zielsetzung der Beteiligung ist die Anteilssteigerung aufgrund des hohen Potenzials in der Maximierung des eingesetzten Vermögens (Marktwertmaximierung). Daher kann die Kapitalrentabilität erst zum Zeitpunkt der Veräußerung der Anteile errechnet werden.

Venture Capital-Geber erreichen durch die Wertsteigerung ihrer Beteiligungsanteile ein Return on Investment (RoI), für sie sind Unternehmen von Interesse, die eine hohe Wachstumserwartung aufweisen.

Zielgruppe der Venture Capital-Finanzierung:
- Junge, innovative Unternehmen,
- Wachstumsbranchen (erkennbares Wachstums- und Entwicklungspotenzial),
- Mikroelektronik, Biotechnologie, Kommunikationstechnik, Umwelttechnik etc.

Beteiligungen durch Venture Capital-Gesellschaften weisen folgende Vorteile auf:
- Im Gegensatz zu Fremdkapital steht das Eigenkapital dem Unternehmen längere Zeit zur Verfügung,

- Venture Capital haftet bei Unternehmenskrisen,

- periodisch zu leistende Abgaben, wie Zinsen und Tilgung sind nicht zu leisten, daher verbessert sich die Unternehmensliquidität,

- durch die Aufnahme von Venture Capital verbessert sich die Kapitalstruktur, wodurch die Möglichkeit zur späteren Kreditfinanzierung deutlich erweitert wird,

- die Eigenkapitalausstattung erleichtert Investitionen, Innovationen, Expansionen,

- Managementunterstützung führt zu einem Transfer von betriebswirtschaftlichem Know-how.

Betrachtet man Unternehmensentwicklungen, so zeigt sich, dass diese verschiedene Lebensphasen durchlaufen. Ausgehend von den Lebensphasen kann sich die Venture Capital-Finanzierung idealtypisch in sechs Stufen vollziehen (vgl. Abb. 2.23).

Die Unternehmensfinanzierung wird in Frühphasen-Finanzierung (Early-Stage-Financing) und Expansionsfinanzierung (Expansion-Stage-Financing) gegliedert.

Die Frühphasen-Finanzierung unterteilt sich in Seed-, Start-Up- und First-Stage-Financing, die Expansionsphasen-Finanzierung in Second-, Third- und Fourth-Stage.

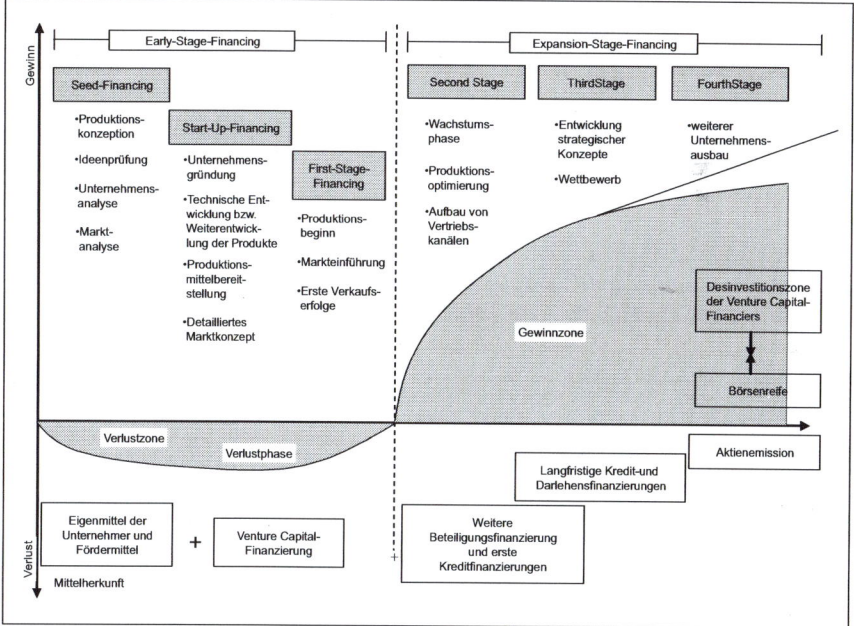

Abb. 2.23 Phasenschema einer idealtypischen Venture Capital-Finanzierung. (Quelle: Vgl. Schäfer 2002, S. 257; Busse 1996, S. 101; Rams und Remmen 1999, S. 688)

Die **Seed-Financing-Phase** ist die Phase der intensiven Auseinandersetzung mit einer möglichen Unternehmensgründung. In dieser Zeit wird das Unternehmenskonzept entwickelt, Markt- und Wettbewerberanalysen durchgeführt, die Existenzgründung vorbereitet, Produktentwicklungen zur Marktreife entwickelt, Finanzierungsquellen eruiert etc. Die Mittelaufbringung erfolgt fast ausschließlich durch den Existenzgründer in Form von Eigenmitteln. Das notwendige Kapital kann in dieser Phase um Förder- und Bankkredite ergänzt werden. Die Finanzierung durch Eigenkapital überwiegt, die durch Fremdkapital ist i. d. R. äußerst gering. Eine Beteiligungsfinanzierung mit Venture Capital ist möglich, aber in der Praxis eher selten. Das Risiko für Fremd- und Beteiligungskapital ist sehr hoch, mögliche Renditen für Eigenkapitalgeber aber auch.

Nach der Phase des Seed-Financing folgt die Phase des **Start-Up-Financing**. Sie ist geprägt von der eigentlichen formaljuristischen Unternehmensgründung. In dieser Phase werden umfassende Unternehmenskonzepte im Bereich Beschaffung, Produktion und Absatz entwickelt und ansatzweise umgesetzt. In dieser Entwicklungsphase, die allerdings finanztechnisch noch sehr stark durch öffentliche Förderungen geprägt ist, können erste Venture Capital-Finanzierungen durchgeführt werden.

Die anschließende Phase ist die des **First-Stage-Financing**. In dieser Unternehmenslebensphase beginnen die Produktion und auch der Vertrieb. Lagerbestände werden aufgebaut, die Produkte weiterentwickelt und verbessert. Der notwendige Kapitalbedarf ist entsprechend hoch.

Frühphasen-Finanzierungen sind mit hohen Risiken verbunden. Ein hoher Betreuungsaufwand verursacht zudem entsprechende Kosten. Venture Capital-Gesellschaften erwarten von Frühphasen-Investments Renditen mit einem Risikoaufschlag. Dabei müssen gut verlaufende Investments die Verluste der übrigen ausgleichen. „Entsprechend wird der Erwartungswert – als Produkt aus Ausprägung und Eintrittswahrscheinlichkeit – zwischen 20 und 30 % p.a. liegen" (Rams und Remmen 1999, S. 688). Besonders Seed-Kapital führt in 2/3 aller Engagements nicht zum angestrebten wirtschaftlichen Erfolg. Die Seed- und die Start-Up-Finanzierung wird daher häufig von öffentlich-rechtlich motivierten Investoren begleitet und von staatlich geförderten Beteiligungsgesellschaften finanziert. In Deutschland steht Existenzgründern eine Vielzahl öffentlicher Förderprogramme zur Auswahl.

Die ersten drei Phasen sind mit hohen Investitionen und Unternehmensverlusten verbunden. Sobald diese Talsohle der Verlustphase durchschritten ist, die Fertigung begonnen hat und die Markteinführung erfolgreich verlaufen ist, gelangen die Unternehmen in die Gewinnzone. Die Unternehmensexpansion (Expansion-Stage-Financing) führt zu einem weiteren Finanzierungsbedarf.

Die Phase des **Second-Stage-Financing** ist geprägt vom Unternehmenserfolg. Der Umsatz entwickelt sich überdurchschnittlich, die Unternehmen haben die

Turn-around-Situation, der Substanzerhaltungs-Break-even-Punkt ist erreicht, Produktionsverbesserungen und Kostensenkungsmaßnahmen werden initiiert und zusätzliche Vertriebsaktivitäten eingeleitet. Kapital ist hier notwendig für das starke Unternehmenswachstum. Vornehmlich in dieser Phase stellen Venture Capital-Gesellschaften den Unternehmen hohe Finanzvolumina zur Verfügung. Auf dieses Marktsegment zielen die im deutschen Markt tätigen angelsächsischen Gesellschaften ab.

Die nächste Phase ist die **Third-Stage-Financing-Phase**. Das Unternehmen erwirtschaftet nun schon über eine längere Phase hinweg Gewinne. Die Eigenkapitalsituation ist äußerst stabil. Das Unternehmen entwickelt neue Wettbewerbsstrategien. Die Ausschöpfung der Marktpotenziale steht dabei im Vordergrund. Unterstützt wird diese Unternehmensphase durch langfristige Kreditfinanzierungen.

Mit Beginn der sechsten Unternehmensphase **(Fourth-Stage-Financing)** haben Venture Capital-Gesellschaften ihre Rolle als Berater und Finanzier erfüllt. In dieser Phase, die für die Unternehmen einhergeht mit dem weiteren Ausbau von Marktanteilen und der Erschließung neuer Märkte und einer Stärkung der eigenen Wettbewerbsposition, bereiten die Venture Capital-Gesellschaften den Ausstieg vor (Desinvestition). Sie versuchen dann den Wertzuwachs des von ihnen investierten Kapitals durch einen Verkauf ihrer Geschäftsanteile z. B. an der Börse, nach erfolgreicher Börsenplatzierung, zu realisieren (vgl. Schäfer 2002, S. 256 ff.; Busse 1996, S. 100 ff.; Rams und Remmen 1999, S. 687 ff.).

Für die Beendigung des Beteiligungsverhältnisses kommen die folgenden Exit-Strategien in Betracht:

- **Buy Back:** Rückkauf der Beteiligungen durch die alten Gesellschafter,

- **Trade Sale:** Verkauf der Beteiligung an ein drittes Unternehmen i. d. R. an einen industriellen Investor,

- **Secondary Purchase:** Verkauf der Unternehmensanteile an einen anderen Finanzinvestor/ Venture Capital-Gesellschaft,

- **Initial Public Offering (IPO):** Einführung des Unternehmens an der Börse.

Mehr als 90 % des in Deutschland vergebenen Beteiligungskapitals stellen die im Bundesverband Deutscher Kapitalbeteiligungsgesellschaften e. V. (BVK) organisierten Unternehmen zur Verfügung. Das Fondsvolumen der Mitglieder betrug 2009 insgesamt 36,5 Mrd. EUR. Die Bruttoinvestitionen des Gesamtmarktes nach Branchen verteilten sich in 2009 wie in Abb. 2.24 dargestellt.

Trends der vergangenen Jahre setzten sich in 2009 fort. Auf das Buy-out-Segment entfielen 48,0 % (vgl. Abb. 2.25). Der Anteil der Early-stage-Finanzierung stieg auf 16 % an. Expansions-Finanzierungen auf 21 %. Der Anteil der Later stage-

Bereiche (Replacement-Capital, Turnaround und Bridge) betrug 10 % (vgl. www.
bvk-ev.de).

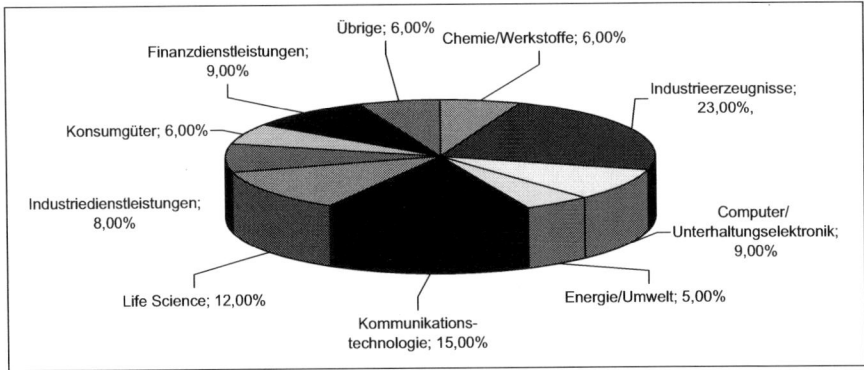

Abb. 2.24 Bruttoinvestitionen nach Branchen. (Quelle: Vgl. www.bvk-ev.de)

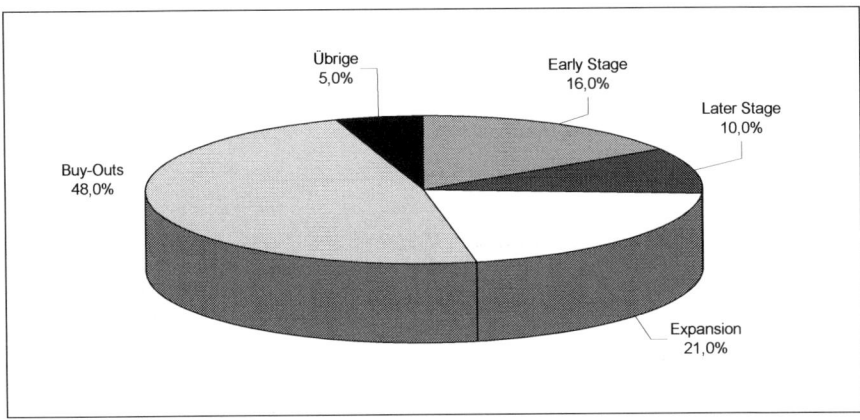

Abb. 2.25 Bruttoinvestitionen nach Phasen. (Quelle: Vgl. www.bvk-ev.de)

Im Jahr 2009 wählten die BVK-Mitglieder verschiedene Exit-Kanäle (vgl.
Abb. 2.26), um sich von ihren Kapitalbeteiligungen zu lösen. 42,3 % entfielen auf
Trade Sales, 1,0 % auf Initial Public Offering (IPO), 8,6 % durch Verkäufe nach Ablauf der Look-up-Periode (Erlöse nach vorherigem IPO), 4,2 % auf Rückzahlungen
stiller Beteiligungen, 3,5 % auf Rückzahlungen von Gesellschafterdarlehen sowie
insgesamt 28,8 % auf Verkäufe an andere Finanzinvestoren und Beteiligungsgesellschaften. 6,1 % waren Abgänge durch Totalverlust. Für 1,3 % konnte der Abgang
nicht definiert werden (vgl. www.bvk-ev.de).

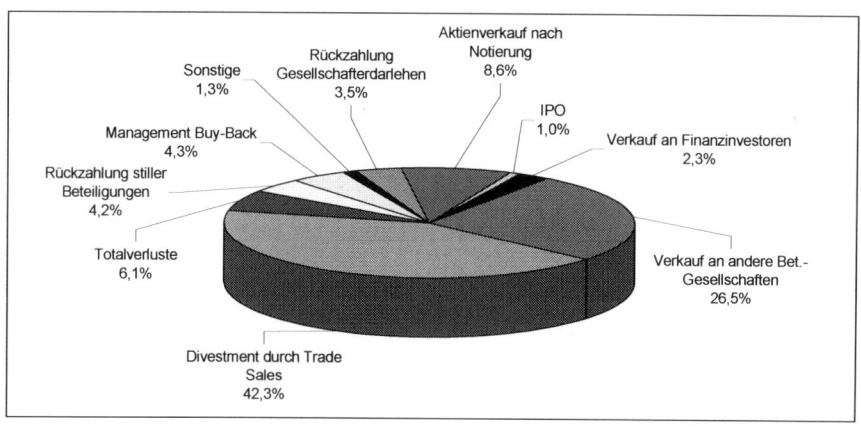

Abb. 2.26 Exit-Kanäle. (Quelle: Vgl. www.bvk-ev.de)

2.8.2   Business-Angel-Finanzierung

Business Angels sind Privatpersonen, die jungen Unternehmen Kapital und Know-
how zur Verfügung stellen. Sie sind Investor und Mentor in einer Person. Business
Angels sind i. d. R. Männer zwischen 40 und 50 Jahren und in der Geschäftsleitung
eines eigenen oder fremden Unternehmens tätig (vgl. Abb. 2.27). Das Privatvermögen beläuft sich auf ca. 2,5–5,0 Mio. EUR, das Jahreseinkommen beträgt ca.
125.00–250.000 EUR (vgl. Wallisch 2009, S. 13).

Alter	48 Jahre
Geschlecht	96% männlich
Jahreseinkommen	125 -250 Teuro
Gesamtvermögen	2,5 -5 Mio Euro
Akad. Qualifikation	96% Hochschulabschluss
Unternehmerische Erfahrung	83% Selbständig, 73% Berater/ Coach
Beruflicher Hintergrund	98% kfm., 44% techn.
Durchschn. Kapitaleinsatz	25.000 Euro -500.000 Euro

*Abb. 2.27 Typische Charakteristika eines Business-Angels. (Quelle: http://www.business-angel.
ag/downloads (15.02.2011))*

Business Angels sind in der Seed- und Start-Up-Phase für wachstumsstarke Unternehmen geeignete Partner. Neben dem Beteiligungskapital (vgl. Abb. 2.28) verfügen sie über wertvolle Erfahrungen und Kontakte (vgl. Nittka 2000, S. 132).

Durch die BA-Kapitalbeteiligung reduzieren sich für den Existenzgründer die Kapitalkosten, die Liquidität wird geringer belastet, es ist keine persönliche Bürgschaft nötig, die Haftungsbasis verbessert sich, die Finanzierungslücke wird geschlossen und der Unternehmer erhält zusätzliche Kompetenz ohne Zusatzkosten. Während der Seed-Phase entsteht häufig ein „Equity Gap", in der das Grundkapital des Gründers nicht ausreicht und Einnahmen noch auf sich warten lassen. In dieser schwierigen Unternehmensphase interessieren keine formellen Investoren, wie Venture Capital- Gesellschaften für das Jungunternehmen, da die Gründung noch nicht abgeschlossen wurde (vgl. Lehmeier und Leuner 2008, S. 307). Der Business Angel ist zu diesem Zeitpunkt ein idealer Teilhaber. Aber auch in den folgenden Phasen eines Unternehmenswachstums ist ein Business Angel ein nützlicher Partner. Bei der Beratung von Entscheidungen in Bezug auf die Finanzplanung, als Coach von organisatorischen Prozessen, als Mentor in persönlichen Belangen sowie als Vermittler und Akquisitionshelfer von Kunden und Geschäftspartnern. Besonders hilfreich ist ein Business Angel mit komplementären Fähigkeiten zum Gründer, da er so bestehende Schwächen und Kenntnislücken ausgleichen kann (vgl. Wallisch 2009, S. 14 f.). Das zeitliche Engagement ist am Anfang einer Beteiligung besonders intensiv und hoch, nimmt aber mit zunehmendem Alter und fortschreitender Phase des Unternehmens ab. Der Aufgabenbereich des Business Angels wandelt sich von aktiver Mitarbeit „hands-on-Betreuung" in regelmäßige Kontrolle „hands-off -Betreuung" (vgl. Löntz 2007, S. 21).

Hinsichtlich der zu entwickelnden Aktivitäten werden Business Angels in 6 Kategorien eingeteilt. **Entrepreneur Angels** tätigen Investitionen im Hinblick auf hohe Renditen, bieten langjährige Management-Erfahrung an, sind vermögende Personen, die i. d. R. älter sind als andere Angels und übernehmen häufig Mehrheitsanteile an Unternehmen. **Income seeking Angels** tätigen meist kleinere Investments, oft auch noch gemeinsam mit weiteren Business Angels. Ihre Investitionen zielen auf ein regelmäßiges Einkommen und Gewinn ab. Sie stellen dabei keine weiteren Skills oder Managementunterstützung zur Verfügung und achten auf eine geographische Nähe zum Unternehmen. **Wealth maximising Angels** sind wohlhabende, erfahrene Investoren, die versuchen, möglichst hohe Gewinne zu realisieren ohne aktiv ins Unternehmen einzugreifen, dabei tätigen sie oft verhältnismäßig hohe Investitionen. **Corporate Angels** sind aktive Unternehmer, die durch Investments ihr eigenes Unternehmen stärken, ihr Geschäftsfeld erweitern sowie Mehrheitsbeteiligungen erreichen wollen. Typisch sind Investments in Unternehmen mit hohen Renditeerwartungen oder in Gesellschaften, die Kapital sammeln und durch Fonds Beteiligungen durchführen. **Latent Angels** sind investitionserfahrene Angels, die jedoch in den vergangenen drei Jahren nicht mehr aktiv auf dem informellen Markt tätig waren. Außerdem sind sie wohlhabende Geschäftsleute, die die Nähe zur eigenen Region bevorzugen. **Virgin Angels** sind unerfahrene Angels, die bislang noch keine Investitionen vorgenommen haben, da sie bisher kein passendes Unternehmensprojekt gefunden haben. Die Latent-und Virgin Angels sind beide passive Investmentgeber, alle vier anderen sind aktive Angels (vgl. Franzen 2009, S. 4 f., Stedler und Peters 2002, S. 4 ff.).

In volkswirtschaftlicher Hinsicht ist die Business Angel-Finanzierung bedeutsam. In den USA investieren Privatpersonen ein Vielfaches des Volumens an Risikokapital, das von Venture Capital-Gesellschaften zur Verfügung gestellt wird. Amerikanische Privatpersonen investieren pro Jahr über ca. 25 Mrd. EUR in mehr als 200.000 Vorhaben (vgl. http://www.business-angels.de/default.aspx/G/111327/L/1031/R/-1/T/131081/A/1/ID/134045/P/0/LK/-1).

In Deutschland beträgt das jährliche potenzielle Investitionsvolumen ca. 3,5 Mrd. EUR. Die Zahl der aktiven Business Angels liegt in Deutschland bei ca. 5.000. Diese Privatinvestoren sind für Gründer bisher kaum erreichbar. Ein organisierter und transparenter Markt für privates Beteiligungskapital existiert bisher noch nicht. Der Markt für privates Beteiligungskapital funktioniert zurzeit über persönliche, informelle Netzwerke. Eines der ersten und bekanntesten Netzwerke ist BAND (Business Angels Netzwerk Deutschland) (vgl. www.buisness-angels.de).

Charakterstika	Business Angels (Entrepreneurail Approch)	Venture Capital-Geber (Financial Investor Approach)
Investierte Kapitalform	Persönliches Vermögen, unmittelbare Investition	Instituionelles Kapital, Investition über einen Fonds
Finanzierte Unternehmen	Kleine, junge Unternehmen	Große, reife Unternehmen
Zugang für Unternehmer	Bevorzugte Anonymität, Zugang über private Empfehlungen oder Investorenvereinigungen	Sichtbares und eigenständiges Auftreten am Markt
Beteiligungsauswahl und Investitionsgründe	Offenlegung an persönlichen Merkmalen und Fähigkeiten der Gründer sowie klaren Wettbewerbsvorteilen	Fertiges Produkt, Orientierung am Markt und der Industrie, gegebene Wettbewerbsvorteile, erfahrenes Team
Beteiligungsaufwand und Investitionsgründe	Orientierung an persönliche Merkmalen und Fähigkeiten der Gründer sowie klaren Wettbewerbsvorteilen	Fertiges Produkt, Orientierung am Markt und der Industrie, gegebene Wettbewerbsvorteile, erfahrenes Team
Geographischer Fokus	Häufig regional, Erreichbarkeit der Beteiligungsunternehmen innerhalb weniger Stunden	Regionaler bis internationaler Investitionsradius
Beteiligungsbedingungen	Verhandelbare und individuelle Investmentbedingungen	Häufig standardisierte Vorgaben mit geringen Anpassungsoptionen
Zusätzliche Leistungen	Operative Unterstützung und strategische Ausrichtung	Betreuung der Finanz- und Betriebsleitung

Abb. 2.28 Business Angels und formelle Venture-Capital-Geber. (Quelle: Wallisch, 2009, S. 31)

2.9 Buy-Out-Finanzierungen

2.9.1 Begriffliche Abgrenzung

Buy-Out ist ein Sammelbegriff für Übernahmetransaktionen einzelner Unternehmensbereiche oder ganzer Unternehmen. Das interne oder externe Management bzw. die Mitarbeiter vollziehen den Schritt vom Angestellten zum Unternehmer. In der Praxis existieren verschiedene Formen des Buy-Out. Die wichtigsten werden im Folgenden erörtert.

2.9.2 Formen des Buy-Out

Management Buy-Out (MBO) kann folgenderweise definiert werden: „Form des Unternehmenskaufs, bei dem das existierende Management die Mehrheit der Anteile oder zumindest wesentliche Anteile des Unternehmens übernimmt und somit zum Miteigentümer bzw. Unternehmer wird" (Lück 1989, S. 2). I. d. R spielt die bisherige Führungscrew des zu veräußernden Unternehmens eine tragende Rolle (vgl. Assmann 1987, S. 1).

Die verschiedenen Konzepte des Buy-Out vermittelt Abb. 2.29.

Management Buy-Outs stellen eine Mischform zwischen Existenzgründungen und Tochtergründungen dar. Ehemalige Mitglieder übernehmen im Zuge eines MBOs die Leitung des Betriebes bzw. einzelner Betriebsteile und bringen diese in die Gründung eines neuen, rechtlich verselbständigten Betriebes ein. Bisherige Führungskräfte, die zuvor Angestellte des alten Unternehmens waren, werden zu Eigentümern des neu gegründeten Betriebes.

Führungskräfte, die ihr Unternehmen im Rahmen eines MBOs übernehmen, haben folgende Vorteile:

- Insider-Kenntnisse,
- Kenntnisse über Risiko- und Ertragsstrukturen,
- spezielle Informationen über Absatz- und Beschaffungsmärkte,
- Kenntnis der Mitarbeiter- und Organisationsstrukturen,
- Kenntnis über den Produktentwicklungsstand,
- Wissen um die finanzielle Verfassung der vorhandenen Geschäftsverbindungen,
- Branchenkenntnisse.

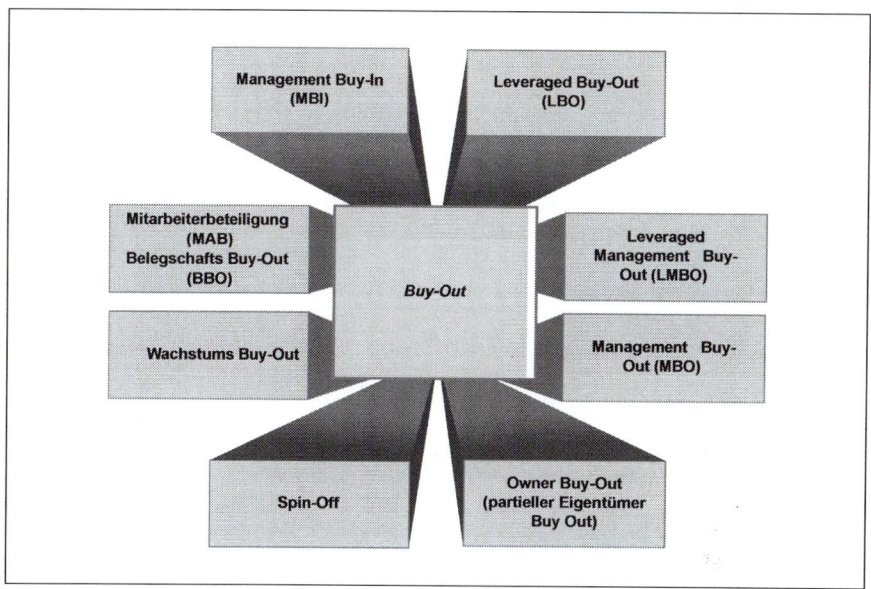

Abb. 2.29 Buy-Out-Konzepte

Ein **Leveraged Buy-Out (LBO)** ist definiert durch die besondere Form der Finanzierung. Es markiert den Erwerb eines Betriebes, dessen Finanzierung überwiegend
durch Fremdkapital erfolgt, wobei die Tilgung der Fremdmittel durch den operativen Cashflow möglich sein muss. Den Leverage-Effekt nutzend, wird der Fremdkapitalanteil als Hebel auf die Eigenkapitalrendite genutzt, sofern die Gesamtkapi-
talrendite größer als der Fremdkapitalzins ist.

Beim **Leveraged Management Buy-Out (LMBO)** handelt es sich um eine Kombination aus MBO und LBO, wobei der vom Management entweder direkt oder
indirekt gehaltene Anteil am Eigenkapital auf Grund der Größenordnung der Transaktion oftmals verhältnismäßig gering bleibt. Auf diesem Weg versuchen die Investoren vorhandenes Insiderwissen und Motivation des MBO-Managementteams zu
nutzen. Darüber hinaus haben sie möglicherweise Zugriff auf Leistungen des Zielunternehmens, z. B. Know-how, Zulieferindustrie, Vertriebskanäle etc. (vgl. Lück
1989, S. 4).

Bei einem **Belegschafts Buy-Out (BBO)** werden dominierende Geschäftsanteile
eines Unternehmens auf eine Vielzahl von Mitarbeitern übertragen. Im Gegensatz
zu Belegschaftsaktien werden beim BBO im Normalfall die Mehrheit der Anteile en
bloc kurzfristig auf die Belegschaft überschrieben. Bekannte Vorteile eines MBOs
wie z. B. stärkere Motivation, erhöhte Identifikation, Gewinnbeteiligung etc. verteilen sich beim BBO auf einen weitaus größeren Personenkreis. Dies gilt aber auch
für unternehmerische Risiken. BBOs werden häufig dann vorgenommen, wenn
Unternehmen saniert werden müssen. In der Bundesrepublik kommen BBOs fast
nur als so genannte letzte Alternative in Betracht, um wirtschaftlich in Schwierig-

keiten geratene Unternehmen wieder aufzufangen (vgl. Assmann 1987, S. 1; Honert 1995, S. 8; Lezius 1989, S. B14).

Beim **Management Buy-In (MBI)** erwirbt eine Gruppe externer Manager das Unternehmen ganz oder teilweise. Diese Variante wird bei Unternehmen angewandt, in denen kein funktionsfähiges Management vorhanden ist. Führungskräfte kaufen sich von außen als Geschäftsführer ein. Diese Form des Buy-Out kommt in den nächsten Jahren bei vielen Familienunternehmen in Betracht, wo neben dem ausscheidenden Unternehmer innerhalb des Unternehmens kein ausreichendes Managementpotenzial vorhanden ist (vgl. Lezius 1989, S. 14).

Unabhängig von den jeweiligen Motiven werden neu hinzukommende Manager in einem Unternehmen mit einer Vielzahl von Problemen und Risiken konfrontiert:

- Mangelhafte Produkt- und Marktkenntnis,

- Unkenntnis über innerbetriebliche Strukturen und Prozesse,

- Aufgabe einer guten Position in einem andern Unternehmen,

- Anpassungsprobleme,

- keine Kooperationswilligkeit mit der neuen Führung bei den bisherigen Führungskräften,

- falsche Beurteilung des Ertragspotenzials,

- keine Verfügbarkeit von Insider-Informationen über den tatsächlichen Status quo eines Unternehmens.

Spin-Offs sind eine Form des Buy-Out, bei denen Aktiva, also Substanzwerte eines Unternehmens, ausgegliedert und verselbständigt werden. Er findet fast ausschließlich in Konzernunternehmen statt. Spin-Off-Unternehmen sollen Innovationen, die innerhalb eines Unternehmens keinen Raum finden, durch organisatorische Zellteilung in Form einer wirtschaftlichen und rechtlichen Neugründung zu Unabhängigkeit und zu betriebswirtschaftlichen Erfolgen führen. Mit dieser Vorgehensweise ist es möglich, neues Marktpotenzial außerhalb des Konzerns zu erschließen. Des Weiteren kann eine Risikoverlagerung oder sogar eine finanzielle Auslagerung und Durchführung der Konzernstrategie der Muttergesellschaft erfolgen. Die Verselbständigung kann dabei traditionell als Buy-Out oder als so genannter **„Sponsored Spin-Off"** vollzogen werden, dabei handelt sich dann um eine Neugründung im ursprünglichen Sinne. Häufig erfolgt eine finanzielle und wirtschaftliche Unterstützung des Spin-Off durch die Muttergesellschaft.

Eine Gemeinsamkeit von MBOs und Spin-Offs ist die Erreichung unternehmerischer Selbständigkeit des vorher unselbständig beschäftigten Managements. Erheblich eingeschränkt wird sie allerdings bei großen Eigenkapitalbeteiligungen externer Investoren sowie hohem Fremdkapitalanteil. Beim Spin-Off handelt es sich um eine originäre Unternehmensneugründung (vgl. Boxberg 1989; Ballwieser und Ramke 1990, S. 23).

Beim **Wachstums Buy-Out** erfolgt im Gegensatz zum Spin-Off keine Ausgliederung eines Unternehmensteils, sondern es wird ein Buy-Out-Kandidat, welcher der
Konzernstrategie entspricht, angegliedert. Dies erfolgt entweder durch ein MBI
oder mittels Finanzierung eines MBO durch das bestehende Management. Folgende
Gründe hierfür lassen sich nennen:

* Ausnutzung vorhandenen Synergiepotenzials der Zusammenarbeit mit dem Zielunternehmen (z. B. Forschung, Entwicklung, Produktion, Vertrieb etc.),

* Stärkung bzw. Ausweitung eigener Marktanteile (durch Diversifikation oder
  Übernahme eines Konkurrenten),

* Nutzung von Potenzialen des Zielunternehmens (Patente, Standorte, Lizenzen),

* Verbesserung eigener Ratings am Kapitalmarkt (vgl. Wagner 1989, S. 82).

Als **Partieller Eigentümer Buy-Out (Owner Buy-Out)** wird der Übergang der
Geschäftsanteile an eine Erwerbergesellschaft bezeichnet, an der wiederum der
Veräußerer beteiligt ist. Der Verkäufer gestaltet dabei maßgeblich den Anteilsüber-
gang und die Kapitalstruktur. Zur Nachfolgeregelung unter Integration einer Ma-
nagementbeteiligung bietet sich dieses Modell an (vgl. Urbanek und von Bismarck
1997, o. S.).

Die **Mitarbeiterbeteiligung (MAB)** umfasst verschiedenste Formen der Beteiligung von Mitarbeitern am oder im Unternehmen. Die Mitarbeiterdefinition ist
dabei breit angelegt, sie reicht vom Arbeiter bis zu den Führungskräften. Diese Beteiligung kann materiell oder immateriell erfolgen.

Ein MBO ist gleichzeitig immer eine Mitarbeiterbeteiligung, wobei eine Mitarbeiterbeteiligung nicht in jedem Fall ein MBO darstellt. Die MAB zielt auf eine stärkere Beteiligung von Arbeitnehmern am Produktivvermögen ab (vgl. Wagner 1991,
S. 190; Merchel 1990, S. 42).

2.9.3 *Übernahme durch MBO*

2.9.3.1 Bewertungskriterien für MBO-Kandidaten

Die Beurteilung potenzieller MBO-Kandidaten geschieht durch die Würdigung verschiedener Kriterien. Ergebnis ist dann ein umfassendes Gesamtbild aus Einzelbe-
wertungen und einer Gesamtbewertung.

Im Allgemeinen sind „No-Tech-" und „Low-Tech-Unternehmen" gut für MBOs geeignet. Im Gegensatz dazu haben „High-Tech-Unternehmen" große Finanzierungserfordernisse und inhärente Risiken, so dass die Planbarkeit und Verfügbarkeit des
Cashflows und damit gleichzeitig die Fremdfinanzierung des Kaufpreises von vornherein stark eingeschränkt sind.

Hervorragende Kriterien für MBOs repräsentieren stabile Produkte und Märkte
mit überschaubarem Wettbewerb. Die Unternehmensbeurteilung sollte auf „Stand-

Alone-Basis" mit hervorragendem Management über die nächsten 3–5 Jahre vor-
genommen werden. Eine gute Basis für ein MBO ist gegeben, wenn die Markt-,
Produkt- und Wettbewerbssituation national als auch international eine positive
Entwicklung erkennen lassen.

In der Vergangenheit kann die Gewinnentwicklung unter den ehemaligen Eigen-
tums- und Managementverhältnissen gelitten haben. Aus diesem Grunde ergeben
sich oftmals günstige Einstiegskonditionen, die für die Zukunft eine neue Entwicklung mit entsprechender Erhöhung des Unternehmenswertes einleiten. Solche Kon-
stellationen sind typische Chancen für einen aussichtsreichen MBO.

Bestehende Abhängigkeiten von und Beziehungen zu Kunden und Lieferanten
sollten exakt analysiert werden. Für eine korrekte Beurteilung ist wichtig, ob das
jeweilige MBO-Unternehmen seine Finanzierungserfordernisse über das Jahr verteilt oder ob eine starke Abhängigkeit von Saisonartikeln (z. B. Feuerwerkskörper,
Sonnenbrillen, Bekleidung etc.) besteht. Derartige Faktoren würden den Fremd-
finanzierungsspielraum bei MBOs reduzieren.

Unbefriedigende Entwicklungen von Familiengesellschaften haben ihre Ursache
vielfach in Defiziten im Management und der Organisationsstruktur. Wenn ein solcher Zustand über mehrere Jahre angehalten hat, ist die Frage zu stellen, wie schnell
und mit welchem Risikopotenzial ein solches Unternehmen wieder belebt werden
kann, um an hervorragende Produkte der Vergangenheit anzuknüpfen. Ebenfalls
ist es unabdingbar zu prüfen, inwieweit Teamfähigkeit und Motivation des Mit-
tel-Management wiederhergestellt werden können oder ob es erforderlich ist, eine
neue Mannschaft mit entsprechenden Risiken, Kosten und Zeitverzögerungen aufzubauen.

Ein planbarer **Cashflow** ist die elementare Voraussetzung für ein gutes MBO-Unternehmen. Der Cashflow ist bei einem MBO das Maß aller Dinge, da der fremd-
finanzierte Teil der Transaktion aus dem Unternehmen dargestellt wird und entsprechend bedient werden muss. Bei der Ertragsfähigkeit des Unternehmens ist
es deshalb von enormer Bedeutung, dass bei der Beurteilung der Ertragsfähigkeit
realistische Kriterien angesetzt werden, die sowohl interne als auch externe Faktoren angemessen berücksichtigen. Der verplanbare und somit fix zu kalkulierende
Cashflow für Zinsen und Tilgungen ist die Basisgröße zur Ermittlung des Kaufpreises des Unternehmens und die Finanzierungsstruktur des MBO. Entscheidende
Parameter für die Cashflow-Planung sind neben Umsätzen und Kostenentwicklung
die erforderlichen Investitionen, um das Unternehmen auch mittelfristig attraktiv
gestalten zu können. Gerade in den ersten beiden Jahren nach einem erfolgten
MBO gelten sehr strenge Kriterien (vgl. http://www.management-buyout.com)
hinsichtlich der Investitionserfordernisse, die das Finanzierungsrisiko minimieren
sollen.

Ein weiteres wesentliches Argument für die MBO-Fähigkeit ist die **allgemeine
Vermögenslage** des Unternehmens. Umfangreicher Grundbesitz kann unnöti-

gerweise den Kaufpreis erhöhen. Des Weiteren können Vorratsvermögen und Forderungen überhöht sein. Eventuell können bereits durch den Verkauf von Anlagevermögen oder durch eine Reduzierung des Umlaufvermögens Zahlungseingänge und damit gleichzeitig ein Abbau der Fremdverbindlichkeiten vorgenommen werden. Bei betriebsnotwendigem Anlagevermögen gibt es eventuell die Möglichkeit der Sale-and-Lease-Back-Transaktion. Auf der Passivseite sind besonders bestehende Bankverbindlichkeiten beachtenswert, da diese Verbindlichkeiten bei einer MBO-Finanzierung zusätzlich zur Kaufpreisfinanzierung bewältigt werden müssen. Bei Rückstellungen ist darauf zu achten, inwieweit diese in den nächsten Jahren liquiditätswirksam werden können (vgl. Lütjen 1992, S. 117).

2.9.3.2 Durchführung eines MBO

Die Abwicklung eines MBO kann auf unterschiedliche Weise vollzogen werden. Wenn das zu übernehmende Unternehmen in der Rechtsform einer GmbH auftritt, sind nachfolgende Vorgehensweisen zu nennen (vgl. Hoffmann und Ramke 1992, S. 125):

- Asset Deal (MBO durch den Erwerb von Vermögensgegenständen an einer Ziel-GmbH),

- Share Deal (MBO mittels Erwerb von Anteilen der Ziel-GmbH),

- Fusions Deal (MBO durch den Erwerb von Anteilen der Ziel-GmbH und späterer Verschmelzung mit der Übernahmeholding),

- Step Deal (MBO durch Erwerb von Anteilen der Ziel-GmbH und anschließendem Erwerb der Vermögensteile).

2.9.3.3 MBO-Finanzierung

Normalerweise sind **Verkäufer, Käufer und Finanziers** bei einem Management Buy-Out beteiligt. Ein optimiertes Zusammenwirken dieser Gruppen ist für einen erfolgreichen MBO erforderlich. Häufig wird für diese Zwecke eine MBO-Technik angewandt, bei der eine vom Management gegründete und gemeinsam mit anderen Investoren finanzierte GmbH das Zielunternehmen erwirbt. Haftungsbeschränkung, praktikable Handhabung unterschiedlicher Gesellschaftsgruppen und steuerliche Vorteile machen ein solches Vorgehen notwendig. Des Weiteren hat die jeweilige Rechtsform der Zielgesellschaft weitreichende Implikationen hinsichtlich der optimalen Gestaltung des Erwerbs (vgl. Leimbach 1991, S. 450).

Das Modell in Abb. 2.30 zeigt schematisch einen **Asset Deal**, bei dem das Anlagevermögen des Zielunternehmens erworben wird und aus dieser Position heraus die erforderliche Kreditsicherung erfolgt.

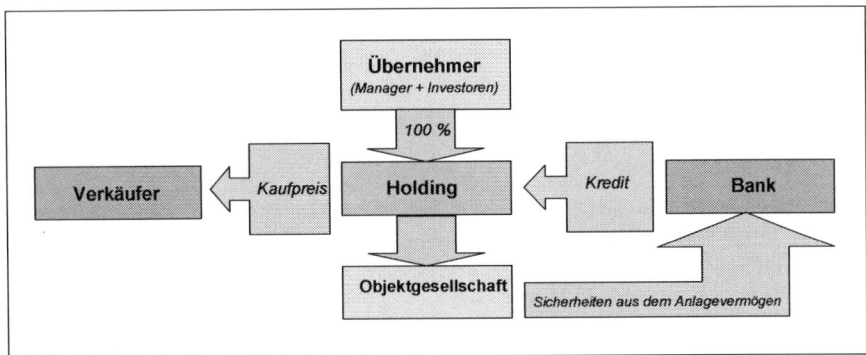

Abb. 2.30 Modell eines MBOs durch Zwischenschaltung einer Holding in Form eines „Asset Deals"

Bei dem Asset Deal wird zunächst das Anlagevermögen des Zielunternehmens erworben, es stellt dann die erforderlichen Kreditsicherheiten. Bei der Finanzierung eines MBOs sind neben dem Kaufpreis die Kosten für Berater, Beteiligungsgesellschaften und kreditgebende Banken zu berücksichtigen. Zudem erhöhen Betriebsmittelkredite und die zu übernehmenden Bankkredite den Finanzierungsbedarf.

Eine solide Finanzierung ist Voraussetzung für die Durchführung eines MBO. Grundsätzlich werden hierfür Individualkonzepte zusammengestellt. Die Bedienung der Fremd- und Eigenkapitalgeber mit Zins, Tilgung und Gewinn muss auch in konjunkturellen Abschwungphasen gesichert sein.

Die Abb. 2.31 bietet einen Überblick über die Anbieter der unterschiedlichen Kapitalformen und ihre durchschnittlichen Renditeerwartungen.

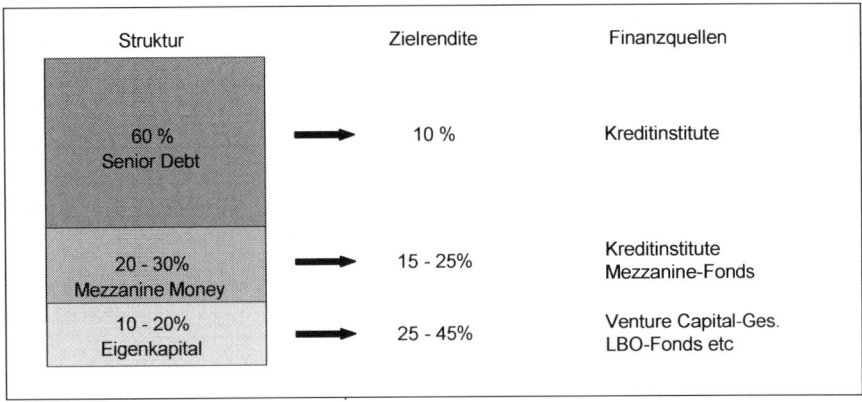

Abb. 2.31 Finanzierungsstruktur bei Buy-Out Transaktionen. (Quelle: Schäfer 2002, S. 265)

Senior Debt ist vorrangig gesichertes Fremdkapital und daher am wenigsten ausfallgefährdet. Die Vermögensgegenstände der Objektgesellschaft dienen der Absicherung. Die Beleihungsgrenzen der deutschen Kreditwirtschaft (50–80 %) definieren den jeweiligen Kreditrahmen. Aufgrund der erstklassigen Absicherung wird Fremdkapital zu günstigen Konditionen zur Verfügung gestellt. Die Kreditlaufzeit ist langfristig und bewegt sich zwischen 5 und 15 Jahren. Kreditgeber sind in der Regel Kreditinstitute.

Mezzanine Money ist unbesichertes oder nachrangig abgesichertes Fremdkapital. Das Risiko, insbesondere das Ausfallrisiko, ist hoch. Daher verlangen Kreditgeber einen entsprechend hohen Risikoaufschlag neben den Sollzinsen.

Die Renditen der Kapitalgeber können bis zu 45 % betragen (vgl. Schäfer 2002, S. 266).

2.9.3.4 Kaufpreisermittlung, Bewertung und Vertragsbedingungen

Aufgrund stark unterschiedlicher Situationen des Verkäufers und Käufers existieren zahlreiche steuerliche und rechtliche Strukturierungsmöglichkeiten, die für die Beteiligten zu entsprechend divergierenden Ergebnissen führen können. Daraus können zusätzliche Handlungsspielräume resultieren, die sich auf die Kaufpreisverhandlungen und Finanzierungsmöglichkeiten auswirken können. Zentrales Moment eines MBO ist der Kaufpreis. Ein Unternehmen kann nur zu sehr guten Konditionen verkauft werden, wenn der Verkauf durch das Management unterstützt wird. Bei einem MBO können häufig die letzten 10–20 % des Kaufpreises durch den Verkäufer nicht erzielt werden. Neben dem Kaufpreis sind sonstige Übernahmebedingungen bedeutend. Bei der Kaufpreisermittlung werden in der Praxis häufig folgende Bewertungsverfahren berücksichtigt:

Ertragswertmethode

Bei der Ertragswertmethode wird davon ausgegangen, dass sich der Unternehmenswert aus der Fähigkeit des Unternehmens ergibt, in der Zukunft Überschüsse zu erwirtschaften. Hierbei handelt es sich um eine Prognose, die sich auf Erfahrungswerte stützt. In der Praxis hat sich bewährt, dass als Kaufpreis der nachhaltige Gewinn vor Steuern und vor Belastung aus der MBO-Struktur mit einem Faktor von ca. 4 bis 6 multipliziert wird, wobei die Anpassung des Wertes in Bezug auf die strategische Positionierung des Unternehmens, seine mögliche Dynamik in der Zukunft sowie die Höhe der Fremdverschuldung erfolgt.

Substanzwertmethode

Mit Hilfe der Substanzwertmethode werden die relevanten Kosten ermittelt, die bei der Neuerrichtung des vorhandenen Unternehmens aktuell anfallen würden. Der Substanzwert errechnet sich als Buchwert, erhöht um die stillen Reserven auf der Aktiv- und der Passivseite. Lange Zeit war der Substanzwert die wichtigste Orientierungsgröße. Zwischenzeitlich hat sich allerdings durchgesetzt, dass der Substanzwert in Ausnahmefällen ein Korrektiv für den Ertragswert sein kann, also nur eine Hilfsfunktion übernimmt.

Strategischer Wert

Strategische und damit langfristig orientierte Werte sollten grundsätzlich nur
bedingt in Ansatz gebracht werden, es sei denn, dass das Unternehmen offenkundig
schlecht geleitet wurde und sich aus Sicht des neuen Management und der neuen
Konstellation andere Möglichkeiten ergeben, die einen höheren nachhaltigen Ertrag
als geplant realisierbar und begründet erscheinen lassen.

Earnings Before Interest and Taxes (EBIT)

Bei MBOs hat sich mittlerweile die EBIT-Betrachtungsweise durchgesetzt. EBIT
bedeutet, dass der Unternehmenswert unabhängig von der vorhandenen Finanzierungsstruktur des Unternehmens festgestellt wird. Der Gewinn vor Steuern wird bei
dieser Vorgehensweise um die vorhandenen Fremdfinanzierungszinsen erhöht (deshalb Before Interest), um den Gesamtwert des Unternehmens inklusive Fremdfinanzierung zu ermitteln. Der Gesamtunternehmenswert wird somit unabhängig von
vorhandenen Finanzierungsstrukturen festgestellt, um anschließend durch Abzug
der bestehenden Bankverbindlichkeiten den Kaufpreis zu errechnen (vgl. Niemann
1995, S. 53 ff.).

3 Kreditfinanzierung

Sowohl in Großunternehmen als auch in mittelständischen Unternehmen ist ein steigendes Kreditfinanzierungspotenzial zu verzeichnen. Insbesondere Kreditinstitute machen die Kreditfähigkeit eines Kapital suchenden Unternehmens neben der Bereitstellung von Sicherheiten insbesondere von der Kreditwürdigkeit abhängig. Daher erfolgt zunächst ein Überblick, welche Verfahren der Kreditwürdigkeitsprüfung in der Praxis zur Anwendung gelangen können, bevor einzelne Formen der Kreditfinanzierung näher gekennzeichnet und beurteilt werden (vgl. Abb. 3.1).

3.1 Die Kreditwürdigkeitsprüfung

Die Kreditwürdigkeitsprüfung umfasst im weitesten Sinne alle Untersuchungen hinsichtlich der Beurteilung des Kreditrisikos. Sie ist von verschiedenen persönlichen und fachlichen Voraussetzungen abhängig. Mit der Prüfung der **Kreditwürdigkeit** versuchen u. a. Kreditinstitute, sich ein Bild von den persönlichen und finanziellen Verhältnissen des Kunden zu verschaffen.

Von der Kreditwürdigkeit zu unterscheiden ist die **Kreditfähigkeit**. Hierunter wird allgemein die Fähigkeit verstanden, in rechtlicher Hinsicht Kredite aufnehmen zu können.

Bei der Kreditwürdigkeit wird zwischen formeller bzw. persönlicher und materieller Kreditwürdigkeit unterschieden (vgl. u. a. Falter 2004, S. 116 ff.).

3.1.1 *Persönliche Kreditwürdigkeit*

Die persönliche Kreditwürdigkeit ist eine Frage des Vertrauens. Dieses findet seine Grundlage in der familiären bzw. unternehmerischen Situation des Kunden, in seinem persönlichen und beruflichen Werdegang und in seiner charakterlichen Beurteilung. Dazu kommt der persönliche Eindruck, den man im Gespräch vom Kunden gewinnt, sein Auftreten, seine sprachliche Gewandtheit und sein Verhandlungsgeschick. Alle diese Punkte fügen sich zu einem Bild zusammen, das bestimmend für die Beurteilung der persönlichen Kreditwürdigkeit ist.

Grundsätzlich wird bei der Prüfung der persönlichen Kreditwürdigkeit von Firmenkunden eine Negativauslese getroffen, d. h., die persönliche Kreditwürdigkeit wird in der Regel bejaht, soweit dem Kreditinstitut nicht bestimmte negative Informationen bezüglich der vertretungsberechtigten Personen (Offenbarungseid

J. Prätsch et al., *Finanzmanagement,* Springer-Lehrbuch, DOI 10.1007/978-3-642-25391-1_3, © Springer-Verlag Berlin Heidelberg 2012

etc.) bzw. über das Unternehmen (Pfändungsbeschluss, Scheckrückgaben u. ä.) vorliegen.

Abschließend kann festgestellt werden, dass die persönliche Kreditwürdigkeit die wesentlichste Voraussetzung für die Bereitstellung eines Kredites darstellt. Je positiver dieses Ergebnis ausfällt, umso leichter wird es dem Kreditinstitut fallen, selbst dann, wenn die wirtschaftlichen Gegebenheiten nicht gerade die Allerbesten sind, eine Kreditentscheidung zugunsten des Kunden zu treffen.

3.1.2 *Materielle Kreditwürdigkeit*

Während bei der persönlichen Kreditwürdigkeit die Person des Kreditnehmers im Vordergrund steht, geht es bei der Beurteilung der materiellen Kreditwürdigkeit um die Feststellung, ob der Kreditnehmer in der Lage ist, die Zins- und Tilgungszahlungen zu leisten. Die materielle Kreditwürdigkeit ist dann gegeben, wenn die „Rentabilität" des Unternehmens eine Verzinsung und Rückzahlung des Kredites innerhalb der vorgesehenen Laufzeit zulassen. Zins- und Tilgungsleistungen müssen dabei in einem vernünftigen Verhältnis zur Höhe des Ertrages bzw. der erwarteten Einnahmeüberschüsse stehen.

Generell erfolgt eine Kreditentscheidung aus der Berücksichtigung der Summe der persönlichen und der sachlichen Kriterien, welche die Bonität eines Kreditnehmers ausmachen. Die Beurteilung dieser Kriterien kann sowohl nach statischen als auch nach dynamischen Gesichtspunkten erfolgen. Während die **statische Betrachtung** als traditionelle Bilanzanalyse primär von der Besicherung, den Daten und den Erfahrungen vergangener Geschäftsperioden ausgeht, legt die **dynamische Beurteilung** vornehmlich Wert auf die Leistungs- und Entwicklungsfähigkeit des Unternehmens, insbesondere seine künftigen Ertragserwartungen im Markt. Im Allgemeinen wird ein Kreditinstitut bei der Beurteilung von Kreditengagements weder ausschließlich nach statischen noch nach dynamischen Gesichtspunkten verfahren, sondern sich eines „Mix" aus beiden Verfahren bedienen.

Für die Prüfung der materiellen Kreditwürdigkeit sollten in der Regel folgende Unterlagen zur Verfügung stehen:

- Externe und interne Auskünfte (Bankauskünfte, Auskünfte gewerblicher Auskunfteien, eigene Insolvenzkartei),

- Registerauszüge (Handelsregister und ggf. Grundbuch),

- Jahresabschlüsse der letzten Jahre (Bilanzen, G + V, Lageberichte),

- „Unterjährige" Datev-Auswertungen,

- Finanz- und Investitionspläne,

- Vermögensaufstellungen,

- eigene Kontounterlagen u. a. m.

Umfang und Intensität der Prüfung sind abhängig von der Kredithöhe und den vorhandenen bzw. angebotenen Sicherheiten.

3.1.3 Offenlegung der wirtschaftlichen Verhältnisse nach § 18 KWG

Im Zusammenhang mit der materiellen Kreditwürdigkeit ist der § 18 Kreditwesengesetz (KWG) von besonderer Bedeutung. Aus ihm lassen sich bestimmte Mindestanforderungen an eine fachgerechte Prüfung der wirtschaftlichen Verhältnisse von Kreditnehmern ableiten. An dieser Stelle sei vermerkt, dass das KWG in § 18 Satz 1 und 2 als „**Kreditunterlagen**" folgendes verlangt:

> *„Ein Kreditinstitut darf einen Kredit von insgesamt mehr als 750.000 EUR nur gewähren, wenn es sich von dem Kreditnehmer die wirtschaftlichen Verhältnisse, insbesondere durch Vorlage der Jahresabschlüsse, offen legen lässt. Das Kreditinstitut kann hiervon absehen, wenn das Verlangen nach Offenlegung im Hinblick auf die gestellten Sicherheiten oder auf die Mitverpflichteten offensichtlich unbegründet wäre".* (Vgl. Kreditwesengesetz (KWG))

In der Vergangenheit hat das Bundesaufsichtsamt für das Kreditwesen zu der in § 18 KWG geforderten Offenlegung der wirtschaftlichen Verhältnisse mehrfach Stellung genommen. Es dürfte genügen, die Wiedergabe auf folgende Auszüge zu beschränken:

1. Nach § 18 KWG soll die Offenlegung der wirtschaftlichen Verhältnisse der Kreditnehmer insbesondere durch Vorlage der Jahresabschlüsse erfolgen. Der Gesetzgeber hat mit den Worten „insbesondere durch Vorlage der Jahresabschlüsse" zum Ausdruck gebracht, dass er dem Verlangen auf Vorlage der Jahresabschlüsse größten Wert beimisst. Ausdrücklich heißt es „der Jahresabschlüsse" und nicht des letzten Jahresabschlusses. Die Heranziehung weiterer Unterlagen wird dann erforderlich sein, wenn der Jahresabschluss für die Urteilsfindung allein nicht ausreicht.

2. Die Vorschrift soll sicherstellen, dass die Kreditinstitute die Kreditwürdigkeit ihrer Kreditnehmer in ausreichendem Maße anhand von Unterlagen prüfen. Es genügt nicht, nur den letzten Jahresabschluss vor der Kreditgewährung einzusehen. Für die Beurteilung der Kreditwürdigkeit ist in der Regel auch die Überprüfung früherer Jahresabschlussunterlagen sowie eine laufende Überprüfung während der gesamten Dauer des Kreditverhältnisses erforderlich.

3. Es entspricht dem Sinn des § 18 KWG, dass die wirtschaftlichen Verhältnisse der Kreditnehmer nur anhand von zuverlässigen Unterlagen offen gelegt werden können. Soweit die Kreditnehmer aufgrund gesetzlicher Verpflichtung oder freiwillig ihren Jahresabschluss von einem Abschlussprüfer prüfen lassen, ist die Bilanz vor Erstellung des Testates noch nicht endgültig, da damit gerechnet werden muss, dass sich aufgrund der Prüfung noch Änderungen ergeben. Wenn

im Zeitpunkt der Kreditgewährung die Prüfung der Kreditnehmerbilanz noch nicht beendet ist, können Kreditinstitute zunächst auch die ungeprüfte Bilanz einfordern.

4. Die Beachtung des § 18 KWG erfordert nicht nur die Aufforderung zur Offenlegung der wirtschaftlichen Verhältnisse, insbesondere zur Vorlage der Jahresabschlüsse, sondern ein Verhalten der Kreditinstitute, durch das diesem Verlangen der erforderliche Nachdruck verliehen wird. In welcher Weise dies zu geschehen hat, lässt sich nicht generell sagen. Zu denken wäre hierbei daran, dass weitere Kreditgewährungen von der Erfüllung des Verlangens abhängig gemacht werden oder dass im Falle nachhaltiger Verweigerung der Offenlegung der wirtschaftlichen Verhältnisse das Kreditverhältnis gekündigt wird.

5. Bei der Beurteilung, wann die wirtschaftlichen Verhältnisse im Sinne des § 18 KWG offen gelegt sind, ist auf den Einzelfall abzustellen. Dabei ist zu berücksichtigen, dass sich die Offenlegung der wirtschaftlichen Verhältnisse nicht in der Vorlage der Jahresabschlüsse erschöpft. Die Vorlage der Jahresabschlüsse ist nur als wichtiges Merkmal der Offenlegung besonders hervorgehoben. Die Heranziehung weiterer Unterlagen (z. B. über Auftragsbestände, Umsatzzahlen, Zwischenabschlüsse, Erfolgs- und Liquiditätspläne) wird insbesondere dann erforderlich sein, wenn der Jahresabschluss allein kein klares Bild über die wirtschaftlichen Verhältnisse des Kreditnehmers ermöglicht. Ferner wird, je länger die Jahresabschlüsse zeitlich zurückliegen, die Heranziehung weiterer Unterlagen notwendig sein. Denn ohne diese zusätzlichen Unterlagen dürfte eine zeitnahe Beurteilung der wirtschaftlichen Verhältnisse des Kreditnehmers nicht möglich sein.

6. Ist der Kreditnehmer nach handels- oder steuerrechtlichen Vorschriften nicht verpflichtet, einen Jahresabschluss zu erstellen, so genügen zur Offenlegung der wirtschaftlichen Verhältnisse Nachweise über Vermögen und Schulden sowie über das Einkommen (z. B. Grundbuchauszüge, Vermögensteuerbescheide, Einkommensteuerbescheide).

Grundsätzlich ist die Verpflichtung zur Offenlegung der wirtschaftlichen Verhältnisse nach § 18 KWG – abgesehen von der gesetzlichen „Mindestkreditsumme" – nicht abhängig von der Größe und dem Risiko des Engagements, jedoch werden mit zunehmenden Engagement und steigendem Risikograd höhere Anforderungen an die zur Beurteilung der wirtschaftlichen Verhältnisse heranzuziehenden Unterlagen zu stellen sein.

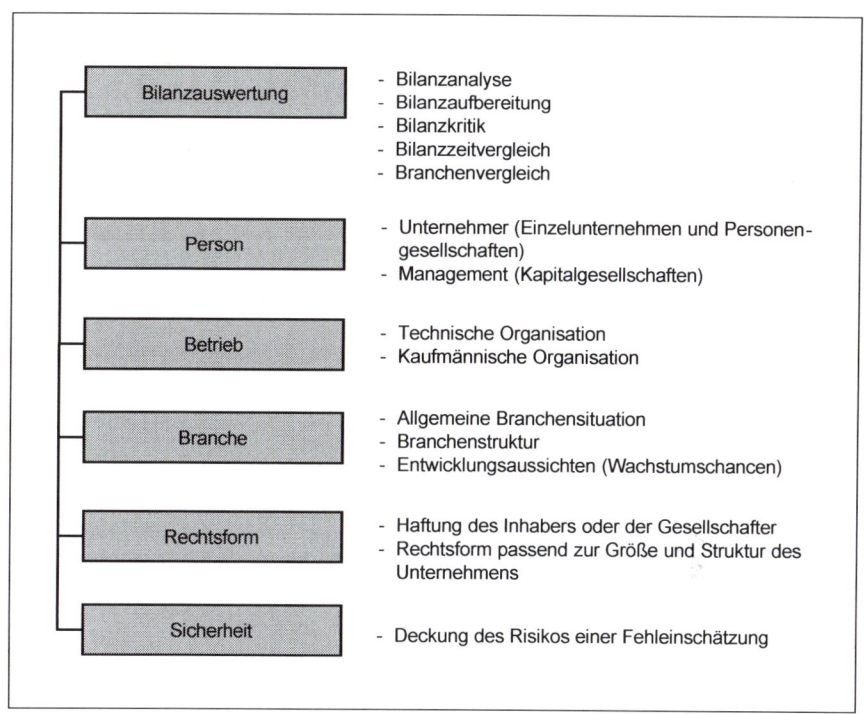

Abb. 3.1 Beurteilungskriterien für die Kreditentscheidung. (Quelle: Vgl. Riebell 2001, S. 217)

3.1.4 Kritische Betrachtung der traditionellen Bilanzanalyse als Kennzahlenrechnung

Obwohl Kennzahlen ein in der Literatur ausführlich diskutiertes und in der betrieblichen (Banken-) Praxis häufig verwendetes Hilfsmittel zur Beurteilung der Kreditwürdigkeit eines Unternehmens darstellen, schränken wichtige Faktoren die Aussagefähigkeit der Kennzahlen und damit auch die Möglichkeiten der Bilanzanalyse insgesamt u. U. erheblich ein (vgl. z. B. Küting und Weber 2006; Baetge 2004). Nur wenn man die entsprechenden Grenzen, Probleme und Unzulänglichkeiten im Auge behält, kann man die durch den Einsatz des „bilanzanalytischen Instrumentariums" zu gewinnenden Erkenntnisse richtig einschätzen und mögliche Fehlurteile vermeiden. Einige Gründe für die Unzulänglichkeiten etc. seien hier kurz beschrieben:

1. Die zur Verfügung stehenden Informationsquellen sind unvollständig. Bilanz sowie Gewinn- und Verlustrechnung liefern nur quantitative Informationen. Wesentliche qualitative Aspekte, wie z. B. die Qualität des Managements und der Mitarbeiter oder das technische und organisatorische Know-how, die für eine Beurteilung erforderlich wären, kennt der externe Analyst oft nicht.

2. Die Ergebnisse der Jahresabschlussrechnung sind gleich in mehrfacher Hinsicht veraltet. Zum einen sind handelsrechtliche Bilanzen „Abrechnungen"

über vergangene Perioden und durch einen ausgeprägten Vergangenheitsbe-
zug (Anschaffungskostenprinzip/Vorsichtsprinzip) charakterisiert. Zum anderen kommt hinzu, dass zwischen dem Bilanzstichtag und dem Zeitpunkt der
Veröffentlichung ein längerer Zeitraum liegt (§§ 325, 326 HGB), d. h. die
Kennzahlen sind nicht mehr aktuell und insbesondere die stichtagsbezogenen
Werte der Vermögens- und Finanzlage müssen als veraltet betrachtet werden.
Zur Beurteilung eines Unternehmens jedoch sind vor allem solche Informationen interessant, die Rückschlüsse auf die Entwicklung in der Zukunft
zulassen.

3. Die Zahlen des Jahresabschlusses sind keine eindeutig definierten Größen. Vielerlei Bilanzierungs- und Bewertungsvorschriften sowie Bilanzierungshilfen und
   -wahlrechte des (deutschen) HGB erzwingen oder ermöglichen den Ansatz der
   Vermögensgegenstände bzw. Verbindlichkeiten oft zu unrealistischen Werten.
   Beispielhaft seien hier die Möglichkeiten der Bildung stiller Reserven infolge
   der Aktivierung auf der Basis von Anschaffungs- oder Herstellungskosten sowie
   die Ausnutzung von Bewertungsspielräumen bei der Bemessung von Pensionsrückstellungen genannt. Dies geht natürlich zu Lasten des Informationsgehaltes
   des Jahresabschlusses.

4. Ebenfalls störend wirkt sich der Einfluss steuerrechtlicher Vorschriften aus,
   die sich in der Praxis häufig als Umkehrung des Maßgeblichkeitsprinzips auf
   die Handelsbilanz auswirken, die Wertansätze also vorzugsweise steuerlich
   bedingt sind und folglich nicht den handelsrechtlichen Regelungen und Werten
   entsprechen.

5. Die Beurteilung der Unternehmensentwicklung basiert bisher auf lediglich
   subjektiv festgelegten Sollwerten von Kennzahlen. Es fehlt eine allgemein
   anerkannte betriebswirtschaftliche Theorie, ein objektiver Vergleichsmaßstab
   zur Festlegung von Sollwerten für „gesunde" Unternehmen.

6. Die starke Komprimierung komplexer Sachverhalte, irreführende Postenbezeich-
   nungen (Was zählt alles zum „bilanziellen Eigenkapital?"), die mangelnde Aussagefähigkeit der Einzelabschlüsse von Konzernunternehmen, z. B. aufgrund der
   vereinbarten konzerninternen Verrechnungspreise, und der Wirtschaftlichkeits-
   und Wesentlichkeitsgrundsatz, d. h. im Rahmen der Kennzahlenbildung sollten
   die Kosten der Informationsgewinnung den Informationsnutzen nicht übersteig-
   gen, sind weitere in der Literatur häufig genannte Probleme bei der (externen)
   Jahresabschlussanalyse.

Diese Probleme führen dazu, dass den aus Jahresabschlüssen zu gewinnenden
Erkenntnissen enge Grenzen gesetzt sind und den möglichen Aussagen immer ein
„Hauch von Spekulation" anhängt. Ziel der Bilanzanalyse ist es vor allem, Entwicklungstendenzen insbesondere Fehlentwicklungen und Auffälligkeiten zu erkennen.
Durch eine systematische Aufbereitung des Zahlenmaterials und durch den Einsatz
leistungsfähiger Auswertungsmethoden kann z. B. dieser Forderung nachgekommen und den oben genannten Informationsmängeln des Jahresabschlusses soweit
als möglich Rechnung getragen werden.

3.1.5 Neuere Ansätze der Bilanzanalyse

Die mathematisch-statistischen Verfahren in Form von Diskriminanzanalysen und Künstlichen Neuronalen Netzen sowie Scoringverfahren zählen neben der qualitativen Bilanzanalyse und den EDV-gestützten Verfahren zu den neueren Verfahren der Bilanzanalyse.

Mathematisch-statistische Verfahren zeichnen sich dadurch aus, dass durch die Anwendung moderner statistischer Verfahren und die Verarbeitungsmöglichkeit großer Datenmengen durch leistungsfähige DV-Systeme versucht wird, Kennzahlen im Hinblick auf ihre Eignung zur Insolvenzdiagnose bzw. -prognose und zur Früherkennung von (Unternehmens-) Krisen miteinander zu verknüpfen.

Scoringverfahren bedienen sich ebenfalls der Kennzahlenanalyse; jedoch beschränkt sich die Anzahl der Kennzahlen im **RSW**-Verfahren (= **R**endite, **S**icherheit, **W**achstum) auf sechs, mit einer fixen prozentualen Verbindung zum RSW-Score. Obwohl die Auswahl, Eignung und Gewichtung der Kennzahlen durch eine subjektive Einschätzung zustande gekommen ist, gilt als ein wichtiger Vorteil des Scoringverfahrens sein transparent gestaltetes Beurteilungsmodell.

3.1.6 Die multivariate Diskriminanzanalyse

Die Diskriminanzanalyse ist ein mathematisch-statistisches Verfahren, das zur Analyse von Gruppenunterschieden herangezogen wird. Die Diskriminanzanalyse ermöglicht dabei die Klassifizierung des Analyseobjektes anhand bestimmter Merkmale, so dass es einer bestimmten Gruppe zugerechnet werden kann. Diese Gruppen werden in Verbindung mit der Jahresabschlussanalyse zumeist in „solvent/**kreditwürdig**/gesund/gut" bzw. „insolvenzgefährdet/**nicht kreditwürdig**/krank/schlecht" unterteilt, wobei im Folgenden das Begriffspaar „gut/schlecht" verwendet wird.

Die Diskriminanzanalyse kann die Ausprägungen „**univariat**", „**bivariat**" und „**multivariat**" haben. Der Unterschied ist das oben genannte Merkmal, das die Gruppeneinteilung ermöglicht; die univariate Diskriminanzanalyse ordnet nun das Analyseobjekt nur anhand einer Kennzahl zu, bei der bivariaten Diskriminanzanalyse sind es dagegen zwei Kennzahlen und entsprechend bei der multivariaten Variante mehrere Kennzahlen.

Die durchgeführten Untersuchungen zur Früherkennung von Kreditrisiken anhand der multivariaten Diskriminanzanalyse (MDA) wurden nach dem in Abb. 3.2 dargestellten Ablaufschema vorgenommen.

Zu Beginn der Untersuchung werden die **Grundgesamtheit** sowie eine **Insolvenzdefinition** festgelegt. Die Grundgesamtheit wird von der zur Verfügung stehenden Anzahl an Jahresabschlüssen begrenzt, wobei Kreditinstitute, Versicherungen, konzernabhängige Unternehmen etc. nicht mit einbezogen werden. Eine „Insolvenzeinstufung" im Sinne dieses Ratingsystems liegt vor, wenn entweder das Unternehmen

Konkurs bzw. Vergleich angemeldet hat, oder es zu einer Leistungsstörung des Kreditverhältnisses durch Tilgungsaussetzung, Forderungsverzicht etc. kommt.

In die **Stichprobe** der zu analysierenden Unternehmen sollen nur solche „schlechten" Firmen kommen, bei denen mindestens drei vollständige Abschlüsse zur Verfügung stehen und der jüngste Abschluss mindestens 7 und höchstens 18 Monate vor der Insolvenz vorlag. Damit gleich viele „gute" Unternehmen in der Analysestichprobe Berücksichtigung finden, werden diese per Zufall gezogen. Die restlichen Abschlüsse bilden die Kontrollstichproben.

Bei den weiteren Schritten wird eine **Kennzahlenanalyse** durchgeführt. Die Kennzahlen zeichnen sich dadurch aus, dass für jede eine Arbeitshypothese formuliert werden kann, welche die Eigenschaft einer Normalverteilung besitzt. In einer **statistischen Vorauswahl** werden dann mögliche Extremwerte durch Mittelwerte ersetzt, um somit den Einfluss von sog. „Ausreißern" zu begrenzen.

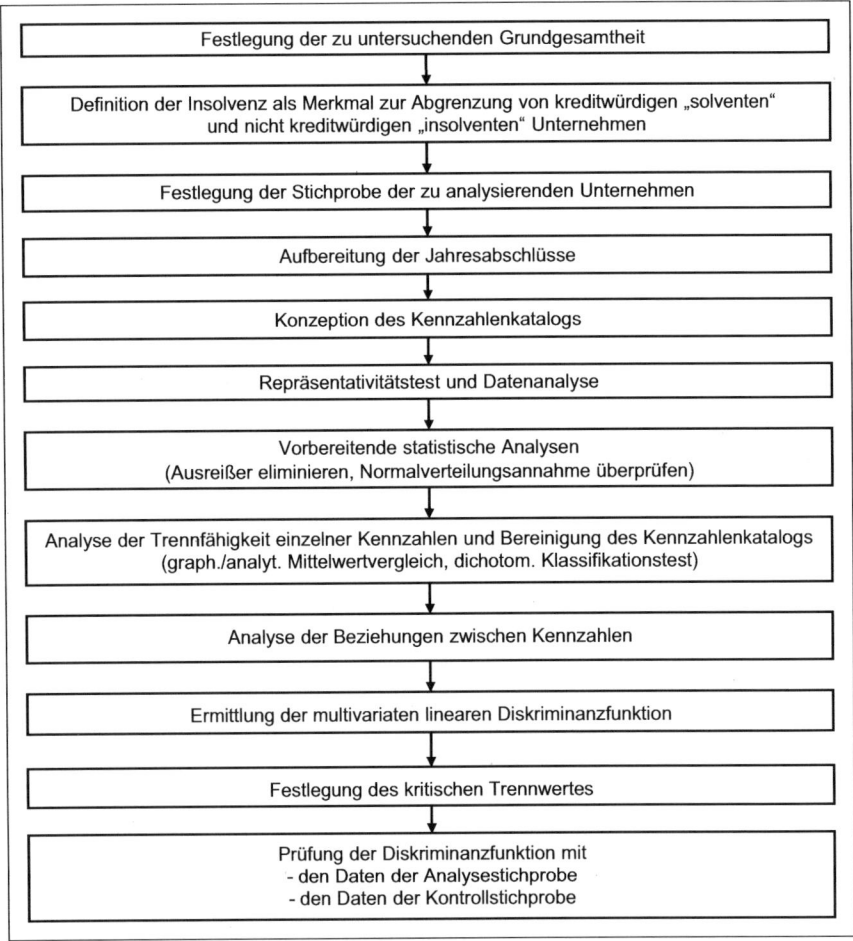

Abb. 3.2 Untersuchungsaufbau. (Quelle: Baetge et al. 1994, S. 323)

Die **Analyse der Trennfähigkeit einzelner Kennzahlen** und die **Bereinigung des Kennzahlenkataloges** sind die umfangreichsten Analyseschritte der MDA. Es werden dabei die Kennzahlen aussortiert, die beim graphischen Mittelwertvergleich einen oder mehrere Schnittpunkte mit den Graphen der „guten" oder „schlechten" Abschlüsse aufweisen: Diese Überschneidungen widerlegen (graphisch) die Arbeitshypothese (vgl. Abb. 3.3). Ein typisches Schaubild für eine bestätigte Arbeitshypothese ergibt sich, wenn der Graph der „guten" Abschlüsse relativ stabil bleibt, wohingegen sich der Graph der „schlechten" Abschlüsse von dem der „guten" wegbewegt und so ein „Trompetenbild entsteht" (Baetge et al. 1989, S. 801).

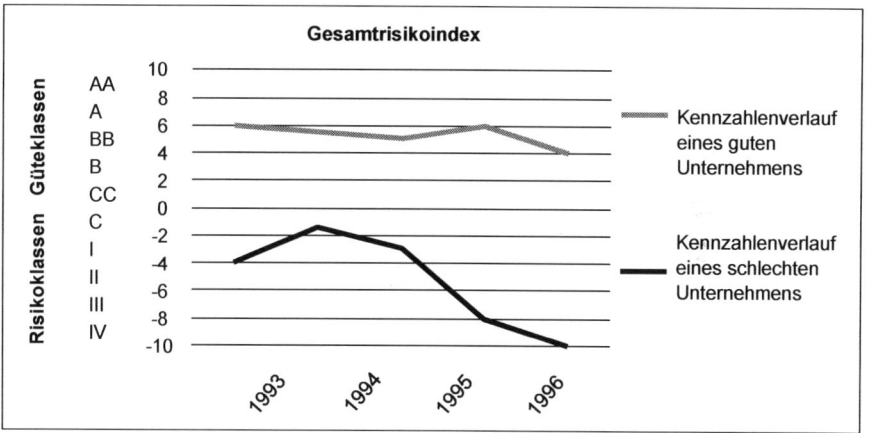

Abb. 3.3 Graphische Darstellung des zeitlichen Verlaufs des Gesamtrisikoindexes in den sechs Güte- und vier Risikoklassen. (Quelle: Vgl. Baetge et al. 1989, S. 806)

Durch eine anschließende **Korrelations- und Clusteranalyse** werden Interdependenzen zwischen den ausgewählten Kennzahlen offen gelegt, wobei die einzelnen Kennzahlen unabhängig bleiben sollen, da es bei einer Beeinflussung der Kennzahlen untereinander zu Fehlinterpretationen oder ökonomisch unsinnigen Aussagen kommen kann. Unter einer Clusteranalyse wird im allgemeinen eine sinngemäße Zusammenfassung von Kennzahlen zu einer Kennzahlengruppe verstanden. So werden z. B. in diesem Zusammenhang häufig sieben Cluster gebildet: In ihnen finden sich dann die jeweiligen Kennzahlen zur Kapitalstruktur, Liquidität, Finanzkraft, Rentabilität, Wertschöpfung, Kapitalumschlag bzw. -bindung und Verschuldung wieder.

Als nächstes wird die **multivariate lineare Diskriminanzfunktion** formuliert. Der **Diskriminanzwert** des zu analysierenden Unternehmens wird aufgrund dieser Formel im Zeitverlauf errechnet und in einem Schaubild dargestellt. Er wird dabei als Gesamtrisikoindex innerhalb der sechs gleich großen Güteklassen und der vier gleich großen Risikoklassen zugeordnet. Da ein Unternehmen, das einen Gesamtrisikoindex von „Null" besitzt, nicht mit ausreichender Sicherheit als „gut" oder „schlecht" klassifiziert werden kann, ist der Bereich von „+2 bis −2" als „Grauzone" eingerichtet.

3.1.7 Die Analyse mit Hilfe Künstlicher Neuronaler Netze

Durch Künstliche Neuronale Netze, im Folgenden abgekürzt als KNN bezeichnet, wird versucht, die Vorgänge eines menschlichen Gehirns zu simulieren. Ziel dabei ist es, die Ergebnisse der MDA zu verbessern bzw. zu übertreffen und somit ein zuverlässigeres Instrument für die Früherkennung von Insolvenzen oder auch die Klassifizierung von Jahresabschlüssen zu erhalten. KNN werden aber über das Gebiet der Abschlussanalyse hinaus auch in völlig anderen Bereichen eingesetzt, so z. B. im Unterhaltungssektor bei Spielen und zur Musikkomposition (vgl. Küting und Weber 2006, S. 372 f.).

Obwohl KNN verschiedene Ausprägungen besitzen, ist bei allen Varianten die Grundstruktur der KNN gleich: Es wird, wie in der Darstellung 3.4 abgebildet, versucht, ein biologisches Neuron künstlich nachzubilden und seine Arbeitsweise zu simulieren. Die unterschiedlichen Ausprägungen beziehen sich dabei auf die unterschiedlichen Topologien der Netze, die verschiedenen Arten der Verbindungen sowie die notwendigen Lernprozesse.

Die Funktionsweise eines **biologischen Neurons** ist so zu verstehen, dass die Dendriten Informationen an den Zellkörper leiten. Der Zellkörper verdichtet diese zu einem Gesamtreiz, der unter bestimmten Voraussetzungen an die Ausgangsleitung, das Axon, geleitet wird. Durch die Synapsen wird das ausgesendete Signal entweder verstärkt oder gehemmt und beeinflusst somit die weiteren nachfolgenden Neuronen.

Ähnlich erklärt sich die Funktionsweise eines **künstlichen Neurons**: Die Eingangsinformationen „e1 bis en" werden durch die Gewichte „w1 bis wn" entsprechend der Synapsen verstärkt oder gehemmt. Die Unit, der eigentliche Zellkörper, verarbeitet mathematisch die Informationen in der Aktivierungsfunktion und gibt mittels der Ausgabefunktion einen entsprechenden Wert weiter. Der Wert „o" ist normalerweise ein Ergebnis zwischen 0 und 1 und wird meist durch eine Sigmoidfunktion wiedergegeben. Dass eine nicht-lineare Ausgabefunktion zum Einsatz kommt, ist darauf zurückzuführen, dass eine Unit nur dann eine nicht-lineare Struktur in der Eingangsinformation erkennt, wenn eine entsprechende nicht-lineare Ausgangsfunktion verwendet wird.

Durch eine Verbindung der einzelnen Units wird ein KNN geschaffen. Dabei wird unterschieden zwischen **geschichteten** und **nicht geschichteten Netzen**. Nicht geschichtete Netze finden kaum Anwendung bei finanzwirtschaftlichen Problemstellungen und besitzen im Gegensatz zu geschichteten Netzen auch keine Gruppierung der Units. Geschichtete Netze zeichnen sich dadurch aus, dass mehrere Neuronen eine Schicht bilden, wobei ein KNN wiederum aus mehreren Schichten besteht.

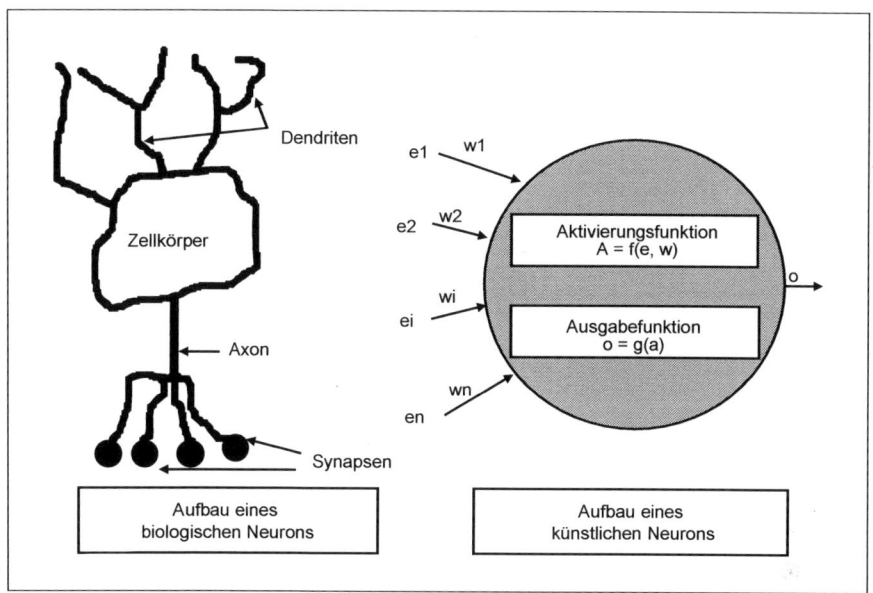

Abb. 3.4 Darstellung eines biologischen und eines künstlichen Neurons. (Quelle: Vgl. Küting und Weber 2006, S. 373 ff.)

Die Units der Eingabeschicht dienen hauptsächlich der Aufnahme der Daten oder Kennzahlen. Da in dieser Schicht keine Informationsverarbeitung stattfindet, ist die Anzahl der Units abhängig von der Anzahl der Kennzahlen. Je nach Ausprägung des Netzes kann man mehrere verborgene Schichten in einem KNN antreffen, deren Units jedoch lediglich der Informationsverarbeitung dienen. Die Ausgabeschicht dagegen vermittelt, neben der Informationsverarbeitung, das Ergebnis der Analyse. Die Anzahl der Units in dieser Schicht variiert mit der Anzahl der gleichzeitig zu prognostizierenden Zielvariablen (vgl. Abb. 3.5).

Bezüglich der Verbindungen zwischen den Units und Schichten lassen sich zwei Modelltypen unterscheiden: So zeichnet sich ein **Feed-Forward-Netz** dadurch aus, dass

- *„nur Verbindungen zwischen Neuronen verschiedener Schichten bestehen, also Neuronen einer Schicht nicht miteinander verbunden sind*

  und

- *ein Informationsfluss nur in einer Richtung, nämlich von der Eingabeschicht über eventuell vorhandene Zwischenschichten zur Ausgabeschicht existiert".* *(Küting und Weber 2006, S. 378)*

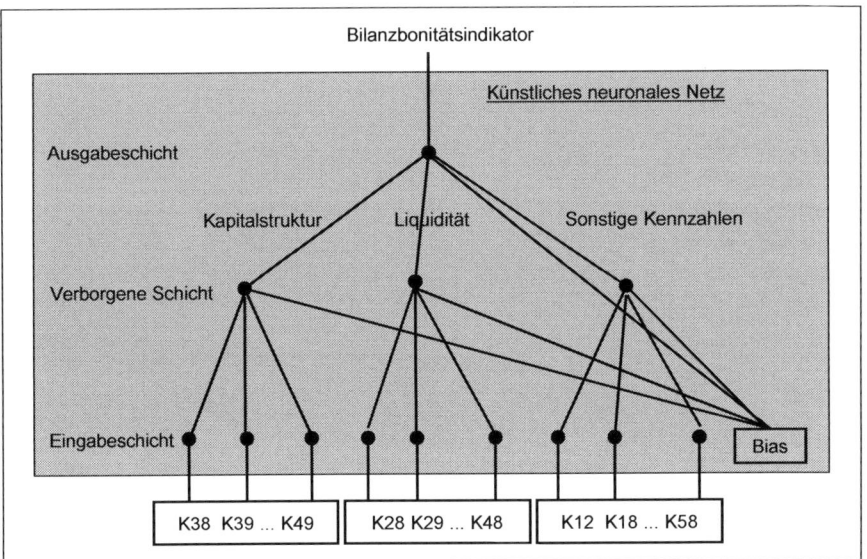

Abb. 3.5 Topologie eines mehrstufigen Künstlichen Neuronalen Netzes (KNN). (Quelle: Baetge und Jerschensky 1996, S. 1589)

Für ein **Feed-Backward-Netz** dagegen ist eine Verbindung der Units einer Schicht untereinander charakteristisch. Außerdem kann ein Informationsfluss in beide Richtungen erfolgen, d. h. es ist möglich, dass ein Ausgangssignal eines Neurons das Eingangssignal desselben Neurons bildet.

In der Praxis finden Feed-Forward-Netze vermehrt Anwendung, obwohl die Qualität der beiden Netzstrukturen gleichwertig ist. Die Ergebnisse eines Feed-Forward-Netzes sind leichter nachvollziehbar und bieten den Vorteil eines geringeren Rechen- und Zeitaufwandes.

Das letzte Unterscheidungsmerkmal von KNN sind die **unterschiedlichen Lernprozesse**. Dabei ist es generell notwendig, ein KNN bezüglich der zu Grunde liegenden Zusammenhänge zu trainieren, d. h. in einer Lern- und Trainingsphase analysiert das KNN die in einer Stichprobe beinhalteten Zusammenhänge durch Veränderung der Gewichte der einzelnen Units. Der Lernvorgang kann dabei in ein überwachtes, bewertetes oder selbst überwachtes/unüberwachtes Lernen unterteilt werden.

Das gängigste Verfahren ist das überwachte Lernen. Ein solches Netz wird auch als **Backpropagation-Netz** bezeichnet, d. h. bei der Analysestichprobe werden die Eingabe- sowie die dazugehörenden Ausgabewerte vorgegeben. Das System berechnet nur ein erstes Mal den Ausgabewert und verändert anhand der Abweichung zum vorgegebenen Ausgabewert (rückwärts) so die Gewichtung, dass die entsprechende Abweichung minimiert wird.

Bei diesem Verfahren besteht allerdings die Gefahr, dass das Netz übertrainiert wird, was man auch als „Overlearning" oder „Overfitting" bezeichnet. Overlearning bedeutet, dass die Strukturen der Analysestichprobe zu exakt „gelernt" wurden und somit für die Grundgesamtheit nicht aussagefähig sind. Durch den Einsatz einer Kontrollstichprobe, die nicht in der Analysestichprobe enthalten ist, kann dem entgegengewirkt werden. Bei einer Verbesserung des Ergebnisses durch die Kontrollstichprobe lässt sich der Lernprozess fortsetzen, bei einer Erhöhung der Fehlerquote erscheint ein Abbruch des Prozesses angebracht.

Das bewertete Lernen unterscheidet sich vom überwachten Lernen nur darin, dass nicht der erwartete Sollwert vorgegeben wird, sondern die Qualität des erzielten Ist-Wertes, d. h. wie „gut" oder „schlecht" der Wert ist. Bei dem selbstorganisierten Lernen werden keine Ausgabe- oder Performance-Daten vorgegeben.

3.1.8 Das Baetge-BP-14-Rating-System als Beispiel für eine multivariate Diskriminanzanalyse mit Hilfe Künstlicher Neuronaler Netze

Nach zahlreichen Untersuchungen am Institut für Revisionswesen an der Westfälischen Wilhelms-Universität Münster im Bereich der multivariaten Diskriminanzanalyse und der Künstlichen Neuronalen Netze wurde im Jahre 1995 das BP-14-Rating-Modell entwickelt.

Bei dem für das BP-14 verwendeten Künstlichen Neuronalen Netz handelt es sich um ein mehrschichtiges Feed-Forward- und Backpropagation-Netz. Dieses **Back**propagation-Netz von 14 Kennzahlen wird auch kurz **BP**-14 genannt (vgl. Baetge 1998, S. 579 ff.).

Bei der Entwicklung des Netzes wurde ein Kennzahlenkatalog mit 259 Kennzahlen so zusammengestrichen, dass 14 aussagekräftige, intelligente Kennzahlen (fast) frei von Bilanzierungs- und Bewertungsmöglichkeiten übrig blieben, die das Netz bilden. Das Auswahlverfahren begann mit einer statistischen Voranalyse, analog der statistischen Voranalyse bei der multivariaten Diskriminanzanalyse. Die daraufhin verbliebenen 209 Kennzahlen wurden in der Künstlichen Neuronalen Netzanalyse anhand einer Analysestichprobe von 262 Unternehmen bis zum „Optimum trainiert". Durch den Einsatz von Pruning-Algorithmen wurde die Kennzahlenmenge anschließend auf 50 Kennzahlen reduziert. Dabei wurden in einem ersten Schritt Verbindungen mit niedrigen Gewichten abgeschnitten, da sie einen nur geringen Einfluss auf die Klassifizierung haben und das Netz dazu verleiten können, zu sehr die Strukturen der Analysestichprobe zu „lernen". In einem zweiten Schritt wurden die verbleibenden Neuronen einzeln entfernt und auf die Ausgabeleistung hin getestet: Verbesserte sich das Ergebnis, wurde das Neuron ganz entfernt und vice versa.

Die Analyse mittels des BP-14 gestaltet sich für einen externen Analysten wie folgt: Die Jahresabschlüsse der letzten fünf Jahre des zu analysierenden Unternehmens werden in ein Erfassungsschema der Baetge & Partner GmbH & Co. Auswertungszentrale KG übertragen. Mit dem Ergebnispaket erhält der externe Analyst den ermittelten N-Wert (zwischen „+10" und „–10") und somit die entsprechende Klassifizierung. Darüber hinaus werden ihm die Werte der 14 Kennzahlen für die eingereichten Perioden zur Sensibilitätsanalyse zur Verfügung gestellt. Allerdings bleibt die jeweilige prozentuale Gewichtung der einzelnen Kennzahl am (Gesamt-) N-Wert für jeden Analysten unbekannt.

„Der N(etz)-Wert drückt aus, wie viel Potenzial ein Unternehmen zur Bekämpfung möglicher künftiger Widrigkeiten besitzt. Je höher der N-Wert ist, desto höher ist das Potenzial. Je niedriger ein negativer N-Wert ist, desto stärker ist das betroffene Unternehmen in seinem Bestand gefährdet". (Baetge und Jerschensky 1996, S. 1581)

Die Klassifikation des Unternehmens erfolgt anhand der bereits vorgestellten sechs Güte- und vier Risikoklassen. Die Sensibilitätsanalyse kann durch die Veränderung der einzelnen Analysebereiche, in dem die Kennzahlen zusammengefasst wurden, durchgeführt werden.

3.1.9 Expertensysteme

Neben der Methode der Künstlichen Neuronalen Netze haben im Rahmen der Weiterentwicklung der mathematisch-statistischen Verfahren auch die Expertensysteme eine Bedeutung bei den computergestützten Systemen erlangt. Ein Expertensystem kann als ein aus verschiedenen Modulen bestehendes Computerprogramm bezeichnet werden, „… das in der Lage ist, die Problemlösungsfähigkeit von Experten zu simulieren, um dem Benutzer Wissen zur Erfüllung bestimmter Entscheidungsaufgaben anzubieten" (Freidank 1993, S. 313).

Beim Einsatz von Expertensystemen in der Praxis werden für die Kreditwürdigkeitsprüfung von Kreditinstituten folgende Anforderungen gestellt (vgl. Kirn und Weinhardt 1994, S. 147):

* Erhöhte Rentabilität der Kredite,

* strikte Einhaltung gesetzlicher Vorschriften im Rahmen der Kreditvergabepolitik,

* schnelle Kreditentscheidungen und damit

* Wettbewerbsvorteile gegenüber anderen Kreditinstituten,

* Verbesserung der Kreditvergabepraxis,

* personenunabhängige Kreditwürdigkeitsprüfung mit emotionsfreien und nachvollziehbaren Analysen.

Expertensysteme können für den Kreditsachbearbeiter von Kreditinstituten sowohl für die Beurteilung der persönlichen als auch der materiellen Kreditwürdigkeitsprüfung von Firmenkunden konkrete Entscheidungshilfen liefern, die auf individuellen Merkmalskonstellationen und ihren Analysen basieren. Aufgrund der Komplexität des Entscheidungsproblems bei großen Firmenkunden ist der Einsatz von Expertensystemen eher auf mittelständische Firmenkunden und Privatkunden begrenzt. In der Praxis erfolgt zudem in Expertensystemen primär nur eine Einbeziehung von vergangenheitsbezogenen Daten, so dass die abgeleitete Entscheidung nicht eine umfassende Zukunftsorientierung beinhaltet (vgl. auch Dicken 1999, S. 65).

3.1.10 Scoringverfahren

Scoringverfahren werden im Rahmen der Bilanzanalyse zur systematischen Beurteilung von Unternehmen angewandt, wobei sich die Gesamtbeurteilung aus der gewichteten Summe von Teilbeurteilungen zusammensetzt. Das Scoringmodell wird anhand des RSW-Verfahren erläutert, das eine Methode zur Beurteilung börsennotierter Aktiengesellschaften darstellt (vgl. Abb. 3.6).

Das **RSW**-Verfahren zur Beurteilung von börsennotierten Aktiengesellschaften basiert auf der Anwendung von sechs Kennzahlen, von denen jeweils zwei Kennzahlen den Analysedimensionen bzw. -gegenständen **R**endite, **S**icherheit und **W**achstum zugeordnet sind. Die Kennzahlen werden mit Hilfe statistischer Verfahren zu einem Gesamtwert verdichtet und vergleichbar gemacht (**Scoringmodell**). Ziel der erstmals Mitte der 80er Jahre vom Institut für Betriebswirtschaftslehre der Universität Kiel durchgeführten Untersuchung war es, neue, vergleichbare Informationen über die deutschen Börsengesellschaften zur Verfügung zu stellen, die auf der Grundlage veröffentlichter Daten aus den jeweiligen Konzernabschlüssen errechnet werden und für den Interessenten weitgehend nachvollziehbar sind (vgl. Küting und Weber 2006, S. 387 ff.).

Innerhalb jeder Analysedimension ist die erste Kennzahl als eine durchgehend standardisierte Messgröße ausgestaltet, die auf alle Unternehmen angewandt wird. Die zweite Kennzahl ist dagegen branchengruppenspezifisch definiert. So wird beispielsweise die so genannte Betriebsrendite in der Branche „Industrie, Handel und Verkehr" als Umsatzrentabilität ausgestaltet, während für „Banken und Versicherungen" bestimmte branchenspezifische Ertragsgrößen in der Betriebsrendite zueinander ins Verhältnis gesetzt werden. Besondere Gewichtungsfaktoren rücken innerhalb des Gesamt-Score die Renditekennzahlen insgesamt und jeweils die ersten Kennzahlen der einzelnen Dimensionen in den Vordergrund.

Standardisierungskreis	Teilkom-ponenten	Gewicht	Hauptkom-ponenten	Gewicht	Resultat
Alle Unternehmen	Eigenkapital-rendite	0,444	Rendite	0,666	RSW-Score
Industrie/Handel/Verkehr; Verwaltungsgesellschaften; Geschäftsbanken; Hypothekenbanken; Schaden-/ Rückversicherer Lebensversicherer	Betriebs-rendite	0,222			
Industrie/Handel/Verkehr; Verwaltungsgesellschaften; Banken und Versicherungen	Eigenkapital-quote	0,111	Sicherheit	0,167	
Industrie/Handel/Verkehr; Verwaltungsgesellschaften; Geschäftsbanken; Hypothekenbanken; Schaden-/ Rückversicherer Lebensversicherer	Liquiditäts-quote	0,056			
Alle Unternehmen	Bilanz-summen-wachstum	0,111	Wachstum	0,167	
Industrie/Handel/Verkehr; Verwaltungsgesellschaften; Banken und Versicherungen	Betriebliches Wachstum	0,056			

Abb. 3.6 Aufbau des RSW-Verfahrens. (Quelle: Küting und Weber 2006, S. 391 f.)

Der Eigenkapitalrendite kommt damit eine entscheidende Bedeutung zu. Dem trägt im Rahmen der Unternehmensbeurteilung das RSW-Verfahren insofern Rechnung, als dass die Dimension „Rendite" im Rahmen des Gesamt-Score vierfach gewertet wird, während „Sicherheit" und „Wachstum" mit dem Gewichtungsfaktor 1 in die Gesamtrechnung eingehen.

Der RSW-Score ergibt sich schließlich als Gesamtwert der Abweichung des getesteten Unternehmens vom Durchschnitt der Branchengruppe. Hierzu wird für jede Kennzahl des Verfahrens das gewichtete Verhältnis der positiven oder negativen Abweichung vom Mittelwert der Vergleichsgruppe (Branche) zur Standardabweichung der jeweiligen Branchengruppe errechnet, wobei sich der Gesamt-Score aus der Zusammenführung der Einzelkomponenten ergibt. Die konkrete Berechnungsweise verdeutlicht die Abb. 3.7. Danach wird eine Gesellschaft umso besser bewertet, je größer die positive Abweichung ihrer Kennzahlenwerte vom Durchschnitt der Vergleichs-(Branchen-)gruppe ist und umgekehrt.

$$RSW_{i,\,b} = \frac{x_{k(b),\,i}\;./.\;\overline{X}\,(VG(b,k))}{S(VG(b,k))} = g_k$$

$RSW_{i,\,b}$	RSW-Score des Unternehmens i, das zur Branchengruppe bzw. Branche b gehört
k	Kaufindex für Kennzahlentyp
$x_{k(b),\,i}$	Wert der für die Branchengruppe bzw. Branche b definierten Kennzahl des Typs k bei dem Unternehmen i (in Prozent)
$\overline{X}\,(VG(b,k))$	Mittelwert für den Kennzahlentyp k (berechnet über alle Unternehmen, die für die Branchengruppe bzw. Branche b die Vergleichsgruppe bei dem Typ k bilden)
$S\,(VG(b,k))$	Wert der Standardabweichung des Kennzahlentyps k (berechnet über alle Unternehmen, die für die Branchengruppe bzw. Branche b die Vergleichsgruppe bei dem Typ k bilden)
g_k	Gewicht der standardisierten Kennzahl des Typs k

Abb. 3.7 Berechnungsweise des RSW-Score. (Quelle: Küting und Weber 2006, S. 390)

Untersuchungen des Instituts für Betriebswirtschaftslehre der Universität Kiel haben zwar einen statistisch gesicherten, allerdings nur lockeren Zusammenhang zwischen dem RSW-Score und dem jeweiligen Aktienkurs des Unternehmens festgestellt. Demnach weisen Unternehmen mit einem hohen RSW-Score in der Regel auch einen relativ hohen Börsenkurs auf und vice versa. Allerdings war es nicht Ziel dieses Verfahrens, entsprechende Kauf- oder Verkaufswürdigkeitsbeurteilungen auszusprechen, sondern es sollte vielmehr der Aktienkurs der einzelnen Gesellschaft im Hinblick auf seine Angemessenheit in Relation zu den übrigen untersuchten Unternehmen einer groben Einschätzung unterzogen werden.

3.1.11 Kritische Betrachtung der neueren Ansätze zur Bilanzanalyse

Multivariate Diskriminanzanalyse

Die verschiedenen empirischen Untersuchungen von Baetge und auch Feidicker kamen zu den Klassifizierungsergebnissen, dass tatsächlich insolvente Unternehmen drei Jahre vor der Insolvenz zu ca. 84 %, zwei Jahre vor der Insolvenz zu ca. 89 % und ein Jahr vor der Insolvenz zu ca. 94 % richtig eingeschätzt, klassifiziert wurden. Die richtige Klassifizierung der tatsächlich solventen Unternehmen wurde dagegen mit einer Wahrscheinlichkeit zwischen 60 % und 82,4 % erreicht (vgl. Baetge et al. 1994, S. 325).

Ein weiterer Vorteil der MDA ist darin zu sehen, dass das Urteil aufgrund von empirischen Daten ermittelt wird und somit subjektive Einflüsse ausschließt. Jedoch sollte auf weitere qualitative Informationen zurückgegriffen werden, um so das Ergebnis der MDA kritisch zu hinterfragen. Hauptkritikpunkt in der Literatur am Verfahren der MDA ist die Tatsache, dass es sich quasi um eine „Black Box" handelt. Black Box bedeutet in diesem Zusammenhang, dass als Input die Jahresabschlüsse der betreffenden Unternehmen in Form von Kennzahlen eingegeben werden und man als Ergebnis eine bloße Klassifizierung (Eingruppierung) erhält. Dies ist zum einen dadurch bedingt, dass die entsprechenden Koeffizienten aus den oben angeführten Gründen nicht bekannt gegeben werden, zum anderen die Ursachen-Wirkungshypothesen für das Scheitern fehlen bzw. nicht für den Anwender/ Benutzer transparent dargestellt werden. Dieser Kritikpunkt erzeugt den Vorwurf, dass durch diese Analyse „die Ursachen einer Insolvenzgefährdung nicht erkannt, sondern nur die Symptome gemessen werden" (Baetge et al. 1994, S. 753).

Ein weiterer Kritikpunkt manifestiert sich an der theoretischen Fundierung der Diskriminanzanalyse: Es konnte bisher keine betriebswirtschaftlich überzeugende Erklärung der Kennzahlenverknüpfungen durch die Diskriminanzfunktion geliefert werden. Jedoch lässt sich diese Tatsache ohne weiteres auf den gesamten Bereich der Bilanzanalyse übertragen.

Die MDA ist nicht vor bilanzpolitischen Maßnahmen sicher, vor allem bei veröffentlichten Kennzahlenkoeffizienten. Denn durch gezielt ausgenutzte (Bilanz-) Gestaltungsräume lassen sich die oft nur wenigen Kennzahlen bewusst beeinflussen und so zu einem verfälschten, „besseren" Klassifikationsergebnis führen. Neben der Bilanzpolitik können auch ungeprüfte und unkorrigierte Abschlussdaten eine verfälschende Klassifizierung hervorrufen.

Bei der Auswahl der Grundgesamtheit werden bewusst die konzernabhängigen Unternehmen aussortiert, da diese über den Konzernverbund die Möglichkeit besitzen, z. B. über die entsprechende Höhe der Verrechnungspreise, ihre Vermögens-, Finanz- und Ertragslage nachhaltig zu beeinflussen. Jedoch sind ein Großteil der deutschen Aktiengesellschaften und auch ein erheblicher Teil der Gesellschaften mit beschränkter Haftung konzernverbunden (vgl. Küting und Weber 2006, S. 370).

Künstliche Neuronale Netze

Aus dem Schaubild Abb. 3.8 ist ersichtlich, dass die Verfahren der Künstlichen Neuronalen Netzanalyse durchweg bessere Ergebnisse erzielen als die multivariate Diskriminanzanalyse. Die „besten" Werte liefert allerdings das **BP-14-Rating-System**.

Neben den besseren Ergebnissen bieten die KNN weitere Vorteile: Keine Voraussetzung für die Ermittlung der Kennzahlen ist das Vorhandensein einer Normalfunktion oder einer Trennfähigkeit. Darüber hinaus ist das Verfahren „resistent" gegenüber unvollständigen Merkmalsausprägungen und Fehlern in den zu Grunde liegenden Daten. KNN können des Weiteren um die Erfassung qualitativer Daten erweitert werden.

Die Nachteile der KNN sind in einem höheren Bedarf an Know-how und Equipment zu sehen. Darunter ist sowohl das Wissen zu verstehen, das notwendig ist, um ein KNN aufzubauen, als auch die Anforderungen an die entsprechende Hard- und Software. Einen weiteren Nachteil der KNN liefert die kaum nachvollziehbare und für Laien schwer verständliche Funktionsweise. Dieses Problem verschärft sich noch mit zunehmender Komplexität der Netzarchitektur.

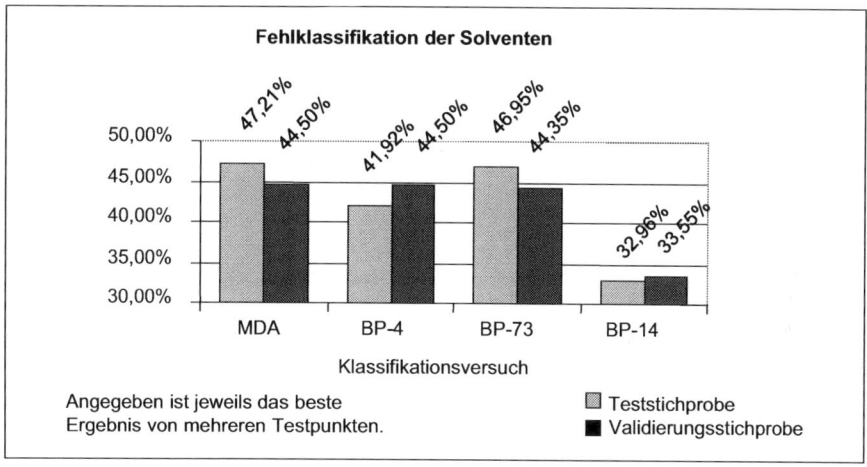

Abb. 3.8 Die besten Ergebnisse im Überblick. (Quelle: Vgl. Baetge 1998, S. 583)

Bezüglich der Interpretation der Ergebnisse ist das BP-14-Rating-System hervorzuheben, da durch die Auswertungszentrale die wichtigen Kennzahlen der Analysebereiche im Zeitverlauf dem Anwender zur Verfügung gestellt werden, der diese Zusatzinformationen zur eigenen Sensibilitätsanalyse nutzen kann. Ein weiterer Vorteil bei der Anwendung des BP-14-Verfahrens ist in der Übernahme der Analyse durch die Auswertungszentrale zu sehen: Der Anwender hat lediglich die Abschlüsse in ein Erfassungsschema zu übertragen, so dass der Zeitaufwand für die Erstellung und Analyse, der allerdings nicht unentgeltlichen Auswertung, relativ gering ist.

Scoringverfahren

Neben dem mit inzwischen hinlänglich bekannten Mängeln ausgestatteten Jahresabschluss als Ausgangspunkt der Bilanzanalyse sowie der bereits beschriebenen Probleme bei der Definition der verwendeten Kennzahlen konzentriert sich die Kritik am RSW-Modell als Verfahren zur Beurteilung von Unternehmen in der Literatur auf zwei Punkte:

1. Auswahl und Gewichtung der Kennzahlen für die Urteilsbildung,

2. Gewichtung der Kennzahlen innerhalb des RSW-Verfahrens.

Zusammenfassen lassen sich diese beiden Kritikpunkte mit dem allgemeinen Einwand der „Subjektivität" bei der Bestimmung der Beurteilungsbestandteile. Dieser Einwand ist umso gewichtiger, je stärker die Rangfolge der untersuchten deutschen Aktiengesellschaften von der überproportionalen Gewichtung einzelner Kriterien abhängt. In diesem Fall handelt es sich um die Eigenkapitalrentabilität, für potentielle Investoren eine gewiss sehr wichtige Größe, die zu 44,4 % im Gesamt-Score bei sechs Kennzahlen Berücksichtigung findet.

Allerdings lässt sich diese Subjektivität innerhalb der Konstruktion eines jeden Scoring-Modells ebenso wenig vermeiden wie bei der Auswahl der Kriterien und ihre Gewichtung durch einen externen Analysten, wobei im RSW-Modell das Verfahren (und die Gewichtung) durch die Offenlegung sämtlicher Bestandteile nachvollziehbar ist. Eigentlich leistet das RSW-Verfahren auf eine etwas transparentere Weise nichts anderes als das, was ein unabhängiger, externer Analyst auch versucht zu erreichen: „Ein subjektiv geprägtes – zusammenfassendes – sachverständiges Urteil über ein Unternehmen" (Küting und Weber 2006, S. 394).

3.1.12 *Kennzeichnung und Bewertung ausgewählter Analyseinstrumente am Beispiel der Sparkassenorganisation*

Die hohen Anforderungen an das gewerbliche Kreditgeschäft der Sparkassen und Landesbanken erfordern ein EDV-gestütztes, integriertes Kreditinformations- und Kreditüberwachungssystem für die Unterstützung des Marktbereiches – Kreditakquisition und -bearbeitung -, zur Ergänzung der Firmenberatung und für das hauseigene Risikomanagement. Dabei ergibt sich aus der Summe der verwendeten Instrumente die Möglichkeit, eine umfassende Unternehmensbeurteilung und Beratung vorzunehmen.

Der Aufbau dieses integrierten Informations- und Kreditüberwachungssystems der Sparkassenorganisation sowie der Zusammenhang der einzelnen Instrumente gehen aus der Abb. 3.9 hervor.

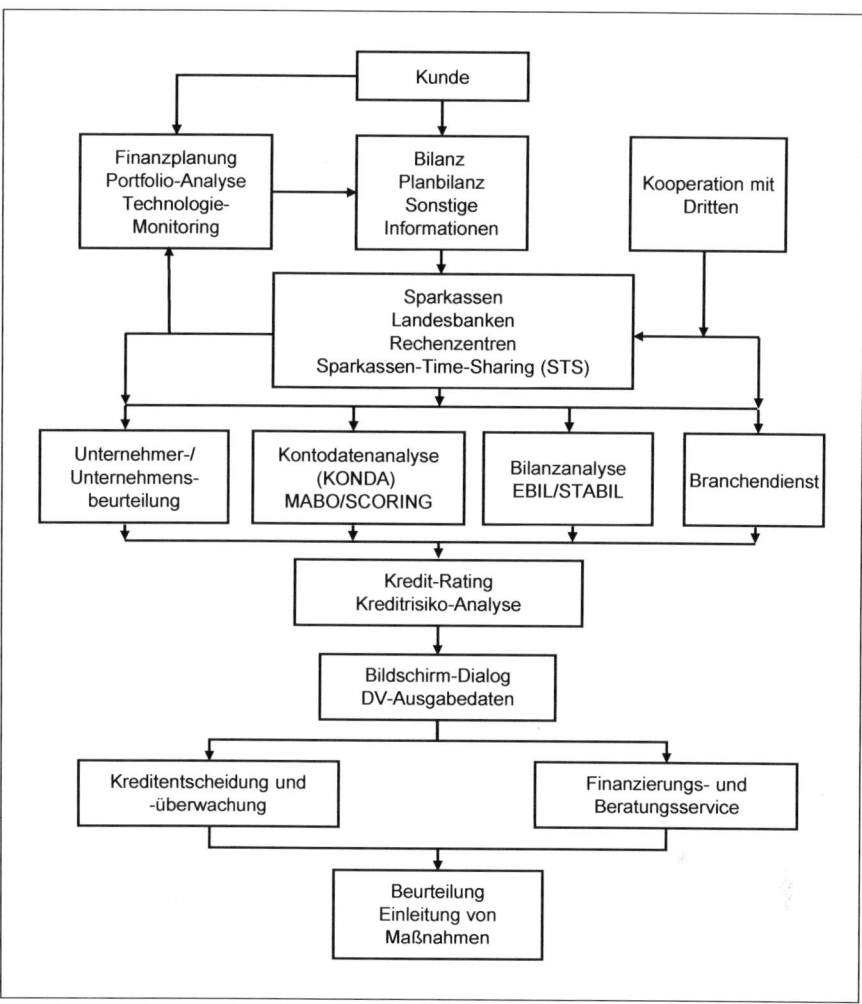

Abb. 3.9 Gesamtübersicht Kreditinformations- und Kreditüberwachungssystem. (Quelle: Vgl. Reuter 1993, S. 245)

Das heute zur Verfügung stehende Instrumentarium der Sparkassenorganisation zur Früherkennung von Kreditrisiken besteht dabei aus folgenden Bausteinen:

1. KONDAN   -   Kontodatenanalyse
2. EBIL   -   Einzelbilanzanalyse
3. STATBIL   -   Statistische Bilanzanalyse
4. BRADI   -   Branchendienst
5. STEBA   -   Statistische Einzelbranchenanalyse
6. FILIP   -   Finanzplanung mit integrierter Liquiditätsplanung
7. UUB   -   Unternehmer- und Unternehmensbeurteilung
8. PORTFOLIO -   Analyse
9. FABIS   -   Freiberufler Analyse-, Beratungs- und Informationssystem

Im Folgenden werden die wichtigsten der oben dargestellten Analyseinstrumente kurz dargestellt und beurteilt (vgl. Falter 1994, S. 487 ff.).

3.1.13 Die Einzelbilanzanalyse (EBIL)

Aufgrund der Erfordernisse des § 18 KWG ist die Einzelbilanzanalyse (EBIL) das wohl am häufigsten genutzte Kreditinformations- und Kreditüberwachungsinstrument innerhalb der Sparkassenorganisation. Die EBIL ist Teil der im Rahmen der Erfordernisse des § 18 KWG vorzunehmenden Beurteilung der wirtschaftlichen Verhältnisse eines Kreditnehmers, namentlich der Bilanzauswertung. Die Bilanzauswertung vollzieht sich auch bei dem EBIL-System in zwei Schritten, der **Bilanzanalyse** und der **Bilanzkritik**.

Unter der Bilanzanalyse ist hierbei die Aufbereitung der Bilanz und der Gewinn- und Verlustrechnung sowie der methodischen Untersuchung der einzelnen Positionen zu verstehen. Zur Bilanzanalyse gehört in diesem Fall die systematische Übertragung der Bilanz- und Erfolgszahlen in ein sachgerechtes Bilanzauswertungsschema.

Die Aktiva werden nach der Verwendbarkeit und der Liquidität, die Passiva nach Eigen- und Fremdkapital sowie der Fristigkeit aufgegliedert. Bei der Analyse der Gewinn- und Verlustrechnung erfolgt die Aufteilung der Erfolgszahlen zur Ermittlung des Betriebsergebnisses in ordentliche und außerordentliche Positionen. Die vielfach dabei auftretenden Schwierigkeiten beruhen häufig darauf, dass für den externen Analysten nicht eindeutig bestimmbar ist, welche Erfolgspositionen den betrieblichen Gegebenheiten zuzuordnen sind. Hieraus resultiert letztendlich die Einordnung in den ordentlichen oder den außerordentlichen Bereich. Durch das EBIL-Bilanzauswertungsverfahren erfolgt schließlich eine maschinelle Umsetzung des aufbereiteten Jahresabschlusses.

Mit Hilfe der vorgegebenen Daten „besteht" die EBIL-Analyse aus der Ermittlung von Zeitreihen, der „Einspielung" von Branchenvergleichsdaten, der Berechnung relativer Strukturzahlen und der Erstellung einer nach einheitlichen Kriterien abgeleiteten Vergleichsbasis für weitere Bilanzanalysen im Rahmen des EBIL-Systems (vgl. Falter 1994, S. 490).

In der Sparkassen-Finanzgruppe gelangen zwei Systeme zur Anwendung, die inhaltlich identisch sind:

- EBIL plus
  Die Auswertung erfolgt jeweils im Institut und wird dort verarbeitet und archiviert.

- EBIL web
  Die Auswertung erfolgt über Internet und wird beim Deutschen Sparkassenverlag verarbeitet und archiviert.

Die Einzelbilanzanalyse stellt dem Analysten verschiedene **Ausfertigungslisten** zur Verfügung. Die einzelnen Listen haben folgenden Inhalt:

1. Standardauswertungen

Liste 0 – STATBIL – enthält die statistische Bilanzauswertung, welche dem Kundenberater wichtige Hinweise über den Risikogehalt des jeweiligen Engagements liefert.

Liste 1 – enthält Kurzinformationen, die zur schnellen Information die wesentlichen Bilanz- und Erfolgskennzahlen zusammenfasst. Außerdem werden neben dem Cashflow weitere wichtige betriebswirtschaftliche Kennzahlen ermittelt.

Liste 2 – enthält die Erfolgsrechnung, die alternativ für das Gesamt- bzw. das Umsatzkostenverfahren eine detaillierte Aufgliederung des Jahresergebnisses bietet.

Liste 3 – enthält die Aufgliederung der Aktiva und Passiva nach den Kriterien des Bilanzrichtliniengesetzes.

Liste 4 – enthält die Bewegungsbilanz, besondere Haftungsverhältnisse und eine Übersicht über die bei Banken aufgenommenen Kredite („Bankkreditspiegel").

Liste 5 – enthält einen Ausweis betriebswirtschaftlicher Kennzahlen, zu denen Branchenvergleichswerte ermittelt werden.

2. Zusatzauswertungen

Liste 6 – enthält eine Ergebnisaufspaltung, welche die Erfolgsquellen stärker aufschlüsselt (= dient als Zusatzinformation bei größeren Kreditengagements mit sehr umfangreicher Erfolgsrechnung).

Liste 7 – enthält eine Umsatzaufgliederung und eine Break-even-Analyse. Sie kann die Abhängigkeit von bestimmten Absatzmärkten darstellen bzw. die Gewinnschwelle des Unternehmens aufzeigen.

Liste 8 – enthält zusätzliche individuelle Kennzahlen und vorgenommene Kompensationen mit dem Eigenkapital.

Da der Unternehmensbeurteilung im Rahmen der Entwicklung eines Unternehmens im Zeitvergleich besondere Bedeutung zukommt, um möglichst frühzeitig Entwicklungstendenzen und Strukturveränderungen zu erkennen, werden alle Werte, soweit möglich, für die letzten drei Perioden/Jahre dargestellt.

Die ermittelten Kennzahlen „fließen" bei jeder EBIL-Auswertung der Bilanz eines Unternehmens in den Pool des Branchendienstes der Sparkassen ein und erlauben ihrerseits wieder das „Zurverfügungstellen" von Vergleichswerten für erneute Bilanzauswertungen anderer Unternehmen der gleichen Branche.

Die EBIL-Analyse bildet darüber hinaus eine wichtige Datenbasis für die Finanz- und Liquiditätsplanung sowie die Portfolioanalyse in Unternehmen im Rahmen der S-Firmenberatung. Sie liefert damit wertvolle Informationen zur Vorbereitung und

Unterstützung wichtiger unternehmens- und geschäftspolitischer Entscheidungen (vgl. Riebell 2001, S. 164 ff.).

Gerade bei mittelständischen Unternehmen besteht ein großes Interesse an der Auswertung ihrer Bilanzunterlagen sowie besonders an den Branchenvergleichszahlen. Hierbei erweist es sich häufig als sinnvoll, die bei der **EBIL-Auswertung** ermittelten Zahlen graphisch aufzubereiten, um sie leichter und besser verständlich zu machen. Dies ist mit den vom **EBILGRAPH** gezeichneten Schaubildern in Form von Kurven-, Stab- oder Flächendiagrammen möglich. Solch eine graphische Auswertung gestattet z. B. eine höchst anschauliche Darstellung von Entwicklungen und Zusammenhängen zur Erfolgs- und Aufwandsentwicklung, zur Vermögens- und Kapitalstruktur oder auch zur Bewegungsbilanz.

3.1.14 *Die Statistische Bilanzanalyse (STATBIL)*

Das Sonderprogramm STATBIL dient der (standardisierten) Insolvenzprognose. Wie bereits an anderer Stelle dargestellt, wird es als sogenannte „Liste 0" im Rahmen der EBIL-Auswertung regelmäßig mitgeliefert. Dabei klassifiziert STATBIL die analysierte Bilanz unabhängig von der Branche, Größenklasse und Rechtsform mit Hilfe eines statistischen Vergleichsverfahrens (Diskriminanzanalyse) und versucht so, die traditionelle Bilanzanalyse dahingehend zu ergänzen, dass die aus dem gesamten Kennzahlenkatalog gewonnenen Informationen zu einer Unternehmensbewertung verdichtet und auf diesem Wege „gute" von „schlechten" Bilanzen unterschieden werden (vgl. Falter 1994, S. 493).

Das STATBIL-Verfahren arbeitet dabei folgendermaßen:

Als Datengrundlage dient dem System ein Datenpool aus 600 klassifizierten Jahresabschlüssen unterschiedlichster Unternehmen, von denen feststand, dass sie entweder nach zwei bis vier Jahren insolvent geworden waren, bzw. für die Kredite Einzelwertberichtigungen gebildet werden mussten („schlechte Unternehmen") oder dass sie auch nach fünf Jahren „problemlos" weiterexistierten und entsprechend bewilligte Kredite als „normales Risiko" angesehen werden konnten („gute Unternehmen").

Zur Auswertung werden dem zu analysierenden Jahresabschluss 19 errechnete Jahresabschlusszahlen entnommen und daraus 33 Kennzahlen gebildet. Aus den Jahresabschlüssen des obigen Vergleichsdatenpools werden nun 13 Unternehmen ausgewählt, deren spezifische Kennzahlen dem zu analysierenden Jahresabschluss am ähnlichsten sind. Stellt das System überwiegend Übereinstimmungen mit Bilanzen von Unternehmen fest, die innerhalb der folgenden Jahren zahlungsunfähig geworden sind, wird auch für das zu bewertende Unternehmen ein eher risikoträchtiger Verlauf unterstellt und eine entsprechend negative „Einstufung" vorgenommen.

Die Beurteilung der zu analysierenden Bilanz erfolgt dann aufgrund eines Analogieschlusses. Zur Beurteilung wird ein Risikoindex (Zahl zwischen 0,0 und 1,0) gebildet und darauf direkt aufbauend eine Note zwischen 1 und 5 erteilt.

Findet STATBIL im Vergleich

- überwiegend „schlechte" Unternehmen, wird daraus geschlossen, dass das zu analysierende Unternehmen ebenfalls mit Risiko behaftet ist (= Risikoindex 0,6–1,0 – Note 4 oder 5),

- überwiegend „gute" Unternehmen, wird auf ein Unternehmen ohne Risiko geschlossen (= Risikoindex 0,0–0,5 – Note 1 oder 2).

- Fällt der Vergleich nicht eindeutig aus, werden also in etwa die Hälfte der Fälle „gute" oder „schlechte" Unternehmen gefunden, erhält das Unternehmen die Note 3 (= Risikoindex 0,5–0,6).

Die Daten werden als Säulengraphik mit dem Risikoindex insgesamt und zu acht einzelnen Teilbereichen dargestellt. Die Zeitreihenanalyse erstreckt sich dabei auf vier Bilanzjahre (vgl. Riebell 2001, S. 294 ff.).

STATBIL ermöglicht somit die branchen-, rechtsform- und größenklassenunabhängige Bewertung und Früherkennung von Kreditrisiken im finanzwirtschaftlichen Bereich mit hoher Trenngüte. Dabei ist anzumerken, dass es das Ziel aller mathematisch-statistischen Trennverfahren ist, klassifizierte Bilanzen möglichst ohne jede Restgröße (= nicht trennfähig) entweder der Gruppe der „guten" oder der Gruppe der „schlechten" Engagements möglichst frühzeitig zuweisen zu können. Diese Forderung erfüllt STATBIL in nahezu idealer Weise, indem es diese Trennung in 96 % der Fälle bewerkstelligt.

Allerdings kommt es häufig auch zu Fehlinterpretationen, die ihre Ursache u. a. darin haben, dass STATBIL ein Unternehmens-, aber kein Kreditausfallsrisiko aufzeigt, während ein Kreditsachbearbeiter gedanklich die STATBIL-Einstufung in ein Bonitätsurteil unter Einbeziehung der Kreditsicherstellung „ummünzt". Dies ist jedoch unzulässig (vgl. Reuter 1993, S. 264 ff.).

Insgesamt erweist sich STATBIL – trotz gewisser Schwächen – als durchaus geeignetes Hilfsinstrument zur Insolvenzprognose und der Schwachstellenanalyse. Man sollte den Nutzen des STATBIL-Systems jedoch weder über- noch unterbewerten, sondern es als das ansehen, was es ist: Als einen Baustein des integrierten Kreditinformations- und -überwachungssystems, aus dem die Gesamtbeurteilung des Jahresabschlusses eines Unternehmens abgeleitet werden kann. Insbesondere die einzelnen Teilindikatoren sind oftmals ein guter Ansatzpunkt, um Schwachstellen im Unternehmen, die es vordringlich zu beheben gilt, aufzuzeigen und im Rahmen eines jährlichen Bilanzanalysegespräches anzusprechen.

3.1.15 Rating nach Basel II

2007 traten die neuen Baseler Eigenkapitalvorschriften (Basel II) für Kreditinstitute in Kraft. Ziel von Basel II ist es, die Stabilität des internationalen Finanzsystems zu erhöhen. Dazu sollen Risiken im Kreditgeschäft besser erfasst und die Eigenkapitalunterlegung der Risikoaktiva der Kreditinstitute in Zukunft stärker von der individuellen Bonität der Kreditnehmer abhängig gemacht werden. Nach den bislang geltenden Regelungen sind Kredite an inländische Unternehmen zu 100 % als Risikoaktiva des Kreditinstituts zu behandeln und mit 8 % Eigenkapital zu unterlegen. Zurzeit hat jedes Kreditrisiko den gleichen Preis, eine Differenzierung findet nur über eventuelle Sicherheiten statt.

Standard-Ansatz	Internal Ratings Based Approach (IRB)		
Das Risikogewicht wird nach externem Rating ermittelt.	Das Risikogewicht wird nach internem Rating (In-House entwickelten Systemen) ermittelt.		
	Basisansatz (Foundation Approach)	Fortgeschrittener Ansatz (Advanced Approach)	
Risikogewicht von 150% für Ratingurteile ab B+ und für Forderungen mit Zahlungsstörungen.	Die Bank schätzt die mit einer Ratingklasse verbundene Ausfallwahrscheinlichkeit selbst, alle anderen Parameter werden von der Aufsicht als fixe Größen vorgegeben.	Die Bank schätzt außer der Ausfallwahrscheinlichkeit auch die Ausfallrate und die Forderungsbeträge bei Ausfall.	Unternehmen (corporate risk)
Ungeratete Forderungen erhalten ein Risikogewicht von 100%; Möglichkeit der Anpassung durch Aufsichtsbehörde.		Berücksichtigung der Restlaufzeit eines Kredites für Unternehmen ab 500 Mio. Euro Jahresumsatz (nationales Wahlrecht).	
	Berücksichtigung der Größe des Unternehmens (bis zu 50 Mio. Euro Jahresumsatz) in Form einer Assetkorrelation; Niedrigere Risikogewichte bis zu 20%.		
Forderungen bis 1 Mio. Euro an Unternehmen können u.U. dem Retailgeschäft zugeordnet werden; Risikogewicht: 75%.	Kredite an Unternehmen (bis 5 Mio. Euro Jahresumsatz) können wie Retailforderungen behandelt werden, wenn das Gesamtengagement einer Bank unter 1 Mio. Euro liegt; Umfang der Reduzierung des Risikogewichts steht derzeit noch zur Diskussion.		Privatkunden (retail risk)

Abb. 3.10 Methoden zur Berechnung der Eigenkapitalanforderungen für das Kreditrisiko. (Quelle: Vgl. Paul und Stein 2002, S. 34)

Gemäß Basel II muss künftig jedoch jeder Kreditnehmer mittels eines Ratings seine Bonität prüfen lassen, dessen Ergebnis für die Höhe der Eigenkapitalunterlegung der Kreditinstitute ausschlaggebend sein wird.

Dies wird dazu führen, dass:

- Die Kreditkonditionen sich an der Bonität einzelner Kunden orientieren,

- Schuldner mit hoher Kreditqualität bonitätsschwache Kreditnehmer in Zukunft nicht mehr subventionieren (vgl. Paul und Stein 2002, S. 29).

Zur Ermittlung der Eigenkapitalanforderungen für das Kreditrisiko sind im Rahmen des neuen Regelwerkes zwei Verfahrensansätze vorgesehen, auf die Kreditinstitute zurückgreifen können. Im Standardansatz (Standardised Approach) erfolgt die Berechnung des Kreditrisikos anhand von externen Ratings, in dem so genannten Internal Ratings Based Approach (IRB) wird das Risikogewicht auf der Basis institutsinterner Ratings ermittelt.

3.1.15.1 Standard-Ansatz

Im Standard-Ansatz (vgl. Abb. 3.10) können Kreditinstitute zur Festlegung des Bonitätsgewichtes auf die Kreditbeurteilungen von externen Ratingagenturen zurückgreifen, die von der jeweiligen nationalen Bankenaufsichtsbehörde zugelassen werden müssen. In Abhängigkeit von der externen Bonitätseinstufung legt die Aufsichtsbehörde Bonitätsgewichtungsfaktoren bzw. Risikogewichte für Schuldnerklassen oder Forderungsarten verbindlich fest.

Zukünftig wird beispielsweise ein Kredit von 100.000 EUR nicht mehr pauschal mit 8.000 EUR Eigenkapital unterlegt werden müssen (100 % Risikogewicht × 8 % Eigen-kapitalhinterlegung), sondern in Abhängigkeit vom Risikogewicht. Bei einer Bonitätsbeurteilung von AAA und einem Risikogewicht von 20 % müsste der Kredit nur noch mit 1.600 EUR hinterlegt werden, während eine Bonitätsbeurteilung von B- zu einer Eigenkapitalhinterlegung von 12.000 EUR führen würde (vgl. Paul und Stein 2002, S. 35).

Bonitätsbeurteilung	AAA bis AA	A+ bis A-	BBB bis BBB-	BB+ bis BB-	B+ bis B-	Unter B-	ohne Rating
Risikogewichtung Unternehmen	20%	50%	100%		150%	150%	100%
Regulatorisches Kapital	1,6%	4%	8%		12%	12%	8%
Retailklasse	Risikogewichtung:75%			Regulatorisches Kapital: 6%			

Abb. 3.11 Bonitätsgewichte nach externem Rating (Standard-Ansatz). (Quelle: Vgl. Paul und Stein 2002, S. 35)

Die 150 %-Gewichtung soll im Zuge der neuen Regelung nicht nur für Forderungen mit entsprechend schlechtem Rating gelten, sondern auch für Forderungen mit Zahlungsstörungen angewandt werden, bei denen der Schuldner mit mehr als 90 Tagen mit seinen Zahlungen in Verzug geraten ist (vgl. Deutsche Bundesbank 2001, S. 20). Das Standardrisikogewicht von 100 % für nicht geratete Forderungen kann von den Aufsichtsinstanzen erhöht werden, wenn dies angemessen erscheint (vgl. Abb. 3.11).

Für das Retailgeschäft, d. h. das Mengenkundengeschäft, wird eine neue Bonitätskategorie mit einem Gewicht von 75 % eingeführt, die Forderungen bis zu 1 Mio. EUR an Privatkunden sowie kleine und mittlere Firmen umfasst. Jedes Kreditinstitut hat dabei (beim Einzelkredit) eine Obergrenze in Höhe von 0,2 % zu berücksichtigen, die sich auf die Gesamtsumme der Retailforderungen eines Institutes bezieht (vgl. Schulte-Mattler 2002, S. 768).

Die unterschiedlichen Kostenbelastungen einzelner Kredite führen zu einer differenzierteren Preisgestaltung des Kreditgeschäftes.

3.1.15.2 Internal Ratings-Based-Approach (IRB)

Der Grundgedanke des erheblich komplexeren IRB-Ansatzes ist, dass Banken zur Berechnung der erforderlichen Eigenkapitalanforderungen bzw. der Risikogewichte ihre eigenen Ratingverfahren anwenden können, soweit diese bestimmte Voraussetzungen erfüllen (vgl. Abb. 3.10).

Die Höhe der Risikogewichte im internen Rating-Ansatz hängt grundsätzlich von vier Risikokomponenten ab (vgl. Tietmeyer und Rolfes 2002, S. 23). Diese sind:

- Probability of Default (PD): die Ausfallwahrscheinlichkeit eines Kreditnehmers,

- Loss Given Default (LGD): der erwartete Verlust im Zeitpunkt des Ausfalls (der eintritt, wenn die Erlöse aus den geleisteten Zahlungen des Kreditnehmers und aus der Verwertung von Sicherheiten und Garantien nicht ausreichen, um den Kredit der Bank abzudecken),

- Exposure at Default (EAD): der Verlust bei Ausfall in Prozent je Forderung und

- Effective Maturity (M): die Restlaufzeit des Kredites.

Die Unterlegungspflicht im IRB-Ansatz ergibt sich grundsätzlich aus den oben beschriebenen Risikokomponenten (PD, LGD, EAD und M), einer stetigen Risikogewichtsfunktion (Risikogewichtskurve) und den daraus resultierenden Risikogewichten.

Um einer möglichst großen Zahl von Kreditinstituten den Zugang zum IRB-Ansatz zu ermöglichen, sind für die Behandlung von Forderungen gegenüber Unternehmen zwei alternative Ansätze geplant: der IRB-Basisansatz (Foundation Approach) sowie der Fortgeschrittene Ansatz bzw. Advanced Approach (vgl. Deutsche Bundesbank 2001, S. 18).

Im **Basisansatz** schätzt das Kreditinstitut lediglich die Ausfallwahrscheinlichkeit PD und richtet sich bei den anderen Parametern an die Vorgaben der Bankenaufsicht. Nach aktuellem Stand der Diskussion wird für den EAD ein Wert von 100 % und für M eine Restlaufzeit von 2,5 Jahren vorgegeben. Die LGD-Werte betragen 45 % für unbesicherte Kredite bzw. 75 % für unbesicherte nachrangige Kredite (vgl. Basler Ausschuss für Bankenaufsicht 2002, S. 4).

Nach der insbesondere von deutscher Seite vorgebrachten Kritik, die Baseler Regelungen seien für den deutschen Mittelstand nicht sachgerecht gestaltet und würden zu überhöhten Belastungen führen, soll künftig zusätzlich die Größe des Unternehmens explizit in Form einer vom Jahresumsatz abhängigen Assetkorrelation mit in die Berechnung einfließen (vgl. Schulte-Mattler und Tysiak 2002, S. 836), wobei die dadurch bewirkte Reduzierung der Bonitätsgewichte nur für Unternehmen mit weniger als 50 Mio. EUR konsolidiertem Jahresumsatz gelten soll. Dies führt zu einer Abflachung der Risikogewichtskurve, einer geringeren Eigenkapitalanforderung von ca. 10–20 % für Forderungen der Kreditinstitute gegenüber kleinen und mittleren Unternehmen und damit zu einer größenabhängigen Entlastung des Mittelstands (vgl. Basler Ausschuss für Bankenaufsicht 2002, S. 3).

Der **Fortgeschrittene Ansatz** unterscheidet sich vom Basisansatz dahingehend, dass sich die Kreditinstitute verpflichten, die drei Risikokomponenten selbst zu bestimmen, wobei es sich um konservative langfristige Schätzungen handeln muss (vgl. Tietmeyer und Rolfes 2002, S. 23). Eine Anpassung der Bonitätsgewichte auf die jeweilige Restlaufzeit der Forderung ist durchzuführen, mit Ausnahme von Forderungen inländischer Unternehmen mit einer Bilanzsumme und einem Jahresumsatz von weniger als 500 Mio. EUR (vgl. Schulte-Mattler 2002, S. 770).

Für die Behandlung von Retailforderungen wird festgelegt, dass neben Krediten an Einzelpersonen und privaten Wohnungsbaukrediten auch Kredite an kleine Unternehmen dem Retailportfolio zugeordnet werden können, sofern das Gesamtengagement einer Bankengruppe am einzelnen Kleinunternehmen geringer als 1 Mio. EUR ist und der Jahresumsatz des Unternehmens 5 Mio. EUR nicht übersteigt. Die Bestimmung der Eigenkapitalanforderungen für Retailgeschäfte ist derzeit noch nicht endgültig festgelegt. Grundsätzlich sollen diese auch im IRB-Ansatz deutlich unter denen für Forderungen gegenüber Unternehmen liegen.

Insgesamt wird es aufgrund der neuen Regelung nicht zwangsläufig zu erhöhten Eigenkapitalanforderungen für Banken bzw. zu erhöhten Kreditzinsen für Unternehmen kommen. Dennoch werden die risikoadäquateren Ratingsysteme zu genaueren Bonitätsbeurteilungen und zu mehr Risikotransparenz führen, was eine Spreizung bzw. eine risikogerechtere Differenzierung der Kreditkonditionen mit sich bringen wird.

3.1.15.3 Rating für mittelständische Unternehmen

Der Begriff Mittelstand wird ausschließlich in Deutschland verwendet. In anderen Ländern wird in der Regel von kleinen und mittleren Unternehmen (KMU) gesprochen. Eine allgemein verbindliche qualitative Definition und Abgrenzung von KMU gibt es allerdings weder in Europa insgesamt noch auf nationaler Ebene der einzelnen Länder (vgl.u. a. Lüpken 2003, S. 5 ff.; http://www.ifm-bonn.org/index. htm?/dienste/definition.htm.). Relativ häufig werden für die Mittelstandseinteilung die Abgrenzungskriterien der europäischen Kommission bzw. des Instituts für Mittelstandsforschung (IFM) Bonn verwendet (vgl. Abb. 3.12).

	Europäische Kommission	IFM Bonn
mikro	Jahresumsatz: bis 2 Mio. € Mitarbeiterzahl: bis 9 Bilanzsumme: bis 2 Mio. €	
klein	Jahresumsatz: bis 10 Mio. € Mitarbeiterzahl: 10 bis 49 Bilanzsumme: bis 10 Mio. €	Jahresumsatz: bis unter 1 Mio. € Mitarbeiterzahl: bis 9
mittel	Jahresumsatz: bis 50 Mio. € Mitarbeiterzahl: 50 bis 249 Bilanzsumme: bis 43 Mio. €	Jahresumsatz: 1 bis unter 50 Mio. € Mitarbeiterzahl: 10 bis 499
groß	Jahresumsatz: über 50 Mio. € Mitarbeiterzahl: über 250 Bilanzsumme: über 43 Mio. €	Jahresumsatz: 50 Mio. € und mehr Mitarbeiterzahl: 500 und mehr

Abb. 3.12 Quantitative Abgrenzung des Mittelstandes nach EU-Standart und IFM. (Quelle: Vgl.: http://www.ifm-bonn.org/index.htm?/dienste/definition.htm)

Zu berücksichtigen hierbei ist, dass die Europäischen Kommission zudem das qualitative Kriterium der Eigenständigkeit verlangt. Nach EU-Recht darf das Unternehmen nicht zu 25 % oder mehr in Besitz eines oder mehrerer Unternehmen stehen, das nicht die EU-Definition erfüllt.

Mit Hilfe von qualitativen Abgrenzungsmerkmalen wird darüber hinaus auf die Besonderheiten von mittelständischen Unternehmen verwiesen. Folgende quantitative Merkmale kennzeichnen exemplarisch die Situation in vielen mittelständischen Unternehmen:

- Geringe Eigenkapitalausstattung,

- unzureichende Rentabilität,

- fehlendes Cash-Management und

- Qualitätsmängel des Jahresabschlusses.

Die gegenwärtige Ausgangslage mittelständischer Unternehmen lässt sich darüber hinaus durch folgende qualitative Merkmale charakterisieren:

- Keine oder unklare Nachfolgeregelung,

- Qualität in der Besetzung des Managements,

- unzureichendes Rechnungswesen (z. B. fehlende Kostenrechnung),

- unzureichende Unternehmensplanung (z. B. Erfolgs-, Investitions- und Finanzplanung),

- kein operatives und strategisches Controlling,

- unzureichendes bzw. fehlendes Marketing,

- mangelhafte Informationen (z. B. über Kunden und Wettbewerber) und

- häufige Abhängigkeit von wenigen Kunden/Lieferanten.

Daher wird von mittelständischen Unternehmen, die sich in der Vergangenheit stark über Bankkredite finanzierten, aufgrund von Basel II befürchtet, dass sich die Kreditkonditionen verschlechtern bzw. es zu einer restriktiveren Kreditvergabe der Banken kommen wird. Basel II wird die bereits festzustellende Tendenz zur Risikokonformeren Bepreisung von Krediten weiter verstärken. So führen die dargestellten Merkmale vieler KMU wie insbesondere eine ungenügende Eigenkapitalausstattung, kein ausreichendes Planungsinstrumentarium sowie Informationsmängel zu Unsicherheiten, die sich in den Risikokosten eines Rating niederschlagen.

Wie bereits erläutert, wird die Kreditfinanzierung der Unternehmen über Banken hinsichtlich Kreditkonditionen und Kreditvergabe in Zukunft vor allem vom Ratingergebnis abhängen. Neben vergangenheitsorientierten Daten aus dem Rechnungswesen werden zukünftig primär zukunftsorientierte Werte aus Unternehmensplänen in die Ratinganalysen einfließen. Insbesondere betriebswirtschaftliche Kennzahlen, finanzwirtschaftliche Planungsrechnungen sowie die Unternehmensstrategie gewinnen für die Bonitätsprüfung an Bedeutung.

Um diese Entwicklung aktiv zu beeinflussen, sollten mittelständische Unternehmen Bereitschaft zur Transparenz gegenüber potentiellen Kreditgebern zeigen, was die Implementierung adäquater Instrumente zur Bereitstellung und Analyse von eigenen Daten umfasst. Vor dem Hintergrund eines intensiven Informationsaustausches mit einem bzw. mehreren Kreditinstituten kann das interne Rating auch als Chance gesehen werden. KMU's sollten die Herausforderung durch Basel II annehmen und folgende Empfehlungen umsetzen, um ihr Rating mitzugestalten:

- Die wirtschaftliche Lage ausführlich und dokumentiert kennzeichnen,

- eine klare Unternehmensstrategie formulieren,

- Planungskonzepte sowie Planbilanzen und Plan-G.u.V. vorlegen,

- die Kapitalstruktur optimieren,

- regelmäßige Gespräche zur Bonitätslage führen,

- Informationen nicht als Holschuld des Kreditinstitutes sondern auch als Bringschuld des Unternehmens ansehen,

- Rating als Chance zur Verbesserung ihrer Unternehmensprozesse begreifen,

- Nachfolgeregelung klären sowie ggfs. die Rechtsform neu gestalten und

- alternative Finanzierungsquellen hinsichtlich ihrer Eignung prüfen (z. B. Venture Capital oder stille Beteiligung).

Somit können mittelständische Unternehmen bei Einstellung auf die Veränderungen der Kreditprüfung durch Basel II sogar profitieren. Dies erfordert aber ein deutliches Umdenken mittelständischer Unternehmen, um insbesondere die zukünftigen Transparenz- und Informationsansprüche der Kreditwürdigkeitsprüfung zu erfüllen.

3.1.16   Rating nach Basel III

Basel III ist als Reaktion auf die ab 2007/2008 kursierende Finanz- bzw. Wirtschaftskrise zu verstehen.

Die Änderungen im künftigen Regelwerk Basel III werden ab 2013 und bis zur vollständigen Umsetzung zum 1. Januar 2019 schrittweise in Kraft treten.

Die wesentlichen Neuerungen lassen sich in zwei Bereiche unterteilen. Es wird sowohl neue Liquiditätsanforderungen geben, als auch Risikoanforderungen (vgl. Pohl 2011).

Für den Bereich der Liquiditätsvorschriften werden drei neue Kennzahlen eingeführt, die Verschuldungsquote (Leverage Ratio, LR), die Mindestliquiditätsquote (Liquidity Coverage Ratio, LCR) und die strukturelle Liquiditätsquote (Net Stable Funding Ratio, NSFR).

Im Rahmen der Risikoanforderungen kommt es zu Erhöhungen der Quoten für hartes Kernkapital und das Gesamtkapital, sowie zur Einführung eines Kapitalerhaltungspolsters und eines antizyklischen Puffers. Es ist weiterhin eine Neudefinition des regulatorischen Eigenkapitalbegriffs vorgesehen, die der Erhöhung der Qualität des Kapitals dienen soll (vgl. Bankenverband 2011).

3.1.16.1 Neudefinition des regulatorischen Eigenkapitalbegriffs

Die Neudefinition dient dazu, die Qualität der Eigenkapitalbasis der Kreditinstitute zu stärken. Bisher sind für die Definition und Unterteilung drei Klassen vorgesehen, Tier 1–3. Die Unterteilung dient dazu, für verschiedene Situationen und somit Risikoarten einen ausreichenden Kapitalpuffer vorzuhalten, um Verluste abfedern zu können (vgl. Banh et al. 2010). In der Vergangenheit, explizit durch die Finanzkrise, wurde deutlich, dass diverse Komponenten der Kapitalklassen nicht ausreichend dazu geeignet waren, Verluste adäquat aufzufangen. Vor allem der Teil des eingezahlten Eigenkapitals und der Rücklagen war zu niedrig bemessen (vgl. Basel Committee on Banking Supervision 2010).

Zukünftig wird es nur noch zwei Kapitalklassen geben und nicht mehr drei. Die dritte Klasse Tier 3, welche Drittrangmittel beinhaltet wird nach dem neuen Regelwerk wegfallen. Es wird die Klassen Common Equity Tier 1, welche dem Kernkapital entspricht und Tier 2 Capital, welche dem Ergänzungskapital entspricht, geben.

Die Klasse Tier 1 darf lediglich Kapital enthalten, das nicht laufzeitbegrenzt ist und somit volle Flexibilität für Zahlungen garantiert (vgl. Bundesverband Deutscher Banken 2011). Im Rahmen von Basel III wird für das Kapital der Klasse Tier 1 noch eine Unterteilung in „hartes" (Tier 1a) und zusätzliches Kernkapital (Tier 1b) vorgenommen werden. Das „harte" oder originäre Kernkapital soll demnach überwiegend aus Stammkapital oder einem Äquivalent bestehen. Der Basler Ausschuss hat 14 Mindestanforderungen erarbeitet und festgelegt, die erfüllt sein müssen, um Kapitalkomponenten als Tier 1a ausweisen zu dürfen (vgl. Banh et al. 2010). Für das originäre Kernkapital wird es Mindestkapitalquoten geben (vgl. Hall et al. 2011).

Auch für Kapital der Form Tier 2 wird es einen ausführlichen Katalog mit Mindestanforderungen geben, die erfüllt sein müssen, um Kapital dieser Klasse zuordnen zu dürfen. So ist beispielsweise eine Mindestlaufzeit von 5 Jahren vorgesehen. Generell lässt sich festhalten, dass Tier 2 Kapital von geringerer Haftungsqualität ist im Vergleich zu Tier 1 Kapital (vgl. Bankenverband 2011).

Für Eigenkapitalinstrumente, die nach neuer Definition nicht mehr zum Kern- oder Ergänzungskapital gerechnet werden dürfen, wird es Übergangsregelungen geben. Sie laufen ab dem Jahr 2013 über einen Zeitraum von 10 Jahren schrittweise aus (vgl. Basler Ausschuss für Bankenaufsicht 2010).

3.1.16.2   Erhöhung der Kapitalquoten für die Risikounterlegung

Um eine noch adäquatere Unterlegung der risikogewichteten Aktiva zu erreichen, sieht Basel III eine erhöhte Quoten für die Eigenkapitalunterlegung vor.

Nach der derzeit geltenden Eigenkapitalvereinbarung liegt die Mindestanforderung für hartes Kernkapital (Tier 1a) bei 2 %, dieser Satz wird auf 4,5 % angehoben. Die Umsetzung soll schrittweise bis zum 01. Januar 2015 stattfinden. Die Mindesteigenkapitalquote für das Kernkapital (gesamtes Tier 1 Kapital) wird von 4 auf 6 % angehoben, auch hier erfolgt eine schrittweise Umsetzung. Die Mindestquote für das gesamte regulatorische Eigenkapital bleibt unverändert bei 8 % (vgl. Basler Ausschuss für Bankenaufsicht 2010). Das bedeutet, dass die Eigenkapitalunterlegungsquote grundsätzlich in gleicher Höhe bestehen bleibt, jedoch die Mindestquoten der einzelnen Bestandteile erhöht wurden. Es müssen also mindestens 4,5 der 8 % aus hartem Kernkapital bestehen und insgesamt 6 der 8 % aus hartem Kernkapital und Kernkapital der Klassen Tier 1a und Tier 1b. Die verbleibenden 2 % dürfen auch aus Ergänzungskapital der Klasse Tier 2 bestehen. Der Wert der 8 %igen Eigenkapitalunterlegung ist bereits als Solvabilitätskoeffizient aus Basel I und Basel II bekannt.

3.1.16.2.1   Einführung eines Kapitalerhaltungspolsters

Der Basler Ausschuss beschloss auch die Einführung eines Kapitalerhaltungspolsters für das eine Höhe von 2,5 % vorgesehen ist (vgl. Bundesverband Deutscher Banken 2011). Es hat ebenfalls aus hartem Kernkapital zu bestehen, darf jedoch in Krisenzeiten unterschritten werden. Durch die Einführung des Kapitalerhaltungspolsters erhöht sich der Anteil des harten Kernkapitals an der Mindestquote für die Eigenkapitalunterlegung von 4,5 auf 7 %, wodurch die strengere Definition des Eigenkapitals unterstützt wird (vgl. Pohl 2011).

Die zusätzlichen 2,5 % hartes Kernkapital die vorgehalten werden müssen, sollen die Kreditinstitute gerade in Stressphasen stärken und den Fortbestand sichern. Der Basler Ausschuss sieht für Banken, die diesen Kapitalpuffer nicht einhalten vor, dass ganz oder teilweise auf die Ausschüttung von Dividenden an die Aktionäre oder die Auszahlung von Boni an die Mitarbeiter verzichtet wird, bis die Unterdeckung des Kapitalerhaltungspolsters aufgehoben ist. Hierdurch soll vermieden werden, dass das Kreditinstitut in Krisenzeiten mit Verlusten durch diese Auszahlungen weiter geschwächt wird. Es ist ein schrittweiser Aufbau ab dem Jahr 2016 vorgesehen (vgl. Banh et al. 2010).

Unter Einbezug des Kapitalerhaltungspuffers erhöht sich die Quote für die Eigenkapitalunterlegung, der Solvabilitätskoeffizient, von 8 auf 10,5 %. Das bedeutet für die Kreditinstitute, dass sie höhere Beträge für die Unterlegung des Kreditrisikos mit Eigenkapital vorhalten müssen (Abb. 3.13).

$$\text{Eigenkapitalunterlegung} = \text{Kreditsumme} \times \text{Risikogewicht} \times 10{,}5\%$$

Abb. 3.13 Formel für die Berechnung der EK-Unterlegung nach Basel III

Die nachfolgende Tabelle stellt beispielhaft die Risikounterlegung nach Basel III im Vergleich zu Basel I und Basel II dar. Grundlage ist ein Unternehmenskredit in Höhe 5.000.000 EUR und der Berechnungsmethode nach dem Standardansatz (Abb. 3.14):

Basel I	Gültig für Basel II & Basel III		Basel II (8%)	Basel III (10,5%)
	Ratingeinstufung nach S&P	Risikogewicht	EK-Unterlegung	EK-Unterlegung
EK-Unterlegung in Höhe von 400.000 EUR (pauschalisierter Betrag) für sonstige Forderungen an Unternehmen (Risikogewicht 100%).	AAA bis AA-	20%	80.000 €	105.000 €
	A+ bis A-	50%	200.000 €	262.500 €
	BBB+ bis BBB-	100%	400.000 €	525.000 €
	BB+ bis BB-	100%	400.000 €	525.000 €
	B+ bis B-	150%	600.000 €	787.500 €
	Unter B-	150%	600.000 €	787.500 €
	kein Rating	100%	400.000 €	525.000 €

Abb. 3.14 Vergleichende Berechnung der EK-Unterlegung nach Basel I bis Basel III

Der Solvabilitätskoeffizient in Höhe von 10,5 % hat enorme Auswirkungen auf die Eigenkapitalunterlegung. Für Kreditinstitute bedeutet dies erheblich höhere Risikokosten. Folglich werden Kreditinstitute, stark risikobehaftete Geschäfte reduzieren, um die Gesamtkosten für zu senken.

3.1.16.2.2 Einführung eines zusätzlichen antizyklischen Kapitalpolsters

Ein weiteres Instrument zur Deckung entstehender Verluste wird ein neu eingeführtes und zusätzliches antizyklisches Kapitalpolster sein. Es soll aus hartem Kernkapital und sonstigem Eigenkapital bestehen und eine Höhe von 0 % bis maximal 2,5 % haben. Der antizyklische Kapitalpuffer dient der Unterlegung der Risiken, die in Zeiten von extremem Wachstum des Kreditvolumens entstehen. Er stellt keinen Betrag dar, der permanent, also auch in konjunkturell stabilen Phasen, vorgehalten werden muss, sondern kann aufsichtlich angeordnet werden (vgl. Bundesverband Deutscher Banken 2011). Die aufsichtliche Anordnung gilt nicht für alle Kreditinstitute, sondern wird für einzelne Länder über einen Zeitraum von 12 Monaten hinweg angeordnet und hinsichtlich seiner Höhe den jeweiligen Gegebenheiten entsprechend festgesetzt. Dabei gilt nicht das Land in dem das Kreditinstitut seinen Sitz hat, sondern das Land der Kreditnehmer. Es muss also eine geographische Aufteilung des Kreditportfolios vorgenommen werden. Ebenso wie die Mindestkapitalanforderungen unterliegt der antizyklische Kapitalpuffer und die geographische Aufteilung, die Basis seiner Ermittlung ist, den Offenlegungsvorschriften (vgl. Becker et al. 2011; Bundesverband Deutscher Banken 2011).

Seine antizyklische Wirkung tritt dadurch ein, dass die extreme Ausweitung der Kreditvolumina durch die erhöhten Risikokosten gebremst werden. Die Kreditinstitute haben durch die Erhöhung des Solvabilitätskoeffizienten auf bis zu 13 % (10,5 % + max. 2,5 %) in konjunkturschwachen Phasen derart hohe Kosten für die Unterlegung der Risiken mit Eigenkapital zu tragen, dass die Vergabe weiterer Kredite unterbleibt (vgl. Bankenverband 2011).

3.1.16.3 Einführung einer Leverage Ratio

Diente bisher schon die regulatorische risikogewichtete Eigenkapitalquote der Verhinderung einer über die Risikotragfähigkeit hinausgehenden Verschuldung der Kreditinstitute, so soll durch Einführung einer zusätzlichen Kennzahl, der Leverage Ratio, diese letztlich auch geschäftsbegrenzende Wirkung unterstützt und abgesichert werden. Die Leverage Ratio misst unabhängig von Risikogewichtungsfaktoren, bankinternen Modellrechnungen und risikomindernder Anrechnung von Sicherheiten das Eigenkapital im Verhältnis zur Bilanzsumme zuzüglich der unter dem Bilanzstrich auszuweisenden Eventualverpflichtungen und der Wiedereindeckungsaufwände aus Kreditderivaten.

In Deutschland existiert eine solche Kennzahl bereits seit dem Jahre 2009, sie ist in § 24 Abs. 1 KWG verankert. Derzeit hat die Ermittlung quartalsweise zu erfolgen und ist mit der anhand des letzten Jahresabschlusses ermittelten LR zu vergleichen. Bei Abweichungen ab 5 % ist dies umgehend der Bundesbank und der BaFin anzuzeigen. In der Schweiz, Kanada und den USA bestehen ebenfalls schon Regelungen für die Ermittlung einer LR. Anzumerken ist in diesem Zusammenhang, dass die in Basel III vorgeschlagenen Regelungen zur Ermittlung der Kennzahl deutlich strenger definiert sind als bisher in den genannten Ländern (vgl. Banh et al. 2010).

Vorerst ist eine Quote von 3 % für die Leverage Ratio angedacht, die allerdings nach Einführung und einer Beobachtungsphase bis zum ersten Halbjahr 2017 noch angepasst werden kann (vgl. Basler Ausschuss für Bankenaufsicht 2010). Davon ausgehend, dass die Leverage Ratio die Ausstattung mit haftendem Eigenkapital im Verhältnis zur Gesamtposition (Bilanzsumme zuzüglich außerbilanzielle Risiken) wiederspiegelt, lässt sich die Berechnung der LR vereinfacht wie folgt darstellen (Abb. 3.15):

Leverage Ratio = Eigenkapital / (Bilanzsumme + außerbilanzielle Verpflichtung) × 100 ≥ 3%

Abb. 3.15 Berechnung der Leverage Ratio. (Vgl. Bierbach 2010)

Sowohl für die Bemessung des Eigenkapitals, als auch für die Definition der Akitva zur Ermittlung der LR, hat der Basler Ausschuss konkrete Vorschläge gemacht.

Da die LR auf der Basis der nicht risikogewichteten Aktiva berechnet wird, soll erreicht werden, dass Risikofehleinschätzungen, die sich erheblich in der Berechnung der Eigenkapitalunterlegung niederschlagen, abgemildert werden.

Für die Einführung der Leverage Ratio ist die Integration in die erste Säule der Basler Eigenkapitalvereinbarung (quantitative Mindestanforderungen) vorgesehen. Weiterhin müssen die Kreditinstitute ihre Bemessungsgrundlage für die LR im Rahmen der dritten Säule (Marktdisziplin) ab dem Jahr 2015 offenlegen (vgl. Banh et al. 2010).

3.1.16.4 Die Einführung einer Liquidity Coverage Ratio

Die Krisenzeiten an den Finanzmärkten und die damit verbundenen enormen Liquiditätsrisiken haben deutlich gemacht, von welch großer Bedeutung ein erfolgreiches Liquiditätsmanagement und eine solide Liquiditätsausstattung für den Fortbestand von Kreditinstituten sind.

Das neue Regelwerk Basel III sieht die Einführung einer Mindestliquiditätsquote, der Liquidity Coverage Ratio (LCR), vor. Die neue Kennzahl dient der Sicherstellung, dass Kreditinstitute auch in wirtschaftlichen Stressphasen dazu in der Lage sind, die zu erwartenden Liquiditätsverluste ausgleichen zu können. Sie stellt eine dispositive Kennzahl dar, die bei Einhaltung die Zahlungsfähigkeit einer Bank in Stressphasen für mindestens einen Monat gewährleisten soll (vgl. Pohl 2011).

Die Liquidity Coverage Ratio berechnet sich wie folgt (Abb. 3.16):

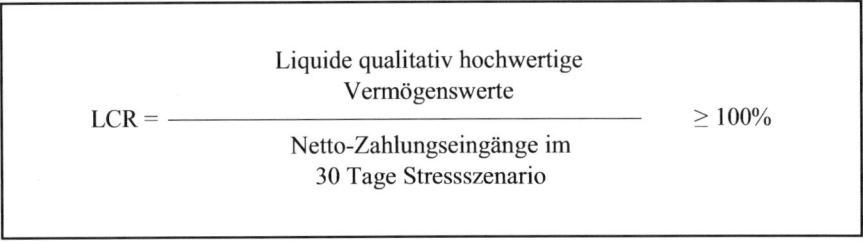

$$LCR = \frac{\text{Liquide qualitativ hochwertige Vermögenswerte}}{\text{Netto-Zahlungseingänge im 30 Tage Stressszenario}} \geq 100\%$$

Abb. 3.16 Formel für die Berechnung der Liquidity Coverage Ratio. (Vgl. Brzenk et al. 2010)

Die Berechnung der LCR ist durch eine konkrete Formel vorgegeben, jedoch können bei Bedarf einige Berechnungsgrößen durch die Aufsichtsbehörden an nationale Gegebenheiten, z. B. die Einlagensicherung, angepasst werden. Die Forderung des Basler Ausschusses, die jederzeitige kurzfristige Zahlungsfähigkeit der Kreditinstitute zu gewährleisten, soll, wie der Formel zu entnehmen ist, dadurch erreicht werden, dass die Netto-Zahlungsausgänge in Stressphasen durch ein entsprechendes Liquiditätspolster unterlegt werden. Um diese Liquiditätslücke der Kreditinstitute erfolgreich zu schließen, muss dieses Liquiditätspolster aus Aktiva von hinreichender Liquidität und hoher Qualität bestehen. Die Werte, die für den Zähler der Berechnungsformel herangezogen werden, zeichnen sich dadurch aus, dass sie einem geringen Kreditrisiko unterliegen und sehr liquide sind. Hierfür kommen beispielsweise festverzinsliche Wertpapiere mit kurzer Laufzeit, die in stabilen Währungen gehandelt werden, in Betracht. Der Basler Ausschuss hat eine Liste mit Vermögenswerten veröffentlicht, die die den Anspruch an die vorgegebenen Merkmale erfüllen. Der Nenner der Formel wird vom Basler Ausschuss als die Differenz der erwarteten Liquiditätsabflüsse in Stressphasen und den erwarteten Liquiditätszuflüssen definiert (vgl. Brzenk et al. 2010).

Die LCR wird ab dem Jahr 2015 eingeführt und ist dann jederzeit von den Kreditinstituten zu erfüllen, anders als der antizyklische Kapitalpuffer wird sie nicht bei Bedarf aufsichtlich angeordnet, sondern muss permanent erfüllt werden (vgl. Basler Ausschuss für Bankenaufsicht 2010). Die Umsetzung in deutsches Recht wird durch die Implementierung in die Liquiditätsverordnung (LiqV) durchgeführt werden.

3.1.16.5 Die Einführung einer Net Stable Funding Ratio

Die Net Stable Funding Ratio soll eine stabile und fristenkongruente Refinanzierung für die Kreditinstitute sicherstellen. Anders als die Liquidity Coverage Ratio betrachtet sie nicht einen Ein-Monats-Zeitraum, sondern eine Periode von einem Jahr. Die strukturelle Liquiditätsquote wird folgendermaßen berechnet (Abb. 3.17):

$$\text{NSFR} = \frac{\text{Verfügbare „stabile" Refinanzierung}}{\text{Geforderte „stabile" Refinanzierung}} \geq 100\%$$

Abb. 3.17 Formel für Net Stable Funding Ratio

Durch die NSFR soll die strukturelle Liquidität der Kreditinstitute gestärkt werden, das bedeutet, dass die Vermögenswerte im Vergleich zu ihrer Liquidierbarkeit mindestens zu einem Teil „stabilen" Refinanzierungsmitteln gegenüber stehen. Die Refinanzierung also wenigstens teilweise langfristig gesichert ist, um die Abhängigkeit von Interbankenmarkt zu mindern. Die geforderte „stabile" Refinanzierung im Nenner der Berechnungsformel für die NSFR ist dadurch zu charakterisieren, dass die hierunter zusammengefassten Kapitalpositionen auch in Stressphasen im Minimum ein Jahr zur Verfügung stehen. Als Merkmale für eine Stressphase in diesem Zusammenhang nennt der Basler Ausschuss beispielsweise den erheblichen Rückgang der Solvabilität und der Profitabilität, sowie die damit einhergehende mögliche Ratingabstufung. Der Zähler der Formel beinhaltet den Gesamtbestand der Passiva, gewichtet mit dem sogenannten „ASF-Faktor" (Availabe Stable Funding-Faktor). Dieser Faktor gibt den Grad an Stabilität der Refinanzierung an und kann einen Wert zwischen 100 und 0 inne haben (vgl. Pohl 2011).

Die verschiedenen Kategorien an Passiva und ihre jeweiligen Gewichtungsfaktoren können der folgenden Tabelle entnommen werden (Tab. 3.1):

Tab. 3.1 Übersicht der ASF-Katgeorien und jeweiligen Faktoren. (Vgl. Brzenk et al. 2010)

	ASF-Kategorien	Faktor (%)
1	Eigenkapital/Tier 1 und 2	100
	Vorzugsaktien	
	EK-Instrumente mit effektiver Restlaufzeit ≥ 1Jahr	
	Andere Verbindlichkeiten mit effektiver Restlaufzeit ≥ 1 Jahr	
2	Stabile Retail-Kundeneinlagen mit einer Restlaufzeit < 1 Jahr	90
3	Weniger stabile Retail-Kundeneinlagen mit einer Restlaufzeit < 1Jahr	80
4	Einlagen von Nicht-Finanzunternehmen mit einer Restlaufzeit < 1Jahr	50
5	Alle anderen Verbindlichkeiten und EK-Instrumente	0

Eine vergleichbare Einteilung wird auch für die geforderte stabile Refinanzierung, die sich im Nenner der Formel findet, vorgenommen. Hierzu werden die Vermögenswerte mit dem „RSF-Faktor" (Required Stable Funding-Faktor) gewichtet. Der „RSF-Faktor gibt an, in welchem Maß eine Vermögensposition in einer Stressphase von einem Jahr nicht liquidierbar ist, dem Kreditinstitut also nicht zu Refinanzierungszwecken zur Verfügung steht und aus diesem Grund mit „stabilen" Werten refinanziert werden muss (vgl. Rüchard 2010).

Nachfolgend ist eine Übersicht über die RSF-Kategorien und die jeweiligen Faktoren dargestellt (Tab. 3.2):

Tab. 3.2 Übersicht der RSG-Kategorien und jeweiligen Faktoren. (Vgl. Brzenk et al. 2010)

	RSF-Kategorien	Faktor (%)
1	Bargeld, Geldmarktinstrumente, Wertpapiere	0
2	Bestimmte unbelastete Staatsanleihen mit hohem Rating und einer Restlaufzeit ≥ 1 Jahr	5
3	Bestimmte unbelastete Unternehmensanleihen oder Pfandbriefe mit hohem Rating und hoher Marktliquidität. Restlaufzeit ≥ 1 Jahr	20
4	Gold, bestimmte Wertpapiere mit einer Restlaufzeit ≥ 1 Jahr, Kredite an Nicht-Finanzunternehmen mit einer Restlaufzeit < 1 Jahr	50
5	Hypotheken mit Risikogewicht ≤ 35 %	65
6	Retail-Kredite mit einer Restlaufzeit < 1Jahr	85
7	Alle übrigen Vermögenswerte	100

Aus der Berechnungsformel lässt sich also schließen, dass der geforderte Anteil an „stabiler" Refinanzierung umso geringer ist, je liquider der Vermögenswert ist. Für die Einführung der strukturellen Liquiditätsquote sieht der Basler Ausschuss für Bankenaufsicht das Jahr 2018 vor (vgl. Basler Ausschuss für Bankenaufsicht Rüchard 2010).

3.1.16.5 Die Auswirkungen von Basel III für den Kreditnehmer

Generell ist festzustellen, dass sich durch die erweiterten und die neuen Anforderungen an das Kapitalmanagement und das Risikomanagement der Kreditinstitute erhöhte Kapital- und Risikokosten für die Banken ergeben, die gedeckt werden müssen. Als sichere Folge daraus wiederum wird sich für die Kreditnehmer die logische Konsequenz von schlechteren Konditionen, also höheren Zinsverpflichtungen ergeben.

Allerdings werden die Kreditnehmer wohl nicht die volle Erhöhung der Kosten für die zusätzliche Eigenkapitalunterlegung und Liquiditätsvorhaltung tragen müssen. Ein Aufschlag auf den Kreditzins in voller Höhe der Kostensteigerung ist aufgrund des hart umkämpften Marktes nicht möglich. Gerade für Kreditnehmer mit gutem Rating gilt, dass die Konditionen über den Markt festgelegt werden (vgl. Becker et al. 2011).

In besonderem Maße betroffen werden die Kreditnehmer des Mengenkreditgeschäftes und aus dem Bereich der KMU sein, weil sie wegen der regelmäßig fehlenden Möglichkeit über eine Verbesserung des Ratings eine günstigere Risikogewichtung zu erlangen, zumindest rechnerisch die bei den Banken gestiegenen EK-Kosten über die Kreditkonditionierung tragen müssen (vgl. Hall et al. 2011).

Für alle kreditnehmenden Unternehmen ergibt sich mit noch größerem Nachdruck als aus dem vorhergehenden Regelwerk, die Anforderung einer weiteren Qualifizierung für das Management und eventuelle Berater. Es ist von großer Bedeutung, die Unternehmensstrukturen und Ergebniszahlen derart zu halten oder zu verbessern, dass das Unternehmen bei der Kreditvergabe von einem guten Rating profitieren kann. Ansonsten wird es problematisch werden, bei Bedarf bestehende Kreditlinien zu halten respektive auszuweiten. Sie werden aufgrund der häufig nicht sehr guten oder nicht vorhandenen Ratings mit erhöhten Kosten oder Ansprüchen an die von ihnen gestellten Sicherheiten rechnen müssen (vgl. Becker et al. 2011).

Finanzierungen, die ihrer Natur nach ein erhöhtes Risikopotential aufweisen, wie beispielsweise Existenzgründungen oder Projektgeschäfte der Unternehmen in neuen Märkten werden schwerer zu erlangen sein. Möglicherweise muss hier die öffentliche Hand verstärkt durch Bürgschaftsgewährungen unterstützen.

Möglich wäre auch eine generelle Verbesserung der Leistungen für Bankkunden, die sich aus dem durch Basel III weiter gestiegenen Wettbewerbsdruck der Banken unter einander ergeben könnte (vgl. Bankenverband 2011).

3.2 Überblick über die Kreditarten

Kredite lassen sich im Wesentlichen nach ihrer Laufzeit, dem Verwendungszweck, den Kreditsicherheiten, den Kreditgebern und der rechtlichen Stellung des Kreditnehmers unterscheiden (vgl. Abb. 3.18).

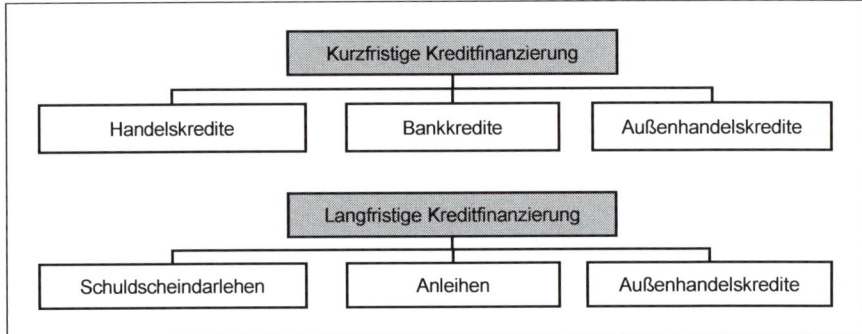

Abb. 3.18 Überblick über wesentliche Arten der Kreditfinanzierung

Nach der Laufzeit ist zwischen kurz- und langfristigen Krediten zu unterscheiden. In der Literatur und in Statistiken werden häufig auch mittelfristige Kredite erwähnt, die sich jedoch je nach Struktur entweder den kurzfristigen oder den langfristigen Kreditarten zuordnen lassen. Eine Besonderheit stellt die Außenhandelsfinanzierung dar, die sowohl über kurz- und langfristige Kredite erfolgen kann, aber wegen der höheren Risiken besondere Absicherungsformen für den Kreditgeber erfordert.

Als Kreditgeber treten vor allem Banken und Versicherungen auf, aber auch Unternehmen (Non- und Nearbanks) und der Staat, wie zum Beispiel bei langfristigen Außenhandelsfinanzierungen. Im Folgenden werden ausgewählte Kreditarten näher erläutert und einer Beurteilung unterzogen.

3.2.1 Kurzfristige Kredite

Kurzfristige Kredite haben eine Laufzeit bis zu 12 Monaten. Sie werden in Handels- und Bankkredite unterschieden, wobei Bankkredite sich weiter in Geldkredite (mit Ausgabe eines Kredites) und Kreditleihen (Übernahme einer Bürgschaft für den Kunden) unterteilen lassen (vgl. Abb. 3.19). Kurzfristige Kredite stellen die häufigste Kreditform dar. Sie werden häufig zur Begleichung von Verbindlichkeiten aus Lieferungen und Leistungen in Anspruch genommen und kommen oftmals wie beim Kontokorrentkredit oder Lieferantenkredit ohne zusätzliche schriftliche Vereinbarungen und Absicherungen zustande.

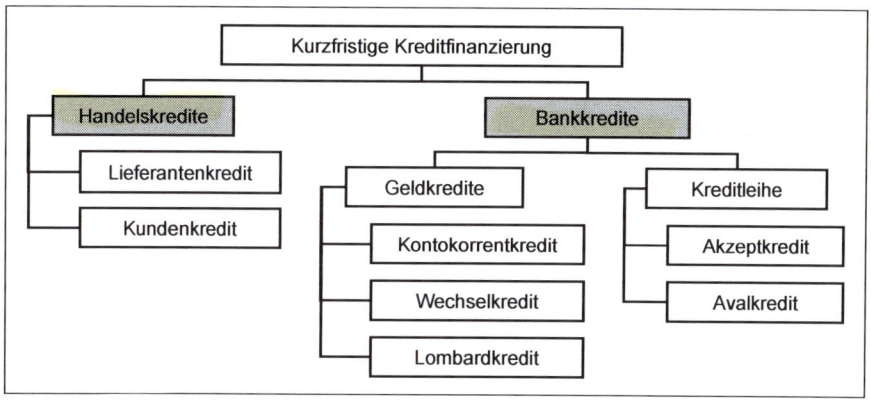

Abb. 3.19 Wesentliche Arten kurzfristiger Kredite (ohne Außenhandelskredite)

3.2.1.1 Handelskredite

Handelskredite werden im Rahmen des üblichen Handelsgeschäftes zwischen den Handelspartnern vereinbart. Dabei wird das Ausfallrisiko der Kredite ausschließlich über die Ware durch die Vereinbarung eines Eigentumsvorbehaltes abgesichert. Die Kosten sind i. d. R. höher als bei Bankkrediten. Bei Handelskrediten erfolgt eine Unterscheidung zwischen Lieferantenkrediten und Kundenkrediten.

3.2.1.1.1 Lieferantenkredit

Der Lieferantenkredit entsteht durch die Gewährung eines Zahlungsziels an den Abnehmer von Produkten und Leistungen, d. h. durch die Vorgabe einer Zeitspanne, die zwischen Rechnungslegung bzw. Lieferung und Bezahlung liegt. Das Zahlungsziel wird oft mit 30 Tagen festgelegt.

Häufig wird in der Praxis für die Nichtnutzung eines eingeräumten Lieferantenkredites Skonto gewährt. Unter Skonto ist ein Preisnachlass zu verstehen, der bei frühzeitiger Zahlung der Rechnung gewährt wird. Skonto wird i. d. R. für die ersten zwei Wochen ab dem Eingang der Rechnung bzw. der Lieferung gewährt, wobei der Preisnachlass oft zwischen 2 und 3 % des Rechnungsbetrages beträgt.

Die große Verbreitung des Lieferantenkredites ist darauf zurückzuführen, dass er in der Regel ohne besondere Formalitäten (formlos) und ohne Kreditwürdigkeitsprüfung (keine Sicherheiten), also als Buchkredit gewährt wird. Die Kosten des Kredites, die im Sinne von Opportunitätskosten durch das nicht in Anspruch genommene Skonto entstehen, können jedoch erheblich sein.

Beispiel: Skonto – Berechnung

Ausgangslage

Der Kaufpreis der Ware solle 1.000 EUR betragen. Die Liefer- und Zahlungsbedingungen sehen u. a. vor, dass die Ware alternativ in 10 Tagen unter Abzug von 2 % Skonto oder innerhalb von 30 Tagen netto Kasse bezahlt werden kann.

Grundlagen der Berechnung

• Skonto ist seitens des Lieferanten dem Warenwert zugeschlagen worden, für ihn bedeutet die Zielgewährung eine Kreditgewährung. Skonto wird auf den Warenwert, d. h. einschließlich Mehrwertsteuer gerechnet.

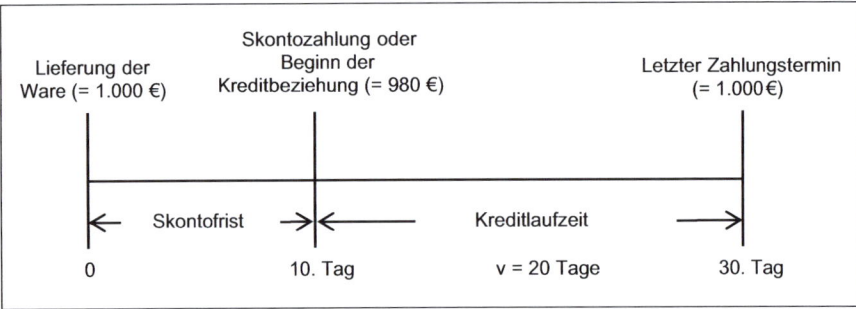

Abb. 3.20 Grafische Darstellung zur Skontoberechnung

• Die grafische Darstellung (Abb. 3.20) verdeutlicht, dass die Inanspruchnahme des Zahlungsziels von 30 Tagen gleichbedeutend ist mit einer Kreditlaufzeit von 20 Tagen, es handelt sich um den zinspflichtigen Zeitraum für die Beanspruchung des Lieferantenkredits (vgl. hierzu und im Folgenden Däumler 2008, S. 253).

• Für die tatsächliche Höhe der Kreditzinsen ist der Effektivzinssatz unter Berücksichtigung der Unterjährigkeit zu ermitteln, dabei ist das Jahr stets mit 365 Tagen zu Grunde zu legen und der finanzmathematische Ansatz zu wählen. Es gilt:

$$i = \left(\frac{K_v}{K_o}\right)^{\frac{365}{v}} - 1 = \left(\frac{1.000}{980}\right)^{\frac{365}{20}} - 1 = 44,59\,\%$$

• Auf die vielfach dargestellte Faustformel ist wegen ihrer impliziten Ungenauigkeit bei der Berechnung zu verzichten, weil 1) aus Vereinfachungsgründen das Jahr mit 360 Tagen berechnet und 2) die Unterjährigkeit vernachlässigt wird.

Der Lieferantenkredit	Vorteile	Nachteile
Für den Lieferanten	• Absatzpolitisches Instrumentarium • Stärkere Kundenbindung • Geringere Ausfallwahrscheinlichkeit der Zahlung aufgrund von Liquiditätsengpässen des Kunden	• Hohe Kosten
Für den Kunden (Kreditnehmer)	• Formloser, schneller Kredit, ohne Kreditwürdigkeitsprüfung • Kreditsicherung durch Eigentumsvorbehalt • Mögliche Überbrückung von Zahlungsengpässen bei ausgeschöpftem Kreditrahmen	• Hohe Opportunitätskosten bei Nichtausnutzung des Skontos • Gefahr der Abhängigkeit vom Lieferanten

Abb. 3.21 Beurteilung eines Lieferantenkredites. (Quelle: Vgl. Olfert und Reichel 2005, S. 289)

Mit der Gewährung des Skontos beabsichtigt der Lieferant, den Kunden zur schnelleren Rechnungszahlung zu bewegen. Der Lieferant kann somit selber seine Rechnungen frühzeitig begleichen und Skonto in Anspruch nehmen bzw. rechtzeitig Rechnungen bezahlen, ohne in Zahlungsverzug zu kommen. Damit wird die finanzwirtschaftliche Zielsetzung jedes Unternehmens, die Liquiditätssicherung erreicht. Einen Überblick über die Vor- und Nachteile des Lieferantenkredits gibt die Abb. 3.21.

3.2.1.1.2 Kundenkredit

Als Kundenkredit wird die teilweise oder vollständige Vorausbezahlung für ein Produkt oder eine Dienstleistung durch den Abnehmer bezeichnet. Dies ist insbesondere bei Spezialanfertigungen üblich. Der Kundenkredit kann in allen Branchen vorkommen, wird aber primär im Wohnungs-, Maschinen- und Schiffsbau verwendet. Die Veranlassung für die Vereinbarung von Kundenkrediten liegt in den hohen Kosten, die das beauftragte Unternehmen anderenfalls zu tragen hätte. Und dies häufig über einen langen Zeitraum, da nicht selten Jahre zwischen dem Beginn der Leistung und deren Erfüllung bzw. Bereitstellung/Lieferung des Produktes an den Kunden vergehen.

Beim Kundenkredit wird i. d. R. ein bestimmter Anteil beim Abschluss des Vertrages gezahlt und anschließend entweder zu bestimmten Zeitpunkten oder nach Erfüllung bestimmter Teilleistungen weitere Zahlungen getätigt. Damit wird das Risiko für das beauftragte Unternehmen reduziert, dass der Auftraggeber die bestellte Ware bzw. Dienstleistung nicht abnimmt bzw. die vereinbarte Zahlung nicht leistet. Zur Sicherung, dass der Kunde für seine Vorauszahlungen auch die zugesagte Leistung erhält, kann ein Avalkredit (vgl. Kap. 3.2.1.2.2.2) dienen.

3.2.1.2 Bankkredite

3.2.1.2.1 Geldkredite

Als Geldkredite werden solche Kredite- bzw. Darlehensgewährungen bezeichnet, bei denen die Bank dem Kreditnehmer Zahlungsmittel in Form von Buch- und/oder Bargeld zur Verfügung stellt.

3.2.1.2.1.1 Kontokorrentkredit

Der Kontokorrentkredit (ital. „conto corrente" = „Konto in laufender Rechnung") stellt die klassische Kreditform dar (vgl. Gräfer et al. 1997, S. 184), welche von fast allen Unternehmen in Anspruch genommen wird.

Beim Kontokorrentkredit wird dem Kreditnehmer ein Buchkredit bis zu einer festgeschriebenen Kreditlinie gewährt. Die rechtliche Regelung des Kontokorrentkredites erfolgt in den §§ 355 bis 357 HGB und den §§ 607 bis 610 BGB. Dabei legt § 355 HGB folgende Merkmale fest (vgl. Büschgen 1999, S. 327 f.):

- Mindestens ein Vertragspartner muss Kaufmann sein (dies trifft für eine Bank stets zu),

- es erfolgt eine gegenseitige Verrechnung der wechselseitigen Ansprüche und Leistungen der Vertragspartner,

- der Saldo ist maßgeblich für die Abrechnung des Kontokorrentkontos,

- der sich ergebende Überschuss (Saldo) ist in regelmäßigen Abständen festzulegen.

Die Unternehmen verwenden den Kontokorrentkredit in erster Linie als Betriebskredit zum Beispiel zur Finanzierung der Produktion, der Zahlung von Löhnen und Gehältern oder zur Ausnutzung von Skonti bei der Warenbeschaffung. Die Besicherung erfolgt durch den Einsatz von Pfandrechten, die Abtretung von Forderungen oder die Sicherungsübereignung von Waren. Auch über Bürgschaften werden Absicherungen vorgenommen, vereinzelt über Grundschulden. Bei einer Absicherung durch Verpfändung bzw. Beleihung marktgängiger Vermögensobjekte kann der Kontokorrentkredit auch als „unechter Lombardkredit" (Büschgen 1999, S. 330) angesehen werden.

Der Kontokorrentkredit wird über das Kontokorrent- oder Girokonto abgewickelt. Die Zusage eines Kontokorrentkredites erfolgt als Kontokorrentkreditlinie. Durch Überweisungen oder Abhebungen kann dann der Kredit bis zu dieser Kreditlinie in Anspruch genommen werden. Wird die festgelegte Kreditlinie überschritten, wird vom Kreditgeber eine zusätzliche Überziehungsprovision berechnet, die regelmäßig zu einer erheblichen Verteuerung des in Anspruch genommenen Kredites führt (vgl. Abb. 3.22).

Die Kosten des Kontokorrentkredites setzen sich zusammen aus:

- Sollzinsen für den in Anspruch genommenen Kreditbetrag,

- Kreditprovision (Bereitstellungsprovision),

- Umsatzprovision oder Kontoführungsgebühren,

- Barauslagen wie Porto und Spesen und gegebenenfalls noch

- eine Überziehungsprovision.

Eine Sonderform des Kontokorrentkredites ist der Dispositionskredit, welcher privaten Bankkunden angeboten wird. Er bedarf keiner schriftlichen Form und es werden keine Sicherheiten hinterlegt. In der Regel müssen alle Transaktionen über das entsprechende Girokonto abgewickelt werden, dabei benutzt die Bank die Lohn-/Gehaltseingänge des Kunden als Sicherheit. Die Höhe des Dispositionskredites beträgt zwischen dem 1-fachen und 4-fachen des monatlichen Nettoeinkommens eines Privatkunden.

Vorteile eines Kontokorrentkredites	Nachteile eines Kontokorrentkredites
• Flexible Inanspruchnahme • Keine Zweckgebundenheit • Nicht genutzte Kreditlinie steht als Liquiditätsreserve zur Verfügung	• In der Regel muss das Unternehmen alle Transaktionen bei der kreditgewährenden Bank abwickeln • Hohe Kosten gegenüber anderen Kreditarten • Die Bank kann jederzeit die Kreditlinie vermindern, falls sich die wirtschaftliche Lage des Unternehmens verschlechtert

Abb. 3.22 Eignung eines Kontokorrentkredites für Unternehmen

Der Kontokorrentkredit weist als kurzfristiger Kredit i. d. R. eine Laufzeit bis zu einem Jahr auf. Eine ständige Prolongation ist jedoch möglich und wird, sofern es keinen Anlass zur Auflösung des Vertragsverhältnisses gibt, regelmäßig vorgenommen. Somit steht ein großer Teil der Kontokorrentkredite langfristig zur Verfügung. Trotz seiner relativ hohen Kosten gegenüber anderen Kreditarten wird dieser Kredit in der Praxis häufig zur Finanzierung kurzfristiger Liquiditätsengpässe genutzt, da er eine hohe Flexibilität bietet.

3.2.1.2.1.2   *Wechselkredit*

Grundlage dieser Finanzierungsform bildet der Wechsel, ein Wertpapier das üblicherweise von einem Warenlieferanten (Aussteller) im Einvernehmen mit dem Warenabnehmer (Bezogener) auf dessen Namen ausgestellt wird. Der Wechsel ist eine Urkunde, welche die unbedingte Anweisung an den Schuldner enthält, demjenigen, der ihm den Wechsel bei Fälligkeit an einem vorgegebenen Ort vorlegt, eine bestimmte Geldsumme zu zahlen. Dabei handelt es sich beim Wechsel um eine abstrakte Zahlungsverpflichtung, die von der ursprünglichen wirtschaftlichen

Transaktion losgelöst ist. Der Schuldner kann entsprechend gegen die Zahlungsverpflichtung keine Einreden, z. B. Mängelrügen, geltend machen, die ihm aus dem Grundgeschäft zustehen würden (vgl. Perridon und Steiner 2007, S. 421). Bei der gebräuchlichsten Form des Wechsels handelt es sich um den **gezogenen Wechsel (Tratte)**. Der Schuldner geht die Zahlungsverpflichtung ein, indem er den gezogenen Wechsel unterschreibt und damit akzeptiert.

Beim **eigenen Wechsel (Solawechsel)** verpflichtet sich der Aussteller selbst, an den Inhaber der Urkunde eine bestimmte Geldsumme bei Fälligkeit zu zahlen, Aussteller und Schuldner sind also im Gegensatz zum gezogenen Wechsel ein und dieselbe Person. Weitere mögliche Formen des Wechsels sind im Wechselgesetz aufgeführt.

Wechsel können vom Inhaber vor Fälligkeit bei einem Kreditinstitut zum Ankauf eingereicht werden. Bei diesem Ankauf (Diskontierung) wird dem Wechselinhaber der Barwert des Wechsels, der sich aus dem Nennwert des Papiers abzüglich der Zinsen für die Zeit zwischen dem Ankaufstag und dem Fälligkeitstag ergibt, gutgeschrieben. Es entsteht ein **Wechseldiskontkredit**.

Durch den Übergang der Geldpolitik von der Bundesbank auf die Europäische Zentralbank im Rahmen der Währungsunion ist die Bedeutung von Diskontkrediten stark gesunken, da die vormals bestehende bevorzugte Refinanzierungsmöglichkeit von Kreditinstituten über die Gewährung von Diskontkrediten durch die Bundesbank nunmehr entfällt. Da diese Form der Finanzierung arbeitsaufwendiger ist als bei alternativen kurzfristigen Krediten und darüber hinaus internationale Kreditinstitute ihren geschäftspolitisch begründeten Rückzug aus dieser Art der Finanzierung angekündigt haben, ist auch weiterhin mit einer abnehmenden Bedeutung zu rechnen (vgl. Schäfer 2002, S. 374).

3.2.1.2.1.3 *Lombardkredit*

Unter einem Lombardkredit versteht man die Vergabe eines kurzfristigen Darlehens, welches durch ein Faustpfand abgesichert wird (vgl. §§ 1204 ff. BGB). Verpfändet werden bewegliche, marktgängige Vermögensobjekte, die sich in der Regel durch hohe Wertbeständigkeit, schnelle Liquidierbarkeit und einfache Bewertbarkeit auszeichnen. Am einfachsten erweist sich die Lombardierung von Wertpapieren, da diese häufig vom kreditgewährenden Institut verwahrt werden und die Wertentwicklung leicht verfolgt werden kann, weil gewöhnlich eine Beleihung börsennotierter Wertpapiere erfolgt (vgl. Wöhe und Bilstein 2002, S. 316).

Der Lombardkredit wird als festterminierter Einzelkredit gewährt, der in einem Betrag oder in Teilbeträgen in Anspruch genommen werden kann. Die Rückzahlung erfolgt in einem Betrag. Der Kredit kann sowohl nach der Höhe als auch nach der Laufzeit frei vereinbart werden.

Die Kosten für einen Lombardkredit sind i. d. R. mit den Kosten eines Kontokorrentkredits vergleichbar. Die Nachteile gegenüber anderen Kreditarten sind, dass dem Schuldner eventuell neben den Sollzinsen und der Kreditprovision zusätzliche Kosten durch Bewertungsgutachten sowie Verwahrung und Verwaltung der Vermögensobjekte entstehen und über diese Objekte für den Zeitraum der Verpfändung nicht frei verfügt werden kann.

Der Lombardkredit ist vor allem als kurzfristiger Überbrückungskredit oder Saisonalkredit geeignet. Er wird häufig dann eingesetzt, wenn eine Beschaffung von Finanzmitteln im Rahmen von Kontokorrentkrediten nicht mehr möglich ist (vgl. Schäfer 2002, S. 369).

Lombardkredite werden nach der Art der verpfändeten Vermögensobjekte wie folgt unterschieden:

a) Effektenlombard,
b) Wechsellombard,
c) Warenlombard,
d) Forderungslombard,
e) Edelmetalllombard.

zu a) Effektenlombard
Der Effektenlombard ist die bedeutendste Form des Lombardkredites. Es handelt sich hierbei um einen Kredit, der durch die Verpfändung von Effekten, d. h. fungiblen Wertpapieren (Aktien, Industrieobligationen, Pfandbriefe, Anleihen der öffentlichen Hand u. a.) abgesichert wird. Die Kreditinstitute bevorzugen bei der Beleihung in der Regel börsennotierte Effekten.

Die Höhe, in der die Wertpapiere beliehen werden können, ist abhängig von ihrer Art und den wirtschaftlichen Verhältnissen des Emittenten. Dabei schwanken die Beleihungsgrenzen erheblich. Gebräuchliche Oberwerte für die Beleihung sind bei Aktien maximal 70 % des Börsenkurses, bei festverzinslichen Wertpapieren maximal 80 % des Börsenkurses und bei Investmentzertifikaten maximal 70 % des Rückkaufswertes. Sind die Wertpapiere nicht an der Börse notiert, liegen die Beleihungswerte generell unter den vorgenannten Werten.

Häufig wird der Effektenlombard für den Kauf weiterer Wertpapiere genutzt. Die Gefahr beim Kauf von Wertpapieren unter Nutzung eines Effektenlombards besteht jedoch darin, dass der Kurs der verpfändeten Wertpapiere unter die Beleihungsgrenze sinken kann und die Bank, wenn keine weiteren Sicherheiten vorhanden sind, sowohl die verpfändeten als auch die zusätzlich erworbenen Wertpapiere verkauft, wobei die Verlustgefahr für den Kunden den Eigenkapitaleinsatz übertreffen kann.

Durch die Nutzung des Effektenlombards für den Kauf zusätzlicher Wertpapiere wird ein Hebeleffekt erzielt, der daraus resultiert, dass der Eigenkapitalanteil am gesamten Wertpapierengagement niedriger ist, als dies ohne Lombardkredit der Fall wäre.

Beispiel: Nutzung des Effektenlombards zum Kauf weiterer Wertpapiere

Ein Kunde kauft für 100.000 EUR Aktien und hinterlegt diese als Pfand für den Effektenlombard. Dafür würde er bei einer angenommenen Beleihungsgrenze von 40 % 40.000 EUR erhalten. Angenommen er kauft mit diesem Geld sofort wieder die Aktien desselben Unternehmens, dann hat er insgesamt 140.000 EUR in dieses Unternehmen investiert. Der des Nutzens Effektenlombards ist in Abb. 3.23 dargestellt.

Kurs *steigt* um 80 %	Kurs *fällt* um 80%
Hauptinvestition(Kreditabsicherung) = 180.000 € (100.000 € + 80.000 € [80%])	Hauptinvestition(Kreditabsicherung) = 20.000 € (100.000 € - 80.000 € [-80%])
Durch Kredit erworbene Aktien = 72.000 € (40.000 € + 32.000 € [80%])	Durch Kredit erworbene Aktien = 8.000 € (40.000 € - 32.000 € [-80%])
Gewinn: = 252.000 € (180.000 € + 72.000 €) - 400 € (1% Kreditprovision auf 40.000 €) - 600 € (bei 6% Sollzinsen und 3 Monate Laufzeit) - 40.000 € (Lombardkredit) - 400 € (Depotgebühren) = 210.600 € - 100.000 € (Einsatz) = 110.600 € (Gewinn)	Verlust: = 28.000 € (20.000 € + 8.000 €) - 400 € (1% Kreditprovision auf 40.000 €) - 600 € (bei 6% Sollzinsen und 3 Monate Laufzeit) - 40.000 € (Lombardkredit) - 400 € (Depotgebühren) = - 13.400 € - 100.000 € (Einsatz) = -113.400 € (Verlust)
Dies entspricht einem Gewinn von 110,6%, wobei der Kurs nur um 80% stieg.	Dies entspricht einem Verlust von 113,4%, obwohl der Kurs nur um 80% fiel.

Abb. 3.23 Nutzung des Effektenlombards

zu b) Wechsellombard
Der Wechsellombard wird in der Praxis selten verwendet, da er teuerer als der Wechseldiskontkredit ist. Er wird daher oft nur gewählt, wenn ein Kapitalbedarf von wenigen Tagen gedeckt werden soll. So ist es möglich, kurzfristig liquide Mittel zu erhalten, ohne dass der Wechsel verkauft werden muss.

zu c) Warenlombard
Der Warenlombard dient zur Pfändung von Handelsgütern. Die Ware wird nicht „physisch" bei der Bank hinterlegt. Es werden Order- bzw. Dispositionspapiere verpfändet, mit denen das Recht auf die Ware verbrieft wird. Solche Papiere sind Orderlagerscheine, mit denen die Ware an die Bank verpfändet wird. Im Eisenbahnverkehr ist die Verpfändung rollender Ware durch Übergabe von Frachtbriefduplikaten üblich, die keine handelsrechtlichen Dispositionspapiere darstellen, jedoch verhindern, dass die Ware weiter veräußert werden kann. Das Gegenstück in der Schifffahrt ist das Konnossement. Unterschieden wird zwischen Orderpapieren, die Ware kann durch ein Indossament weiterveräußert werden, und Rektapapieren, die Ware kann nur mit der Übergabe der Rechte weiterveräußert werden, wie z. B. eine Grundschuld mit der Eintragung im Grundbuch. Wie bei Frachtbriefduplikaten ist es dem Schuldner unmöglich, die Ware weiter zu veräußern, auch wenn es mehrere Exemplare des Konnossements gibt, da alle Exemplare auf einmal dem neuen Eigentümer übergeben werden müssen.

zu d) Forderungslombard

Der Forderungslombard basiert auf dem Verpfänden von Rechten gemäß §§ 1273 ff. BGB. Dies können Forderungen aus Lieferungen und Leistungen, Lebensversicherungspolicen in Höhe der Rückkaufwerte, Spar- und Festguthaben u. a. sein. Da diese Rechte i. d. R. nur kurzfristig verfügbar sind, liegt der Nachteil des Forderungslombards häufig in der kurzen Laufzeit. Da die Abtretung einer Forderung dem Schuldner angezeigt werden muss (vgl. § 1280 BGB), wird die Forderungsabtretung (Zession) gegenüber dem Forderungslombard i. d. R. bevorzugt.

zu e) Edelmetalllombard

Der Edelmetalllombard wird selten vergeben und spielt im Rahmen der kurzfristigen Unternehmensfinanzierung kaum eine Rolle. Beim Edelmetalllombard können Edelmetalle, Edelsteine und Schmuck als Sicherheit hinterlegt werden.

3.2.1.2.2   Kreditleihe

Im Gegensatz zum Geldkredit überträgt die Bank dem Unternehmen bei der Kreditleihe lediglich ihre Kreditwürdigkeit bzw. Bonität und stellt ihm somit ihren guten Namen zur Verfügung. Die Kreditleihe erfolgt gegen Provisionsberechnung im Auftrag des Kunden, wobei sich der Kreditleihe in der Praxis eine Geldleihe anschließen kann. Nachfolgend werden die wichtigsten Kreditleihgeschäfte aufgeführt, der Akzeptkredit und der Avalkredit.

3.2.1.2.2.1   *Akzeptkredit*

Der Akzeptkredit wird von einem Kreditinstitut gewährt, indem es vom Kreditnehmer ausgestellte, auf sie bezogene Wechsel innerhalb einer festgelegten Kredithöhe akzeptiert und sich verpflichtet, dem Wechselinhaber den Wechselbetrag bei Fälligkeit auszuzahlen. Basis ist ein Kreditvertrag zwischen dem kreditgewährenden Institut und dem Kreditnehmer, in dem sich der Kreditnehmer verpflichtet, spätestens einen Werktag vor Fälligkeit des Wechsels, den für die Deckung notwendigen Betrag anzuschaffen (vgl. Schäfer 2002, S. 272).

Das Kreditinstitut geht gegenüber Dritten eine wechselrechtliche Verpflichtung ein und ist demjenigen gegenüber, der ihr den Wechsel vorlegt, zur Zahlung verpflichtet, auch dann, wenn der Kreditnehmer seiner Deckungspflicht nicht nachkommt. Der Kreditnehmer kann wiederum diesen Wechsel bei jeder Bank einlösen, wobei üblicherweise eine Diskontierung über das bezogene Kreditinstitut selbst erfolgt. Wenn das bezogene Institut selbst den Wechsel diskontiert, liegt rechtlich eine Darlehensgewährung gemäß §§ 607 ff. BGB vor. Erfolgt die Diskontierung über ein weiteres Institut, ist der Vorgang rechtlich als Geschäftsbesorgung nach § 675 BGB anzusehen.

Der Kunde trägt die Kosten für den Akzeptkredit in Form einer Akzeptprovision, die i. d. R. zwischen 1,5 und 2,5 % p. a. des Nominalbetrages des Wechsels liegt, und der Bearbeitungsgebühr von ca. 0,5 %. Im Falle der Diskontierung des akzeptierten Wechsels entstehen zusätzlich Zinskosten. Der Kreditrahmen (maximaler

Wechselbetrag) und die Laufzeit (ca. 30–90 Tage) werden von der Bank vorgegeben. Da i. d. R. nur Kunden mit hoher Bonität einen Akzeptkredit eingeräumt bekommen, ist das Risiko für die Bank relativ gering.

Die Bedeutung des Akzeptkredites liegt vor allem in der Finanzierung des Waren-
umsatzes im Außenhandelsgeschäft. Diese Form der Finanzierung wird allerdings
in Zukunft an Bedeutung verlieren, da die Wechsel nicht, wie früher bei der Deutschen Bundesbank, über die EZB zur Refinanzierung genutzt werden können.

3.2.1.2.2.2 Avalkredit

Der Avalkredit ist eine Kreditleihe im eigentlichen Sinne, wobei die Bank (Avalkreditgeber) die Haftung für die Verbindlichkeiten eines Kunden (Avalkreditnehmer)
gegenüber einem Dritten in Form einer Bürgschaft oder Garantie übernimmt. Dies
ist vor allem im internationalen Handel von Bedeutung, da die Überprüfung der
wirtschaftlichen Situation eines Kunden für ein kreditgewährendes Unternehmen
mit Sitz in einem anderen Land damit weitgehend entfallen kann. Bedeutsam für
die Sicherheit des gewährten Kredites ist vielmehr die Bonität des Kreditinstitutes,
das die Bürgschaft bzw. Garantie übernimmt.

Rechtlich ist ein Avalkredit, wie der Akzeptkredit, eine Geschäftsbesorgung gemäß
§ 675 BGB. Die Rechtsbeziehung zwischen dem Avalkreditgeber und dem Avalkreditnehmer wird durch die Form des Avals bestimmt. Grundsätzlich kommen die
Bürgschaft (§§ 765 ff. BGB), der Kreditauftrag (§ 778 BGB) und die Garantie, für
welche die allgemeinen Grundsätze des Schuldrechts anzuwenden sind, da es in
diesem Bereich keine expliziten rechtlichen Grundlagen gibt, als Formen des Aval-
kredites in Frage.

Die Übernahme einer Bürgschaft stellt für das Kreditinstitut grundsätzlich ein Han-
delsgeschäft dar. Es handelt sich immer um eine selbstschuldnerische Bürgschaft
gemäß § 349 HGB. Garantien bieten als abstrakte Sicherheiten ein vielfältiges
Spektrum der Verpflichtung von Kreditinstituten gegenüber Dritten (vgl. von Hagen und von Stein 2000, S. 779). Durch Avale werden häufig andere Sicherungs-
leistungen ersetzt, welche die Liquidität des Avalkreditnehmers belasten würden.

Bankbürgschaften können z. B. in Form von **Zoll- und Steuerbürgschaften** gegenüber den entsprechenden Behörden gestellt werden, wenn der Steuer- bzw. Zollpflich-
tige von den Behörden einen Aufschub für die geschuldeten Beträge erlangen möchte.

Unternehmen, die ein hohes Frachtaufkommen bei der Bundesbahn haben, kön-
nen über ihre Bank die für den Transport der Güter anfallenden Gebühren über
Frachtstundungsbürgschaften gegenüber der Deutschen Verkehrs-Kredit-Bank
AG, die als Abrechnungsunternehmen der Bundesbahn fungiert, stunden lassen.

Im Rahmen einer **Bietungsgarantie** verpflichtet sich ein Kreditinstitut als Avalgeber für eine eventuelle Konventionalstrafe des Bieters einzustehen, falls dieser nach
Erhalt des Zuschlages im Rahmen einer Ausschreibung den Vertrag nicht oder zu
veränderten Konditionen annimmt.

Bei einer **Anzahlungsgarantie** verpflichtet sich der Avalgeber, dem Auftraggeber einer Leistung einen angezahlten Betrag zu erstatten, falls die Lieferung der Leistung nicht oder verspätet erfolgt.

Werden abgeschlossene Verträge nicht oder verspätet erfüllt, stellen **Leistungs- und Lieferungsgarantien** die Zahlung von Konventionalstrafen sicher.

Im Rahmen von **Gewährleistungsgarantien** steht der Avalgeber dafür ein, dass der Lieferant die Gewährleistung für die von ihm erbrachten Lieferungen und Leistungen übernimmt. Für den Lieferanten entfällt im Rahmen eines derartigen Gewährleistungsavals die Notwendigkeit, dem Abnehmer für die Gewährleistungsdauer eine Sicherheit in Geld zu stellen.

Avalkredite haben keine übliche Laufzeit. Es gibt sowohl kurzfristige Avalkredite als auch unbefristete Avalkredite, wobei letztere Form die Ausnahme ist. Die Avalprovision beträgt i. d. R. 1–2,5 % p. a. des vereinbarten Bürgschafts- bzw. Garantiebetrages. Bei niedrigen Beträgen wird meist eine Mindestgebühr verlangt.

3.2.2 *Langfristige Kredite*

Als langfristige Kredite werden Finanzierungsinstrumente bezeichnet, die eine Laufzeit von fünf Jahren übersteigen. Die wesentlichen Formen der langfristigen Kredite sind Abb. 3.24 zu entnehmen.

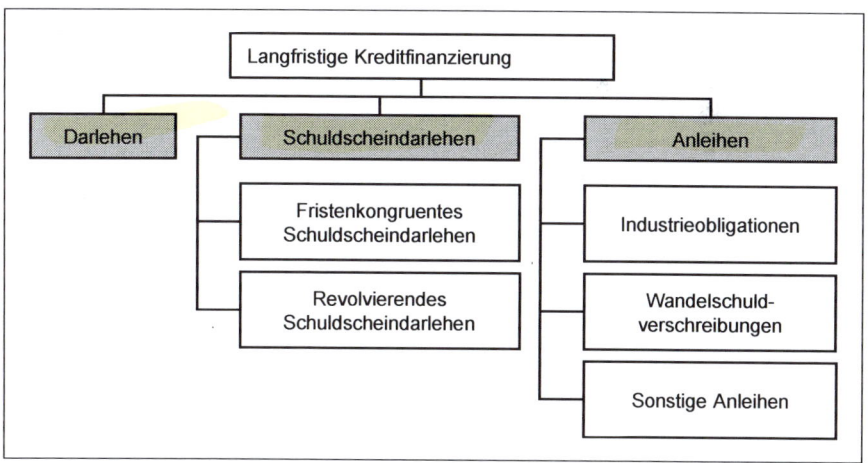

Abb. 3.24 Wesentliche Arten langfristiger Kredite (ohne Außenhandelskredite)

3.2.2.1 Darlehen

Das Darlehen ist Fremdkapital, das zur langfristigen Finanzierung bereitgestellt wird. Die einzelnen Darlehensarten unterscheiden sich hinsichtlich ihrer Kombination von Zins- und Tilgungszahlungen (vgl. Abb. 3.25):

- **Annuitätendarlehen**
  Die Annuität (jährliche Rate) bleibt im Zeitablauf immer gleich, wobei die Annuität aus zusammengefasster Zins- und Tilgungszahlung besteht. Am Anfang ist der Tilgungsanteil sehr niedrig und der Zinsanteil sehr hoch, während sich dieses Verhältnis am Ende der Laufzeit umkehrt, da die Zinsen jeweils auf die Restschuld berechnet werden und damit gegenüber dem Tilgungsanteil sinken.

- **Abzahlungsdarlehen**
  Beim Abzahlungsdarlehen bleiben die Tilgungsbeträge immer gleich hoch, während die Zinszahlung am Anfang sehr hoch ist, aber mit jedem Jahr geringer wird, weil sich das Restdarlehen durch die Tilgung stetig vermindert.

- **Festdarlehen**
  Beim Festdarlehen werden während der Laufzeit nur Zinsen gezahlt, wodurch die einzelnen Raten immer gleich bleiben. Der Darlehensbetrag wird auf einmal zum Ende der Laufzeit getilgt.

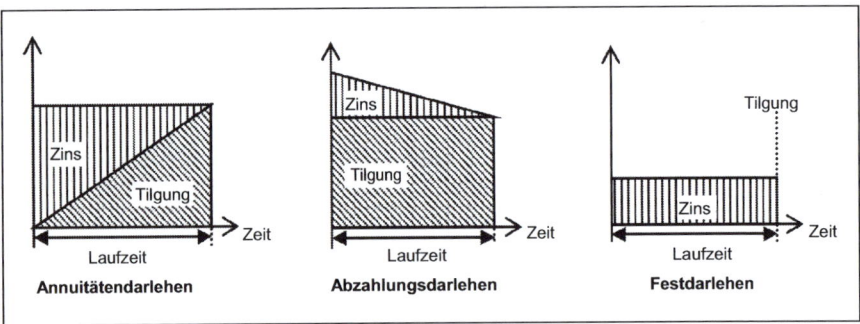

Abb. 3.25 Darlehensarten

Beispiel: Darlehensarten

Die Geschäftsbank AG ist bereit, der Impuls AG ein Darlehen von 200.000 EUR über eine Laufzeit von 5 Jahren zu gewähren. Der Zinssatz beträgt 10 %. Das Darlehen kann als Annuitätendarlehen, Abzahlungsdarlehen oder Festdarlehen gewährt werden. Der Impuls AG wird der Tilgungsverlauf der drei verschiedenen Darlehensarten zur Abstimmung mit den betrieblichen Erfordernissen vorgelegt.

Der Tilgungsplan für das Annuitätendarlehen stellt sich wie folgt dar.

Tilgungsplan für Annuitätendarlehen (EUR)					
Jahr	Restschuld Jahresanfang	Zinsen	Tilgung	Annuität	Restschuld Jahresende
1	200.000,00	20.000,00	32.759,40	52.759,40	167.240,60
2	167.240,60	16.724,06	36.035,34	52.759,40	131.205,26
3	131.205,26	13.120,53	39.638,87	52.759,40	91.566,39
4	91.566,39	9.156,64	43.602,76	52.759,40	47.963,63
5	47.963,63	4.796,36	47.963,04	52.759,40	0,59
Σ		63.797,59	199.999,41	263.797,00	

Die Annuität wird ermittelt, indem der Barwert des Darlehens mit dem Kapitalwiedergewinnungsfaktor multipliziert wird: 200.000 EUR × 0,263797 = 52.759,40 EUR. Die Restschuld von 0,59 EUR am Ende des Darlehens ergibt sich hier nur aufgrund von Rundungsdifferenzen.

Der Tilgungsplan des Abzahlungsdarlehens zeichnet sich durch gleichbleibende Tilgungsbeträge aus. Der Tilgungsbeitrag ergibt sich aus dem Quotienten von Barwert und Laufzeit: 200.000 EUR/5 = 40.000 EUR.

Tilgungsplan für Abzahlungsdarlehen (EUR)					
Jahr	Restschuld Jahresanfang	Zinsen	Tilgung	Jährlicher Rückzalungsbetrag	Restschuld Jahresende
1	200.000	20.000	40.000	60.000	160.000
2	160.000	16.000	40.000	56.000	120.000
3	120.000	12.000	40.000	52.000	80.000
4	80.000	8.000	40.000	48.000	40.000
5	40.000	4.000	40.000	44.000	0
Σ		60.000	200.000	260.000	

Beim Tilgungsplan für das Festdarlehen ergeben sich die zu zahlenden Raten nur aus den Zinsen, die hier 200.000 EUR × 0,10 = 20.000 EUR betragen.

Tilgungsplan für Festdarlehen (EUR)				
Jahr	Restschuld Jahresanfang	Zinsen	Tilgung	Restschuld Jahresende
1	200.000	20.000	0	200.000
2	200.000	20.000	0	200.000
3	200.000	20.000	0	200.000
4	200.000	20.000	0	200.000
5	200.000	20.000	200.000	0
Σ		100.000	200.000	

3.2.2.2   Schuldscheindarlehen

Schuldscheindarlehen unterscheiden sich von Darlehen durch die zusätzliche Ausgabe eines Schuldscheines an die Gläubiger. Dieser Schuldschein beinhaltet kein verbrieftes Recht, er beweist dem Gläubiger nur, dass der Schuldner das Geld bekommen hat. Schuldscheine können deshalb nicht an der Börse gehandelt werden. Die Fungibilität (Weiterverkaufsmöglichkeit) eines Schuldscheindarlehens ist entsprechend eingeschränkt. Heute wird häufig auf die Ausstellung des Schuldscheindokuments verzichtet, da sich die Kreditforderung grundsätzlich aus dem Darlehensvertrag ableitet, für den keine gesetzlichen Formvorschriften gelten (vgl. von Hagen und von Stein 2000, S. 773).

Die Darlehensgeber sind häufig Lebensversicherungsgesellschaften, aber auch öffentlich-rechtliche Institutionen, Banken, Sozialversicherungsträger und andere Kapitalsammelstellen. Insbesondere für nicht-emissionsfähige Unternehmen sowie kleine und mittlere Gesellschaften stellt das Schuldscheindarlehen eine attraktive Finanzierungsform dar, da die Mindestgröße bei der Platzierung lediglich 50.000 EUR beträgt (vgl. Schäfer 2002, S. 379) und dem Kreditnehmer die kosten- und zeitintensive Börsenzulassung, die mit der Begebung einer Anleihe verbunden wäre, erspart bleibt. Zudem ist beim Schuldscheindarlehen auch eine ratenweise Inanspruchnahme des Kredits möglich, wodurch eine hohe Flexibilität bei der Finanzierung erreicht wird (vgl. Perridon und Steiner 2007, S. 407).

Voraussetzung für die Ausgabe eines Schuldscheindarlehens ist eine einwandfreie Bonität des Schuldners und die Besicherung z. B. durch Grundpfandrechte, Negativklausel oder öffentliche Bürgschaften. Die Qualität der Besicherung ist entscheidend für die Deckungsstockfähigkeit des Darlehens.

Die **Deckungsstockfähigkeit** ist generell Voraussetzung dafür, dass Versicherungsunternehmen als Schuldscheindarlehensgeber auftreten. Der **Deckungsstock** ist ein Sondervermögen, das z. B. von Lebens- und Krankenversicherungsgesellschaften zur Deckung der Verpflichtungen aus dem Versicherungsgeschäft zu bilden ist und besonderem gesetzlichen Schutz unterliegt. Der Deckungsstock wird getrennt vom sonstigen Vermögen des Versicherers verwaltet. Die Anlagewerte werden in einem Deckungsstockverzeichnis einzeln aufgeführt, sind in einem Konkursfall nicht pfändbar und müssen den Richtlinien der BaFin (Bundesanstalt für Finanzdienstleistungsaufsicht) entsprechen. Die Prüfung der Deckungsstockfähigkeit ist im Versicherungsaufsichtsgesetz (VAG) geregelt. Die Prüfung der Deckungsstockfähigkeit und des prozentual maximal erlaubten Anteils eines Schuldscheindarlehens am Deckungsstock obliegt den Versicherungen gemäß § 54a II VAG überwiegend selbst (vgl. Perridon und Steiner 2007, S. 406).

Schuldscheindarlehen können neben der Unterscheidung nach Tilgungs- und Zinszahlungen auch nach der Laufzeit des Darlehens im Vergleich zur Laufzeit des Kapitalbedarfs (fristenkongruenten gegenüber revolvierenden Schuldscheindarlehen) und nach der Verantwortung für die Darlehensaufbringung (indirekte gegenüber direkte Schuldscheindarlehen) abgegrenzt werden.

Beim **fristenkongruenten Schuldscheindarlehen** stimmt die Laufzeit des Schuldscheindarlehens mit der gewünschten Nutzungsdauer des Kapitals überein. Bei dieser Form geht der Kapitalgeber ein Fristenrisiko ein, da er auf lange Sicht sowohl das Zinsänderungsrisiko trägt als auch die Gefahr von Bonitätsschwankungen des Schuldners. Daher ist die Verzinsung eines fristenkongruenten Schuldscheindarlehens höher als die des revolvierenden Schuldscheindarlehens.

Beim **revolvierenden Schuldscheindarlehen** ist die Laufzeit des Schuldschein-darlehens kürzer als die gewünschte Nutzungsdauer des Kapitals durch den Kredit-nehmer, daher wird üblicherweise mit der Fälligkeit eines Schuldscheindarlehens sofort ein neues vereinbart. Da die Laufzeit zum Erhalt der Deckungsstockfähigkeit nicht mehr als 15 Jahre betragen darf, ist dies die am häufigsten anzutreffende Form eines Schuldscheindarlehens. Zudem bietet das revolvierende Schuldscheindarle-hen eine höhere Sicherheit für den Kapitalgeber, da die Bonität des Schuldners und die Entwicklung der Kapitalmarktzinsen überschaubarer bleiben.

Beim **indirekten Schuldscheindarlehen** übernimmt ein Vermittler, ein Finanz-makler oder ein Kreditinstitut, die Suche nach einem oder nach mehreren Kapital-gebern und prüft die Bonität des Darlehensnehmers. Dabei kann der Vermittler das Platzierungsrisiko übernehmen. Folgende Formen werden hierbei unterschieden:

- **Mit Festübernahme**, d. h. der Vermittler tritt als Kapitalgeber auf, übernimmt das Risiko der nachfolgenden Platzierung des Schuldscheindarlehens bis zur Kapitalbe-reitstellung und tritt dann die Forderung an die Kapitalsammelstelle als endgültigen Gläubiger ab. Eine weitere Form der Festübernahme ist das Refinanzierungsdar-lehen, dabei übernimmt der Vermittler die Aufgabe des Kreditgebers nicht nur wäh-rend der Platzierung des Schuldscheindarlehens, sondern für die gesamte Laufzeit.

- **Ohne Festübernahme**, d. h. der Vermittler trägt keine Haftung für die Platzie-rung des Schuldscheindarlehens.

Beim **direkten Schuldscheindarlehen** wird das Schuldscheindarlehen direkt zwi-schen Kapitalsammelstelle (Kapitalgeber) und Kreditnehmer vereinbart. Die unter-schiedlichen Formen des Schuldscheindarlehens kommen auch in Kombination vor. Es gibt sowohl indirekte als auch direkte fristenkongruente Schuldscheindarlehen und sowohl direkte als auch indirekte revolvierende Schuldscheindarlehen, wobei die indirekte Aufnahme von Schuldscheindarlehen überwiegt.

3.2.2.3 Anleihen

Bei Anleihen handelt es sich um langfristige Darlehen in verbriefter Form, bei denen sich der Aussteller zur Rückzahlung einer bestimmten Geldsumme, i. d. R. der aufgenommene Betrag, und zu laufenden Zinszahlungen verpflichtet.

Da bei Anleihen üblicherweise sehr hohe Gesamtbeträge aufgenommen werden, erfolgt eine Stückelung in **Teilschuldverschreibungen**, die beispielsweise auf Be-träge über 100 EUR lauten können. Diese sind an der Börse frei handelbar und wei-sen eine hohe Fungibilität auf, da nicht nur eine Kapitalsammelstelle (Gläubiger), sondern der gesamte Kapitalmarkt als Kapitalgeber auftreten kann. Der Vorteil liegt vor allem darin, dass das Risiko, das von einer Bank im Rahmen eines Gesamtdar-lehens oft nicht getragen werden kann, im Rahmen von Teilschuldverschreibungen von mehreren Investoren getragen wird.

Als Anleihe werden folgende Wertpapierarten bezeichnet:

- Fest- und variabelverzinsliche Wertpapiere (Bonds),

- Schuldverschreibungen,

- Rentenpapiere,

- Obligationen.

Die Ausgabe einer Anleihe kann pari (Ausgabepreis gleich Nennbetrag), unter pari (Ausgabepreis unter dem Nennbetrag) oder über pari (Ausgabepreis über dem Nennbetrag) erfolgen. Der Kurs einer Anleihe wird immer in Prozent ausgedrückt. Eine Ausgabe über pari führt zu einem Kurs der über 100 % des Nennbetrages liegt; eine Ausgabe unter pari führt entsprechend zu einem Kurs, der unter 100 % des Nennbetrages liegt. Wird eine Anleihe über pari herausgegeben, wird der Aufschlag **Agio** genannt und führt dazu, dass die Nominalzinsen höher ausfallen als beim Ausgabekurs gleich pari (= 100 % des Nennbetrages). Bei unter pari ist der Ausgabekurs unter 100 %. Der Abschlag wird **Disagio** genannt, wobei der Nominalzins niedriger als beim Ausgabekurs gleich pari ausfällt. In beiden Fällen gibt es entsprechende Differenzen zwischen dem Effektivzins und dem Nominalzins.

Anleihen können i. d. R. nur von Emittenten mit erstklassiger Bonität herausgegeben werden. Als Emittenten können auftreten:

- Öffentliche Hand (Staatsanleihen, Länderanleihen und Kommunalanleihen),

- Kreditinstitute (Bankanleihen, Kommunalobligationen und Pfandbriefe),

- private Unternehmen, wie große Aktiengesellschaften und vereinzelt GmbHs (Industrieobligationen mit/ohne Sonderrechte).

Auch wenn es sich um erstklassige Emittenten handelt, müssen Banken und private Unternehmen besondere Sicherheiten aufweisen. Banken dürfen nur bis zu einer bestimmten Höhe ihres Eigenkapitals Anleihen ausgeben. Private Unternehmen sichern ihre Anleihen durch **Grundpfandrechte** (durch Eintragung einer Grundschuld ins Grundbuch über einen Notar), durch **Bürgschaften** oder durch eine sogenannte **Negativklausel** (vertragliche Verpflichtung, künftig keine Belastungen von Vermögensteilen zu Gunsten anderer Gläubiger vorzunehmen bzw. die Verpflichtung, die Anleihe gegenüber anderen Verbindlichkeiten hinsichtlich der Tilgung bevorzugt zu behandeln) ab (vgl. Olfert und Reichel 2005, S. 322 ff.).

Grundsätzlich besteht eine Anleihe aus einem **Mantel**, der die eigentliche Schuldurkunde mit allen Informationen, wie z. B. Laufzeit und Nominalverzinsung beinhaltet, und einem **Bogen**, der aus Zinskupons (mit denen der Zinsbetrag zu jedem Zinstermin eingelöst wird) und einem Erneuerungsschein (mit dem nach Ablauf aller vorhandenen Zinskupons neue zu bekommen sind) besteht.

Neben der Verzinsung der Anleihe entstehen für die Emittenten weitere Kosten, die in einmalige Kosten und in laufende Kosten unterschieden werden. Die einmaligen Kosten sind von der Art der Emission abhängig. Bei einer Fremdemission durch ein Bankenkonsortium übernimmt das Konsortium alle Verwaltungsaufgaben während der Emission, wofür der Emittent die Börseneinführungsprovision, die Börsenzulassungsgebühr sowie Druck- und Veröffentlichungskosten tragen muss. Dabei ist zu unterscheiden zwischen einem **Platzierungskonsortium**, das nur die Emission, aber nicht die Garantie für eine vollständige Platzierung übernimmt, und einem **Übernahmekonsortium**, das dem Emittenten den Nominalbetrag der Emission abzüglich der Kosten überweist und die Platzierung auf eigenes Risiko betreibt. Im letzteren Falle verlangt das Bankenkonsortium höhere Gebühren als bei einem Platzierungs-konsortium. Die Emissionskosten können bis zu 6 % der Anleihenhöhe betragen. Demgegenüber kann der Emittent durch eine Selbstemission die einmaligen Kosten um die Hälfte verringern, wobei allerdings die Gefahr besteht, dass die vollständi-ge Unterbringung auf dem Kapitalmarkt fehlschlägt, weil potentielle Kapitalgeber nicht erreicht werden. Um diese Gefahr zu mindern, werden Anleihen zunehmend über das Internet emittiert. Die laufenden Kosten beinhalten insbesondere die Zins-zahlungen, aber auch Aufwendungen für die Kurspflege (Aufkauf von eigenen An-leihen, um Kurspflege zu betreiben) oder die Kuponeinlösungskosten (Vermittlungs-gebühren an die Banken, um die Zinskupons anzunehmen und weiterzuleiten), sowie weitere spezifische Kosten in Abhängigkeit von den vereinbarten Sonderrechten.

Beispiel: Kauf einer Anleihe

Ein Anleger kauft am 10.01.2002 eine Anleihe im Wert von 100.000 EUR mit einem Nominalzins von 6 % und hält sie bis zur Fälligkeit am 10.01.2012. Zum Zeitpunkt des Kaufes beträgt der Marktzins für vergleichbare Anleihen ebenfalls 6 %, daher erhält der Anleger die Anleihe zu einem Kurs von 100 %. Die Anleihe wird zu 100 % zurückgezahlt und die Zinszahlungen erfolgen jeweils zum 10.01. jeden Jahres.

$$\text{Kurs} = \frac{\frac{Rn \cdot N}{100}}{\left(1 + \frac{Pm}{100}\right)^n} + \sum_{t=1}^{n} \frac{Pn \cdot N}{100 \cdot \left(1 + \frac{Pm}{100}\right)^t}$$

Kurs = der Barwert der Rückzahlung + Summe der Barwerte der jährlichen Zinszahlungen
Pn = Nominalzins = 6 %
Pm = Marktzins = 6 %
N = Nominalwert = 100.000 EUR (Kurs von 100 %)
Rn = Rückzahlungskurs = 100 %
n = Restlaufzeit der Anleihe = 10 Jahre (10.01.2002 bis 10.01.2012)

Am Tag des Kaufs erhöht die EZB überraschend die Zinsen um 0,5 %, der Markt-zins steigt infolgedessen ebenfalls sprunghaft an.

Es bleiben alle Variablen bis auf den Marktzins (Pm) unverändert. Es wird ange-nommen, dass sich die Zinsentscheidung sofort und im vollen Umfang auf den Kapitalmarkt auswirkt.

Pm = Marktzins = 6,5 %

$$\text{Kurs} = \frac{\frac{100\% \cdot 100.000€}{100}}{\left(1 + \frac{6,5\%}{100}\right)^{10}} + \sum_{t=1}^{10} \frac{6\% \cdot 100.000€}{100 \cdot \left(1 + \frac{6,5\%}{100}\right)^t} = 96,4056$$

Das bedeutet, beim Kauf würde der Anleger 3,6 % weniger bezahlen müssen bzw. um (100/96,4056 – 1) · 100 % = 3,728 % mehr Anteile kaufen können. Anderseits entsteht dem Anleger ein Verlust von 3,6 %, falls er die Anleihe schon vor der Zinsentscheidung gekauft hat.

3.2.2.3.1 Industrieobligationen

Der Begriff Industrieobligationen wird für alle Schuldverschreibungen von privaten Unternehmen verwendet, da der Anteil der Emissionen aus dem industriellen Bereich bei weitem die Anteile anderer Branchen übertrifft.

Die Kosten und die Emissionsmöglichkeiten entsprechen denen aller Anleihen. Bei den Kosten ist jedoch zu berücksichtigen, dass bei privaten Unternehmen die Bonität sehr stark schwanken kann und dass die Anleger bei einer verschlechterten Bonität eine höhere Rendite (Effektivverzinsung) erwarten, um ein Entgelt für das größere Risiko zu erhalten. Das kann zu einem fallenden Kurs einer Anleihe führen, es sei denn, der Emittent erhöht die Nominalverzinsung, wodurch ihm allerdings höhere laufende Kosten entstünden. Entsprechend kann sich eine verbesserte Bonität auch positiv für ein Unternehmen auswirken, wenn die Nominalverzinsung gesenkt wird. Dies ist in der Praxis aber unüblich, wenn es das Unternehmensziel ist, zufriedene Anleger zu halten, die gegebenenfalls auch bereit sind, weitere Anteile an Emissionen neuer Anleihen des Unternehmens zu erwerben. Daher wird i. d. R. der Kurs der Anleihe steigen.

3.2.2.3.2 Wandelschuldverschreibungen

Bei den Wandelschuldverschreibungen (Convertible Bonds) handelt es sich um Industrieobligationen, die zusätzlich zu den Rechten normaler Obligationen das Recht auf Umtausch der Schuldverschreibungen in Aktien beinhalten. Für die Ausgabe von Wandelobligationen ist ein entsprechender Beschluss der Hauptversammlung mit einer 3/4 Mehrheit des Grundkapitals notwendig, da zur Wahrung des Umtauschrechtes eine bedingte Kapitalerhöhung gemäß §§ 218, 221 AktG vorzunehmen ist. Da es sich um eine indirekte Ausgabe von neuen Aktien handelt, haben die Altaktionäre ein gesetzliches Bezugsrecht auf die Wandelobligationen (vgl. Abb. 3.26).

Die wichtigsten Merkmale einer Wandelschuldverschreibung	
Merkmale identisch zur Industrieobligation	• Zinstermine • Besicherung • Zinssatz • Laufzeit
Besondere Merkmale der Wandelobligation	• Wandlungsverhältnis (für wie viele Schuldverschreibungen erhält man eine Aktie) • Zuzahlungen bei Wandlung (abhängig von dem Wandlungszeitpunkt) • Umtauschfrist (erster und letzter Wandlungszeitpunkt)

Abb. 3.26 Die wichtigsten Merkmale einer Wandelschuldverschreibung. (Quelle: Vgl. Perridon und Steiner 2007, S. 390 f.)

Inhabern von Wandelschuldverschreibungen droht generell die Gefahr der Kapitalverwässerung. Durch weitere Kapitalmaßnahmen des Emittenten, z. B. Kapitalerhöhungen, hohe Dividendenausschüttungen, Fusionen oder Liquidationen kann der Wert des Optionsrechts verwässert werden, wenn dadurch die Aktienkurse sinken oder die Besitzverhältnisse sich ändern (vgl. Schäfer 2002, S. 227). Während den Inhabern von Wandelschuldverschreibungen für die Auswirkungen von Fusionen, Liquidationen und hohen Dividendenausschüttungen überwiegend kein vertraglicher Schutz gewährt wird, sind bei Kapitalerhöhungen vertragliche Vereinbarungen zum Schutz vor Kapitalverwässerung üblich. Bei einer Kapitalerhöhung aus Gesellschaftsmitteln besteht durch die Bestimmung des § 218 AktG, dass das bedingte Kapital in gleichem Umfang wie das Grundkapital zu erhöhen ist, ein gesetzlicher Schutz der Wandelobligationäre vor Kapitalverwässerung, sofern die vereinbarten Zuzahlungen den veränderten Bedingungen angepasst werden. In Abb. 3.27 werden die Industrieobligation und das Schuldscheindarlehen gegenübergestellt.

Merkmal	Industrieobligation	Schuldscheindarlehen
Aussteller	Emissionsfähige Unternehmungen, wie große Aktiengesellschaften und vereinzelt GmbHs	Bedeutende Unternehmungen unabhängig von ihrer Rechtsform, soweit sie den Sicherheitsanforderungen (z.B. Einhaltung bestimmter Bilanzrelationen) genügen
Genehmigung	Nicht erforderlich	Im Rahmen der Deckungsstockfähigkeit Prüfung notwendig
Schuldurkunde	Wertpapiere, gestückelt in einheitlichen Teilbeträgen, wie z.B. 100 Euro und damit frei handelbar an der Börse	Der Schuldschein bestätigt, dass der Schuldner das Geld empfangen hat, besitzt kein verbrieftes Recht, d.h. das Schuldverhältnis bleibt ohne Schuldschein gültig
Fungibilität	Hoch, besteht aus standardisierten Wertpapieren und damit Handel an der Börse möglich	Niedrig, da als ein Kredit anzusehen und somit nur in Form einer Forderungsabtretung u.ä. zu veräußern
Kreditgeber	Private und institutionelle Kapitalanleger	Kapitalsammelstellen, wie Banken, Versicherungen, Sparkassen, Bausparkassen, Sozialversicherungsträger
Tilgung	Tilgungsplan festgelegt, darüber hinaus jedoch freihändiger Rückkauf über die Börse möglich; im allgemeinen nach Ablauf der tilgungsfreien Zeit Kündigungsmöglichkeit des Schuldners vorgesehen	Tilgung nach Darlehensvertrag, freihändiger Rückkauf nicht möglich; im Vertrag kann ein Kündigungsrecht des Gläubigers vorgesehen sein
Laufzeit	Zwischen 10 und 20 Jahren	Bis maximal 15 Jahre, wegen der Deckungsstockfähigkeit
Sicherstellung	Grundschulden ohne Zwangsvollstreckungsklausel und bei Unternehmen mit sehr guten Emissions-Standing auch durch die Negativklausel	Briefgrundschulden mit Zwangsvollstreckungsklausel
Publizität	Publizitätspflicht für Schuldner	Keine Publizitätspflicht
Einmalige Kosten	Bei der Platzierung der Anleihe 4% - 5% des Nominalbetrages	Bei der Platzierung 1% - 2% des Nominalbetrages
Laufende Kosten	Zins abhängig vom Kapitalmarkt und zusätzliche Kurspflegekosten sowie Kosten für die Zinscoupons u.a. insgesamt 1% - 2% des Nominalbetrages jährlich	Laufende Nebenkosten sind nur die Zinsen, die 0,25% bis 0,5% über den vergleichbaren Anleihezinsen liegen

Abb. 3.27 Vergleich Industrieobligation und Schuldscheindarlehen anhand ausgewählter Merkmale. (Quelle: Vgl. Perridon und Steiner 2007, S. 408 f.)

Optionsschuld-verschreibungen (Warrants)	Der Unterschied zu Wandelschuldverschreibungen besteht darin, dass beim Ausüben der Option die Anleihe weiter bestehen bleibt. Dabei sind zwei Formen üblich: • Die Optionsschuldverschreibungen mit einer Option auf Anleihen (Interest Warrants, Bond Warrants) • Die Optionsschuldverschreibungen mit der Option auf Aktien (Stock Warrant Bonds). Eine weitere Besonderheit der Optionsschuldverschreibungen ist, dass die Option sowohl getrennt, als auch zusammen mit der Anleihe gehandelt werden kann. Aus diesem Grund kann es drei verschiedene Kurse an der Börse geben: • Der Kurs der Anleihe inklusive der Option • Der Kurs der Anleihe ohne die Option • Der Kurs der Option alleine.
Gewinnschuld-verschreibungen	Dies sind Industrieobligationen mit einer variablen Verzinsung, die von der Dividende abhängt, wobei der Obligationär nur Gläubiger ist. Es existieren zwei Formen: • Es wird ein Grundzins gewährt und der Zusatzzins ist von der Höhe der Dividende abhängig • Der gesamte Zins hängt von der Höhe der Dividende ab, dabei kann es vorkommen, dass kein Zins gezahlt wird.
Nullkuponanleihen (Zerobonds)	Dies ist eine sehr attraktive Anlageform, da die Zinsen nicht direkt ausgezahlt werden, sondern eine Verrechnung im Kurs erfolgt, es entsteht ein Zinseszinseffekt. Dabei werden zwei Formen unterschieden: • Die Zuwachsanleihe oder der Zinssammler, wobei die Ausgabe zu 100% erfolgt und die Rückzahlung zu über 100%. Beispiel: Rendite = 10%; Laufzeit = 10 Jahre => Rückzahlungskurs = 259,37% $$((1+\frac{10}{100})^{10} \cdot 100\%)$$ • Echte Nullkuponanleihe, wobei der Ausgabekurs unter 100% liegt und die Rückzahlung zu 100% erfolgt. Beispiel: Rendite = 10%; Laufzeit = 10 Jahre => Ausgabekurs = 38,55% $$((1-\frac{10}{100})^{10} \cdot 100\%)$$
Anleihen mit variabler Verzinsung (Floating Rate Notes)	Der wesentliche Unterschied zu festverzinslichen Anleihen besteht darin, dass die Zinssätze i.d.R. für die folgenden 3 bzw. 6 Monate festgelegt werden. Dieser Zins wird an einen Referenzzinssatz gekoppelt, wie z.B. den LIBOR oder den EURIBOR. Dies sind Zinssätze, die täglich festgelegt werden, indem eine Gruppe größerer Banken ihre eigenen Zinssätze angibt, aus denen dann ein Durchschnittszins für unterschiedliche Laufzeiten gebildet wird.
Doppelwährungs-anleihen (Multi-Currency Notes)	Der wesentliche Unterschied zu sonstigen Anleihen besteht darin, dass Ausgabe, Rückzahlung und Zinszahlungen in unterschiedlichen Währungen stattfinden. Dabei liegt der Zinssatz zwischen den Kapitalmarktzinssätzen der jeweiligen Währungen. Im Euro-Raum ist die Ausgabe und Zinszahlung in € und die Rückzahlung in US-$ üblich. Eine ähnliche Form ist die *Währungsoptionsanleihe*, hier wählt der Anleger aus mehreren Währungen die Rückzahlungswährung aus.

Abb. 3.28 Überblick über neuere Anleiheformen. (Quelle: Vgl. Perridon und Steiner 2007, S. 395 ff.)

Wandelobligationen bieten dem Emittenten folgende Vorteile (vgl. Perridon und Steiner 2007, S. 392):

• Möglichkeit der Kapitalbeschaffung auch bei erschwerten Finanzierungsbedingungen,

• günstigerer Zinssatz als bei vergleichbaren Anleihen durch die Gewährung von Umtauschrechten,

• Erzielung eines über den aktuellen Marktbedingungen liegenden Ausgabekurses für die jungen Aktien, bei Akzeptanz der Wandlungsbedingungen durch die Marktteilnehmer.

Nachteile können sich für den Emittenten allerdings daraus ergeben, dass der Umfang der Wandlungsnutzung unsicher ist, und damit auch die zukünftige Eigenkapitalaufnahme. Verschlechtern kann sich auch die Beziehung zu den Altaktionären des Unternehmens, da sowohl bei Ausgabe als auch bei Wandelung der Schuldverschreibungen die Performance des Aktienkurses deutlich gedrückt werden kann.

3.2.2.3.3 Sonstige Anleihen

Auf dem Markt existieren weitere neuere Formen von Anleihen, von denen einige in Abb. 3.28 dargestellt werden. Diese Anleihen können wie Wandelschuldverschreibungen das Recht zum Bezug von Aktien oder Anleihen beinhalten, wobei die Bezugsrechte und die Anleihen auch getrennt handelbar sind. Teilweise werden, wie z. B. bei Doppelwährungsanleihen, unterschiedliche Währungen bei der Ausgabe und bei der Rückzahlung der Anleihen vereinbart. Weitere Formen unterscheiden sich in der Art der Zinszahlungen.

3.2.3 Außenhandelskredite

Gegenüber den nationalen Kreditarten ergeben sich für Kreditgeber im Außenhandelsgeschäft erhebliche Absicherungsprobleme. Zur Erleichterung und Beschleunigung des internationalen Handels- und Zahlungsverkehrs dienen spezielle Außenhandelskredite (vgl. Abb. 3.29). Bei der Finanzierung von Import und Exportgeschäften mit Konsumgütern bzw. kurzlebigen Gebrauchsgütern werden **kurzfristige Außenhandelskredite** mit einer Laufzeit von bis zu 12 Monaten genutzt. Dabei besteht häufig eine enge Verknüpfung zwischen der Zahlungs- bzw. Leistungssicherung und der Finanzierung. Überwiegend erfolgt in diesem Bereich eine entsprechende Unterstützung durch die Hausbanken oder speziellen Exportbanken des Importeurs bzw. Exporteurs. Im Handel mit Investitions- und Anlagegütern erfolgt die Finanzierung i. d. R. über die Nutzung von **langfristigen Außenhandelskrediten**. Im Rahmen dieser Kredite kommt der staatlichen Exportförderung eine besondere Bedeutung zu. Neben den Geschäftsbanken nehmen in diesem Bereich die **Kreditanstalt für Wiederaufbau (KfW)** und die **AKA Ausfuhrkredit-Gesellschaft mbH** Aufgaben wahr. Häufig erfolgt bei langfristigen Außenhandelsfinanzierungen eine Risikostreuung durch Bildung eines Konsortiums mehrerer Kreditinstitute.

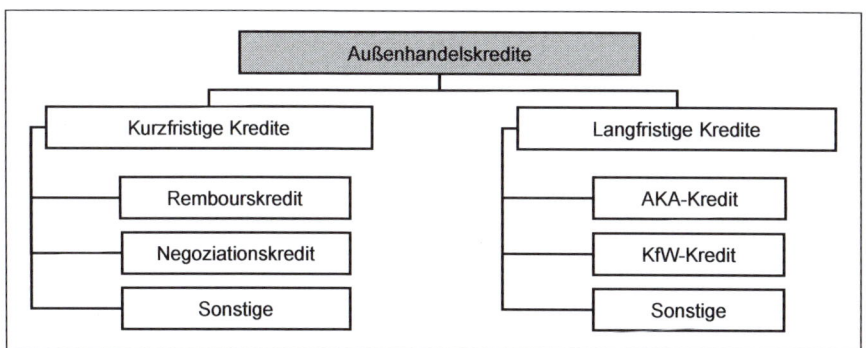

Abb. 3.29 Überblick über die Kredite im Außenhandel

3.2.3.1 Kurzfristige Außenhandelskredite

Die kurzfristigen Außenhandelskredite kommen ausschließlich durch die Einbindung einer Bank des Importeurs und einer Bank des Exporteurs zustande. Dabei wird unterschieden zwischen Bevorschussung von Dokumenten, Zessionskrediten und besonderen Formen von Wechselkrediten. Im Folgenden sollen ausschließlich die Wechselkreditformen wie Rembourskredit und Negoziationskredit behandelt werden.

3.2.3.1.1 Rembourskredit

Der Rembourskredit findet Anwendung, wenn dem Exporteur die Bonität des Importeurs unbekannt ist, bzw. unsicher erscheint. Dieser Kredit ist dem Grunde nach ein Akzeptkredit, unterscheidet sich aber von diesem dadurch, dass er durch Dokumente gesichert wird. Der Exporteur übergibt die veräußerten Güter dem beauftragten Spediteur und erhält dafür die Transportdokumente. Anschließend zieht der Exporteur einen Wechsel, der von der Remboursbank bei Vorlage der ordnungsgemäßen Dokumente akzeptiert wird. Die Remboursbank kann die Hausbank des Exporteurs, aber auch die Bank des Importeurs oder eine dritte Bank mit hoher Bonität sein. Das Bankakzept kann vom Exporteur zum Diskont eingereicht werden. Der Vorteil des Rembourskredites liegt darin, dass der Importeur die erstandenen Güter erst am Ende der Wechsellaufzeit bezahlen muss, der Exporteur hingegen durch die Diskontierung des Wechsels frühzeitig sein Geld erhält.

Der Nachteil dieser Art der Finanzierung liegt darin, dass sie nur mit großem zeitlichem Aufwand zu erzielen ist. Daher ist diese Kreditart für eine schnelle und laufende Geschäftsabwicklung mit ausländischen Kunden nicht geeignet. Der Rembourskredit hat dadurch in den letzten Jahren erheblich an Bedeutung verloren.

3.2.3.1.2 Negoziationskredit

Der Negoziationskredit stellt eine Sonderform des Wechsels dar, die im Wesentlichen mit dem Rembourskredit übereinstimmt. Jedoch ist diese Form des Außenhandelskredites leichter und schneller abzuwickeln als der Rembourskredit. Es werden im engeren Sinne zwei Formen unterschieden:

Authority to Purchase: Bei dieser Form wird der Wechsel direkt auf den Importeur gezogen, wobei die Bank des Importeurs die Bank des Exporteurs ermächtigt, den Wechsel mit den Dokumenten aufzukaufen und der Importbank zu belasten. Nur der Importeur haftet damit als Hauptschuldner aus dem Wechsel.

Order to Negotiate: Hierbei beauftragt die Bank des Importeurs die Bank des Exporteurs, auf sie einen Wechsel zu ziehen und ihr diesen mit den Dokumenten zu übersenden. Die Importbank ist damit aus dem Wechsel verpflichtet.

Die Vorteile des Negoziationskredites gegenüber dem Rembourskredit liegen neben der schnelleren Abwicklung insbesondere in den damit verbundenen geringeren Kosten.

3.2.3.1.3 Sonstige kurzfristige Außenhandelskredite

Neben diesen speziellen Formen kurzfristiger Kredite im Außenhandel wird auch der Kontokorrentkredit genutzt, wobei die Absicherung durch die Abtretung der Exportforderung erfolgt. Anwendung finden auch der Wechsel- und der Akzeptkredit sowie das Factoring (vgl. Kap. 4.2).

Zudem werden **Export- und Importvorschüsse** genutzt, bei denen Teile der Forderung des Exporteurs bzw. der Verbindlichkeit des Importeurs bevorschusst werden. Dabei kann der Exporteur die Exportforderung an die Bank abtreten. Der Importeur kann sich über einen Importvorschuss refinanzieren, wenn der Exporteur ihm die Transportdokumente andient und diese somit als Sicherheit übernommen werden können (vgl. Matschke und Olbrich 2000, S. 46 f.). Die Vorschüsse werden mit dem erfolgreichen Verkauf der Ware (Importeur) bzw. dem Eingang der Forderung (Exporteur) fällig.

3.2.3.2 Langfristige Außenhandelskredite

Langfristige Außenhandelskredite werden u.a. von staatlichen und internationalen Organisationen zur Exportförderung gewährt; in Deutschland von der Ausfuhrkredit-Gesellschaft mbH (**AKA**) und der Kreditanstalt für Wiederaufbau (**KfW**).

Die Notwendigkeit für eine staatliche Exportförderung in Deutschland ergibt sich aus der hohen Abhängigkeit der Wirtschaft von Exporten. Mit der Förderung oder auch Einschränkung des Handels mit bestimmten Ländern werden zudem auch außenpolitische Ziele verfolgt. Daraus ergeben sich folgende Leitlinien, die durch die Bundesregierung festgelegt wurden:

- „Unverändertes Festhalten an der grundsätzlichen Finanzierung der Exporte durch die kommerziellen Banken ohne Exportzinssubventionen,

- Überprüfung und Ausbau des Ausfuhrbürgschaftssystems in Richtung auf europäische Mittelwerte, wo immer dies zweckmäßig und möglich erscheint,

- intensive Bemühungen um eine weltweite Disziplin bei den Exportkreditkonditionen, wozu insbesondere Mindestzinsen, Mindestzahlungen und Tilgungslaufzeiten gehören" (von Hagen und von Stein 2000, S. 801).

Daraus folgen drei Arten der Exportförderung:

- **Direkte Förderung**, indem zinsgünstige Mittel über die Kreditanstalt für Wiederaufbau gewährt werden,

- **Werfthilfeprogramm**, dabei werden über die Kreditanstalt für Wiederaufbau Exportkredite bzw. Zinsausgleichsmaßnahmen für den Export von Schiffen gewährt, wobei auch Flugzeuge hieraus unterstützt werden,

- **indirekte Förderung** über die **HERMES**-Kreditversicherungs-AG, die im Auftrag des Bundes handelt und einen Versicherungsschutz für exportierende Unternehmen übernimmt.

Die langfristigen Außenhandelskredite werden unterschieden in Lieferantenkredit, Besteller- oder gebundener Finanzkredit und Forfaitierung.

3.2.3.2.1 AKA-Kredite

Die AKA (Ausfuhrkredit-Gesellschaft mbH) ist ein gesellschaftlicher Zusammenschluss von 28 deutschen Banken, die in der Exportfinanzierung tätig sind.

Bei AKA-Krediten handelt es sich um revolierende Refinanzierungsrahmen aufgeteilt in Plafonds A, C, D und E (vgl. Abb. 3.30). Der Plafonds A ist ein Lieferantenkredit, der nur Exporteuren zusteht, wobei deren Banken eine Beteiligung an der AKA aufweisen müssen. Die restlichen Plafonds sind ausschließlich für Importeure bzw. deren Banken im Ausland bestimmt und sind somit Bestellerkredite bzw. gebundene Finanzkredite. Die maximale Laufzeit der AKA-Kredite beträgt 10 Jahre.

Die Hermes Bürgschaft wird durch die HERMES-Kreditversicherungs-AG bereitgestellt. Dabei erfolgt jeweils eine Bewertung des Landes des Importeurs nach politischen und wirtschaftlichen Risiken. In der Regel wird ebenfalls die Wirtschaftslage des Importeurs bewertet. Anschließend wird die HERMES-Exportversicherung des Bundes gewährt, wobei die Kosten von der ermittelten Risikoklasse abhängen (vgl. von Hagen und von Stein 2000, S. 802 ff.).

Plafonds		A
Laufzeit	Mindestens	12 Monate
	Maximal	5 Jahre
Kreditart		Lieferantenkredit, sowohl für die Produktion als auch für Forderungen aus Lieferungen und Leistungen. Dabei werden mehrere Geschäfte zusammen abgesichert (Globalkredit).
Selbstbeteiligung		10-15% Eigenbeteiligung des Exporteurs
Absicherung		Es müssen alle Exportforderungen an die AKA abgetreten werden (Globalzession). Dabei hat der Exporteur nachzuweisen, dass der Nennwert der abgetretenen Forderungen 130% des Kreditbetrages erreicht.
Kosten		Die Zinsen entsprechen dem aktuellen Geld- und Kapitalmarktzins. Zusätzlich fallen Kosten für den Zeitraum von der Kreditzusicherung bis zur Auszahlung in Höhe von 0,25% p.a. des Kreditbetrages an.
Plafonds		C
Laufzeit	Mindestens	Keine
	Maximal	5 Jahre
Kreditart		Bestellerkredit, der für den ausländischen Importeur bzw. dessen Hausbank durch den Exporteur beantragt wird. Die Auszahlung an den Exporteur erfolgt nach jeder Teillieferung. Die Rückzahlung wird in Halbjahresraten, ab erfolgter Lieferung, durch den Importeur getätigt.
Selbstbeteiligung		Rd. 15% Eigenbeteiligung des Exporteurs. Der Kredit beträgt damit i.d.R. rd. 85% des Auftragswertes.
Absicherung		Durch eine HERMES-Exportversicherung des Bundes. Der Exporteur übernimmt die Haftung für nicht durch HERMES gedeckte Risiken.
Kosten		Die Zinsen entsprechen dem aktuellen Geld- und Kapitalmarktzins. Zusätzlich fallen Kosten für den Zeitraum von der Kreditzusicherung bis zur Auszahlung in Höhe von 0,25% p.a. des Kreditbetrages und 0,2% Bearbeitungsgebühren für den gesamten Kreditbetrag an.
Die Plafonds D und E sind ähnlich dem Plafonds C. Im Unterschied zu Plafonds C erfolgt bei Plafonds D die Zinszahlung immer mit variabler Verzinsung und halbjährlicher Anpassung. Beim Plafonds E übernimmt die Hausbank des Exporteurs 85-90% des Kredites.		

Abb. 3.30 Unterschiede zwischen den vier Plafonds des AKA-Kredites. (Quelle: vgl. Perridon und Steiner 2007, S. 410 ff.)

3.2.3.2.2 KfW-Kredite

Die Kreditanstalt für Wiederaufbau (KfW) hat folgende Aufgaben (vgl. u. a. Olfert und Reichel 2005, S. 335):

- Nationale Kreditförderung insbesondere für kleine und mittelständische Unternehmen im Rahmen verschiedener Förderungsprogramme,

- Finanzierung internationaler Förderungsprogramme, beispielsweise durch Mittel des ERP-Programmes (European Recovery Program) sowie

- die Außenhandelsfinanzierung.

Die Kredite zur Außenhandelsfinanzierung entsprechen im Wesentlichen dem Plafonds C-Kredit der AKA. Bei den KfW-Krediten gelten jedoch bestimmte Bedingungen (vgl. von Hagen und von Stein 2000, S. 811; Olfert und Reichel 2005, S. 335):

- Zu Grunde liegendes Exportgeschäft mit einem Entwicklungsland,

- ausschließlich für Investitionsgüter sowie die dazugehörigen Lieferungen und Leistungen,

- Risikoabdeckung durch die HERMES-Kreditversicherungs-AG

- Mindestlaufzeiten der Kredite:
  - 5 Jahre (Jahresumsatz des Unternehmens bis 100 Mio. EUR),
  - 7 Jahre (Jahresumsatz des Unternehmens über 100 Mio. EUR).

Wie auch der Kredit nach Plafonds C der AKA wird der KfW-Kredit nur als Bestellerkredit, d. h. an den ausländischen Importeur bzw. dessen Hausbank vergeben, da dem Exporteur mit der AKA bzw. mit seiner Hausbank ausreichende Finanzierungsmöglichkeiten zur Verfügung stehen.

3.2.3.2.3 Forfaitierung

Eine weitere Finanzierungsform ist der regresslose Verkauf (Forfaitierung) von Wechsel- und Auslandsforderungen an spezielle Finanzinstitute, die mit dem Ankauf das wirtschaftliche und politische Risiko übernehmen, nicht aber das rechtliche Risiko, für das der Exporteur einsteht (vgl. Gräfer et al. 2001, S. 280).

Bei der **Forfaitierung** werden zwar wie beim Factoring Forderungen abgetreten. Im Gegensatz zum Factoring werden aber zum einen überwiegend Forderungen mit mittel- und langfristiger Laufzeit finanziert, zum anderen werden auch einzelne Forderungen übernommen.

Unter der Begriffsbezeichnung Forfaitierung werden neben der Finanzierung im Außenhandel auch inländische Finanzierungsmodelle geführt, bei denen eine Zusammenführung von öffentlicher Hand und Privatwirtschaft erfolgt.

4 Innenfinanzierung

4.1 Grundlagen der Innenfinanzierung

Innenfinanzierung bedeutet, dass bereits im Unternehmen vorhandenes Kapital oder Vermögen für andere finanzwirtschaftliche Zwecke eingesetzt wird. Dabei wird aus den Betriebs- und Umsatzprozessen notwendiges Kapital für betriebsnotwendige Verwendungen zur Verfügung gestellt. Die Innenfinanzierung geschieht durch betriebliche Desinvestitionen über die normalen Umsatzerlöse und durch sonstige Geldfreisetzungen (vgl. u. a. Perridon und Steiner 2007, S. 463; Däumler 2002, S. 403 ff.; Schäfer 2002, S. 457 ff.; Busse 1996, S. 332; Eilenberger 1997, S. 269 ff.).

Die Innenfinanzierung (vgl. Abb. 4.1) wird auch als interne Finanzierung oder Selbstfinanzierung im weiteren Sinne (Selbstfinanzierung im engeren Sinne + Finanzierung aus Abschreibungen + Finanzierung aus Rückstellungen + Finanzierung aus Veräußerungserlösen) bezeichnet. Wichtig ist dabei die Ergänzung „im weiteren Sinne", denn unter Selbstfinanzierung im engeren Sinne ist die Finanzierung aus realisierten Gewinnen (offene und stille Selbstfinanzierung) zu verstehen.

Die Innenfinanzierung ist nur dann möglich wenn:

- aus dem ordentlichen Geschäftsprozess oder aus außergewöhnlichen Umsätzen einem Unternehmen innerhalb einer Periode liquide Mittel zufließen und

- den zugeflossenen Mitteln in der gleichen Periode kein auszahlungswirksamer Aufwand in gleicher Höhe gegenübersteht.

In der Praxis wird die Innenfinanzierung durchgeführt, wenn der Kapitalbedarf aus finanzwirtschaftlich relevanten Vorgängen wie z. B.

- aus der originären Geschäftstätigkeit (Umsatzerlöse),

- den Beteiligungen (Zinsen, Dividenden),

- dem Verkauf von Vermögensgegenständen (Rationalisierungsmaßnahmen, nicht betriebsnotwendiges Vermögen) oder

- der Beschleunigung des Kapitalumschlags (vgl. Schwinn 1996, S. 933)

während eines Betrachtungszeitraums in das Unternehmen zurückfließt oder dort zurückbehalten wird. Die Innenfinanzierung erfolgt somit aus dem gewöhnlichen Geschäftsprozess oder durch außergewöhnliche Geschäfte.

J. Prätsch et al., *Finanzmanagement*, Springer-Lehrbuch,
DOI 10.1007/978-3-642-25391-1_4, © Springer-Verlag Berlin Heidelberg 2012

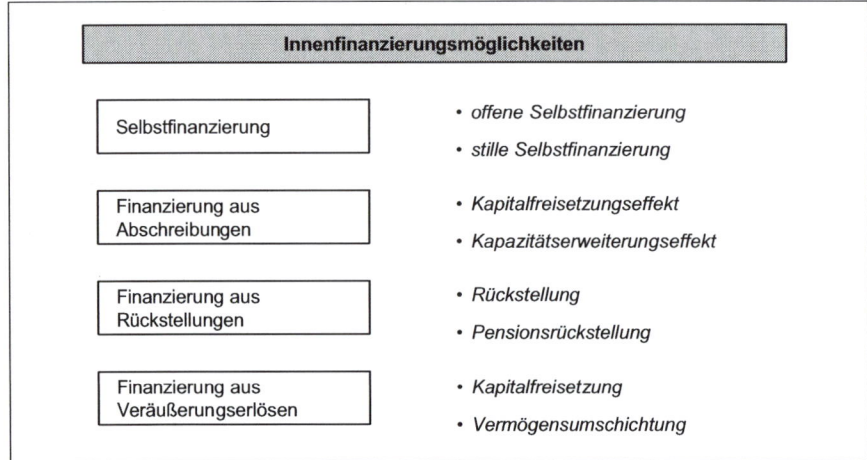

Abb. 4.1 Möglichkeiten der Innenfinanzierung

4.2 Selbstfinanzierung

4.2.1 Offene Selbstfinanzierung

Bei der offenen Selbstfinanzierung werden Teile des im Jahresabschluss ausgewiesenen Gewinns nicht bzw. nur zum Teil an die Eigenkapitalgeber ausgeschüttet. Er verbleibt zur weiteren Verwendung im Unternehmen. Die thesaurierten Gewinne werden im Unternehmen versteuert und stärken die Eigenkapitalposition des Unternehmens. Sie wirken sich auf das abstrakte Kapital des Unternehmens aus und führen zu einer Erhöhung der Kapitalposition in der Bilanz. Bei dieser Form der Finanzierung ist nach Personengesellschaften, Einzelunternehmen und Kapitalgesellschaften zu unterscheiden.

Die nicht ausgeschütteten Gewinne fließen bei Personengesellschaften und Einzelunternehmungen auf das variable Eigenkapitalkonto der Unternehmung. Der nach Abzug der persönlichen Einkommenssteuer verbleibende Gewinn wird dem Eigenkapitalkonto gutgeschrieben (vgl. u. a. Däumler 2002, S. 407; Schäfer 2002, S. 461; Wöhe und Bilstein 2002, S. 349).

Die bei einer Kapitalgesellschaft einbehaltenen Gewinnanteile werden direkt den entsprechenden Positionen auf der Passivseite der Bilanz gutgeschrieben. Sie ergänzen das Stamm- bzw. Grundkapital der Gesellschaft. Ihr Ausweis erfolgt in den gesetzlichen oder satzungsmäßigen Rücklagen, Rücklagen für eigene Anteile oder anderen Gewinnrücklagen (§ 266, § 272 HGB).

4.2.2 Stille Selbstfinanzierung

Werden einbehaltene Unternehmensgewinne oder Wertsteigerungen in der Bilanz nicht offen ausgewiesen, so handelt es sich hierbei um die stille Selbstfinanzierung. Die stille Selbstfinanzierung findet ihren Ausdruck in der Erhöhung des Realkapitals.

Stille Reserven, die Eigenkapital darstellen, werden durch eine Unterbewertung von Vermögen und einer Überbewertung von Schulden geschaffen. Müssen Unternehmen aufgrund von Aktivierungsverboten stille Reserven bilden, werden so genannte **Zwangsreserven** (z. B. durch das Aktivierungsverbot originärer immaterieller Vermögensgegenstände gemäß § 248 Abs. 2 HGB) geschaffen. Nutzen Unternehmen die gesetzlich eingeräumten Bewertungswahlrechte und Wertansätze, führt dies zu **Ermessensreserven**. Werden hingegen zwingend vorgeschriebene Bilanzierungsvorschriften nicht beachtet, schafft das Unternehmen **Willkürreserven** (z. B. völliges Unterlassen der Aktivierung aktivierungspflichtiger Vermögensgegenstände).

Aktiva	Bilanz	Passiva
Unterbewertung von Aktivposten		Überbewertung von Passivposten
• Unterlassung von Aktivierungen		• Ansatz zu hoher Rückstellungen
• Unterbewertung von Vermögensgegenständen		
• Unterlassung von Zuschreibung bei Wertsteigerung von Vermögensteilen		

Abb. 4.2 Stille Reserven in der Bilanz

Die Bildung stiller Reserven (vgl. Abb. 4.2) in der Bilanz führt nicht zwangsläufig zu einem Selbstfinanzierungseffekt. Voraussetzung ist die Zuführung liquider Mittel in einer Periode ohne dass ihr Auszahlungen gegenüber stehen. Die Selbstfinanzierung ist nur dann möglich, wenn durch die Bewertung realisierte Unternehmensgewinne für eine bestimmte Zeit im Unternehmen gebunden sind. Daher führt nicht jede stille Reserve zu einem Selbstfinanzierungseffekt (Perridon und Steiner 2007, S. 467).

Die sich aus der stillen Selbstfinanzierung ergebenden Vorteile sind:

• Steuerstundung,

• Liquiditätsgewinn,

• Zinsgewinn.

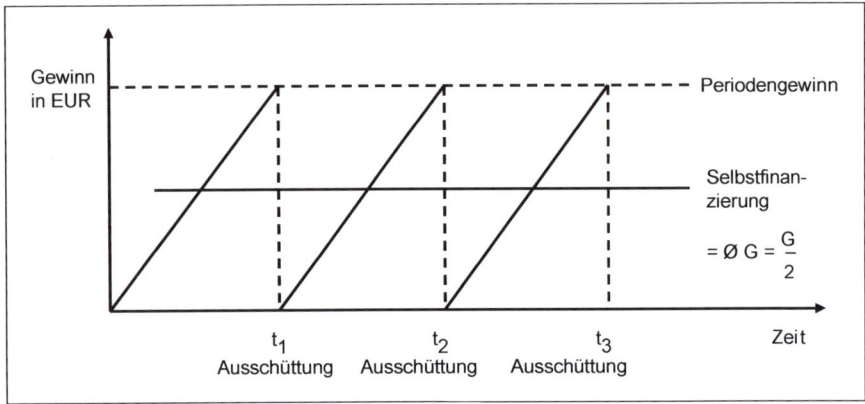

Abb. 4.3 Temporäre akkumulierte Gewinne, Ausschüttung am Jahresende. (Quelle: Jahrmann 1999, S. 376)

Einkommensteuer bzw. Körperschaftsteuer und Gewerbeertragsteuer fallen nur bei ausgewiesenen Gewinnen an. Ein späterer Ausweis und eine spätere Zahlung der Beträge führen also zu einer Steuerstundung und damit zu einem Liquiditäts- und Zinsgewinn für ein Unternehmen. Die spätere Versteuerung der stillen Reserven kann aber auch zu einer dann auftretenden Liquiditätsbelastung führen.

Unternehmensgewinne entstehen im laufenden Geschäftsjahr. Sie fließen kontinuierlich durch Desinvestitionsprozesse zu. Diese Gewinne, die vom Zeitpunkt ihrer Entstehung bis zur Ausschüttung angesammelt werden, werden als **temporär akkumulierende Selbstfinanzierung** (vgl. Abb. 4.3) bezeichnet.

4.2.3   Beurteilung der Selbstfinanzierung

Die Selbstfinanzierung ist für alle Rechtsformen eine interessante Alternative zu anderen Finanzierungsvarianten. Unternehmen, die die Möglichkeiten der Selbstfinanzierung nutzen, bieten sich mehrere betriebswirtschaftliche Vorteile:

- Es treten keine zusätzlichen Kreditgeber oder Anteilseigner auf, mit der Folge stabiler Mehrheits- und Herrschaftsverhältnisse.

- Sie vermeidet künftige Zins- und Tilgungszahlungen, soweit die Mittel zur Schuldentilgung verwendet werden bzw. eine Neuverschuldung dadurch nicht notwendig wird.

- Es wird kein zusätzlicher Zinsaufwand fällig, so dass sich die Ertragslage des Unternehmens verbessert.

- Durch die bessere Eigenkapitalbasis und damit einhergehend die Vergrößerung der Haftungsmasse werden Voraussetzungen für günstigere Finanzierungsmöglichkeiten geschaffen. Die Kreditwürdigkeit verbessert sich.

- Die bessere Eigenkapitalsituation trägt zu einer Verringerung der Krisenanfälligkeit bei.

- Über die Verwendung der aufgebrachten Mittel kann die Unternehmensleitung frei verfügen.

- Die gestundeten Steuern sowie geringere Zinsbelastungen führen zu einer besseren Liquidität und Rentabilität.

- Die Verfügung über Unternehmensvermögen ist jederzeit möglich, da es nicht als Sicherheit für Kredite dient.

- Eine entsprechende Bewertung der stillen Reserven führt zu einer kontinuierlichen Gewinnausschüttung an die Anteilseigner. Besonders wichtig ist dies bei Aktiengesellschaften.

- Da Eigenkapitalzinsen kalkulatorisch in ertragsschwachen Jahren entfallen können, kann dies zu kurzfristig niedrigeren Absatzpreisen führen.

Neben den dargestellten betriebswirtschaftlichen Vorteilen können auch Nachteile auftreten:

- Die ausgewählten Investitionen unterliegen keinem strengen Rentabilitätsvergleich, so dass auch weniger ertragreiche Investitionen durchgeführt werden (Kapitalfehlleitung), als wenn Zins- und Tilgungsverpflichtungen gezahlt werden müssten.

- Durch Gewinnmanipulationen können die Kapitalgeber getäuscht werden.

- Die Bildung von stillen Reserven führt zu einer Verringerung der Aussagekraft der Bilanz, insbesondere für externe Adressaten.

- Die genaue Bestimmung der Höhe des Innenfinanzierungspotenzials ist aufgrund der Bewertung schwierig.

Einzelwirtschaftlich betrachtet (auf der Unternehmensebene) überwiegen die Vorteile der Selbstfinanzierung. Gesamtwirtschaftlich und auf Ebene der Anteilseigner betrachtet, können die dargestellten Nachteile auftreten.

4.3 Finanzierung aus Abschreibungen

4.3.1 Begriffliche Grundlagen

Grundsätzlich sind Abschreibungen periodenbezogene Beträge, die den Werteverzehr von Wirtschaftsgütern, der bei der Herstellung und der Bereitstellung von Gütern und Dienstleistungen entsteht, wiedergeben. Sie werden als Aufwand auf die voraussichtliche Nutzungsperiode verteilt. Dabei erfüllen sie ihren handelsrechtlich-bilanziellen Auftrag. Als kalkulatorische Abschreibungen dienen sie in erster Linie der Substanzerhaltung des unternehmerischen Kapitals. Steuerlich-bilanzielle

Abschreibungen werden hingegen zur steuerlichen Gewinnermittlung angesetzt (vgl. Schäfer 2002, S. 469 f.; Jahrmann 1999, S. 384).

Der Finanzierungsnutzen aus Abschreibungen hängt deutlich von der gewählten Abschreibungsmethode ab. Die Abschreibungsbeträge werden bei

- der linearen Abschreibung gleichmäßig,

- der degressiven Abschreibung abnehmend,

- der progressiven Abschreibung zunehmend

auf die betriebsgewöhnliche Nutzungsdauer verteilt.

Finanzierungseffekte aus betrieblichen Abschreibungen ergeben sich für die Unternehmen erst durch einen liquiditätsmäßigen Zufluss aus verdienten Umsätzen. Mit dem Ansatz bilanzieller Abschreibungen vermindert sich der Periodengewinn und damit das zu versteuernde Einkommen. Voraussetzung ist, dass Gewinne und keine Verluste erzielt werden. Bei dieser Betrachtung sind künftige Gewinnerwartungen bzw. künftige einkommensteuermäßige Belastungen zu berücksichtigen. Gleichbleibende Steuerbelastung und konstante Steuersätze haben keine Auswirkungen, derzeitige oder künftige höhere Steuerbelastungen bringen einen betriebswirtschaftlichen Nutzen. Die zeitliche Variation der Abschreibungsperiode führt nicht zu einer Änderung der gesamten Abschreibung wohl aber zu einer Verbesserung der Liquiditätssituation in den Jahren mit einer erhöhten Abschreibung.

Die Vorteile hieraus sind i. d. R.:

- geringe Fremdkapitalzinsen durch eine schnellere und höhere Tilgung des Fremdkapitals sowie

- niedrigere Gewinnausschüttungen.

Bei dieser Form der Finanzierung wird davon ausgegangen, dass die betrieblichen Abschreibungen als Aufwendungen bzw. Kosten in die Preise einkalkuliert und durch den Umsatz verdient werden, ohne dass die verrechneten Beträge (z. B. als Lohnkosten) in der Periode ihrer Erwirtschaftung mit Ausgaben verbunden sind (vgl. Schierenbeck 2000, S. 441).

Der Finanzierungseffekt von Abschreibungen tritt als **Kapitalfreisetzungseffekt** und als **Kapazitätserweiterungseffekt** auf.

4.3.2 Der Kapitalfreisetzungseffekt

Der Kapitalfreisetzungseffekt besagt, dass die verdienten Abschreibungen, soweit sie über den Umsatzprozess erwirtschaftet worden sind, Liquidität in die Unternehmung bringen, die erst bei der Reinvestition benötigt und bis zu diesem Zeitpunkt alternativ genutzt werden kann. Es muss für finanzierungseigene Zwecke kein zusätzliches Kapital von außen dem Unternehmen zugeführt werden (vgl. Süchting 1995, S. 259).

Wird Kapital kontinuierlich freigesetzt, beträgt die durchschnittliche Kapitalfrei-setzung 50 % des Buchwertes, die durchschnittliche Kapitalbindung entsprechend 50 % der Nutzungsdauer. Werden die Anlagegegenstände jeweils am Ende einer Periode abgeschrieben, so verlängert sich die durchschnittliche Kapitalbindungsdauer auf $(R+1)/2$, der Kapitalfreisetzungseffekt sinkt entsprechend. Der zeitliche Anfall der Abschreibungsgegenwerte ist also maßgeblich für die Kapitalfreisetzungsquote. Der betriebliche Nutzen steigt, je schneller die Abschreibungsgegenwerte zurück-fließen (vgl. Jahrmann 1999, S. 387).

Beispiel: Kapitalfreisetzungseffekt

Ein junger Spediteur erweitert seinen Fuhrpark aufgrund eines sehr guten Ge-schäftsverlaufs bis zum 4. Jahr um jeweils einen zusätzlichen LKW. Die Anschaf-fungskosten je Fahrzeug betragen 100.000 EUR.

Jahre (Ende)	Phase des Kapazitätsaufbaus				Reinvestitionsphase			
	1	2	3	4	5	6	7	8
LKW 1	100.000	100.000	100.000	100.000	100.000	100.000	100.000	etc.
LKW 2		100.000	100.000	100.000	100.000	100.000	100.000	etc.
LKW 3			100.000	100.000	100.000	100.000	100.000	etc.
LKW 4				100.000	100.000	100.000	100.000	etc.
Jährliche Abschreibungen	25.000	50.000	75.000	100.000	100.000	100.000	100.000	etc.
Liquide Mittel	25.000	75.000	150.000	250.000	250.000	250.000	250.000	etc.
Reinvestitionen				100.000	100.000	100.000	100.000	etc.
Freigesetztes Kapital	25.000	75.000	150.000	150.000	150.000	150.000	150.000	etc.

Nach vier Jahren erweitert er seine Transportkapazität nicht mehr, sondern hält sie konstant. Die jährliche Abschreibung erfolgt linear über die unterstellte Nutzungs-dauer von 4 Jahren. Die bilanziellen Abschreibungen fließen dem Unternehmen über die Umsatzerlöse voll zu. Nach Ablauf der 4 Jahre ersetzt der Unternehmer die abgeschriebenen LKWs durch gleichwertige Fahrzeuge. Die Anschaffungskosten je LKW bleiben gleich und betragen nach wie vor 100.000 EUR.

Das Beispiel zeigt deutlich, dass dem Spediteur nach 4 Jahren gleichbleibend Kapi-tal in Höhe von 150.000 EUR als Liquidität für andere Verwendungsmöglichkeiten zur Verfügung steht.

4.3.3   Der Kapazitätserweiterungseffekt

Der Kapazitätserweiterungseffekt, der in der Literatur auch als „**Lohmann-Ruchti-Effekt**" bezeichnet wird, besagt, dass die freigesetzten Mittel aus Abschreibungen kontinuierlich in neue Anlagen investiert werden. Dies führt zu einer Ausweitung der Unternehmenskapazität, ohne dass von außen neues Kapital zugeführt wird.

Dieser Effekt beschäftigte bereits Karl Marx und Friedrich Engels. Sie diskutierten das schnelle Wachstum großer Unternehmen ohne zusätzliches Kapital im Vergleich zu Klein- und Mittelbetrieben.

Voraussetzung für den Kapazitätserweiterungseffekt ist, dass die Summe der Abschreibungsbeträge höher ist als der Betrag der für die Reinvestition notwendig ist. Unternehmen können dann über die nicht benötigten Amortisationsbeträge verfügen und für zusätzliche Investitionen verwenden. Sicherzustellen ist dabei die Erhaltung des betrieblichen finanziellen Gleichgewichts und damit einhergehend die notwendigen Ersatzinvestitionen. Die Ersatzinvestitionen werden dann aus der Gesamtheit der Abschreibungen und nicht aus ihren Abschreibungsgegenwerten durchgeführt (vgl. Wöhe und Bilstein 2002, S. 370 ff.).

Beispiel: Kapazitätserweiterungseffekt

Wird das Beispiel zum Kapitalfreisetzungseffekt um zusätzliche Erweiterungsinvestitionen ausgebaut, ergibt sich folgendes Kapazitätserweiterungsmodell.

Jahre (Ende)	Phase des Kapazitätsaufbaus				Reinvestitionsphase			
	1	2	3	4	5	6	7	8
LKW 1	100.000	100.000	100.000	100.000	100.000	100.000	100.000	etc.
LKW 2		100.000	100.000	100.000	100.000	100.000	100.000	etc.
LKW 3			100.000	100.000	100.000	100.000	100.000	etc.
LKW 4				100.000	100.000	100.000	100.000	etc.
LKW 5				100.000	100.000	100.000	100.000	etc.
LKW 6						100.000	100.000	etc.
Jährliche Abschreibungen	25.000	50.000	75.000	125.000	125.000	150.000	150.000	etc.
Liquide Mittel	25.000	75.000	150.000	175.000	200.000	150.000	200.000	etc.
Reinvestitionen				100.000	100.000	100.000	200.000	etc.
Erweiterungs- investitionen			100.000		100.000			etc.
Freigesetztes Kapital	25.000	75.000	50.000	75.000	0	50.000	0	etc.

Das Beispiel verdeutlicht, dass bereits während der Phase des Kapazitätsaufbaus dem Unternehmen Mittel für zusätzliche Investitionen zur Verfügung stehen. Diese führen zu einer Vergrößerung der Kapazitäten.

Der Kapazitätserweiterungseffekt kann mit dem Kapazitätserweiterungsfaktor ermittelt werden. Er gibt die Beziehung der Gesamtzeit, in der die Anschaffungsausgaben zurückfließen, und der durchschnittlichen Bindungsdauer des Anfangskapitals wieder (n = Nutzungsdauer).

$$Kapazitätserweiterungsfaktor = \frac{2}{1 + \frac{1}{n}}$$

Der Kapazitätserweiterungsfaktor ist ausschließlich von der Nutzungsdauer der Anlagen abhängig. Die Periodenkapazität kann maximal verdoppelt werden. Wird statt der linearen Abschreibungsmethode die degressive angesetzt und werden Reinvestitionen nicht erst am Jahresende sondern kontinuierlich durchgeführt, kann der Kapazitätserweiterungseffekt stärker zum Tragen kommen (vgl. Schierenbeck 2000, S. 443 ff.).

Das Kapazitätserweiterungseffektmodell unterliegt den folgenden restriktiven Prämissen:

- am Ende eines jeden Jahres sind die Re- und Erweiterungsinvestitionen durchzuführen,

- die Abschreibungen müssen über die Umsatzerlöse vollständig verdient worden sein,

- die Anlagen müssen vollständig teilbar sein,

- die Nutzungs- und die Abschreibungsdauer sind deckungsgleich,

- es entstehen bei der unterjährigen Kapitalsammlung keine Zinseffekte,

- die Wiederbeschaffungspreise sind konstant,

- die Ausgangskapazität ist gegeben, es erfolgt kein sukzessiver Kapazitätsaufbau (vgl. Schierenbeck 2000, S. 443).

In der betrieblichen Praxis sind dem Kapazitätserweiterungseffekt Grenzen gesetzt, aber bei Großunternehmen funktioniert das dargestellte Modell aufgrund eines großen Anlagevermögens in Produktion sowie Marktstellung erfolgreich.

Die Vorteile des Kapazitätserweiterungseffektes sind in der Praxis nicht immer realisierbar. Ursächlich dafür sind die folgenden Gründe (vgl. insbesondere Busse 1996, S. 342; Perridon und Steiner 2007, S. 475):

- Die Kapazitätserweiterung ist nur dann sinnvoll, wenn entsprechende Absatzmöglichkeiten, ohne in einen ruinösen Preiswettbewerb zu treten, gegeben sind. Die Kapazitätserweiterung hängt daher maßgeblich von vielen einzelwirtschaftlichen Faktoren ab.

- Die Finanzierung aus Abschreibungsgegenwerten kann nur dann durchgeführt werden, wenn entsprechende Umsatzerlöse erzielt wurden.

- Die Ausweitung der Anlagenkapazität führt i. d. R. zu einem höheren Umlaufvermögen, das ebenfalls finanziert werden muss (zusätzliche Personalkosten, höherer Rohstoffeinsatz etc.).

- Die Kosten für die Wiederbeschaffung von Anlagegegenständen sind selten über mehrere Jahre konstant. Sie unterliegen Preissteigerungen aufgrund des technischen Fortschritts, der Inflation etc.

- Die Abschreibungsgegenwerte müssen in liquider Form dem Unternehmen zur Verfügung stehen. Die Ausweitung der Geschäftstätigkeit führt bei gleichzeitiger Erhöhung der Kundenforderungen nicht zu einer verbesserten Liquidität.

- Über die Umsatzerlöse verdiente Abschreibungen werden vielfach anderweitig wie z. B. zur Kredittilgung oder Gewinnverwendung verwandt.

- Die Abschreibungsdauer ist in der betrieblichen Praxis oft kürzer als die tatsächliche Nutzungsdauer der Wirtschaftsgüter.

- Eine beliebige Teilbarkeit der Ersatzanlagen ist nicht möglich, besonders bei mehrstufigen, vernetzten Fertigungsprozessen. Nur in Ausnahmefällen kann der Abschreibungsgegenwert wieder voll investiert werden. Abschreibungsgegenwerte sind dann auf das nächste Geschäftsjahr zu übertragen.

4.4   Finanzierung aus Rückstellungen

4.4.1   Begriffliche Grundlagen

„Rückstellungen sind Passivposten, die solche Wertminderungen der Berichtsperiode als Aufwand zurechnen, die durch zukünftige Handlungen (Zahlungen, Dienstleistungen, Eigentumsübertragungen an Sachen und Rechten) bedingt werden und deshalb bezüglich ihres Eintretens oder ihrer Höhe nicht völlig, aber dennoch ausreichend sicher sind. Sie dienen dabei nicht zur Korrektur des Bilanzansatzes bestimmter Vermögensgegenstände" (Coenenberg 2001, S. 341 ff.).

Rückstellungen sind von Unternehmen für ungewisse Verbindlichkeiten und für drohende Verluste aus schwebenden Geschäften zu bilden. Die Ungewissheit von Rückstellungen bezieht sich dabei auf den Grund und/oder die Höhe und den Fälligkeitszeitpunkt. Die Bildung von Rückstellungen regelt § 249 HGB. Danach sind Rückstellungen für folgende Fälle zu bilden:

- unterlassene Aufwendungen für Instandhaltung, die im folgenden Geschäftsjahr innerhalb von drei Monaten, oder für Abraumbeseitigung, die im folgenden Geschäftsjahr, nachgeholt werden,

- Gewährleistungen, die ohne rechtliche Verpflichtung erbracht werden,

- unterlassene Aufwendungen für Instandhaltung, wenn die Instandhaltung nach Ablauf der Dreimonatsfrist innerhalb des Geschäftsjahrs nachgeholt wird.

Des Weiteren dürfen Rückstellungen gebildet werden, die nach ihrer Eigenart genau umschrieben, dem Geschäftsjahr oder einem früheren Geschäftsjahr zuzuordnen sind, die am Abschlussstichtag wahrscheinlich oder sicher, aber hinsichtlich ihrer Höhe oder des Zeitpunktes ihres Eintritts unbestimmt sind.

Beispiele für Rückstellungen:

- Steuerrückstellungen,

- Garantierückstellungen,

- Kulanzrückstellungen,

- Rückstellungen für Denaturierungen,

- Pensionsrückstellungen,

- Rückstellungen für Prozessrisiken,

- Rückstellungen für Provisionen, Gratifikationen und Gewinnbeteiligungen,

- etc.

Nach § 253 Abs. 1 HGB sind Rückstellungen nur in Höhe des Betrages anzusetzen, der nach vernünftiger kaufmännischer Beurteilung notwendig ist.

Der **Finanzierungseffekt der Rückstellungen** ergibt sich, wenn zwischen dem Aufwandsvorgang (Zeitpunkt der Bildung) und dem Auszahlungsvorgang (Eintritt des Zahlungsgrundes) ein zeitlicher Abstand liegt. In dieser Zeit stehen dem Unternehmen die finanziellen Mittel aus den Rückstellungen für Finanzierungszwecke zur Verfügung (vgl. Schäfer 2002, S. 479).

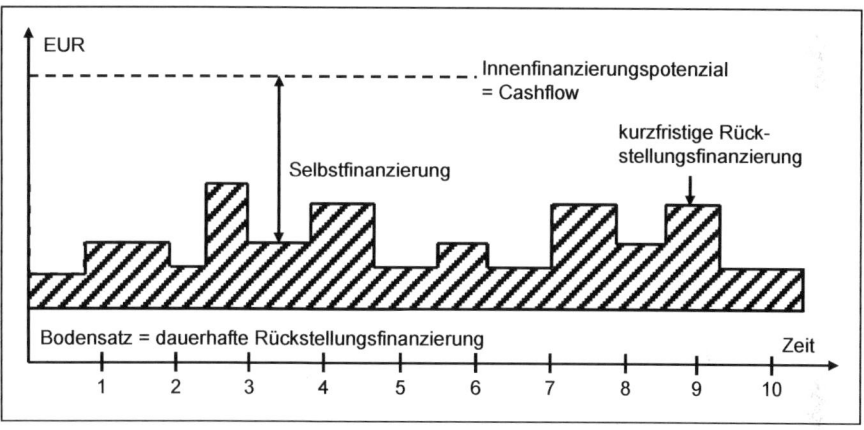

Abb. 4.4 Entwicklung des Rückstellungsvolumens im Zeitablauf. (Quelle: Jahrmann 1999, S. 395)

Die Kurzfristigkeit der meisten Rückstellungen (Steuernachzahlungen, Urlaubsgelder, Gerichtsprozess) führt jedoch zu keinem oder nur einem geringen Finanzierungseffekt. Erst die regelmäßige und langfristige Bildung von Rückstellungen bewirkt eine länger andauernde Bindung der Finanzmittel und damit einhergehend die Schaffung eines Bodensatzes, der die Nutzung der Mittel für die betriebliche Finanzierung ermöglicht (vgl. Abb. 4.4). Verpflichtungen aus Pensions- und Garantiezusagen führen zur Entstehung langfristiger Rückstellungen. Damit tragen sie zu einem dauerhaften Finanzierungseffekt bei.

4.4.2   Finanzierung durch Pensionsrückstellungen

Besondere Bedeutung kommen unter finanzwirtschaftlichen Aspekten den Pensionsrückstellungen zu. Sie stehen einem Unternehmen langfristig zur Verfügung und können, je nach Umfang der Zusagen, der Belegschaftsgröße und der Dauer der betrieblichen Altersstruktur, eine erhebliche Größe erreichen. Die betrieblichen Pensionszusagen stellen für die Betriebe wirtschaftlich Lohn- und Gehaltsaufwendungen dar, die während der Beschäftigungszeit für den Fall der Arbeitsunfähigkeit, des Eintritts des Versorgungsfalles oder des Ruhestandes angesammelt werden (vgl. Wöhe und Bilstein 2002, S. 375).

Bei den Pensionsverpflichtungen ist zwischen mittelbaren und unmittelbaren zu unterscheiden. **Mittelbare Pensionsverpflichtungen** werden nicht von dem Unternehmen sondern einem Dritten, i. d. R. Pensionskassen, Unterstützungskassen, Versicherungsunternehmen geleistet. Die Mittel (Aufwendungen) fließen ab und stehen daher für finanzierungseigene Zwecke nicht zur Verfügung. Bei den **unmittelbaren Pensionsverpflichtungen** wird die Pensionsverpflichtung von dem Unternehmen selbst erbracht. Pensionsrückstellungen werden vom Zeitpunkt der Pensionszusage an bis zum Eintritt des Versorgungsfalles gebildet.

Die angesammelten Pensionsrückstellungen stellen ungewisse Verbindlichkeiten dar. Nach § 249 HGB müssen entsprechende Rückstellungen gebildet werden. Pensionsrückstellungen werden demzufolge dem Fremdkapital zugerechnet. Im Gegensatz zum klassischen Fremdkapital ist dem Unternehmen kein Kapital von außen zugeflossen, sondern es stammt aus dem Umsatzprozess. Die jährlich gebildeten Pensionsrückstellungen schmälern den zu versteuernden Unternehmensgewinn und führen zu einer geringeren Steuerbelastung sowie Gewinnausschüttung (vgl. Wöhe und Bilstein 2002, S. 375 f.).

Die steuerliche Anerkennung der Bildung der Pensionsrückstellungen macht die Ermittlung der jährlichen Zuführungsbeträge nach versicherungsmathematischen Grundsätzen erforderlich, d. h. die Berücksichtigung von Zinsen, Zinseszinsen, Sterbens- und Invaliditätswahrscheinlichkeit. In dem Jahr, in dem der Versorgungsfall eintritt, soll die Summe der Pensionsrückstellungen dem Barwert der Pensionsverpflichtungen entsprechen. Anzusammeln ist dieser Betrag vom Zeitpunkt der Pensionszusage bis zum Eintritt des Versorgungsfalls.

Beispiel: Pensionsrückstellungen

Die Mitarbeiter der Impuls GmbH erhalten nach einer Anwartschaft von 3 Jahren eine Betriebsrente. Einem am 01.01.2003 eingestellten Mitarbeiter wird am 01.01.2006 zugesagt, dass er ab dem 01.01.2010 fünf Jahre eine Rentenzahlung in Höhe von 10.000 EUR am Jahresende erhalten wird ($i = 6\%$).

Aufgabe des Rechnungswesens ist es, die entsprechenden Pensionsrückstellungen zu ermitteln. Dabei wird wie folgt vorgegangen:

1. Berechnung des **Barwertes$_V$** der Betriebsrente auf den Eintritt des **Versorgungsfalls V** am 01.01.2010.

$$\text{Barwert}_V = \text{Rente} \times \text{Rentenbarwert}_5$$

$$\text{Barwert}_V = 10.000 \times 4{,}212364 = 42.123{,}64\,\text{EUR}$$

2. Der errechnete **Barwert** ist auf den jeweiligen **Bilanzstichtag B** abzuzinsen (z. B. auf 31.12.2006).

$$\text{Barwert}_B = \text{Barwert}_v \times \text{Abzinsungsfaktor}_3$$

$$\text{Barwert}_B = 42.123,64 \times 0,839619 = 35.367,81\,\text{EUR}$$

3. Der Barwert_V ist auf den Zeitpunkt des **Eintritts E** in das Unternehmen (01.01.2003) abzuzinsen.

$$\text{Barwert}_E = \text{Barwert}_v \times \text{Abzinsungsfaktor}_7$$

$$\text{Barwert}_E = 42.123,64 \times 0,665057 = 28.014,62\,\text{EUR}$$

4. Der Barwert_E ist in **Annuitäten a** umzurechnen, die vom Eintritt in das Unternehmen die Ansammlung des Barwertes der Pensionsleistungen bezogen auf den Versorgungsfall zulassen.

$$\text{Annuität} = \text{Barwert}_E \times \text{Wiedergewinnungsfaktor}_7$$

$$a = 28.014,62 \times 0,179135 = 5.018,40\,\text{EUR}$$

5. Für jeden Bilanzstichtag ist der Barwert der auf die restlichen Jahre entfallenden Annuitäten zu ermitteln. Für den 31.12.2006 ergibt sich:

$$\text{Barwert}_a = \text{Annuität} \times \text{Rentenbarwertfaktor}_3$$

$$\text{Barwert}_a = 5.018,40 \times 2,673012 = 13.414,24\,\text{EUR}$$

6. Die höchstmögliche Zuführung zur Pensionsrückstellung für das Jahr 2006 beträgt:

$$\text{Zuführung zu Pensionsrückstellungen} = \text{Barwert}_B - \text{Barwert}_A$$

$$35.367,81 - 13.414,24 = 21.953,57\,\text{EUR}$$

1	2	3	4	5	6
Bilanz-stichtag	Barwert der künftigen Pensionsleistungen (EUR)	Barwert der nach dem Bilanzstichtag zu verrechnenden Jahresbeträge (EUR)	Teilwert (EUR) (2)–(3)	Maximale Zuführung zu den Pensionsrückstellungen	Bilanzaus-weis
06	35.367,81	13.414,24	21.953,57	21.953,57	21.953,57
07	37.489,87	9.200,70	28.289,17	6.335,60	28.289,17
08	39.739,27	4.734,34	35.004,93	6.715,76	35.004,93
09	42.123,64		42.123,64	7.118,71	42.123,64

Die Erhöhung der Pensionsrückstellungen ergibt sich aus dem Jahresbetrag zuzüglich der Verzinsung in Höhe von 6 % auf den jeweiligen Bestand. Die hohe erste Rückstellungsdotierung begründet sich damit, dass sie erst drei Jahre nach Eintritt des Mitarbeiters in das Unternehmen gemacht wird. Bei der Berechnung der Rückstellungsbildung muss allerdings die gesamte Unternehmenszugehörigkeit zugrunde gelegt werden. Die erste Rückstellungsbildung enthält also die früheren Jahresbeträge und die aufgelaufenen Zinsen (vgl. Wöhe und Bilstein 2002, S. 378).

Die **Teilwerte** und damit die jeweiligen Bilanzwerte können auch auf Basis der jährlichen Annuitäten unter Berücksichtigung der anfallenden jährlichen Zinsen errechnet werden (s. nachfolgende Tabelle).

Zeitpunkt	Jahresbeitrag (EUR)	Zinsen (EUR)	Teilwert (EUR)	Bilanzausweis (EUR)
01.01.2003				
31.12.2003	5.018,40			
31.12.2004	5.018,40	301,10	10.337,90	
31.12.2005	5.018,40	620,27	15.976,57	
31.12.2006	5.018,40	958,60	21.953,57	21.953,57
31.12.2007	5.018,40	1.317,21	28.289,17	28.289,17
31.12.2008	5.018,40	1.697,35	35.004,92	35.004,92
31.12.2009	5.018,40	2.100,29	42.123,61	42.123,61

Die Bilanzierung von Pensionsrückstellungen ist in § 6a EStG beschrieben. Hier wird formuliert, wann Pensionsrückstellungen gebildet werden dürfen. Sie dürfen angesetzt werden wenn und soweit:

• der Pensionsberechtigte einen Rechtsanspruch auf einmalige oder laufende Pensionsleistungen hat,

• die Pensionszusage keinen Vorbehalt enthält, dass die Pensionsanwartschaft oder die Pensionsleistung gemindert oder entzogen werden kann, oder ein solcher Vorbehalt sich nur auf Tatbestände erstreckt, bei deren Vorliegen nach allgemeinen Rechtsgrundsätzen unter Beachtung billigen Ermessens eine Minderung oder ein Entzug der Pensionsanwartschaft oder der Pensionsleistung zulässig ist, und

• die Pensionszusage schriftlich erteilt ist (§ 6a EStG Abs. 1).

Eine Pensionsrückstellung darf erstmals gebildet werden:

• vor Eintritt des Versorgungsfalles für das Wirtschaftsjahr, in dem die Pensionszusage erteilt wird, frühestens jedoch für das Wirtschaftsjahr, bis zu dessen Mitte der Pensionsberechtigte das 30. Lebensjahr vollendet,

• nach Eintritt des Versorgungsfalles für das Wirtschaftsjahr, in dem der Versorgungsfall eintritt (§ 6a EStG Abs. 2).

Eine Pensionsrückstellung darf höchstens mit dem Teilwert der Pensionsverpflichtung angesetzt werden (§ 6a EStG Abs. 3).

Bei der Berechnung des Teilwertes sind die anerkannten Regeln der Versicherungsmathematik anzuwenden, und es ist ein Rechnungszinssatz von 6 % zugrunde zu legen (§ 6a EStG Abs. 3).

Die Zuführung zu den Pensionsrückstellungen darf in einem Wirtschaftsjahr höchstens dem Unterschiedsbetrag zwischen dem Teilwert am Schluss des Wirtschaftsjahres und dem Teilwert am Schluss des vorangegangenen Wirtschaftsjahres entsprechen (§ 6a EStG Abs. 4). Dabei entspricht der Teilwert dem Barwert der künftigen Pensionsleistungen am Bilanzstichtag abzüglich des sich auf denselben Zeitpunkt ergebenden Barwertes betragsmäßig gleich bleibender Jahresbeträge, die so zu bemessen sind, dass am Beginn des Wirtschaftsjahres, in dem das Dienstverhältnis begonnen hat, ihr Barwert gleich dem Barwert der künftigen Pensionsverpflichtungen ist (§ 6a EStG Abs. 3).

Der Finanzierungseffekt von Pensionsrückstellungen kann in die Expansionsphase, die ausgeglichene Phase und die Kontraktionsphase (3 Phasen-Modell) aufgeteilt werden (vgl. Abb. 4.5).

Die I. Phase ist deutlich geprägt vom Aufbau der Pensionsrückstellungen. Ein Unternehmen, das erstmalig Pensionszusagen an die Belegschaft gibt, baut über Jahrzehnte Pensionsrückstellungen auf, ohne dass Auszahlungen fällig sind. Hierdurch werden hohe finanzielle Mittel im Unternehmen gebunden. Das durch die Pensionsrückstellungen gebundene Vermögen wächst im Zeitablauf an. Die Mehrung der finanziellen Mittel tritt aber nur dann ein wenn:

- die Gewinne vor Bildung der Pensionsrückstellungen mindestens deren Höhe erreichen und

- die Zuführung zu den Pensionsrückstellungen in der Periode höher sind als die Pensionszahlungen bzw.

- bei Entstehung eines Verlustes durch Pensionsrückstellungen die Pensionszahlungen geringer sind als der Gewinn vor Zuführungen zu den Pensionsrückstellungen.

Die Phase II ist gekennzeichnet von einem gleichmäßigen Mittelzufluss und Mittelabfluss. Die Pensionszahlungen für ausgeschiedene Mitarbeiter entsprechen in etwa den Zuführungen für die aktiven Mitarbeiter. In dieser Phase existiert kein zusätzlicher Finanzierungseffekt mehr, da der Aufwand für die neu gebildeten Rückstellungen und die (erfolgswirksamen) Auszahlungen der Periode übereinstimmen.

Übersteigen die Pensionszahlungen einer Periode die Zuführungen dieser Periode zu den Rückstellungen (Phase III), so erfolgt eine Minderung der finanziellen Mittel durch den Verzehr früher aufgebauter Rückstellungsgegenwerte. Die erfolgswirksamen Auszahlungen gehen zu Lasten der bisherigen aufgebauten Rückstellungen. Sie sind größer als die aufwandswirksamen Zuführungen zu den Rückstellungen. Eine solche Situation kann eintreten durch die Reduzierung des Personalbestandes oder eine unerwartet lange Lebensdauer der Pensionsempfänger. In dieser Phase entsteht ein negativer Finanzierungseffekt.

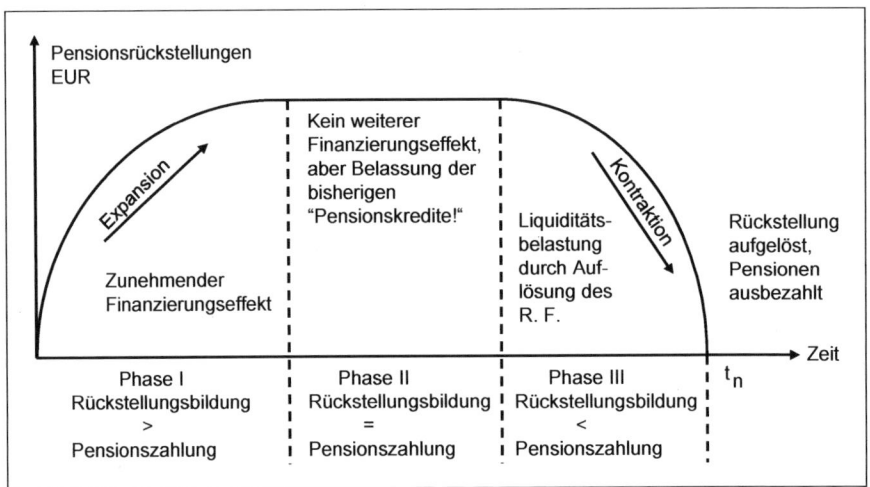

Abb. 4.5 Finanzierungseffekt bei Pensionsrückstellungen. (Quelle: Vgl. Jahrmann 1999, S. 399)

Zusammenfassende Beurteilung der Pensionsrückstellungen:

• der Finanzierungseffekt durch die Bildung von Pensionsrückstellungen ist umso größer, je länger der zeitliche Abstand zwischen der Pensionsbildung und -auszahlung liegt. Jungen und expandierenden Unternehmen stehen hier zusätzliche Finanzierungsquellen zur Verfügung,

• Unternehmen die nicht schrumpfen, haben dauerhaft „billiges" Fremdkapital und einen unbefristeten zinslosen Steuerkredit in Höhe eines bestimmten Bodensatzes. In der Normalphase werden Zahlungen aus den laufenden Zuführungen getätigt (vgl. Jahrmann 1999, S. 404).

4.4.3   Beurteilung der Rückstellungsfinanzierung

Der Finanzierungseffekt von Rückstellungen ist abhängig von der Höhe

• der gesamten Rückstellungen,

• der jährlich neu gebildeten Rückstellungen,

• der Zahlungen an die jeweiligen Empfänger.

Die Bildung von Rückstellungen führt nicht zu einem Geldmittelzufluss, d. h. die Liquiditäts- und Finanzsituation eines Unternehmens wird durch den bilanziellen Vorgang nicht verbessert.

Die Finanzierung aus Rückstellungen setzt voraus, dass entsprechende Gegenwerte über den Umsatzprozess als Einzahlungen dem Unternehmen tatsächlich zugeflossen sind. Die bloße Bildung von Rückstellungen ermöglicht daher nicht immer die Nutzung zu Finanzierungszwecken.

4.5 Finanzierung durch den Verkauf von Anlage- und Umlaufvermögen

Wird gebundenes Kapital durch den Verkauf von nicht mehr benötigtem Anlage- oder Umlaufvermögen freigesetzt, so handelt es sich dabei um eine Finanzierung aus **Kapitalfreisetzung** oder **Vermögensumschichtung** (vgl. Abb. 4.6). Grundsätzlich soll das Leistungs- und Umsatzvolumen eines Unternehmens mit einem geringeren Finanzmitteleinsatz gehalten oder sogar erhöht werden. Die freiwerdenden Finanzmittel werden einem anderen Zweck zur Verfügung gestellt.

Die Veräußerung von Anlagegütern wird häufig im Zusammenhang mit Rationalisierungen, die das Ziel haben, Kosten zu senken, durchgeführt. Der Verkauf von Vermögensgegenständen als „liquiditätspolitische Maßnahme" erfolgt i. d. R. vor dem Hintergrund drohender Illiquidität. Bei einer solchen **Substitutionsfinanzierung** handelt es sich um einen Aktivtausch. Werden bei dem Verkauf stille Reserven aufgelöst, führt dies zu einer Bilanzverlängerung. Liquidiert werden nicht unbedingt betriebsnotwendige Vermögensgegenstände.

Veräußerungserlöse aus dem Verkauf nicht mehr benötigter Vermögensteile, wie z. B. Wertpapiere, Betriebsgrundstücke, Fuhrpark etc. können zur Erhöhung der Produktionskapazität, der effizienteren Gestaltung von Arbeitsabläufen etc. genutzt werden. Des Weiteren ist auch die Ausgliederung ganzer Funktionsbereiche denkbar (Outsourcing) wie z. B. Catering für Kantinen, Rechnungswesen, Logistik, Lagerhaltung, Vertrieb, Werkverkehr, etc.

Zu den traditionellen Formen der Kapitalfreisetzung zählt das Sale-and-lease-back-Verfahren (vgl. Kap. 5.3 Leasing). Dabei verkauft ein Unternehmen Anlagegegenstände an eine Leasinggesellschaft mit dem Ziel, diese anschließend wieder zu leasen. Geeignete Vermögensgegenstände sind i. d. R. Büro- und Verwaltungsgebäude, Produktionsgebäude und Produktionsmaschinen.

Kapitalfreisetzung im Anlagevermögen

- Vermögensgegenstände, die einen im Verhältnis zu ihrer Ertragskraft hohen Liquiditätswert respektive Substanzwert haben
- Vermögensgegenstände, die zu keiner Beeinträchtigung des Kreditpotenzials führen
- Vermögensgegenstände, die bei einem Verkauf keine oder nur geringere Buchverluste entstehen lassen
- Vermögensgegenstände, deren Verkauf zu keiner Leistungs-und Marktpositionsschwächung führen (z.B. Sale-and-Lease-Back)
- Vermögensgegenstände, deren Veräußerung gleichzeitig produktpolitischen Zwecken dient (z.B. zur Straffung des Produktionsprogramms)

Kapitalfreisetzung im Umlaufvermögen

- Reduzierung der Vorräte
- Verringerung der Forderungen (bessere Debitorenkontrolle, Factoring, etc.)
- Reduzierung der freien Liquiditätsreserven (Umwidmung von Kasse, Erhöhung der Kassenumschlaggeschwindigkeit)

Abb. 4.6 Möglichkeiten der Kapitalfreisetzung im Anlage- und Umlaufvermögen

Moderne Formen der Kapitalfreisetzung zur Finanzmittelbeschaffung sind Asset Backed Securities. Hierbei werden Vermögensgegenstände in einen Forderungspool eingebracht, anschließend in festverzinsliche Wertpapiere transferiert und dann am Sekundärmarkt gehandelt (ausführlich werden Asset Backed Securities in Kap. 5.1 erläutert).

5 Alternative Finanzierungsentscheidungen

Alternative Finanzierungsmaßnahmen gewinnen vor dem Hintergrund, dass herkömmliche Kapitalbeschaffungsmöglichkeiten zunehmend an Grenzen stoßen, an Bedeutung. Bei alternativen Finanzierungsentscheidungen handelt es sich um Asset Backed Securities, Leasing, Projektfinanzierung – sie stellen das Gebiet des **structured finance** dar – und Factoring. Darüber hinaus wird das Finanzierungsinstrument Mezzanine Kapital vorgestellt.

5.1 Asset Backed Securities

Asset Backed Securities sind ein noch sehr junges Finanzierungsinstrument, das in den USA entwickelt wurde und sich dort etabliert hat. Von einem Durchbruch im europäischen Raum kann man erst ab etwa 1990 sprechen. Das Verbriefungsvolumen in Europa liegt derzeit bei annähernd 400 Mrd. EUR.

Das Grundkonzept einer Finanzierungsentscheidung durch Asset Backed Securities (ABS) kann dergestalt beschrieben werden, dass eine Unternehmung Gegenstände des Anlage- oder Umlaufvermögens mit bilanzbefreiender Wirkung an eine eigens zu diesem Zweck gegründete Gesellschaft verkauft (vgl. Abb. 5.1). Bei dieser Gesellschaft handelt es sich um eine mit Minimalkapital ausgestattete Einzweckgesellschaft (SPC = Special Purpose Company oder SPV = Special Purpose Vehicle), die typischerweise im Ausland angesiedelt ist (vgl. Hermann 1997, S. 223 ff. sowie Arbeitskreis ‚Finanzierung‘ 1992, S. 495 ff.).

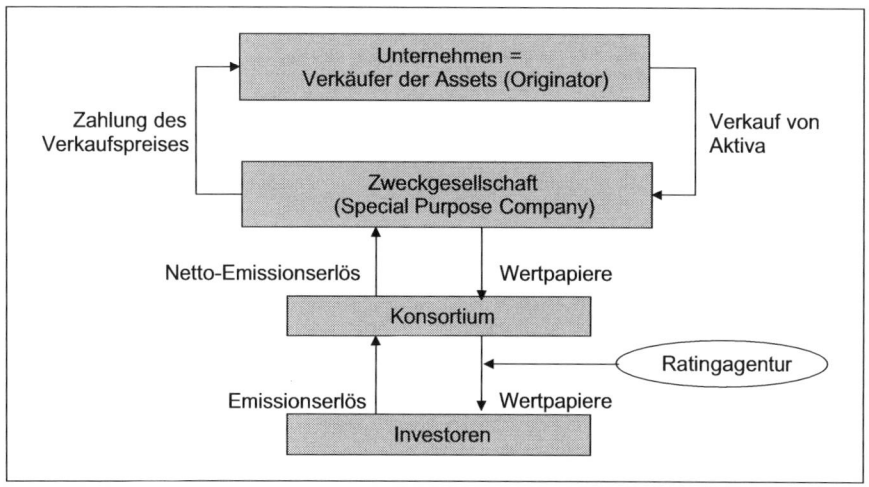

Abb. 5.1 Vereinfachte Darstellung einer Asset Backed Securities-Transaktion

Der ausschließliche Geschäftszweck dieser rechtlich selbständigen Finanzierungs-
gesellschaft besteht darin, die Vermögensgegenstände zusammenzufassen und auf
der Grundlage eines Forderungsportfolios Schuldscheindarlehen zu platzieren oder
Wertpapiere zu emittieren. Das Forderungsportfolio wird dabei regresslos erworben
und entlastet den Schuldner von jeglichen Bonitätsrisiken.

Die Grundstruktur einer derartigen Verbriefungstransaktion wird in Abb. 5.2 am
Beispiel von Hypothekenkrediten verdeutlicht.

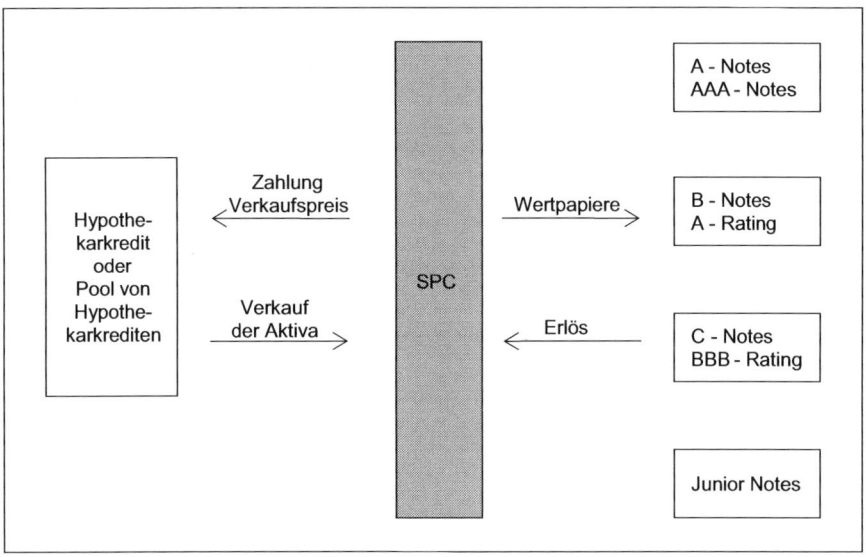

Abb. 5.2 Grundstruktur einer Verbriefungstransaktion

Die SPC ist in einer haftungsbeschränkten Rechtsform konstruiert. In der Regel ist
das wirtschaftliche Risiko des Gesellschafters auf seine Kapitaleinlage beschränkt.
Die Fremdfinanzierung der SPC ist durch zwei Aspekte gekennzeichnet:

• Kein oder nur ein begrenzter Rückgriff auf den Gesellschafter,

• eine zukunftsbezogene Betrachtungsweise, die auf der Qualität und der Cash-
  flow-Fähigkeit der in der SPC vorhandenen Vermögenswerte beruht.

Gewöhnlich verbleibt die Betreuung der Forderungen beim Forderungsverkäufer,
da in der Regel die Zweckgesellschaft weder personell noch strukturell die Voraussetzung mitbringt, die erforderlichen Aufgaben zu übernehmen. Denkbar ist allerdings auch die Überwachung des Forderungsbestandes durch einen Service Agent.
Dieser leitet die Zahlungseingänge an die neue Eigentümerin, die Zweckgesellschaft, weiter (vgl. Abb. 5.3).

Durch den Verkauf der Vermögenswerte fließen dem Verkäufer der Gegenstände
des Anlagevermögens, es kommt hier beispielsweise der Immobilienbestand
infrage, oder des Umlaufvermögens liquide Mittel zu. Dabei handelt es sich um

den Barwert der veräußerten Vermögenswerte abzüglich entstehender Kosten. Die Einzweckgesellschaft bestreitet aus dem Einzug der Forderungen die erforderlichen Zins- und Tilgungsleistungen an die Investoren. Im Übrigen wird die von ihr getätigte Emission mit Sicherungsinstrumenten versehen, um bei möglichem Verzug oder sogar Ausfall von Forderungen die termingerechten Zahlungen an die Investoren sicherzustellen (so genanntes Credit Enhancement).

• Orginator: Verkäufer der Vermögenswerte

• Special Purpose Company (SPC) / Special Purpose Vehicle (SPV):

                    Zweckgesellschaft mit der Funktion eines Aufkaufes von Vermögenswerten von einem oder mehreren Unternehmen

• Service Agent: Besorgt das Management der an die Zweckgesellschaft verkauften Vermögenswerte, überwacht den Forderungsbestand und leitet die Zahlungseingänge an die SPC weiter

• Investoren: Käufer der Wertpapiere der emittierenden SPC

• Ratingagentur: Beurteilt die Emissionsstruktur, die Bonität der Beteiligten und des Forderungsportefeuille

---

Abb. 5.3 Wesentliche Teilnehmer an einer Asset Backed Securities-Transaktion

Die Nutzung einer Asset Backed Securities-Finanzierung bedeutet für das seine Vermögensgegenstände verkaufende Unternehmen eine Erweiterung des finanzpolitischen Gestaltungsspielraumes.

• Geringeres Ausfallrisiko eines homogenen Forderungsbestandes mit der Voraussetzung, dass die Forderungen übertragbar und bestimmbar sind

• Die Forderungen resultieren aus einer Vielzahl von Abnehmern

• Die seitens deiner Unternehmung zu verkaufenden Forderungen müssen von den übrigen Forderungen getrennt werden

• Die zugrunde liegenden Forderungen müssen einen ständigen und bestimmbaren Zahlungsstrom nach sich ziehen, damit Zins - und Tilgungsraten der Investoren bedient werden können

---

Abb. 5.4 Merkmale einer Asset Backed Securities-Finanzierung

So führen die Veräußerung von Vermögenswerten und die gleichzeitige Verwendung der gewonnenen Liquidität zum Abbau von Schulden nicht nur zu einer Verkürzung der Bilanz, sondern auch zu einer positiveren Gestaltung finanzwirtschaftlicher Kennzahlen als Ausdruck bilanzpolitischer Strukturveränderungen. Diese messbaren Zielwirkungen werden ergänzt durch eine Erweiterung des Investorenkreises usw. (vgl. Abb. 5.4).

Für das Finanzmanagement können strategische Überlegungen der Ausgangspunkt für die Umsetzung einer ABS-Transaktion sein. Sie können im Zusammenhang mit Unternehmenszusammenschlüssen und Unternehmensübernahmen stehen. Denkbar sind des Weiteren geplante Umsetzungen neuer Unternehmensstrategien sowie die Realisierung von Shareholder-Value-Konzepten. Ausgangspunkt der Überlegungen ist letztlich die Generierung von Finanzmitteln aus nicht liquiden Vermögensgegenständen.

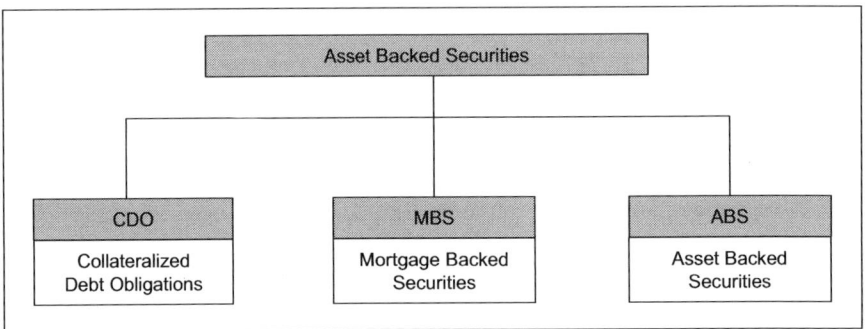

Abb. 5.5 Systematisierung von Asset Backed Securities

Bei den hier dargestellten und im Nachfolgenden besprochenen Asset Backed Securities – zur Systematisierung vgl. Abb. 5.5 – handelt es sich um die *klassische Verbriefungstransaktion.* Man spricht auch von einer True-Sale-Transaktion, weil die mit dem Kreditrisiko behafteten Forderungen tatsächlich auf eine SPC übertragen werden. Bei einer *synthetischen Verbriefung* wird nur das Kreditrisiko durch ein Kreditderivat, z. B. durch ein Credit Default Swap, auf die Zweckgesellschaft überwälzt.

Collateralized Debt Obligations

nter diesem Oberbegriff werden zum einen Collateralized Bond Obligations (=CBOs) und Collateralized Loan Obligations (=CLOs) zum anderen zusammengefasst. **Collateralized Bond Obligations** sind Unternehmensschuldverschreibungen, die durch einen Pool von Unternehmensanleihen besichert sind. Unter **Collateralized Loan Obligations** sind Wertpapiere zu verstehen, die ausschließlich durch ordnungsgemäß bediente Kredite von Banken besichert sind.

Mortgage Backed Securities

Die Verbriefung von Forderungen, die durch Zahlungsansprüche aus Hypothekendarlehen unterlegt sind, wird als Mortgage Backed Securities bezeichnet. Die grundpfandrechtliche Besicherung stellt die Besonderheit dieser Verbriefung dar. Zu trennen ist zwischen Commercial Mortgage Backed Securities (=CMBS) und Residential Mortgage Backed Securities (=RMBS). CMBS liegen Wertpapiere, die durch Hypotheken aus gewerblich genutzten Immobilien gedeckt sind, zu Grunde. RMBS liegen vor, wenn Wohnungsbaukredite der privaten Nutzung verbrieft werden.

Asset Backed Securities

Die klassische Form von Asset Backed Securities (vgl. Abb. 5.6), auch als ABS im engeren Sinne anzusehen, umfasst Konsumentenkredite, Autokredite, Kreditkartenforderungen, Leasing-Forderungen aus Computer-, Kfz-, Flugzeug-Verträgen. Derartige Verbriefungen beruhen auf der Grundlage bestehender, im weitesten Sinne auch abgesicherter Ansprüche, wie beispielsweise auch Werbeeinnahmen. Eine Ausweitung des Verbriefungsspektrums (vgl. Achleitner 2002, S. 429) führt dazu, auch erwartete Ansprüche mit einem Unsicherheitspotenzial zu verbriefen, so u. a. zukünftige Einnahmen aus Sportveranstaltungen, aus Lizenzgebühren u. ä.

Der kurzfristige Markt für Verbriefungen ist der Markt für Asset Backed Commercial Papers (=ABCP). Hier wird die Zweckgesellschaft, die die ABCP emittiert, auch als Conduit bezeichnet. Kurzfristige Aktiva sind beispielsweise Forderungen aus Lieferungen und Leistungen (Kreditkartenforderungen, Studentenkredite, Handels- oder Leasingforderungen, Konsumentenkredite).

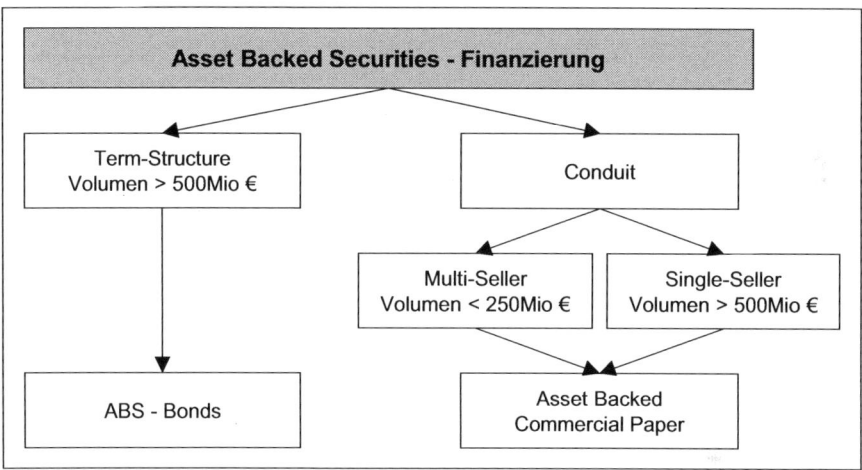

Abb. 5.6 Finanzierungsalternativen bei Asset Backed Securities

Langfristige Forderungen (z. B. Hypothekendarlehen) werden in der Regel durch ABS-Bonds refinanziert (vgl. hierzu und im Folgenden Deutsche Bank 2003, S. 21). Für ABS-Bonds sind Verbriefungen von Portfolios in einer Größenordnung ab 500 Mio. EUR üblich. Im Conduit-Segment, das über die Emission von ABCP refinanziert wird, unterscheidet man zwischen der Single-Seller-Transaktion und dem Multi-Seller-Programm. Bei Single-Seller-Transaktionen verfügt eine Unternehmung über ein ausreichendes Volumen an zu verbriefenden Werten, sie vollziehen sich direkt und unter eigenem Namen. Multi-Seller-Transaktionen bieten auch mittelgroßen Unternehmen diese alternative Finanzierungsquelle, da hier Volumina ab 50 Mio. EUR je Unternehmen möglich sind. Derartige Programme werden indirekt und anonym realisiert.

Exkurs: Synthetische Verbriefung

Die Verbriefungstransaktion, wie sie im Rahmen der Asset Backed Securities dargelegt wurde, weist als Kernmerkmal die tatsächliche Übertragung der mit dem

Kreditrisiko behafteten Forderungen auf eine Zweckgesellschaft auf. Verbleiben die Vermögenspositionen jedoch in der Bilanz des Verkäufers, wird lediglich das Kreditrisiko übertragen, wird von einer synthetischen Verbriefung (=Kreditderivaten) gesprochen. Kreditderivate sind beispielsweise Credit-Linked-Notes (=CLN) oder Credit-Default-Swaps (=CDS).

Credit-Default-Swaps sind handelbare Kreditabsicherungen, die von der usamerikanischen Bank J.P. Morgan gegen Ende des 20. Jahrhunderts in den Grundzügen entworfen wurden. Ausgangspunkt von CDS sind handelbare Kredite vorzugsweise Anleihen. Mit dem Credit-Default-Swap wälzt der Risikoverkäufer für eine einmalige oder jährliche Prämie das Ausfallrisiko für eine bestimmte Frist – in der Regel mehrere Jahre – auf den Risikokäufer ab. Fällt der Kreditnehmer aus, hat der Risikokäufer den Verlust in voller Höhe zu erstatten. Die meisten CDS werden für Versicherungsbeiträge zwischen 5 bis 50 Mio EUR abgeschlossen, wobei zu beachten ist, dass die Ausfallrisiken und die Prämien ständig neu bewertet werden.

Unter einer **Credit-Linked-Note** ist eine Anleihe zu verstehen, bei der die Höhe der Zinsen und die Rückzahlung der Anleihe vom Ausfall der Anleihe/der Kredite abhängig ist.

5.2 Factoring

In der Bilanzposition „Forderungen aus Lieferungen und Leistungen" spiegeln sich die Außenstände einer Unternehmung wider. Diese Vermögenswerte sind hinsichtlich ihres Zahlungseinganges vom Finanzmanagement einer Unternehmung zu überwachen, ggf. anzumahnen und einzutreiben. Erfolgt der Zahlungsausgleich der Forderungen nicht unmittelbar, so bedeutet dieser Sachverhalt, dass finanzielle Mittel gebunden werden, um den Kunden zu finanzieren. Kommt es zu einem Forderungsausfall, ergeben sich sowohl Ertrags- als auch Liquiditätseinbußen.

Der sorgfältigen Beachtung und Behandlung der Außenstände sowie der konsequenten Umwandlung der Außenstände in liquide Mittel kommen somit besondere Bedeutung zu. Es handelt sich um Aufgaben eines **zielgerichteten Forderungsmanagements**.

Für ein Unternehmen stellt sich die Frage, ob die in diesem Zusammenhang zu erbringenden Eigenleistungen, wie die Erledigung von Verwaltungsaufgaben, sowie die Finanzierung und Absicherung von Außenständen selbst erbracht werden sollten oder ob mit der Erledigung dieser Aufgabenstellung nicht ein hierfür spezialisierter Aufgabenträger beauftragt werden sollte.

Auf diese Dienstleistung haben sich so genannte Factoring-Institute spezialisiert.

Das **Factoring**, zu definieren als vertraglich geregelter regelmäßiger Ankauf von kurzfristigen Geldforderungen aus Lieferungen und Leistungen durch einen Factor, ist entwicklungsgeschichtlich nicht neu. Diese Art der Forderungsverwertung kann zurückverfolgt werden bis in das 17./18. Jahrhundert und hat ihren Ursprung in den Im- und Exportbeziehungen mit den Kolonien.

Die im deutschen Factoring-Verband zusammengeschlossenen führenden Anbieter erzielten im Jahre 2009 einen Umsatz von 96,2 Mrd. EUR. Davon entfielen rund 73 % auf das Inlandsgeschäft und rund 27 % auf das internationale Geschäft. Die Entwicklung des Factoring-Volumens mit der Aufteilung Inlandsgeschäft und internationales Geschäft ist in einer Zeitreihe in der Abb. 5.7 dargestellt.

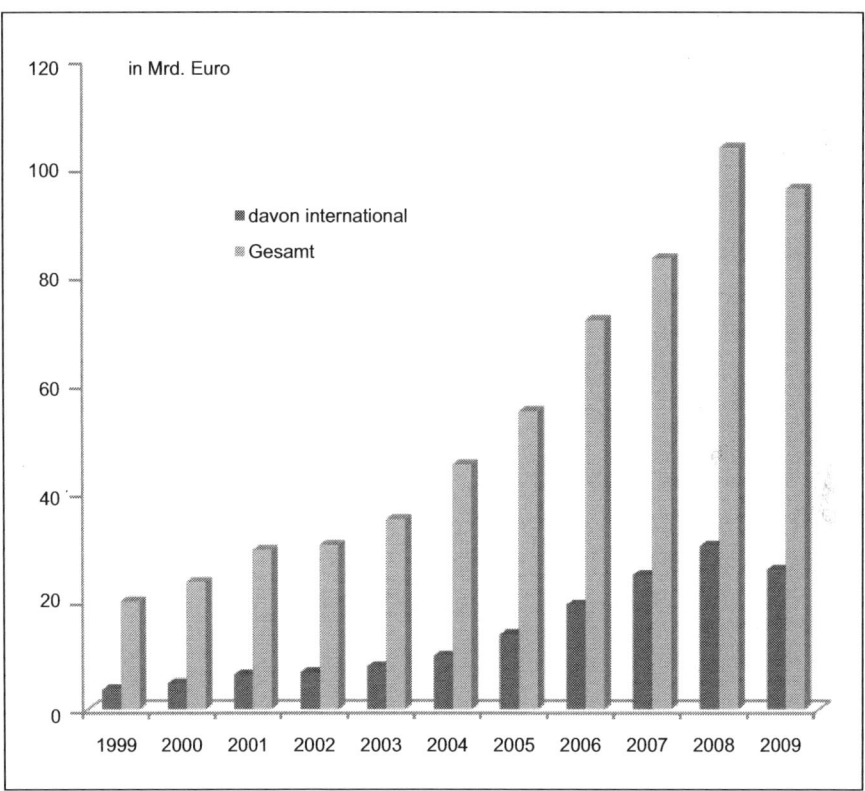

Abb. 5.7 Entwicklung des Factoring-Volumens. (Quelle: Deutscher Factoring Verband)

Einen Überblick, wie sich das Factoring-Volumen in prozentualen Anteilen auf die verschiedenen Gewerbe verteilt, gibt die Abb. 5.8 in einer Gegenüberstellung der Jahre 2008 und 2009.

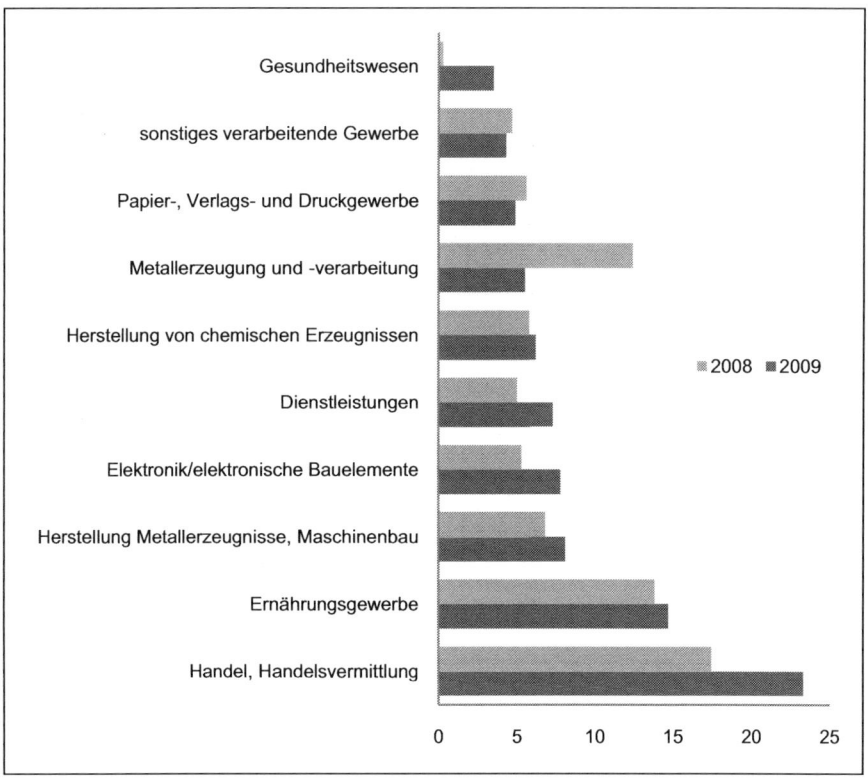

Abb. 5.8 Inanspruchnahme von Factoring nach den verschiedenen Gewerben in einer Gegenüberstellung der Jahre 2009/2008. (Quelle: Deutscher Factoring Verband)

Die Begriffsbestimmung macht deutlich, dass es sich beim Factoring um eine auf längere Sicht begründete Geschäftsverbindung handelt, in deren Verlauf die stets neu entstehenden Forderungen vom Factor laufend aufgekauft werden. Durch das Factoring wird der Ankauf von Einzelforderungen ebenso wenig abgedeckt wie die Übernahme langfristiger Forderungen. Factoring-Verträge werden in der Regel über eine Grundlaufzeit von 2 bis 3 Jahren abgeschlossen, wird keine Beendigung gewünscht, erfolgt automatisch eine Verlängerung. Der Grund für eine längere Laufzeit der Factoring-Verträge liegt in den hohen Anlaufkosten, die sich erst während einer größeren Zeitspanne amortisieren.

Factoring ist insbesondere für expansive mittelständische Unternehmen aus den Branchen Produktion, Handel und Dienstleistungen von Interesse. Die Voraussetzungen für Factoring sind:

- Jahresumsatz mindestens 2,5 Mio. EUR. Inzwischen gibt es zahlreiche kleine Factoring-Gesellschaften (S – Factoring, Dresdner Factoring), die ab 500 Tsd. EUR Umsatz Factoring-Dienstleistungen anbieten. Umsätze aus Exportgeschäften sollten möglichst 0,25 Mio. EUR je Abnehmerland betragen,

- durchschnittlicher Rechnungswert mindestens 500 EUR, im Exportgeschäft mindestens 1.500 EUR,

- Belieferung gewerblicher Abnehmer,

- weitgehend konstanter Kundenstamm,

- Zielgewährung max. 90 Tage (Inland) bzw. 180 Tage (Export),

- den Forderungen müssen voll erbrachte Leistungen zugrunde liegen; Forderungen, die häufig nachträglichen Korrekturen unterliegen, sind nicht für das Factoring geeignet (z. B. Bauwirtschaft).

Beispiel: Bilanzielle Auswirkungen bei Einsatz von Factoring

Ausgangssituation
Ein mittelständisches Unternehmen weist zu einem Stichtag folgende verkürzte Bilanz auf (Werte in Tsd. EUR) (Abb. 5.9):

Bilanz			
Aktiva		**Passiva**	
Anlagevermögen	2.560	Eigenkapital	800
Vorräte	1.000	Kurzfr. Verbindlichkeiten Bank	3.000
Forderungen an Kunden	3.000	Lieferanten - Verbindlichkeiten	1.280
Liquide Mittel	120	Sonstige langfr. Verbindlichkeiten	1.600
	6.680		6.680

Abb. 5.9 Bilanz vor Einsatz von Factoring

Die Eigenkapitalquote des Unternehmens beträgt 12 %.

Einsatz von Factoring

Bei gleicher Datenlage und dem Einsatz von Factoring ergibt sich nachstehendes Bild (Abb. 5.10):

	Bilanz		
Aktiva		**Passiva**	
Anlagevermögen	2.560	Eigenkapital	800
Vorräte	1.000	Kurzfr. Verbindlichkeiten Bank	1.850
Forderungen an Kunden	300	Sonstige langfr. Verbindlichkeiten	1.600
Forderungen an Faktor	270		
Liquide Mittel	120		
	4.250		4.250

Abb. 5.10 Bilanz nach Einsatz von Factoring

Bei den Forderungen an den Factor handelt es sich in dieser Beispieldarstellung um ein Sperrkonto in Höhe von 10 % des finanzierten Forderungsbestandes zum Ausgleich von Reklamationen und Gutschriften.

In diesem Beispiel wurden die realisierten Kundenforderungen zum vollständigen Abbau der Lieferantenverbindlichkeiten und zum teilweisen Abbau der kurzfristigen Bankverbindlichkeiten eingesetzt. Die Verkürzung der Bilanzsumme geht einher mit einer Verbesserung der Eigenkapitalquote auf 19,6 %.

Anmerkung: Das Zahlenbeispiel wurde von der Deutschen Factoring-Bank, Bremen, zur Verfügung gestellt.

Das vollständige oder auch echte Factoring besteht aus der **Finanzierungsfunktion**, der **Dienstleistungsfunktion** und der **Kreditsicherungsfunktion**. Diese drei Funktionen werden im Regelfall als Leistungspaket von einem Factor angeboten (vgl. Abb. 5.11).

Im Rahmen der Finanzierungsfunktion kauft der Factor von einem Unternehmen die offenen Forderungen aus Leistungen oder Lieferungen an, bevorschusst diese x Tage vor Fälligkeit bis max. 90 bzw. 180 Tage. Im Rahmen der Dienstleistungsfunktion besteht die Möglichkeit der Übernahme des Mahnwesens, der Buchhaltung, des Inkassos, von Beratungstätigkeit etc. durch den Factor. Die Kreditsicherungsfunktion vollzieht sich durch die Übernahme des Risikos der Uneinbringlichkeit der Forderungen. Im Übrigen werden zu Beginn der vertraglichen Beziehungen zwischen dem Factor und dem Factorkunden Kreditlimite für die einzelnen Debitoren auf der Grundlage von Bonitätsprüfungen bestimmt. Mit dieser Regelung garantiert das Factoring eine Finanzierung, die entsprechend dem Umsatz wächst.

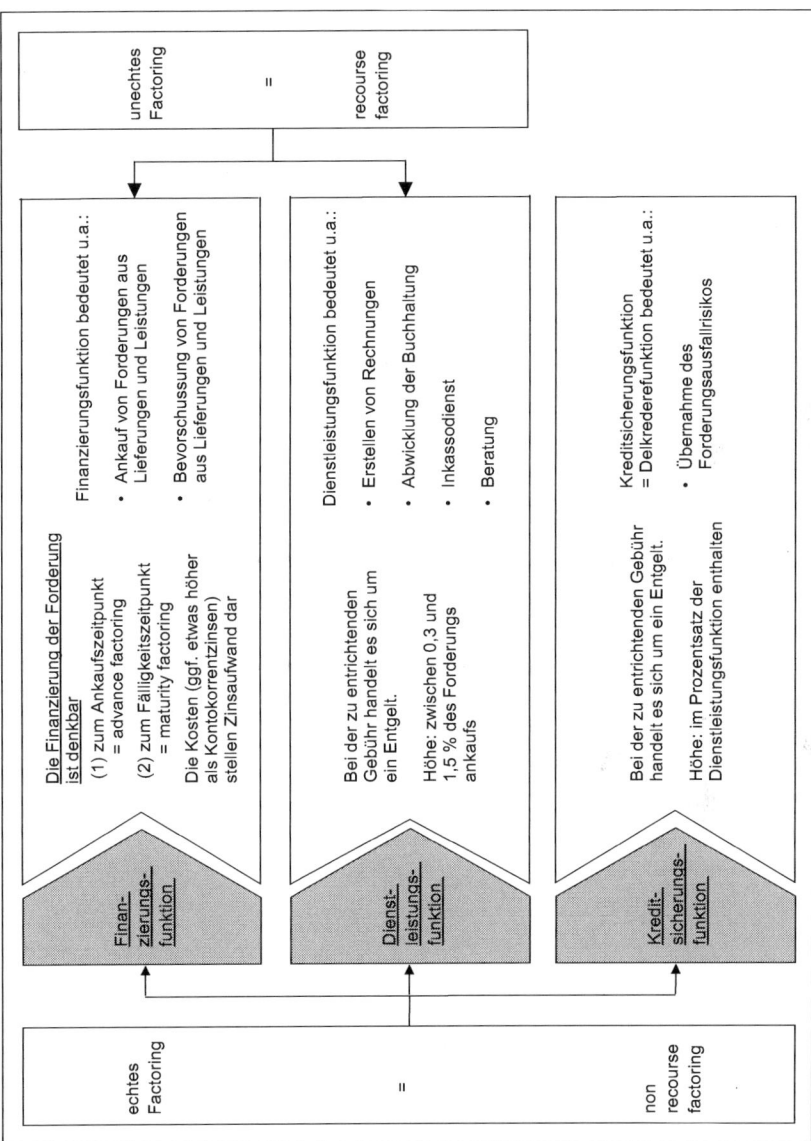

Abb. 5.11 Arten und Funktionen des Factorings

Die Struktur des Factorings mit den Beziehungen der am Factoring Beteiligten wird in Abb. 5.12 skizziert.

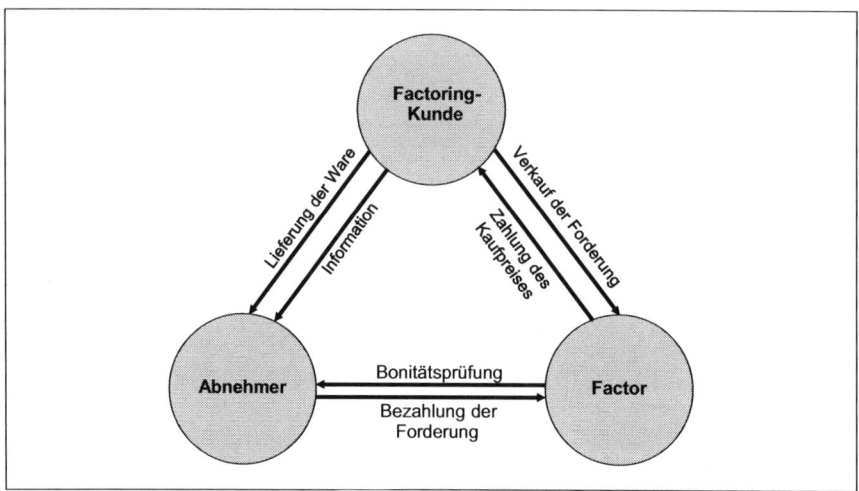

Abb. 5.12 Struktur der Beteiligten beim offenen Factoring

Die drei Funktionen des Factorings sind mit ihren Inhalten in dem Schaubild „Arten und Funktionen des Factorings" ausführlich dargestellt (vgl. Däumler 2002, S. 314 ff.).

Wird in diesem Zusammenhang der Käufer von Lieferungen/Leistungen auf das Vertragsverhältnis zwischen Lieferant und Factor hingewiesen und ihm angezeigt, dass er mit befreiender Wirkung lediglich an den Factor zahlen kann, spricht man vom **offenen Factoring**. Erfolgt keine Mitteilung über die Abtretung der Forderung, handelt es sich um **stilles Factoring**. Der Käufer leistet die erforderliche Zahlung mit befreiender Wirkung an den Lieferanten.

Factoring ist rechtlich als Kaufgeschäft einzuordnen, das bedeutet, dass zwischen dem Factor und dem Kunden kein Kreditgeschäft entsteht. Vielmehr vollzieht sich ein Gläubigerwechsel, an die Stelle des Factoring-Kunden tritt in Verbindung zu dessen Abnehmern der Factor. Die Forderungen scheiden aus dem Vermögen des Factoring-Kunden aus, er haftet dem Factor gegenüber für den Bestand der Forderungen, der u. a. durch Liefermängel beeinträchtigt werden kann. Der Factoring-Kunde ist verantwortlich für Reklamationen, Rücksendungen und Forderungsabzüge seiner Kunden. Wichtig ist für den Abnehmer, dass er gegenüber der vom Factor erworbenen Forderung das Recht behält, mit Gegenansprüchen aufzurechnen. Die Rolle des Factors zielt ausschließlich auf die finanzielle Abwicklung des Geschäftes auf der Basis der zwischen dem Lieferanten und dem Abnehmer getroffenen Vereinbarung ab, er greift nicht in das Liefergeschäft ein.

Zwei BGH-Urteile aus den Jahren 1977 und 1978 bilden die juristische Grundlage des Factorings. Die Urteile bedeuten, dass die globale Vorausabtretung an den

Factor nicht sittenwidrig und der Factoring-Kunde berechtigt ist, seine Forderungen im Rahmen der Einziehungsermächtigung des Vorlieferanten an den Factor zum Zwecke des rückgriffsfreien Ankaufs abzutreten (vgl. Höche o. J., S. 5 f.). Es ist somit eindeutig, dass mit dem Kauf der Forderungen durch den Factor die Ansprüche der Vorlieferanten aus verlängertem Eigentumsvorbehalt untergehen. Hierin liegt ein wesentlicher Unterschied zum Zessionskredit, der im Gegensatz dazu mit dem erheblichen Risiko des verlängerten Eigentumsvorbehalts behaftet ist.

Der grenzüberschreitende Einsatz des Factorings wird als **internationales Factoring** bezeichnet. Es lassen sich verschiedene Möglichkeiten darstellen. Als Export-Factoring wird die Zusammenarbeit eines Exporteurs mit einem in seinem Land ansässigen Factor bezeichnet. Bei Verzicht des Export-Factors auf die Einschaltung eines im Importland ansässigen Partners spricht man von einem direkten Export-Factoring (vgl. Schwarz 2002, S. 143). Arbeitet der Exporteur mit dem Factor des Importlandes zusammen, handelt es sich um direktes Import-Factoring. Das Zwei-Factor-System oder auch Korrespondenz-Factoring ist durch vier Vertragspartner gekennzeichnet, und zwar den Exporteur, den Export-Factor, den Import-Factor und den Importeur. Die Finanzierung der Export-Forderungen des Exporteurs ist Angelegenheit des Export-Factors. Der Export-Factor ist zudem für alle durch den Factoring-Kunden möglicherweise verursachten Risiken gegenüber dem Import-Factor verantwortlich.

Als Sonderformen des Factorings können das Saison-Factoring und das Ultimo-Factoring angesehen werden. Bei dem Saison-Factoring handelt es sich um einen auf Saisonzyklen begrenzten Forderungsverkauf. Das Ultimo-Factoring umfasst den Kauf eines Forderungsbestandes jeweils kurz vor Bilanzstichtagen.

Eine Entscheidung des Finanzmanagements für oder gegen Factoring bedeutet im Übrigen nichts anderes als eine Wahlentscheidung zwischen den Alternativen Eigenerstellung bezogen auf den Verwaltungsbereich und Fremdbezug. Diese Wahlentscheidung kann außer der finanztheoretischen Sichtweise auch aus der organisationstheoretischen Perspektive betrachtet werden (vgl. Abb. 5.13).

Bei der Entscheidung zugunsten des Factorings wird aus der organisationstheoretischen Perspektive die bei der Eigenerstellung gegebene Kooperation verschiedener Funktionsbereiche eines Unternehmens zugunsten einer über den Markt sich vollziehenden Kooperation zwischen zwei Unternehmen aufgegeben (vgl. Spremann 1996, S. 356). Aus finanztheoretischer Sichtweise bedeutet die Beantwortung der Fragestellung zur Einführung bzw. Nicht-Einführung des Factorings eine Entscheidung dahingehend, ob ein Unternehmen die erforderlichen Investitionen tätigt und damit Kapital bindet oder ob im Sinne der Arbeitsteilung ein auf diese Aufgabenstellung spezialisiertes Unternehmen die benötigten Investitionen vornimmt und finanziert.

Vorteile des Factorings	Nachteile des Factorings
• Wegfall von Sach- und Personalkosten	• Kosten des Factorings
• keine negativen Auswirkungen bei Insolvenzen der Käufer	• negative Einschätzung des Factorings durch den Käufer
• der Abbau von Außenständen bedeutet Kapitalfreisetzung	• Wegfall eines absatzpolitischen Instrumentariums
• durch den Abbau der Forderungen und Verbindlichkeiten ein günstigeres Bilanzbild	• Abhängigkeit vom Factor
• Fixierung auf das Kerngeschäft	• Problem der Wiedereingliederung der vergebenen Funktionen
	• Rechtsproblematik

Abb. 5.13 Vor- und Nachteile des Factorings

5.3 Leasing

Ganz allgemein kann festgestellt werden, dass bei jeder Entscheidung des Finanzmanagements über die Durchführung von Investitionen gleichzeitig eine Entscheidung darüber getroffen wird, ob und wie das einem Unternehmen zur Verfügung stehende Kapital eingesetzt werden soll. In diese Entscheidungsfindung ist auch die Beantwortung der Fragestellung einzubeziehen, ob mit der vorgesehenen Investition zwingend Eigentumsverhältnisse hergestellt werden müssen. Ist das nicht der Fall, so bietet sich als bedeutendste Sonderform im Rahmen von Finanzierungsentscheidungen das Leasing an.

Zurückverfolgen lässt sich die Entstehung des Leasings bis in das 19. Jahrhundert. Bereits 1877 vermietete die US-Gesellschaft Bell Telephone Company Telefonanlagen.

Heutzutage scheinen der Entwicklung des Leasings keine Grenzen gesetzt zu sein. Diese Aussage bezieht sich auf die Wirtschaftsgüter, welche geleast werden, auf die Branchen, welche Leasing in Anspruch nehmen und nicht zuletzt auf den Einsatz des Leasings als grenzüberschreitendes Finanzierungsinstrument. Die Produktpalette der Leasinggesellschaften erstreckt sich vom weißen Löwen über Kraftfahrzeuge, EDV-Software, Medizintechnik, Heißluftballons, Marken, Lizenzen, Patente, Polizeipferde, Berufskleidung, Weinreben und vieles mehr, bis zum Flugzeug sowie Gebäuden, Heizkraftwerken und kompletten Fabrikanlagen.

In Deutschland betrug das Leasinginvestitionsvolumen im Jahre 2009 rund 42 Mrd. EUR, was gleichbedeutend ist mit einem Rückgang von 22,6 % gegenüber dem Vorjahr. Die gesamtwirtschaftlichen Investitionen in Deutschland verzeichneten mit 292.500 Mio. EUR im Jahre 2009 gegenüber 2008 einen Rückgang von 13,3 % (vgl. hierzu und im Folgenden Sonderdruck aus ifo Schnelldienst Nr. 24/2009). Die sich daraus ergebende Leasingquote betrug 14,4 % (Vorjahr 16,1). Aufgeschlüsselt nach Güterarten entfielen über 60 % der Leasinginvestitionen auf Fahrzeuge einschl. Luft-, Wasser- und Schienenfahrzeuge. Aufgeteilt nach Sektoren war die höchste Inanspruchnahme bei Dienstleistungen (=31,2 %), es folgten mit deutlichem Abstand das verarbeitende Gewerbe (=21,8 %) und der Handel (=13,5 %).

Bei dem Leasinggeber kann es sich entweder um den Hersteller des Wirtschaftsgutes selbst, man spricht dann vom direkten Leasing oder Herstellerleasing, oder um eine zwischen Hersteller und Abnehmer zwischengeschaltete Leasinggesellschaft (=indirektes Leasing) handeln. In diesem Fall hat die Leasinggesellschaft das Wirtschaftsgut von dem Hersteller erworben (vgl. Abb. 5.14).

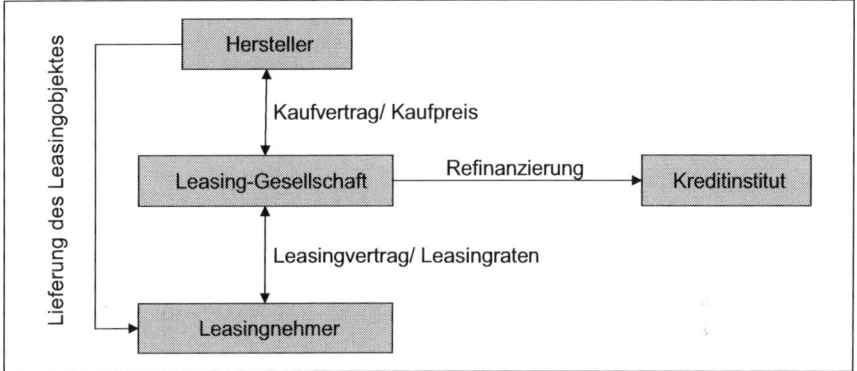

Abb. 5.14 Beteiligte und ihre Beziehungen beim indirekten Leasing

Diese Einteilungsform des Leasings, welche die Beziehung des Leasingnehmers zum Hersteller des Leasingobjektes zur Grundlage hat, beinhaltet auch das so genannte **Sale-and-lease-back-Verfahren**. Dieses Verfahren vollzieht sich dergestalt, dass ein Unternehmen vorhandene Wirtschaftsgüter an eine Leasinggesellschaft mit gleichzeitiger Zurückmietung veräußert. Ein solcher Vorgang bringt vielerlei Effekte.

Nicht nur Gebäude können Gegenstand von Sale-lease-back-Verfahren sein. So verkauften vor Jahren die Berliner Gaswerke AG ihr Netz mit 6.700 km Erdgasleitung in Berlin für rd. 800 Mio. EUR und mietete diese langfristig zurück. Ein derartiges Vorgehen schafft ausgehend von den Sale-lease-back-Erlösen ggf. Konzentration auf die unternehmerischen Kernprozesse und eine Ausweitung der Kernkompetenz (vgl. KGAL).

Für Leasing gibt es die unterschiedlichsten Einteilungskriterien. Nach der Art der Leasingobjekte wird unterschieden zwischen Konsumgüterleasing und Investitionsgüterleasing, letzteres umfasst das Mobilien-Leasing und das Immobilien-Leasing (vgl. Abb. 5.15). Direktes Leasing (=Hersteller-Leasing) und indirektes Leasing (vgl. Abb. 5.14), hier ist ein Dritter zwischengeschaltet, differieren anhand des Leasinggebers.

Das Leasen einzelner Gegenstände wird als Equipment-Leasing, das Leasing ganzer Anlagen als Plant-Leasing bezeichnet, die Anzahl der Leasing-Objekte gilt in diesem Falle als Kriterium.

Beurteilungskriterien	Mobilien-Leasing	Immobilien-Leasing
Vertragsart	Vollamortisationsvertrag Teilamortisationsvertrag	Teilamortisationsvertrag
Vertragsform	standardisiert	individuell
Objekte	Mobile Wirtschaftsgüter	Betriebsanlagen mit festem Standort, Gebäude, Grundstücke
Grundmietzeit	Zwischen 2-9 Jahren	Bis zu 22,5 Jahren

Abb. 5.15 Vergleich zwischen Mobilien-Leasing und Immobilien-Leasing

Bei der Gestaltung der Leasingraten während der Grundmietzeit ist zu unterscheiden zwischen **Vollamortisations- und Teilamortisationsverträgen.** Ist der Leasingvertrag so gestaltet, dass die Leasingraten während der Grundmietzeit die Anschaffungs-/Herstellungskosten des Wirtschaftsgutes, die übrigen Kosten und den Gewinnanspruch des Leasinggebers abdecken, so handelt es sich um Full-pay-out-Verträge = Vollamortisationsverträge. Non-pay-out-Verträge = Teilamortisationsverträge sind dadurch charakterisiert, dass die Leasingraten während der Grundmietzeit die Anschaffungs-/Herstellungskosten des Wirtschaftsgutes, die sonstigen Kosten und den Gewinnanspruch des Leasinggebers nicht abdecken. Der Ausgleich der nicht gedeckten Differenz wird durch eine Vereinbarung über die Verwertung des Leasinggutes nach der Grundmietzeit erreicht.

Die unterschiedlichsten Vertragsformen beim Mobilien-Leasing sind der Abb. 5.16 zu entnehmen. Im Immobilien-Leasing sind nur Teilamortisationsverträge üblich.

Vollamortisationsverträge	Teilamortisationsverträge
–Verträge ohne Option (eventuell mit Beteiligung am Veräußerungserlös), –Verträge mit Kaufoption, –Verträge mit Mietverlängerungsoption, –Verträge mit kombinierter Kauf- und Mietverlängerungsoption.	–Verträge mit Andienungsrecht, –Verträge mit Mehr- und Mindererlösbeteiligung, –Kündbare Verträge, –Verträge mit Restwertrisiko beim Leasinggeber.

Abb. 5.16 Vertragsformen des Mobilien-Leasing. (Quelle: Kroll 2010, S. 7)

Leasing hier verstanden als Finanzierungs-Leasing ist gekennzeichnet durch einen langfristigen und in der Regel unkündbaren Vertrag zwischen Leasingnehmer und Leasinggeber. Die wichtigsten Kennzeichen des Finanzierungsleasing sind in der Abb. 5.17 dargestellt.

Kennzeichen des Finanzierungs-Leasing (im deutschen Sprachgebrauch)

- Langfristige Mietverträge,
- Vertragslaufzeiten im Mobilien-Leasing zwischen 40 und 90 Prozent der betriebsgewöhnlichen Nutzungsdauer,
- Vertragslaufzeiten im Immobilien-Leasing bei maximal 90 Prozent der betriebsgewöhnlichen Nutzungsdauer,
- Unkündbarkeit des Vertrages während der Vertragslaufzeit (Grundmietzeit),
- Erwerb des Objektes durch den Leasinggeber,
- zivilrechtliches und meist auch wirtschaftliches Eigentum am Leasingobjekt beim Leasinggeber,
- Nutzung des Objektes durch den Leasingnehmer,
- Wartungs- und Instandhaltungspflicht durch den Leasingnehmer,
- Übernahme des Investitionsrisikos durch den Leasingnehmer,
- Rückgabe des Objektes nach Vertragsende,
- eventuelle Optionsrechte oder Zusatzverpflichtungen nach Vertragsende.

Abb. 5.17 Kennzeichen des Finanzierungs-Leasing. (Quelle: Kroll 2010, S. 5)

5.3.1 Leasingfonds

Als eine Weiterentwicklung des Leasings sind Leasingfonds anzusehen. Derartige Leasingfonds wurden sowohl für den Mobilienbereich als auch für den Immobilienbereich entwickelt, wobei aber für beide Fondsarten nur langlebige Wirtschaftsgüter wie Flugzeuge, Straßenbahnen, Lokomotiven oder Immobilien verschiedenster Art in Frage kommen. Es handelt sich um Objekte, die durch hohe Investitionssummen und die Möglichkeit einer späteren Drittverwendung nach Ablauf der Grundmietzeit gekennzeichnet sind.

Die Errichtung von Leasingfonds (vgl. 5.18) ist in der Regel mit der Gründung einer Objektgesellschaft (=Fondsgesellschaft), die das Investitionsobjekt oder die Investitionsobjekte erwirbt, verbunden. Die Fondsgesellschaft finanziert den Erwerb der Wirtschaftgüter im Rahmen einer optimalen Austarierung von fremdfinanzierten Darlehen – als Variante kommt auch ein Mieterdarlehen des Leasingnehmers in Betracht – und privatem Anlegerkapital unter besonderer Berücksichtigung regelmäßiger Ausschüttungen und steuerlicher Aspekte. Als Rechtsform für einen Leasingfonds wird in der Regel die GmbH & Co KG gewählt.

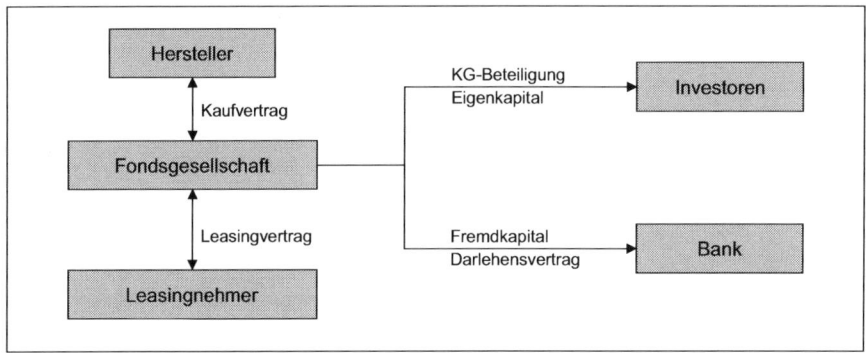

Abb. 5.18 Vereinfachte Darstellung der Struktur eines Leasingfonds

Als Erscheinungsformen von Leasingfonds haben sich das Private Placement und der Publikumsfonds herausgebildet. Im Rahmen eines Private Placements beteiligen sich eine oder mehrere vorher bekannte Personen oder auch Institutionen als Investoren, z. B. Versicherungen (vgl. Spreter 2005, S. 11). Auf Grund des Wegfalls diverser Transaktionskosten (kein Werbeaufwand, der kostenträchtige Druck eines Prospektes entfällt) wird in der Regel eine höhere Rendite als bei einem Publikumsfonds erzielt. Der Publikumsfonds zeichnet sich vor allem dadurch aus, dass das erforderliche Eigenkapital über die Beteiligung zahlreicher privater Kapitalanleger – oft über 1000 Investoren – eingeworben wird.

Die Einbindung von Investorenkapital in individuelle Leasing- und Fondsmodelle wird zusehends bedeutungsvoller. Hier gelingt der Spagat zwischen Anlagechance mit sicherer Rendite und Finanzierungslösung für Investitionen bonitätsstarker Mieter (vgl. KGAL, Der Immobilienbrief Nr. 209).

Aufgrund steuerlicher Änderungen und einem Wandel unternehmerischer Strategien hat sich seit 1998 die Bedeutung von Leasingfonds stetig verringert. Stattdessen liegen vor allem im Immobilienbereich geschlossene Immobilienfonds bzw. Immobilien-Spezialfonds im Trend. Sie bieten den Nutzern der Immobilien oft kürzere Mietlaufzeiten im Rahmen gewerblicher Mietverträge und flexiblere Exit-Möglichkeiten, d. h. zum Beispiel problemloser Auszug nach Ablauf der Mietzeit.

5.3.2 Spezialleasing

Eine Sonderform des Leasings ist das Spezialleasing. Spezialleasing liegt vor, wenn aufgrund der Vertragsgestaltung das Leasingobjekt extrem auf die speziellen Anforderungen und Verhältnisse des Leasingnehmers zugeschnitten ist. In diesem Fall ist ein Wechsel des Leasingnehmers nach Vertragsablauf nahezu ausgeschlossen bzw. es besteht keine Drittverwendungsmöglichkeit für das Leasingobjekt, da ein Markt für das betreffende Leasingobjekt bei Vertragsabschluss nicht vorhanden ist.

In Fällen des Spezialleasings ist der Leasingnehmer als wirtschaftlicher Eigentümer des Leasingobjektes anzusehen mit der Folge, dass der Leasingnehmer das Leasingobjekt zu bilanzieren hat.

5.3.3 Leasing im Kraftfahrzeugbereich

Häufig wird im Zuge zunehmender Konzentration der Unternehmen auf das Kerngeschäft das Management der unternehmenseigenen Fahrzeugflotte an Externe übertragen, die im Ergebnis nunmehr für Beschaffung, Betrieb und Wiederverkauf zuständig sind. Dieses Outsourcing umfasst zudem die Übernahme von Fahrzeugwartung, Fahrzeuginstandhaltung, Versicherungsleistungen und Datenerfassung durch den unternehmensfremden Dienstleister.

Die Vorteile der Übertragung der Dienstleistungen rund um das Kraftfahrzeug liegen in den Möglichkeiten, Kosten zu sparen, die eigene Verwaltung zu entlasten, bilanzielle Effekte zu nutzen und Fahrzeugausfälle beherrschbar zu machen.

5.3.4 Leasing im Immobilienbereich

Neben dem Neubau-Leasing ergibt sich jedoch auch ein unausgeschöpftes Potenzial für das Immobilien-Leasing sowohl aus privatwirtschaftlicher als auch aus öffentlichen Bestandsimmobilien. Die öffentliche Hand überträgt immer häufiger einzelne Gebäude und zum Teil auch ganze Immobilien-Portfolios an Leasinggesellschaften und mietet sie gleichzeitig zurück. So genannten Public Private Partnerships wird angesichts leerer Kassen und enormer Finanznöte der öffentlichen Hand die Zukunft gehören.

Gleichzeitig erkennen Unternehmen ihre eigenen Immobilien als strategische Ressource. Die Wertschöpfung unternehmenseigener Liegenschaften beschränkt sich in der Regel auf steuerliche Abschreibungen und den Vorteil nicht zu leistender Mietzahlungen. Das in Immobilien gebundene Kapital trägt weitestgehend nur in geringem Umfang zur unternehmerischen Gesamtrentabilität bei.

Mit einem gezielten Immobilien-Spin-Off ist die Grundlage geschaffen, das freiwerdende Kapital zur Rückführung von Fremdfinanzierungen einzusetzen. Der Einsatz bei renditestärkeren Unternehmensprozessen und die Realisierung weiterer strategischer Zielsetzungen sind möglicherweise alternative Perspektiven. Werden sale-and-lease-back-Lösungen zu günstigen Finanzierungskonditionen realisiert, gelingt es, erhebliche Finanzierungsvorteile zu generieren.

Darüber hinaus gibt es eine Reihe anderer Leasing-affiner Strukturen, die Vorteile hervorbringen. Der klassische Trend wendet sich ab vom klassischen Immobilienleasing und hin zu weiterentwickelten Strukturen mit Affinität zum Leasing. Immer häufiger werden von potentiellen Nutzern aus dem gewerblichen und öffentlich-rechtlichen Bereich individuelle Structured-Finance-Produkte verlangt, die ihren Anforderungsprofilen in gesellschaftsrechtlicher, bilanzieller und steuerlicher Hinsicht besser gerecht werden. Die Leasing-Affinität kann sich in zweierlei Formen zeigen: Zum einen können problemverwandte Leistungselemente (z. B. Finanzierungs-/Bilanzierungs-Komponenten) an klassische Leasing-Konzeptionen angedockt werden. Zum anderen können aber auch Strukturen entwickelt werden, die zwar kein Leasing im originären Sinne darstellen, jedoch eine große Ähnlichkeit in Wesen und Wirkung aufweisen (vgl. KGAL, Der Immobilienbrief Nr. 176).

Als Innovation, die nachhaltig das Immobilien-Leasing beeinflusste, kann das von KG Allgemeine Leasing, Grünwald, im Jahre 2000 realisierte Objekt der Britischen Botschaft in Berlin angesehen werden. Dieses Vorhaben beinhaltet – nur auszugsweise wiedergegeben – die Errichtung des Gebäudes und seine Vermietung über 30 Jahre sowie eingeschlossene Reinigung, Wartung, Instandhaltung, Energieversorgung, Haustechnik. Dieses Full-Service-Leasing (vgl. Kroll 2010, S. 57) beinhaltet somit als Bestandteile die *Finanzierung* sowie die *Dienstleistung*.

5.3.5 *Steuerliche Grundlagen des Leasings*

Von grundsätzlicher Bedeutung für die steuerliche Behandlung des Leasings ist das BFH-Urteil vom 26.01.1970: Bilanzierung von Leasing-Gütern beim wirtschaftlichen Eigentümer.

Im Hinblick auf die praktische Anwendung sind die folgenden verschiedenen Leasing-Erlasse von Bedeutung:

- BdF-Schreiben vom 19.04.71 – Mobilien-Leasing –
  Bilanzierung von Leasing-Verträgen über bewegliche Wirtschaftsgüter,

- BMWF-Schreiben vom 21.03.72 – Immobilien-Leasing –
  Bilanzierung von Finanzierungs-Leasing-Verträgen über unbewegliche Wirtschaftsgüter,

- BdF-Schreiben vom 22.12.75 – Teilamortisationsverträge –
  Zurechnung des Leasing-Gegenstandes vom Leasing-Geber bei beweglichen Wirtschaftsgütern,

- BdF-Schreiben vom 23.12.91 – Teilamortisationsverträge –
  Zurechnung des Leasing-Gegenstandes beim Leasing-Geber bei unbeweglichen Wirtschaftsgütern.

Darüber hinaus hat seit den Anfängen des Leasinggeschäftes eine Vielzahl gesetzgeberischer Maßnahmen (z. B. Anwendungserlasse, Steueränderungsgesetze) die Praxis von Leasing-Transaktionen erheblich beeinflusst. Beständig ist sowohl der stetige Wandel in den vorgegebenen Rahmenbedingungen des Leasings als auch der permanente Wandel der Anforderungsprofile auf der Nachfragerseite. Die Kreativität der Leasingbranche und ihre ausgeprägte Anpassungsfähigkeit sind allerdings unabdingbare Voraussetzung für eine Fortsetzung des bisherigen Erfolgsweges.

5.4 Projektfinanzierung

Bei einem Projekt handelt es sich um ein Vorhaben, das durch verschiedene Eigenschaften, wie z. B. interdisziplinär, komplex, zielgerecht, einmalig, gekennzeichnet ist. Das Kriterium der zeitlichen Begrenzung – d. h. die Bestimmung von Anfangs- und Endzeitpunkt für ein Projekt – ist in der Literatur umstritten.

Die weiteren Überlegungen gehen von der Voraussetzung aus, dass an der Realisierung des Projektes mehrere Unternehmen beteiligt sind, wobei dieser Sachverhalt internationale Projekte im Sinne vom grenzüberschreitend einschließt. Auf die verschiedenen möglichen organisatorischen Lösungskonzepte wird nur soweit erforderlich eingegangen.

Unter Projektfinanzierung versteht man die Finanzierung eines wie zuvor beschriebenen Vorhabens mit den nachstehend genannten drei Wesensmerkmalen:

- Ausschließlich auf der Grundlage der zukünftig erwirtschafteten Cashflows werden die erforderlichen Zins- und Tilgungsleistungen für das notwendige Fremdkapital erbracht = cashflow related lending.

- Der Effekt des off-balance sheet financing bedeutet, dass sich keine bzw. keine direkten Auswirkungen auf die Bilanzen der am Projekt Beteiligten ergeben.

- Die projekt-immanenten Risiken sind im Rahmen des risk sharing auf die Projektbeteiligten verteilt.

Grundlagen der Beurteilung der Kreditwürdigkeit bei der traditionellen Kreditfinanzierung eines Projektes sind aussagefähige Bilanzunterlagen des Unternehmens zur Prüfung der Bonität, der Finanzkraft usw. Nicht unwesentlich dürfte auch die Bereitstellung werthaltiger Sicherheiten sein. Hingegen stellt die Kreditwürdigkeitsprüfung im Rahmen eines Projektes schwerpunktmäßig auf die zukünftig erzielbaren Cashflows ab (vgl. Abb. 5.19).

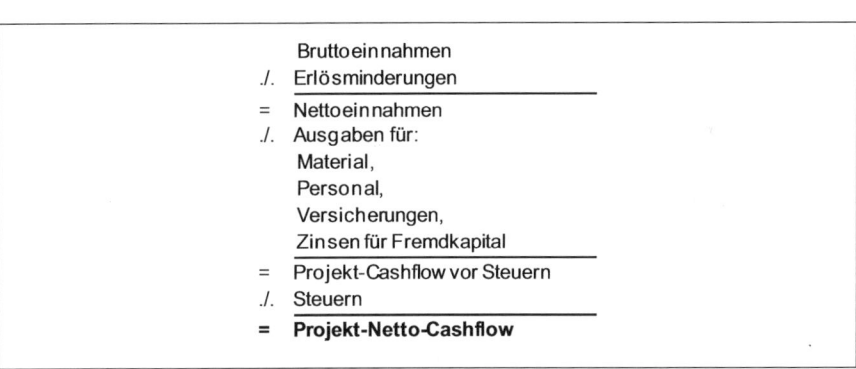

Abb. 5.19 Projekt-Cashflow-Ermittlung. (Quelle: Vgl. Corsten 2000, S. 104)

Zur Projektbewertung werden bestimmte ein- und mehrperiodige Deckungsrelationen zwischen den prognostizierten Projekt-Cashflows und den Kreditbeträgen herangezogen.

Die Kennzahl **Debt Service Coverage Ratio** (DSCR) = Schuldendeckungsgrad gibt den Deckungsgrad der Zins- und Tilgungszahlungen durch den Projekt-Cashflow in einer einzelnen Periode an:

$$\frac{Projekt\text{-}CF\ vor\ Zinsaufwand}{Zins\text{-}\ und\ Tilgungszahlung}$$

Der Projekt-Schuldendeckungsgrad **Life of Loan Cover Ratio** (LLCR) bezieht sich auf die Lebensdauer des Projektes:

$$\frac{Barwert\ der\ zukünftigen\ Projekt\text{-}Cashflows}{Kreditaußenstand}$$

Nur dann, wenn die zuvor dargestellten Deckungsrelationen die Werte von 1 bzw. >1 erreichen, besteht die Möglichkeit, dass der Cashflow die aus den Krediten abzuleitenden Verbindlichkeiten abdecken wird. Überdeckungen werden teilweise als Sicherheitsreserve angesehen. Ursachen für die Entwicklung von Projektfinanzierungen sind u. a. die Höhe des Kapitalbedarfs von Projekten sowie der Umfang und die Komplexität der Investitionsrisiken. Hinzu kommt bei Projektfinanzierungen die Möglichkeit, Projektrisiken zu verteilen. Anwendungsbereiche der Projektfinanzierung sind insbesondere Infrastrukturvorhaben wie z. B. Staudämme, Tunnel, Straßen- und Brückenbau sowie der Bau von Großanlagen, beispielhaft seien genannt Kraftwerke, Raffinerien, Stahlwerke.

Nach dem Umfang der von den Projektträgern/Projektinitiatoren (= Sponsoren) zu übernehmenden Risiken sind drei Formen der Projektfinanzierung (vgl. Abb. 5.20) zu unterscheiden.

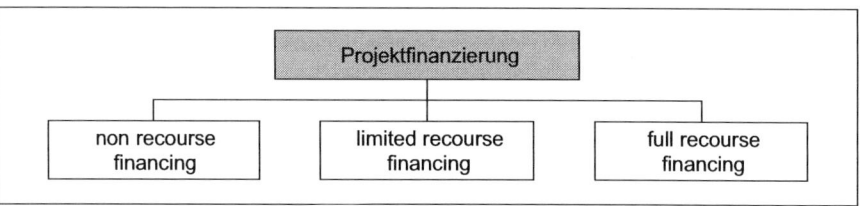

Abb. 5.20 Formen der Projektfinanzierung

Non recourse financing bedeutet rückgrifflose Finanzierung. Diese reinste Form der Projektfinanzierung ist selten anzutreffen. Die rückgriffbeschränkte Projektfinanzierung = limited recourse financing wird dagegen bei der Mehrzahl der Projektfinanzierungen eingesetzt. Dieser Rückgriff auf Projektbeteiligte gilt nicht unbestimmt, sondern ist gebunden an Projektphasen, Beträge oder dergleichen. Full recourse financing stellt eine Finanzierung bei vollem Rückgriff dar.

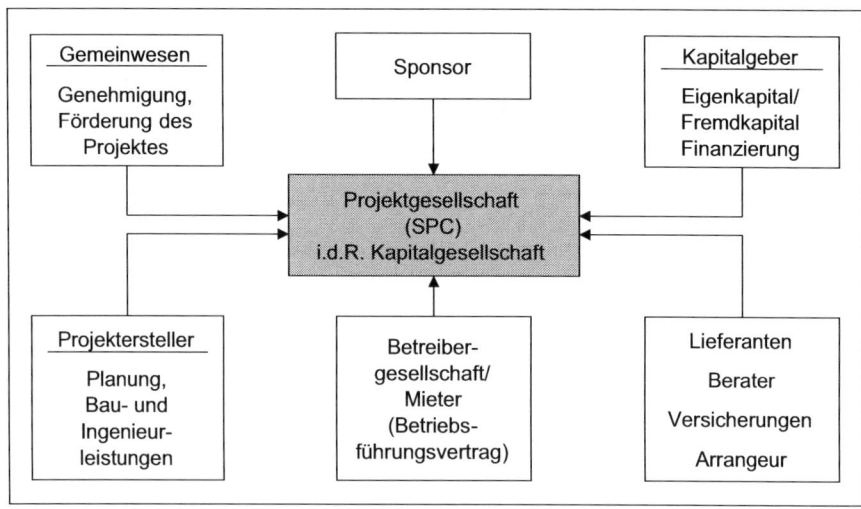

Abb. 5.21 Schematische Darstellung einer Projektstruktur

Die Beteiligten einer Projektfinanzierung und ihre Beziehungen zur Projektgesellschaft werden in der Abb. 5.21 verdeutlicht.

Ausgangspunkt einer Projektfinanzierung ist die von den Initiatoren eines Projektes, den Sponsoren, zu gründende rechtlich und wirtschaftlich selbstständige Unternehmung. Diese Projektinteressenten haben großes wirtschaftliches Interesse an einer Realisierung ihres Vorhabens und sind letztlich die unternehmerischen Impulsgeber.

Die **Projektgesellschaft** (=Special Purpose Company), die ausschließlich für den Bau und den Betrieb des Vorhabens gegründet wird, ist die Rechtsträgerin des Projektes und somit Vertragspartner für die Projektbeteiligten mit allen Rechten und Pflichten. Als Rechtsform bietet sich die Kapitalgesellschaft an, damit ist die Haftungsbeschränkung auf das Gesellschaftsvermögen vorgegeben. Die Konstruktion gewährleistet eine eindeutige Identifikation der wirtschaftlichen Tätigkeit der Projektgesellschaft. Eine Abgrenzung zu den Aktivitäten der übrigen am Projekt Beteiligten ist somit gegeben.

Im Rahmen einer Projektfinanzierung ist es zwangsläufig, dass die einzelnen mit dem Projekt verbundenen Risiken analysiert und den Projektbeteiligten zugeordnet werden. Letztlich kann man nur durch eine Zuordnung der Risiken der Problematik gerecht werden, dass die Realisierung u. U. die Tragfähigkeit einzelner am Projekt Beteiligter übersteigt.

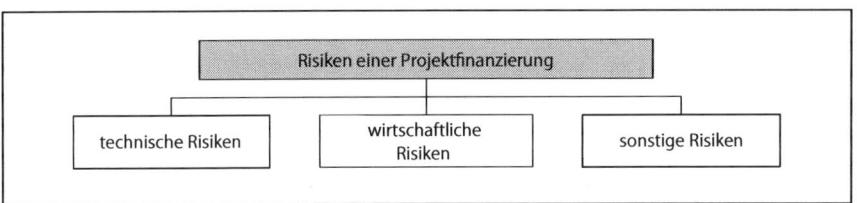

Abb. 5.22 Einteilung der Risiken von Projektfinanzierungen

Zu den technischen Risiken (vgl. Abb. 5.22) sind das verfahrenstechnische Risiko sowie das Kostenüberschreitungs- und das Fertigstellungsrisiko zu zählen. Als wirtschaftliche Risiken können neben dem Betriebsrisiko, dem Marktrisiko und dem Zuliefererrisiko das Finanzierungsrisiko angeführt werden. Gefahren aufgrund höherer Gewalt (sog. Force-Majeure-Risiken) und politische Risiken gelten als sonstige Risiken.

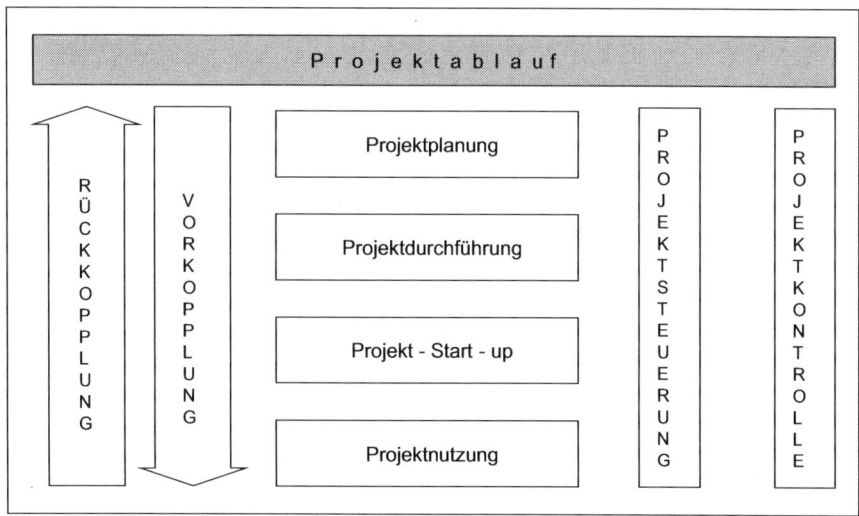

Abb. 5.23 Projektablauf

Die in Abb. 5.23 dargestellte Strukturierung des Projektablaufes darf nicht darüber hinwegtäuschen, dass die einzelnen Prozesse von unterschiedlicher zeitlicher Dauer sein können, was im Einzelnen von der Eigenheit des Projektes bestimmt wird. Des Weiteren ist das Risikopotenzial in den einzelnen Projektphasen unterschiedlich hoch.

Die Projektfinanzierung unterscheidet sich von einer Unternehmensfinanzierung mit ihrem breit gefächerten Aufgabenspektrum dadurch, dass es sich hierbei um die eigenständige Finanzierung jeweils ausschließlich einer Maßnahme handelt. Die vielfältigen technischen, wirtschaftlichen und sonstigen Risiken, die mit einem Projekt verbunden sind und die auf den Projektbeteiligten lasten (s. Abb. 5.21), verdeutlichen, dass stets alle Projektbeteiligten in die Strukturierung der technischen, wirtschaftlichen und finanziellen Belange einzubinden sind.

Der Erarbeitung des Grundkonzeptes des Projektes folgt die Prüfung der technischen Machbarkeit. Bei einem positiven Ergebnis schließt sich die Projektfinanzierung i. e. S. an. Sie besteht aus dem Advisory und dem Arranging.

Advisory umfasst die Tätigkeit von Banken ggf. unter Hinzuziehung von Anwaltskanzleien und Wirtschaftsprüfungsgesellschaften, um die Wirtschaftlichkeit der Projektrealisierung zu prüfen und die Grundlagen der Finanzierung zu erarbeiten. Bei der Konzipierung der Finanzstruktur kommt es nicht so sehr darauf an, viele und/oder neuartige Finanzinstrumente bereitzustellen bzw. zu entwickeln, sondern die zu wählende Finanzstruktur muss in der Lage sein, sich den u. U. verändernden Gegebenheiten im Verlauf der Projektlebensphase möglichst flexibel anzupassen.

Die Umsetzung der Finanzstruktur erfolgt im Rahmen des **Arranging**.

Die zwei vertraglichen Grundtypen der Projektfinanzierung stellen das **BOT-Modell** und das **BOO-Modell** dar. Der Vertragstyp BOT = build operate transfer bedeutet, dass die Projektgesellschaft das Vorhaben errichtet, betreibt und zu einem vertraglich vorgesehenen Zeitpunkt dem Endkunden überträgt.

Die Erweiterung dieser Vertragsform ist in dem **BOOT-Modell** = build own operate transfer zu sehen. Bei dieser Konstellation wird herausgestellt, dass das betreffende Projekt im Eigentum der Projektgesellschaft verbleibt, bis es auf den Vertragspartner übertragen wird. Ist im Voraus nicht festgelegt, dass das Projekt dem Endkunden übertragen wird, spricht man von einem BOO-Modell = build own operate, bezüglich weiterer Erscheinungsformen wird auf Abb. 5.24 verwiesen.

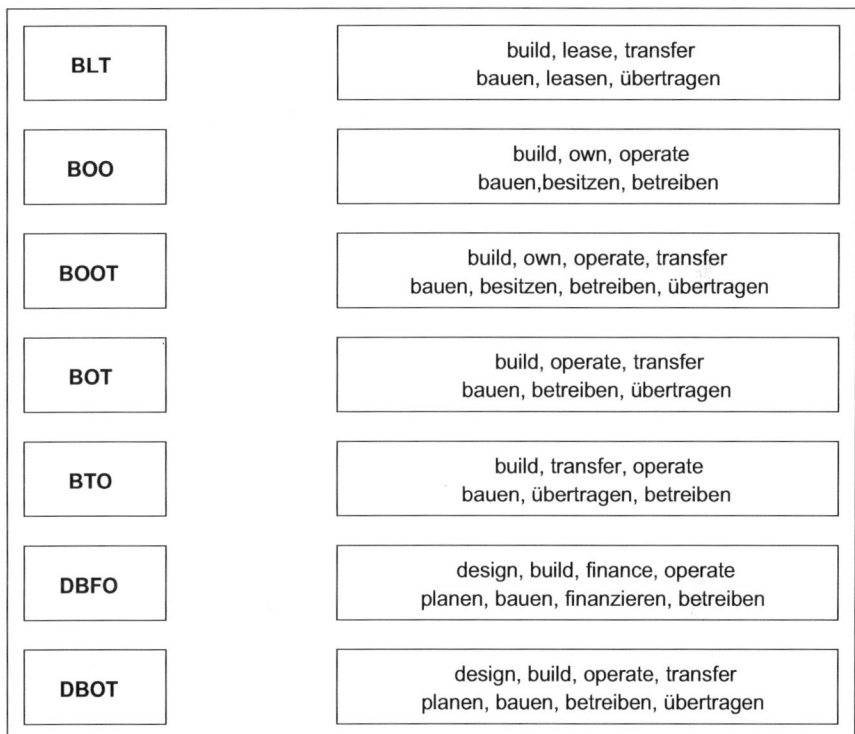

Abb. 5.24 Projekterscheinungsformen

Eine vergleichende Übersicht von Projektfinanzierung einerseits und Kreditfinanzierung anderseits gibt Abb. 5.25 wieder.

Ausgehend von der Darstellung der Ursachen und der Anwendungsbereiche der Projektfinanzierung erscheint es angebracht, für die Planung und Überwachung von Projekten auf das Product Life Cycle Costing zurückzugreifen. Dieses Konzept berücksichtigt in seiner erweiterten Form alle Lebenszykluseinzahlungen sowie Lebenszyklusauszahlungen vom Entstehungszeitpunkt über den Marktzyklus bis hin zum Nachsorgezyklus und ermöglicht damit eine Totalbetrachtung in finanzieller Hinsicht eines Projektes. Als unbedingt erforderlich wird erachtet, nach der Datenermittlung eine Zielgrößen-Änderungsrechnung vorzusehen. Eine derartige Sensitivitätsanalyse zeigt an, wie empfindlich die prognostizierten Ergebnisse auf eine eventuelle Änderung der verschiedenen Parameter wie Erlöse, Kosten etc. reagieren.

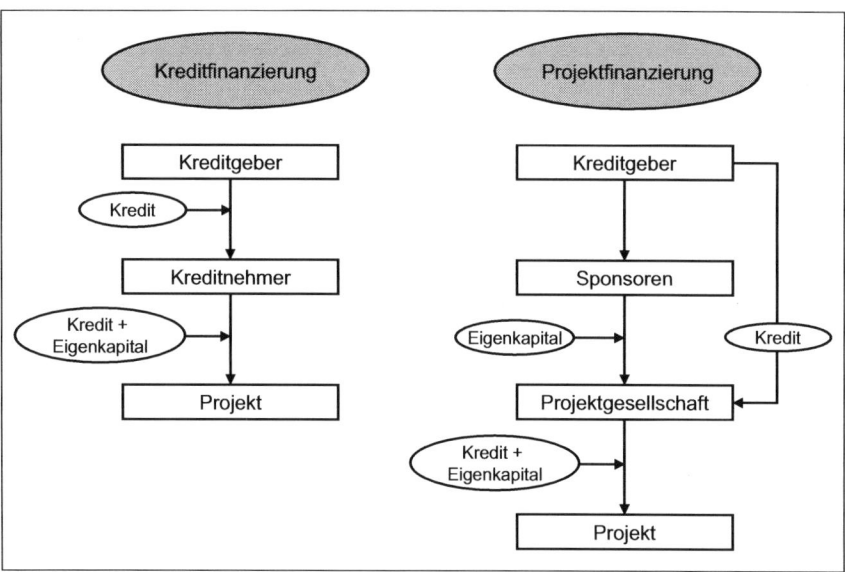

Abb. 5.25 Kreditfinanzierung und Projektfinanzierung im Vergleich. (Quelle: Vgl. Corsten 2000, S. 103)

5.5 Mezzanine Kapital

Kommen in einer Unternehmung Finanzierungsinstrumente zum Zuge, die bezüglich ihrer rechtlichen und wirtschaftlichen Merkmale zwischen Eigenkapital und Fremdkapital einzuordnen sind, wird im Allgemeinen von einer Mezzanine Finanzierung gesprochen. Bei entsprechender Ausgestaltung weist eine Mezzanine Finanzierung mehr oder weniger eigen- bzw. fremdkapitalähnliche Kennzeichnungen auf. Bei eigenkapitalähnlichen Instrumenten spricht man von Equity Mezzanine, bei fremdkapitalähnlichen von Debt Mezzanine.

In Ermangelung einer allgemein gültigen Definition wird nachfolgender Erklärungsansatz zu Grunde gelegt: „Entsprechend seiner Ausgestaltung weist eine Mezzanine Finanzierung mehr oder weniger eigen- bzw. fremdkapitalähnliche Kennzeichnungen auf. Sie ist langfristig und nachrangig besichert und ausgestattet mit einer Endfälligkeit sowie einem variablen Zins."

Eine Übersicht über die verschiedenen Instrumente, die als Mezzanine Finanzierung bezeichnet werden, gibt Abb. 5.26. Der in der Literatur zu findenden Zuordnung von Verkäuferdarlehen als Mezzanine Finanzierung wird nicht gefolgt. Die einbezogenen Instrumente werden anschließend skizziert.

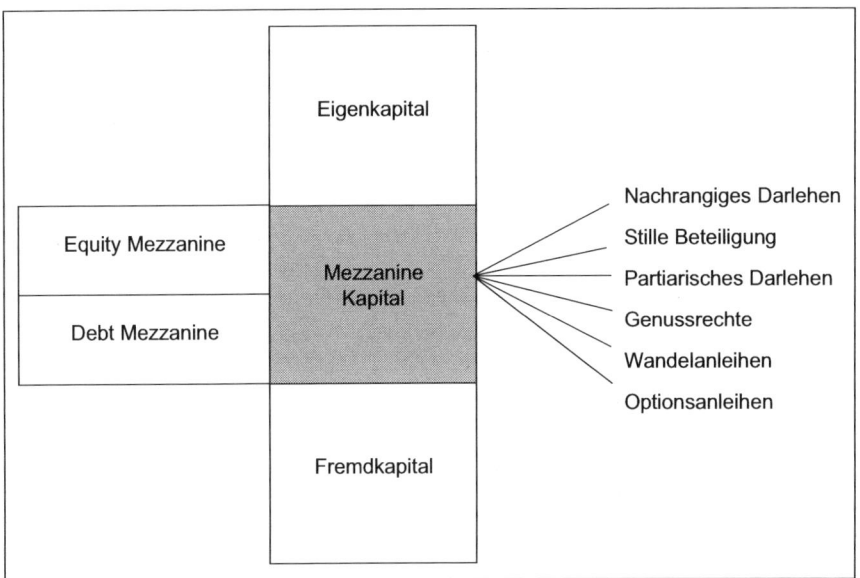

Abb. 5.26 Formen von Mezzanine Kapital

Nachrangiges Darlehen

Nachrangige Darlehen (=subordinated debt) sind unbesicherte Darlehen, die insbesondere durch zwei Merkmale gekennzeichnet sind. Zum einen müssen die geschlossenen Darlehensverträge kündbar oder befristet ausgestaltet sein, zum anderen muss vereinbart sein, dass die Ansprüche der Darlehensgeber im Insolvenzfall hinter den Ansprüchen der anderen nicht nachrangigen Kreditgeber zurückstehen.

Stille Beteiligung

In den §§ 230–237 HGB finden sich Regelungen zu einer stillen Beteiligung (=Stille Gesellschaft). Da die Vermögenseinlage des stillen Gesellschafters in das Vermögen des Unternehmers eingeht (§ 230 HGB) und der stille Gesellschafter nach außen nicht in Erscheinung tritt, wird auch von einer Innengesellschaft gesprochen. Der stille Gesellschafter, der am Gewinn der Unternehmung beteiligt werden muss, ist von der Unternehmensführung ausgeschlossen, Kontroll- und Informationsrechte stehen ihm zu.

Es sind zwei Varianten der stillen Gesellschaft zu unterscheiden. Die *typisch stille Gesellschaft* ist dadurch gekennzeichnet, dass der stille Gesellschafter vom Vermögen des Unternehmens ausgeschlossen ist, er lediglich an den Gewinnen und Verlusten teilnimmt. Die Verlusthaftung ist auf den Betrag der Einlage begrenzt, sie kann auch gänzlich ausgeschlossen werden. Geht der stille Gesellschafter eine Mitunternehmerschaft ein, das bedeutet, dass er auf die Geschäftsführung Einfluss nehmen kann, liegt eine *atypisch stille Beteiligung* vor. Dies bedingt darüber hinaus eine Beteiligung an den Verlusten der Gesellschaft sowie eine Teilhabe am Unternehmensvermögen.

Die Einordnung, ob es sich um eine typische stille Beteiligung oder eine atypisch stille Beteiligung handelt, bleibt dem Einzelfall ausgehend von den vertraglichen Bestimmungen vorbehalten.

Partiarische Darlehen

Ein partiarisches Darlehen ist ein Kredit, der der stillen Beteiligung ähnelt. Kreditgeber und Kreditnehmer bilden jedoch keine Gesellschaft. Der Vergütungsanspruch für das partiarische Darlehen bemisst sich am Erfolg der Unternehmung bezogen auf beispielsweise auf den Jahresüberschuss gemäß GuV-Ausweis.

Genussrechte

Ausschließlich in § 221 AktG finden Genussrecht eine Erwähnung, für sie gelten gleichermaßen die Bestimmungen wie für Wandelschuldverschreibungen und für Gewinnschuldverschreibungen, die in Absatz 1 des § 221 näher bezeichnet sind. Darüber hinaus bestimmt Absatz 4, dass Aktionäre auf Genussrechte ein Bezugsrecht haben. Die ausschließliche Erwähnung von Genussrechten im Aktiengesetz bedeutet keineswegs, dass die Ausgabe von Genussrechten auf Aktiengesellschaften beschränkt ist, auch Nichtkapitalgesellschaften wie die Gesellschaft mit beschränkter Haftung sowie Personengesellschaften können sich dieses Finanzierungsinstrumentes bedienen, die jeweilige Gesellschaftsform ist bei der Ausgestaltung von Genussrechten zu berücksichtigen.

Genussrechte sind für gewöhnlich in Genussscheinen verbrieft, was jedoch nicht zwingende Voraussetzung für die Wirksamkeit ist. Da außer den Bestimmungen in § 230 AktG keine weiteren gesetzlichen Regelungen bestehen, können Genussrechte – die Begriffe Genussrechte und Genussscheine werden oft auch synonym verwendet – vielfältig ausgestaltet werden. Je nach Ausstattungsmerkmal liegt Eigenkapitalcharakter oder Fremdkapitalcharakter vor. Genussscheine sind aktienähnliche Wertpapiere – es wird auch von Aktiensurrogaten gesprochen -, die jedoch kein Stimmrecht und keine Mitgliedschaftsrecht gewähren. Der Genussschein verbrieft in der Regel Ansprüche am Gewinn, eine Mindestverzinsung kann eingeräumt werden. Die Laufzeit ist bestimmt oder begrenzt, dann jedoch verbunden mit einem Kündigungsrecht des Emittenten. Denkbar ist auch eine Beteiligung am Verlust sowie am Liquidationserlös.

Genussrechte kommen zum Tragen neben der reinen Kapitalbeschaffung u. a. als Instrument der Unternehmenssanierung, als Wertausgleich bei Sacheinlagen sowie zur Gewinnbeteiligung von Arbeitnehmern.

Wandelanleihe

Wandelanleihen (= Wandelschuldverschreibungen oder convertible bonds) wurden detailliert in Kap. 3.2.2.3.2 vorgestellt. Das herausragende Kennzeichen dieses Finanzierungsinstrumentes besteht darin, dass dem Inhaber dieses Finanztitels die Möglichkeit eröffnet wird, sein ursprüngliches Gläubigerverhältnis in ein Beteiligungsverhältnis umwandeln zu können.

Optionsanleihe

Bei der Optionsanleihe (= bond with warrant) handelt es sich zunächst um eine normale Anleihe. Gleichzeitig besteht jedoch das Recht, Stammaktien der emittierenden Gesellschaft zu einem am Ausgabezeitpunkt festgelegten Kurs während einer bestimmten Frist (= Optionsfrist) zu erwerben. Das Optionsverhältnis ist im Voraus

festgelegt. Die Besonderheit der Optionsanleihe besteht im Gegensatz zur Wandelanleihe darin, dass das Optionsrecht ausgeübt werden kann, ohne dass der Bestand
der Anleiheforderung erlischt. Die Anleihe ist in der Regel mit einer mittel- bis
langfristigen Laufzeit ausgestattet, die Verzinsung kann fest oder variabel sein. Die
verschiedenen Mezzanine Finanzierungsinstrumente sind im Rendite-Risiko-Dia-
gramm (vgl. Drukarczyk 2008, S. 410) dargestellt (vgl. Abb. 5.27).

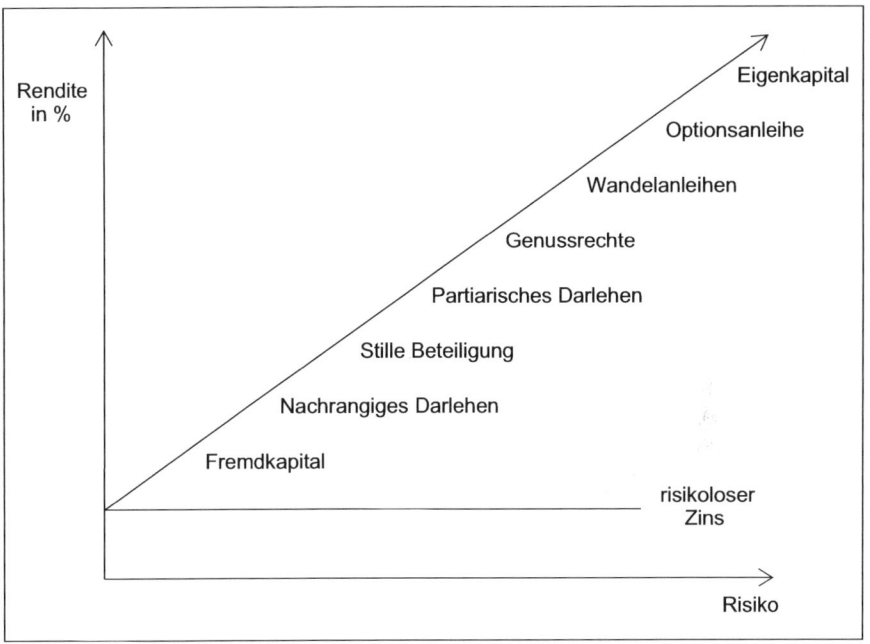

*Abb. 5.27 Rendite-Risiko-Struktur Mezzaziner Finanzierungsinstrumente. (Quelle: In Anlehnung
an Drukarcyk 2008, S. 410)*

In der Abb. 5.27 wird angedeutet, dass die Vergütung für die Inanspruchnahme
Mezzaniner Finanzierungsinstrumente – bedingt durch die Nachrangigkeit und dem
damit verbundenen höheren Risiko – höher ist, als für reines Fremdkapital, aber
niedriger ist, als die Renditeerwartung der Eigenkapitalgeber. Die Vergütung selbst
kann in unterschiedlicher Form erfolgen. Eine *laufende Verzinsung* (Pay-out-Mar-
ge) belastet von Beginn an den Unternehmenserfolg, widerspricht aber im Wesentlichen dem Sinn einer Mezzaniner Finanzierung, z. B. bei der Sanierung oder der
Wachstumsfinanzierung, da in diesen Fällen die anfänglichen jährlichen Cashflows
geschont werden sollen. Eine *endfällige* oder *thesaurierende* Verzinsung (Pay-in-
kind-Marge) bietet den Vorteil, dass erst am Ende der Vertragslaufzeit Tilgung und
Zinsen zu entrichten sind und somit anfänglich erwirtschaftete Cashflows nicht belastet werden. Wird die Vergütung für die Inanspruchnahme einer Mezzanine Finanzierung gesplittet, erfolgt eine Kombination von fixer und variabler Vergütung, der
variable Bestandteil ist dabei an den Erfolg der Unternehmung gebunden, kommt

die Kicker-Komponente zum Tragen. Bei einem **Non-Equity-Kicker** handelt es sich um eine an den Unternehmenserfolg gebundene Vergütung, d. h., neben einer fixen Marge erhält der Investor eine weitere Zahlung, die beispielsweise den Cashflow oder das Betriebsergebnis als Berechnungsgrundlage hat. Eine Ausstattungsvariante ist der **Virtual Equity-Kicker** (vgl. Achleitner u. a. 2004, S. 171). Bei dieser Form orientiert sich der variable Vergütungsanteil an der Differenz der Werte einer Unternehmung zu Beginn und zum Ende der Laufzeit der Mezzanine Finanzierung. Durch einen **Equity-Kicker** erhält der Investor Bezugs- bzw. Optionsrechte (= Warrants) auf Anteile an der entsprechenden Unternehmung.

Die Aufnahme bzw. die Gewährung von Mezzanine Kapital bietet den Vorteil, dass sich keine Verwässerung der bestehenden Unternehmensanteile ergibt. Werden bei der Kapitalüberlassung tilgungsfreie Jahre oder endfällige Tilgungszahlungen keine oder nur geringe Zinszahlungen vereinbart, resultiert daraus für das Mezzanine Kapital aufnehmende Unternehmen eine Liquiditätsschonung. Die Aufnahme von Mezzanine Kapital ist insbesondere für den Mittelstand ein alternatives Finanzierungsinstrument, wenn z. B. weitere Kreditaufnahmen nicht darstellbar sind und eine direkte Beteiligung nicht erwünscht ist.

5.6 Private Equity

Die Bereitstellung von Eigenkapital in die Finanzierung nicht börsennotierter Unternehmen wird als Private Equity bezeichnet. Bei dieser Zurverfügungstellung von Kapital durch Investoren handelt es sich um private Anleger, Pensionskassen, Banken, Unternehmen, Versicherungen. Sie kann durch drei unterschiedliche Beteiligungsformen vollzogen werden: 1) Direktinvestition, 2) Investition in einen Private Equity-Fonds und 3) Investition durch einen Private Equity-Dachpool (vgl. Abb. 5.28).

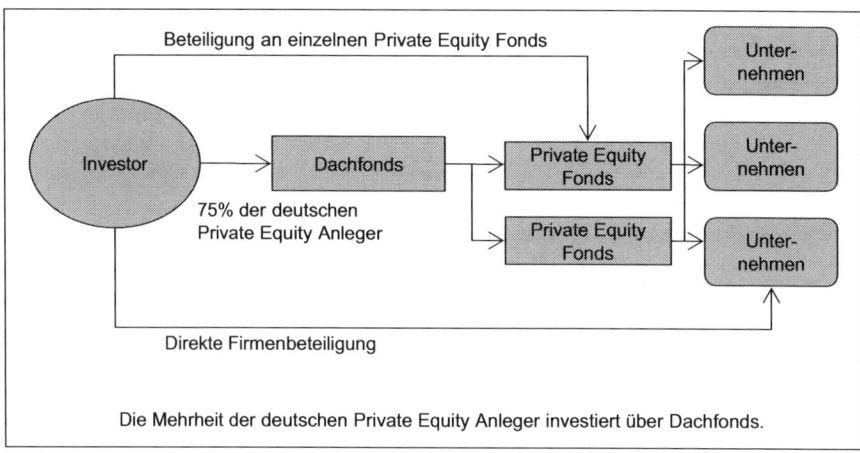

Abb. 5.28 Möglichkeiten der Investition in Private Equity. (Quelle: Allianz Private Equity Partners)

Eine offene Beteiligung, d. h. eine Direktinvestition, an einem Unternehmen, ist für institutionelle Investoren überwiegend uninteressant. Fonds und Dachfonds bieten durch die Form der indirekten Beteiligung hohe Diversifikationsvorteile. Bei Fonds wird das von Investoren eingesammelte Kapital in etwa 10 bis 20 Beteiligungs-unternehmen investiert, bei Dachfonds erfolgt die Investition in etwa 20 oder mehr Einzelfonds. Bei der indirekten Beteiligung unterscheidet man darüber hinaus zwischen offenen Fonds bei Captives, es handelt sich um abhängige Private Equity-Gesellschaften und geschlossen Fonds bei Independents, das sind unabhängige Private Equity-Gesellschaften.

Private Equity-Gesellschaften haben letztlich eine Intermediationsfunktion zwischen Investoren als Kapitalgeber, die eine indirekte Beteiligung anstreben und Unternehmen als Kapitalnachfrager. Segmente des Private Equity sind 1) Venture Capital und 2) Buyout Capital (vgl. Abb. 5.29).

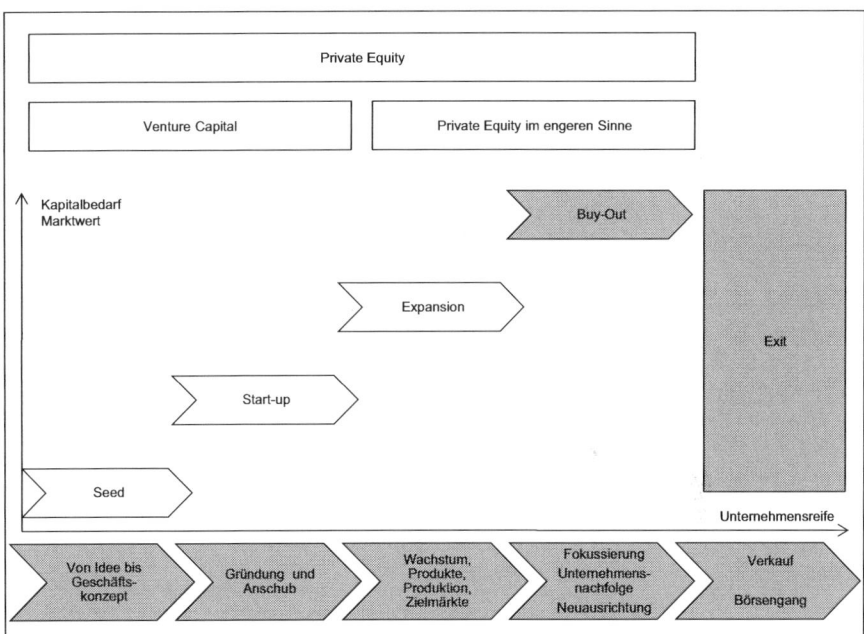

Abb. 5.29 Finanzierungsphasen bei Private Equity. (Quelle: KGAL)

Private Equity-Fonds haben eine maximale Laufzeit von etwa 12 Jahren, bei mittleren und größeren Fonds beträgt die Investition 5 bis 10 Mio. EUR. Das Kapital wird über einen Zeitraum von etwa 3 bis 6 Jahren investiert, die ersten Rückflüsse erfolgen nach ca. 4 bis 7 Jahren, wobei eine Veräußerung oder Kündigung der Beteiligung grundsätzlich nicht möglich ist (vgl. Bundesverband Alternative Investments e. V. 2006, S. 10). Eine Übersicht über den Markt für Beteiligungskapital gibt Abb. 5.30 wieder.

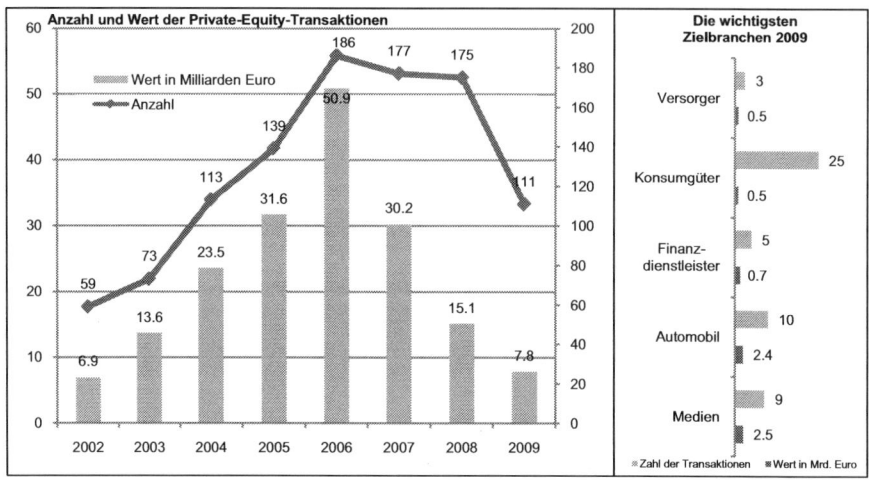

Abb. 5.30 Der Markt für Beteiligungskapital in Deutschland. (Quelle: Ernst & Young, entnommen FAZ Nr. 302 v. 30.12.2009)

Exkurs: Finanzierungsmodelle in der Praxis anhand ausgewählter Beispiele

(1) Forfaitierung

Unter der Begriffsbezeichnung Forfaitierung soll ein Finanzierungsmodell vorgestellt werden, dass die öffentliche Hand und die Privatwirtschaft zusammenführt, wobei hier auch mittelständische Unternehmungen in Frage kommen, die u. U. nur über eine geringe Eigenkapitalausstattung verfügen (vgl. Abb. 5.31). Grundlage dieses Finanzierungsmodells ist der Abschluss eines langfristigen Entsorgungsvertrages, beispielsweise über Müll oder Abwasser, zwischen einem privatwirtschaftlich organisierten Unternehmen und einer Gemeinde (vgl. Kirchhoff und Müller-Godeffroy, 1996, S. 70).

Das private Dienstleistungsunternehmen errichtet und betreibt das Investitionsobjekt. Die Finanzierung des Investitionsobjektes erfolgt durch den teilweisen Verkauf der zukünftig erwarteten Einnahmen an ein Kreditinstitut seitens der Unternehmung, dabei entspricht der Barwert der verkauften Forderungen dem Investitionsvolumen. Die darüber hinaus abzutretenden laufenden Forderungen decken die Zins- und Tilgungsleistungen. Die an das Dienstleistungsunternehmen zu entrichtenden Entgelte werden nach wie vor von der Kommune erhoben, sie erscheinen im Haushalt, sie sind durch das Gebührenaufkommen abgedeckt.

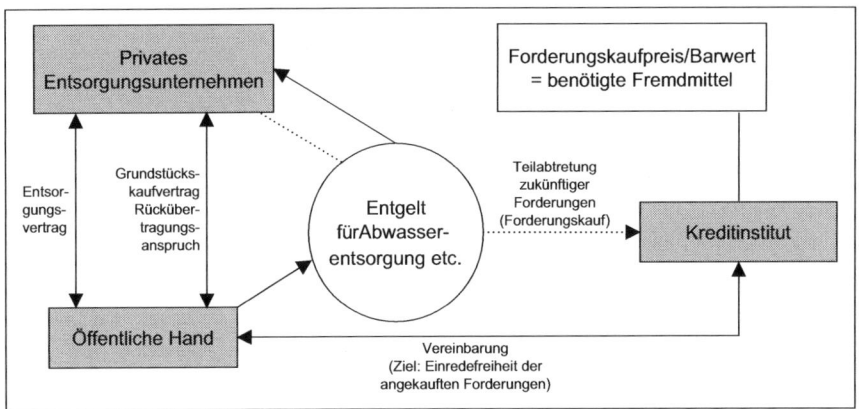

Abb. 5.31 Forfaitierungsmodell der Helaba (Landesbank Hessen-Thüringen). (Quelle: Kroll 2002, S. 323)

(2) Contracting

Contracting ist eine Form der Finanzierung von Investitionen im Energiebereich, wobei diese Finanzierungsalternative sowohl bei Kommunen als auch im privatwirtschaftlichen Bereich Anwendung finden kann.

Ausgangspunkt eines derartigen Finanzierungsmodells ist die Überlegung, die beabsichtigte Investition von der Finanzierung abzukoppeln. Es geschieht beispielhaft in der Weise, dass eine Betreibergesellschaft von einem Energieunternehmen und einem Anlagenhersteller als so genannte Kontraktoren gegründet wird. Die Betreibergesellschaft investiert und realisiert das Projekt, sie deckt ihren Kapitalbedarf über Kredite ab, die Zins- und Tilgungsleistungen werden von ihr aus den laufenden Einnahmen abgedeckt (vgl. Abb. 5.32).

Dieses Modell kann dann zur Anwendung kommen, wenn Modernisierungsbedarf besteht, die erforderlichen Fremdmittel vom betreffenden Unternehmen bzw. der betreffenden Kommune aber nicht aufgenommen werden können. Der Ausgleich vollzieht sich letztlich bei dem Beteiligten über die eingesparten Betriebskosten.

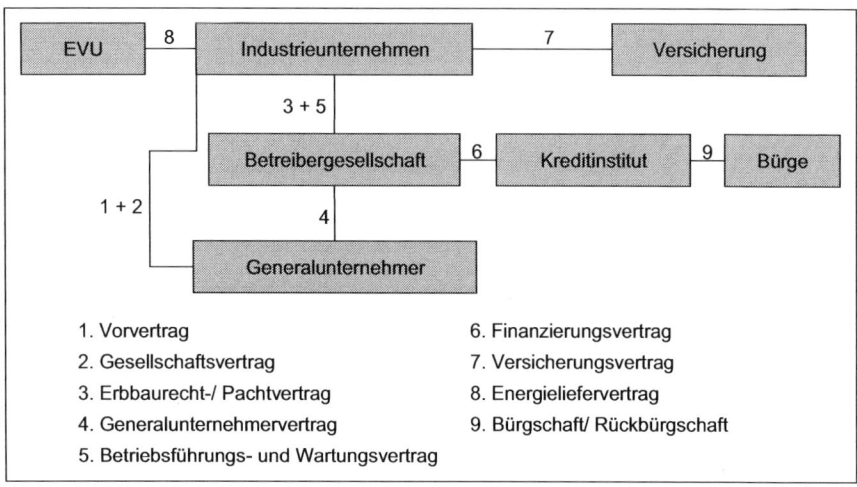

1. Vorvertrag   6. Finanzierungsvertrag
2. Gesellschaftsvertrag   7. Versicherungsvertrag
3. Erbbaurecht-/ Pachtvertrag   8. Energieliefervertrag
4. Generalunternehmervertrag   9. Bürgschaft/ Rückbürgschaft
5. Betriebsführungs- und Wartungsvertrag

Abb. 5.32 Contracting-Vertragsstruktur. (Quelle: Verband der Industriellen Energie- und Kraftwirtschaft e. V. (VIK) 1991, nach Kirchhoff und Müller-Godeffroy 1996, S. 124)

(3) IKB-Partnerschaftsmodell

Für mittelständische Unternehmen, die beispielsweise als Zulieferer von Großunternehmen gehalten sind, ihre technische Leistungsfähigkeit ständig weiter zu entwickeln oder ganze Systemlösungen zu gestalten, stellen Aufwendungen für die Entwicklung und Herstellung von Prototypen und Vorserien von Baureihen mit häufig zeitverzögerten Zahlungseingängen eine hohe Belastung dar (vgl. hierzu und im Folgenden van Lier 2003, S. 464 ff.). Das Wachstumspotenzial einer Unternehmung wird eingeschränkt, die Bilanzstruktur verschlechtert sich, Kreditrestriktionen sind möglicherweise die Folge.

Vor diesem Hintergrund hat die IKB Deutsche Industriebank Partnerschaftsmodelle entwickelt, die als bilanzentlastende, auftragsorientierte Finanzierungen die Einengung von Liquiditätsspielräumen als Engpassfaktor für ertragsorientiertes Unternehmerwachstum aufheben sollen (vgl. Abb. 5.33).

So wird für einen oder mehrere Automobilzulieferer eine Projektgesellschaft zur Verfügung gestellt, die die Aufgabe übernimmt, die auftragsbezogene Entwicklung und Herstellung von Werkzeugen bis zur Fertigung der Teile und deren Abnahme durch den Automobilhersteller zu finanzieren und zu bilanzieren.

Bei dem ideal-typischen Modell schließt die Projektgesellschaft die Verträge über Entwicklungsleistungen, Herstellung von Werkzeugen und Lieferung von Teilen direkt mit dem Automobilhersteller ab, die Verhandlungen selbst werden bis zur Abschlussreife vom Automobilzulieferer geführt.

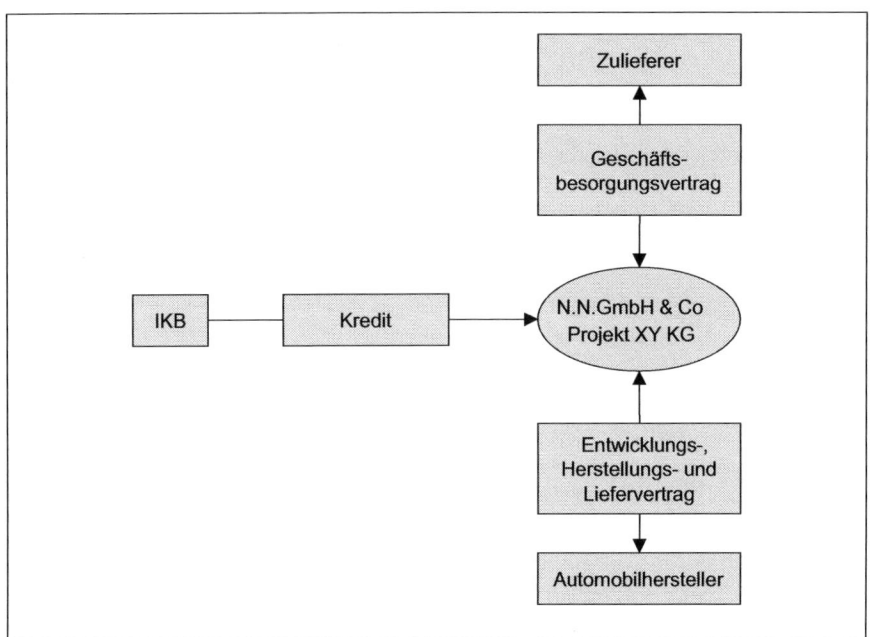

Abb. 5.33 Ideal-typisches IKB-Partnerschaftsmodell. (Quelle: Vgl. van Lier 2003, S. 465)

Bei dem als Backing-Modell bezeichneten Vorgang schließt der Automobilzulieferer die Verträge mit dem Automobilhersteller ab und bringt diese Verträge anschließend spiegelbildlich in die Projektgesellschaft ein. Bei beiden Gestaltungs-
konstruktionen beauftragt die Projektgesellschaft den Zulieferer mit der Erfüllung
der geschlossenen Verträge.

6 Derivative Finanzierungsinstrumente

6.1 Grundlagen

Derivative Finanzierungsinstrumente – kurz Derivate genannt – sind Produkte, die von einem Basiswert abgeleitet sind und auf Termin gehandelt werden. Bei einem derartigen Termingeschäft (oder -handel) fallen Geschäftsabschluss und Erfüllung zeitlich auseinander, im Gegensatz zu einem Kassageschäft (oder -handel), bei dem Verpflichtungsgeschäft und Erfüllungsgeschäft zeitlich zusammenfallen. In Deutschland gilt eine Frist von zwei Börsentagen.

Beweggründe für Termingeschäfte sind für die Marktteilnehmer die Spekulation, die Absicherung oder die Arbitrage. Werden von einem Teilnehmer Risiken in Kauf genommen, um Gewinne zu erzielen, sind Derivate Grundlage der **Spekulation**. Die Absicherung von Risiken, z. B. gegen zukünftige Preisschwankungen, bezeichnet man als **Hedging**. Mikro-Hedging bedeutet die Absicherung einzelgeschäftsbezogen, eine Absicherung auf der Grundlage einer Vielzahl von Instrumenten nennt man Makro-Hedging. Unter **Arbitrage** versteht man die gewinnbringende Ausnutzung von Preisunterschieden an verschiedenen Märkten.

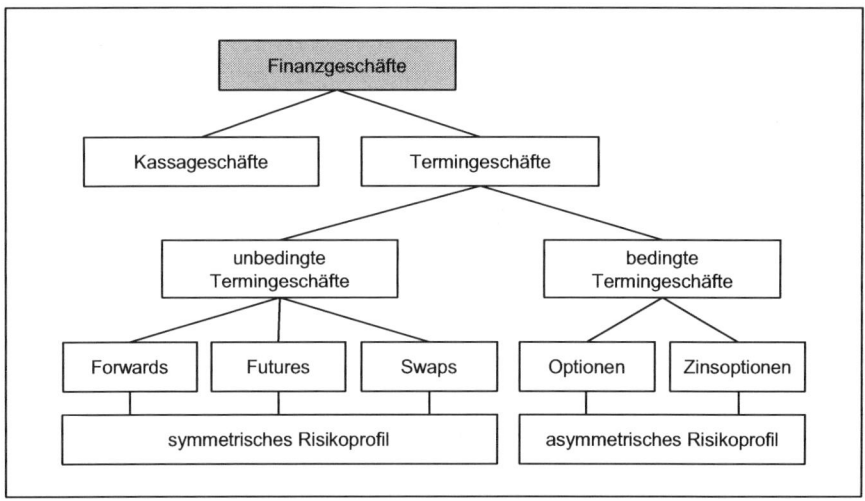

Abb. 6.1 Struktur der Finanzgeschäfte

Termingeschäfte lassen sich im Hinblick auf den Grad der Erfüllungspflicht unterscheiden in bedingte Termingeschäfte und in unbedingte Termingeschäfte (s. Abb. 6.1). Des Weiteren kann man Derivate nach ihrem Risikoprofil differenzieren. Stehen sich die aus dem Termingeschäft ergebenden Gewinnchancen und Verlustrisiken bei den Vertragspartnern deckungsgleich gegenüber, handelt es sich um ein symmetrisches Risikoprofil. Bei Derivaten mit asymmetrischem Risikoprofil (s. Abb. 6.1) ist das Verlustrisiko des Käufers auf die Höhe der Optionsprämie begrenzt. Der Verkäufer übernimmt dagegen ein theoretisch unbegrenztes Verlustrisiko, hat dabei jedoch nur ein begrenztes Gewinnpotenzial (vgl. Deutsche Bank 1999, S. 10).

Der Abschluss von Termingeschäften vollzieht sich zum einen an den Terminbörsen und zum anderen im außerbörslichen Handel (**OTC** = Over the Counter). Der börsliche Handel – in Deutschland an der Eurex, siehe Kap. 2.4.2 – ist durch eine strenge Standardisierung gekennzeichnet, der Handel wird auf der Grundlage standardisierter Verträge abgewickelt. Zur Sicherstellung eines reibungslosen Handelsablaufes verlangen die Terminbörsen bzw. deren Clearing-Organisationen Sicherheitszahlungen (= Margins). Ausschließlich börslich gehandelt werden Financial Futures.

Außerbörslich stehen u. a. Caps, Floors, Collars, Forward Rate Agreements, Swaps und Devisentermingeschäfte zur Verfügung. OTC-Derivate werden speziell auf die Erfordernisse der beiden Vertragspartner zugeschnitten, das entscheidende Kriterium der außerbörslich gehandelten Instrumente ist die fehlende Standardisierung. Die Vertragsbestandteile wie Laufzeit, Betragshöhe bzw. Basiswert, Referenzzinssatz, Währung unterliegen der freien Vereinbarung.

Zinsrechnungsmethoden

Grundsätzlich ist zu unterscheiden zwischen der *linearen* Zinsrechnung und der *exponentiellen* Verzinsung. Bei der einfachen oder linearen Zinsrechnung werden anfallende und nicht ausgezahlte Zinsen sowie der zu verzinsende Kredit oder die zu verzinsende Spareinlage nicht aufaddiert. Bei der Zinseszinsrechnung (= exponentiellen Verzinsung) hingegen werden die nicht ausgezahlten Zinsen dem Grundbetrag zugeschlagen.

Die verschiedenen Berechnungsmethoden sind der Abb. 6.2 zu entnehmen:

Bezeichnung	Zeitdifferenz in Tagen / Anzahl Tage des Jahres	Erläuterungen	Verwendung
30/360	Monat = 30 Tage	Der Monat wird immer mit 30 Tagen, das Jahr mit 360 Tagen gerechnet (deutsche Methode)	Kapitalmärkte, Swaps
	Jahr = 360 Tage		
ACT/360	Tatsächliche Tage	Das Jahr wird mit 360 Tagen, der Monat mit tatsächlichen (actual) Tagen gerechnet (Euromethode oder franz. Methode)	Geldmärkte (außer UK)
	Jahr = 360 Tage		
ACT/365	Tatsächliche Tage	Beim Monat zählen die tatsächlichen Tage, das Jahr hat 365 Tage (englische Methode)	UK-Geldmarkt
	Jahr = 365 Tage		
ACT/ACT	Tatsächliche Tage	Tagegenaue Methode. Sowohl das Jahr als auch der Monat werden tagegenau berechnet	Verschiedene Kapitalmärkte
	Jahr = 365 bzw. 366 Tage		

Abb. 6.2 Zinsrechenmethoden

Ausgewählte Fachbegriffe zu derivativen Finanzierungsinstrumenten

Arbitrage   Risikoloses Ausnutzen von fundamental nicht gerecht-fertigten Preisunterschieden an verschiedenen Märkten

At-the-money   Am Geld = eine Option, deren Strike dem aktuellen Marktwert des Underlying entspricht

Ausübung   Erklärung des Inhabers einer Option, dass er die Basis-werte zu dem im Optionskontrakt festgelegten Bedin-gungen kaufen oder verkaufen will

Basispreis   Fixierter Preis, der bei Ausübung des Optionsrechts für den gelieferten Basiswert zu bezahlen ist. Er bestimmt zu einem großen Teil den Wert der Option

Black-Scholes-Formel Mit dieser Formel wird der Wert einer europäischen Option berechnet

Cash Settlement   Barausgleich bei Termingeschäften

Delta	Der Betrag, um den sich der Optionspreis ändert, falls sich der Basiswert um einen Punkt verändert
Glattstellung	Ein Geschäft, das eine Short- oder Long-Position eines Option- oder Future-Kontraktes durch Eingehen einer Gegenposition eliminiert
EUREX	Terminbörse für den Euroraum und die Schweiz
Greeks	Risikokennzahlen (Sensitivitätsmaße) von Optionen
Hedging	Einsatz von Financial Instruments zur Reduzierung von Risiken
Innerer Wert	Der innere Wert einer Option entspricht der Differenz zwischen dem aktuellen Kurs des Basiswertes und dem Ausübungspreis der Option. Der innere Wert ist immer größer/ gleich Null
In-the-money	Im Geld = eine Option, die einen inneren Wert > 0 hat
LIFFE	London International Financial Futures Exchange = Londoner Terminbörse für Optionen und Futures
Margin	Sicherheitsleistung, die als Deckung für eine Kontrakterfüllung hinterlegt werden muss
Mark to Market	Tägliche Neubewertung von Future-Positionen nach Börsenschluss zur Berechnung der täglichen Gewinne oder Verluste von Future-Positionen
Option	Das Recht, eine bestimmte Anzahl eines bestimmten Basiswertes zu einem festgelegten Preis an oder bis zu einem bestimmten Datum zu kaufen (Call-Option) oder zu verkaufen (Put-Option)
Out-of-the-money	Aus dem Geld = eine Option, die weder im Geld noch am Geld ist
Settlement price	Grundlage für die Margin-Berechnung der Clearing-Stelle. Es handelt sich um den Preis, zu dem die Clearingstelle am Ende eines Handelstages den Wert des Kontraktes ermittelt.
Stillhalter	Der Stillhalter ist der ursprüngliche Verkäufer einer Option. Er ist bei Ausübung der Option verpflichtet, die abgesprochene Leistung zu erfüllen, während der Käufer der Option zwar ein Recht, aber keine Verpflichtung hat
Straddle	Kauf oder Verkauf der gleichen Anzahl von Calls und Puts des gleichen Basiswertes mit den gleichen Ausübungspreisen und den gleichen Verfalldaten

Strangle	Kauf oder Verkauf der gleichen Anzahl von Calls und Puts des gleichen Basiswertes mit den gleichen Verfalldaten, jedoch verschiedenen Ausübungspreisen
Strike	Basispreis = ein vorab festgelegter Preis, zu dem der Basiswert bei Ausübung erworben oder verkauft werden kann
Trading	Handel von Finanzierungsinstrumenten durch professionelle Marktteilnehmer
Underlying	Einer Vereinbarung zu Grunde liegender Vertragsgegenstand (z. B. Wertpapiere, Zinssätze, Indizes), von dem sich bei derivativen Finanzierungsinstrumenten der Wert ableitet
Variation Margin	Gewinn oder Verlust resultierend aus der täglichen Neubewertung von Futures und Optionen auf Futures
Volatilität	Maß für die Schwankungsintensität eines Kurswertes

6.2   Zins und Zinsstruktur

Für das Verständnis von derivativen Finanzierungsinstrumenten ist es angezeigt, einen elementaren Begriff der Finanzwirtschaft, und zwar den Zins insbesondere seine Verlaufsstruktur einer näheren Betrachtung zu unterziehen.

In dem Beispiel „Betrachtungsweisen eines Zahlungsstromes" in Kap. 1.2.2 wurde für die Gewährung eines Kredites ein Zinssatz von 10 % angenommen. Dieser Zins – auch Zinssatz – repräsentiert die Preisforderung des Kapitalgebers aus dem Kapitalüberlassungsverhältnis. Ein derartiger Zinssatz gibt an, um wieviel Prozent pro Periode ein späteres Zahlungsversprechen die früher dafür am Kapitalmarkt zu entrichtende bzw. zu erhaltene Zahlung, d. h. den alten Preis, übersteigt (vgl. Schmidt und Terberger 2006, S. 92). Bei dem im o. g. Beispiel in Prozenten vom Nennwert von 50.000 EUR (= Nominalwert) im Zeitablauf unveränderlichen (= festen) Zinssatz handelt es sich um den Nominalzinssatz. Der **Nominalzinssatz** ist zu unterscheiden vom **Effektivzinssatz** (= Rendite). Verändert sich die Ausgangslage ausschließlich dahingehend, dass der Kredit zu lediglich 90 % ausgezahlt wird, verbleibt der Nominalzinssatz bei 10 %, der Effektivzins beträgt 14,26 %. Der Effektivzinssatz ist somit nichts anderes als der interne Zinsfuß einer Finanzierung, der Kapitalwert der Finanzierung (= Differenz der barwertigen Einzahlungen und Auszahlungen ist gleich Null). Wird aus dem Beispiel in Kap. 1.2.2 die Dauer der Kapitalüberlassung (= 5 Jahre) auf der Abszisse und dem der Dauer der Laufzeit entsprechenden Zinssatz (= je Periode 10 %) auf der Ordinate des Koordinatensystems abgetragen, so erhält man eine parallel zur Abszisse verlaufene Gerade, d. h. die Zinsen haben eine flache Verlaufskurve, man spricht in diesem Fall von einer *flachen* Zinsstruktur. Grundlage für das Verständnis von Zinsderivaten ist die **Zinsstrukturkurve** und die sich daraus ergebende Zinsterminkurve. Dass eine Zinsstruktur einen flachen Verlauf ausweist, kommt in der Praxis nur gelegentlich vor, realistischer ist eine *normale* Struktur. Bei einer normalen (vgl. Deutsche Bank 2001, S. 19) Zinsstrukturkurve liegen die Zinssätze bei längeren Laufzeiten über den Zinssätzen für kürzere Laufzeiten oder anders formuliert, die Kapitalmarktzinsen liegen über den Geldmarktzinsen. Bei einer *inversen* Zinsstrukturkurve liegen die Geldmarktzinsen über den Kapitalmarktzinsen (vgl. Abb. 6.3).

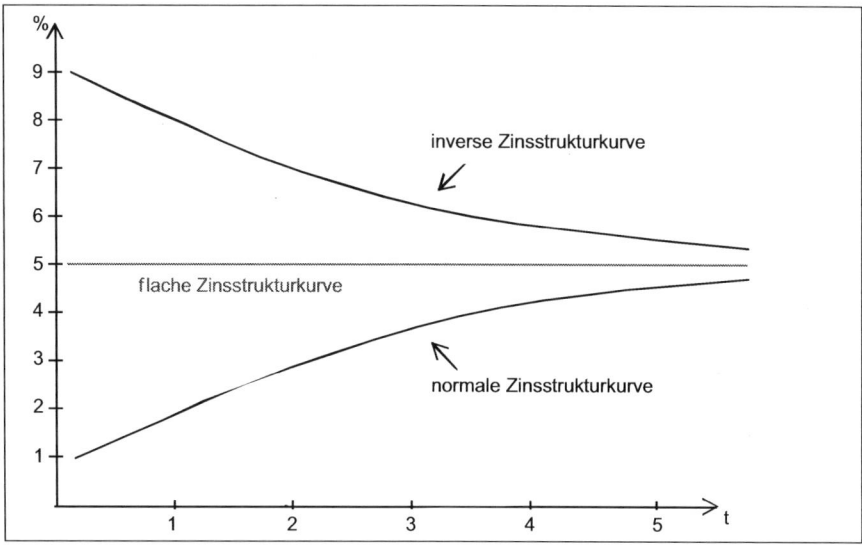

Abb. 6.3 Zinsstrukturkurven

Die Inanspruchnahme symmetrischer Zinsinstrumente bedeutet gleichzeitig eine Festschreibung der Zinsen in Höhe des Zinsterminsatzes. Eine Zinssicherung mit Forwards, Swaps, Financial Futures schützt nur vor Abweichungen des tatsächlich erreichten Zinssatzes, die sich aus der Zinsstrukturkurve ergeben. Vor einer Zinsentwicklung, wie sie die Zinsterminkurve vorgibt, ist keine Absicherung möglich (vgl. Deutsche Bank 1999, S. 21).

Zu den Verlaufsformen der Zinsstrukturkurve sind drei unterschiedliche Theorien zu nennen, und zwar die Zinserwartungstheorie, die Liquiditätspräferenztheorie und die Marktsegmentstheorie. Die Zinserwartungstheorie kann als der umfassendste Erklärungsansatz angesehen werden (vgl. Hull 2006, S. 128).

6.3   Unbedingte Termingeschäfte

Unbedingte (= feste) Termingeschäfte sind unbedingt zu erfüllen, ausgeschlossen sind Wahlrecht ebenso wie Rücktrittsrecht. Der Kontrakt ist für Verkäufer wie für Käufer bindend. Da beide Vertragsparteien eine Verpflichtung zu einer zukünftigen Leistung eingehen, spricht man von symmetrischen Finanzinstrumenten.

Erscheinungsformen der unbedingten Termingeschäfte (vgl. Abb. 6.4) sind Swaps, Futures und Forwards.

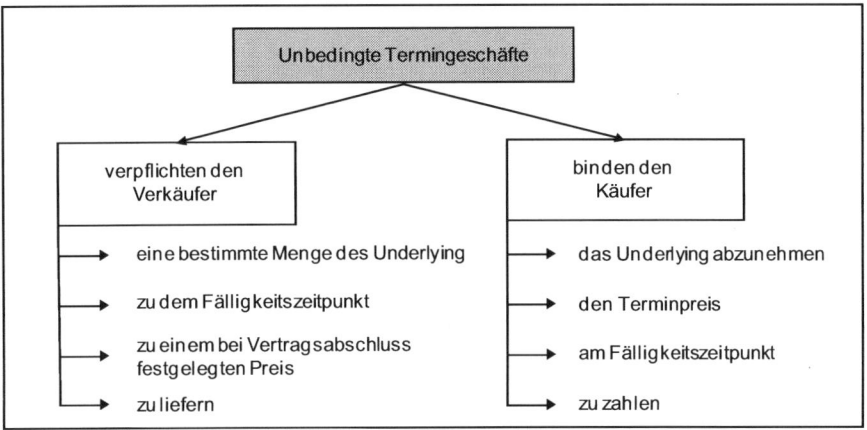

Abb. 6.4 Charakteristik der unbedingten Termingeschäfte

6.3.1   Forward Rate Agreements

Zinssicherungsvereinbarungen oder auch Forward Rate Agreements (FRA) haben die Zweckbestimmung, das Zinsänderungsrisiko auszuschließen, d. h. Zinssätze für bestimmte Zeiträume in der Zukunft festzuschreiben (vgl. Abb. 6.5). Dies gilt gleichermaßen für Zinssteigerungen (zukünftiger Kreditbedarf) als auch für Zinssenkungen (zukünftiger Kapitalanlagebedarf).

Diese Zinsvereinbarung wird unabhängig von dem Grundgeschäft getroffen. Das bedeutet, dass der zu Grunde gelegte Kapitalbetrag nicht ausgetauscht wird, er hat lediglich als Berechnungsgrundlage kalkulatorische Bedeutung. Als Käufer eines FRA gilt, wer aufgrund eines erwarteten Kapitalbedarfs sich gegen steigende Zinsen absichern will. Als Verkäufer eines FRA wird derjenige bezeichnet, der sich im Hinblick einer zukünftigen Geldanlage gegen fallende Zinsen absichern will.

Vertragsbestandteile eines Forward Rate Agreement sind:

- Nominalbetrag,
- Währung,
- Referenzzinssatz,
- Zinssatz des FRA,
- Beginn und Ende der gesicherten Laufzeitperiode.

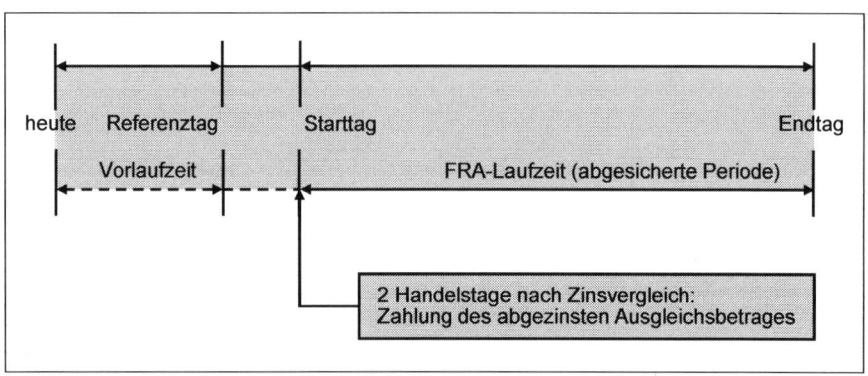

Abb. 6.5 Zeitlicher Ablauf eines Forward Rate Agreement

Der FRA-Zinssatz, mit dem der variable Referenzzinssatz zwei Tage vor Beginn der gesicherten Periode verglichen wird, hängt vom aktuellen Zinsniveau ab, er kann nicht beliebig gewählt werden.

Die Ausgleichszahlung selbst ist zu Beginn der abgesicherten Periode fällig. Der Zinsbetrag wird abdiskontiert, er wird wie folgt berechnet:

i_R = Referenzzinssatz
i_{FR} = Zinssatz des FRA
N   = Nominalbetrag
Tage = gesicherte Laufzeitperiode

$$\frac{(i_R - i_{FR}) \times N \times \text{Tage}_{FR}}{360 + i_R \times \text{Tage}_{FR}}$$

FRAs zeichnen sich dadurch aus, dass sie auf individuelle Beträge und Laufzeiten zugeschnitten werden können. Da es sich bei FRAs jedoch um kurzfristige Zinssicherungsinstrumente handelt, beschränkt sich die Gesamtlaufzeit auf bis zu zwei Jahre, eine gesicherte Kalkulationsgrundlage für eine geplante Geldaufnahme ist durch einen Abschluss gegeben. Da Forward Rate Agreements keine Kapitalbewegung auslösen, sind sie bilanzneutral. FRAs können während der Vorlaufzeit grundsätzlich aufgelöst werden. Da der Nominalbetrag für den Abschluss eines FRA bei mindestens 2,5 Mio. EUR (bzw. Gegenwert in einer anderen Währung) liegt, ist der in Frage kommende Kundenkreis begrenzt.

Beispiel: Kauf eines FRA

Für eine Unternehmung wird am 15. Juni ersichtlich, dass in dem Monaten September, Oktober, November ein Kreditbedarf in Höhe von 15 Mio. EUR bestehen wird. Es wird ein Zinstermingeschäft in Form eines FRA abgeschlossen.

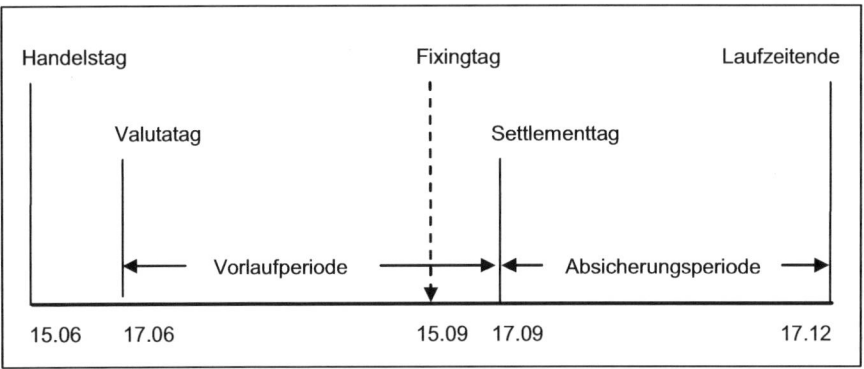

Abb. 6.6 Darstellung des zeitlichen Ablaufes eines 3 × 6 – FRA

In diesem Beispiel handelt (vgl. Abb. 6.6) es sich um einen 3 × 6 – FRA (ausgespro-chen 3 gegen 6). Die erste Zahl nennt die Vorlaufzeit des FRA, in dieser Beispiel-darstellung 3 Monate, die zweite Zahl nennt die Gesamtlaufzeit, hier 6 Monate. Die Differenz (= 3 Monate) ist gleichbedeutend mit der Dauer der abgesicherten Periode.

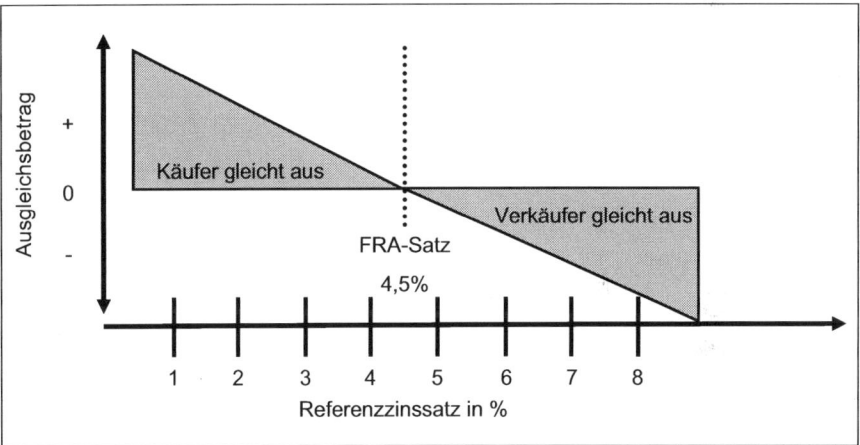

Abb. 6.7 Ausgleich des FRA

Als Kaufsatz für den FRA vereinbaren Unternehmen und Bankinstitut 4,5 %. Zwei Handelstage vor Beginn der Sicherungsperiode wird der FRA-Satz mit dem verein-barten aktuellen Referenzzinssatz verglichen (= Fixingtag). Ist der Marktzins zum Zinslaufbeginn höher (niedriger) als der vereinbarte Kaufsatz, erhält der Käufer (Verkäufer) vom Verkäufer (Käufer) eine Ausgleichszahlung (vgl. Abb. 6.7).

6.3.2 Futures

Unbedingte Termingeschäfte sind durch die Tatsache gekennzeichnet, dass sie ent-weder außerhalb der Börse (= OTC-Geschäft) zwischen den Kontraktpartnern weitestgehend individuell geschlossen werden, hierbei handelt es sich um Forwards, oder dass sie über die Börse abgewickelt werden, hier spricht man von Futures.

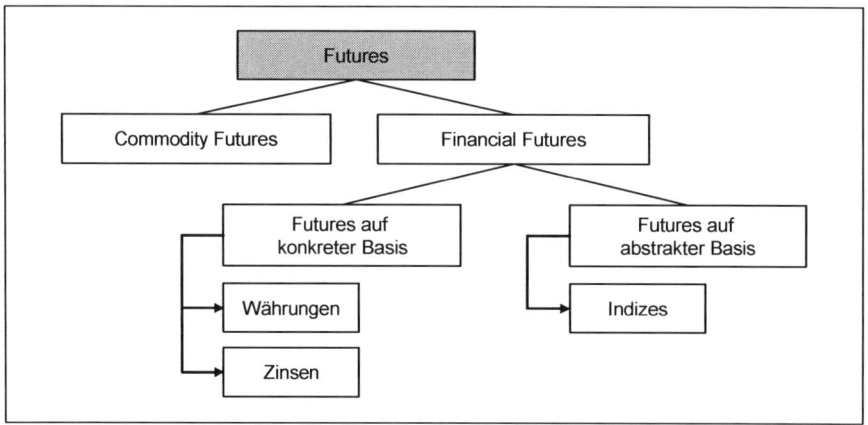

Abb. 6.8 Erscheinungsformen von Futures

Futures werden entsprechend dem Underlying in Financial Futures und Commodity Futures unterteilt (vgl. Abb. 6.8). Handelsgegenstand der Commodity Futures sind Agrarprodukte (z. B. Getreide, Schweinebäuche) oder aber Rohstoffe wie beispielsweise Rohöl, Edelmetalle, Holz. In Deutschland werden auch Futures auf Strom gehandelt. Handelsobjekte der Financial Futures sind Devisen, Zinssätze, Wertpapiere, Indizes. Financial Futures – zumeist nur Futures genannt – treten in der Form von Währungs-Futures (= Currency Futures) und Zins-Futures (= Interest Rate Futures) auf. Termingeschäfte auf Währungen werden als Währungs- oder auch Devisen-Futures, Termingeschäfte auf Zinsen als Zins-Futures bezeichnet.

Futures sind börsengehandelte standardisierte Verträge mit folgenden Merkmalen:

• Bestimmte Fälligkeitstermine für diese Kontrakte,

• Mengen und Qualitäten des Basiswertes,

• Handels- und Abwicklungsbedingungen,

• Zwischenschaltung einer Clearingstelle.

Ein besonderes Kennzeichen von Future-Geschäften ist, dass in der Regel die Kontrakte nicht erfüllt werden, sondern vielmehr vorzeitig durch den Abschluss eines entsprechenden Gegengeschäftes ausgeglichen (= glattgestellt) werden.

Im Unterschied zu Forwards sind bei einem Abschluss von Futures Sicherheiten (Margins) zu hinterlegen. Da Wertänderungen von Futures-Positionen am Ende eines jeden Handelstages festgestellt werden, werden sie als Gewinne bzw. Verluste unmittelbar mit diesem Margin-Konto verrechnet.

Währungs-Futures beinhalten die vertragliche Vereinbarung, die standardisierte Menge einer bestimmten Währung zu einem im Voraus ausgehandelten Kurs an einem standardisierten Fälligkeitstag zu kaufen bzw. zu verkaufen.

Zins-Futures sind ein Instrument zur Absicherung von Zinsänderungsrisiken. Basis-werte für Zinsfutures sind Anleihen, Termingelder oder auch Geldmarktpapiere. Der standardisierte Kontrakt bedeutet den Kauf bzw. Verkauf zu einem börsennotierten und im Voraus festgelegten Kurs an einem später standardisierten Fälligkeitstag.

Nach den Motiven zur Teilnahme am Financial Futures Markt können die Markt-teilnehmer in Hedger, Trader und Arbitrageure gegliedert werden. Hedger benutzen Financial Futures zur Kurs-Absicherung von Finanzinstrumenten. Trader versuchen Kursschwankungen eines oder mehrerer Kontrakte auszunutzen. Arbitrageure ver-suchen, Kursunterschiede von Kontrakten an verschiedenen Märkten oder zwischen Kontrakt und vergleichbarem Kassainstrument zu nutzen.

6.3.3   Swaps

Bei Financial-Swaps, im weiteren Verlauf nur Swaps genannt, handelt es sich um Vereinbarungen, die den Austausch künftiger Verbindlichkeiten regeln. Entschei-dendes Merkmal der Swap-Geschäfte ist die Tatsache, dass eine Vorteilhaftigkeit für beide Vertragsparteien gegeben ist. In der Regel wird der einem Swap-Ge-schäft zu Grunde liegende Betrag nicht getauscht (vgl. hierzu und nachfolgend Deutsche Bank 1999, S. 7 ff.). Grundformen der Swaps sind **Zins-Swaps** und **Währungs-Swaps**. Darüber hinaus hat sich eine Vielzahl von Sonderformen he-rausgebildet.

Bei einem Zins-Swap vereinbaren zwei Vertragsparteien den Austausch zukünftiger Zinszahlungen. Diese werden auf einen konstanten oder sich ändernden Nominalbe-trag berechnet. Durch diese Grundposition ergibt sich eine Reihe von Gestaltungs-möglichkeiten. Die am häufigsten abgeschlossene Variante ist der **Kupon-Swap**.

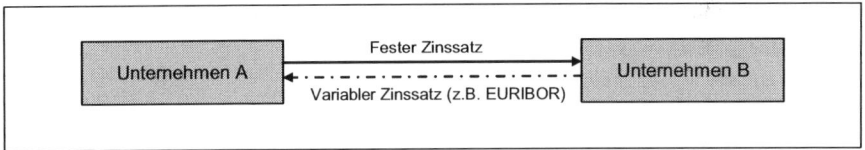

Abb. 6.9 Kupon-Swap

Bei einem Kupon-Swap (vgl. Abb. 6.9) wird eine feste Zinszahlung gegen eine variable Zinszahlung getauscht. Der variable Zinssatz ist an einen Referenzzinssatz gebunden. An den vereinbarten Zinszahlungsterminen fließen in der Regel nicht die zwei Zinszahlungen, sondern man saldiert die feste und die variable Zinszahlung, eine der beiden Vertragsparteien leistet die erforderliche Ausgleichszahlung (= Pay-ment Netting).

Beim Abschluss eines **Zins-Swap** haben die Vertragsparteien über die Laufzeit, den Festzinssatz, den Referenzzinssatz, die Zahlungsmodalitäten, die Währung und den Nominalbetrag Einigung zu erzielen. Bleibt der Nominalbetrag, auf den die Zins-zahlungen berechnet werden, über die gesamte Laufzeit konstant, spricht man von einem **Plain-Vanilla-Swap**.

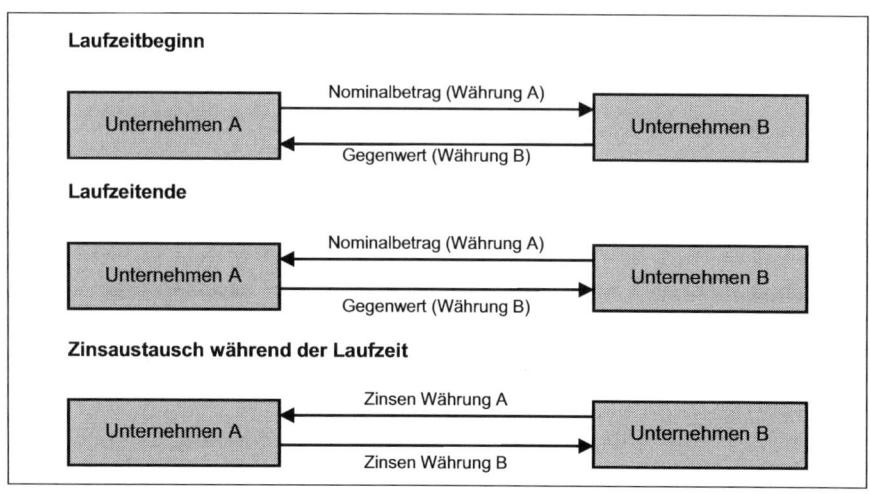

Abb. 6.10 Währungs-Swap

Währungs-Swaps (vgl. Abb. 6.10) dienen der Absicherung von Kapitalbeträgen und Zinsverpflichtungen, die nicht in der gewünschten Zinsform und der gewünschten Währung verfügbar sind. Im Einzelnen sieht die Vereinbarung über einen Währungs-Swap bei Abschluss den Tausch von fest vereinbarten Kapitalbeträgen in unterschiedlichen Währungen vor und während der Laufzeit den Tausch von Zinszahlungen auf die Kapitalbeträge. Auf den Austausch des Kapitalbetrages am Laufzeitbeginn kann jedoch auch verzichtet werden.

Die Weiterentwicklung der Swap-Technik führte zu einer Reihe von Sonderformen, die nachfolgend kurz skizziert werden (vgl. Bieg und Kussmaul 2000, S. 359):

- **Tilgungs-Swap**
  Der anfängliche Nominalbetrag wird in gleichen Tilgungsraten vermindert.

- **Step-up-Swap**
  Der anfängliche Nominalbetrag steigt während der Laufzeit kontinuierlich an.

- **Extendable-Swap**
  Eine Vertragspartei erwirbt das Recht, den Swap nach der festgelegten Laufzeit zu verlängern.

- **Callable-/Putable-Swap**
  Nach einer festgelegten Mindestlaufzeit oder Swapvereinbarung hat entweder der Festzinszahler (Callable-Swap) oder aber der Festzinsempfänger (Putable-Swap) das Recht, die Swapvereinbarung vorzeitig zu beenden, ohne dass eine Ausgleichszahlung fällig wird.

- **Rollercoaster-Swap**
  Der Nominalbetrag erhöht sich zunächst, um sich dann in regelmäßigen oder unregelmäßigen Abständen zu vermindern.

- **Swaptions**

  Es handelt sich um eine Option auf einen Zins-Swap. Der Käufer erwirbt das Recht, am Ausübungstag einen Zins-Swap mit einem Festzinssatz in Höhe des Strikes der Swaptions abzuschließen.

6.4 Bedingte Termingeschäfte

Bedingte Termingeschäfte sind grundsätzlich dadurch gekennzeichnet, dass eine Wahlmöglichkeit in der Regel zumindest für einen Kontraktpartner hinsichtlich Rücktritt oder Erfüllung besteht, der andere Kontraktpartner hingegen geht eine Leistungsverpflichtung ein. Bedingte Termingeschäfte sind Optionen wie Calls, Puts sowie Zinsoptionen wie Caps, Floors, Collars.

6.4.1 Optionen

Eine Option ist eine vertragliche Regelung zwischen zwei Parteien (vgl. Abb. 6.11). Der Käufer einer Option erwirbt das Recht,

- gegen Zahlung einer Prämie (= Optionspreis)

- eine bestimmte Menge (= Kontraktgröße)

- zu einem im Voraus festgelegten Preis (= Basispreis)

- an oder bis zu einem bestimmten Zeitpunkt

- zu kaufen (= Kaufoption → Call)

- oder zu verkaufen (= Verkaufsoption → Put).

Der Verkäufer einer Option (= Stillhalter oder Schreiber) erhält die Prämie (= Optionspreis) und hat damit die Pflicht übernommen

- die bestimmte Menge zum Ausübungspreis

- zu liefern (Call)

- oder abzunehmen (Put),

- sofern der Käufer der Option dies verlangt.

Bei der Vereinbarung des Ausübungszeitpunktes sind zwei Varianten gegeben, und zwar Option des europäischen Typs und Option des amerikanischen Typs. Eine europäische Option kann nur am Ende der Laufzeit ausgeübt werden, während eine amerikanische Option während der gesamten Laufzeit ausgeübt werden kann.

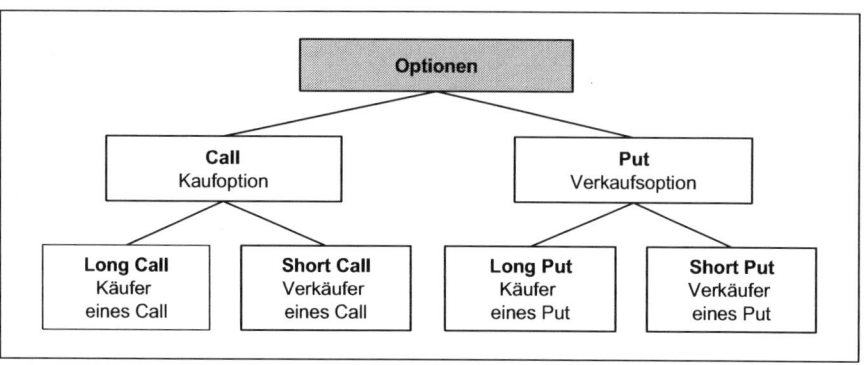

Abb. 6.11 Optionen

Rechte und Pflichten aus einer Option erlöschen am Ende der Laufzeit, die Option verfällt. Der vom Käufer an den Verkäufer gezahlte Optionspreis kann nicht vom Käufer zurückverlangt werden, auch wenn er die Option nicht ausübt.

Durch den Kauf und **Verkauf** von Optionen nimmt ein Anleger eine Position am Optionsmarkt ein. Eine Position ist entweder „long" oder „short". Kauft ein Anleger eine Option, nimmt er eine Long-Position ein, somit hat ein Anleger beim Kauf eines Call eine Long-Call-Position, beim Kauf eines Put demgemäß eine Long-Put-Position. Wird eine Option von einem Anleger verkauft, nimmt er eine Short-Call-Position bzw. Short-Put-Position ein.

Der Call berechtigt den Käufer der Option, das Underlying zum vereinbarten Basispreis zum Ausübungszeitpunkt vom Stillhalter zu beziehen. Der Käufer wird seine Option immer dann ausüben, wenn das Underlying zum Ausübungszeitpunkt höher als der Strike gehandelt wird. Andernfalls lohnt sich die Ausübung nicht, da sich der Käufer in diesem Fall zu aktuellen Marktkonditionen günstiger eindecken kann.

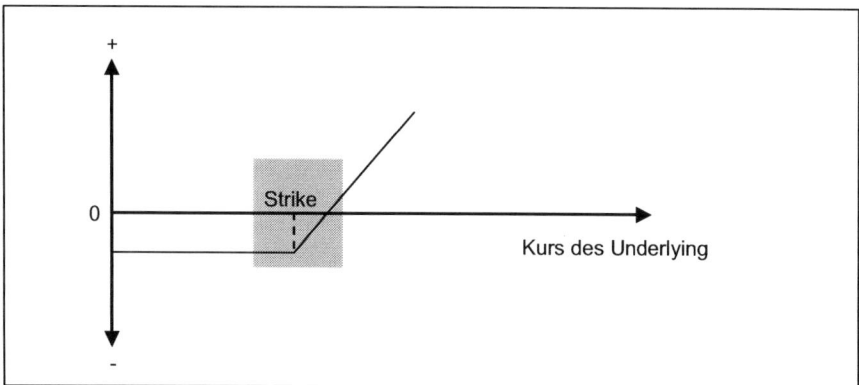

Abb. 6.12 Risikoprofil des Long-Call: nur innerer Wert minus Optionsprämie. (Quelle: Deutsche Bank 1999, S. 29)

Bei Ausübung des Calls kann der Optionskäufer den Basiswert zum Basispreis beziehen und teurer am Markt veräußern. Die Differenz zwischen Basispreis und Verkaufspreis abzüglich gezahlter Prämie ist der Gewinn des Käufers. Erreicht der Basiswert nicht den Basispreis, so ist die gezahlte Optionsprämie einmaliger Aufwand aus dem Optionsgeschäft. Steigende Kurse führen zu Gewinnen, Bedingung ist, dass der Kurs des Basiswertes höher ist als die Summe aus Basispreis und gezahlter Prämie (vgl. Abb. 6.12, 6.13).

Bei Ausübung der Option liegt der Preis des Basiswertes über dem Basispreis. Folglich muss der Verkäufer eines Call den Basiswert zu einem niedrigeren Preis verkaufen, als er am Markt erzielen könnte bzw. beim Kauf bezahlt. Erreicht der Basiswert den Basispreis nicht, so erzielt der Verkäufer des Calls einen Ertrag in Höhe der geleisteten Optionsprämie. Steigende Kurse führen entsprechend zum Verlust, sofern der Kurs höher ist als die Summe aus Basispreis und erzielter Prämie.

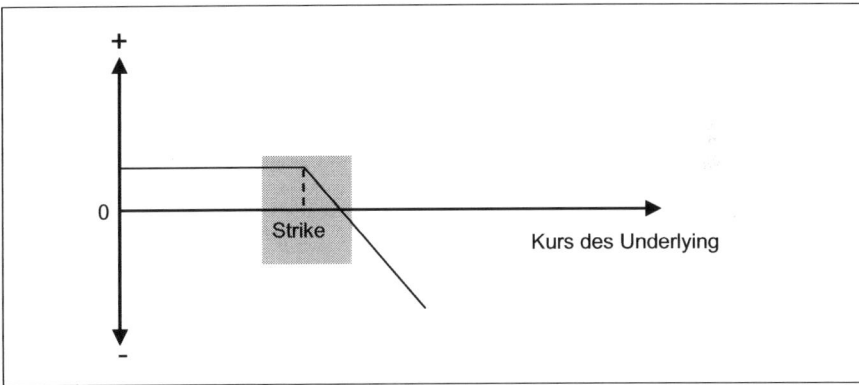

Abb. 6.13 Risikoprofil des Short-Call: nur innerer Wert plus Optionsprämie. (Quelle: Deutsche Bank 1999, S. 29)

Ein Put berechtigt den Käufer der Option, das Underlying zum Ausübungszeitpunkt zum Strike zu verkaufen (vgl. Abb. 6.14, 6.15). Der Käufer wird diese Option immer dann ausüben, wenn das Underlying zum Ausübungszeitpunkt unterhalb des Strike notiert. Andernfalls kann er das Underlying zu einem höheren Kurs am Markt verkaufen.

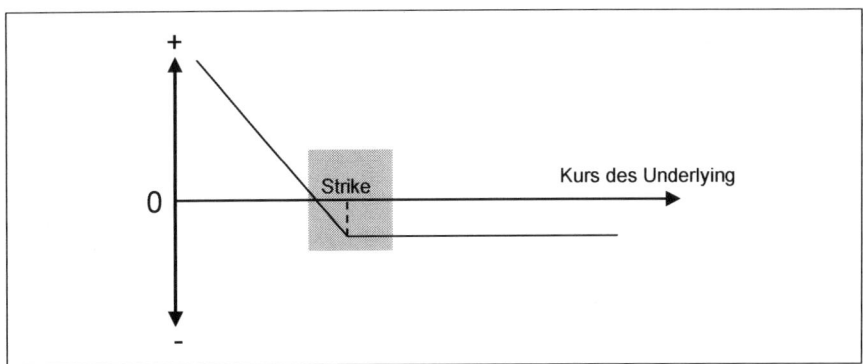

Abb. 6.14 Risikoprofil des Long-Put: nur innerer Wert minus Optionsprämie. (Quelle: Deutsche Bank 1999, S. 30)

Der Käufer kann den Basiswert zu einem günstigen Kurs am Markt kaufen und ihn teurer aufgrund der Option verkaufen. Der Gewinn des Käufers ist die Differenz zwischen Kaufpreis und Basiswert abzüglich der gezahlten Optionsprämie. Liegt der Preis des Basiswertes oberhalb des Basispreises, so ist die gezahlte Optionsprämie der einmalige Verlust aus dem Optionsgeschäft, d. h. fallende Kurse führen zum Gewinn.

Bei Ausübung der Option liegt der Marktpreis unter dem Basispreis, demzufolge bezahlt der Verkäufer des Puts für den Basiswert mehr als am Markt üblich.

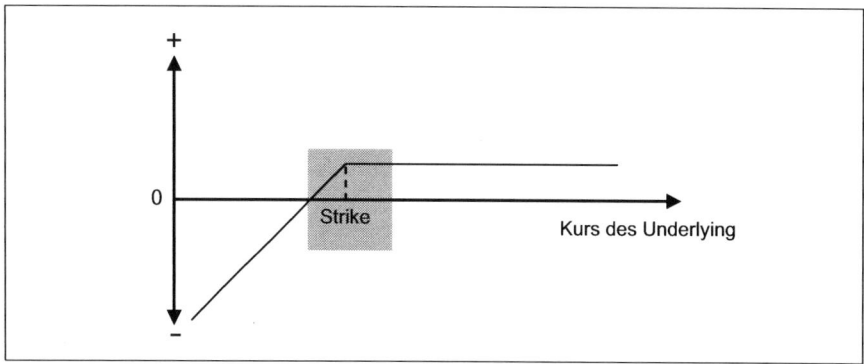

Abb. 6.15 Risikoprofil des Short-Put: nur innerer Wert plus Optionsprämie. (Quelle: Deutsche Bank 1999, S. 30)

Liegt der Marktwert des Basiswertes über dem Basispreis, so erzielt der Verkäufer aus dem Optionsgeschäft einen Gewinn in Höhe der vereinnahmten Optionsprämie. Fallende Kurse führen zu Verlusten. Die Zusammenhänge verdeutlicht die Abb. 6.16.

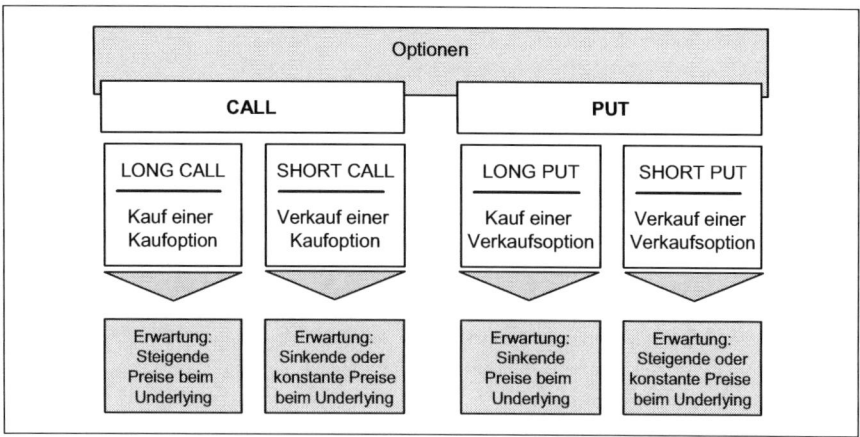

Abb. 6.16 Die Grundpositionen bei Optionen. (Quelle: Vgl. Beike und Schlütz 1999, S. 586)

6.4.2 Caps, Floors, Collars

Bei Caps, Floors und Collars handelt es sich um Zinsoptionen, sie können auch als Zinsbegrenzungsverträge bezeichnet werden.

Ein **Cap** ist eine Vereinbarung zwischen dem Verkäufer eines Cap und einem Käufer, die beinhaltet, dass bei Überschreiten eines festgelegten Marktzinses über eine vereinbarte Zinsobergrenze der Verkäufer dem Käufer den Differenzbetrag bezogen auf einen vereinbarten Nominalbetrag erstattet (vgl. Abb. 6.17).

Für die Bestimmung der Zinsobergrenze bzw. deren mögliche Überschreitung wird in der Regel der 6-Monats-Euribor als Referenzzinssatz festgelegt. Übersteigt der Euribor an einem Zinsfestlegungstag die vertraglich fixierte Zinsobergrenze, so erhält der Cap-Verkäufer die Differenz.

Caps geben die Möglichkeit, sich gegen Zinssteigerungen über die vereinbarte Zinsobergrenze hinaus abzusichern, unter gleichzeitiger Erhaltung der Chance, von fallenden Geldmarktzinsen zu profitieren. Der Vorteil einer Höchstzinsvereinbarung resultiert aus dem bestehenden bzw. erwarteten Zinsvorteil der variablen Finanzierung gegenüber einem Festzinsdarlehen gleicher Laufzeit.

Wesentliche Bestandteile

Laufzeit	bis zu 10 Jahre
Referenzzins	3-, 6- und 12-Monats-EURIBOR
Nominalbetrag	mindestens 2,5 Mio. €
Strike	nach Marktlage und Zinssicherungsbedürfnis
Cap-Prämie	i.d.R. einmalig, vorschüssig zu leistende Zahlung auf den Nominalbetrag
Währungen	EURO, USD, GBP (andere Währungen auf Nachfrage)

Bestimmungsgrößen der Cap-Prämie

Die Cap-Prämie ist umso höher,
- je länger die Vertragslaufzeit ist,
- je größer die Marktschwankungen sind,
- je geringer die Differenz zwischen Zinsobergrenze und dem aktuellen Kapitalmarktzins ist.

Abb. 6.17 Bestandteile und Bestimmungsgrößen zum Cap

Berechnung der Ausgleichszahlung beim Cap:

$$\frac{(\text{Referenzzinssatz} - \text{Strike}) \times \text{Tage}}{100 \times 360} \times \text{Volumen}$$

Die Prämie für die Zinssicherung kann alternativ zur Form der Einmalzahlung zu Beginn der Laufzeit auch aufgezinst über den Sicherungszeitraum verteilt entrichtet werden.

Ein **Floor** ist das Gegenstück zum Cap. Der Käufer erhält eine Ausgleichszahlung, wenn der Referenzzinssatz am Ausübungstag unter dem Strike liegt. Durch den Kauf eines Floor wird das Zinsrisiko für die vereinbarte Laufzeit nach unten abgesichert.

Der Käufer eines Floor erhält eine Ausgleichszahlung, wenn der Referenzzinssatz an einem Zinsfestlegungstag die vereinbarte Zinsgrenze unterschreitet. Der Verkäufer eines Floor erwartet, dass der Mindestzins nicht unterschritten wird, er erhält für seine Stillhalterposition die Floor-Prämie. Die Handhabung eines Floor entspricht dem eines Caps.

Caps sowie Floors setzen sich zusammen aus einzelnen Call-Optionen bzw. Put-Optionen auf den Referenzzins, sogenannten Caplets bzw. Floorlets (vgl. Abb. 6.18 und 6.19).

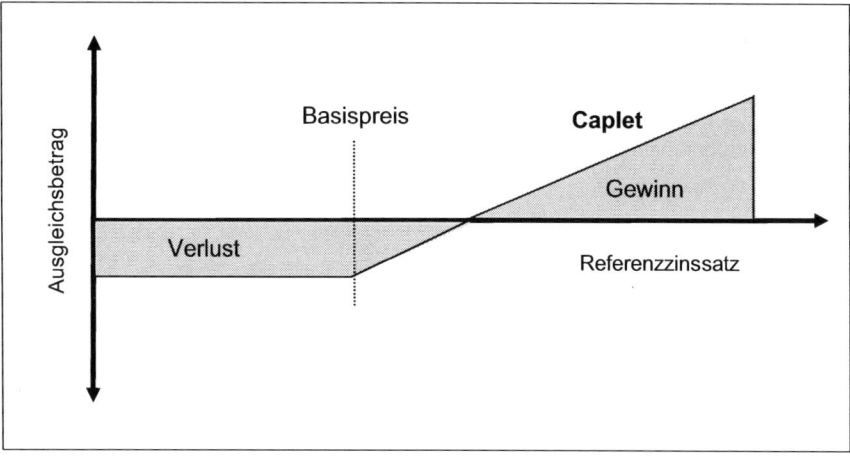

Abb. 6.18 Caplet = Call-Option auf den Referenzzinssatz

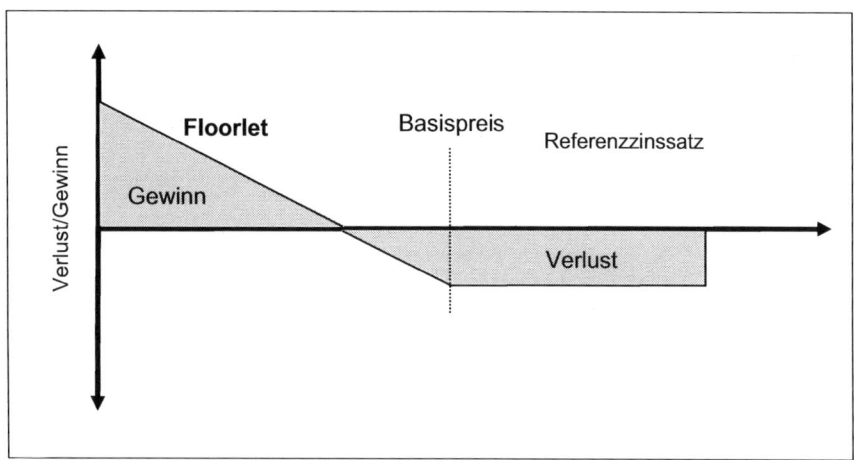

Abb. 6.19 Floorlet = Put-Option auf den Referenzzinssatz

Werden Caplets beispielhaft entsprechend der Abb. 6.19 abgeschlossen, erhält man einen Cap. Die Prämie eines Caps entspricht der Summe der Prämien der einzelnen Caplets.

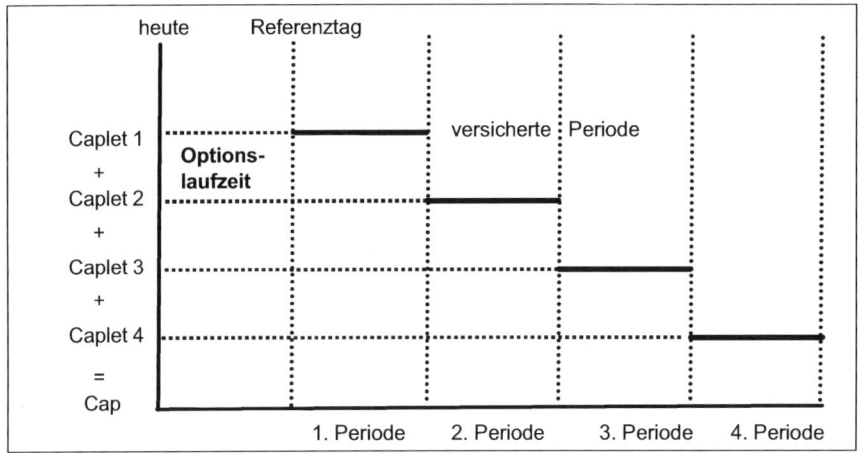

Abb. 6.20 Konstruktion eines Cap

Sind Nominalbetrag und Basispreis der einzelnen Caplets identisch, erhält man einen gewöhnlichen Cap (vgl. Abb. 6.20).

Das gilt gleichermaßen für die einzelnen Floorlets, die unter gleichen Voraussetzungen einen gewöhnlichen Floor bilden. Berechnung der Ausgleichszahlung beim Floor:

$$\frac{(\text{Strike} - \text{Referenzzinssatz}) \times \text{Tage}}{100 \times 360} \times \text{Volumen}$$

Die Prämie für die Zinssicherung kann alternativ zur Form der Einmalzahlung zu Beginn der Laufzeit auch aufgezinst über den Sicherungszeitraum verteilt entrichtet werden.

Collars sind eine Kombination aus Cap und Floor.

Der Käufer eines Caps vermindert durch den gleichzeitigen Verkauf eines Floor seine Aufwendungen einer Zinssicherung für eine variabel verzinsliche Verbindlichkeit. Durch die Festlegung einer Zinsuntergrenze profitiert eine Unternehmung von möglichen Zinssenkungen nur bis zur Zinsuntergrenze. Die Zinsbasis ist für die Laufzeit des Collar festgeschrieben, und zwar in der Bandbreite zwischen Cap-Obergrenze und Floor-Untergrenze. Innerhalb der vereinbarten Zinsbreite erfolgt keine Ausgleichszahlung, sofern der Zins sich darin bewegt. Außerhalb der Bandbreite sind entweder Ausgleichszahlungen zu leisten (= Floor) oder zu vereinnahmen (= Cap).

7 Finanzcontrolling

7.1 Unterstützungsfunktionen des Finanzcontrollings

Bis heute hat sich noch kein einheitlicher deutschsprachiger Ausdruck für die angloamerikanischen Begriffe Controllership bzw. Controlling (Funktion) und Controller (Funktionsträger) durchgesetzt.

Von der International Group of Controlling (IGC), vormals Interessengemeinschaft Controlling, ist ein aktuelles Controllerleitbild entwickelt worden, um der Unternehmenspraxis eine Unterstützung bei der Erstellung ihres eigenen Leitbildes durch eine Kennzeichnung wichtiger Grundpositionen der Controllerrolle zu ermöglichen, die gegebenenfalls aber noch unternehmensindividuell zu modifizieren ist (vgl. Weber 1997, S. 180).

Controller leisten begleitenden betriebswirtschaftlichen Service für das Management zur zielorientierten **Planung** und **Steuerung**. Das heißt:

- Controller **sorgen** für Ergebnis- , Finanz- , Prozess- und Strategietransparenz und tragen somit zu höherer Wirtschaftlichkeit bei,

- Controller **koordinieren** Teilziele und Teilpläne ganzheitlich und **organisieren** unternehmensübergreifend ein zukunftsorientiertes Berichtswesen,

- Controller **moderieren** den Controllingprozess so, dass jeder Entscheidungsträger zielorientiert handeln kann,

- Controller **sichern** die dazu erforderliche Daten- und Informationsversorgung,

- Controller **gestalten** und pflegen die Controllingsysteme,

- Controller sind **interne** betriebswirtschaftliche **Berater** aller Entscheidungsträger und wirken als **Navigator** zur Zielerreichung.

Das Finanzcontrolling sollte durch ein funktionsübergreifendes Steuerungsinstrumentarium die Entscheidungsprozesse des Finanzmanagements durch zielgerichtete Informationser- und -verarbeitung unterstützen (vgl. Abb. 7.1). Hierbei erfüllt das Finanzcontrolling eine wesentliche Koordinationsfunktion. Während die systembildende Funktion des Controllings zunächst darauf hinwirkt, dass überhaupt ein Finanzcontrolling existiert, beinhaltet die systemkoppelnde Funktion die Koordination des Finanzmanagementsystems mit anderen betrieblichen Teilsystemen. Zu diesem Zweck ist vom Finanzcontrolling ein effizientes Instrumentarium für das Finanzmanagement bereitzustellen, das vor allem durch eine systematische kurz- und langfristige Planung und die damit notwendige Kontrolle hilft, die angestrebten finanziellen Unternehmensziele zu erreichen. Einer prozessgerechten Informationsbereitstellungs- und -versorgungsfunktion kommt hierbei eine große Bedeutung zu. Als Informationsquellen dienen einerseits vergangenheitsbezogene Zahlen des externen Rechnungswesens, andererseits müssen zukunftsbezogene Informationen, z. B. für zu erstellende Finanzpläne, gewonnen werden.

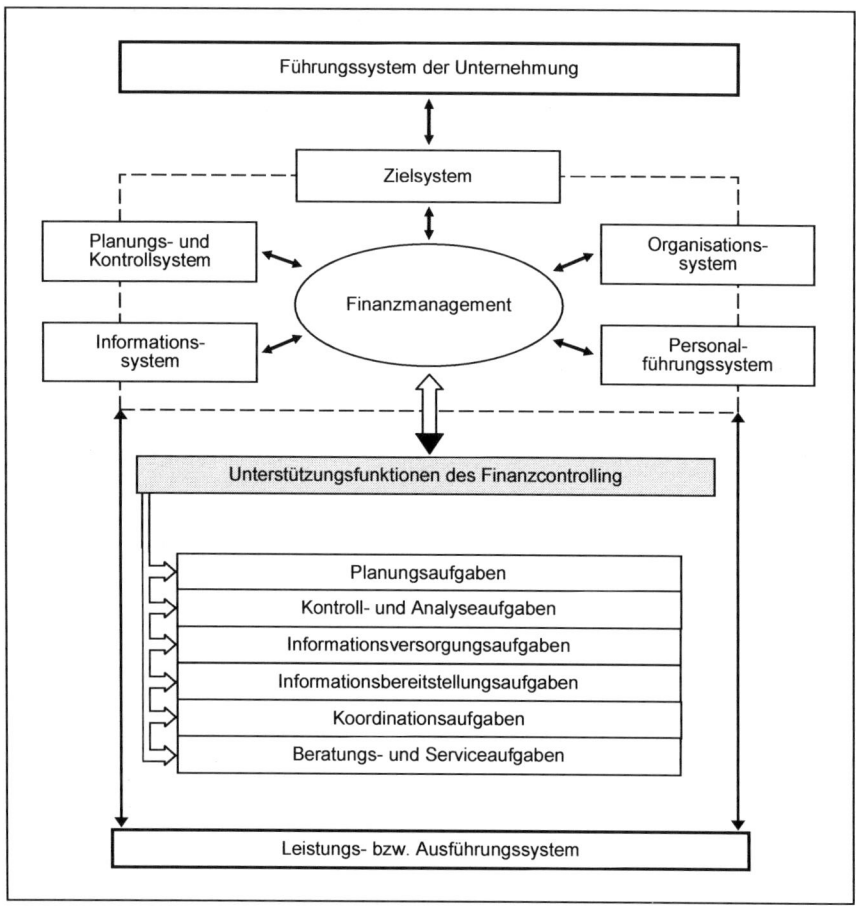

Abb. 7.1 Interdependenzen zwischen Finanzmanagement im Führungssystem der Unternehmung und Finanzcontrolling. (Quelle: Vgl. Küpper 2001, S. 15; ebenso Baumgärtner 1998, S. 65)

Darüber hinaus sollten dem Finanzcontrolling noch folgende Aufgaben zugeordnet werden: Berichts- und Dokumentationsfunktion, Systemgestaltungsfunktion, die neben einer Gestaltung auch die Implementierung und Pflege der Controllinginstrumente umfasst, und nicht zuletzt die betriebswirtschaftliche Beratung und damit Unterstützung aller Entscheidungsträger des Finanzmanagements eines Unternehmens (vgl. Prätsch 2004, S. 253 ff.).

Weiterhin sollte die unternehmensexterne Information der Financial Community im Rahmen von Investor Relations vor allem bei börsennotierten und Shareholder-Value-orientierten Unternehmen zu den Funktionen des Finanzcontrollings gehören (vgl. Mensch 2001, S. 20 sowie Schierenbeck und Lister 1998, insbes. S. 23 ff.).

7.2 Wesentliche Instrumente des Finanzcontrollings

Es wird empfohlen, die Instrumente des Finanzcontrollings (vgl. Abb. 7.2) nicht isoliert, sondern integriert einzusetzen, da zwischen ihnen zahlreiche inhaltliche und zeitliche Abhängigkeiten sowie Wechselwirkungen bestehen.

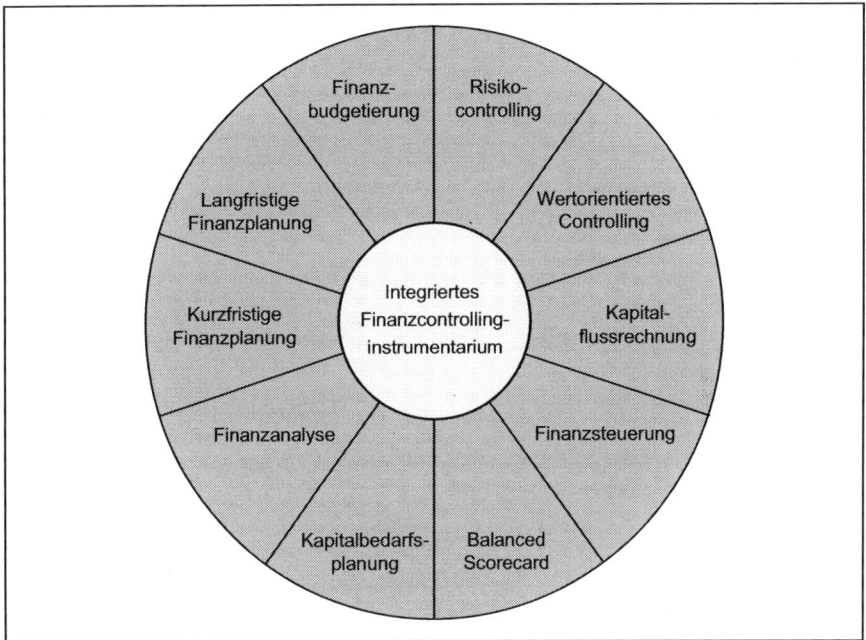

Abb. 7.2 Integriertes Konzept eines Finanzcontrollinginstrumentariums

Das Instrumentarium zeigt gegenwärtige und zukünftige Ergebnisse bzw. Erwartungen sowie finanzielle Konsequenzen der Unternehmensaktivitäten auf und wirkt koordinierend auf diese Aktivitäten zurück. Ein Planungs-, Steuerungs- und Analyseinstrumentarium sollte in allen Unternehmen realisiert und zur Umsetzung des Finanzmanagements integriert zur Anwendung gelangen.

7.2.1 Kapitalbedarfsplanung

Leistungserstellung und Leistungsverwertung sind dadurch gekennzeichnet, dass zunächst (kapitalbindende) Auszahlungen sowohl für das Anlagevermögen als auch für das Umlaufvermögen zu tätigen sind, erst zu einem späteren Zeitpunkt erfolgt ein Rückfluss in Form von (kapitalfreisetzenden) Einzahlungen. Die zeitliche Differenz zwischen Auszahlungen einerseits und Einzahlungen andererseits verursacht den Kapitalbedarf einer Unternehmung. Eine derartige zahlungsstrombezogene Ermittlung des Kapitalbedarfs ist notwendig bei der Erweiterung des Produktionsprogramms, bei der Abwicklung von Sonderanfertigungen, bei der Errichtung neuer Betriebsstätten.

Beispiel: Kapitalbedarfsermittlung

Ausgangslage

Für die Herstellung des Produktes in der neu zu errichtenden Betriebsstätte der Weserland Gesellschaft werden durchschnittlich 10 Tage benötigt. Die durchschnittliche Lagerdauer für Roh-, Hilfs- und Betriebsstoffe beträgt erfahrungsgemäß 25 Tage, für das fertige Produkt gleichfalls 25 Tage, wobei aus Vereinfachungsgründen die Transportdauer eingeschlossen ist. Lieferantenziel und Kundenziel können branchenüblich mit je 30 Tagen angesetzt werden.

Ausgehend von diesen Annahmen ergeben sich die in Abb. 7.3 dargestellten Bindungsfristen.

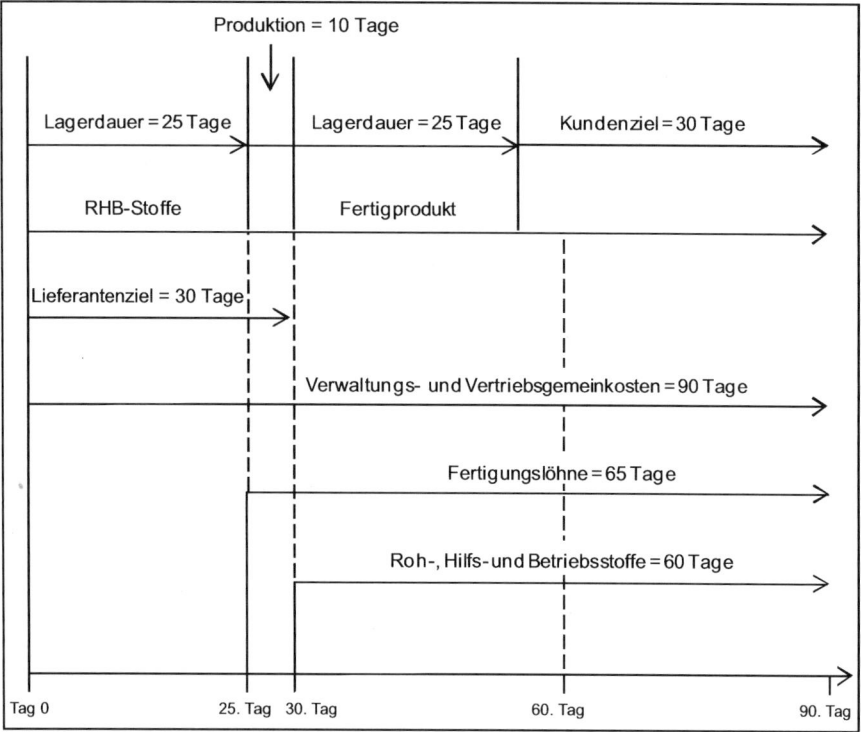

Abb. 7.3 Zeitstrahl Kapitalbedarfsermittlung

Bewertung (Beträge in EUR)

Kapitalbedarf für das Umlaufvermögen

Die durchschnittliche Fertigung beträgt 60 Einheiten/Tag im Ein-Schicht-Betrieb. Auszahlungen werden stets auf den Beginn des Leistungsprozesses bezogen. Die Verwaltungs- und Vertriebsgemeinkosten decken auch die Kosten für die Arbeitsvorbereitung, Materialprüfung u. ä. ab.

	je Produkt-einheit	je Produkttag	Bindungstage	Bedarf
RHB-Stoffe	1.000	60.000	60	3.600.000
Fertigungslohn		6.000	65	390.000
Gemeinkosten		9.000	90	810.000
				4.800.000
Reserve				200.000
Kapitalbedarf im Umlaufvermögen				5.000.000
Grundstück mit Betriebs- und Geschäftsbauten				1.000.000
Maschinen mit maschinellen Anlagen				1.500.000
Betriebs- und Geschäftsausstattung				150.000
Patente und Lizenzen				650.000
einmaliger Errichtungsaufwand				200.000
Kapitalbedarf für das Anlagevermögen				3.500.000

Abb. 7.4 Kapitalbedarfsermittlung

Der Gesamtkapitalbedarf (vgl. Abb. 7.4) ergibt sich als Summe aus dem Kapitalbedarf für das Umlaufvermögen und dem Kapitalbedarf für das Anlagevermögen.
Insgesamt beträgt er 8,5 Mio. EUR, wobei der Gesamtbetrag nicht von Anfang an
bereitstehen muss.

7.2.2 Kurzfristige Finanzplanung

Die Aufgaben der kurzfristigen Finanzplanung bzw. Liquiditätsplanung im Rahmen
eines Cash-Managements umfassen neben der Überwachung des Dispositionsbe-
standes unter Berücksichtigung der prognostizierten betrieblichen Ein- und Auszahlungsströme auch die Gestaltung finanzieller Maßnahmen, die einerseits auf die
Bildung eines Liquiditätsreservenpotenzials zur Vermeidung von Liquiditätseng-
pässen abzielen, andererseits aber auch die Anlage von überschüssigen Liquiditätsbeständen unter Rentabilitätsaspekten beinhalten können. Die kurzfristige Finanzplanung verfolgt somit eine qualitative und quantitative Dimensionierung sowie
zeitliche Strukturierung dispositiver Zahlungsströme zwecks Realisierung einer
zeitpunktgenauen Abstimmung von Zahlungsmittelüberschüssen und -defiziten
(vgl. Prätsch 1986, S. 34 ff.).

Ausgangspunkt eines kurzfristigen Finanzplans ist somit der Zahlungsmittelbe-
stand an liquiden Mitteln einer Planperiode, dem die prognostizierten Einzahlungen hinzugerechnet, und von dem die geplanten Auszahlungen abgezogen werden.
Als Ergebnis liefert er einen Saldo „Überschuss bzw. Fehlbetrag", der dem End-
bestand an liquiden Mitteln in der ersten Planperiode entspricht, und der in der
darauf folgenden Planperiode wiederum den Anfangsbestand an liquiden Mitteln
darstellt. Die Abb. 7.5 verdeutlicht die Grundstruktur eines kurzfristigen Finanzplans.

Die kurzfristige Finanzplanung sollte einen Planungszeitraum von 12 Monaten
mit einer weiteren Unterteilung in Monate, Wochen bis hin zum täglichen Liquiditätsstatus umfassen und fortlaufend erstellt werden (vgl. Abb. 7.6). Schließt die
neue Planung an die letzte Planperiode an, wird von einer revolvierenden Planung
gesprochen. Sinnvoll für die Praxis ist allerdings eine rollierende bzw. gleitende Zeitstufenplanung, die bereits nach Ablauf einer Periode, z. B. einem Monat,
erfolgt. Eine periodische Planfortschreibung ermöglicht nach Ablauf der ersten
Planperiode eine Erweiterung des Planungshorizontes um die jeweils verstrichene
Zeitdistanz, so dass einerseits ein laufender Detaillierungs- als auch Anpassungs-
und Aktualisierungsprozess von Planungsinformationen stattfindet, andererseits
immer ein Finanzplan mit einem Planungszeitraum von 12 Monaten zur Verfügung steht.

Finanzplan vom 01.01.2002 bis 31.12.2002 (in Tsd. Euro)

Positionen / Teilperioden	I. Quartal — Januar — I. Dekade 1	2	3	4	5	6	7	8	9	10	II. D	III. D	Februar	März	II Quartal	...
I. Zahlungsmittel-anfangsbestand Überschuss/ Fehlbetrag gesamt																
II. Plan-Einzahlungen - aus dem Leistungsbereich(z.B. aus Umsätzen) - aus dem Finanzbereich (z.B. Aufnahme von Krediten, Verkauf von Wertpapieren) - sonstige Einzahlungen **Einzahlungen gesamt**																
III. Plan-Auszahlungen - für den Leistungsbereich (z.B. für Personal, für Anlageinvestitionen) - für den Finanzbereich (z.B. Kreditrückzahlungen, Kauf von Wertpapieren) - sonstige Auszahlungen **Auszahlungen gesamt**																
IV. Zahlungsmittelendbestand Überschuss/Fehlbetrag gesamt (I + II - III)																

Abb. 7.5 Grundstruktur eines kurzfristigen Finanzplans. (Quelle: Vgl. u. a. Bieg und Kußmaul 2000, S. 13 f.; Perridon und Steiner 2007, S. 637 ff.; Walz und Gramlich 1993, S. 274)

Sollten allerdings Kontrollen ergeben, dass die Abweichungen der Planwerte außerhalb der festgelegten Toleranzintervalle liegen, ist anstelle einer Planfortschreibung eine Plananpassung im Wege einer Neuplanung durchzuführen.

Positionen	I. Kassenbestand			II. Giroguthaben			III. Nichtgenutzte Kreditlinien			IV. Gesamt
	Zentrale	Filiale	Summe	Bank A	Bank B …	Summe	Bank A	Bank B …	Summe	I + II + III
1. Zahlungsmittel-anfangsbestand am Planungstag										
2. Bereits erfolgte Einzahlungen am Planungstag										
3. Bereits erfolgte Auszahlungen am Planungstag										
4. Liquiditätssaldo I (1+2-3)										
5. Erwartete "sichere" Einzahlungen										
6. Notwendige Auszahlungen										
7. Liquiditätssaldo II (4+5-6)										
8. Ausgleichs-maßnahmen bei Fehlbetrag …										
9. Ausgleichs-maßnahmen bei Überschuss …										
10. Korrigierter Zahlungsmittel-bestand (7+8 bzw. 7+9)										

Abb. 7.6 Grundstruktur der Ermittlung des Liquiditätsstatus. (Quelle: Vgl. Walz und Gramlich 1993, S. 258)

Um den kurzfristigen Finanzplan als Instrument des Finanzcontrolling einzusetzen, sind für die Planerstellung insbesondere folgende Grundsätze zu beachten (vgl. u. a. Perridon und Steiner 2009, S. 635/636; Bieg und Kussmaul 2000, S. 3 f.):

Formelle Anforderungen

- Grundsatz einer klaren Finanzplanung, d. h. sie sollte verständlich, eindeutig und überschaubar sein,

- Grundsatz der Anwendung des Bruttoprinzips, d. h. es dürfen keine Saldierungen von Ein- und Auszahlungen erfolgen.

Materielle Anforderungen

- Grundsatz der Vollständigkeit, d. h. sämtliche Zahlungsströme in allen Unternehmensbereichen sind zu erfassen und zu planen,

- Grundsatz der Betragsgenauigkeit, d. h. die zukünftigen Zahlungsströme sind exakt zu ermitteln. Dies verlangt die Einbeziehung von Erwartungen und Prognosen,

- Grundsatz der Zeitpunktgenauigkeit, da die Zahlungsfähigkeit zu jedem Zeitpunkt zu gewährleisten ist,

- Grundsatz der Elastizität im Hinblick auf die Änderung von Planwerten in späteren Perioden unter Berücksichtigung von Wechselwirkungen zu anderen betrieblichen Plänen,

- Grundsatz der Wirtschaftlichkeit, d. h. den Kosten für die Erstellung der Finanzplanung muss ein entsprechender Nutzen aus der Informationsgewinnung gegenüberstehen.

Die Grundstruktur der Ermittlung des Liquiditätsstatus wird in Abb. 7.6 verdeutlicht.

Zwischen den Instrumenten Liquiditätsstatus, Liquiditätsdisposition, Liquiditätsplanung und -kontrolle bestehen enge Interdependenzen im Rahmen eines Cash-Managements (vgl. Abb. 7.7).

Die Aufgaben eines **Cash-Managements** sollten ebenfalls von einem Finanzcontrolling unterstützt bzw. koordiniert werden. Aus den Hauptzielen des Cash-Managements (vgl. Finanzdispositionsrelevante Entscheidungen in Kap. 1.4.4) können insbesondere die folgenden Teilfunktionen abgeleitet werden (vgl. u. a. Reis 1999, S. 119 ff; Wehlen 1998, S. 757 ff; Walz und Gramlich 2004, S. 221 ff; Richtsfeld 1994, S. 181 ff.):

- Steuerung der externen und internen Zahlungsströme,

- optimale Liquiditätsposition, Liquiditätsplanung und -kontrolle,

- Informationsbeschaffungsfunktion, um

  - mittels eines „balanced reporting" unternehmensweit Auskunft für finanzdispositionsrelevante Entscheidungen zu geben,
  - Vorschläge und Konditionen zur Deckung von Liquiditätsdefiziten bzw. über Anlagemöglichkeiten zu liefern,
  - z. B. auf Zins- und/oder Währungsänderungen für finanzrisikorelevante Entscheidungen hinzuweisen,

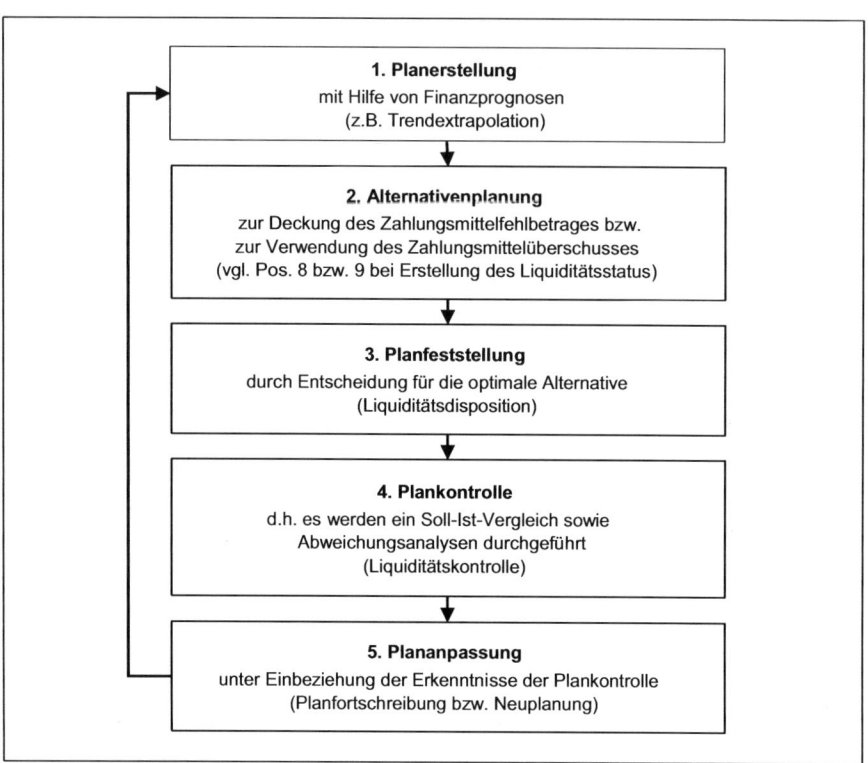

Abb. 7.7 Planungsprozess von Liquiditätsplanung und Liquiditätsstatus im Rahmen eines Cash-Managements. (Quelle Vgl. u. a. Perridon und Steiner 2007, S. 610 ff.)

- Informationsverwaltungsfunktion, die u. a. folgende Leistungen beinhaltet

  – **Cash-Sorting** = alle Konten- oder Liquiditätssalden können z. B. nach Währungen und Umsätzen sortiert werden,

  – **Cash-Pooling** = Zusammenführung der gesamten Liquiditätskonten eines Unternehmens bei verschiedenen Banken zu einem Liquiditätskonto bei einer Bank, z. B. der Muttergesellschaft, um damit auch die Notwendigkeit der Aufnahme von Krediten bei einzelnen Banken von Tochterunternehmen zu reduzieren bzw. zu vermeiden (vgl. Abb. 7.8),

  – **Netting** = periodenweise Aufrechnung unternehmensinterner Forderungen und Verbindlichkeiten, um die effektiven Zahlungsströme zu vermindern (vgl. Abb. 7.9).

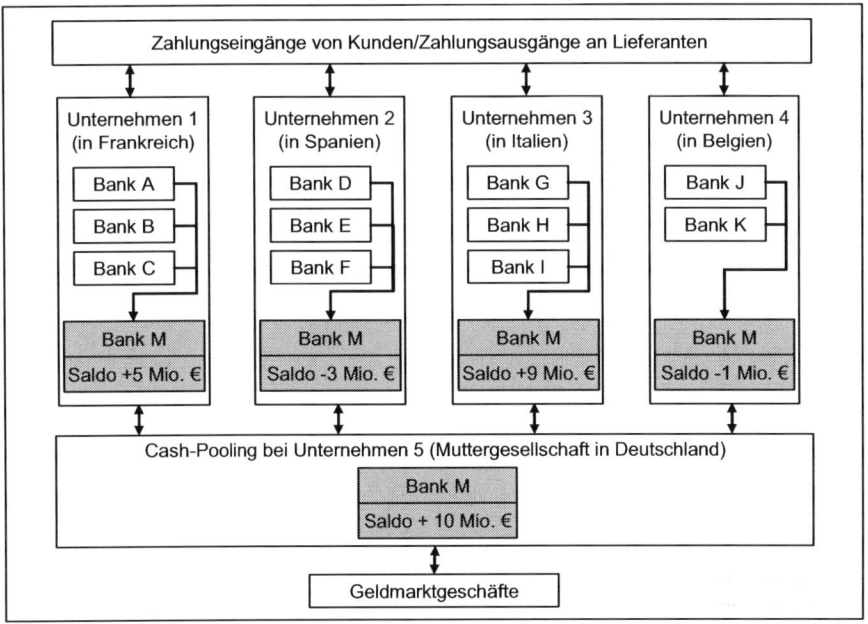

Abb. 7.8 Beispiel Cash-Pooling. (Quelle: Vgl. u. a. Wehlen 1998, S. 758; Ertl 2000, S. 100 ff.)

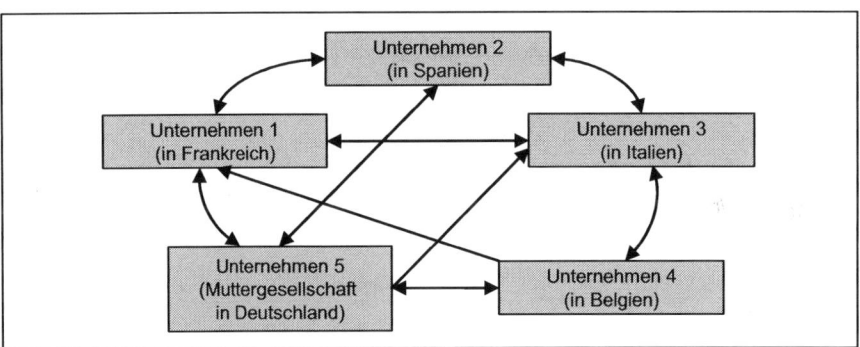

Abb. 7.9 Beispiel für Leistungsverflechtungen beim multilateralen Netting. (Quelle: Vgl. u. a. Essmann 1996, S. 133; Richtsfeld 1994, S. 191; Wehlen 1998, S. 762)

Im Netting-Center, z. B. innerhalb der Muttergesellschaft, erfolgt die Saldierung der einzelnen Transfers. Unter bilateralem Netting wird die Verrechnung von Leistungsverflechtungen zwischen Unternehmen von zwei Ländern verstanden, während multilaterales Netting die Verrechnung von Transaktionen zwischen Unternehmen in mehr als zwei Ländern beinhaltet (vgl. Abb. 7.10).

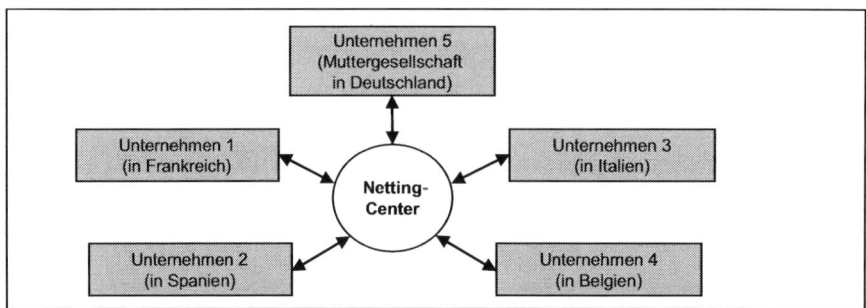

Abb. 7.10 Beispiel für den Zahlungsausgleich über ein Netting-Center beim multilateralen Netting

- Unterstützung bei der Auswahl und Optimierung der Zusammenarbeit mit Banken, z. B. Realisierung eines einheitlichen Konditionenkonzepts bei international tätigen Banken.

7.2.3   Langfristige Finanzplanung

Während eine kurzfristige Finanzplanung überwiegend auch in mittelständischen Unternehmen zur Anwendung gelangt, mangelt es häufig am Einsatz strategischer Instrumente, also auch am Einsatz einer langfristigen Finanzplanung.

Aktiva (in Mio. €)	Jahr 1	Jahr 2	Jahr 3	Jahr 4	Jahr 5
- Sachanlagen	5.225,0	5.050,0	4.950,0	4.875,0	4.800,0
- Finanzanlagen	1.240,0	1.230,0	1.245,0	1.235,0	1.250,0
Σ Anlagevermögen	6.465,0	6.280,0	6.195,0	6.110,0	6.050,0
- Vorräte, fertige und unfertige Erzeugnisse	10.050,0	9.700,0	9.650,0	9.550,0	9.675,0
- Forderungen a. L. u. L.	3.250,0	3.125,0	3.125,0	3.025,0	2.975,0
- Kurzfristige Geldanlagen	2,5	2,5	2,5	0,0	0,0
- Liquide Mittel	483,6	832,7	862,7	1.114,1	1.200,6
Σ Umlaufvermögen	13.786,1	13.660,2	13.640,2	13.689,1	13.850,6
Rechnungsabgrenzungsposten	*90,0*	*65,0*	*55,0*	*70,0*	*90,0*
Σ Aktiva	20.341,1	20.005,2	19.890,2	19.869,1	19.990,6

Abb. 7.11 Struktur von Plan-Bilanzen über einen Fünfjahreszeitraum (Aktiva). (Quelle: Vgl. u. a. Walz und Gramlich 1993, S. 292; Legenhausen 1998, insbes. S. 307)

Gemäß dem Prinzip der rollierenden Planung sollte bei der langfristigen Finanzplanung eine Unterteilung nach Jahren erfolgen, wodurch auch ein Zeitbezug zu den Koordinierungsinstrumenten **Plan-Bilanz** und **Plan-GuV** gegeben ist.

Passiva (in Mio. €)	Jahr 1	Jahr 2	Jahr 3	Jahr 4	Jahr 5
- Gezeichnetes Kapital	1.500,0	1.500,0	1.500,0	1.500,0	1.500,0
- Kapitalrücklagen	800,0	800,0	800,0	800,0	800,0
- Gewinnrücklagen	1.319,3	1.456,1	1.550,2	1.655,2	1.744,1
- Bilanzgewinn/ -verlust	136,8	94,1	105,0	88,9	41,5
Σ Eigenkapital	3.756,1	3.850,2	3.955,2	4.044,1	4.085,6
- Pensionsrückstellungen	1.150,0	1.150,0	1.150,0	1.150,0	1.150,0
- Steuerrückstellungen	300,0	300,0	300,0	300,0	300,0
- sonstige Rückstellungen	1.755,0	1.740,0	1.745,0	1.760,0	1.805,0
Σ Rückstellungen	3.205,0	3.190,0	3.195,0	3.210,0	3.255,0
- Anleihen	0,0	0,0	0,0	0,0	0,0
- Verbindlichkeiten gegenüber Kreditinstituten	4.575,0	4.425,0	4.350,0	4.250,0	4.150,0
davon: - Laufzeit < 1 Jahr	2.125,0	2.025,0	1.950,0	1.900,0	1.850,0
- Laufzeit > 5 Jahre	2.300,0	2.250,0	2.250,0	2.200,0	2.150,0
- Erhaltene Anzahlungen	4.500,0	4.400,0	4.250,0	4.250,0	4.300,0
davon: - Laufzeit < 1 Jahr	4.215,8	4.122,1	3.981,6	3.981,6	4.028,4
- Verbindlichkeiten a. L. u. L.	2.850,0	2.850,0	2.900,0	2.750,0	2.675,0
- Wechselverbindlichkeiten	0,0	0,0	0,0	0,0	0,0
- Sonstige Verbindlichkeiten	1.400,0	1.250,0	1.175,0	1.300,0	1.450,0
davon: - Laufzeit > 5 Jahre	140,0	125,0	117,5	130,0	145,0
Σ Verbindlichkeiten	13.325,0	12.925,0	12.675,0	12.550,0	12.575,0
Rechnungsabgrenzungsposten	55,0	40,0	65,0	65,0	170,0
Σ Passiva	20.341,1	20.005,2	19.890,2	19.869,1	19.990,6

Abb. 7.12 Struktur von Plan-Bilanzen über einen Fünfjahreszeitraum (Passiva). (Quelle: Vgl. u. a. Walz und Gramlich 1993, S. 293; Legenhausen 1998, insbes. S. 307)

In einer Planbilanz wird das erwartete Vermögen und das geplante Kapital gegenübergestellt. Dabei werden finanzierungs- und strukturbezogene Konsequenzen unterschiedlicher Strategien transparent und mit der realen Unternehmensentwicklung vergleichbar gemacht, um geeignete Finanz- und Kapitalstrukturstrategien für das Unternehmen festzulegen (vgl. Abb. 7.11 und 7.12). Der Aufbau einer Plan-Bilanz ist in Anlehnung an die Gliederung des § 266 HGB zu empfehlen, wobei gegebenenfalls an einigen Positionen Ergänzungen vorzunehmen sind, um die Aussagekraft und die Unterstützungsfunktion für eine langfristige Finanzplanung zu verbessern. Es erfolgt i. d. R. eine jährliche Erstellung der Planbilanz, um Plankennzahlen zur Finanz- und Kapitalstruktur im Rahmen einer langfristigen Finanzplanung zu erstellen. Wenn eine Plan-Bilanz im Rahmen von Kreditvergabeverhandlungen eingesetzt wird, kann allerdings auch eine unterjährige Erstellung notwendig werden.

In einer Plan-Gewinn- und Verlustrechnung werden neben der Ermittlung des Plangewinns auch die Quellen des Erfolges aufgezeigt (vgl. Abb. 7.13). Die Gliederung der Plan-GuV kann sich entsprechend § 275 HGB am Umsatzkostenverfahren bzw. Gesamtkostenverfahren orientieren. Die Ermittlung des Plangewinns erfolgt durch Gegenüberstellung von prognostizierten Erträgen und geplanten Aufwendungen, wobei der Detaillierungsgrad an die jeweiligen Informationsbedürfnisse des Unternehmens anzupassen ist.

Wesentliche Positionen der Plan-GuV (in Mio. €)	Jahr 1	Jahr 2	Jahr 3	Jahr 4	Jahr 5
• Umsatzerlöse	19.900,0	19.500,0	19.100,0	18.900,0	18.850,0
+ Bestandsveränderungen an fertigen und unfertigen Erzeugnissen	-150,0	100,0	-50,0	100,0	100,0
+ andere aktivierte Eigenleistungen	0,0	0,0	0,0	0,0	0,0
Σ Betriebsleistung	19.750,0	19.600,0	19.050,0	19.000,0	18.950,0
• Sonstige betr. Erträge	430,0	525,0	550,0	560,0	600,0
- Materialaufwand	10.033,0	9.917,6	9.601,2	9.538,0	9.475,0
- Personalaufwand	7.431,5	7.456,7	7.371,2	7.427,1	7.606,0
- Abschreibungen	525,0	500,0	450,0	425,0	425,0
- Sonst. betr. Aufwendungen	1.650,0	1.800,0	1.750,0	1.750,0	1.750,0
Σ Betriebsergebnis I	540,5	450,7	427,6	419,9	294,0
• Erträge aus Beteiligungen	162,5	165,0	170,0	172,5	175,0
+ Sonstige Zinsen u. ähnliche Erträge aus Finanzanlagen	115,0	115,0	115,0	115,0	115,0
- Abschreibungen auf Finanzanlagen	25,0	25,0	0,0	25,0	0,0
- Zinsen und ähnliche Aufwendungen	265,0	260,0	265,0	270,0	275,0
Σ Finanzergebnis	-12,5	-5,0	20,0	-7,5	15,0
= Ergebnis d. gewöhnlichen Geschäftstätigkeit	528,0	445,7	447,6	412,4	309,0
+ außerordentliche Erträge	30,0	25,0	25,0	25,0	25,0
- außerordentliche Aufwendungen	30,0	25,0	25,0	25,0	25,0
- Steuern	391,2	351,6	342,6	323,5	267,5
= Jahresüberschuss/ -verlust	136,8	94,1	105,0	88,9	41,5

Abb. 7.13 Grobstruktur einer Plan-GuV über einen Fünfjahreszeitraum. (Quelle: Vgl. u. a. Walz und Gramlich 1993, S. 291; Legenhausen 1998, insbes. S. 312)

Als Erstellungsrhythmus können für die Plan-GuV sowohl jährliche als auch unterjährige Zeiträume gewählt werden. Als Koordinierungsinstrument für die langfristige Finanzplanung sollte die Plan-GuV jährlich erstellt und eine notwendige Anpassung der Erfolgsplanung erfolgen. Darüber hinaus ist für Soll-Ist-Vergleiche auch eine unterjährige Aufstellung zu empfehlen, da eventuell notwendige Gegensteuerungsmaßnahmen schneller entwickelt und umgesetzt werden können.

Neben den Koordinierungsinstrumenten Plan-Bilanz und Plan-GuV kann noch der **Kapitalbindungsplan** als weiteres Unterstützungsinstrument der langfristigen Finanzplanung dienen (vgl. Abb. 7.14). Primäre Zielsetzung des Kapitalbindungsplans ist es, die langfristigen unternehmenspolitischen Entscheidungen hinsichtlich ihrer finanziellen Auswirkungen sichtbar zu machen. Es handelt sich hierbei um eine langfristige Grobplanung, wobei die Gliederung lediglich die Einnahmen als Kapitalherkunft und die Ausgaben als Kapitalverwendung aufweist.

Kapitalbindungsplan	
Kapitalverwendung	Kapitalherkunft
- Investitionen	- Finanzierung
- Definanzierung (= Passivaminderung)	- Desinvestition (= Aktivaminderung)
ggf. Saldo (Einzahlungsüberschuss)	ggf. Saldo (Auszahlungsüberschuss)

Abb. 7.14 Grundstruktur eines Kapitalbindungsplans. (Quelle: Vgl. u. a. Walz und Gramlich 2009, S. 244)

Der in einem Kapitalbindungsplan betrachtete Planungszeitraum beträgt i. d. R. ein Jahr, wobei keine unterjährige Unterteilung stattfindet. Durch die Aneinanderreihung mehrerer Planperioden erhält der Kapitalbindungsplan dann seinen langfristigen Charakter.

Im Folgenden wird zusammenfassend ein Gesamtkonzept einer langfristigen Finanzplanung dargestellt, das die für die Realisierung in der Praxis wesentlichen Teilfunktionen beinhaltet (vgl. Abb. 7.15). Die Koordination dieser Funktionen soll durch das Finanzcontrolling im Rahmen seiner unterstützenden Aufgaben für das Finanzmanagement erfolgen, wobei bei der Erstellung des Prognose-, Planungs- und Kontrollinstrumentariums für eine langfristige Finanzplanung sowohl die systembildende Koordination, wenn das Finanzplanungsinstrumentarium vollständig oder teilweise neu entwickelt werden muss, als auch die systemkoppelnde Koordination, wenn eine Abstimmung mit anderen Unternehmensteilplänen zur Anwendung gelangt, vorzunehmen ist. Vom Finanzcontrolling ist ein praxisgerechtes effizientes Instrumentarium bereitzustellen, das vor allem durch eine systematische Prognose/Planung und die damit notwendige Kontrolle hilft, die angestrebten finanziellen Unternehmensziele im Rahmen einer langfristigen Finanzplanung zu erreichen. Grundlage des Finanzcontrollings ist somit ein finanzielles Zielsystem, das neben qualitativen Wertvorstellungen auch quantifizierbare Werte als Zielvorgaben beinhaltet.

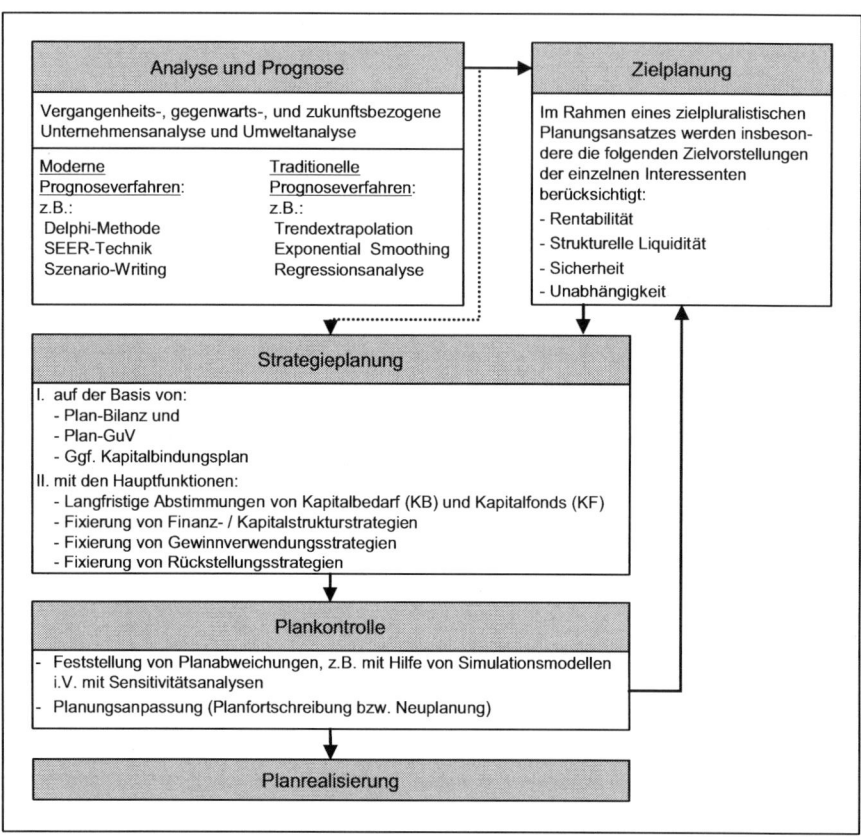

Abb. 7.15 Gesamtkonzept einer langfristigen Finanzplanung. (Quelle: Vgl. u. a. Prätsch 1986, S. 201 ff.).

7.2.4   Finanzbudgetierung

In der Praxis des Finanzcontrollings hat die Budgetierung neben den Instrumenten der kurz- und langfristigen Finanzplanung eine zentrale Bedeutung. Die Funktionsbezeichnung „Controllership" wird in amerikanischen Unternehmen i. d. R sogar mit „Budgetierung" gleichgesetzt (vgl. Horváth 2006, S. 212).

Ein Budget ist ein formalzielorientierter Plan, der wertmäßige Größen beinhaltet und der einer organisierten Einheit für einen bestimmten Zeitraum zur Erfüllung der ihr übertragenen Aufgaben mit einem bestimmten Verbindlichkeitsgrad zur Verfügung gestellt wird. Empirische Untersuchungen zeigen, dass neben Jahresbudgets bzw. operativen Budgets insbesondere große Industrieunternehmen bereits bis zu 50 % Mehrjahresbudgets bzw. strategische Budgets einsetzen (vgl. Horváth 2006, S. 213 sowie die dort angeführten Quellen).

Einen Überblick über wesentliche Budgetarten vermittelt Abb. 7.16.

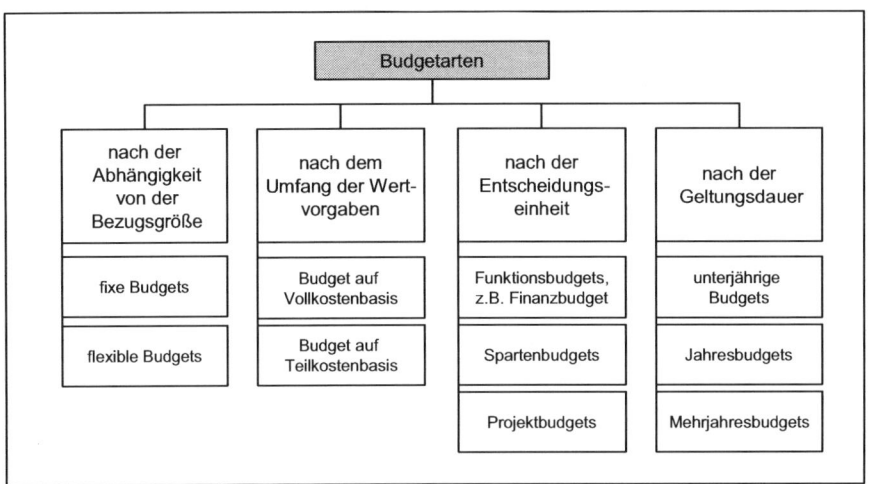

Abb. 7.16 Budgetarten. (Quelle: Peemöller 2005, S. 238)

Der Budgetierungsprozess (vgl. Abb. 7.17) sollte in der Praxis in den Gesamtprozess der Planung eingebettet werden. Nur so sind eine Übernahme von abgestimmten Plandaten z. B. mit der Investitions- und Finanzplanung und eine Entwicklung von Budgetvorgaben möglich, die frühzeitig zwischen der Geschäftsleitung und dem Controlling zu koordinieren sind.

Alle Budgetarten, z. B. im Rahmen einer Investitionsbudgetierung, sollten insbesondere in ihren Budgetentwürfen eine Kosten-/Nutzen-Analyse sowie eine Prognose und Bewertung durchführen. Dem Controlling obliegt dann die Funktion der Budgetkoordination der einzelnen Anträge und Interessen mit dem Ziel einer Budgetverabschiedung. Anschließend erfolgt die eigentliche Budgeterstellung (=Budgetkonsolidierung). Das Gesamtbudget wird dann zur Budgetgenehmigung der Geschäftsleitung vorgelegt. Während einzelne Zentralabteilungen, wie z. B. Finanzwirtschaft und Rechnungswesen, das verabschiedete Gesamtbudget erhalten, wird allen anderen Entscheidern ihr Teilbudget mitgeteilt, wobei eine Bindung aller Beteiligten an die festgelegten Maßnahmen erfolgen sollte.

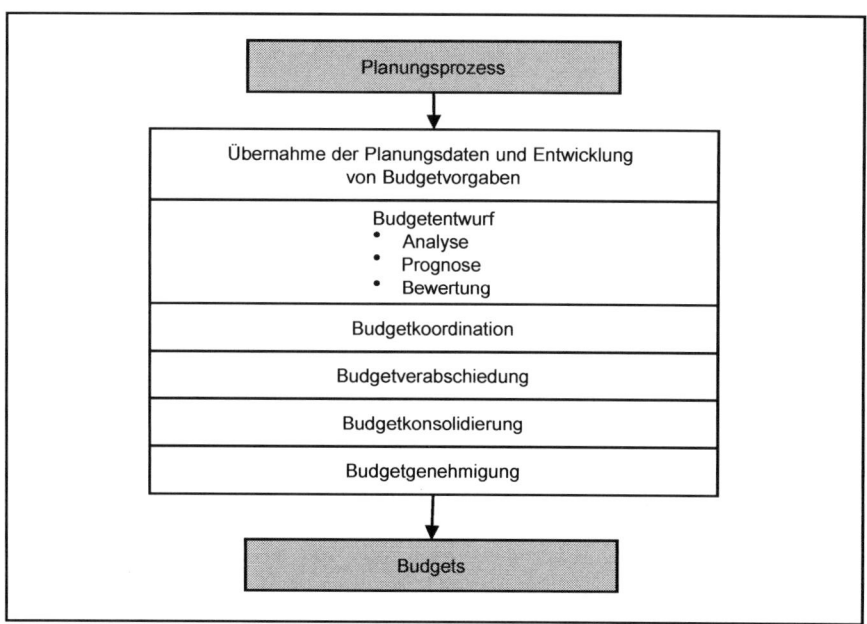

Abb. 7.17 Budgetierungsprozess. (Quelle: Vgl. Peemöller 2005, S. 231)

Neben der primären Funktion des Koordinators übernimmt das Controlling auch eine laufende Kontroll- und Analysefunktion und führt z. B. eine monatliche Budgetberichterstattung für ein Jahresbudget bzw. Mehrjahresbudget durch.

Zur Abstimmung von Investitions- und Finanzierungsalternativen hat Dean bereits 1950 ein Verfahren für die Zusammenstellung eines optimalen Investitionsbudgets bzw. das Capital Budgeting entwickelt (vgl. u. a. Perridon et al. 2009, S. 93 f.).

Bevor das Dean-Modell anhand eines Beispiels exemplarisch aufgezeigt wird, werden wesentliche Prämissen gekennzeichnet (vgl. u. a. Schierenbeck 2000, S. 356; Perridon et al. 2009, S. 94 f.):

- Das optimale Investitions- und Finanzierungsprogramm maximiert die Einzahlungsüberschüsse,

- es gibt Planungssicherheit,

- es bestehen keine Projektinterdependenzen zu anderen Investitions- und/oder Finanzierungsvorhaben, d. h. die Investitionsvorhaben sind vollkommen unabhängig,

- der Ansatz berücksichtigt lediglich einen einperiodigen Planungszeitraum,

- die Investitionsvorhaben sind beliebig teilbar,

- als Finanzierungsmöglichkeit steht ausschließlich Fremdkapital zur Verfügung.

Das Dean-Modell wird zwar einerseits durch die dargelegten Prämissen in seiner praxisbezogenen Anwendbarkeit eingeschränkt, andererseits stellt es ein Grundkonzept dar, das bei Aufhebung bzw. Anpassung der Prämissen durchaus wesentliche Kernfunktionen jeder Kapitalbudgetierung abbildet.

Beispiel: Budgetierung (Dean-Modell)

Die hier dargestellte Bestimmung des optimalen Investitions- und Finanzierungsvolumens und die Ermittlung des erzielten Überschusses erfolgt in enger Anlehnung an ein sehr anschauliches Beispiel von Betge (Vgl. Betge 2000, S. 118 ff.).

Einem Unternehmer bieten sich in der Planungsperiode die folgenden vollständig teilbaren Investitions- und Finanzierungsmöglichkeiten:

Investitions-vorhaben	Kapital-einsatz (in EUR)	Interne Verzin-sung der Investi-tionen (i in %)	Finanzierungs-alternative (Kredit)	Kredit-betrag (in EUR)	Fremdkapital-zins (i_{FK} in %)
1	100.000	14,0	1	100.000	13,0
2	200.000	12,0	2	200.000	10,0
3	50.000	9,5	3	50.000	9,0
4	100.000	8,0	4	100.000	7,0
5	50.000	7,0	5	50.000	6,0

Die grafische Lösung verdeutlicht, dass das optimale Investitions- und Finanzierungsvolumen bei 300.000 EUR liegt. Somit werden Investitionen 1 und 2 realisiert. Die Finanzierung erfolgt durch die Kredite 5, 4 und 3 sowie anteilig durch den Kredit 2.

Die **Cut-off-Rate(CoR)** liegt in diesem Beispiel bei 10 % und besagt, dass bis zu diesem Punkt die vorteilhaften Investitions- und Finanzierungsmöglichkeiten liegen und ab diesem Punkt eine Ablehnung erfolgt (vgl. Abb. 7.18).

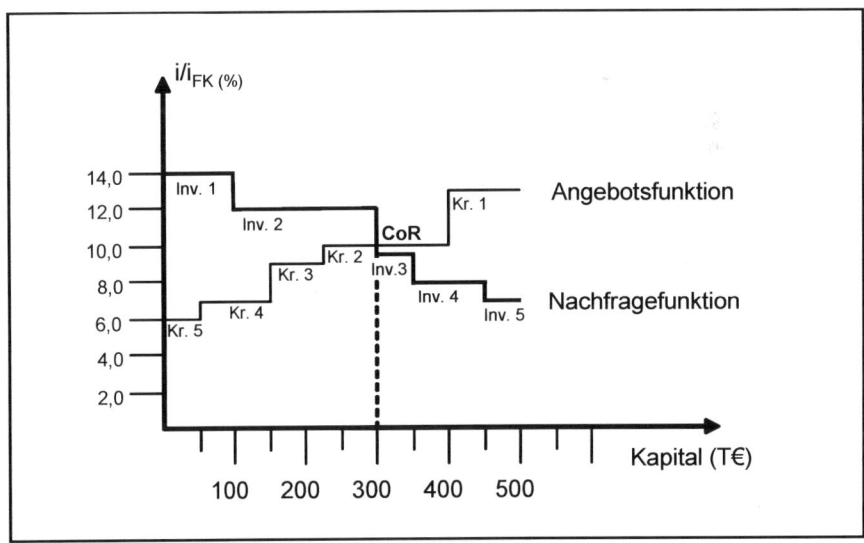

Abb. 7.18 Ermittlung des optimalen Investitions- und Finanzierungsvolumens. (Quelle: Vgl. Betge 2000, S. 120)

Die rechnerische Lösung weist einen erzielbaren Gesamtüberschuss von 13.500 EUR pro Jahr aus.

In Anspruch genommene Kredite	Jährlicher Zinsaufwand (in EUR)
Kredit 5	$50.000 \cdot 0,06 = 3.000$
Kredit 4	$100.000 \cdot 0,07 = 7.000$
Kredit 3	$50.000 \cdot 0,09 = 4.500$
Kredit 2 (Teilinanspruchnahme)	$100.000 \cdot 0,10 = 10.000$
Gesamter Zinsaufwand p. a.	$= 24.500$
Durchgeführte Investitionen	**Jährliche Erträge (in EUR)**
Investition 1	$100.000 \cdot 0,14 = 14.000$
Investition 2	$200.000 \cdot 0,12 = 24.000$
Gesamte jährliche Erträge	$= 38.000$
Gesamtüberschuss (in EUR)	**$= 13.500$**

7.2.5 Kapitalflussrechnung

Bei der **Kapitalflussrechnung** handelt es sich um eine Finanzierungsrechnung, die der Sichtbarmachung der Finanzströme nach Art und Umfang einer Unternehmung dient. Diese dritte Jahresrechnung neben Bilanz und Gewinn- und Verlustrechnung wird hier sowohl als Dokumentations- als auch als Planungsinstrument verstanden (vgl. Abb. 7.19).

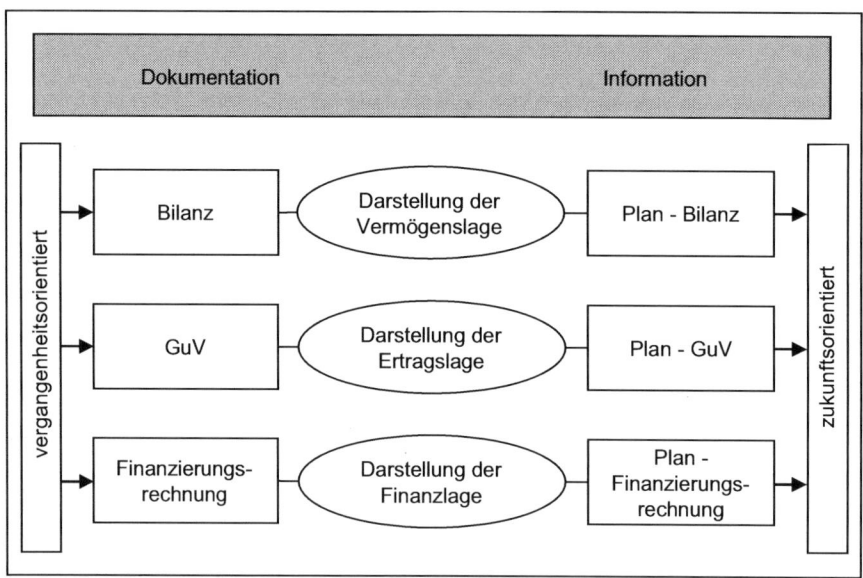

Abb. 7.19 Integrative Betrachtungsweise der drei Rechnungslegungssysteme

Eine Kapitalflussrechnung i.S. eines Dokumentationsinstrumentes ist rückschauend und erfüllt das Erfordernis der Bestimmung des § 264 Abs. 2 des HGB, dass der Jahresabschluss u. a. ein den tatsächlichen Verhältnissen entsprechendes Bild der Finanzlage einer Kapitalgesellschaft zu vermitteln hat.

Erfolgt der Einsatz der Kapitalflussrechnung prospektiv, wird sie abgeleitet aus Plan-Bilanz und Plan-GuV, dient sie der zielgerichteten Planung einschließlich Steuerung der Finanzströme.

Als Kapitalflussrechnung werden nur die beiden alternativen Gliederungsschemata I und II (s. Abb. 7.20 und 7.21) des Deutschen Rechnungslegungs Standards Nr. 2 (DRS 2), die vom Deutschen Standardisierungsrat am 29.10.1999 verabschiedet wurden, angesehen (vgl. Deutsches Rechnungslegungs Standards Committee e. V. 1999).

1.		Einzahlungen von Kunden für den Verkauf von Erzeugnissen, Waren und Dienstleistungen
2.	-	Auszahlungen an Lieferanten und Beschäftigte
3.	+	Sonstige Einzahlungen, die nicht der Investitions- oder Finanzierungstätigkeit zuzuordnen sind
4.	-	Sonstige Auszahlungen, die nicht der Investitions- oder Finanzierungstätigkeit zuzuordnen sind
5.	+/-	Ein- und Auszahlungen aus außerordentlichen Posten
6.	=	Cashflow aus laufender Geschäftstätigkeit (Summe aus 1 bis 5)
7.		Einzahlungen aus Abgängen von Gegenständen des Sachanlagevermögens
8.	-	Auszahlungen für Investitionen in das Sachanlagevermögen
9.	+	Einzahlungen aus Abgängen von Gegenständen des immateriellen Anlagevermögens
10.	-	Auszahlungen für Investitionen in das immaterielle Anlagevermögen
11.	+	Einzahlungen aus Abgängen von Gegenständen des Finanzanlagevermögens
12.	-	Auszahlungen für Investitionen in das Finanzanlagevermögen
13.	+	Einzahlungen aus dem Verkauf von konsolidierten Unternehmen und sonstigen Geschäftseinheiten
14.	-	Auszahlungen aus dem Erwerb von konsolidierten Unternehmen und sonstigen Geschäftseinheiten
15.	+	Einzahlungen aufgrund von Finanzmittelanlagen im Rahmen der kurzfristigen Finanzdisposition
16.	-	Auszahlungen aufgrund von Finanzmittelanlagen im Rahmen der kurzfristigen Finanzdisposition
17.	=	Cashflow aus der Investitionstätigkeit (Summe aus 7 bis 16)
18.		Einzahlungen aus Eigenkapitalzuführungen (Kapitalerhöhungen, Verkauf eigener Anteile, etc.)
19.	-	Auszahlungen an Unternehmenseigner und Minderheitsgesellschafter (Dividenden, Erwerb eigener Anteile, Eigenkapitalrückzahlungen, andere Ausschüttungen)
20.	+	Einzahlungen aus der Begebung von Anleihen und der Aufnahme von (Finanz-) Krediten
21.	-	Auszahlungen aus der Tilgung von Anleihen und (Finanz-) Krediten
22.	=	Cashflow aus der Finanzierungstätigkeit (Summe aus 18 bis 21)
23.		Zahlungswirksame Veränderungen des Finanzmittelfonds (Summe aus 6, 17, 22)
24.	+/-	Wechselkurs-, konsolidierungskreis- und bewertungsbedingte Änderungen des Finanzmittelfonds
25.	+	Finanzmittelfonds am Anfang der Periode
26.	=	Finanzmittelfonds am Ende der Periode (Summe aus 23 bis 25)

Abb. 7.20 Kapitalflussrechnung DRS 2, Gliederungsschema I, Direkte Methode. (Quelle: Deutsches Rechnungslegungs Standards Committee e. V. 1999, S. 43 ff.)

1.		Periodenergebnis (einschließlich Ergebnisanteilen von Minderheitsgesellschaftern) vor außerordentlichen Posten
2.	+/-	Abschreibungen/ Zuschreibungen auf Gegenstände des Anlagevermögens
3.	+/-	Zunahme/ Abnahme der Rückstellungen
4.	+/-	Sonstige zahlungsunwirksame Aufwendungen/ Erträge (bspw. Abschreibungen auf ein aktiviertes Disagio)
5.	-/+	Gewinn/ Verlust aus dem Abgang von Gegenständen des Anlagevermögens
6.	-/+	Zunahme/ Abnahme der Vorräte, der Forderungen aus Lieferungen und Leistungen sowie anderer Aktiva, die nicht der Investitions- oder Finanzierungstätigkeit zuzuordnen sind
7.	+/-	Zunahme/ Abnahme der Verbindlichkeiten aus Lieferungen und Leistungen sowie anderer Passiva, die nicht der Investitions- oder Finanzierungstätigkeit zuzuordnen sind
8.	+/-	Ein- und Auszahlungen aus außerordentlichen Posten
9.	=	Cashflow aus laufender Geschäftstätigkeit (Summe aus 1 bis 8)
10.		Einzahlungen aus Abgängen von Gegenständen des Sachanlagevermögens
11.	-	Auszahlungen für Investitionen in das Sachanlagevermögen
12.	+	Einzahlungen aus Abgängen von Gegenständen des immateriellen Anlagevermögens
13.	-	Auszahlungen für Investitionen in das immaterielle Anlagevermögen
14.	+	Einzahlungen aus Abgängen von Gegenständen des Finanzanlagevermögens
15.	-	Auszahlungen für Investitionen in das Finanzanlagevermögen
16.	+	Einzahlungen aus dem Verkauf von konsolidierten Unternehmen und sonstigen Geschäftseinheiten
17.	-	Auszahlungen aus dem Erwerb von konsolidierten Unternehmen und sonstigen Geschäftseinheiten
18.	+	Einzahlungen aufgrund von Finanzmittelanlagen im Rahmen der kurzfristigen Finanzdisposition
19.	-	Auszahlungen aufgrund von Finanzmittelanlagen im Rahmen der kurzfristigen Finanzdisposition
20.	=	Cashflow aus der Investitionstätigkeit (Summe aus 10 bis 19)
21.		Einzahlungen aus Eigenkapitalzuführungen (Kapitalerhöhungen, Verkauf eigener Anteile, etc.)
22.	-	Auszahlungen an Unternehmenseigner und Minderheitsgesellschafter (Dividenden, Erwerb eigener Anteile, Eigenkapitalrückzahlungen, andere Ausschüttungen)
23.	+	Einzahlungen aus der Begebung von Anleihen und der Aufnahme von (Finanz-) Krediten
24.	-	Auszahlungen aus der Tilgung von Anleihen und (Finanz-) Krediten
25.	=	Cashflow aus der Finanzierungstätigkeit (Summe aus 21 bis 24)
26.		Zahlungswirksame Veränderungen des Finanzmittelfonds (Summe aus 9, 20, 25)
27.	+/-	Wechselkurs-, konsolidierungskreis- und bewertungs-bedingte Änderungen des Finanzmittelfonds
28.	+	Finanzmittelfonds am Anfang der Periode
29.	=	Finanzmittelfonds am Ende der Periode (Summe aus 26 bis 28)

Abb. 7.21 Kapitalflussrechnung DRS 2, Gliederungsschema II, Indirekte Methode. (Quelle: Deutsches Rechnungslegungs Standards Committee e. V. 1999, S. 47 ff.)

Die Kapitalflussrechnung nach DRS 2 besteht zum einen aus einem Finanzmittel-fonds und zum anderen aus der Kapitalflussrechnung i. e. S. Bei dem Finanzmittel-fonds kann von einer Beständeveränderungsrechnung gesprochen werden, da sich hier Zu- und Abflüsse zum Finanzmittelfonds des Geschäftsjahres widerspiegeln (vgl. Abb. 7.22).

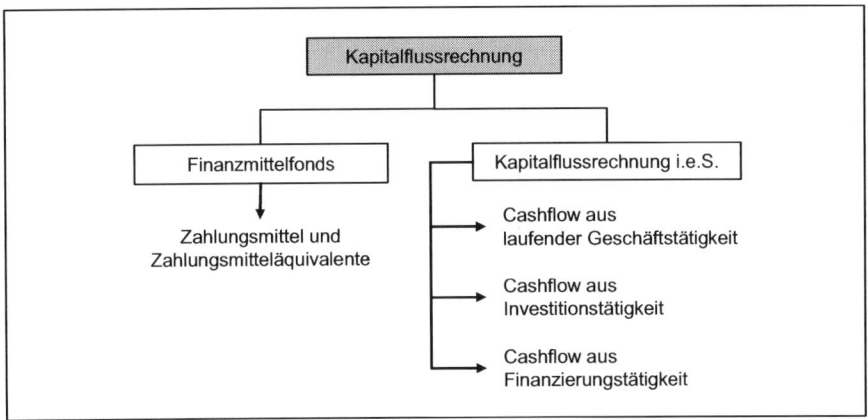

Abb. 7.22 Struktur der Kapitalflussrechnung

Die Kapitalflussrechnung i. e. S. gibt Auskunft über die Höhe des Zuflusses bzw. des Abflusses, über die Herkunft sowie die Verwendung der Finanzmittel des Fonds, wobei die Kapitalflussrechnung i. e. S. die Zahlungsströme nach den Cashflows für die Bereiche der laufenden Geschäftätigkeit, der Investitionstätigkeit und der Finanzierungstätigkeit gesondert darstellt.

Nach DRS 2 sind laufende Geschäftätigkeiten die wesentlichen auf Erlöserzielung ausgerichteten zahlungswirksamen Tätigkeiten des Unternehmens sowie sonstige Aktivitäten, die nicht der Investitions- oder Finanzierungstätigkeit zuzuordnen sind. Investitionstätigkeiten sind Erwerb und Veräußerung des Anlagevermögens, von längerfristigen Vermögenswerten, sowie die Anlage von Finanzmittelbeständen. Finanzierungstätigkeiten umfassen zahlungswirksame Aktivitäten, die sich auf den Umfang und die Zusammensetzung der Eigenkapitalposten und der *Finanzschulden* des Unternehmens auswirken (vgl. DRS 05/2001, S. 15 f.).

Bewegungsbilanz

Die Kapitalflussrechnung, die auf Käfer zurückgeht, dient der „Darstellung der bisher verborgen gebliebenen Vorgänge der Finanzierung, der Investition und der Zahlungsmittelversorgung" (Käfer 1967, S. 406). Als Vorläufer der zuvor dargestellten Kapitalflussrechnung gilt die Bewegungsbilanz. Während eine Bilanz die Bestände an Kapital und Vermögen zu einem bestimmten Stichtag ausweist, bildet die **Bewegungsbilanz** ausgehend von Bestandsveränderungen die Bewegungen des Vermögens und des Kapitals für eine bestimmte Rechnungsperiode ab, dies kann sowohl vergangenheitsbezogen als auch zukunftsorientiert sein. Zwei Bilanzen bilden den Ausgangspunkt für die Ermittlung. Aus den Differenzen der einzelnen Vermögens- und Kapitalpositionen zu den unterschiedlichen Zeitpunkten wird zunächst eine Beständedifferenzenbilanz ermittelt (vgl. Abb. 7.23).

Veränderung der Aktiva	Veränderung der Passiva
Aktivmehrungen	Passivmehrungen
Aktivminderungen	Passivminderungen
Veränderung des Vermögens	Veränderung des Kapitals

Abb. 7.23 Schema einer Beständedifferenzenbilanz

Wie Abb. 7.23 verdeutlicht, stellen positive Beträge Bestandsmehrungen negative Beträge Bestandsminderungen dar. Durch einen formalen Schritt entsteht aus einer Beständedifferenzenbilanz, auch als Veränderungsbilanz bezeichnet, eine Bewegungsbilanz. Auf der linken Seite der Bewegungsbilanz werden die Aktivmehrungen bzw. die Passivminderungen und auf der rechten Seite der Bilanz die Passivmehrungen bzw. die Aktivminderungen dargestellt. Der Wechsel auf die jeweils gegenüberliegende Seite führt dabei zu einem Vorzeichenwechsel (vgl. Abb. 7.24).

Mittelverwendung	Mittelherkunft
Aktivmehrungen	Passivmehrungen
Passivminderungen	Aktivminderungen
Summe der Veränderungen	Summe der Veränderungen

Abb. 7.24 Schema einer Bewegungsbilanz

Die Aktivseite einer Bewegungsbilanz gibt den Hinweis, wohin die finanziellen Mittel innerhalb des Betrachtungszeitraumes geflossen sind bzw. fließen werden (= Mittelverwendung), die Passivseite der Bewegungsbilanz erfüllt den Nachweis der Mittelherkunft, d. h. wurde bzw. wird Kapital zugeführt und/oder Kapital freigesetzt. Bestandsgrößen stellen somit die Grundlage der Bewegungsbilanz dar, die Bewegungsbilanz interpretiert sie jedoch als Bewegungsgrößen. Die begrenzte Aussagekraft der Bewegungsbilanz wird damit deutlich.

Die Entwicklung von der Bilanz zur Bewegungsbilanz wird nachfolgend verdeutlicht:

- In Abb. 7.25 sind die Bilanzen zu zwei Zeitpunkten dargestellt und es werden die Veränderungen der Bilanzpositionen ermittelt.

- Die daraus entwickelte Bewegungsbilanz ist Abb. 7.26 zu entnehmen.

Bilanz

	zum 31.12.10	zum 31.12.09	Veränderung		zum 31.12.10	zum 31.12.09	Veränderung
Sachanlagen	15.000	14.200	+ 800	Eigenkapital	18.700	20.100	- 1.400
Finanzanlagen	3.100	2.800	+ 300	langfr. Rückstellungen	4.500	4.300	+ 200
Sonstiges Vermögen	9.500	10.900	- 1.400	kurzfr. Rückstellungen	3.000	2.700	+ 300
Vorräte	6.800	6.600	+ 200	Finanzschulden	12.500	10.100	+ 2.400
Forderungen	11.700	11.500	+ 200	übr. Verbindlichkeiten	7.400	5.800	+ 1.600
Zahlungsmittel u.ä.	2.800	800	+ 2.000	Verbindlichkeiten aus L+L	2.800	3.800	- 1.000
Vermögen	48.900	46.800	+ 2.100	Kapital	48.900	46.800	+ 2.100

Abb. 7.25 Bilanzen der A-Gesellschaft zum 31.12.2010 sowie 31.12.2009 und Ermittlung der Veränderung der Vermögens- und Kapital-bestände

Mittelverwendung		Mittelherkunft	
Sachanlagen	800	langfristige Rückstellungen	200
Finanzanlagen	300	kurzfristige Rückstellungen	300
Vorräte	200	Finanzschulden	2.400
Forderungen	200	übrige Verbindlichkeiten	1.600
Zahlungsmittel u.ä.	2.000	sonstige Vermögen	1.400
Eigenkapital	1.400		
Verbindlichkeiten aus L+L	1.000		
Summe der Veränderungen	5.900	Summe der Veränderungen	5.900

Abb. 7.26 Bewegungsbilanz der A-Gesellschaft zum 31.12.2010

7.2.6 Finanzanalyse und Finanzsteuerung

Kennzahlen und Kennzahlensysteme kommen innerhalb des Controllings eine zentrale Bedeutung zu, sie dienen dem Analyse-, Planungs- und Steuerungsprozess. Finanzwirtschaftliche (Einzel-) Kennzahlen und Kennzahlensysteme orientieren sich an den finanzwirtschaftlichen Zielsetzungen einer Unternehmung.

7.2.6.1 Kennzahlen

Unter einer **Kennzahl** versteht man eine Messgröße, die einen erfassbaren und quantifizierbaren Vorgang in konzentrierter, stark verdichteter Form schnell und auf relativ einfache Weise wiedergibt (vgl. Hopfenbeck 1997, S. 634). Kennzahlen erfüllen sowohl eine Informationsfunktion als auch eine Koordinationsfunktion (vgl. Abb. 7.27)

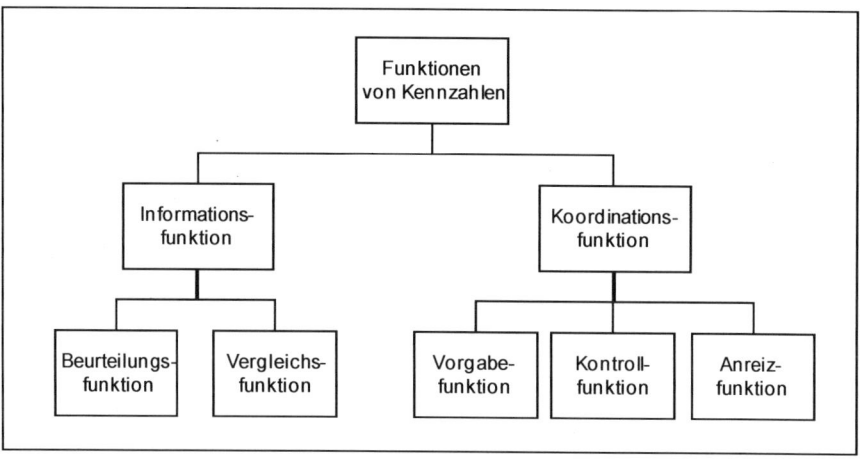

Abb. 7.27 Die Funktion von Kennzahlen. (Quelle: Vgl. Friedel 2003, S. 401)

Im Zusammenhang mit der **Informationsfunktion** dienen Kennzahlen als Grundlage zur Beurteilung von Sachverhalten ebenso wie als Grundlage für Zeit- und Zeitreihenvergleiche. Darüber hinaus werden sie für interne und externe Unternehmensvergleiche herangezogen. Unter der **Koordinationsfunktion** von Kennzahlen versteht man die Ausrichtung von Handlungen und Entscheidungen auf ein gemeinsames Ziel (vgl. Friedl 2003, S. 400). Haben Kennzahlen eine *Vorgabefunktion* sind sie Grundlage für Soll-/Ist-Vergleiche oder beispielsweise Plan-/Ist-Vergleiche. Dienen Kennzahlen der *Kontrolle*, so bedeutet dies, es werden Werte einer Kontrollgröße gegenübergestellt mit der Maßgabe, dass bei Unter- bzw. Überschreitungen einer Toleranzschwelle Sicherungsmaßnahmen einzuleiten sind. Kennzahlen können außerdem Grundlage für ein unternehmerisches *Anreizsystem* bilden. Gliedert man Kennzahlen beispielsweise nach dem formalen Aufbau unterscheidet man zwischen absoluten Kennzahlen und Verhältniskennzahlen (vgl. Abb. 7.28).

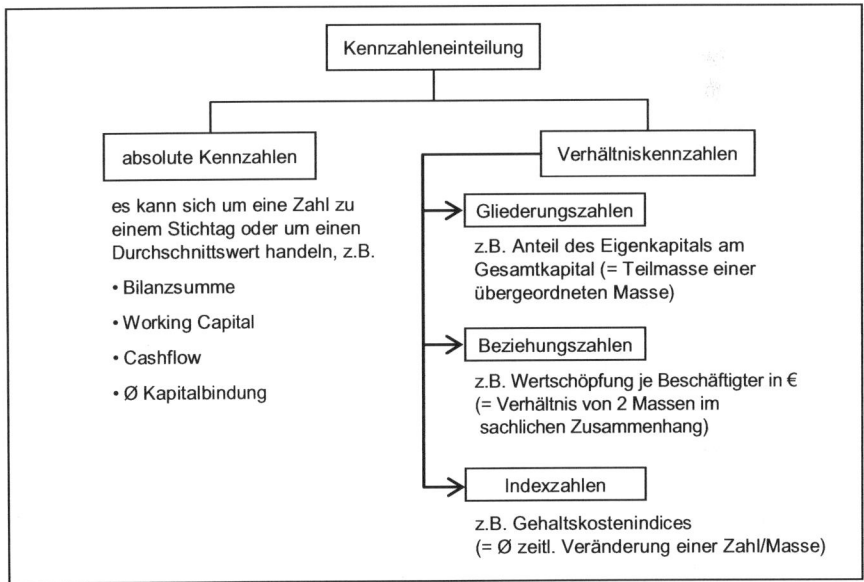

Abb. 7.28 Kennzahleneinteilung

Es erweist sich als zweckmäßig, für jede Kennzahl ein Definitionsblatt anzulegen, um die Bedeutung der Kennzahl, die Formel, den Formelinhalt, die Aussage der Kennzahl usw. festzulegen (vgl. Abb. 7.29).

Kennzahl-Nr.	Kennzahlenblatt
Bezeichnung	Cashflow in % des Gesamtkapitals
Formel	$$\dfrac{\text{Cashflow}}{\varnothing \text{ einges. Gesamtkapital}} \times 100$$
Formelinhalt	1. Cashflow gemäß DVFA/SG 2. Gesamtkapital $=\dfrac{\text{Anfangsbestand} + \text{Endbestand}}{2}$ 3. Beobachtungszeitraum 365 Tage 4. Durchschnittlich eingesetztes Gesamtkapital
Anwendung	• Diese Kennzahl bedeutet ... • Diese Kennzahl bedeutet nicht... • Ermittlungszeitraum
Bemerkungen	
Frequenz (mit Ablaufdatum)	
Verteiler	
Ersteller (Name, Tel-Nr.)	

Abb. 7.29 Muster eines Kennzahlenblattes

Im Rahmen der Ausgestaltung eines unternehmensindividuellen Kennzahlensystems sind verschiedene Aspekte zu berücksichtigen (vgl. Abb. 7.30):

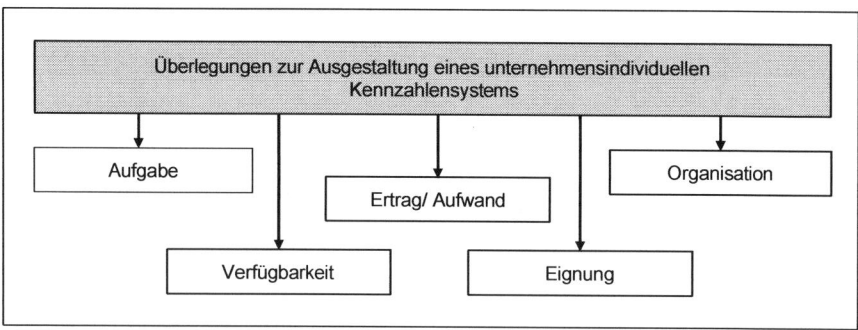

Abb. 7.30 Gestaltung eines Kennzahlensystems

Aufgabe

Es ist seitens des Finanzmanagements festzulegen, welcher Zweckbestimmung die einzelnen Kennzahlen dienen sollen:

• Wer ist Empfänger der Kennzahlen?

- Wann sollen die Kennzahlen zur Verfügung stehen?
- Welcher Art Vergleiche sollen vorgenommen werden?
- Dienen die Kennzahlen der Analyse?
- Dienen die Kennzahlen der Steuerung?

Verfügbarkeit

Ausgehend von der Aufgabenstellung ergibt sich der Klärungsbedarf über die Bereitstellung der benötigten Datenbasis:

- Werden interne und/oder externe Daten benötigt?
- Steht eine Datenbank für Zeitvergleiche bereit?
- Wie können SOLL-IST-Vergleiche realisiert werden?

Ertrag/Aufwand

Unabdingbar ist die Gegenüberstellung von Ertrag und Aufwand. Sofern eine Ertragsermittlung nicht oder nicht vollständig möglich ist, muss die „Nutzenstiftung" dargelegt werden:

- Ermittlung und Bewertung des Aufwandes für die direkte und indirekte Kennzahlenermittlung,
- Ermittlung und Bewertung des Ertrages bzw. des Nutzens durch die Zurverfügungstellung von Kennzahlen,
- Herausarbeitung des Rationalisierungspotenzials.

Eignung

Die einzelnen Managementebenen sind anzuhalten, sowohl die Vorteile als auch die Nachteile der Kennzahlen zu benennen:

- Welche Bedeutung hat die Kennzahl?
- Gibt es Vorbehalte, Fehlerquellen usw.?

Organisation

Eine zweifelsfreie Verankerung zur Erstellung und Pflege des unternehmensindividuellen Kennzahlensystems hat durch die Unternehmensleitung zu erfolgen:

- Ermittlung, Pflege, Verteilung der Kennzahlen,
- Festsetzung der Fristen,
- Benennung des Verantwortlichen für die Einhaltung der Vorgaben.

Die Struktur eines unternehmensspezifischen finanzwirtschaftlichen Kennzahlensystems wird in Abb. 7.31 verdeutlicht.

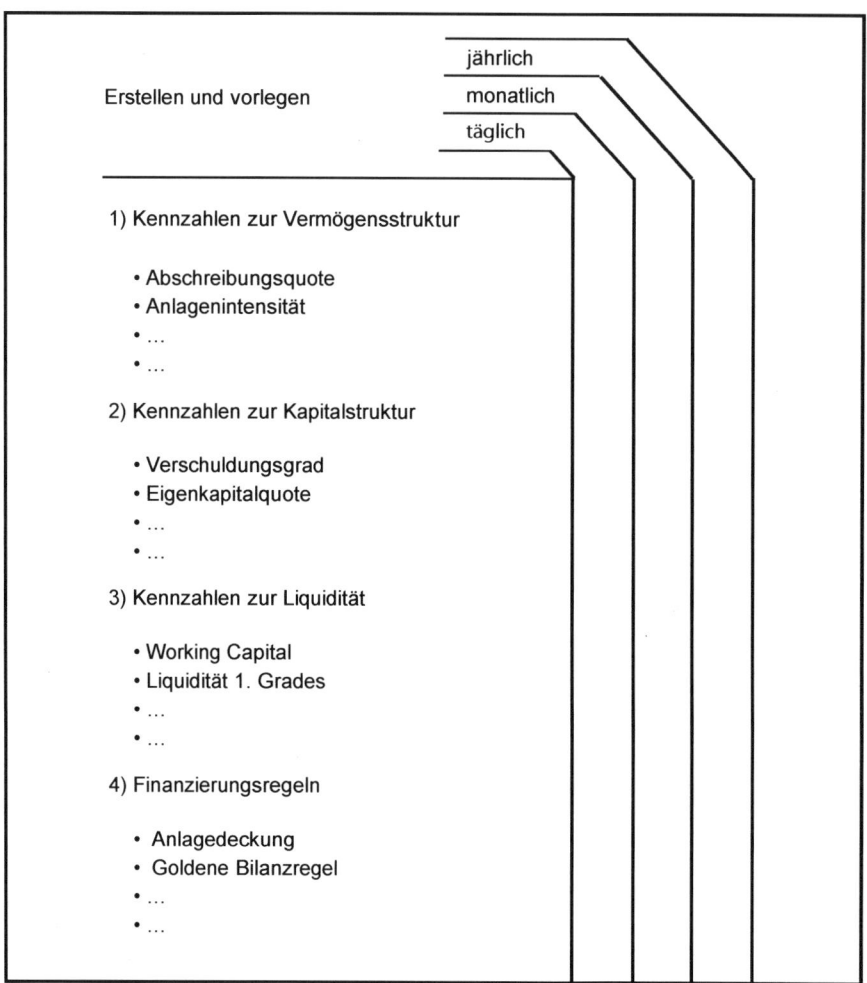

Abb. 7.31 Struktur eines unternehmensspezifischen finanzwirtschaftlichen Kennzahlensystems

Das Finanzcontrolling hat bei der Konzipierung unternehmerischer Kennzahlen der Grundüberlegung zu folgen, dass Kennzahlen sowohl eine zeitliche als auch eine inhaltliche Komponente aufweisen. Mit der **zeitlichen Komponente** kommt zum Ausdruck, dass zwischen einperiodischen und mehrperiodischen Kennzahlen zu unterscheiden ist. Einperiodische Größen (z. B. Kapitalumschlag, RoS, RoCE) liegen zu ihrer Ermittlung nur eine entweder vergangene oder zukünftige Periode zu Grunde. Mehrperiodische Größen ermitteln die Vorteilhaftigkeit einer unternehmerischen Aktivität für mehrere meistens zukünftige Perioden (z. B. Kapitalwert).

Mit der **inhaltlichen Komponente** wird zum Ausdruck gebracht, dass Kennzahlen als Berichtsgrößen, hier werden diese Kenngrößen eingesetzt, um einer übergeordneten Einheit zu berichten (z. B. Break-even-Menge), und als Zielgrößen definiert werden können. Eine Zielgröße, es wird auch die Bezeichnung Führungsgröße verwendet, beruht zumeist auf einer Vereinbarung, mit ihr wird ein Wert zwecks Zielerreichung vorgegeben (z. B. Rendite).

Zu beachten ist, dass sowohl Kennzahlen, die Berichtscharakter haben, als auch Kennzahlen, die Ziele definieren, einperiodischer wie mehrperiodischer Natur sein können.

7.2.6.2 Traditionelle Kennzahlen

Diejenigen Kennzahlen, die im Zusammenhang mit der Finanzanalyse am häufigsten zur Anwendung kommen, werden entsprechend folgender Analyseschwerpunkte (vgl. Abb. 7.32) dargestellt.

```
Kennzahlen ──────────▶ Vermögensstruktur
          ──────────▶ Kapitalstruktur
          ──────────▶ Finanzierungsregeln
          ──────────▶ Liquiditätsregeln
                        • statische Liquidität
                        • dynamische Liquidität
```

Abb. 7.32 Kennzahlen der Finanzanalyse

Kennzahlen zur Vermögensstruktur

Bei den Kennzahlen zur Vermögensstruktur (vgl. Abb. 7.33) handelt es sich um vertikale Kennzahlen, die die verschiedenen Vermögenspositionen zum Analysegegenstand machen.

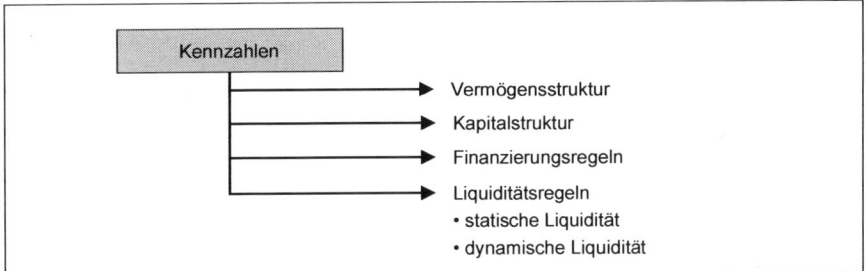

$$1. \text{Vermögenskonstitution} = \frac{\text{Anlagevermögen}}{\text{Umlaufvermögen}} \times 100$$

$$2. \text{Anlageintensität} = \frac{\text{Anlagevermögen}}{\text{Gesamtvermögen}} \times 100$$

$$3. \text{Investitionsquote} = \frac{\text{Nettoinvestition in Sachanlagen}}{\text{Jahresanfangsbestand in Sachanlagen}} \times 100$$

$$4. \text{Abschreibungsquote} = \frac{\text{Abschreibungen in Sachanlagen}}{\text{Jahresbestand in Sachanlagen}} \times 100$$

Abb. 7.33 Kennzahlen zur Vermögensstruktur

Kennzahlen zur Kapitalstruktur

Kapitalstrukturkennzahlen (vgl. Abb. 7.34) stellen sowohl auf die Zusammensetzung als auch auf die Art des Kapitals ab. Auch hier handelt es sich um vertikale Kennzahlen.

1. Eigenkapitalquote	=	$\dfrac{\text{Eigenkapital}}{\text{Gesamtkapital}}$	x 100
2. Fremdkapitalquote (= Kapitalanspannung)	=	$\dfrac{\text{Fremdkapital}}{\text{Gesamtkapital}}$	x 100
3. Verschuldungsgrad	=	$\dfrac{\text{Fremdkapital}}{\text{Eigenkapital}}$	x 100
4. Verschuldungskoeffizient	=	$\dfrac{\text{Eigenkapital}}{\text{Fremdkapital}}$	x 100

Abb. 7.34 Kennzahlen zur Kapitalstruktur

Finanzierungsregeln

1. Anlagendeckung	=	$\dfrac{\text{Eigenkapital}}{\text{Anlagevermögen}}$	x 100
2. Goldene Bilanzregel a) engere Fassung	=	$\dfrac{\text{Eigenkapital} + \text{langfristiges FK}}{\text{Anlagevermögen}}$	≥ 1
b) erweiterte Fassung	=	$\dfrac{\text{Eigenkapital} + \text{langfristiges FK}}{\text{Anlagevermögen} + \text{langfr. Teile des UV}}$	≥ 1
3. Goldene Finanzierungsregel a) kurzfristig	=	$\dfrac{\text{kurzfristiges Vermögen}}{\text{kurzfristiges Kapital}}$	≤ 1
b) langfristig	=	$\dfrac{\text{langfristiges Vermögen}}{\text{langfristiges Kapital}}$	≤ 1

Abb. 7.35 Finanzierungsregeln

Finanzierungsregeln (vgl. Abb. 7.35) heben die einseitige Betrachtungsweise der Kennzahlen zur Vermögensstruktur und zur Kapitalstruktur auf, da sie eine Beziehung zwischen Vermögen und Kapital herstellen. Bei diesen traditionellen Finanzierungsregeln handelt es sich um sog. horizontale Bilanzstrukturkennziffern, bei denen bestimmte Deckungsverhältnisse eingehalten werden sollen.

Liquiditätsregeln

Die Liquidität einer Unternehmung kann statisch wie auch dynamisch analysiert werden.

Die statische Liquiditätsbetrachtung ist bestandsorientiert, sie bezieht bestimmte Positionen der Aktivseite der Bilanz auf die kurzfristigen Verbindlichkeiten. Zu unterscheiden sind die kurzfristigen Liquiditätsgrade und das Working Capital als eine langfristig ausgelegte Liquiditätsanalyse (vgl. Abb. 7.36).

kurzfristig

Liquidität 1. Grades $\quad=\quad\dfrac{\text{Zahlungsmittel x 100}}{\text{kurzfristige Verbindlichkeiten}}$

➡ Barliquidität
➡ absolute liquidity ratio

geforderte Größenordnung $\quad=5-10\%$

Liquidität 2. Grades $\quad=\quad\dfrac{\text{monetäres Umlaufvermögen}}{\text{kurzfristige Verbindlichkeiten}}\;\text{X}\;100$

➡ net quick ratio

geforderte Größenordnung $\quad=\text{um }100\%$

Liquidität 3. Grades $\quad=\quad\dfrac{\text{kurzfristiges Umlaufvermögen}}{\text{kurzfristige Verbindlichkeiten}}\;\text{X}\;100$

➡ current ratio

geforderte Größenordnung $\quad=\text{um }200\%$

Legende:
• *Zahlungsmittel* $\quad=\quad$ *Kasse, Bankguthaben*
• *monetäres UV* $\quad=\quad$ *Umlaufvermögen vermindert um Vorräte und sonstige Vermögensgegenstände*
• *kurzfristiges UV* $\quad=\quad$ *Umlaufvermögen abzüglich Vorräte, die durch Kundenzahlungen abgedeckt sind, sowie Teile des UV, die nicht innerhalb eines Jahres liquidiert werden können*

langfristig

Working Capital $\quad=\quad$ Umlaufvermögen - kurzfristige Verbindlichkeiten

Abb. 7.36 Statische Liquiditätsgrade

Umschlaghäufigkeit und Umschlagdauer

Wie oft sich Positionen der Vermögens- und Kapitalseite in einer Periode umschlagen (= erneuern) wird durch die Kennzahl **Umschlaghäufigkeit** ermittelt:

$$\text{Umschlaghäufigkeit} = \frac{\text{Abgang in einer Periode}}{\text{Bestand}}$$

Die von der Umschlaghäufigkeit abgeleitete Kennziffer **Umschlagdauer**, es handelt sich um den Kehrwert, gibt an, in welcher Zeit ein Bestand (z. B. der Debitoren) sich erneuert:

$$\text{Umschlagdauer in Tagen} = \frac{365 \text{ (Tage)}}{\text{Umschlaghäufigkeit}}$$

Umschlaghäufigkeit und die daraus abgeleitete Umschlagdauer stellen, da sie die Vermögens- und Kapitalstruktur einer Unternehmung beeinflussen (vgl. Egger und Winterheller 2004, S. 154), wichtige Indikatoren für das Finanzcontrolling dar (vgl. Abb. 7.37).

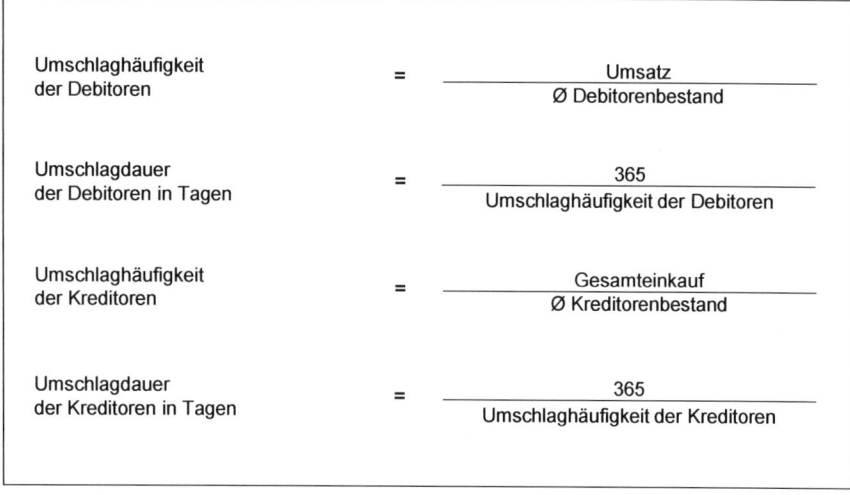

Abb. 7.37 Umschlaghäufigkeit und Umschlagdauer der Debitoren und der Kreditoren

Aufgabe: Aktives Forderungsmanagement durch Reduzierung der Außenstände

Ausgangsdaten

Ein mittelständisches Unternehmen weist im Durchschnitt der letzten Geschäftsjahre einen Jahresumsatz von 73 Mio. EUR aus. Als durchschnittlicher Debitorenbestand können 12 Mio. EUR festgestellt werden.

Aufgabenstellung

Zu ermitteln sind:

(1) die Umschlaghäufigkeit der Debitoren

(2) die Umschlagdauer der Debitoren in Tagen

Darzustellen ist rechnerisch, wie sich eine Reduzierung der Außenstände um beispielsweise einen Tag, 10 Tage usw. durch aktives Forderungsmanagement auswirken kann.

Lösung

Achtung: Für die Berechnung derartiger Kennziffern sind immer die Kalendertage maßgebend (Jahr = 365 Tage).

(1) Umschlaghäufigkeit der Debitoren $= \dfrac{73[Mio.\,EUR]}{12[Mio.\,EUR]} = 6{,}08\bar{3}$

(2) Umschlagdauer der Debitoren (Tg.) $= \dfrac{365}{6{,}083} = 60\,Tage$

Eine Verkürzung der Umschlagdauer bedeutet eine Reduzierung der Kapitalbindung.

Bei einem Tag $\quad = \dfrac{73[Mio.\,EUR] \times 59[Tage]}{365[Tage]} = um\ 200\ Tsd.\,EUR$

Bei zehn Tagen $\quad = \dfrac{73[Mio.\,EUR] \times 50[Tage]}{365[Tage]} = um\ 2\ Mio.\,EUR$

Bei dreißig Tagen $\quad = \dfrac{73[Mio.\,EUR] \times 50[Tage]}{365[Tage]} = um\ 2\ Mio.\,EUR$

Mit dem *Cashflow-Cycle* kann derjenige Zeitraum bezeichnet werden (vgl. ähnlich Skiera und Pfaff 2004, S. 1399 ff.), der die Zeitspanne vom Wareneingang der Rohstoffe, Halb- oder Fertigfabrikate bei einer Unternehmung bis zum Zahlungseingang der verkauften Produkte durch den oder die Käufer umfasst (vgl. Abb. 7.38).

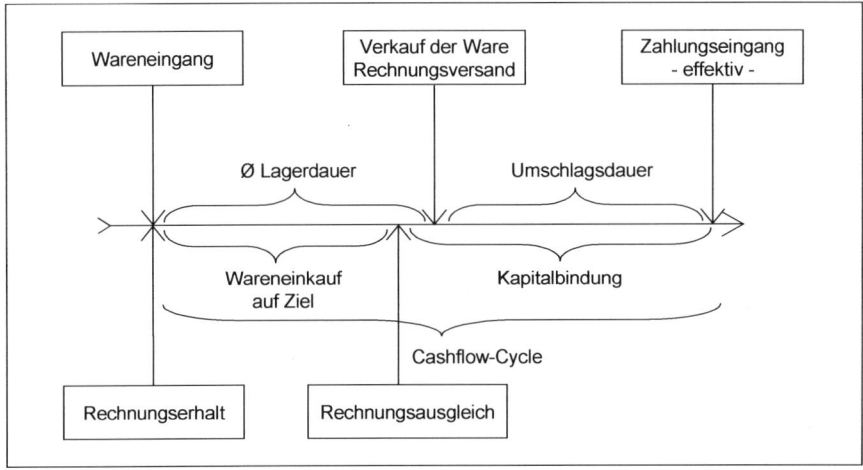

Abb. 7.38 Cashflow-Cycle – schematische Darstellung. (Quelle: Vgl. Skiera und Pfaff 2004, S. 1403)

Es handelt sich folglich um diejenige Zeit, die vergeht, bis das im Umlaufvermögen gebundene Kapital in das Unternehmen zurückfließt. Für das Finanzcontrolling besteht die Aufgabe darin, die einzelnen Prozessschritte herauszuarbeiten, zu analysieren und nach Verbesserungspotenzialen zu untersuchen. Hierzu zählen beispielsweise die Optimierung der Langerbestände, zügigere Rechnungserstellung mit vorbereitetem Überweisungsträger. Der papierbasierte Versand der Rechnungen ist dahingehend zu überprüfen, ob nicht auch Systeme für einen *elektronischen Rechnungsversand* (= Electronic Bill Presentment and Payment = EBPP) zum Tragen kommen können.

7.2.6.3 Traditionelle Kennzahlensysteme

Einzelne Kennzahlen verfügen als Analyse- und Steuerungsinstrument nur über eine begrenzte Aussagefähigkeit. Ausgehend von dieser Einschränkung ergab sich die Notwendigkeit der Entwicklung eines hierarchisch abgestimmten geschlossenen Systems von Kennzahlen.

Werden einzelne Kennzahlen rechentechnisch miteinander verknüpft – dieser Sachverhalt ermöglicht das Erkennen von Ursache-Wirkung-Zusammenhängen – spricht man von einem Rechensystem. Stehen Kennzahlen lediglich in einem sachlogischen Systematisierungszusammenhang – die Strukturierung der Kennzahlen geschieht ohne rechentechnische Verknüpfung – so wird von einem Ordnungssystem gesprochen.

Von den in der Praxis angewendeten Kennzahlensystemen werden das **Du Pont-Kennzahlensystem**, das **ZVEI-Kennzahlensystem** und das **RL-Kennzahlensystem** vorgestellt und erläutert.

Diese Kennzahlensysteme sind im Gegensatz zur Balanced Scorecard (s. Kap 7.2.8), die als ein mehrdimensionales Kennzahlensystem betrachtet werden kann, *eindimensional*, d. h. ausschließlich monetär, ausgerichtet.

Das Du Pont-System of Financial Control weist als Spitzenkennzahl die Rentabilitätskennzahl RoI = Return on Investment aus. Diese Kennzahl setzt sich aus den beiden Komponenten Kapitalumschlag und Umsatzrentabilität zusammen, die ihrerseits schrittweise in Vermögens-, Ertrags- und Aufwandbestandteile zerlegt werden (s. hierzu Abb. 7.39). Die Durchgängigkeit dieses Kennzahlensystems erlaubt es, Abweichungen auf ihre Ursachen hin zu untersuchen. Auf Grund der Verästelung können vorgesehene Korrekturen auf ihre Wirksamkeit im Hinblick auf die Zielbildung überprüft werden.

Das RoI-System eignet sich nicht zuletzt auch wegen seiner Übersichtlichkeit und seiner leichten Handhabung als geeignetes Planungs- und Steuerungsinstrument.

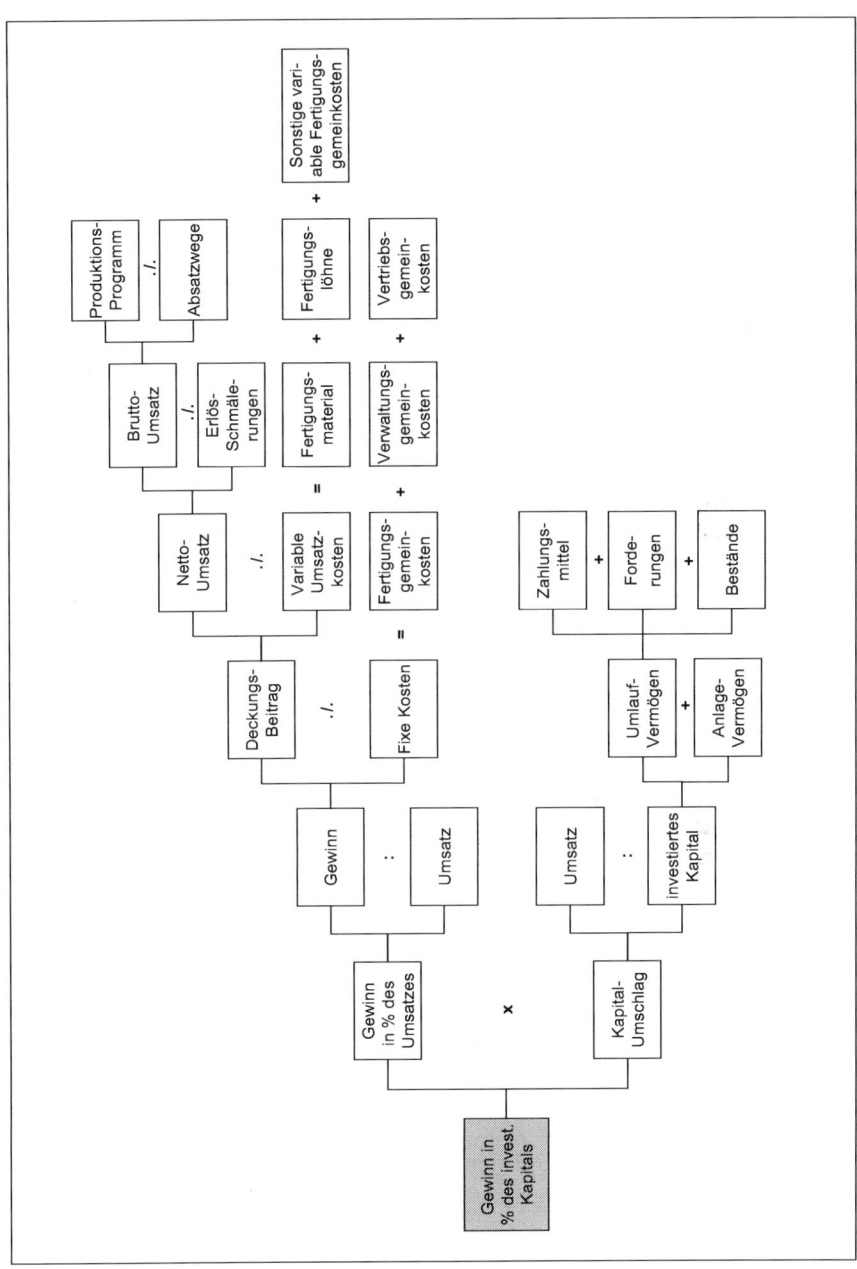

Abb. 7.39 Du Pont-Kennzahlensystem. (Quelle: Horváth 2006, S. 547)

Aufgabe: Return on Investment (RoI)

Ausgangsdaten

Das Planjahr 2012 der Metronom-Gesellschaft weist u. a. folgende Daten auf:

Sachanlagen	1260
Vorräte	600
Forderungen aus L+L	360
Liquide Mittel	180
Umsatz	3600
Variable Kosten	1440
Fixe Kosten	1920

Aufgabenstellung

1. Zu erstellen ist die RoI-Pyramide mit Errechnung des RoI für das Planjahr 2012 der Metronom-Gesellschaft.

2. Die Unternehmensleitung fordert nach Vorlage des von Ihnen ermittelten RoI eine Erhöhung des RoI. Welche Vorschläge machen Sie?

3. Welche Vorteile bietet das RoI-System?

4. Wie lauten die Kritikpunkte am RoI-System?

Lösung

zu 1) s. Abb. 7.40

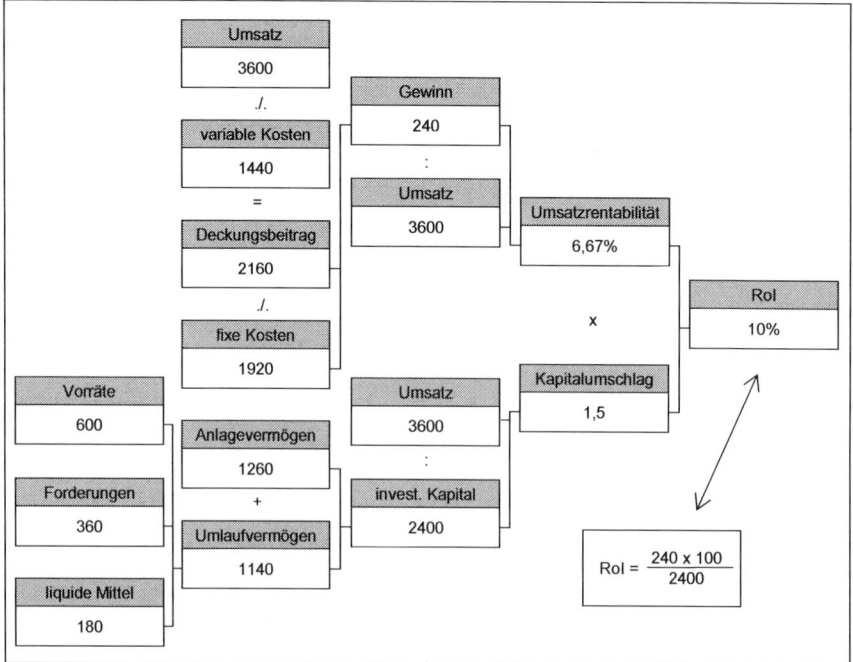

Abb. 7.40 Ermittlung des RoI

zu 2) Die Bestimmungsgrößen zur Veränderung des Return on Investment sind die Umsatzrentabilität und der Kapitalumschlag, damit ist vorgezeichnet, wie der RoI beeinflusst werden kann (vgl. Poth 1986, S. 141).

- Verbesserung des Kapitalumschlags durch
  - Verminderung des Kapitaleinsatzes bei sonst gleichen Bedingungen
  - Straffung des Produktionsprogramms
- Erhöhung der Umsatzrentabilität
  - Umsatzerhöhung durch (1) Mengensteigerung, (2) Preissteigerung bei gleich bleibendem Kapitaleinsatz
  - Einsatz von Marketing-Instrumenten
  - Kostensenkungsmaßnahmen

zu 3) Das Rentabilitätsziel einer Unternehmung wird durch das RoI-System in einer Kennzahl verdeutlicht.
Es ist ein langfristiger Zeitvergleich möglich.
Das RoI-System ist geeignet für dezentralisierte Unternehmungen.

zu 4) Vernachlässigung anderer Zielgrößen, wie z. B. Liquidität.
Bereichsorientierte RoI-Kennzahlen können zu Suboptima führen.
Verzerrungen durch Nichtaktivierungen.

Das ZVEI-Kennzahlensystem verfolgt zwei Zielrichtungen. Im Rahmen der Planung können mit Hilfe der Kennzahlen die Zielgrößen quantitativ ausgedrückt werden, im Rahmen von Zeit- und Betriebsvergleichen wird die Möglichkeit der Analyse geschaffen (vgl. hierzu Horváth 2006, S. 550 ff.).

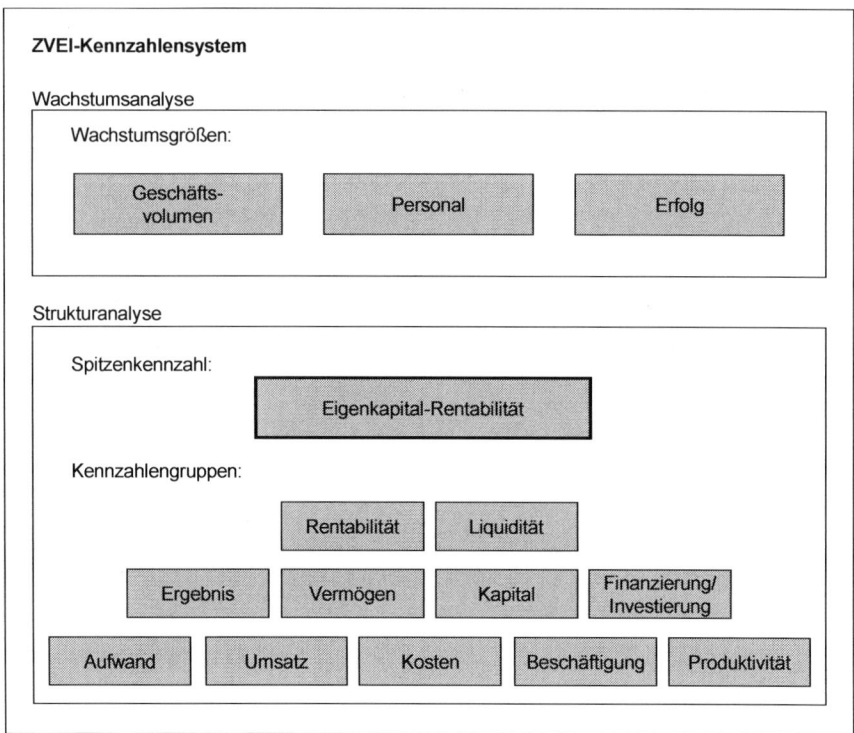

Abb. 7.41 Das ZVEI-Kennzahlensystem. (Quelle: Horváth 2006, S. 550)

Die Abb. 7.41 zeigt, dass das ZVEI-Kennzahlensystem inhaltlich in eine Wachstumsanalyse und in eine Strukturanalyse zerfällt.

Im Rahmen der Wachstumsanalyse, bei der absolute Zahlen wie Mitarbeiterzahl, Personalaufwand, Cashflow, Jahresüberschuss verglichen werden, sollen Veränderungen im Zeitablauf aufgezeigt werden. Die Strukturanalyse mit der Spitzenkennzahl Eigenkapital-Rentabilität gliedert sich in verschiedene Kennzahlengruppen wie Rentabilität, Liquidität, Vermögen usw.

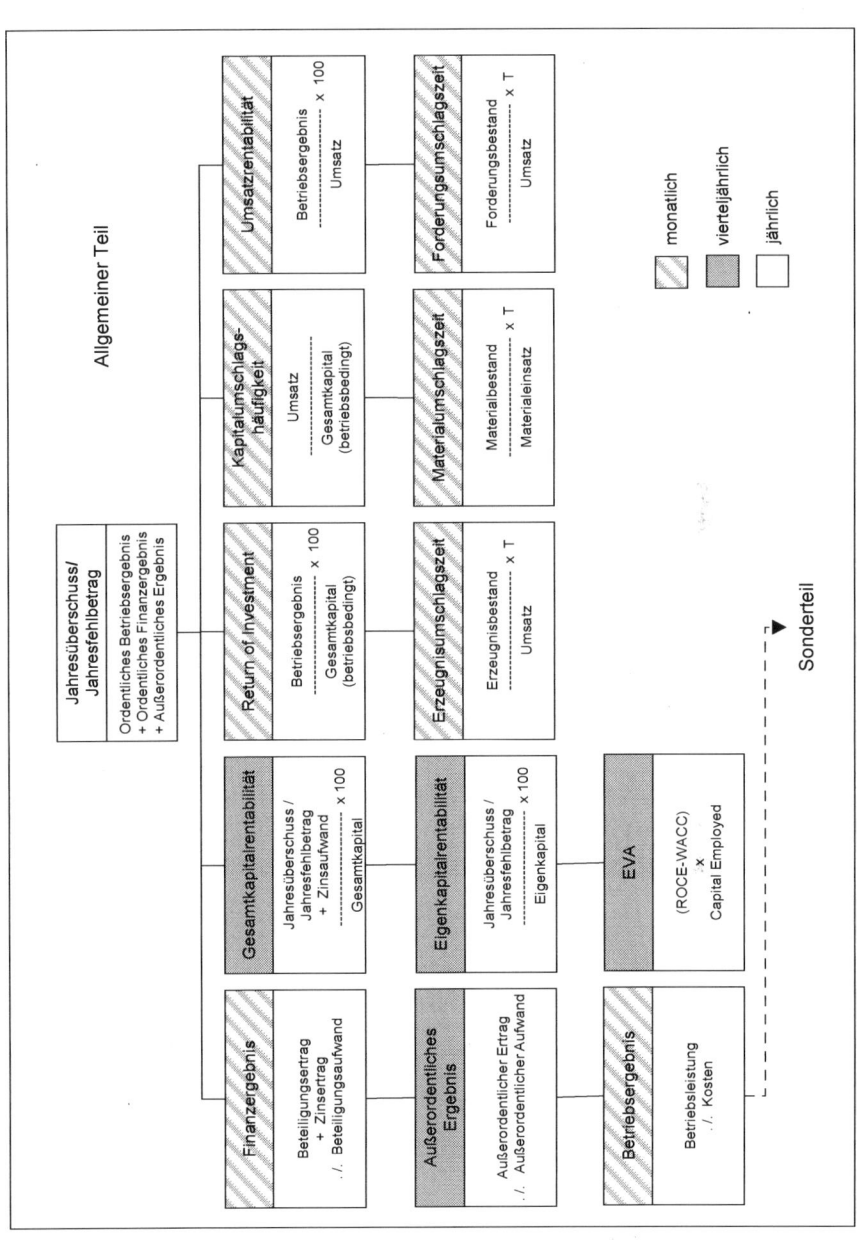

Abb. 7.42 Das RL-Kennzahlensystem (Allgemeiner Teil). (Quelle: Reichmann 2006, S. 34)

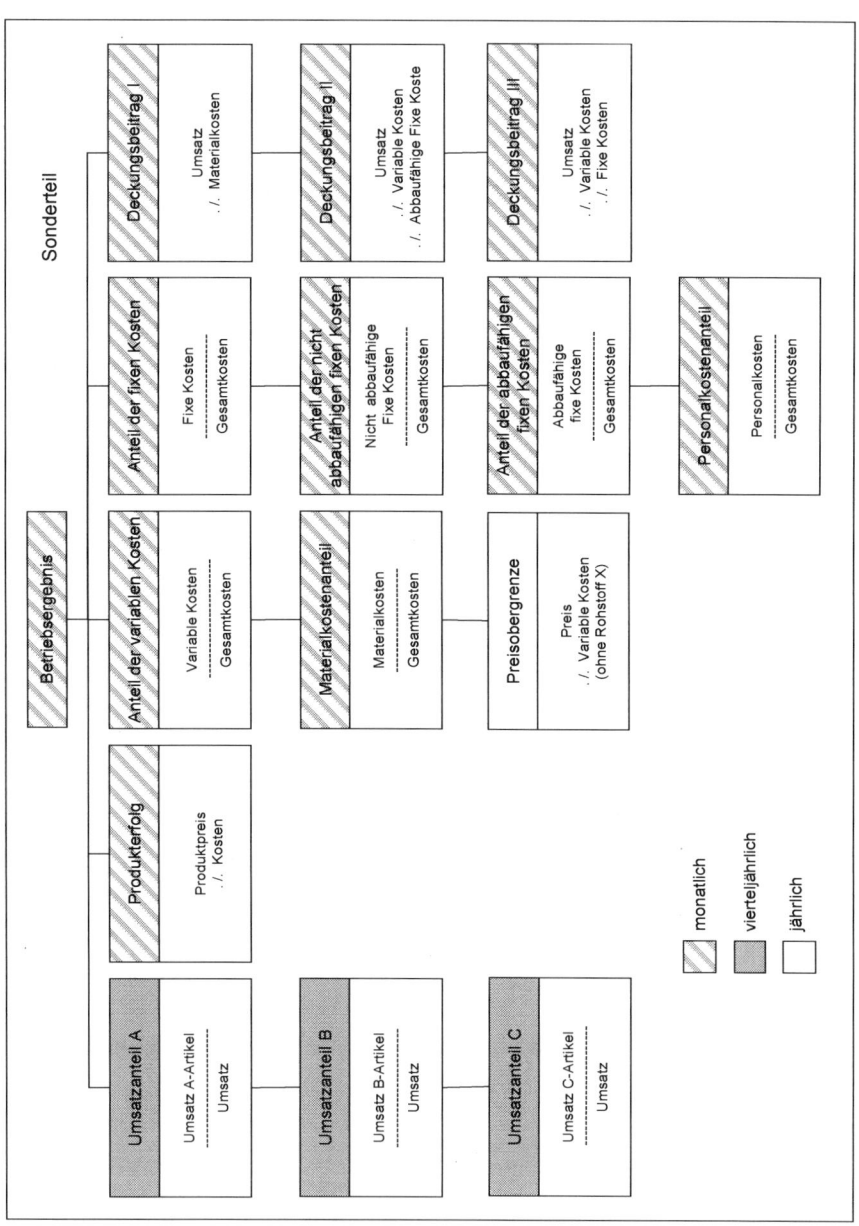

Abb. 7.43 Das RL-Kennzahlensystem (Erfolgssonderteil). (Quelle: Reichmann 2006, S. 34)

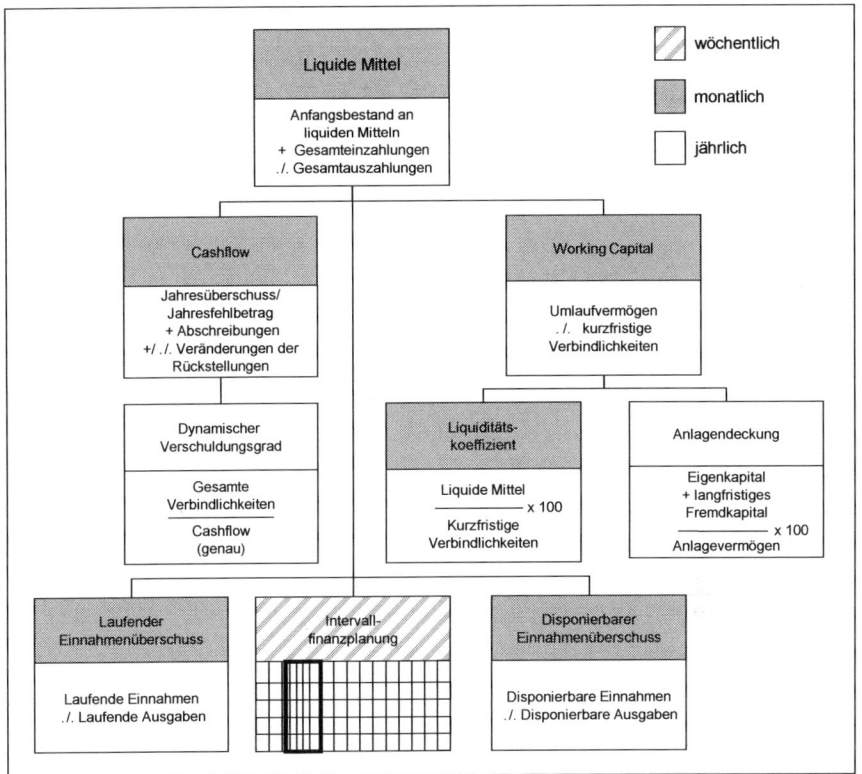

Abb. 7.44 Das RL-Kennzahlensystem (Liquiditäts-Sonderteil). (Quelle: Reichmann 2006, S. 35)

Das RL-Kennzahlensystem (s. Abb. 7.42 bis 7.44) – benannt nach den Autoren Reichmann und Lachnit – setzt sich aus einem allgemeinen Teil mit Rentabilitätskennzahlen sowie Sonderteilen mit Erfolgs- und Liquiditätskennzahlen zusammen.

Der Erfolgssonderteil des RL-Kennzahlensystems ist in Abhängigkeit von der Unternehmensstruktur und der Branchenzugehörigkeit individuell gestaltbar. Dieser branchenspezifische Teil dient der Planung einschließlich Kontrolle und kann darüber hinaus für zwischenbetriebliche Vergleiche eingesetzt werden.

Während der Rentabilitätsteil von dem ordentlichen Ergebnis in seiner Zusammensetzung aus ordentlichem Betriebsergebnis und ordentlichem Finanzergebnis als zentraler Größe ausgeht, werden im Liquiditätsteil die liquiden Mittel als zentrale Größe vorgeschlagen. Cashflow und Working Capital sind weitere wichtige Größen.

Beispiel: Kennzahlen in Geschäftsberichten

Der Arbeitskreis „Externe Unternehmensrechnung" der Schmalenbach-Gesellschaft (vgl. derselbe 1996, S. 1989 ff.) veröffentlichte eine Empfehlung zur Vereinheitlichung von Kennzahlen in Geschäftsberichten (vgl. Abb. 7.45 und 7.46).

1. Sachanlagenintensität:

$$\frac{\text{Sachanlagen lt. Bilanz (Nettobuchwerte)}}{\text{Gesamtkapital lt. Bilanz}}$$

2. a) Umschlagshäufigkeit der Vorräte:

$$\frac{\text{Umsatzerlöse lt. GuV}}{\text{Vorratsbestände lt. Bilanz}}$$

b) Umschlagshäufigkeit d. Forderungen:

$$\frac{\text{Umsatzerlöse lt. GuV}}{\text{Forderungsbestand aus Lieferungen und Leistungen lt. Bilanz}}$$

3. Kapitalumschlaghäufigkeit:

$$\frac{\text{Umsatzerlöse lt. GuV}}{\text{Gesamtkapital lt. Bilanz}}$$

4. Eigenkapitalquote:

$$\frac{\text{Eigenkapital lt. Bilanz}}{\text{Gesamtkapital lt. Bilanz}}$$

5. Innenfinanzierungskraft:

$$\frac{\text{Mittelzufluss/-abfluss aus lfd. Geschäftstätigkeit lt. KFR}}{\text{Mittelzufluss/-abfluss aus Investitionstätigkeit lt. KFR}}$$

alternativ:

$$\frac{\text{Jahres-Cashflow gem. DVFA/ SG}}{\text{Nettoinvestitionen}}$$

6. Dynamischer Verschuldungsgrad:

$$\frac{\text{Netto-Finanzschulden}}{\text{Mittelzufluss/-abfluss aus laufender Geschäftstätigkeit lt. KFR}}$$

alternativ:

$$\frac{\text{Netto-Finanzschulden}}{\text{Jahres-Cashflow gem. DVFA/ SG}}$$

7. Umsatzrentabilität:

$$\frac{\text{Ergebnis vor Ertragssteuern u. Zinsaufwand lt. GuV}}{\text{Umsatzerlöse lt. GuV}}$$

Abb. 7.45 Ermittlungsschema der empfohlenen Kennzahlen, Teil I. (Quelle: Schmalenbach-Gesellschaft 1996, S. 1989 ff.)

8. Eigenkapitalrentabilität:	$\dfrac{\text{Ergebnis nach Ertragsteuern lt. GuV}}{\text{Eigenkapital lt. Bilanz}}$
9. Gesamtkapitalrentabilität:	$\dfrac{\text{Ergebnis vor Ertragssteuern u. Zinsaufwand lt. GuV}}{\text{Gesamtkapital lt. Bilanz}}$
10. Materialintensität: (bei Anwendung des Gesamtkosten- verfahrens)	$\dfrac{\text{Materialaufwand lt. GuV}}{\text{Gesamtleistung lt. GuV}}$
11. Personalintensität: Gesamtkostenverfahren:	$\dfrac{\text{Personalaufwand lt. GuV}}{\text{Gesamtleistung lt. GuV}}$
Umsatzkostenverfahren:	$\dfrac{\text{Personalaufwand lt. Anhang}}{\text{Umsatzerlöse lt. GuV}}$
12. Finanzergebnisquote:	$\dfrac{\text{Finanzergebnis (Beteil.-, Zinserg. u. übriges Finanzerg.) lt. GuV}}{\text{Ergebnis vor Ertragsteuern lt. GuV}}$

Abb. 7.46 Ermittlungsschema der empfohlenen Kennzahlen, Teil II. (Quelle: Schmalenbach-Gesellschaft 1996, S. 1989 ff.)

Hintergrund dieser Auswahl von 12 Basiskennzahlen und der Empfehlung, diese Kennzahlen in Geschäftsberichten zu veröffentlichen, ist die Überlegung, den Einstieg in eine vergleichende Vermögens-, Finanz- und Erfolgsanalyse zu erleichtern und zur Verwendung einer einheitlichen Terminologie beizutragen.

7.2.6.4 Der Cashflow

Grundlagen

Der **Cashflow** stellt eine stromgrößenorientierte Kennziffer dar. Diese Kenngröße kommt in unterschiedlichen Zielsetzungen zur Anwendung. Zum einen wird der Cashflow in der erfolgswirtschaftlichen Interpretation als Maßstab zur Beurteilung der Ertragskraft einer Unternehmung herangezogen, zum anderen dient der Cashflow in der finanzwirtschaftlichen Interpretation zur Bestimmung der Innenfinanzierungskraft. In beiden Ausprägungen kann der Cashflow vergangenheitsorientiert oder zukunftsorientiert sein. Nachfolgend wird der Cashflow als Instrument der finanzwirtschaftlichen Analyse behandelt.

Bei der Darstellung der Kapitalflussrechnung (vgl. Kap. 7.2.5) ist erläutert, dass die Kapitalflussrechnung i. e. S. sich wie folgt zusammensetzt:

- Cashflow aus laufender Geschäftätigkeit

- Cashflow aus Investitionstätigkeit

- Cashflow aus Finanzierungstätigkeit

Die Cashflows dieser drei Teilbereiche bilden den gesamten Cashflow einer Unternehmung innerhalb einer Periode. Sie bewirken in ihrer Gesamtheit die zahlungswirksame Veränderung des Finanzmittelfonds.

Der Cashflow aus laufender Geschäftstätigkeit – inhaltlich gleichbedeutend mit dem Begriff **operativer Cashflow** – kann auf direktem Wege, indem Einzahlungen und Auszahlungen unsaldiert ausgewiesen werden (vgl. Abb. 7.20), und auf indirektem Wege (vgl. Abb. 7.21) dargestellt werden. Da die Kapitalflussrechnung nach DRS 2 bei der Ermittlung des Cashflows aus laufender Geschäftstätigkeit auch die Veränderungen des Netto-Umlaufvermögens berücksichtigt, kommt neben den gleichlautenden Begriffen operativer Cashflow und Cashflow aus laufender Geschäftstätigkeit auch die Bezeichnung Netto-Cashflow zur Anwendung. Wird der Begriff Cashflow ohne weitere Hinweise verwendet, ist im bilanzanalytischen Schrifttum der operative Cashflow gemeint (vgl. Coenenberg 2003, S. 971 ff.).

Wachstumsrate	=	$\dfrac{\text{Cashflow aus Investitionstätigkeiten}}{\text{Abschreibungen}}$
Investitionsdeckung	=	$\dfrac{\text{Cashflow aus lfd. Geschäftstätigkeit}}{\text{Cashflow aus Investitionstätigkeit}}$
dynamischer Verschuldungsgrad (Tilgungsdauer)	=	$\dfrac{\text{Effektivverschuldung*}}{\text{Cashflow aus lfd. Geschäftstätigkeit}}$

* Effektivverschuldung = Nettofinanzschulden
ergibt sich aus: Finanzschulden abzüglich Zahlungsmittel und Zahlungsäquivalente

Abb. 7.47 Cashflow-Kennzahlen

Die Darstellung der Cashflows sowohl aus Investitionstätigkeit als auch aus Finanzierungstätigkeit erfolgt stets nach der direkten Methode im Rahmen der Kapitalflussrechnung.

Als **Free Cashflow** (= freiverfügbarer Cashflow) wird derjenige Teil des Cashflow bezeichnet, der sich aus der Differenz des Cashflow aus laufender Geschäftstätigkeit und des Cashflows aus Investitionstätigkeit ergibt. Ausgehend von den verschiedenen Cashflows auf der Grundlage der Kapitalflussrechnung ist die Darstellung verschiedener Kennzahlen möglich (vgl. Abb. 7.47).

Dem Cashflow ist keinesfalls nur eine kurzfristige und unter Umständen mittelfristige Dimension zuzuweisen. Der Cashflow weist durchaus auch eine langfristige Dimension auf, was gleichbedeutend ist, das er in diesem Falle ein führungsunterstützendes Instrument des strategischen Finanzmanagements darstellt.

Der Cashflow als strategische Größe

Für Mehrproduktunternehmen ist es zweckmäßig, die unternehmerischen Aktivitäten in strategische Geschäftsfelder (=SGF) aufzugliedern. Derartige strategische Geschäftsfelder (-Einheiten) sind Produkt-Markt-Kombinationen, die auf Grund ihrer jeweiligen Wettbewerbsposition und ihrer jeweiligen Marktattraktivität u. U. von einander unabhängige differierende Strategien erfordern.

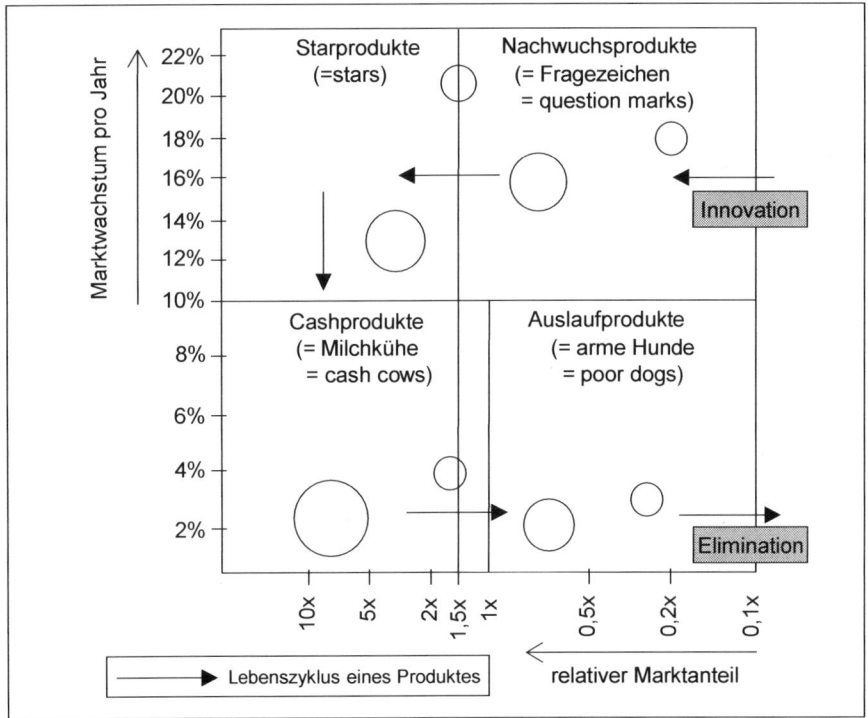

Abb. 7.48 Das Marktwachstum-Marktanteil-Portfolio. (Quelle: Vgl. Bea und Haas 1999, S. 145)

Als das Analyse- und Planungsinstrument der strategischen Führung gilt die Portfolio-Technik, die auf die Portfolio-Selection-Theory von H. Markowitz zurückgeht. Diese Theorie fordert in ihrem Kern eine effiziente Ausgewogenheit der verschiedenen Anlagemöglichkeiten. Diese Überlegung ist auf die Unternehmensführung übertragen worden. Im Folgenden wird beispielhaft das Portfolio der Boston Consulting Group (=BCG) dargestellt. Dieses **Marktanteils-Marktwachstum-Portfolio** (=Boston I-Portfolio) kombiniert die Umweltanalyse einerseits und die Unternehmensanalyse andererseits miteinander und verdichtet die maßgeblichen Schlüsselfaktoren eindimensional in einer 4-Felder-Matrix. Es werden eine *interne und* eine *externe Dimension* unterschieden, und zwar der relative Marktanteil sowie das Marktwachstum.

Die *interne* Größe ist vom Unternehmen direkt beeinflussbar und somit erfolgsbestimmt, während die *externe* Größe nur indirekt oder gar nicht vom Unternehmen zu beeinflussen ist, sie ist risikobestimmt.

Die vier Felder sind, wie die Abbildung ausweist, prägnant bezeichnet (s. Abb. 7.48), das Marktwachstum wird in linearem Maßstab, der relative Marktanteil in logarithmischen Maßstab dargestellt. Die Trennlinie 1,5 beim relativen Marktanteil beruht auf der Erkenntnis, dass dauerhaft nur eine Vorteilhaftigkeit erzielt werden kann, wenn der Marktanteil der eigenen Unternehmung mindestens 50 % höher liegt als der des stärksten Konkurrenten. Die Größe der Kreise spiegelt i. d. R. die Höhe des Umsatzes wieder.

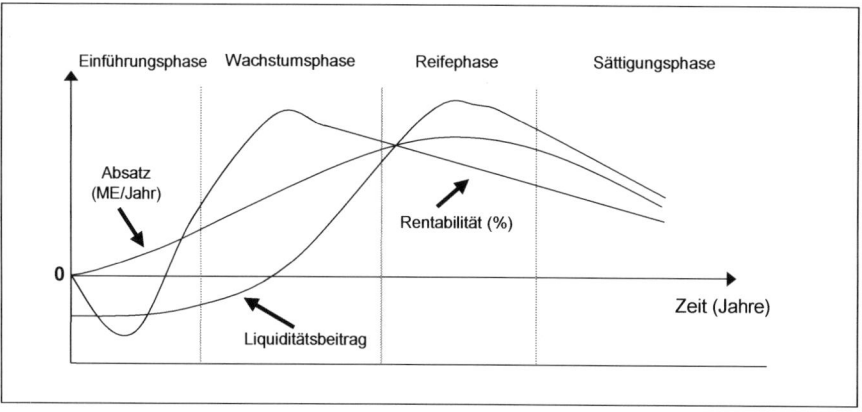

Abb. 7.49 Entwicklung von Absatz, Rentabilität und Liquiditätsbeitrag über den Produktlebenszyklus in Anlehnung an Kreilkamp 1987, S. 134. (Quelle: Vgl. Baum et al. 2004, S. 8)

Mit der Portfolio-Technik eng verzahnt ist das **Lebenszykluskonzept**, das in der weitesten Fassung den idealtypischen Verlauf eines Produktes über sechs verschiedene Phasen, und zwar die Entwicklung, Einführung, Wachstum, Reife, Sättigung, Rückgang und Versteinerung umfasst. In seiner engeren Fassung wird vom Marktzyklus gesprochen, der die Phasen von der Einführung bis zum Verfall umfasst. Unter der Voraussetzung, dass ein Produkt die vier Phasen des Marktzyklus durchläuft, kann ein unterschiedlicher Verlauf von Umsatz/Absatz, Rentabilität und Liquidität angenommen werden (vgl. Abb. 7.49).

Unter dem Begriff Liquidität wird derjenige Cashflow verstanden, der dem SGF direkt zugerechnet werden kann. Dabei gilt es, entsprechend den vier typischen Phasen der Produktlebenskurve in jedem Quadranten des Portfolios (mindestens) ein strategisches Geschäftsfeld zu positionieren. Die strategische Zielrichtung besteht grundlegend darin, ein finanzielles Gleichgewicht zwischen Cashflow-Bedarf einerseits und Cashflow-Erwirtschaftung andererseits herbeizuführen (vgl. Abb. 7.50).

		MARKTWACHSTUM	
		Hoch	Niedrig
RMA	**Hoch**	**Stars** Einnahmen : + + Ausgaben : – – Cashflow : 0	**Cash-Kühe** Einnahmen : + + + Ausgaben : – Cashflow : + +
	Niedrig	**Nachwuchs** Einnahmen : + Ausgaben : – – Cashflow : –	**Probleme** Einnahmen : + Ausgaben : – Cashflow : 0

Abb. 7.50 Cashflow-Situation im Zusammenhang mit der Boston I-Portfolio-Matrix. (Quelle: In Anlehnung an Dunst 1983, S. 96)

Der Finanzausgleich unterliegt sowohl einer finanziellen Längsschnittbetrachtung als auch einer finanziellen Querschnittsbetrachung (vgl. Baum et al. 2004, S. 274 ff.). Zum einen muss sich jede strategische Geschäftseinheit über den Lebenszyklus selbst finanzieren (= **finanzielle Längsschnittbetrachtung**), zum anderen ist dafür zu sorgen, dass die Cashflows der einzelnen strategischen Geschäftsfelder sich ständig im Gleichgewichtszustand befinden (= **finanzielle Querschnittsbetrachtung**).

7.2.7 Wertorientiertes Controlling

Es ist unstrittig, dass das Finanzmanagement ein Unternehmen so zu führen hat, dass der Wert einer Unternehmung für seine Eigenkapitalgeber gesteigert wird. Eine Marktwertsteigerung des Eigenkapitals schlägt sich einerseits in einem höheren Einkommensstrom aus dem Unternehmen (z. B. Dividende) und andererseits in einer höheren Wertentwicklung der Unternehmensanteile (z. B. Kurse) nieder. Es handelt sich hierbei um die Grundidee von Konzeptionen, die als wertorientierte Unternehmensführung oder **Shareholder Value Ansatz** bezeichnet werden.

Die Vergabe von Kapital bedeutet für den Kapitalgeber eine mit Risiko verbundene Investition, die er mit anderen alternativen Anlagemöglichkeiten vergleichen wird. Der Kapitalgeber wird sein Kapital derjenigen Unternehmensführung zur Verfügung stellen, die aus seiner Sicht mit seinem Kapital am besten umgeht. Im Zuge international investierender institutioneller Anleger und unter dem Aspekt globaler Finanzmärkte ist es für die finanzielle Unternehmensführung zwangsläufig, für eine Unternehmenswertsteigerung Sorge zu tragen, um das Unternehmen für Eigenkapitalgeber so attraktiv wie möglich zu gestalten.

Schon 1983 verweist die Libbey-Owens-Ford Company auf eine starke Betonung des Shareholder Value (vgl. Abb. 7.51).

Das Leitbild von Libbey-Owens-Ford stellt die Verantwortung des Unternehmens gegenüber seinen Anteilseignern in den Vordergrund und sieht es als permanente Verantwortung des Unternehmens, den Wert des von den Eigentümern investierten Kapitals zu steigern. Bei dieser Aussage handelt es sich nicht um eine Modeerscheinung, sondern um die Basis für eine langfristig tragfähige Unternehmensstrategie. Das heißt, der Eigentümerwert und nicht die Gewinnsteigerung unter dem Strich bildet die Grundlage für die Bewertung von Geschäftsstrategien und -plänen. Größter Wert wird darauf gelegt, Strategien und Pläne zu entwickeln, die den Shareholder Value erhöhen, und zwar gemessen an der Steigerung von Kurswert und Dividenden.

Abb. 7.51 Auszug aus dem Geschäftsbericht 1983 der Libbey-Owens-Ford Company

Eine derartige wertorientierte Unternehmensführung vernachlässigt keineswegs die berechtigten Interessen der übrigen Anspruchgruppen. Der Vermögenszuwachs der Eigentümer steht erst nach Befriedigung der Einkommensforderungen der Mitarbeiter und des Managements, der Begleichung der Forderungen der Lieferanten, der Erfüllung der Verpflichtungen gegenüber dem Gemeinwesen etc. zur Verfügung. So ist der Zuwachs des Vermögens der Kapitalgeber letztlich eine Zielgröße, die nach Erfüllung der Forderungen Dritter als Restgröße den Eigentümern zufließt. Diese Orientierung an den Zielsetzungen der Eigentümer erscheint nachvollziehbar, schließlich sind sie Letztrisikoträger und Residualeinkommensbezieher.

Die Aufgabe des Finanzcontrollings im Rahmen der wertorientierten Unternehmensführung ist zweigeteilt. Zunächst besteht die Aufgabe in der ersten Phase darin, den aktuellen Unternehmenswert zu bestimmen. Als Verfahren hierzu bieten sich die Discounted-Cashflow-Methoden an, die zunehmend an Bedeutung gewinnen. In der zweiten Phase gilt es, mit Hilfe wertorientierter Kennzahlen den zeitraumbezogenen Wertbeitrag durch eine absolute Kennzahl oder als Rendite mittels einer relativen Kennzahl zu ermitteln.

7.2.7.1 Die Discounted-Cashflow-Methoden zur Bestimmung des Unternehmenswertes

Die Discounted-Cashflow-Methoden (DCF-Methoden) lassen sich nach dem Netto-Ansatz (Equity-Approach) und dem Brutto-Ansatz (Entity-Approach) unterscheiden. Beim Equity-Approach erfolgt die Unternehmenswertbestimmung auf der Grundlage der an die Eigenkapitalgeber fließenden Zahlungsströme (Flow to Equity). Der Entity-Approach ist gekennzeichnet durch verschiedene Methoden, und zwar den WACC-Ansatz, den TCF-Ansatz (TCF = Total Cashflow) und den APV-Ansatz (APV = Adjusted Present Value). Da der WACC-Ansatz im Wesentlichen Anwendung findet, wird nur diese Methode im Folgenden skizziert.

Gemäß der DCF-Methodik wird der Unternehmensgesamtwert repräsentiert durch den Gegenwert des unternehmerischen Eigen- und Fremdkapitals. Um den Marktwert des Eigenkapitals zu bestimmen, ist es erforderlich, vom Unternehmensgesamtwert den Marktwert des Fremdkapitals abzusetzen. Der Marktwert des Eigenkapitals kann somit als Netto-Unternehmenswert bezeichnet werden. Es wird nachstehende schrittweise detaillierte Ermittlung des Unternehmensgesamtwertes als Marktwert des Gesamtkapitals sowie des Netto-Unternehmenswertes als Marktwert des Eigenkapitals vorgeschlagen:

> *Barwert der freien Cashflows für den Planungszeitraum*
> *+ Barwert des Restwertes nach Ablauf des Planungszeitraumes*
> *+ Barwert des nicht betriebsnotwendigen Vermögens*
> *= Marktwert des Gesamtkapitals*
> *− Marktwert des Fremdkapitals*
> *= Marktwert des Eigenkapitals*

Wesentliche Grundlage für die Ermittlung des Unternehmenswertes bilden folglich die zukünftig erzielbaren (Netto-) Cashflows. Es wird ein Vorgehen gemäß nachstehender Berechnung vorgeschlagen:

> *Jahresüberschuss lt. GuV nach Steuern*
> *+   Zinsaufwand*
> *+   Abschreibungen*
> *+/− Erhöhung/Verminderung von Rückstellungen*
> *=   Brutto Cashflow*
> *+/− Desinvestitionen/Investitionen in das Working Capital*
> *+/− Desinvestitionen/Investitionen in Sachanlagen*
> *=   Free Cashflow*

Bei dem Free Cashflow handelt es sich also um eine Restgröße, die ausgeschüttet werden kann, um die Ansprüche der Eigenkapitalgeber zu decken.

Für die Ermittlung der Barwerte des Free Cashflow bedarf es zwecks Abzinsung eines Kapitalkostensatzes. Dieser besteht aus dem gewichteten Mittel der Kosten von Eigen- und Fremdkapital. Es handelt sich um denjenigen Zinssatz, der den alternativen Verwendungsmöglichkeiten des seitens der Kapitalgeber eingesetzten Kapitals am Kapitalmarkt entspricht.

Sowohl Eigenkapitalgeber als auch Fremdkapitalgeber erwarten eine Verzinsung des von ihnen eingesetzten Kapitals, die sie für die Opportunitätskosten entschädigt.

Bei dem **Kapitalkostensatz = WACC (Weighted Average Costs of Capital)** handelt es sich um einen durchschnittlichen Gesamtkapitalkostensatz, der die Finanzierungsverhältnisse des jeweiligen Unternehmens widerspiegelt. Grundlage bildet die zukünftig geplante Kapitalstruktur. Eine beispielhafte Ermittlung des Kapitalkostensatzes vermittelt Abb. 7.52).

Bestimmung des Eigenkapitalkostensatzes

Der Eigenkapitalkostensatz setzt sich zusammen aus dem Zinssatz für risikofreie Anlagen, es kann die durchschnittliche Verzinsung langfristiger Bundesanleihen zugrunde gelegt werden, und der Risikoprämie des Unternehmens. Bei der Risikoprämie handelt es sich um eine für jede Unternehmung spezifisch zu ermittelnde Größe, sie liegt im Allgemeinen zwischen 5 % und 8 %.

Die Abschätzung der Risikoprämie vollzieht sich bei börsennotierten Unternehmen nach dem Modell des **CAPM** (= **Capital Asset Pricing Model**), wobei die zu Grunde zu legenden Daten ausgehend von Vergangenheitswerten zu prognostizieren sind. Nach dem Capital Asset Pricing Model ergibt sich die Risikoprämie aus der durchschnittlichen Marktrendite und dem Beta-Faktor. Bei der durchschnittlichen Marktrendite handelt es sich um die Differenz zwischen der Marktrendite des Aktienmarktes und der Rendite risikofreier Anleihen. Das unternehmensspezifische Risiko wird durch den **Beta-Faktor** wiedergegeben, er errechnet sich aus dem Verhältnis der **Volatilität** der Aktie zur **Marktvolatilität**. Ein Beta-Faktor von eins bedeutet, dass sich die Aktie der Unternehmung bei Bewegungen im Markt genau wie der Gesamtmarkt bewegt. Liegt ein Beta-Faktor von größer (kleiner) als 1 vor, so reagiert die Aktie des Unternehmens richtungsbezogen wie der Gesamtmarkt, aber mit größerer (geringerer) Stärke.

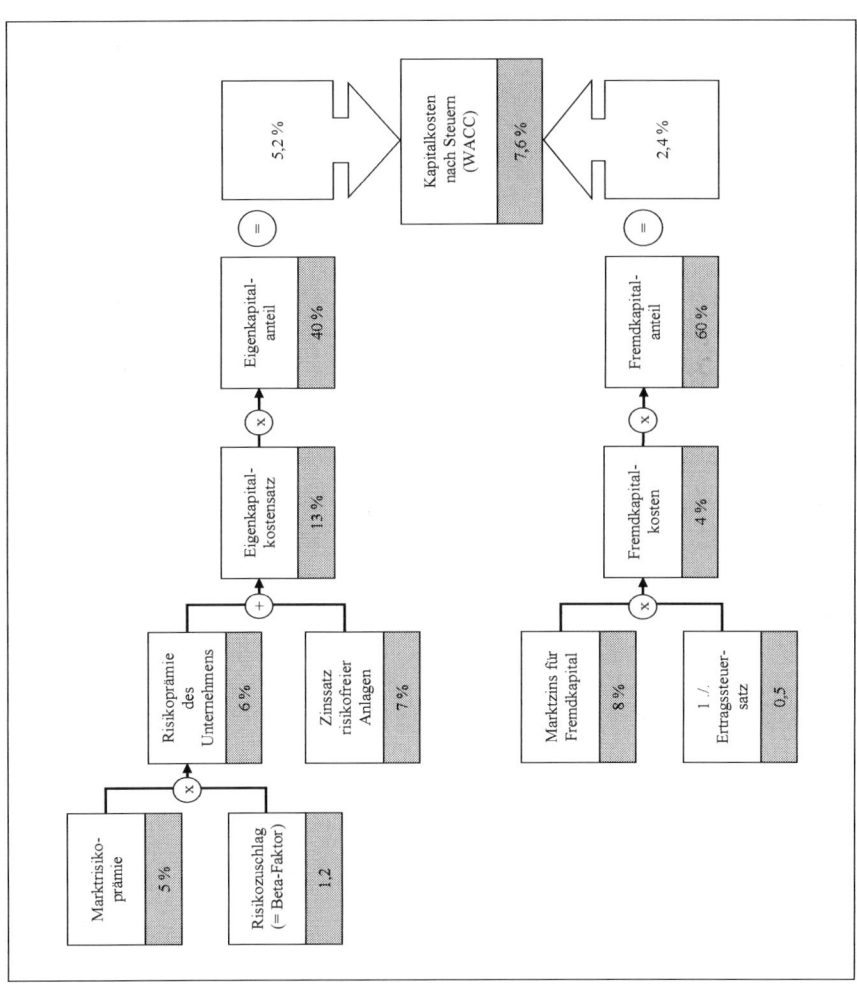

Abb. 7.52 Berechnungsschema zur Ermittlung des gewichteten Kapitalkostensatzes mit Zahlenbeispiel

Bestimmung des Fremdkapitalkostensatzes

Hinsichtlich des Marktzinses für Fremdkapital ist auf den Zinssatz für Fremdkapital unter Beachtung des Prognosezeitraumes zurückzugreifen. Der mit der Aufnahme von Fremdkapital verbundene Steuervorteil der steuerlichen Abzugsfähigkeit von Zinszahlungen findet durch die Multiplikation der Fremdkapitalkosten mit dem entsprechenden Faktor (= 1 ./. Steuersatz) Berücksichtigung (vgl. Wieselhuber o. J., S. 44).

7.2.7.2 Wertorientierte Kennzahlen

Zu einer periodischen Erfolgsbeurteilung von Unternehmen und Unternehmensteilen können seitens des Finanzcontrollings eine Reihe von wertorientierten Kennzahlen herangezogen werden (vgl. Abb. 7.53).

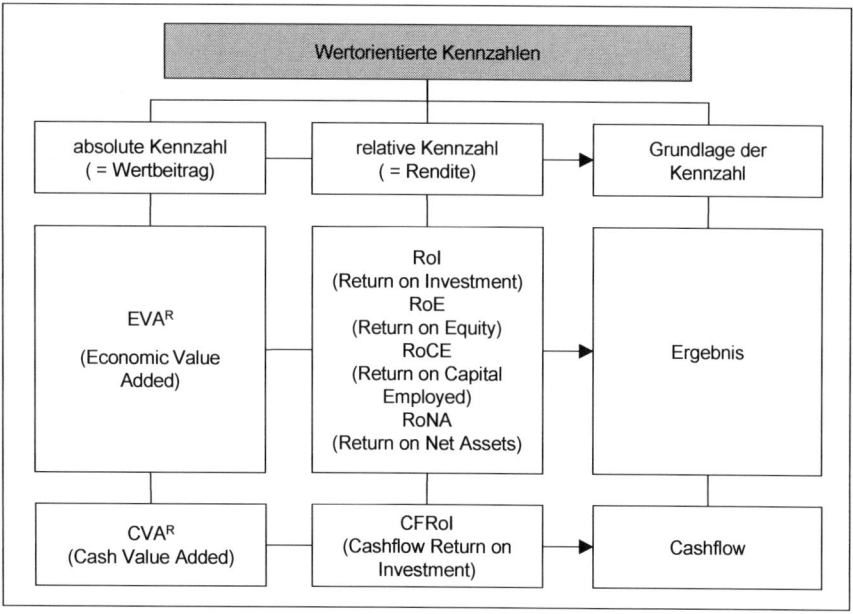

Abb. 7.53 Übersicht wertorientierter Kennzahlen

7.2.7.2.1 Return on Investment

Mit dem Return on Investment (RoI) besteht die Möglichkeit, die Rentabilität eines Unternehmens oder Teilbereiche einer Unternehmung zu messen.

$$\text{RoI in (\%)} = \frac{\text{Gewinn} \times 100}{\text{Umsatz}} \times \frac{\text{Umsatz}}{\text{investiertes Kapital}}$$

$$\qquad\qquad\quad \downarrow \qquad\qquad\qquad\quad \downarrow$$

$$\qquad\quad \text{Umsatzrentabilität} \qquad \text{Kapitalumschlag}$$

Spaltet man diese Kennzahl in ihre Komponenten Umsatzrentabilität und Kapital-umschlag auf, kann aufgezeigt werden, welche Bestandteile zu Veränderungen bei-tragen. Im Rahmen des Du-Pont-Kennzahlensystems (vgl. Kap. 7.2.6.3) stellt der RoI die Spitzenkennzahl dar.

7.2.7.2.2 Return on Equity

Bei der Eigenkapitalrentabilität (Return on Equity = RoE) handelt es sich um eine Kennziffer, die den Eigentümern einer Unternehmung anzeigt, in welcher Höhe sich das von ihnen eingebrachte Eigenkapital innerhalb einer Periode verzinst hat:

$$\text{RoE} = \frac{\text{Jahresüberschuss}}{\varnothing \, \text{Eigenkapital}}$$

Für den Anleger von Risikokapital stellt der RoE eine entscheidende Kenngröße für Anlageentscheidungen dar.

7.2.7.2.3 Return on Capital Employed

Eine Kennzahl zur Messung der Gesamtkapitalrentabilität ist der Return on Capital Employed (RoCE), es handelt sich um ein Beurteilungskriterium darüber, wie das zur Verfügung gestellte Kapital innerhalb einer Periode verzinst wurde:

$$\text{RoCE} = \frac{\text{EBIT} \times 100\%}{\varnothing \text{Eigenkapital} + \varnothing \text{Fremdkapital}}$$

Im Allgemeinen kommt bei der Ermittlung des RoCE wie bei der Kennzahl RoNA (vgl. Kap. 7.2.6.2.4) der EBIT als Zähler in Ansatz. Bei dem EBIT handelt es sich um das ordentliche Ergebnis vor Zinsen und Steuern. Das Berechnungsschema wird in Abb. 7.54 dargestellt.

	Jahresüberschuss
+ / ./.	*außerordentliches Ergebnis*
+ / ./.	*Ertragssteuern*
	Ergebnis der gewöhnlichen Geschäftstätigkeit
+ / ./.	*Zinsaufwand / Zinsertrag*
	EBIT (Earnings before Interest and Taxes)
+	*Abschreibungen auf das Anlagevermögen*
+	*Abschreibungen auf aus Konsolidierung entstandenem Goodwill*
	EBITDA (Earnings before Interest, Taxes, Depreciation, Amortization)

Abb. 7.54 Ermittlung des EBIT bzw. des EBITDA auf der Grundlage der handelsrechtlichen Glie-derung. (Quelle: Vgl. Coenenberg 2003, S. 976)

Wie zuvor dargestellt, handelt es sich bei der Kenngröße RoCE um eine Prozent-zahl. Wird diese Prozentzahl um den Kapitalkostensatz vermindert, ergibt sich der

relative Wertbeitrag für das jeweilige Geschäftsjahr. Multipliziert man das eingesetzte betriebliche Vermögen mit dem relativen Wertbeitrag, erhält man den absoluten Wertbeitrag. Diese Steuerungsgröße wird einerseits zur Beurteilung von
Investitionen herangezogen, andererseits dient sie als Maßstab für Bonuszahlungen
an Führungskräfte.

7.2.7.2.4 Return on Net Assets

Im Gegensatz zu der Kenngröße RoCE, die das eingesetzte Kapital von der Passivseite der Bilanz her bestimmt, wird bei der Kennziffer Return on Net Assets
(RoNA) das betriebsnotwendige Vermögen aus der Aktivseite der Bilanz ermittelt:

$$\text{RoNA} = \frac{\text{EBIT}}{\varnothing\text{Anlagevermögen} + \varnothing\text{Umlaufvermögen} - \varnothing\text{unverzinliches Fremdkapital}}$$

Die beiden Kennzahlen RoNA und RoCE definieren sich im Allgemeinen somit bei
gleichem Zähler (EBIT) auch über die gleiche Größe im Nenner, d. h., über das betriebsnotwendige Vermögen (vgl. Coenenberg 2003, S. 976).

7.2.7.2.5 Economic Value Added

Das Konzept des **Economic Value Added** (EVA® ist ein eingetragenes Waren-
zeichen der Beratungsgesellschaft Stern Stewart & Co.) benutzt als periodenbezogene betriebliche Steuerungsgröße den Gewinn einer Unternehmung bzw. eines
Geschäftsfeldes (vgl. Abb. 7.56). In der deutschsprachigen Literatur wird für EVA®
der Begriff Geschäftswertbeitrag (GWB) verwendet. Dabei zählt EVA zu der Gruppe der **Residualgewinnkonzepte**. Diese einperiodige absolute Kennzahl ist wie
folgt konzipiert:

$$\text{EVA} = \text{NOPAT} - (\text{NOA} \times \text{WACC})$$

Die Herleitung der Komponente **NOPAT** (= Net Operating Profit After Taxes)
erfolgt aus der GuV. Es handelt sich um das Betriebsergebnis nach Steuern und vor
Zinsen ggf. korrigiert um diejenigen Erfolgsgrößen, die mit der Komponente NOA
nicht im Zusammenhang stehen. Die Ermittlung der Komponente **NOA** (= Net
Operating Assets) findet ihren Ausgangspunkt in der Bilanz. Sie ergibt sich aus
der Summe der Buchwerte von Sachanlagevermögen und Working Capital unter
Berücksichtigung unternehmensbezogener Korrekturen. So werden beispielsweise
marktwertbildende Kosten oder auch Aufwendungen für Forschung und Entwicklung in kapitalisierter Form hinzugerechnet. Nicht betrieblich genutzte Vermögensgegenstände sind abzusetzen. Bezüglich der Ermittlung der Komponente **WACC**
wird auf Kap. 7.2.7.1 verwiesen.

Das EVA-Konzept mit der Gleichung EVA = NOPAT./.(NOA × WACC) wird auch
als **Capital Charge–Formel** bezeichnet (vg. Steiner und Bruns 2002, S. 259). Diese Formel kann wie folgt durch Umformung in die **Value Spread-Formel** überge-
leitet werden (vgl. Abb. 7.55).

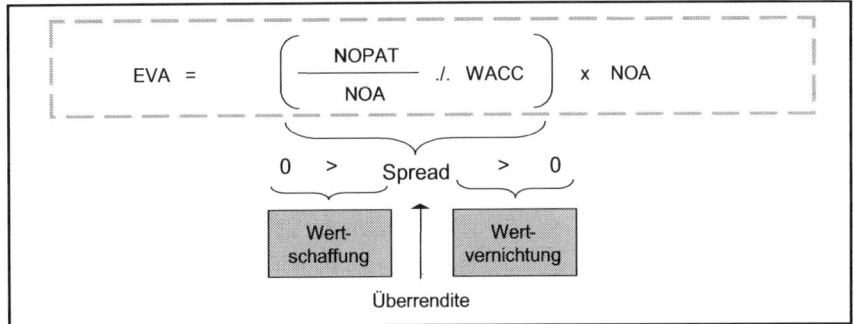

Abb. 7.55 Value Spread-Formel

Der Quotient aus NOPAT und NOA wird als Investitionsrendite oder auch nur Rendite r bezeichnet. Die Differenz von r abzüglich WACC bildet den Spread (= Überrendite). Übersteigt (unterschreitet) die Größe r den Kapitalkostensatz, wird Wert geschaffen (vernichtet).

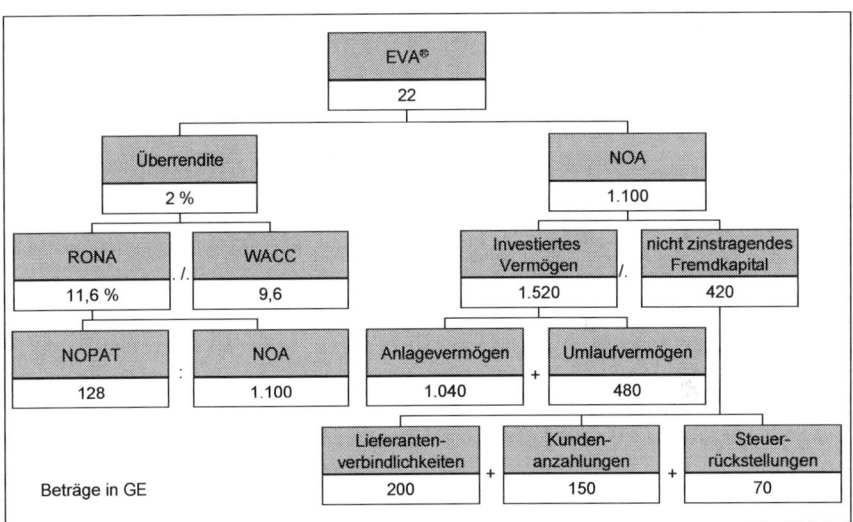

Abb. 7.56 EVA® – Zielbaum (vereinfachte Darstellung)

In Verbindung mit der unternehmensinternen Kennzahl Economic Value Added haben Stern Stewart & Co. die unternehmensexterne Kennzahl **MVA** (=**Market Value Added**) geschaffen (vgl. Günther 1997, S. 251):

$$MVA = \text{Marktwert des Unternehmens} - NOA$$

Da der Marktwert des Unternehmens auf der Grundlage des Börsenwertes des Eigenkapitals zuzüglich der Buchwerte des Fremdkapitals ermittelt wird, kann der Market Value Added auch als Geschäfts- oder Firmenwert definiert werden.

7.2.7.2.6 Cashflow-Return-on-Investment

Als geeignetes Instrumentarium, um Rentabilitätsvergleiche zwischen Unternehmen – als Branchenvergleich – oder Geschäftseinheiten – als Bereichsvergleich – durchzuführen, bietet sich die Kennzahl **Cashflow-Return-on-Investment** (=CFRoI) an.

Der CFRoI repräsentiert den internen Zinsfuß des Cashflow-Profils des zu bewertenden Unternehmens bzw. der zu bewertenden Geschäftseinheit. Daraus ist die Feststellung zulässig, dass der Bewertungsgegenstand wie ein Investitionsobjekt angesehen wird.

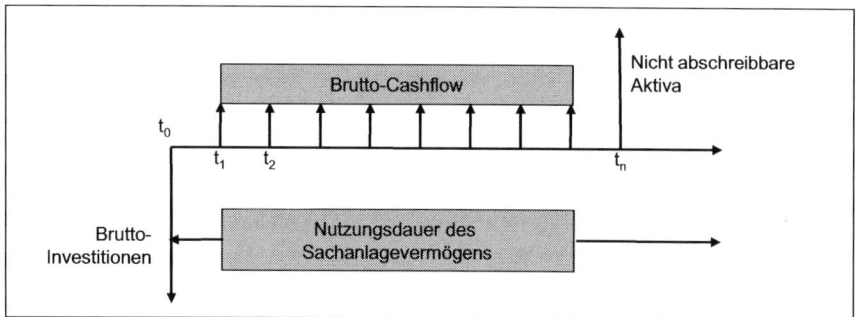

Abb. 7.57 Definition des CFRoI. (Quelle: Vgl. Klock und Coenen 1996, S. 1102)

In die Berechnung des CFRoI gehen folgende Daten ein:

- Bruttoinvestitionen,
- Nutzungsdauer des Sachanlagevermögens,
- nicht-abschreibungsfähige Aktiva,
- Brutto-Cashflow.

Die Bruttoinvestitionen setzen sich zusammen aus dem Anlagevermögen und dem Netto-Umlaufvermögen, letzteres ergibt sich aus dem Umlaufvermögen abzüglich unverzinslicher Verbindlichkeiten. Das Anlagevermögen wird mit inflationsbereinigten Anschaffungskosten (Buchwerte zuzüglich kumulierter Abschreibungen plus Inflationsbereinigung), das Netto-Umlaufvermögen mit Buchwerten berücksichtigt. Die Inflationsbereinigung wird auf den heutigen Zeitpunkt vorgenommen. Bei der Nutzungsdauer des Sachanlagevermögens handelt es sich um die durchschnittliche Nutzungsdauer des Sachanlagevermögens, in dem die Brutto-Cashflows erzielt werden können. Diese wird bestimmt, in dem das Sachanlagevermögen zu historischen Anschaffungskosten durch die jährlich lineare Abschreibung dividiert wird (vgl. Abb. 7.57).

Unter nicht-abschreibungsfähigen Aktiva ist der Wert des nicht-abnutzbaren Vermögens am Ende der Nutzungsdauer zu verstehen. Die Stromgröße Brutto-Cashflow sollte auf der Grundlage des Ermittlungsschemas gemäß DVFA/SG erfolgen. Da dem Cashflow die Zinszahlungen auf das Fremdkapital hinzugerechnet werden, entspricht der Brutto-Cashflow der Verzinsung des gesamten dem Unternehmen zur Verfügung gestellten Kapitals. Der Brutto-Cashflow wird als konstanter jährlicher Zahlungsstrom über die gesamt Nutzungsdauer des Sachanlagevermögens angesetzt (vg. Kloock und Coenen 1996, S. 1101 sowie Günther 1997, S. 214).

7.2.7.2.7 Cash Value Added

Der Cash Value Added (CVA) ist eine Residualeinkommensgröße, die den über die Kapitalkosten erzielten Free Cashflow bemisst.

$$CVA = (CFRoI - WACC) \times Bruttoinvestitionsbasis$$

Der CVA stellt in gewisser Hinsicht das Gegenstück zum Economic Value Added dar, der den Wertbeitrag auf der Grundlage des Gewinns ermittelt (vgl. Ewert und Wagenhofer 2003, S. 561).

Da die in die Berechnung des CVA einfliessenden Größen (CFRoI, WACC und Bruttoinvestitionsbasis) sich von Jahr zu Jahr verändern können, ergibt sich dementsprechend eine jährliche Neuberechnung.

7.2.8 Balanced Scorecard

Die Balanced Scorecard (= BSC) stellt ein mehrdimensionales Konzept dar, das auf der Grundlage einer Unternehmensvision die strategischen Zielvorstellungen für vier ausgewählte Betrachtungsebenen ableitet, sie in Beziehung zueinander setzt und durch geeignete Messgrößen operationalisiert.

Die **Balanced Scorecard** wird zu den Steuerungskonzepten der neueren Generation, den sogenannten Performance-Measurement-Systemen, gezählt, die die Kritik an den kennzahlenorientierten Steuerungs-Konzepten (vgl. Abb. 7.58) aufgreifen und entwickelt wurden, um die Nachteile und Mängel der bisherigen Ansätze zu beheben. Sie haben zum Ziel, nicht nur die finanziellen, sondern auch die nicht-finanziellen Sachverhalte des Unternehmenserfolges, die sich letztlich wechselseitig bedingen, zu messen, der Interdependenz des operativen und des strategischen Controllings gerecht zu werden und die Lenkung der unternehmerischen Aktivitäten zu unterstützen.

Defizite von kennzahlenorientierten Steuerungskonzepten	Erklärung
Zeitbezug	Steuerungsansätze auf Basis von bilanziellen Erfolgsgrößen sind vorwiegend auf monetären Größen aufgebaut, die vergangenheits- und allenfalls gegenwartsorientiert sind, aber keinen Zukunftsbezug aufweisen.
Ausrichtung	Die primäre Fokussierung der Steuerungsaspekte auf interne Stakeholder fördert Suboptimierung im Unternehmen und führt zu einer mangelnden Kunden und Kapitalmarktorientierung.
Aggregationsgrad	Durch das Arbeiten mit hochaggregierten monetären Größen auf Unternehmens- oder Geschäftsebene bleiben Kennzahlen auf operativen Ebenen (z.B. Mitarbeiter, Prozesse) unberücksichtigt.
Langfristiges Steuerungsziel	Bilanzielle Kennzahlenkonzepte wie z.B. das DuPont-Schema mit der Spitzenkennzahl RoI führen durch den Periodenbezug zu kurzfristigen Suboptima.
Dimension	Kunden- und Wettbewerbsorientierung sowie die hieraus resultierende Prozesssicht können durch monetäre, hochaggregierte Kennzahlen nicht ausreichend unterstützt werden.
Format	Durch die Fokussierung auf monetäre und quantitative Daten können schwache Signale i.S. eines strategischen Frühaufklärungs- oder Risikomanagementsystems nicht adäquat berücksichtigt werden.
Planungsbezug	Traditionellen Steuerungskonzepten auf der Basis bilanzieller Kennzahlen fehlt der direkte inhaltliche Bezug zu den Unternehmens- und Geschäftsstrategien.
Anreizbezugspunkt	Klassische Steuerungskonzepte motivieren eher zur Minimierung von Abweichungen (z.B. bei der Plankostenrechnung) als zur permanenten Verbesserung (i.S. eines Kaizen Costing oder Half Life-Konzeptes).

Abb. 7.58 Defizite traditioneller kennzahlenorientierter Steuerungskonzepte. (Quelle: Vgl. Baum et al. 2004, S. 342)

Das Grundkonzept der Balanced Scorecard mit seiner Einteilung in finanzwirtschaftliche Perspektive, Kundenperspektive, interne Prozessperspektive und Lern- und Entwicklungsperspektive (vgl. Kaplan und Norton 1997, S. 24 ff.) skizziert Abb. 7.59.

Mit seiner Abkehr von der einseitigen Finanzausrichtung traditioneller Informationssysteme erfüllt die Balanced Scorecard die Anforderungen an ein neues in sich geschlossenes Managementinstrumentarium. Die vier o. g. differierenden Unternehmensperspektiven spiegeln die unterschiedlichen Blickwinkel wider, aus denen eine Unternehmung betrachtet werden kann. Gleichzeitig wird eine Grundlage für eine ganzheitliche Sichtweise geschaffen, die beispielhaft auch der Förderung unternehmerischen Denkens und Handelns der Mitarbeiter einer Unternehmung dient. Die Ausgewogenheit zwischen internen, marktbezogenen und finanzwirtschaftlichen Kennzahlen ist neben der Verknüpfung monetärer und nicht-monetärer Faktoren das herausragende Merkmal der Balanced Scorecard. BSCs werden im Übrigen für jedes Unternehmen individuell entwickelt.

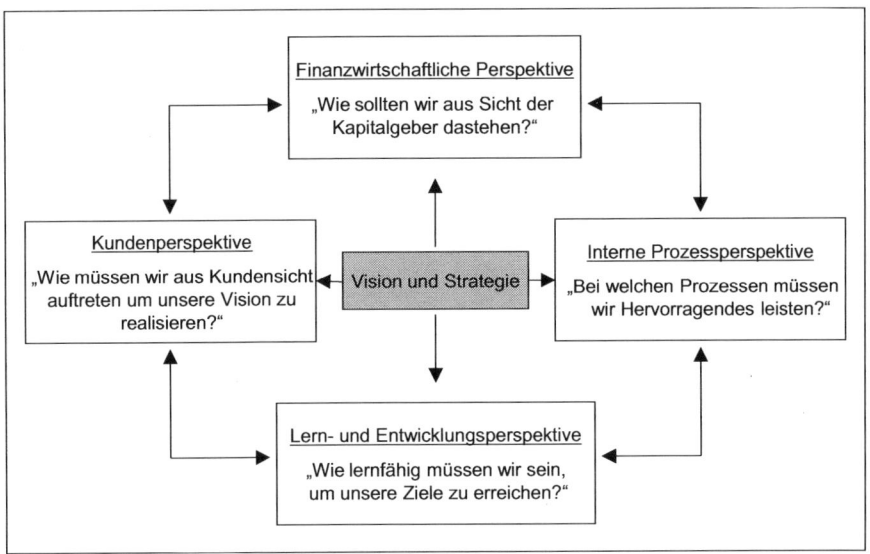

Abb. 7.59 Grundkonzept der Balanced Scorecard. (Quelle: In Anlehnung an Kaplan und Norton 1997, S. 9)

Finanzwirtschaftliche Perspektive

Im Rahmen der finanzwirtschaftlichen Perspektive sind die mit der Strategieverfolgung erwarteten monetären Ziele einer Unternehmung oder einer Geschäftseinheit zu formulieren, die die Funktion einer Vorgabe für die Ziele und Maßnahmen der drei anderen Perspektiven zu erfüllen haben (vgl. Abb. 7.60).

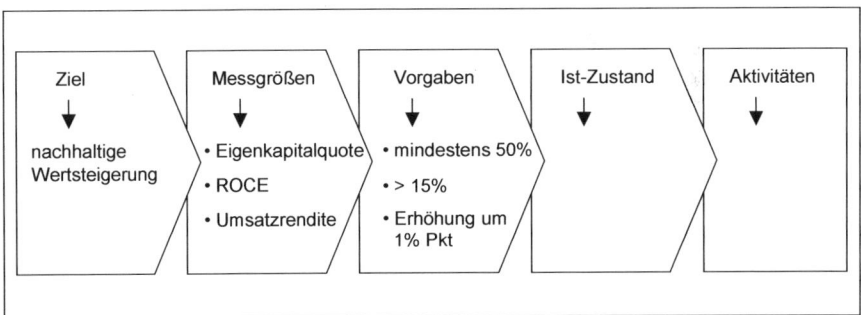

Abb. 7.60 Beispiel zur Ausgestaltung der finanzwirtschaftlichen Perspektive

Als Instrument, die unternehmerische Ergebnisentwicklung ohne operative und strategische Maßnahmen einerseits und die langfristig gewünschte bzw. erforderliche Zielerreichung andererseits aufzuzeigen, kann die Lückenanalyse herangezogen werden.

Ausgehend von den spezifischen Belangen der Unternehmung kann es erforderlich sein, ergänzend zu den wertorientierten Kennzahlen wie EVA, CFRoI, RoCE oder auch ausschließlich andere Kennzahlengrößen wie Umsatzsteigerungsrate, Steigerung des Deckungsbeitrages anzusetzen.

Kundenperspektive

Diese Perspektive (vgl. Abb. 7.61) konzentriert sich auf den Marktauftritt und die Marktpositionierung einer Unternehmung. Markterfordernisse und Kundenwünsche stehen im Mittelpunkt. Zwei Fragestellungen rücken in das Blickfeld, und zwar (1) welchen Nutzen will man dem Kunden anbieten und (2) wie möchte das Unternehmen vom Kunden wahrgenommen werden. Messgrößen im Zusammenhang mit der Kundenperspektive können beispielhaft sein: Marktanteil, Kundenrentabilität, Kundentreue, Kundenakquisition, Kundenzufriedenheit, Gewinnanteile, Cashflowanteile.

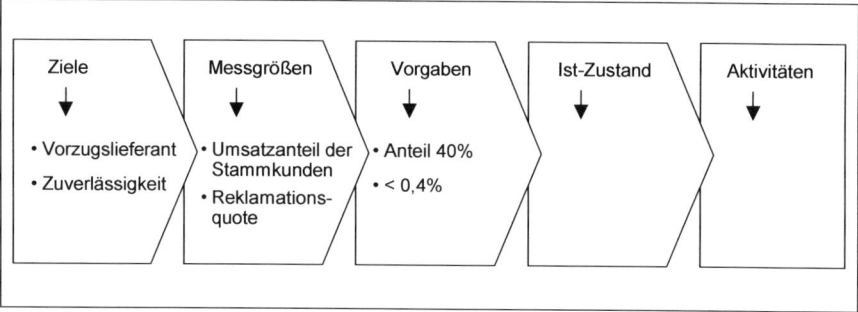

Abb. 7.61 Beispiel zur Ausgestaltung der Kundenperspektive

Die zuvor genannte Kennzahlengruppe ist um drei Kategorien von Eigenschaften zu ergänzen, und zwar um die Erfüllung von Produkt-/Serviceeigenschaften, die Beziehung von Kunden und Unternehmen sowie das Image und die Reputation (vgl. Kaplan und Norton 1997, S. 71). Sie stellen insgesamt das Wertangebot an den Kunden dar.

Interne Prozessperspektive

Im Bereich der internen Prozessperspektive (vgl. Abb. 7.62) stellt sich die Unternehmensleitung die Aufgabe, diejenigen Prozesse zu analysieren, die für die Kunden zum einen und die Anteilseigner zu anderen als kritisch anzusehen sind. Vier betriebliche Abläufe haben in der BSC ihren Niederschlag zu finden: (1) Ausbau der Unternehmensaktivitäten durch Innovation, (2) Steigerung des Kundenwertes, (3) hervorragende Unternehmensleitung und (4) Pflege der Beziehungen zu externen Interessengruppen (vgl. Kaplan und Norton 1997, S. 89 f.). Dabei handelt es sich lediglich um diejenigen internen Prozesse, die als Leistungstreiber der Kundenperspektive maßgeblich sind.

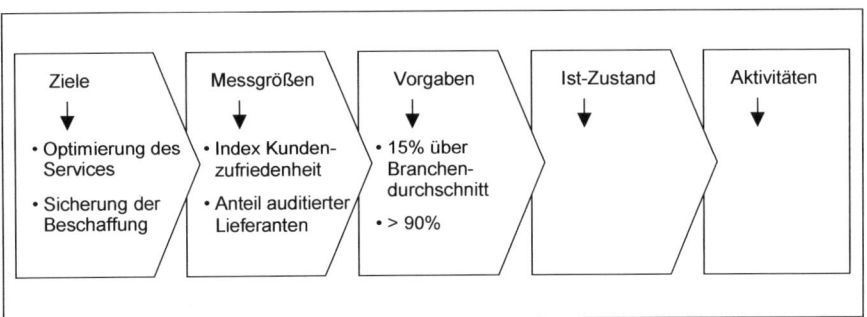

Abb. 7.62 Beispiel zur Ausgestaltung der internen Prozessperspektive

Lern und Entwicklungsperspektive

Mit dieser Perspektive wird zum Ausdruck gebracht, dass fachliche und soziale Kompetenz das entscheidende Potenzial für nachhaltigen zukünftigen Unternehmenserfolg bilden. Mit der Potenzialperspektive wird die Bedeutung des Humankapitals für eine Unternehmung betont. Kennzahlen zur Mitarbeiterproduktivität, Mitarbeiterzufriedenheit, Mitarbeitertreue, zur Personalentwicklung, Entwicklungszeiten für neue Produkte und Dienstleistungen, Leistungsstärke der Informationssysteme sind zu erfassen (vgl. Abb. 7.63).

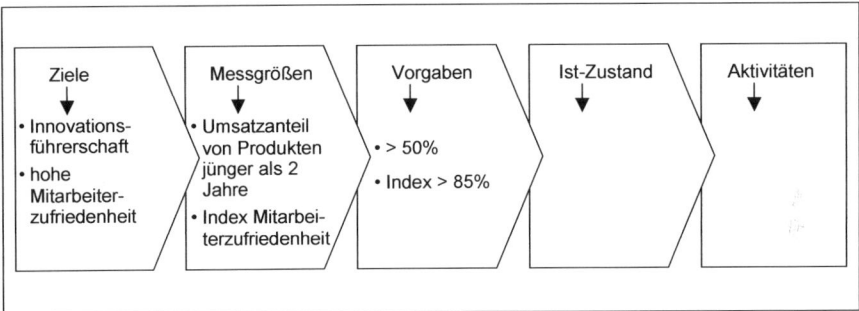

Abb. 7.63 Beispiel zur Ausgestaltung der Lern- und Entwicklungsperspektive

Bei der Konzeption einer betriebsindividuellen Balanced Scorecard ist hinsichtlich der Anzahl der monetären und nicht-monetären Kennzahlen die Aufmerksamkeit darauf zu lenken, dass sie Teil einer Ursache-Wirkungskette sind (vgl. Abb. 7.64)

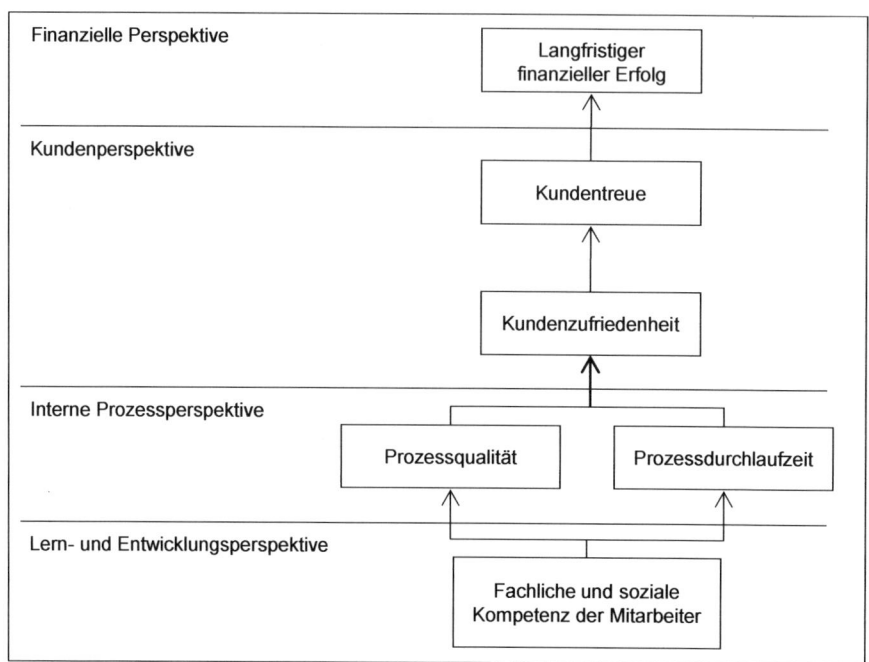

Abb. 7.64 Ursache – Wirkungsbeziehung. (Quelle: Darstellung in Anlehnung an Kaplan und Norton 1997, S. 29)

Es besteht eine Verbindung zwischen den einzelnen Steuerungsgrößen, ihren End-
punkt findet sie in den finanzwirtschaftlichen Zielen, in denen sich die unternehmerische Strategie widerspiegelt. Die Abb. 7.65 stellt die Ursache-Wirkungszu-
sammenhänge einer produktionsorientierten Balanced Scorecard-Konzeption wider. Fachliche und soziale Kompetenz sind entscheidende Einflussgrößen für die
Prozessqualität und die Prozessdurchlaufzeit. Diese interne Prozessperspektive ist
bestimmend für die Qualität der Leistungen einer Unternehmung für die Kunden.
Die finanzielle Perspektive mit dem Ziel des langfristigen finanziellen Erfolgs wird
durch die Kundentreue beeinflusst.

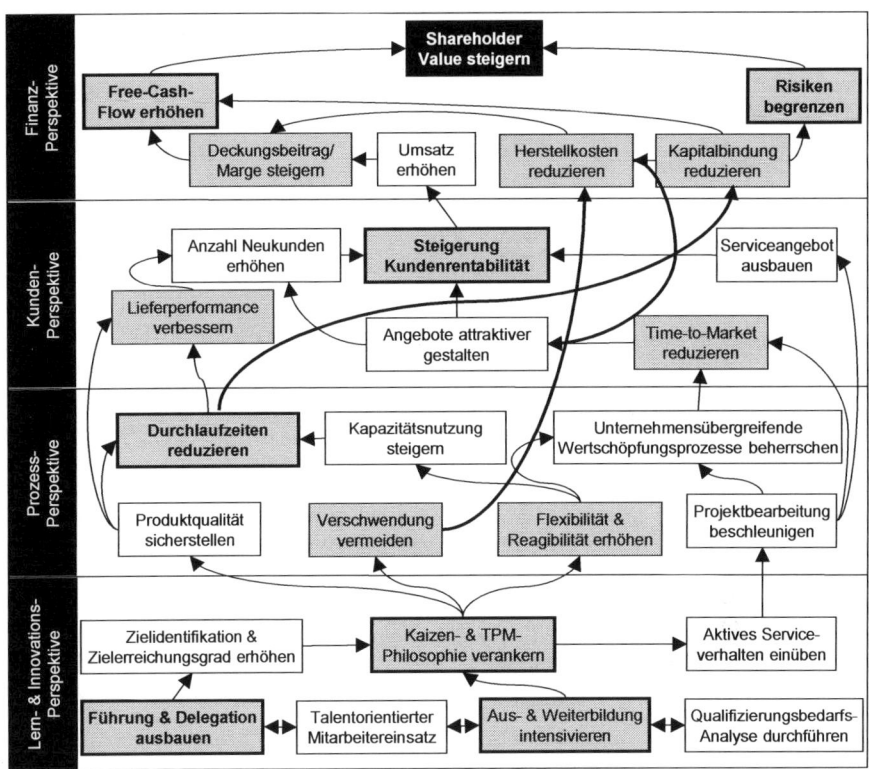

Abb. 7.65 Ursache- Wirkungsbeziehung der Balanced Scorecard. (Quelle: Vgl. Müller et al. 2003, S. 192)

7.2.9 Wertschöpfungsrechnung

Unter *Wertschöpfung* wird derjenige Wertzuwachs innerhalb einer Periode verstanden, der eine Unternehmung durch den Prozess der betrieblichen Leistungserstellung über die von außen bezogenen Vorleistungen (z. B. Materialaufwand) hinaus erzielt. Eine **Wertschöpfungsrechnung** besteht zum einen aus einer Entstehungsrechnung, abgeleitet aus der Gewinn- und Verlustrechnung, und zum anderen aus einer Verwendungsrechnung (vgl. Abb. 7.66), in der die Verteilung der erzielten Wertschöpfung auf die verschiedenen Stakeholder (z. B. Kapitalgeber, Mitarbeiter usw.) ausgewiesen wird.

	2008/09 (in Mio. €)	(in %)	2007/08 (in Mio. €)	(in %)	Delta (in %)
Entstehung der Wertschöpfung					
Umsatzerlöse	3.200,8	93,7	3130,4	93,5	2,2
Sonstige Erträge	213,8	6,3	217,1	6,5	-1,5
Unternehmensleistung	3.414,6	100,0	3.347,5	100,0	2,0
Materialaufwand	-1683,5	-49,2	-1643,8	-49,0	2,4
Abschreibungen	-138,9	-4,1	-117,0	-3,5	18,7
Sonstige Aufwendungen	-772,0	-22,6	-733,9	-21,9	5,2
Wertschöpfung	**820,2**	**24,0**	**852,8**	**25,5**	**-3,8**
Verwendung der Wertschöpfung					
Mitarbeiterinnen und Mitarbeiter	698,3	85,1	683,1	79,0	2,2
Öffentliche Hand	41,1	5,0	49,4	5,8	-16,8
Aktionäre	43,2	5,3	43,2	5,1	0,0
Unternehmen (Thesaurierung)	19,6	2,4	56,6	5,5	-65,5
Kreditgeber	18,0	2,2	20,4	2,4	-11,8
Anteile anderer Gesellschafter	0,0	0,0	0,1	0,0	0,0
Wertschöpfung	**820,2**	**100,0**	**852,8**	**100,0**	**-3,8**

Abb. 7.66 Wertschöpfungsrechnung der Douglas AG. (Quelle: Vgl. Geschäftsbericht 2008–2009)

Eine derartige Wertschöpfungsrechnung verdeutlicht, dass eine Unternehmung als eine Koalition der verschiedenen Stakeholder angesehen werden kann. Während es sich bei einem Jahresüberschuss um das Einkommen der Shareholder handelt, wird in der Wertschöpfungsrechnung das Einkommen der Stakeholder ausgewiesen (vgl. Coenenberg 2003, S. 1064).

7.2.10   Risikocontrolling

Entscheidungen des Managements sind in Zukunft gerichtet und folglich mit dem Kriterium der Unsicherheit behaftet. Aus der Unsicherheit ergibt sich als Schlussfolgerung das Risiko, ob sich die getroffenen Maßnahmen und die eingeleiteten Handlungen positiv oder negativ auf die Vermögens-, Finanz- und Ertragslage der Unternehmung auswirken. Folglich ist das Management von Risiken integrierender Bestandteil jeglicher Unternehmensführung, es umfasst alle unternehmerischen Aktivitäten und alle Funktionsbereiche einer Unternehmung (vgl. Abb. 7.67).

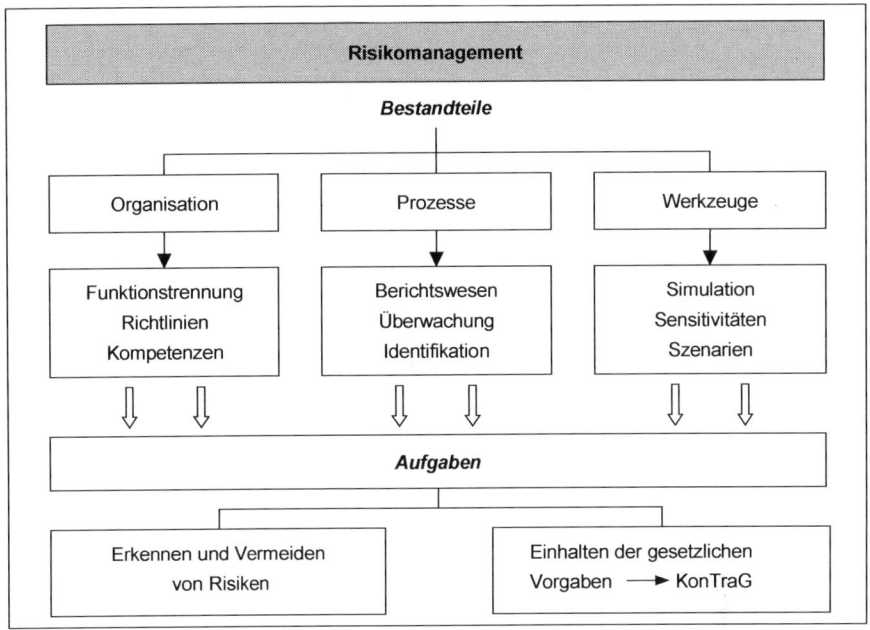

Abb. 7.67 Bestandteile und Aufgaben eines Risikomanagements

Risikomanagement ist als ein nachvollziehbares, alle Unternehmensaktivitäten umfassendes System zu verstehen, das ein systematisches und permanentes Vorgehen mit den Elementen Identifikation, Analyse, Bewertung, Steuerung, Dokumentation und Kommunikation von Risiken sowie die Überwachung dieser Aktivitäten umfasst (vgl. DRS 5, Deutscher Rechnungslegungsstandard Nr. 5, Bundesanzeiger 2001). Gemäß den Erläuterungen hat das Risikomanagement integraler Bestandteil der Geschäftsprozesse sowie der Planungs- und Kontrollprozesse zu sein.

Diese Grundsätze der Risikoberichterstattung können und sollten über den vorhergesehenen Anwendungsbereich hinaus Allgemeingültigkeit erlangen und in den Unternehmen zur Anwendung kommen.

Grundlagen für ein wirksames Risikomanagement sind eine eindeutige organisatorische Verankerung, eine klare Prozessstruktur und die einzelnen Werkzeuge als Bestandteile (vgl. Abb. 7.68). In ihrer Gesamtheit dienen diese Bestandteile zum einen dem Erkennen, dem Eingrenzen, dem Vermeiden von Risiken und zum anderen der Einhaltung der gesetzlichen Vorgaben (z. B. KonTraG). Die Prozessstruktur des Risikomanagements mit ihren einzelnen Phasen und jeweiligen Inhalten verdeutlicht die Abb. 7.69.

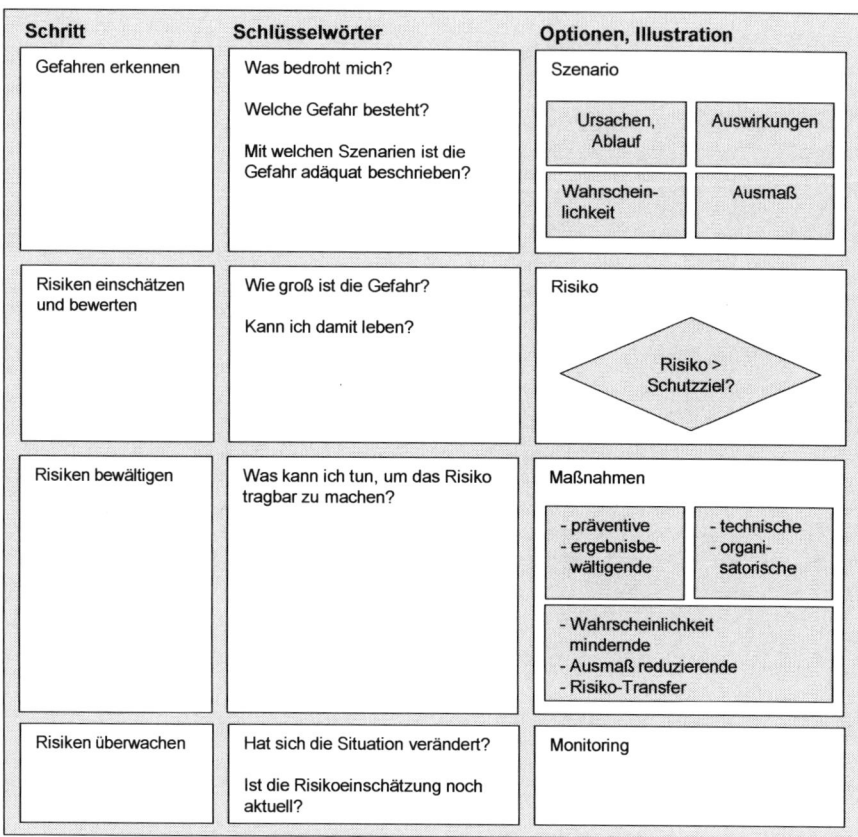

Schritt	Schlüsselwörter	Optionen, Illustration
Gefahren erkennen	Was bedroht mich? Welche Gefahr besteht? Mit welchen Szenarien ist die Gefahr adäquat beschrieben?	Szenario Ursachen, Ablauf / Auswirkungen Wahrscheinlichkeit / Ausmaß
Risiken einschätzen und bewerten	Wie groß ist die Gefahr? Kann ich damit leben?	Risiko Risiko > Schutzziel?
Risiken bewältigen	Was kann ich tun, um das Risiko tragbar zu machen?	Maßnahmen - präventive / - technische - ergebnisbewältigende / - organisatorische - Wahrscheinlichkeit mindernde - Ausmaß reduzierende - Risiko-Transfer
Risiken überwachen	Hat sich die Situation verändert? Ist die Risikoeinschätzung noch aktuell?	Monitoring

Abb. 7.68 Schlüsselwörter und Handlungsoptionen im Risikomanagement-Prozess. (Quelle: Vgl. Schaufelbühl et al. (Hrsg.) 2007, S. 657)

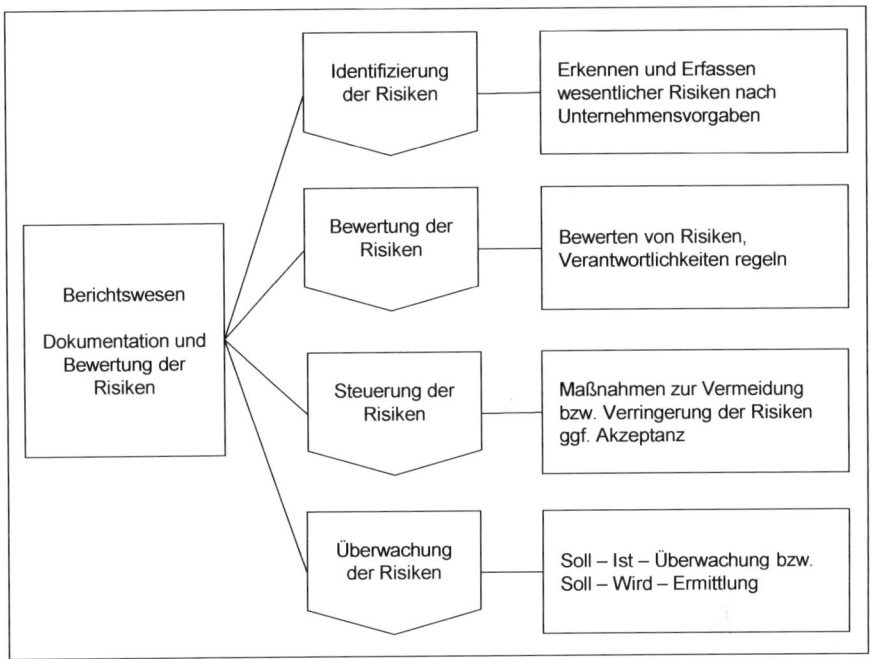

Abb. 7.69 Die Prozessstruktur des Risikomanagements

Risiko-Identifikation und Risikobewertung dienen der **Risikoanalyse**, während es sich bei der Risikosteuerung und der Risikoüberwachung um die **Risikogestaltung** handelt.

• **Risikoidentifikation**

Die Risikoidentifikation dient der detaillierten sowie strukturierten Erfassung aller bestehenden und potenziellen Risiken und dem Verständnis der möglichen Abhängigkeiten. Risikoidentifikation ist die Suche nach Gefahrenquellen, Schadensursachen und möglichen Störungen. Hilfreich für die Strukturierung der Risiken ist eine Einteilung in vier Risikofelder, die ihrerseits in Risikoarten und diese wiederum in Einzelrisiken aufzugliedern sind. Bei den vier Risikofeldern handelt es sich um *leistungswirtschaftliche Risiken*, dazu zählen Beschaffung, Leistungserstellung, Marketing und Logistik, sowie *finanzwirtschaftliche Risiken* (siehe hierzu Kap. 1.4.6.) mit Risiken hinsichtlich Liquidität, bei Zinsen, Währungen, bei der Kapitalbeschaffung. *Externe Risiken* resultieren aus Umweltveränderungen, aus den politischen Rahmenbedingungen und aus Marktrisiken. Organisationsrisiken können begründet sein aus der Organisationsstruktur, dem Personal einschließlich Management, der Informationstechnologie und dem Recht.

Die Instrumente zur Risikoidentifikation sind zu unterscheiden in Kollektionsmethoden und in Suchmethoden. Zu den *Kollektionsmethoden* gehören Checklisten, die Befragung, das Interview, Mindmap, die SWOT-Analyse. Die *Suchmethoden* werden gegliedert in analytische Methoden und in Kreativitätsmethoden. Morpho-

logische Verfahren, der Fragenkatalog, die Fehlermöglichkeits- und Einflussana-
lyse zählen zu den analytischen Methoden, während die Delphi-Methode oder das
Brainstorming den Kreativitätsmethoden zuzuordnen sind. Kollektionsmethoden
dienen im Wesentlichen der Identifikation bestehender und offensichtlicher Risiken, während die Suchmethoden vorwiegend geeignet sind zur Identifikation zukünftiger und bisher nicht erkennbarer Risikopotenziale.

• **Risikobewertung**
Die Risikobewertung dient der Quantifizierung der Risiken, dabei hängt die Qualität der Daten von der Verfügbarkeit, der Aktualität und möglichweise von den
Kosten ab. Ggf. sind quantitative Bewertungsmethoden, wie z. B. Sensitivitätsanalysen, Simulationsmodelle, das Value-at-risk um qualitative Methoden, als da sind
die Expertenbefragung, die Nutzwertanalyse, die Szenarioanalyse u. ä. zu ergänzen
(vgl. Abb. 7.70).

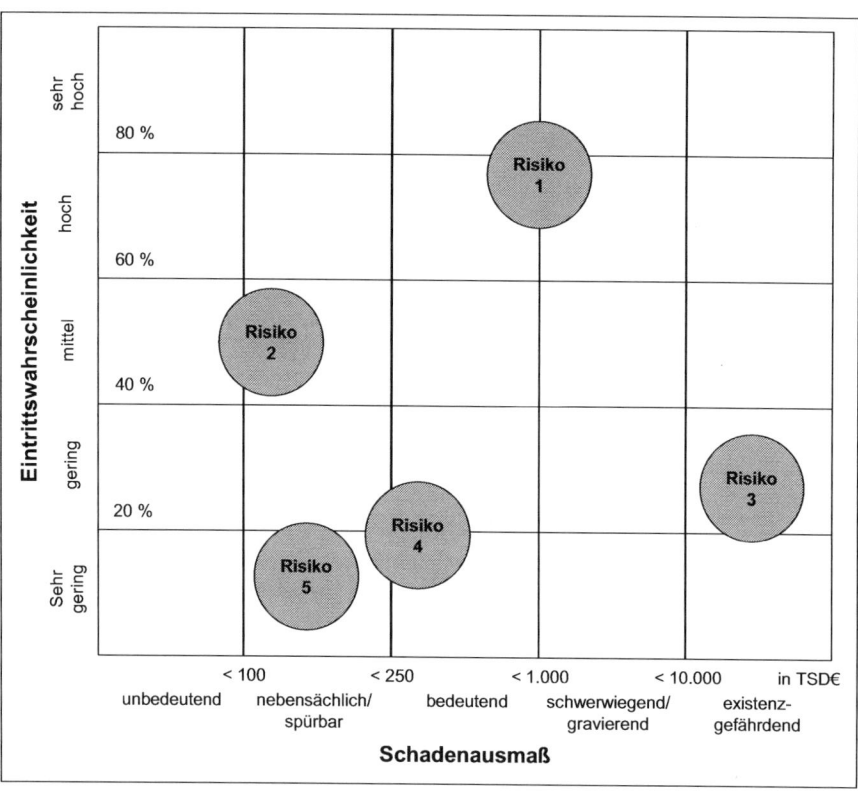

Abb. 7.70 Risikobeurteilung anhand einer Risk-Map. (Quelle: Vgl. Diederichs et al. 2004, S. 191)

• **Risikosteuerung**
In Abhängigkeit von der Bedeutung des einzelnen Risikos besteht die Aufgabe
der Risikosteuerung darin, angemessene Maßnahmen zur Steuerung und Überwachung der Risiken einzurichten. Zu unterscheiden ist hierbei zwischen der aktiven
und der passiven Risikosteuerung. Aktive Risikosteuerung bedeutet Gestaltung der
Risikostrukturen zur Verringerung der Eintrittswahrscheinlichkeit und/oder des

Schadensausmaßes. Passive Risikosteuerung vollzieht sich unter Beibehaltung der Risikostrukturen durch Abwälzen der Konsequenzen und durch finanzielle Vorsorge.

- **Risikoüberwachung**

Risikoüberwachung zugleich der vierte Baustein im Rahmen der Prozessstruktur des Risikomanagements dient der Steuerung und Kontrolle der einzelnen Maßnahmen hinsichtlich ihrer Entwicklung und Auswirkungen auf das Unternehmen.

Es ist Aufgabe der Unternehmensführung, das Risikomanagement anzustoßen. Unterstützung findet die Unternehmensführung zum einen durch die interne Revision und zum anderen durch das Controlling. Überprüfung der Ordnungsmäßigkeit sowie der Sicherheit der betrieblichen Strukturen und der betrieblichen Abläufe sind u. a. Merkmale der Aufgabenstellung der internen Revision. Diese Tätigkeit ist zudem durch eine Prozessunabhängigkeit gekennzeichnet. Das Risikocontrolling als Teilfunktion des Controllings hat im Rahmen der Führungsunterstützung für die Entwicklung eines geeigneten Instrumentariums, für die richtige Methodenbereitstellung, für das Berichtswesen usw. Sorge zu tragen. Ein Musterformblatt zur Erfassung von Risiken ist in Abb. 7.71 dargestellt.

X-Gesellschaft	Risiko - Erfassung		Controlling
Beschreibung des Risikos			
Ursachen des Risikos			
Maßnahmen zur Vorbeugung			
Bewertung des Risikos	Entwicklung des Schadens		
	Eintrittswahrscheinlichkeit	Einmalig im Jahr	Zeitraum
	Schadenshöhe und zeitlicher Anfall		
Überwachung des Risikos			
Unternehmensbereich			
Verantwortlicher			
Bemerkung			
Datum / Unterschrift			

Abb. 7.71 Formblatt zur Erfassung von Risiken

Entsprechend der Managementfunktionen findet eine Unterscheidung zwischen operativen und strategischen Risiken statt (vgl. Abb. 7.72).

Die auf den Finanzbereich bezogenen Risiken sind in Kap. 1.4.6 aufgeführt und näher erläutert.

Die Notwendigkeit für das Errichten bzw. Vorhandensein eines Risikomanagements ist unbestritten. Trotzdem sah sich der Gesetzgeber veranlasst, das Gesetz zur Kontrolle und Transparenz im Unternehmensbereich (KonTraG), das die Forderung an die Unternehmen stellt, ein Risikomanagement einzuführen, zu verabschieden. Mit diesem Gesetz wurden zusätzliche Anforderungen an Vorstand und Aufsichtsgremien einer Unternehmung sowie darüber hinaus an die Wirtschaftsprüfer gestellt.

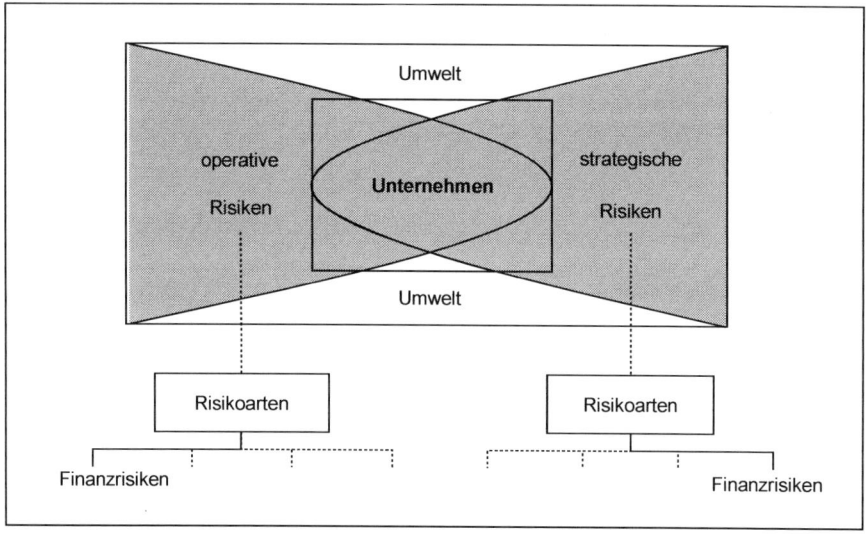

Abb. 7.72 Operative und strategische Risiken

So bestimmt nunmehr der neu eingeführte § 91 Abs. 2 AktG, dass der Vorstand geeignete Maßnahmen zu treffen hat, um ein Überwachungssystem einzurichten, damit den Fortbestand der Gesellschaft gefährdende Entwicklungen früh erkannt werden. In diesem Kontext muss auch die Neueinführung des § 317 Abs. 4 des HGB gesehen werden. Mit dieser Bestimmung wird das eingerichtete Risikofrüherkennungssystem für börsennotierte Unternehmen zum Gegenstand einer Abschlussprüfung erklärt und durch § 321 Abs. 4 des HGB die Darstellung der Ergebnisse der Prüfung im Prüfungsbericht des Wirtschaftsprüfers vorgeschrieben. Für die Arbeit des Risikocontrolling stellt die vom Hauptfachausschuss des Instituts der Wirtschaftsprüfer verabschiedete Richtlinie über „Die Prüfung des Risikofrüh-

erkennungssystems nach § 317 Absatz 4 HGB (IDW PS 340)" eine wertvolle Hilfe-
stellung dar.

7.2.11 *Unternehmensberichterstattung*

Die **Unternehmensberichterstattung** – auch als Business Reporting bezeichnet –
soll als umfassender Oberbegriff verstanden werden, der das Financial Reporting
einerseits sowie das Value Reporting andererseits umfasst (vgl. Abb. 7.73).

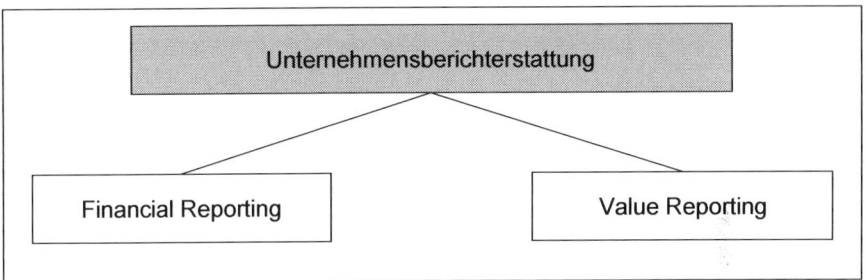

Abb. 7.73 Die Unternehmensberichterstattung

Beim **Financial Reporting** handelt es sich um die Pflichtberichterstattung, die eine
Unternehmung u. a. auf Grund gesetzlicher Vorgaben vorzunehmen hat. Es werden
weitgehend monetäre Größen dargestellt.

Mit dem **Value Reporting** wird die Berichtspflichterstattung erweitert. Das Value
Reporting soll dazu beitragen, Differenzen zwischen dem bilanziellen Eigenkapital,
der Börsenkapitalisierung sowie dem Unternehmenswert zu erklären (vgl. ausführlich „Arbeitskreis Externe Unternehmensrechnung der Schmalenbachgesellschaft"
2002, S. 2337 ff.). Zielsetzung des Value Reporting ist es, einen Beitrag zur Verbesserung der Kapitalmarkteffizienz durch eine Verringerung der Informations-
asymmetrien zwischen Management und Investoren zu liefern. Investoren sollen
in die Lage versetzt werden, ihre Entscheidungen auf der Grundlage sachdienlicher
Unternehmensinformationen zu treffen.

Dem Finanzbericht 2010 der Siemens AG wurden die in Abb. 7.74 dargestellten
finanziellen Steuerungsgrößen entnommen.

Finanzielle Steuerungsgrößen
- Auszug aus dem Finanzbericht 2010 der Siemens AG -

Operative Steuerungsgrößen

Umsatzwachstum

$$\left(\frac{Umsatz\ Berichtsperiode}{Umsatz\ Vorjahresperiode} - 1 \right) \times 100\,\%$$

Diese Steuerungsgröße konzentriert sich auf das Unternehmenswachstum. Sie soll darstellen, dass eine für ein entsprechendes Ergebniswachstum ausreichende Umsatzentwicklung erwirtschaftet wird.

Ergebnismargen

$$\frac{Ergebnis}{Umsatz} \times 100\,\%$$

Als primäre Kenngröße zur Umwandlung von Umsatz in Ergebnis wurde die Ergebnismarge eingesetzt. Sie wurde gemessen auf der Ebene der Sektoren, Divisionen und sektorübergreifenden Geschäfte.

Kapitalrendite (RoCE)

$$\frac{Ergebnis\ der\ fortgeführten\ Aktivitäten}{durchschnittlich\ eingesetztes\ Kapital} \times 100$$

Die Steuerungsgröße für die Kapitaleffizienz ist die Kenngröße RoCE, dabei versteht sich das Ergebnis aus fortgeführten Aktivitäten vor Zinsen. Diese Kennzahl bewertet nach Ansicht des Unternehmens das Ergebnis aus Sicht der Aktionäre und Kreditgeber. Siemens gewichtete durchschnittliche Kapitalkosten (= WACC) werden auf etwa 7,5 % derzeit geschätzt.

Cash Conversion Rate

$$\frac{Free\ Cashflow\ aus\ fortgeführten\ Aktivitäten}{Gewinn/Verlust\ aus\ fortgeführten\ Akitivitäten}$$

Diese Kenngröße dient zur Steuerung der Liquidität. Das Ziel ist 1 minus Umsatzwachstumsrate. Die CCR weist aus, welcher Teil des Ergebnisses in den Free Cashflow umgewandelt wird.

Steuerung der Kapitalstruktur

Kapitalstruktur (fortgeführte Aktivitäten)

$$\frac{Angepasste\ industrielle\ Nettoverschuldung}{Angepasstes\ EBITDA}$$

Ebenso wie für die Kennzahl Kapitalrendite wurde auch für die Kennzahl Kapitalstruktur ein Zielkorridor vorgegeben. Diese Kennzahl dient dazu, die Steuerung der Kapitalstruktur zu bewerten.

Wichtiger Hinweis: Es handelt sich hier um einen stark verkürzten Auszug aus dem zusammengefassten Lagebericht der Siemens AG. Für weitere Einzelheiten wird auf den Finanzbericht 2010 verwiesen.

Abb. 7.74 Finanzielle Steuerungsgrößen der Siemens AG. (Quelle: Vgl. Finanzbericht 2010, S. 57 f.)

Die Grundsätze haben Empfehlungscharakter und wurden mit der Absicht erarbeitet, einen einheitlichen Rahmen für eine wertorientierte Berichterstattung zu schaffen. Die „Grundsätze für das Value Reporting" gliedern sich in drei Abschnitte, und zwar in (1) kapitalmarktorientierte Daten, (2) Informationen über nicht bilanzierte

Werte des Unternehmens und (3) Informationen über Strategie und Performance des Unternehmens.

Für das Value Reporting wurden insgesamt sieben **Grundsätze** formuliert. So soll sich Value Reporting an der unternehmensinternen Berichterstattung orientieren, das bedeutet, es werden Informationen transformiert, die zur Unternehmenssteuerung intern zur Anwendung kommen (=Management Approach). Weitere Grundsätze sind Klarheit, Vergleichbarkeit und Regelmäßigkeit. Im Rahmen des Grundsatzes der Ausgewogenheit sind Informationen sowohl über negative als auch positive Sachverhalte und Entwicklungen zu übermitteln. Schließlich wird empfohlen, das diversifizierte Unternehmen bzw. Konzerne wertorientierte Mitteilungen auch in segmentierter Form bereitstellen sollen, sog. Segmentberichterstattung. Der siebte Grundsatz trifft Aussagen zur Prüfung. Dies ist vor dem Hintergrund zu sehen, dass eine Prüfung der Angaben zur wertorienterten Berichterstattung durch einen Abschlussprüfer die Glaubwürdigkeit der Informationen erhöht.

Die Informationspolitik der Unternehmen unterliegt heute und zukünftig den Informationswünschen und -bedürfnissen der Kapitalmarktteilnehmer. Soll eine Finanzkommunikation effektiv sein, beruht sie darauf, dass die Kommunikation von Unternehmen an Investoren und Finanzanalysten als authentisch und wahrhaftig wahrgenommen wird, eine Voraussetzung, dass Investoren auch langfristig in das entsprechende Unternehmen investieren. In diesem Sinne hat die DVFA Grundsätze für eine effektive Finanzkommunikation vorgelegt (vgl. Deutsche Vereinigung für Finanzanalyse und Asset Management 2006). Ausgehend von der Maxime Glaubwürdigkeit sind die Grundsätze in drei Dimensionen, als da sind Zielgruppen-Orientierung, Transparenz und Kontinuität, in denen effektive Finanzkommunikation wirksam ist, strukturiert. Die Grundsätze, die sich als Empfehlungen verstehen, bestehen aus insgesamt 30 Leitsätzen inklusive Erläuterungen, Begriffsdefinitionen sowie Beispielen.

7.3 Fallstudie

Die Weserland-Gesellschaft hat den Jahresabschluss per 31.12.2010 mit Ermittlung der Bilanz und der Gewinn- und Verlustrechnung fertig gestellt. Den Werten sind die Plandaten für das Geschäftsjahr 2011 gegenübergestellt (vgl. Abb. 7.75 und 7.76).

AKTIVA	31.12.2011	31.12.2010
A. Langfristige Vermögenswerte		
I. Immaterielle Vermögenswerte	28,1	20,1
II. Sachanlagen	59,1	53,9
III. Finanzielle Vermögenswerte	1,7	1,7
IV. Latente Steueransprüche	3,0	3,9
	91,9	**79,6**
B. Kurzfristige Vermögenswerte		
I. Vorräte	74,8	68,1
II. Forderungen aus Lieferungen und Leistungen	6,2	6,2
III. Sonstige Vermögenswerte	22,2	17,3
IV. Liquide Mittel	20,9	28,1
	124,1	**119,7**
	216,0	**199,3**

PASSIVA	31.12.2011	31.12.2010
A. Eigenkapital		
I. Gezeichnetes Kapital	14,7	14,7
II. Kapitalrücklage	27,1	27,0
III. Gewinnrücklagen	38,1	32,2
	79,9	**73,9**
B. Langfristiges Fremdkapital		
I. Rückstellungen für Pensionen	3,5	3,5
II. Sonstige Rückstellungen	2,5	2,6
III. Finanzielle Verbindlichkeiten	29,4	27,7
IV. Latente Steuerschulden	1,3	1,0
	36,7	**34,8**
C. Kurzfristiges Fremdkapital		
I. Verbindlichkeiten aus Lieferungen und Leistungen	44,9	38,4
II. Sonstige Verbindlichkeiten	54,5	52,2
	99,4	**90,6**
	216,0	**199,3**

Abb. 7.75 Bilanzen der Weserland-Gesellschaft

Gewinn- und Verlustrechnung		31.12.2011		31.12.2010
1. Umsatzerlöse		**375,0**		**335,0**
2. Aufwendungen für Roh-, Hilfs- und Betriebsstoffe und bezogene Waren	./.	197,3	./.	176,2
3. Rohertrag		**177,7**		**158,8**
4. Sonstige betriebliche Erträge		25,1		21,8
5. Personalaufwand	./.	81,5	./.	72,6
6. Sonstige betriebliche Aufwendungen	./.	88,0	./.	77,7
7. Erträge aus Beteiligungen				0,1
8. EBITDA		**33,3**		**30,4**
9. Abschreibungen	./.	13,6	./.	12,6
10. EBIT		**19,7**		**17,8**
11. Finanzerträge		2,0		1,6
12. Finanzaufwendungen	./.	3,8	./.	3,2
13. Finanzergebnis	./.	1,8	./.	1,6
14. Ergebnis vor Steuern (EBT)		**17,9**		**16,2**
15. Steuern vom Einkommen und Ertrag	./.	6,8	./.	6,7
16. Jahresüberschuss		**11,1**		**9,5**

Abb. 7.76 GuV der Weserland-Gesellschaft

Aufgabenstellung

1) Zu erstellen ist die Bewegungsbilanz.

2) Ermitteln Sie die verschiedenen Bilanzkennzahlen.

3) Ermitteln Sie die möglichen Rentabilitätskennzahlen.

4) Wählen Sie exemplarisch eine Kennzahl, erläutern Sie ihre Bedeutung und stellen Sie die Vorteile und Nachteile dar.

Ergänzende Hinweise

a. Bei den Abschreibungen gem. GuV handelt es sich um Abschreibungen in Sachanlagen

b. Die Investitionen betrugen in 2010 17,65 Mio. EUR und sind in 2011 mit 19,48 Mio. EUR veranschlagt.

c. Der Mehrwertsteuersatz beträgt 19 %

Lösungen

Die Abb. 7.77 gibt die Bewegungsbilanz wieder. Die Abbildungen 7.78 bis 7.84 dokumentieren die verschiedenen Kennzahlen.

Mittelverwendung		Mittelherkunft	
Aktivmehrungen		**Passivmehrungen**	
Immat. Vermögenswerte (A I)	8,0	Kapitalrücklage (A II)	0,1
Sachanlagen (A II)	5,2	Gewinnrücklage (A III)	5,9
Vorräte (B I)	6,7	Finanz. Verbindlichkeiten (B III)	1,7
Sonstige Vermögenswerte (B III)	4,9	Latente Steuerschulden (B IV)	0,3
		Verbindlichkeiten a.L+L (C I)	6,5
		Sonstige Verbindlichkeiten (C II)	2,3
Passivminderungen		**Aktivminderungen**	
Sonstige Rückstellungen (B II)	0,1	Latente Steueransprüche (A IV)	0,9
		Liquide Mittel (B IV)	7,2
Summe der Veränderungen	**24,9**	**Summe der Veränderungen**	**24,9**

Abb. 7.77 Bewegungsbilanz der Weserland-Gesellschaft

Beträge in Mio. €

Vermögenskonstitution

2010   2011

$$\frac{\text{Anlagevermögen}}{\text{Umlaufvermögen}} \times 100 \qquad \frac{75,7}{119,7} \times 100 = 63,2\% \qquad \frac{88,9}{124,1} \times 100 = 71,6\%$$

Kennzahl wird beeinflusst durch Branchenzugehörigkeit, Produktionsprogramm, Fertigungstiefe u. ä.. Aussagen verlangen weitere Informationen.

Anlagenintensität

$$\frac{\text{Anlagevermögen}}{\text{Gesamtvermögen}} \times 100 \qquad \frac{75,7}{199,3} \times 100 = 38\% \qquad \frac{88,9}{216,0} \times 100 = 41,2\%$$

Kennzahl gibt einen Hinweis auf die unternehmerische Flexibilität. Im Übrigen siehe zuvor.

Investitionsquote

$$\frac{\text{Nettoinvestition in Sachanlagen}}{\text{Jahresanfangsbestand in Sachanlagen}} \times 100 \qquad \frac{19,48}{53,9} \times 100 = 36,1\%$$

Abschreibungsquote

$$\frac{\text{Abschreibungen in Sachanlagen}}{\text{Jahresbestand in Sachanlagen}} \times 100 \qquad \frac{13,6}{\left(\frac{59,1 + 53,9}{2}\right)} \times 100 = 41,2\%$$

Die durchschnittliche Nutzungsdauer in % der Vermögensgegenstände wird angezeigt. Zu beachten ist, dass die Vermögensstruktur durch Leasing beeinflussbar ist. Kennzahl geeignet zum Vergleich mit Wettbewerbern.

Abb. 7.78 Kennzahlen zur Vermögensstruktur

Beträge in Mio. €

	2010	2011

Eigenkapitalquote

$$\frac{\text{Eigenkapital}}{\text{Gesamtkapital}} \times 100 \qquad \frac{73,9}{199,3} \times 100 = 37,1\% \qquad \frac{79,9}{216,0} \times 100 = 37\%$$

Eine hohe Eigenkapitalquote sichert finanzielle Stabilität und Unabhängigkeit. Die Kennzahl ist branchenabhängig.

Fremdkapitalquote (= Anspannungsgrad I)

$$\frac{\text{Fremdkapital}}{\text{Gesamtkapital}} \times 100 \qquad \frac{125,4}{199,3} \times 100 = 62,9\% \qquad \frac{136,1}{216,0} \times 100 = 63\%$$

Die Fremdkapitalquote erlaubt einen Hinweis auf die finanzielle Stabilität der Unternehmung, die Kennzahl wird aussagefähiger, wenn nur das zinstragende FK berücksichtigt wird.

Verschuldungsgrad (= statischer Verschuldungsgrad I)

$$\frac{\text{Fremdkapital}}{\text{Eigenkapital}} \times 100 \qquad \frac{125,4}{73,9} \times 100 = 169,7\% \qquad \frac{136,1}{79,9} \times 100 = 170,3\%$$

Der statische Verschuldungsgrad leitet aus der bilanziellen Kapitalstruktur die Höhe der Verschuldung und das damit verbundene Verschuldungsrisiko ab.

Verschuldungskoeffizient

$$\frac{\text{Eigenkapital}}{\text{Fremdkapital}} \times 100 \qquad \frac{73,9}{125,4} \times 100 = 58,9\% \qquad \frac{79,9}{136,1} \times 100 = 58,7\%$$

Abb. 7.79 Kennzahlen zur Kapitalstruktur

Beträge in Mio. €

Anlagendeckung
(= Anlagendeckungsgrad I)

	2010	2011

$$\frac{Eigenkapital}{Anlagevermögen} \times 100 \qquad \frac{73,9}{75,7} \times 100 = 97,6\% \qquad \frac{79,9}{88,9} \times 100 = 89,9\%$$

Eine Kapitalüberlassungsdauer kann nie unabhängig von der Kapitalbindungsdauer beurteilt werden (s.u.). Kapitalstrukturrisiken können entstehen, wenn Kapital in größerem Umfang länger gebunden ist, als es seitens der Kapitalgeber zur Verfügung gestellt wird.

Goldene Bilanzregel e.F.
(= Anlageneckungsgrad II)

$$\frac{Eigenkapital + langfristiges\ FK}{Anlagevermögen} \qquad \frac{73,9 + 34,8}{75,7} = 1,4 \qquad \frac{79,9 + 36,7}{88,9} = 1,3$$

siehe zuvor. Kennzahl sollte immer größer als 1 sein.

Goldene Finanzierungsregel (kurzfristig)

$$\frac{kurzfristiges\ Vermögen}{kurzfristiges\ Kapital} \times 100 \qquad \frac{119,7}{90,6} = 1,3 \qquad \frac{124,1}{99,4} = 1,2$$

Die Kennzahl sollte immer gleich oder größer als 1 sein.

Goldene Finanzierungsregel (langfristig)

$$\frac{langfristiges\ Vermögen}{langfristiges\ Kapital} \times 100 \qquad \frac{79,6}{108,7} = 0,7 \qquad \frac{91,9}{116,6} = 0,8$$

Bei den goldenen Finanzierungsregeln geht es um die Einhaltung der Fristenkongruenz, d.h., Kapitalbeschaffung und Kapitalverwendung sollten sich entsprechen.

Abb. 7.80 Finanzierungsregeln

Beträge in Mio. €

	2010	2011

Working Capital

Umlaufvermögen – kurzfristige
Verbindlichkeiten $119,7 - 90,6 = 29,1$ $124,1 - 99,4 = 24,7$

Quotient (s.u.)   132%   125%

Erläuterung

Die Höhe des Working Capital gibt Aufschluss darüber, in welchem Umfang die liquiditäts-
mäßige Überdeckung der kurzfristigen Verbindlichkeiten durch das Umlaufvermögen
(= Kurzfristvermögen) gegeben ist. Das Working Capital sollte stets positiv sein. Bei erheblichen offenen Kreditlinien kann davon abgesehen werden. Auch die Bezeichnung Net
Working Capital wird verwendet.

Als Quotientendarstellung =

$$\frac{\text{Umlaufvermögen}}{\begin{array}{c}\text{kurzfristige}\\\text{Verbindlichkeiten}\end{array}} \times 100$$

wird von working capital ratio gesprochen.

Vorteile

Die Kennzahl eignet sich insbesondere i.r. eines Branchenvergleiches. Durch die
Praxisforderung des Verhältnisses von 2:1 ist die Kennzahl sehr prägnant.

Nachteile

Beeinträchtigung der Aussagekraft durch die Ausnutzung von Bilanzierungswahlrechten i.r.
des Umlaufvermögens. Dem Nachteil der Vergangenheitsbezogenheit kann dadurch
begegnet werden, dass die Kennzahl auch im Planungsprozess Eingang findet.

Liquidität 1. Grades

$$\frac{\text{Zahlungsmittel}}{\begin{array}{c}\text{kurzfristige}\\\text{Verbindlichkeiten}\end{array}} \times 100 \qquad \frac{28,1}{52,2} \times 100 = 53,8\% \qquad \frac{20,9}{54,5} \times 100 = 38,3\%$$

Die Liquidität wird umso höher eingeschätzt, je höher der Wert der jeweiligen Kennzahl
ist. Es sind aber statische Faustformeln.

Liquidität 2. Grades

$$\frac{\begin{array}{c}\text{monetäres}\\\text{Umlaufvermögen}\end{array}}{\begin{array}{c}\text{kurzfristige}\\\text{Verbindlichkeiten}\end{array}} \times 100 \qquad \frac{45,4}{52,2} \times 100 = 87\% \qquad \frac{43,1}{54,5} \times 100 = 79\%$$

s.o.

Die Liquidität 3. Grades entspricht dem Working Capital.

Abb. 7.81 Liquiditätsregeln

Beträge in Mio. €

	2010	2011
EBIT-Marge		

$$\frac{EBIT}{Umsatz} \times 100 \qquad \frac{17,8}{335,0} \times 100 = 5,3\% \qquad \frac{19,7}{375,0} \times 100 = 5,2\%$$

EBIT und EBITDA sind Kennzahlen, die über die Ertragskraft von Unternehmen Auskunft geben. Die hier ausgewiesene Marge kann bei internationalen Vergleichen herangezogen werden.

EBITDA-Marge

$$\frac{EBITDA}{Umsatz} \times 100 \qquad \frac{30,4}{335,0} \times 100 = 9,1\% \qquad \frac{33,3}{375,0} \times 100 = 8,9\%$$

EBIT und EBITDA sind Kenngrößen (= Multiplikatoren), die bei der Analyse und Bewertung von Unternehmen herangezogen werden.

Personalintensität

$$\frac{Personalaufwand}{Gesamtaufwand} \times 100 \qquad \frac{72,6}{339,1} \times 100 = 21,4\% \qquad \frac{81,5}{380,4} \times 100 = 21,4\%$$

Die Kennzahl ist branchenabhängig, findet in der Praxis weite Verbreitung.

Materialintensität

$$\frac{Materialaufwand}{Gesamtaufwand} \times 100 \qquad \frac{176,2}{339,1} \times 100 = 52\% \qquad \frac{197,3}{380,4} \times 100 = 51,9\%$$

s.o.

Abb. 7.82 Kennzahlen zur Rentabilität

Beträge in Mio. €

	2010	2011

Umschlaghäufigkeit des Umlaufvermögens

$$\frac{\text{Umsatz}}{\begin{array}{c}\text{Durchschnittsbestand}\\\text{des Umlaufvermögens}\end{array}} \qquad \frac{375}{(\frac{119,7 + 124,1}{2})} = 3,1$$

Umschlaghäufigkeit des Gesamtvermögens

$$\frac{\text{Umsatz}}{\text{Gesamtvermögen}} \qquad \frac{335}{199,3} = 1,7 \qquad \frac{375}{216,0} = 1,7$$

Umschlaghäufigkeit der Vorräte

$$\frac{\begin{array}{c}\text{Materialaufwand +}\\19\% \text{ [Mwst]}\end{array}}{\begin{array}{c}\text{durchschnittlicher}\\\text{Vorratsbestand}\end{array}} \times 100 \qquad \frac{197,3 + 19\%}{(\frac{68,1 + 74,8}{2})} = 3,29$$

Die Kennzahl ist Ausdruck für die Schnelligkeit des Verkaufs der Vorräte, das bedeutet, das Unternehmen benötigt 111 Tage (= 365 : 3,29) um die Vorräte zu veräußern.

Kreditorenumschlaghäufigkeit

$$\frac{\begin{array}{c}\text{Materialaufwand +}\\19\% \text{ [Mwst]}\end{array}}{\begin{array}{c}\text{durchschnittlicher}\\\text{Kreditorenbestand}\end{array}} \times 100 \qquad \frac{197,3 + 19\%}{(\frac{38,4 + 44,9}{2})} = 5,64$$

Die Kennzahl ist branchenabhängig und gibt Hinweise auf die Bonität der Unternehmung.

Abb. 7.83 Kennzahlen zur Rentabilität (Fortsetzung)

Beträge in Mio.

	2010	2011

Debitorenumschlag

$$\frac{\text{Umsatz}}{\text{durchschnittlicher Forderungsbestand}} \qquad \left(\frac{375}{\dfrac{6,2 + 6,2}{2} - 19\%} \right) = 75$$

siehe Ausführungen in Kapitel 7. Hinweis: Im Sinne der Vergleichbarkeit von Zähler und Nenner muss der bilanzielle Ausweis der Forderungen um die darin enthaltene Mehrwertsteuer gekürzt werden.

Umschlagdauer der Debitoren

$$\frac{365}{\text{Umschlaghäufigkeit der Debitoren}} \qquad \frac{365}{75} = 4,9 \text{ [Tage]}$$

Eine andere Bezeichnung lautet: Days Sales Outstanding (DSO)

Die Alternative Berechnung ist:

$$\frac{\text{durchschnittlicher Forderungsbestand } - 19\%}{\text{Umsatz}} \text{ x } 365$$

Abb. 7.84 Kennzahlen zur Rentabilität (Fortsetzung)

8 Investition

8.1 Grundlagen

Bei einer Unternehmung handelt es sich um ein produktives, soziales System, das als *offenes* System in die Umwelt eingebettet ist und mit dieser Umwelt in vielfältiger Beziehung steht. Im Mittelpunkt der lenkbaren Größen innerhalb des Netzwerkes der Zusammenhänge einer Unternehmung stehen Investitionen (s. Abb. 8.1, vgl. Gomez 1993, S. 45).

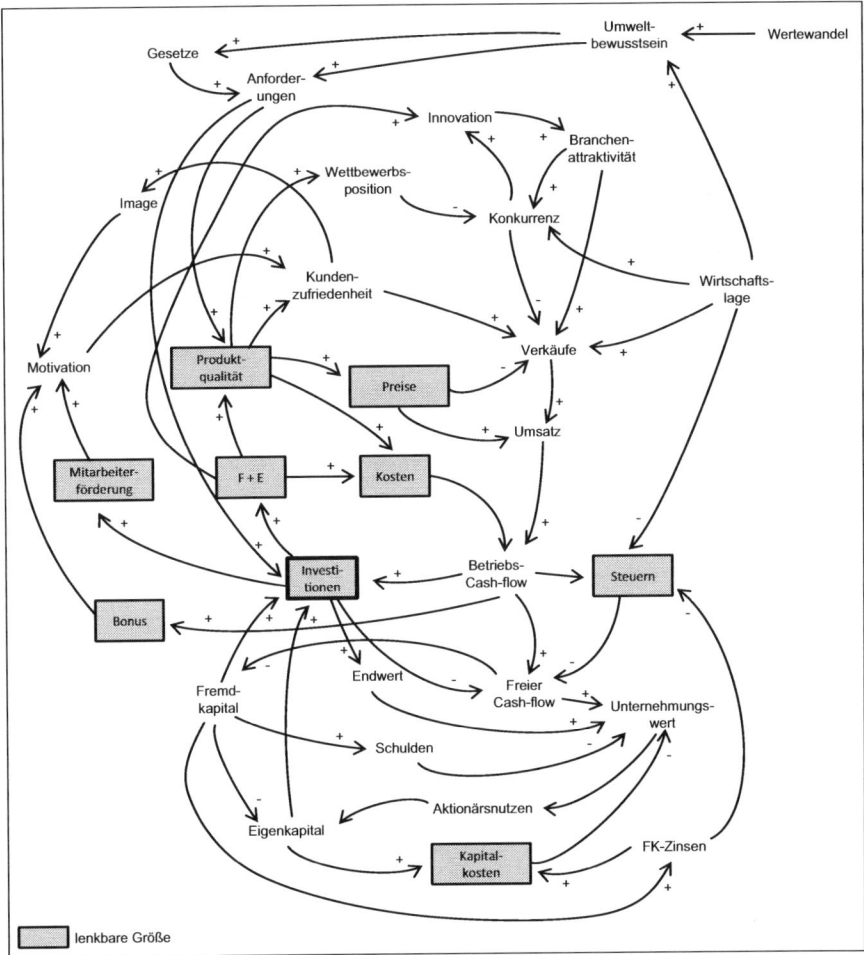

Abb. 8.1 Netzwerk der Gesamtzusammenhänge des Unternehmens (nach Gomez). (Quelle: Vgl. Jaspersen 1997, S. 187)

J. Prätsch et al., *Finanzmanagement*, Springer-Lehrbuch,
DOI 10.1007/978-3-642-25391-1_8, © Springer-Verlag Berlin Heidelberg 2012

8.1.1 Investitionsbegriff

Eine Investition bedeutet Mittelverwendung und ist durch einen Zahlungsstrom gekennzeichnet (s. Kap. 1). Sie beginnt in der Regel mit einer Auszahlung auf die zu
späteren Zeitpunkten Einzahlungen erfolgen. Es handelt sich bei dieser Definition
um den *zahlungsbestimmten* Investitionsbegriff.

Der *vermögensbestimmte* Investitionsbegriff im engeren Sinne sieht eine Investition als Kapitalverwendung für die Beschaffung von Sachanlagevermögen. Wird dieser vermögensbestimmte Investitionsbegriff weiter ausgelegt, dann ist darunter die
Beschaffung aller Positionen der Aktivseite der Bilanz zu verstehen (vgl. Schulte
1999, S. 20). Darüber hinaus ist in der betriebswirtschaftlichen Literatur der *dis-
positionsbestimmte* sowie der *kombinationsbestimmte* Investitionsbegriff zu finden
(vgl. Matschke 1993, S. 28 f.).

8.1.2 Investitionsarten

Eine Unterscheidung der Investitionsarten ist in vielfältiger Weise denkbar, da die
vielseitigsten und unterschiedlichsten Gliederungskriterien herangezogen werden
können. Investitionen können unterschieden werden nach dem Objekt, nach dem
Anlass, nach der zeitlichen Perspektive oder aber nach ihrem Zweck.

• **Investitionsarten nach dem Investitionsobjekt**
Sachinvestitionen und immaterielle Investitionen sind der Leistungssphäre der
Unternehmung zuzuordnen. Sachinvestitionen oder Realinvestitionen betreffen
zum einen das Anlagevermögen (z. B. Grundstücke, Gebäude, Brücken, Stromlei-
tungen) und das Umlaufvermögen (z. B. das Vorratsvermögen). Zu den immateriel-
len Investitionen gehören entgeltlich erworbene Patente, Markenrechte, Konzessio-
nen, Lizenzen und dergleichen. Finanzinvestitionen, auch als Nominalinvestitionen
bezeichnet, berühren die Finanzsphäre der Unternehmung. Hierbei handelt es sich
um Forderungstitel sowie Beteiligungstitel.

• **Investitionsarten nach dem Investitionsanlass**
Investitionen sind zweckbestimmt. Nach dem Anlass bzw. Zweck einer Investition,
wobei es sich ausschließlich um Realinvestitionen handelt, ist zu unterscheiden zwischen Investitionen im Zusammenhang mit (1) der Errichtung einer Unternehmung,
(2) der Fortführung einer Unternehmung und (3) dem Wachstum einer Unternehmung.

Von einer **Errichtungsinvestition** wird gesprochen, wenn es sich um den Aufbau
einer Unternehmung handelt, synonyme Begriffe sind Erst-, Gründungs- oder An-
fangsinvestitionen. Nicht ein einzelnes Investitionsobjekt sondern ein aufzubauen-
des Unternehmen steht im Mittelpunkt der weiteren Überlegungen. **Ersatzinvestitionen** (= Erhaltungsinvestitionen) sind Investitionen, die im Zusammenhang mit
der Fortführung eines Unternehmens stehen. Das vorhandene Investitionsobjekt

kann die geforderte betriebswirtschaftliche Aufgabenstellung entweder technisch oder wirtschaftlich bedingt nicht mehr erfüllen. So kann beispielsweise ein Unfall eines Lkw zum technisch bedingten Nutzungsende dieses Fahrzeuges bei einem Speditionsunternehmen führen. Die Einhaltung der geforderten Toleranzgrenzen bei einer CNC-Maschine führt wirtschaftlich bedingt zu einem Nutzungsende. Im Zusammenhang mit dem Wachstum einer Unternehmung stehen **Erweiterungsinvestitionen** und Diversifizierungsinvestitionen. Eine detaillierte Beschreibung der verschiedenen Investitionsanlässe gibt die Abb. 8.2.

Einmalige Investitionen	
Gründungsinvestitionen (Errichtungsinvestitionen)	Erstausstattung des Unternehmens mit dem notwendigen Anlage- und Umlaufvermögen bei der Unternehmensgründung.
Laufende Investitionen	
Reinvestitionen (Ersatzinvestitionen)	Ersatz verbrauchter oder nicht mehr nutzbarer Betriebsmittel durch neue gleichartige Betriebsmittel. Sie dienen dazu, die Leistungsfähigkeit des Unternehmens zu erhalten. Werden außer einem Investitionsobjekt auch die Nachfolger in die Betrachtung einbezogen, so spricht man von einer Investitionskette.
Instandhaltungsinvestitionen Großreparaturen	Generalüberholungen und Großreparaturen sind Instandsetzungsarbeiten an abnutzbaren Vermögensgegenständen, durch die die Nutzungsdauer verlängert und / oder die technischen Nutzungsmöglichkeiten verbessert werden.
Ergänzungsinvestitionen	
Sicherungsinvestitionen	Langfristige Sicherung des Bestandes des Unternehmens durch Beteiligung an Rohstoffbetrieben zur Versorgungssicherung. Investitionen in Forschung und Entwicklung zur Sicherung der Innovationskraft, Werbeinvestitionen zur Erhaltung der Absatzkraft, Investitionen in eiserne Bestände zur Sicherung der Produktion.
Erweiterungsinvestitionen	Kapazitätsvergrößerung durch zusätzliche oder größere Betriebsmittel. Eine Erweiterungsinvestition kann mit einer Ersatzinvestition kombiniert sein, wenn z.B. eine ausscheidende Anlage durch eine Anlage mit größerer Kapazität ersetzt wird.
Modernisierungsinvestitionen	Anpassung der Betriebsmittel an den technischen Fortschritt. Ersatz technisch verbrauchter oder wirtschaftlich veralteter Betriebsmittel. Abgrenzung zu Ersatz und Rationalisierungsinvestitionen ist schwierig. Es muss kein direkter Bezug zur Leistungserstellung (Produktion) vorliegen
Rationalisierungsinvestitionen	Verbesserung der Leistungsfähigkeit des Betriebes, bei der vorhandene Betriebsmittel durch produktivere oder kostengünstigere Betriebsmittel ersetzt werden. Die Produktivitätssteigerung zeigt sich in einem besseren Verhältnis von Input zu Output. Im Gegensatz zur Modernisierungsinvestition ist sie auf die Veränderung des Produktionsapparates ausgerichtet.
Umstellungsinvestitionen	Erzeugung oder Beschaffung zusätzlicher Anlagen zum Zwecke der Herstellung anderer Güter oder der Erbringung anderer Leistungen als bisher, und zwar anstelle der bisher erzeugten Güter (Änderung des Produktprogramms).
Diversifizierungsinvestitionen (Diversifikationsinvestitionen)	Ein Unternehmen führt Investitionen in einem neuen Markt oder einer neuen Branche durch, um sich Märkte neu zu erschließen. Diversifizierungsinvestitionen haben eine Veränderung des Absatzprogramms zur Folge. Motive können sein: Gewinnchancen, Existenzsicherung, bessere Risikostreuung, Ausnutzung von Erfahrungen, steuerliche Vorteile.

Abb. 8.2 Beschreibung der Investitionsanlässe. (Quelle: Vgl. Schulte 1999, S. 41)

8.1.3 Investitionsplanungsprozess

Es handelt sich bei dem Investitionsplan einer Unternehmung um einen funktions-
bereichsübergreifenden Teilplan, der in die unternehmerische Gesamtplanung eingebettet ist. Die betriebswirtschaftliche Literatur enthält eine Vielzahl schemati-
scher Darstellungen eines unternehmerischen Gesamtplanungssystems. Beispielhaft wird die Darstellung in Abb. 8.3 gewählt, die die Verzahnung der einzelnen
Teilpläne bezogen auf eine kurzfristige Planung veranschaulicht.

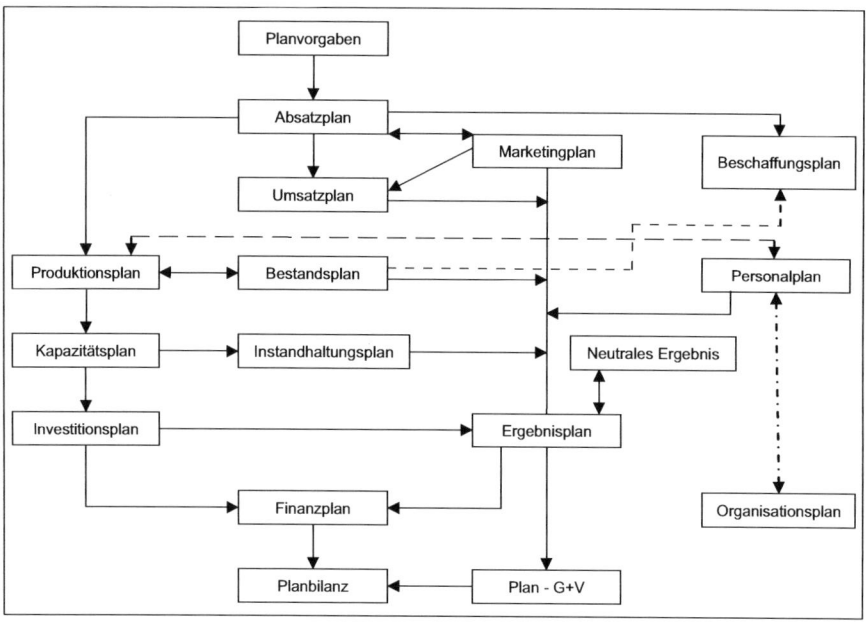

Abb. 8.3 Verzahnung der Teilpläne einer Jahresplanung. (Quelle: Vgl. Hopfenbeck 1997, S. 351)

Elemente eines unternehmensbezogenen Planungssystems sind institutioneller,
funktionaler und instrumentaler Art. Sind diese niedergelegt in einem **Investitions-
handbuch** oder in einer **Investitionsrichtlinie**, kann von einem methodisch-orga-
nisatorischen Rahmen gesprochen werden, der die Verhaltensvorschriften konkre-
tisiert und dokumentiert. Eine derartige Richtlinie ist integraler Bestandteil eines
internen Kontrollsystems. Die Bestimmungen des Gesetzes zur Kontrolle und
Transparenz im Unternehmensbereich (KonTraG) wären somit umgesetzt.

Während es sich bei dem *institutionellen* Aspekt der Planung um die Zuordnung der
jeweiligen Planungsaufgaben an die verschiedenen Planungsorgane handelt, sind
unter dem *instrumentalen* Aspekt die zur Erfüllung der verschiedenen Planungsaufgaben notwendigen Hilfsmittel zu verstehen. Der Planungsprozess stellt den *funktionalen* Aspekt dar. Diesen Planungsprozess untergliedert man zweckmäßigerwei-
se in verschiedene Phasen, wobei diese Unterteilung lediglich als Ordnungsmuster
zu verstehen ist. Keineswegs zwingend ist es, die Phasen hintereinander ablaufen zu

lassen, es können Phasen übersprungen werden, es gibt sowohl Rückkoppelungen als auch Vorkoppelungen. Die Phasen des Investitionsprozesses stellt Abb. 8.4 dar.

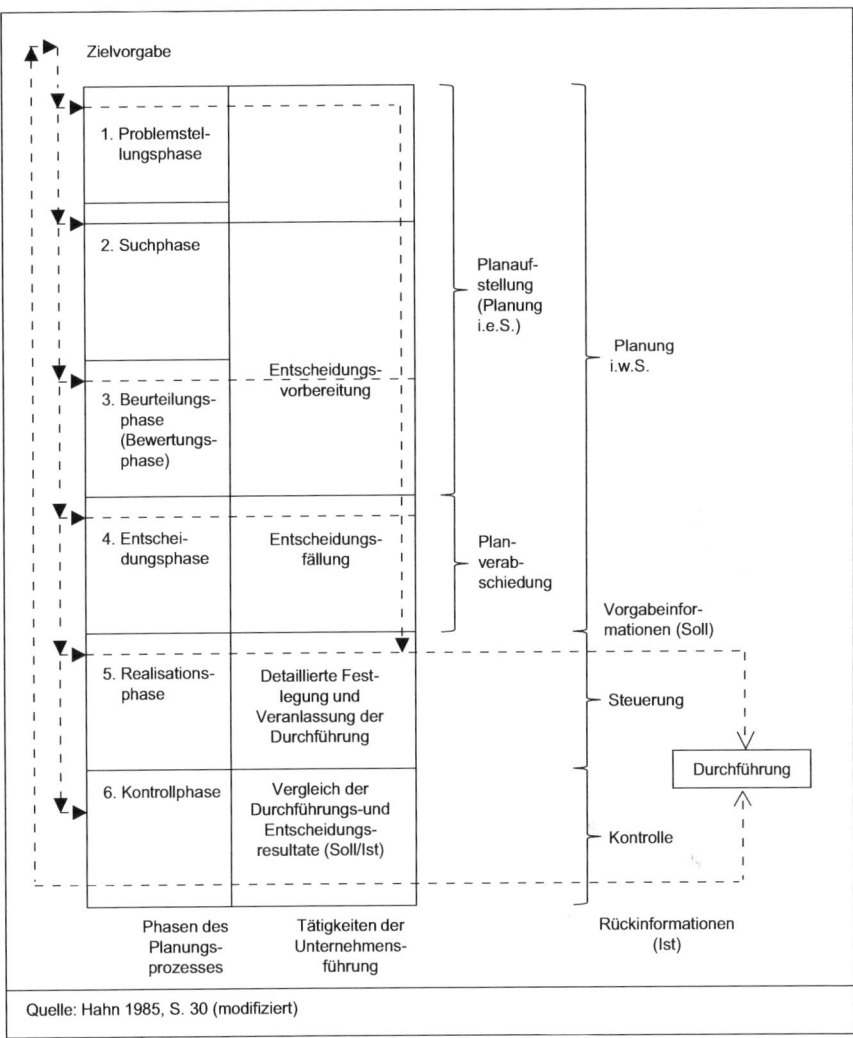

Abb. 8.4 Phasen des (Investitions-) Planungsprozesses. (Quelle: Vgl. Franke und Kötzle 1995, S. 173)

Beispiel: Umsetzung des theoretischen Leitfadens des Investitionsplanung- sprozesses in die Praxis.

Ausgangslage

Die Verfassung einer Kapitalgesellschaft – Gesellschaftvertrag bei einer GmbH, Satzung bei einer Aktiengesellschaft – hat in der Regel den Wortlaut, dass vor

Beginn eines Geschäftsjahres der Vorstand bzw. die Geschäftsführung, außer in den gesetzlich vorgesehenen Fällen, die Zustimmung des Aufsichtsrates (ggf. der Gesellschafterversammlung) zu dem für jedes Geschäftsjahr aufzustellenden Ergebnisplan und Investitionsplan sowie zu wesentlichen Änderungen dieser Pläne einzuholen hat. Wenn folglich Ergebnisplan und Investitionsplan spätestens im Dezember eines jeden Jahres (zu Grunde gelegt wird hierbei das Kalenderjahr als Geschäftsjahr) zu genehmigen sind, die Beratung dieser Pläne vorab in den verschiedenen Ausschüssen zu erfolgen hat (ein Tatbestand, der teilweise zwingend vorgeschrieben ist), bedeutet dieser Sachverhalt vom Zeitablauf unter Beachtung von Fristen, dass ca. um den 15. November jeden Jahres die entsprechenden Pläne versandbereit vorzuliegen haben.

Zu diesem Zeitpunkt muss folglich auch geklärt sein, welche Finanzierung vorgenommen werden soll, denn für gewöhnlich lautet eine weitere satzungsmäßige Bestimmung, dass die Aufnahme (langfristiger) Verbindlichkeiten ein zustimmungsbedürftiges Rechtsgeschäft darstellt, was wiederum bedeutet, dass auch hierzu die Zustimmung der Aufsichtsgremien einzuholen ist.

Antragsverfahren

Ausgehend von determinierten Größen erscheint es angebracht, dass auch unter Zugrundelegung der unternehmensinternen Aufarbeitung, der vielfältigen Abstimmungsprozesse und der unternehmensinternen Entscheidungsfindung im März eines jeden Jahres die Fachabteilung mittels des standardisierten Verfahrens aufzufordern sind, mit der Planung zu beginnen. Dem Anschreiben sind u. a. die gültigen Investitionsantragsformulare beizufügen. Für technische Vorrichtungen, Maschinen, maschinelle Anlagen usw. zeigt Abb. 8.5 ein Musterformular. Für Maßnahmen des Hochbaues ist stets die DIN 276 des Deutschen Normenausschusses als Kostenermittlung verbindlich (vgl. Abb. 8.6).

Antrag zur Aufnahme in das Investitionsprogramm

1. Projektbezeichnung

2. Projektschlüssel (bitte ankreuzen)

o Neubeschaffung   o Sicherheitsmaßnahmen

o Ersatzbeschaffung   o Rationalisierung

o Neubau   o behördl./gesetzl. Auflagen

o Umbau   o Planfeststellungsverfahren einschl. UVP

3. Planende Abteilung

    Kostenstelle: Standort:

    Bearbeiter: Telefon: Projektleiter:

4. Projektbeschreibung und Begründung

5. Realisierungszeitraum

    Beginn: Ende:

6. Beigefügte Unterlagen (bitte ankreuzen)

o Investitionsrechnung   o Leistungsverzeichnis

o Nutzwertanalyse   o techn. Zeichnungen

7.   Sind Fördermittel zu beantragen? (bitte ankreuzen)

o ja   o nein   o klärungsbedürftig

8. Voraussichtliche Fälligkeit der Zahlungen

    Rate: Termin: Betrag:

    Rate: Termin: Betrag:

9. Investitionsbetrag (Einzelnachweis gemäß den gesonderten Formblättern)

10. Folgekosten (Darstellung zwingend vorgeschrieben)

11. Beantragung	**12. Genehmigung**

Achtung: Bei der Beantragung sind die Investitionsrichtlinien zu beachten!

Abb. 8.5 Musterformular eines Antrags zur Aufnahme in ein Investitionsprogramm

Modifizierter Auszug aus der DIN 276-1 Ziffer 3.4 „Stufen der Kostenermittlung"
Quelle: Vgl. DIN Deutsches Institut für Normung e.V., Berlin, Beuth Verlag, Berlin

Kostenrahmen

Der Kostenrahmen dient als Grundlage für die Entscheidung über die Bedarfsplanung sowie für grundsätzliche Wirtschaftlichkeits- und Finanzierungsüberlegungen und zur Festlegung der Kostenvorgabe. Im Einzelnen werden folgende Informationen u.a. zugrunde gelegt: quantitative und qualitative Bedarfsangaben, Angaben zum Standort. Im Kostenrahmen müssen innerhalb der Gesamtkosten mindestens die Bauwerkskosten gesondert ausgewiesen werden.

Kostenschätzung

Die Kostenschätzung dient als eine Grundlage für die Entscheidung der Vorplanung. Insbesondere werden zugrunde gelegt: Ergebnisse der Vorplanung (Planungsunterlagen, zeichnerische Darstellungen), Berechnung der Mengen von Bezugseinheiten der Kostengruppen, erläuternde Angaben, Angaben zum Baugrundstück und zur Erschließung. Die Gesamtkosten sind nach Kostengruppen mindestens bis zur 1. Ebene der Kostengliederung bei der Kostenschätzung ermittelt werden.

Kostenberechnung

Die Kostenberechnung dient als eine Grundlage für die Entscheidung über die Entwurfsplanung. Zugrunde gelegt werden u.a. Planungsunterlagen (durchgearbeitete Entwurfszeichnungen), Berechnung der Mengen von Bezugseinheiten der Kostengruppen, Erläuterungen, die aus den Zeichnungen und den Berechnungsunterlagen nicht zu ersehen sind, aber für die Berechnung und die Beurteilung der Kosten von Bedeutung sind. In der Kostenberechnung müssen die Gesamtkosten nach Kostengruppen mindestens bis zur 2. Ebene der Kostengliederung ermittelt werden.

Kostenanschlag

Als Grundlage für die Entscheidung über die Ausführungsplanung und die Vorbereitung der Vergabe dient der Kostenanschlag. Zugrunde gelegt werden die Planungsunterlagen (z.b. endgültige vollständige Detail- und Konstruktionszeichnungen, Berechnungen (z.B. für die Standsicherheit), Berechnungen der Mengen von Bezugseinheiten der Kostengruppen, Erläuterungen zur Bauausführung (z.B. Leistungsbeschreibungen), Zusammenstellung von Angeboten usw. Im Kostenanschlag müssen die Gesamtkosten nach Kostengruppen mindestens bis zur 3. Ebene der Kostengliederung (hier nicht abgedruckt) ermittelt und nach den vorgesehenen Vergabeeinheiten geordnet werden. Der Kostenanschlag kann entsprechend dem Projektablauf in Schritten aufgestellt werden.

Kostenfeststellung

Die Kostenfeststellung dient zum Nachweis der entstandenen Kosten sowie gegebenenfalls zu Vergleichen und Dokumentationen. In der Kostenfeststellung werden insbesondere zugrunde gelegt: geprüfte Abrechnungsbelege, Planungsunterlagen (z.B. Abrechnungszeichnungen), Erläuterungen. In der Kostenfeststellung müssen die Gesamtkosten nach Kostengruppen bis zur 3. Ebene der Kostengliederung unterteilt werden.

Abb. 8.6 Auszug aus der DIN 276

Ausschreibungen, Beihilfen

Bezüglich des zeitlichen Verlaufs zur Realisierung von Investitionen ist auf verschiedene Aspekte hinzuweisen. Für die Investitionsplanung ist es nicht unerheblich, sich bewusst zu sein, dass Vorhaben ab einer bestimmten Größenordnung national oder sogar europaweit ausgeschrieben werden müssen. Ein Tatbestand, der bei der Planung und Realisierung von Investitionen selbst und bei der Finanzierung von nicht unwesentlicher Bedeutung ist.

Antrags- und Bewilligungsverfahren von Zuschüssen sind dadurch gekennzeichnet, dass sie nicht nur fachlich aufwendig sind, sondern auch einen hohen zeitlichen Vorlauf haben. Hier können sich selbst bei günstigen Abläufen Zeitbedarfe von Jahren ergeben. In der Regel dürfen derartige Vorhaben erst nach Genehmigung begonnen werden. Auf die Bedeutung bei der Planung und Umsetzung von Investitionsvorhaben, die der behördlichen Genehmigung unterliegen, die z. B. den Umweltschutz zu beachten haben, kann nur hingewiesen werden.

Unterschiedliche Sachverhalte können dazu führen, dass Großvorhaben, beispielsweise der Bau eines Kraftwerkes eines Energieversorgungsunternehmens, als Projekt sowohl investiv als auch finanziell realisiert werden sollten, mit der Folge der gesonderten Beratung und Beschlussfassung in den Aufsichtsgremien.

Aufstellen des Investitionsplanes

Im Sinne der Vermeidung von Koordinationsmängeln zwischen den verschiedenen Fachressorts einer Unternehmung hat es sich bei Unternehmen unterschiedlicher Größenordnung als angebracht erwiesen, einen Investitionsplanungsausschuss zu bilden, dem jeder Investitionsantrag vorgelegt werden muss. Dieses Gremium veranlasst und überprüft die Investitionsrechenverfahren, strukturiert die Objekte nach Fachbereichen und Größenordnung sowie nach den Kriterien Neubau, Rationalisierung, Erweiterung etc. Die Investitionsbegründungen werden sachgerecht aufbereitet. Denkbar ist, dass dieser Fachausschuss als Entscheidungsgremium fungiert.

Mittelfristige Planung

Die mittelfristige Investitionsplanung schließt an die kurzfristige Investitionsplanung an und umfasst die Jahre t_2 bis t_5, damit ist die Grundlage der rollierenden Planung geschaffen. Inhaltlich ist die mittelfristige Planung ähnlich strukturiert wie die kurzfristige Planung. Üblicherweise werden derartige Pläne den Aufsichtsgremien lediglich zur Kenntnis vorgelegt.

Genehmigung

Nach Genehmigung der Investitionsplanung erhalten die Fachabteilungen den genehmigten Investitionsplan mit der damit verbundenen Aufforderung zur Umsetzung der Vorhaben. Der Umsetzungsvorgang wird eingeleitet mit einem von der Geschäftsführung zu genehmigenden Freigabeantrag. Die Fachabteilung wird somit gezwungen, ihr Vorhaben noch einmal kritisch zu überprüfen, und notwendige Abstimmungsprozesse einzuleiten. Ein innerbetrieblicher Automatismus wird vermieden. In der Praxis ist es durchaus üblich, einen Ausschließlichkeitstermin (z. B. den 15. September) festzulegen. Bis zu diesem Stichtag muss eine Investition aus der genehmigten Investitionsplanung zur Realisierung spätestens eingeleitet werden, anderenfalls entfällt das Vorhaben ersatzlos. Hintergrund ist, die Jahresergebnis-Vorschau möglichst frühzeitig einleiten zu können und von Störungen durch Aktivierungen und Abschreibungsermittlungen, die erst gegen Jahresende eingeleitet werden können, freizuhalten.

8.1.4 Entscheidungssituationen bei Investitionen

Das Finanzmanagement steht bei eventuell durchzuführenden Investitionen, dieser Sachverhalt gilt gleichermaßen auch für Finanzierungsvorhaben, vor unterschiedlichen Entscheidungssituationen (s. Abb. 8.7).

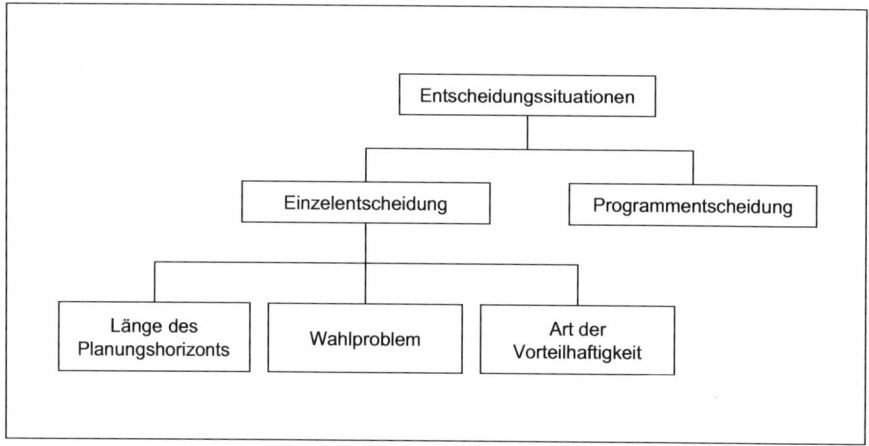

Abb. 8.7 Systematisierung von Entscheidungssituationen. (Quelle: Vgl. Walz und Gramlich 2004, S. 24 sowie Bieg und Kußmaul 2000, S. 43)

Auf der ersten Ebene ist zu trennen zwischen der Entscheidung über ein einzelnes isoliertes Vorhaben und einer Programmentscheidung. Mit einer **Einzelentscheidung** untrennbar verbunden ist die Fragestellung entweder das Investitionsvorhaben durchzuführen oder nicht (z. B. Kauf oder Leasing). Derartige Entscheidungssituationen werden auch als echte Alternativen bezeichnet. Einzelentscheidungen stehen **Programmentscheidungen** gegenüber. Dabei werden inhaltlich völlig unterschiedliche Einzelvorhaben zu einem Investitionsprogramm zusammengefasst. Hier handelt es sich folglich um keine echten, d. h. sich ausschließenden Alternativen.

Bei Einzelentscheidungen sind drei Entscheidungssituationen (=2. Ebene) möglich, und zwar kann es sich (1) um ein Investitionsdauerproblem handeln, (2) um ein Auswahlproblem oder (3) um ein Vorteilhaftigkeitsproblem.

Bei dem Investitionsdauerproblem wird die Länge des Planungshorizontes für eine Investition angesprochen. Das Entscheidungsproblem bezieht sich auf die Projektnutzungsdauer, und zwar dergestalt, ob die Investition einmalig, und dann wie lange angeschafft und genutzt wird, oder ob es sich um eine Projektkette, sich ständig wiederholende Beschaffung eines Reisebusses bei einem Busunternehmen beispielsweise handelt.

Ist die Verwendungsdauer einer Investition festgelegt, ist seitens der Unternehmung die Entscheidung über den Ersatz eines bereits vorhandenen Wirtschaftsgutes (=**Ersatzentscheidung**) zu treffen, oder welche der möglichen Alternativen ausgewählt werden sollte (=**Auswahlentscheidung**).

Ob es sinnvoll ist, ein Investitionsprojekt umzusetzen, hängt davon ab, ob es im Zuge dessen zu einer Vermögensmehrung kommt. Es handelt sich somit um ein **Vorteilhaftigkeitsproblem**.

8.1.5 *Investitionsrechenverfahren*

Der Investitionsplanungsprozess (s. Abb. 8.4) sieht als 3. Stufe im Rahmen der Entscheidungsvorbereitung die Beurteilungs- (=Bewertungs-) Phase von Investitionen vor. Investitionsrechenverfahren (=Wirtschaftlichkeitsrechnungen) sind Bestandteil der Beurteilungsphase, die der Entscheidungsphase vorgelagert ist. Damit wird deutlich, dass Investitionsrechenverfahren Teil der Entscheidungsfindung sind, aber nicht die Entscheidung selbst. Damit wird der in der Literatur überwiegend zu findenden Auffassung nicht gefolgt, Investitionsrechenverfahren als Investitionsentscheidung anzusehen. Entscheidungen über Investitionen bleiben der Unternehmensführung vorbehalten, da Investitionen immer im Gesamtzusammenhang einer Unternehmung zu betrachten sind. Investitionsrechenmethoden dienen, egal ob sie die monetären und/oder die nicht-monetären Wirkungen bewerten, letztlich nur der *Bewertung*.

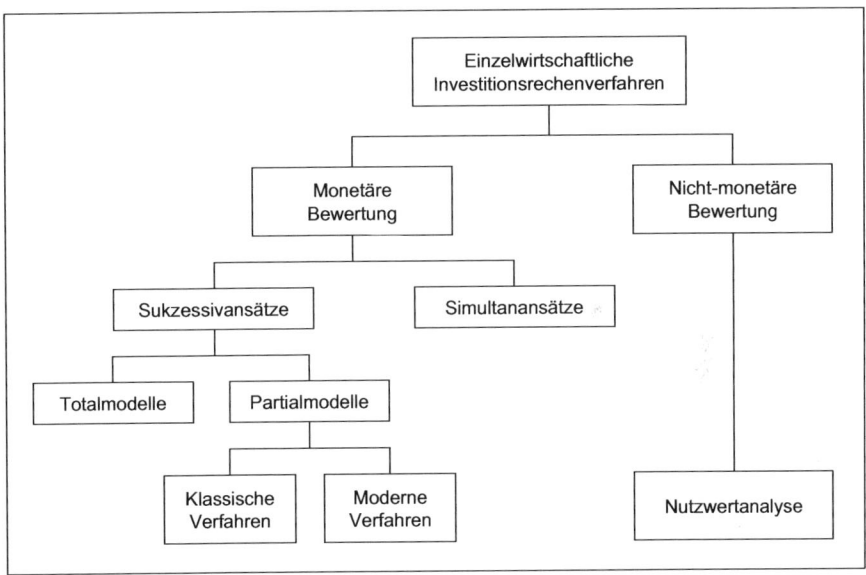

Abb. 8.8 Systematisierung einzelwirtschaftlicher Investitionsrechenverfahren

Investitionsrechenverfahren (vgl. Abb. 8.8) werden in einem ersten Schritt in Methoden zur monetären Bewertung und zur nicht-monetären Bewertung unterschieden. Monetäre Bewertungsverfahren basieren auf quantitativen Wertgrößen, während die Nutzwertanalyse als nicht-monetäres Bewertungsverfahren den Nutzen, d. h. nicht quantifizierbare Kriterien wie beispielsweise Servicequalität, Sicherheitsaspekte, Erfahrung erfasst.

Bei den **Simultanansätzen** handelt es sich beispielsweise um die Investitions-/Finanzierungsmodelle von Albach, Hax oder Weingartner sowie u. a. die Investitions- und Produktionsmodelle von Swoboda oder Jacob. Diese Ansätze versuchen, die Abhängigkeiten zwischen den einzelnen Unternehmensbereichen abzubilden. Als praxisrelevante Entscheidungshilfe bei Investitionsvorhaben sind nach wie vor die **Sukzessivansätze** anzusehen (vgl. Schierenbeck 1995, S. 318). Sie entsprechen in ihrer Vorgehensweise der schrittweisen hierarchisch orientieren Unternehmensplanung. Bei diesen Ansätzen ist zu unterscheiden zwischen Partialmodellen und dem Totalmodell. Das Konzept der vollständigen Finanzplanung (= VOFI) hat als **Totalmodell** das Ziel, die mit der Finanzierung einer Investition im Zusammenhang stehenden Zahlungen für Zinsen und Tilgung exakt auszuweisen.

Bei **Partialmodellen** vollzieht sich die Ermittlung der Vorteilhaftigkeit nicht anhand der originären Zielgröße des Investors, sondern mit Hilfe von Kapitalwert, Internem Zinsfuß als Ersatzkriterien. Partialmodelle haben für die Praxis eine große Bedeutung, wenn Entscheidungen über Investitionen zu treffen sind. Zu den *klassischen Partialmodellen* werden die Kapitalwertmethode, die Annuitätenmethode und die Methode des Internen Zinsfußes gerechnet. Die Sollzinssatzmethode, die Vermögensendwertmethode und das Marktzinsmodell gelten als *moderne Ansätze*.

8.2 Investitionsrechenverfahren unter Sicherheit

Als klassische oder finanzmathematische Investitionsrechenverfahren werden die Kapitalwertmethode, die Annuitätenmethode und die Methode des Internen Zinssatzes bezeichnet. Diese Berechnungsmethoden bieten dem Entscheider/den Entscheidern nicht nur echte Handlungsalternativen, sondern sie berücksichtigen insbesondere die Tatsache, dass der Wert einer Einzahlung bzw. einer Auszahlung nicht vom Zeitwert abhängt, sondern vielmehr vom Zeitpunkt des Anfalls.

Die dynamischen Verfahren setzen voraus, dass für jedes zu bewertende Investitionsobjekt Zahlungsreihen in Struktur und Höhe aufgestellt werden können. Das Unsicherheitsproblem, d. h., dass zu leistende oder zu empfangende Zahlungen der Zukunft unsicher sein könnten, wird ausgeklammert. Die in Kap. 8.3 vorgestellten Verfahren zur Bewältigung des Unsicherheitsproblems stellen nichts anderes als Ergänzungsverfahren zu den hier vorgestellten Methoden dar, sie werden aus Gründen der Übersichtlichkeit gesondert behandelt.

8.2.1 Grundlagen der Investitionsrechenverfahren
unter Sicherheit

Grundlage der dynamischen Investitionsrechenverfahren unter Sicherheit sind insgesamt sechs verschiedene finanzmathematische Faktoren, sie sind in den Abb. 8.10 bis 8.12 übersichtlich dargestellt und werden entsprechend erläutert. Darüber hinaus ist es erforderlich, die im Folgenden verwendeten Symbole zu benennen (s. Abb. 8.9).

K_0	= Kapital zum Zeitpunkt t_0 = Barwert
K_n	= Kapital zum Zeitpunkt t_n
E/A	= Einzahlungen/Auszahlungen
n	= (Anzahl) Jahre
t	= Zeitpunkt
i	= Kalkulationszinssatz
r	= kritischer Zins

Unter dem Zeitwert versteht man den Wert einer Zahlung zum Zeitpunkt des Anfalls.

Abb. 8.9 Symbole im Rahmen der dynamischen Investitionsrechenverfahren

Aufzinsen

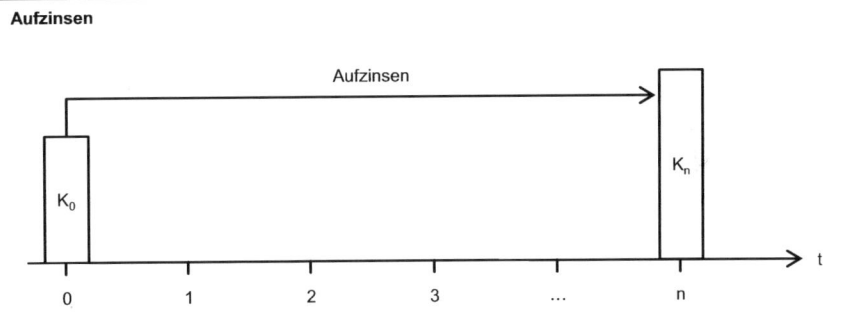

Es wird derjenige Betrag (Endwert) ermittelt, der unter Berücksichtigung von Zins und Zinseszins sich nach n Jahren ergibt. Die Zinsen werden am Ende des Jahres (nachschüssig) dem Kapital zugeschlagen.

Aufzinsungsfaktor:
$$q^n = (1+i)^n$$

Abzinsen

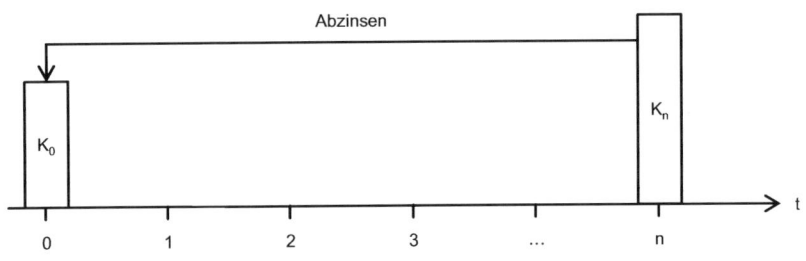

Es wird der Gegenwartswert (Barwert) eines Kapitalbetrages, welcher in der n-ten Periode zur Auszahlung kommt, unter Berücksichtigung von Zins und Zinseszins ermittelt.

Abzinsungsfaktor:
= Diskontierungsfaktor
$$q^{-n} = (1+i)^{-n}$$

Abb. 8.10 Finanzmathematische Faktoren 1

Diskontieren

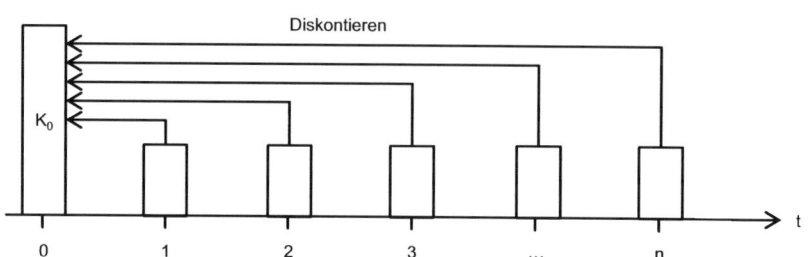

Es wird der Gegenwartswert einer Zahlungsreihe unter Berücksichtigung von Zins und Zinseszinsen ermittelt, wobei im Zeitverlauf jeweils am Jahresende gleich hohe Beträge anfallen.

Diskontierungssummenfaktor:
= Kapitalisierungsfaktor
= Abzinsungssummenfaktor
= Rentenbarwertfaktor

$$\frac{q^n - 1}{q^n(q-1)} = \frac{(1+i)^n - 1}{i(1+i)^n}$$

Endwertermittlung

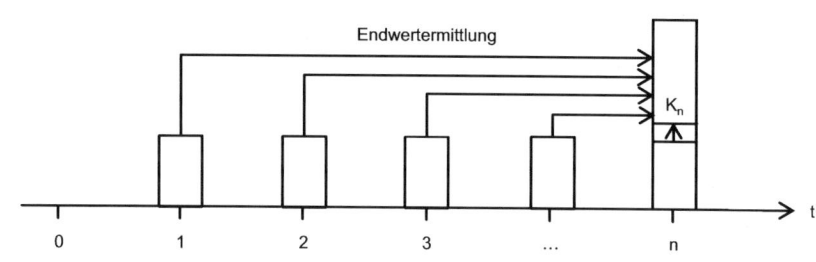

Es wird das Endkapital einer Zahlungsreihe mit periodisch gleichen Zahlungen unter Berücksichtigung von Zins und Zinseszinsen errechnet.

Endwertfaktor:
= Rentenendwertfaktor
= Aufzinsungssummenfaktor

$$\frac{q^n - 1}{q - 1} = \frac{(1+i)^n - 1}{i}$$

Abb. 8.11 Finanzmathematische Faktoren 2

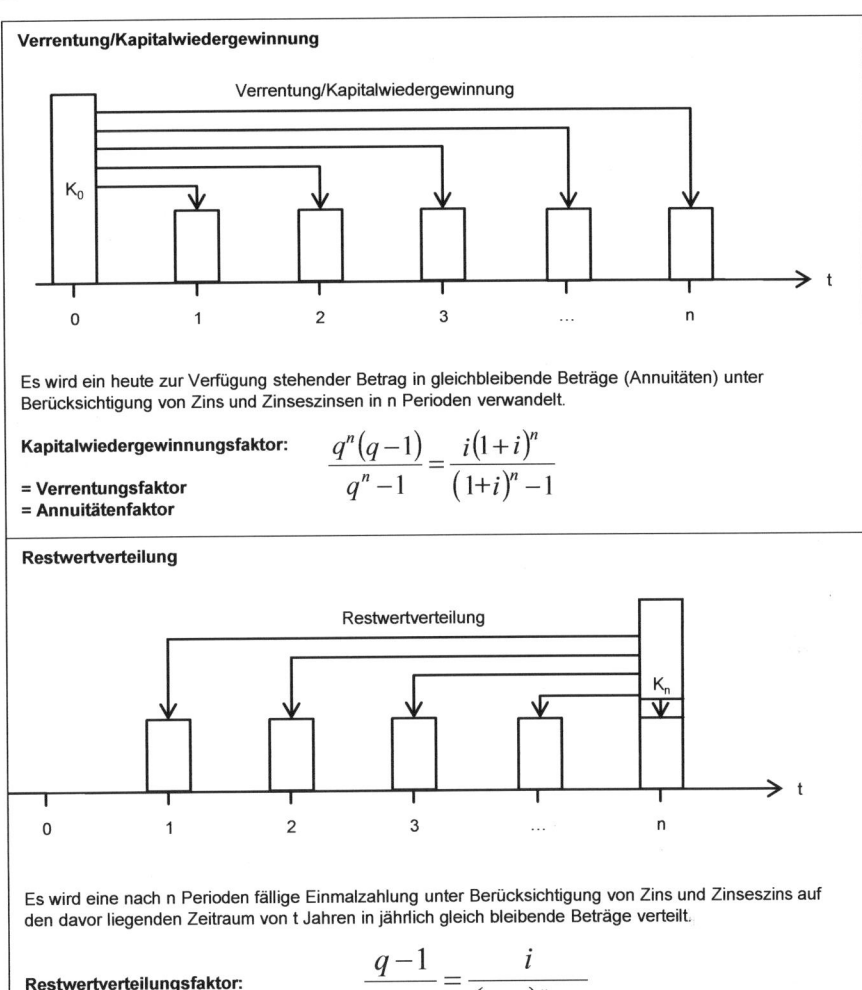

Abb. 8.12 Finanzmathematische Faktoren 3

8.2.2 Kapitalwertmethode

Die Kapitalwertmethode beurteilt Investitionsobjekte nach ihrem Kapitalwert. Bei Anwendung dieser Rechenmethode gelten folgende Vorteilhaftigkeitsregeln:

Absolute Vorteilhaftigkeit: Eine Investition ist vorteilhaft, wenn der Kapitalwert gleich oder größer als null ist. Relative Vorteilhaftigkeit: Wähle diejenige Investition, die den höchsten Kapitalwert aufweist.

Der Kapitalwert ist wie folgt definiert:

Unter dem Kapitalwert einer Investition versteht man die Summe aller auf einen Zeitpunkt auf- bzw. abgezinsten Ein- und Auszahlungen, die durch die Realisierung einer Investition verursacht werden.

Die Berechnung kann auch mit Hilfe der Kapitalwertformel erfolgen:

$$K_0 = \sum_{t=0}^{n} (E_t - A_t) \cdot (1+i)^{-t}$$

Das Beispiel „Ermittlung des Kapitalwertes einer Investition" verdeutlicht die Zusammenhänge und zeigt die Rechenvorgänge detailliert auf.

Beispiel: Ermittlung des Kapitalwertes einer Investition

Ausgangslage

Der gesamte Auszahlungsbetrag einer Investition beläuft sich auf 120.000 EUR, davon sind 27.778 EUR zum Zeitpunkt t_{-1} zu leisten. Die Laufzeit der Investition soll 5 Jahre betragen, als Kalkulationszins werden 8 % festgelegt. Die Einzahlungsüberschüsse betragen in $t_1 = 30.000$ EUR, $t_2 = 40.000$ EUR, $t_3 = 40.000$ EUR, $t_4 = 60.000$ EUR und $t_5 = 40.000$ EUR. Im Jahr t_4 wird mit einer Auszahlung für eine Großreparatur in Höhe von 40.000 EUR gerechnet, ein Liquidationserlös ist im Einzahlungsüberschuss in t_5 angesetzt.

Aufgabenstellung

1. Zu ermitteln ist der Kapitalwert der Investition.

2. Die Berechnung soll in tabellarischer Form vollzogen werden.

3. Die Zahlungsströme sind schematisch darzustellen.

Lösung

Es wird auf die Abb. 8.13 und 8.14 verwiesen.

Jahr	Zeitwerte der Zahlungen		Aufzinsungsfaktior	Abzinsungsfaktor	Barwerte
	Auszahlungen	Einzahlungen			
t_{-1}	27.778		1,08		-30.000
t_0	90.000				-90.000
t_1		30.000		0,925926	+ 27.778
t_2		40.000		0,857339	+ 34.294
t_3		60.000		0,793832	+ 31.753
t_4		60.000		0,735030	+ 14.701
t_5		40.000		0,680583	+ 27.223
		Kapitalwert der Investition			+ 15.749

Abb. 8.13 Rechnerische Ermittlung des Kapitalwertes

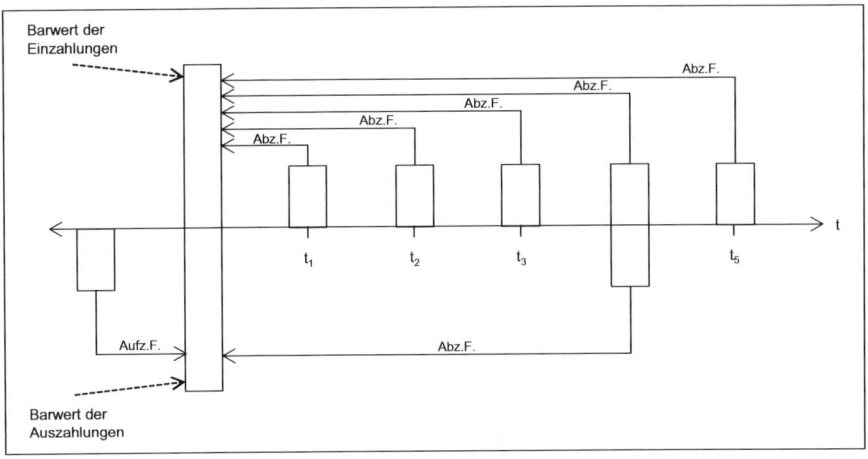

Abb. 8.14 Grafische Ermittlung des Kapitalwertes

Die Höhe des Kapitalwertes wird stets bestimmt durch drei Einflussgrößen, und zwar (1) von der Höhe der Ein- und Auszahlungen, (2) von der Struktur der Zahlungen (=zeitliche Verteilung) und (3) von der Höhe des Kalkulationszinssatzes (= Zinssatz des Investors). Da durch den Kalkulationszinsfuß eine Verzinsung des gebundenen Kapitals erfasst wird, ist die Berücksichtigung von kalkulatorischen Zinsen überflüssig, ebenso dürfen kalkulatorische Abschreibungen nicht angesetzt werden, da die Auszahlungen für das anzuschaffende Investitionsobjekt in die Rechnung eingehen. Die Verwendung der Kapitalwertmethode – es werden gleichbedeutend die Begriffe Barwertmethode, Net-Present-Value-Methode oder Gegenwartsmethode verwendet – verlangt (1), dass sich die in den Rechenvorgang eingehenden Zahlungsströme isolieren und (2) abschätzen lassen und unterstellt (3), dass sich die Einzahlungsüberschüsse zu dem einheitlichen Kalkulationszinsfuß auch reinvestiert werden können.

Die der Kapitalwertmethode zu Grunde liegende Prämisse besagt, dass zu jedem Zeitpunkt finanzielle Mittel zu einem einheitlichen Kalkulationszinssatz in jeder beliebigen Höhe aufgenommen bzw. angelegt werden können. Diese Prämisse beruht auf der Annahme eines vollkommenen Kapitalmarktes, die es erlaubt, getrennt voneinander über Investitions- und Finanzierungsmaßnahmen zu entscheiden (Fisher Separationstheorem).

Bezüglich der Höhe des individuellen unternehmerischen Kalkulationszinssatzes sollte auf das Berechnungsschema zur Ermittlung des gewichteten Kapitalkostensatzes (=WACC) zurückgegriffen werden (s. hierzu Kap. 7.2.7.1). Unbestritten ist, dass es den *richtigen* Kalkulationszinssatz nicht gibt, jedoch ist es von großer Bedeutung sich darüber im Klaren zu sein, dass ein direkter Zusammenhang zwischen dem Kapitalwert eines Investitionsobjektes und der Höhe des Kalkulationszinssatzes besteht (siehe hierzu das Beispiel zur „Darstellung zur Sensibilität des Kalkulationszinssatzes").

Beispiel: Darstellung zur Sensibilität des Kalkulationszinssatzes

Ausgangslage

Gesucht wird der Kapitalwert einer Investition, deren Anschaffungsauszahlung 100.000 GE beträgt. Als Nutzungsdauer werden 5 Jahre angenommen, der einheitliche Kalkulationszinssatz wird auf 8 % festgelegt. Die Zahlungsströme sind geschätzt, aus Vereinfachungsgründen erfolgt nur die Angabe der Überschüsse für die Nutzungsdauer.

Die Lösung ist in der Tabelle gemäß Abb. 8.15 dargestellt.

Jahr	Abzinsungs-faktoren	Anschaffungs-auszahlungen	Einzahlungs-überschüsse	Barwert der Zahlungsströme
0		- 100.000		- 100.000
1	0,925926		25.000	23.148
2	0,857339		25.000	21.433
3	0,793832		35.000	27.784
4	0,735030		30.000	22.051
5	0,680583		15.000	10.209
			Kapitalwert der Investition	4.625

Abb. 8.15 Ermittlung des Kapitalwertes bei einem Zinssatz von 8 %

Veränderung der Ausgangslage

Wäre die Entscheidung des Finanzmanagements, auf Grund anderer Informationen einen Kalkulationszinssatz von 12 % zu wählen, ergäbe sich nachstehende Ermittlung (vgl. Abb. 8.16).

Jahr	Abzinsungs-faktoren	Anschaffungs-auszahlungen	Einzahlungs-überschüsse	Barwert der Zahlungsströme
0		- 100.000		- 100.000
1	0,892857		25.000	22.321
2	0,797194		25.000	19.930
3	0,711780		35.000	24.912
4	0,635518		30.000	19.066
5	0,567427		15.000	8.511
			Kapitalwert der Investition	- 5.260

Abb. 8.16 Ermittlung des Kapitalwertes bei einem Zinssatz von 12 %

Ergebnis

Die Beispieldarstellung gibt einen Hinweis, wie sorgfältig der unternehmensinterne Kalkulationszinssatz gewählt werden muss, denn es zeigt sich, wie empfindlich der Kapitalwert reagiert. Die Höhe des Kapitalwertes sinkt bei steigendem Zinsfuß, das bedeutet gleichzeitig, dass die Vorteilhaftigkeit der zur Disposition stehenden Investition abnimmt. Ursächlich ist, dass bei einem höheren Zinsfuß spätere Zahlungen durch Diskontierung einen geringeren Barwert aufweisen. Die Kapitalwertkurve (vgl. Abb. 8.17) verdeutlicht die Abhängigkeit des Kapitalwertes vom gewählten Zinssatz i.

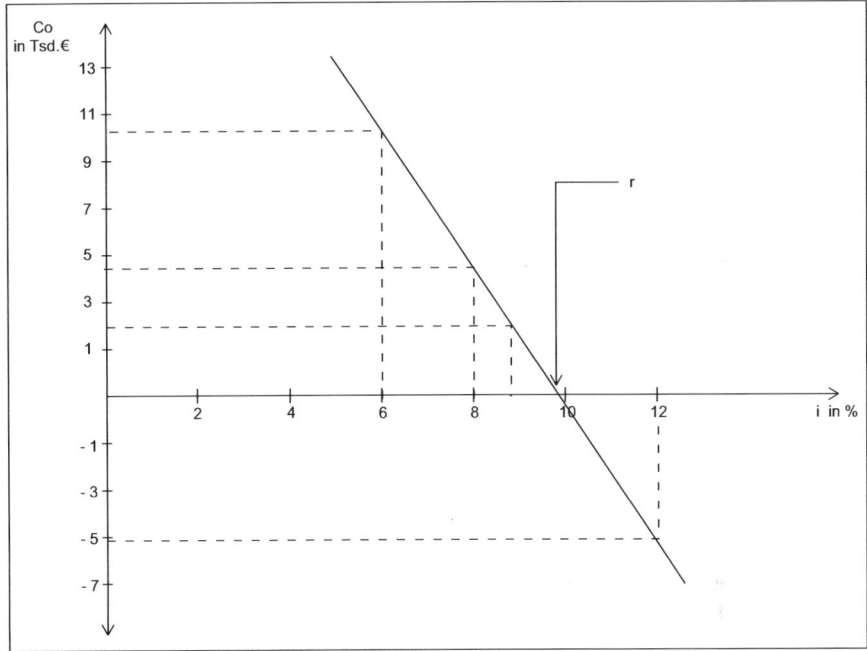

Abb. 8.17 Grafische Ermittlung des Kapitalisierungszinses

Die **Kapitalwertfunktion** stellt den Zusammenhang zwischen der Höhe des Kalkulationszinssatzes einerseits und der Höhe des Kapitalwertes andererseits dar (vgl. Schmidt und Terberger 2006, S. 152).

Von der Bestimmungsgröße Kapitalwert ist der **Ertragswert** zu unterscheiden.

8.2.3 Annuitätenmethode

Der Kapitalwert, der im Rahmen der Kapitalwertmethode berechnet wird, repräsentiert die über die gesamte Laufzeit eines Investitionsobjektes ermittelte Differenz zwischen den barwertigen Einzahlungen sowie den barwertigen Auszahlungen im Zusammenhang mit der beabsichtigten Realisierung. Die gleiche Aussage gilt selbstverständlich auch, wenn eine Kontrollrechnung nach erfolgter Realisierung anhand tatsächlicher Auszahlungen bzw. Einzahlungen durchgeführt wird. Ein positiver (negativer) Kapitalwert bedeutet, die Vermögensmehrung (Vermögensminderung) zum Zeitpunkt des Investitionsbeginns. Bei einem positiven Kapitalwert handelt es sich um denjenigen Betrag, der zu Projektbeginn bei Realisierung entnommen werden könnte.

In dem Beispiel „Ermittlung des Kapitalwertes einer Investition" in Kap. 8.2.2 wurde ein positiver Kapitalwert in Höhe von 15.749 EUR ausgewiesen. Besteht die Absicht, diesen einmaligen Überschuss in eine konstante Zahlungsreihe während der Projektlaufzeit umzuwandeln, wird die Annuitätenmethode eingesetzt. Berechnet wird die Annuität, indem der Kapitalwert mit dem Annuitätenfaktor multipliziert wird. Die Annuität aus dem Aufgabenbeispiel aus dem Kap. 8.2.2 beträgt

$$K_0 \times KWF \qquad = \text{Annuität}$$
$$15.749 \times 0,250456 = 3.944 \, \text{EUR}$$

Da die Berechnung der Annuität den Kapitalwert zur Grundlage hat, kann die Annuitätenmethode als Ableitung der Kapitalwertmethode angesehen werden.

Die Annuität (= Rente) ist finanzmathematisch betrachtet eine Zahlung, die am Periodenende (= nachschüssig) geleistet wird. Sie ist die Umkehrung der Kapitalwertberechnung für eine endliche (oder ewige) uniforme Zahlungsreihe (vgl. Schmidt und Terberger 2006, S. 138).

8.2.4   Methode des Internen Zinsfußes

Die Kapitalwertmethode ermittelt wie in Kap. 8.2.2 dargestellt bei vorgegebenem Kapitalmarktzins den Kapitalwert einer Sachinvestition als Differenz der mit ihr verbundenen diskontierten Einzahlungs- und Auszahlungsreihe. Die Methode des Internen Zinsfußes hingegen stellt dem Investor denjenigen Zinsfuß zur Verfügung, bei dem die diskontierten Rückflüsse aus dem Investitionsprojekt gerade der Investitionssumme entsprechen, sich demzufolge ein Kapitalwert von Null ergibt.

Von der Kapitalwertformel zur Formel des Internen Zinsfußes:

Kapitalwertformel: $$K_0 = \sum_{t=0}^{n} (E_t - A_t) \cdot (1 + i)^{-t}$$

Formel des Internen Zinsfußes: $$0 = \sum_{t=0}^{n} (E_t - A_t) \cdot (1 + i)^{-t}$$

Der ermittelte Zinsfuß stellt somit die effektive Verzinsung einer Sachinvestition dar, er wird auch als kritischer Zinssatz r bezeichnet. Der Begriff intern ergibt sich aus der Tatsache, dass zu seiner Berechnung mit Hilfe der Kapitalwertformel ausschließlich Daten des zu Beurteilung anstehenden Investitionsobjektes herangezogen werden (vgl. Matschke 1993, S. 215). Nach der Methode des Internen Zinsfußes kann eine Sachinvestition dann als vorteilhaft angesehen werden, wenn der Interne (=kritische) Zinssatz gleich/höher ist als der vom Investor vorgegebene Kapitalmarktzins. Das Problem der Methode des internen Zinsfußes besteht darin, dass für jede Sachinvestition ein anderer kritischer Zins ermittelt wird, so dass diese Methode im Zusammenhang mit Wahlproblemen zu nicht nachvollziehbaren Entscheidung führen kann. Im Zweifel ist immer auf die Kapitalwertmethode zurückzugreifen.

Die Auflösung der Gleichung zur Ermittlung des Internen Zinsfußes unterliegt bei der Mehrzahl, d. h., die Laufzeit des Investitionsobjektes beträgt mehr als zwei Perioden, mathematischen Lösungsschwierigkeiten. Die Praxis wählt die lineare Interpolation mit folgender Formel:

$$r = i_1 - K_{01} \times \frac{i_2 - i_1}{K_{02} - K_{01}}$$

Zur näherungsweisen Bestimmung des internen Zinsfußes r werden zwei Versuchszinsfüße (i_1 und i_2) frei gewählt und die dazugehörigen Kapitalwerte (K_{01} und K_{02}, positiv, negativ) ermittelt. Ist der Abstand von r zu i_1 und i_2 zu groß, wird der Vorgang mit näher liegenden Zinsfüßen wiederholt. Dieses Näherungsverfahren genügt unternehmerischen Entscheidungsprozessen. Es wird auf das Beispiel „Ermittlung des Internen Zinsfußes" verwiesen.

Beispiel: Ermittlung des Internen Zinsfußes

Ausgangslage

Es wird zurückgegriffen auf das Beispiel „Ermittlung des Kapitalwertes einer Investition" im Zusammenhang mit der Darstellung der Kapitalwertmethode. Ausgehend von dem zu Grunde gelegten Daten, die zur monetären Bewertung des Investitionsobjektes zur Verfügung standen, ergab sich bei einem Kapitalisierungszins von 8 % ein Kapitalwert von 15.749 EUR.

Aufgabenstellung

1. Zu ermitteln ist der Interne Zinsfuß des Investitionsobjektes.

2. Es ist die arithmetische Nährungsmethode (=regula falsi) anzuwenden.

Lösung

| Jahr | Zeitwerte | | Zinssatz 12% | | | Zinssatz 14% | | |
	Auszahlungen	Einzahlungen	Aufzinsungs-faktor	Abzinsungs-faktor	Barwerte	Aufzinsungs-faktor	Abzinsungs-faktor	Barwerte
t_{-1}	26.786 26.667		→ 1,120000		-30.000	→ 1,140000		→ -30.000
t_0	90.000			-	- 90.000			- 90.000
t_1		30.000		0,892857	26.786		0,877193	26.316
t_2		40.000		0,797194	31.888		0,769468	30.779
t_3		40.000		0,711780	28.471		0,674972	26.999
t_4	40.000	60.000		0,635518	12.710		0,592080	11.842
t_5		40.000		0,567427	22.697		0,519369	20.774
					+ 2.552			- 3.290

Abb. 8.18 Ermittlung der Kapitalwerte mit unterschiedlichen Zinsfüßen zur Berechnung des Internen Zinssatzes

Zur Lösung der Aufgabenstellung werden im Rahmen des Näherungsverfahrens zwei Versuchszinsfüße gewählt, und zwar i_1 mit 12 % und i_2 mit 14 % und die entsprechenden Barwerte der Einzahlungen und Auszahlungen in dem Zeitraum t_1 bis t_5 ermittelt (vgl. Abb. 8.18). Wie ersichtlich kann bei einem Kalkulationszins von i_1 mit 12 % ein Barwert von + 2.552 EUR errechnet werden, bei einem Zins von $i_2 = 14$ % beträgt der Barwert – 3.290 EUR. Daraus ergibt sich folgende Gleichung

$$r = i_1 - K_{01} \times \frac{i_2 - i_1}{K_{02} - K_{01}} = 12,0 - 2.552 \times \frac{14,0 - 12,0}{-3.290 - 2.552} = 12,87\,\%$$

Der Interne Zinsfuß (=kritischer Zins) beträgt 12,87 %. Weitere Kommastellen sind nicht praxisrelevant.

8.2.5 *Darstellung der dynamischen Investitionsrechenverfahren anhand eines Fallbeispieles*

Die mehrjährige Investitionsplanung der Weserland-Gesellschaft sieht vor, ein Aggregat zur Herstellung von hochwertigen Kunststoffkomponenten zu beschaffen. Die Aufgabenstellung sieht vor, die Vorteilhaftigkeit jeweils ausführlich mittels Kapitalwertmethode, Annuitätenmethode und Methode des Internen Zinsfußes darzulegen.

Ausgangslage

Zu den Anschaffungsauszahlungen

Die Anschaffungsauszahlung umfasst neben dem vereinbarten Kaufpreis die vom Unternehmen zu tragenden Transport- und Versicherungskosten.

Je nach Bestimmungslage wären desweiteren zu berücksichtigen: Zölle, Genehmigungsgebühren, Kosten für Installation und Ingangsetzung, Ausgaben für die Schulung und Einarbeitung der Mitarbeiter.

Zu den Einzahlungen

Ausgehend von Vertragsverhandlungen mit möglichen Großabnehmern kann von einer Fertigungsmenge = Absatzmenge von 1,2 Mio. Stück in den ersten beiden Jahren ausgegangen werden. In den Jahren $t_3 - t_5$ wird nach einer einmaligen Erhöhung der Verkaufsmenge um 10 % in t_3 nur ein konstanter Absatz möglich sein. Die Preisvorstellung von 1 EUR/Stück kann nach den Gesprächen mit potenziellen Abnehmern als realistisch betrachtet werden, Preiserhöhungen können nicht durchgesetzt werden. Als Liquidationserlös der Fertigungsanlage wurden 25.000 EUR angesetzt, der Betrag wurde gekürzt um eventuell anfallende Ausgaben für die Demontage u. ä.

Zu den Auszahlungen

Die in diesem Fallbeispiel genannten Auszahlungen wurden aus Gründen der Übersichtlichkeit nicht detailliert ausgewiesen, sie umfassen einmalige und möglicherweise unregelmäßige Auszahlungen, z. B. für Reparaturen, sowie regelmäßige fixe und variable Auszahlungen. Im Einzelnen sind zu nennen: Ausgaben (= Lohn und Material) für die Wartung und Instandhaltung, Versicherungsprämien, Lizenzgebühren, Grundgebühren für Energie, Löhne, Gehälter, sowie Personalnebenkosten. Ausgaben für Rohstoffe, Vorerzeugnisse, Hilfsstoffe, Energie, Verpackung, Kosten des Recycling als variable Produktionskosten sind ebenso in Ansatz zu bringen.

Lösungshinweis

Als Kalkulationszinssatz im Rahmen der Kapitalwertmethode werden 9 % zu Grunde gelegt. Ertragssteuern bleiben außer Ansatz.

Lösung nach der Kapitalwertmethode

Auf der Grundlage der in der Ausgangslage genannten Daten sind die Zahlungsströme für das Investitionsobjekt in Abb. 8.19 dargestellt:

Jahr	Einzahlungen €	Auszahlungen €	
t	E	A	
0	0	250.000	Anschaffungsauszahlung
1	1.200.000	1.140.000	
2	1.200.000	1.140.000	
3	1.320.000	1.254.000	
4	1.320.000	1.254.000	
5	1.345.000	1.248.000	

Abb. 8.19 Darstellung der Zahlungsströme

Jahr	Zeitwert der Einzahlungsüber- schüsse	Abzinsung	Barwert der Einzahlungsüber- schüsse
t	$(E_t - A_t)$	$(1+t)^{-n}$	
1	2	3	$4 = 2 \times 3$
0	-250.000		-250.000
1	60.000	0,917431	55.046
2	60.000	0,841680	50.501
3	66.000	0,772183	50.964
4	66.000	0,708425	46.756
5	97.000	0,649931	63.043
Kapitalwert der Investition			16.310

Abb. 8.20 Kapitalwert der Investition

Der **Kapitalwert** (=Barwert oder Gegenwartswert) der vorgesehenen Investition beträgt 16.310 EUR. Dieser Betrag verdeutlicht, dass die Vornahme der Investition vorteilhaft ist. Aus ökonomischer Sicht handelt es sich um die Vermögensmehrung im Zeitpunkt des Investitionsbeginns, folglich um denjenigen Betrag, der seitens des Investors zu Projektbeginn entnommen werden kann und frei verfügbar ist (vgl. Abb. 8.20).

Eine Addition der Barwerte der Einzahlungsüberschüsse (s. Spalte 4 der Abb. 8.20) ergibt den Betrag von 266.310 EUR. Diese Rechengröße stellt den Ertragswert der Investition dar. Der **Ertragswert** ist folglich zum einen der Kapitalwert zuzüglich der Anschaffungsauszahlung und zum anderen der Gegenwartswert zum Zeitpunkt t_0 der Einzahlungsüberschüsse.

Die Zusammenhänge zwischen Finanzierung und Investition werden in dem Investitionskonto des behandelten Investitionsobjektes verdeutlicht (vgl. Abb. 8.21). Die Unternehmung bzw. ein Investor stellt im Zeitpunkt t_0 für die vorgesehene Investition einen Betrag von 250.000 EUR zur Verfügung und entnimmt gleichzeitig den Kapitalwert (=Vermögensmehrung) in Höhe von 16.310 EUR. Unter Berücksichtigung von Zinseszinsen ist zu erkennen, dass die im Zeitraum t_1 bis t_5 erzielbaren Einzahlungsüberschüsse (= Cashflows) ausreichen, um die Anfangszahlungen auszugleichen.

Zeitpunkt	t_0	t_1	t_2	t_3	t_4	t_5
Investitionsauszahlung	-250.000					
Entnahme des Kapitalwertes als Vermögensmehrung	-16.310					
durch Einzahlungsüberschüsse abzudeckender Betrag	-266.310	↗ -266.310	↗ -230.278	↗ -191.003	↗ -142.193	↗ -88.990
Zinsen auf den noch nicht abgedeckten Betrag (= 9 %)		-23.968	-20.725	-17.190	-12.797	-8.010
Zwischensumme		-290.278	-251.003	-208.193	-154.990	-97.000
durch die Investition erzielter Einzahlungsüberschuss		+60.000	+60.000	+66.000	+66.000	+97.000
Restbetrag am Periodenende	-266.310	-230.278	-191.003	-142.193	-88.990	0

Abb. 8.21 Darstellung der Projektfinanzierung im Rahmen der Kapitalwertmethode

Lösung nach der Annuitätenmethode

Ausgangspunkt der weiteren Überlegungen ist die zugrunde gelegte Investition (=250.000 EUR), der unter den Annahmen ein Kapitalwert von 16.310 EUR zugeordnet wurde. Wird der Kapitalwert mit dem Wiedergewinnungsfaktor (=Annuitätenfaktor) multipliziert, erhält man die Annuität. Die Annuität ist, wie dargestellt, eine Umkehrung der Kapitalwertberechnung (vgl. Schmidt und Terberger 2006, S. 138), in diesem Falle in eine endliche uniforme Zahlungsreihe (=Rente).

Für das gewählte Beispiel bedeutet das im Einzelnen:

$$16.310\,\text{EUR} \quad \times \quad 0{,}257092 \quad = \quad 4.194\,\text{EUR}$$

↓	↓	↓
Kapitalwert der Invesition	Annuitätenfaktor oder Kapitalwiedergewinnungsfaktor bei einer Laufzeit von 5 Jahren und dem zugrunde liegenden Zins von 9 %	Annuität

Es zeigt sich immer wieder, dass die Praxis der Annuitätenmethode, also die Umformung des Kapitalwertes einer Investition/eines Projektes in eine Annuität, ausgehend von der Durchschnittsbildung (=Aufteilung auf die Periodenlaufzeit) eine hohe Akzeptanz entgegenbringt.

Den Zusammenhang von Finanzierung und Investition auf der Grundlage der Annuitätenmethode zeigt die Abb. 8.22.

Zeitpunkt	t_0	t_1	t_2	t_3	t_4	t_5
Investitionsauszahlung	-250.000					
durch Einzahlungsüberschüsse abzudeckender Betrag	-250.000	-250.000	-216.694	-180.390	-134.819	-85.147
9 % Zinsen auf Restbetrag		-22.500	-19.502	-16.235	-12.134	-7.659
Zwischensumme		⇒ -272.500	⇒ -236.196	⇒ -196.625	⇒ -146.953	⇒ -92.806
Entnahme in Höhe der Annuität zu Konsumzwecken		-4.194	-4.194	-4.194	-4.194	-4.194
durch die Investition erzielter Einnahmeüberschuss		+60.000	+60.000	+66.000	+66.000	+97.000
Restschuld am Periodenende	-250.000	-216.694	-180.390	-134.819	-85.147	0

Abb. 8.22 Darstellung der Projektfinanzierung im Rahmen der Annuitätenmethode

Lösung nach der Methode des Internen Zinsfußes

Der Interne Zinsfuß bestimmt denjenigen Zinssatz, bei dem (1) der Kapitalwert einer Investition Null ist oder (2) – was gleichbedeutend ist – bei dem die barwertigen Auszahlungsreihen, sowie Einzahlungsreihen identisch sind.

Der Interne Zinsfuß (= internal rate of return), die (dynamische) Rentabilitätskennzahl der Investition des gewählten Beispiels gemäß linearer Interpolation nach der zwei-Punkte-Gleichung, beträgt

$$r = i_1 - K_{01} \times \frac{i_2 - i_1}{K_{02} - K_{01}} = 11,3036\,\%$$

Rechenhinweis: Bei einem Kapitalisierungszins von 11 % ergibt die Zahlungsreihe der Investition einen positiven Kapitalwert von 2.050 EUR, bei einem Zins von 11,5 % resultiert daraus ein negativer Kapitalwert in Höhe von -1.326 EUR. Die Praxis rechnet mit einem Zins von 11,3 %.

Zeitpunkt	t_0	t_1	t_2	t_3	t_4	t_5
Investitionsauszahlung	-250.000					
durch Einzahlungsüberschüsse abzudeckender Betrag	-250.000	⇒ -250.000	⇒ -218.259	⇒ -182.930	⇒ -137.608	⇒ -87.163
11,3036 % auf Restbetrag		-28.259	-24.671	-20.678	-15.555	-9.853
Zwischensumme		-278.259	-242.930	-203.608	-153.163	-97.016
durch die Investition erzielter Einnahmeüberschuss				Rundungsdifferenz		-16
		+60.000	+60.000	+66.000	+66.000	+97.000
noch nicht gedeckter Betrag	-250.000	-218.259	-182.930	-137.608	-87.163	0

Abb. 8.23 Darstellung der Projektfinanzierung im Rahmen der Internen Zinsfuß Methode

Den Zusammenhang von Finanzierung und Investition auf der Grundlage der Methode des internen Zinsfußes zeigt die Abb. 8.23.

Duration

Eine von F.H. Macaulay entwickelte Kennzahl zur Risikobeurteilung von Anleihen wird als **Duration** bezeichnet. Die Duration ermöglicht neben der Elastizitätsinterpretation eine Zeitinterpretation, diese wird in der Dimension Jahre gemessen und sie ermöglicht den Aufschluss über die durchschnittliche Fälligkeit eines Zahlungsstromes (vgl. Gerke und Bank 1998, S. 94). Im Allgemeinen wird die Duration zur Bewertung von Finanzinvestitionen herangezogen, diese Beschränkung wird an dieser Stelle aufgehoben und als Kennzahl für die Bewertung von Zahlungsströmen von Investitionen eingesetzt (vgl. Troßmann 1998, S. 255), allerdings mit der Einschränkung, dass die jeweilige Investition über die gesamte Laufzeit nur Einzahlungsüberschüsse aufweisen muss, ausgenommen die Anschaffungsauszahlung. Die Duration der zu Grunde gelegten Investition (vgl. Abb. 8.24) beträgt 3,05 Jahre. Das bedeutet, es handelt sich um den mittleren Zahlungstermin aller Rückflüsse des Projektes.

Bei der Berechnung der Duration bleibt (1) die Anschaffungsauszahlung (= Kapitaleinsatz) außer Ansatz und sie wird (2) vom gewählten Zins beeinflusst.

Jahr	Zeitwerte der Einzahlungsüberschüsse	Abzinsungsfaktor $(1 + i)^{-n}$	Barwert der Einzahlungsüberschüsse	gewichteter Barwert
1	2	3	4 = 2 x 3	5 = 4 x 1
1	60.000	0,917431	55.046	55.046
2	60.000	0,841680	50.501	101.002
3	66.000	0,772183	50.964	152.892
4	66.000	0,708425	46.756	187.024
5	97.000	0,649931	63.043	315.215
			266.310	811.179
				: 266.310
			Duration	= 3,05 Jahre

Abb. 8.24 Ermittlung der Duration

8.2.6 Darstellung der statischen Investitionsrechenverfahren mit einem Beispiel

Als klassische Verfahren im Rahmen der Partialmodelle wurden die Kapitalwertmethode, die Annuitätenmethode und die Methode des Internen Zinsfußes vorgestellt, die auch als dynamische Investitionsrechenverfahren bezeichnet werden. Als weitere Gruppe dieser klassischen Verfahren zugehörig werden in der betriebswirtschaftlichen Literatur auch die *statischen* Investitionsrechenverfahren angesehen. Dieser Auffassung wird nicht gefolgt. Aus Gründen der Vollständigkeit werden diese Methoden erwähnt und skizziert.

Zu diesen Praktikerverfahren oder auch buchhalterischen Verfahren zählen als einperiodige Verfahren die **Kostenvergleichsrechnung**, die **Gewinnvergleichsrechnung** und die **Rentabilitätsvergleichsrechnung** und die **Amortisationsvergleichsrechnung** als mehrperiodige Methode.

Im Gegensatz zu den dynamischen Verfahren, die die Zahlungsmittelebene mit Ein- und Auszahlungen berücksichtigen, kommen bei den Praktikerverfahren Größen des Rechnungswesens, als da sind Kosten und Erträge, in Ansatz. Nun ist der Grundgedanke der Finanzwirtschaftstheorie, dass sowohl Finanzierung als auch Investition Maßnahmen sind, die Veränderungen von Konsumeinkommensströmen auslösen (vgl. Schmidt und Terberger 2006; S. 51). Daraus folgt, dass Maßnahmen des Investitionsbereiches – ebenso wie diejenigen des Finanzbereichs – als Zahlungsströme, die die Veränderungen anzeigen, abzubilden sind (s. Kap. 1). Eine Bewertung der Zahlungsströme hat unter Beachtung des Zeitelementes zu erfolgen, sodass neben der Höhe der zeitliche Anfall mittels Zinseszinsrechnung zu bewerten ist. Da die zeitliche Struktur der Zahlungsströme nicht beachtet wird, orientieren sich statische Investitionsrechenverfahren nicht an den Zielen des Investors (vgl. Kruschwitz 1993, S. 31). Daraus folgt, dass die statischen Investitionsrechenverfahren nicht geeignet sind, eine sachgerechte Entscheidungshilfe für das Finanzmanagement zu bieten.

Die wichtigsten Merkmale der einperiodigen statischen Investitionsrechenverfahren – Kostenvergleichsrechnung, Gewinnvergleichsrechnung und Rentabilitätsvergleichsrechnung sind in der Abb. 8.25 aufgeführt.

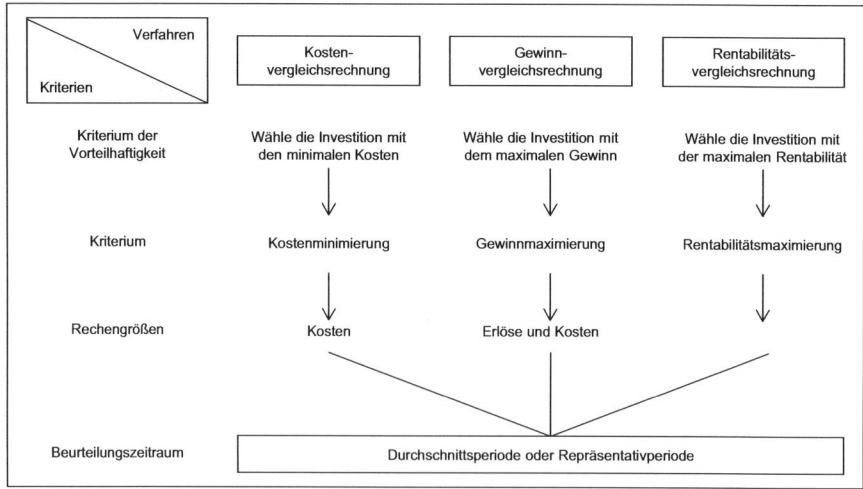

Abb. 8.25 Kriterien der statischen Investitionsrechenverfahren

• Kostenvergleichsrechnung

Mit Hilfe der **Kostenvergleichsrechnung** werden die Kosten von zwei oder mehreren Investitionsalternativen gegenüber gestellt mit dem Ziel, die kostengünstigere Alternative zu ermitteln. Im Rahmen des Kostenvergleichs müssen die gesamten anfallenden Kosten erfasst und bewertet werden, der Vergleichsmaßstab sind die durchschnittlichen Gesamtkosten einer Nutzungsperiode bzw. die daraus abgeleiteten Stückkosten. Die Gesamtkosten je Periode setzen sich zusammen aus den beiden Komponenten Betriebskosten (B) und dem Kapitaldienst (KD). Zu den Betriebskosten (B) zählen Löhne und Lohnnebenkosten, Materialkosten, Wartungs- und Instandhaltungskosten, Werkzeugkosten, Energiekosten, Raumkosten und Versicherungskosten. Hinsichtlich der Kostenstruktur, also der Aufteilung in fixe und variable Bestandteile ist auf die Kostenträgerrechnung zurückzugreifen. Zu dem Kapitaldienst (KD) oder Kapitalkosten einer Periode gehören die kalkulatorischen Abschreibungen sowie die kalkulatorischen Zinsen auf das gebundene Kapital (s. hierzu detailliert Abb. 8.26).

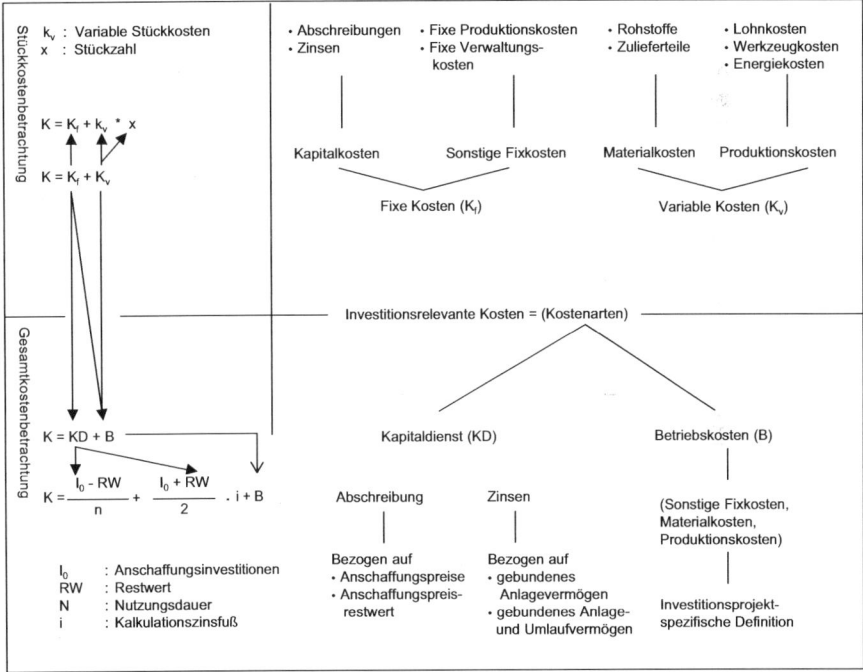

Abb. 8.26 Kostenvergleichsrechnung. (Quelle: Vgl. Jaspersen 1997, S. 29)

Die durchschnittlichen Abschreibungen je Periode betragen, sofern die Investitionsalternativen am Ende ihrer Nutzungsdauer einen Restwert einbringen:

$$KD_A = \frac{I_0 - RW}{n}$$

Der Sachverhalt wird in Abb. 8.27 dargestellt (vgl. hierzu auch Jaspersen, S. 29 f.).

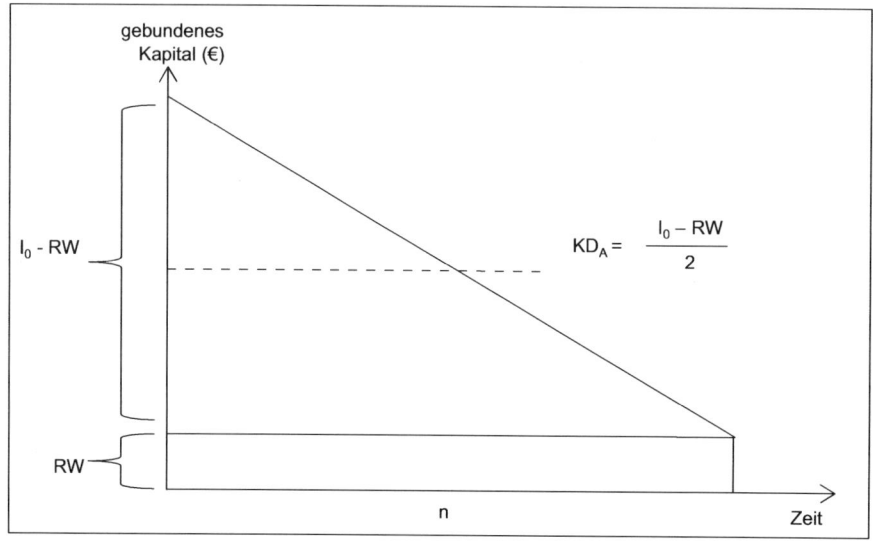

Abb. 8.27 Zeichnerische Darstellung der Ermittlung der durchschnittlichen Abschreibungen

Die durchschnittlichen Zinsen je Periode betragen, unterstellt, dass die betreffende Investition am Ende der Nutzungsdauer einen Restwert (=Liquidationserlöse) zu verzeichnen hat

$$KD_Z \frac{I_0 + RW}{2} \cdot i$$

Der kalkulatorische Zinssatz i, unternehmensindividuell festzulegen, wird auf das gebundene Anlage- wie Umlaufvermögen bezogen. In Anlehnung an die Leitsätze für die Preisermittlung auf Grund von Selbstkosten sollte der Zinssatz 6,5 % nicht unterschreiten.

Im Ergebnis lautet die vollständige Formel für die Beurteilung einer Investition im Rahmen der Kostenvergleichsrechnung

$$K = \frac{I_0 - RW}{n} + \frac{I_0 + RW}{2} \times i + B$$

oder verkürzt

$$K = KD_A + KD_Z + B \quad \text{oder} \quad K = KD + B$$

Die Kostenvergleichsrechnung kann zur Anwendung kommen bei einem Auswahl-problem (=Vergleich neuer Anlagen) oder bei einem Ersatzproblem (=Ersatz einer alten Anlage vor Ende der geplanten Nutzungsdauer durch eine neue Anlage). Unterstellt wird hierbei, dass pro Periode die gleiche Auslastung zu Grunde liegt, denn nur bei gleicher Auslastung je Periode ist ein Vergleich auf der Grundlage der Kosten je Periode sinnvoll.

Bei unterschiedlicher Auslastung der Investitionsalternativen sind die Kosten je Leistungseinheit für den Vergleich heranzuziehen. Dabei ist die unterschiedliche Kostenstruktur zu beachten, daraus folgt, dass die Kosten in ihre fixen und variablen Bestandteile aufzulösen sind. Die Funktionsgleichung gibt die Möglichkeit, die jeweiligen Kostenverläufe entsprechend der Auslastung je Periode der Investitionsalternativen zu berechnen (vgl. Jaspersen 1997, S. 33). Mit dem Schnittpunkt der Funktionen wird die kritische Auslastung bestimmt, bis zu der sich die eine oder andere Alternative günstiger als erweist.

- **Gewinnvergleichsrechnung**

Die **Gewinnvergleichsrechnung** erweitert die Kostenvergleichsrechnung durch die Einbeziehung der mit den Investitionsalternativen verbundenen Erlöse. Als Vergleichsmaßstab wird der durchschnittliche Gewinn einer Periode herangezogen, es gilt

$$G_I = Erlös_I - Kosten_I \gtrless G_{II} = Erlös_{II} - Kosten_{II} \dots\dots oder \dots\dots G_I \gtrless G_{II}$$

Durch die Berücksichtigung der Erlöse kann die Gewinnvergleichsrechnung sowohl bei Ersatzinvestitionen als auch bei Rationalisierungs- und Erweiterungsinvestitionen eingesetzt werden.

- **Rentabilitätsvergleichsrechnung**

Die **Rentabilitätsvergleichsrechnung** kann als Erweiterung der Gewinnvergleichsrechnung angesehen werden. Von Bedeutung ist, dass nicht der absolute, sondern der durchschnittliche Gewinn je Periode bezogen auf das durchschnittlich gebundene Kapital als Beurteilungsmaßstab gilt. Für die Rentabilität (R) gilt

$$R = \frac{\varnothing Periodengewinn}{\varnothing Periodengewinn} \cdot 100$$

Die Rentabilitätsvergleichsrechnung kann herangezogen werden zur Beurteilung eines einzelnen Investitionsvorhabens (Vorteilhaftigkeitskriterium: $R \geq 0$) oder mehrerer Investitionsalternativen (Vorteilhaftigkeitskriterium: Wähle dasjenige Objekt mit der maximalen Rentabilität).

Sind bei der Ermittlung des Gewinns bereits die kalkulatorischen Zinsen in Ansatz gebracht, kann die berechnete Rendite nur als Überrendite bezogen auf die kalkulatorischen Zinsen interpretiert werden. Werden hingegen die kalkulatorischen Zinsen dem berechneten durchschnittlichen Gewinn zugeschlagen ist ein Vergleich mit alternativen Kapitalanlagen möglich.

- **Amortisationsvergleichsrechnung**

Bei der **Amortisationsvergleichsrechnung** handelt es sich um ein mehrperiodiges Verfahren. Die Amortisationszeit ist derjenige Anteil der Nutzungsdauer eines Investitionsobjektes, in dem das investierte Kapital aus den Einnahmeüberschüssen vollständig – gemessen vom Investitionszeitpunkt – zurückgeflossen ist. Überschüsse nach dem Amortisationszeitpunkt werden nicht berücksichtigt.

Man unterscheidet zwei Verfahren der Amortisationsvergleichsrechnung, es werden auch die Begriffe Kapitalwiedergewinnungsmethode, Kapitalrückflussmethode, Payback-, Pay-out-, oder Pay-off-Methode verwendet, und zwar die Durchschnittsrechnung und die Kumulationsrechnung. Voraussetzung für die Durchschnittsrechnung sind gleichbleibende Einnahmerückflüsse, bei der Kumulationsmethode sind die zu erwartenden Rückflüsse unterschiedlich hoch. Vorteilhaft ist eine einzelne Investition, wenn die Ist-Amortisationszeit gleich oder kürzer als die Soll-Amortisationszeit ist, bei einem Alternativvergleich ist dasjenige Vorhaben vorteilhaft, das die kürzeste Amortisationszeit aufweist. Aus diesen Sachverhalten wird deutlich, dass die Amortisationszeit der Risikobeurteilung dient, denn es wird angenommen, je kürzer die Amortisationszeit sei, desto weniger risikoreich ist die vorgesehene Maßnahme zu beurteilen. Der Zeitaspekt findet bei der Amortisationsvergleichsrechnung in unterschiedlicher Weise Eingang. Bei der statischen Methode finden die Zeitwerte der jeweiligen Überschüsse Eingang in die Berechnung, bei der dynamischen Methode wird der Barwert der Einnahmeüberschüsse den Anfangsaufwendungen gegenübergestellt.

- **Gesamtdarstellung der statischen Investitionsrechenverfahren**

1. Ausgangsdaten

Die Ausgangsdaten sind in Abb. 8.28 dokumentiert.

	Projekt A	Projekt B
Anschaffungskosten	300.000	500.000
Restwert	0	0
Nutzungsdauer (Jahre)	5	5
Kalkulationszinssatz (%)	8	8
Erlös (€/Stück)	8	7,50
Auslastung (E/Jahr)		
- entspricht der Verkaufsmenge -	45.000	60.000
Fixe Kosten €/Jahr		
· kalkulatorische Abschreibungen	60.000	100.000
· kalkulatorische Zinsen	12.000	20.000
· Raumkosten	10.000	10.000
· Instandhaltungskosten	15.000	18.000
· Versicherung	5.000	7.000
· Sonstige fixe Kosten	8.000	5.000
	110.000	160.000
Variable Kosten €/Jahr		
· Löhne (einschl. Lohnnebenkosten)	150.000	90.000
· Materialkosten	45.000	80.000
· Werkzeugkosten	15.000	5.000
· Energiekosten	20.000	15.000
	230.000	190.000

Abb. 8.28 Ausgangsdaten für die Beispieldarstellung der statischen Investitionsrechenverfahren

2. Durchführung einer Gewinnvergleichsrechnung

Siehe hierzu die Abb. 8.29.

	Projekt A	Projekt B
Erlös (€/Jahr) Projekt A (8 x 45.000) Projekt B (7,50 x 60.000) abzüglich	360.000	450.000
• fixe Kosten	110.000	160.000
• variable Kosten	230.000	190.000
Überschuss/Gewinn	30.000	100.000

Abb. 8.29 Durchführung der Gewinnvergleichsrechnung

Die Gegenüberstellung weist eine Gewinndifferenz von 70.000 EUR/Jahr zu Gunsten des Projektes B aus. Gemäß der Entscheidungsregel der Gewinnvergleichsrechnung ist das Investitionsobjekt zu realisieren, das den höheren Jahresgewinn erwarten lässt, somit wäre das Projekt B durchzuführen.

3. Durchführung einer Kostenvergleichsrechnung

Siehe hierzu die Abb. 8.30.

	Projekt A	Projekt B
Fixe Kosten	110.000	160.000
Variable Kosten	230.000	190.000
Gesamtkosten	340.000	350.000

Abb. 8.30 Durchführung der Kostenvergleichsrechnung

Ausgehend von der Entscheidungsregel der Kostenvergleichsrechnung dasjenige Investitionsobjekt mit den niedrigeren durchschnittlichen Kosten vorzuziehen, fiele die Entscheidung zugunsten des Projektes A. Die Tatsache, dass die beiden zur Auswahl stehenden Investitionsobjekte durch unterschiedliche Auslastungen gekennzeichnet sind, bliebe bei dieser Vorgehensweise unberücksichtigt. Dieser Sachverhalt darf jedoch nicht vernachlässigt werden, insofern ist ein einfacher Kostenvergleich unzulässig.

Es muss vielmehr ein Stückkostenvergleich unter Berücksichtigung der fixen und variablen Kosten vorgenommen werden. Der entsprechende Sachverhalt ist übersichtlich in der Abb. 8.31 dargestellt

	Projekt A	Projekt B
Fixe Stückkosten		
• Projekt A (110.000 : 45.000 Stck.)	2,444	
• Projekt B (160.000 : 60.000 Stck.)		2,666
Variable Stückkosten		
• Projekt A (230.000 : 45.000 Stck.)	5,111	
• Projekt B (190.000 : 60.000 Stck.)		3,167
	7,555	5,833

Abb. 8.31 Stückkostenvergleich

Die korrekte Kostenermittlung auf der Basis der Leistungseinheit (=Stückkosten) zeigt, dass bei einer Kostendifferenz von 1,722 EUR auch bei der Kostenvergleichsrechnung das Projekt B Vorrang hat. Das Projekt B ist gegenüber Projekt A gekennzeichnet durch eine höhere Ausbringung ohne qualitative Unterschiede bei niedrigen Stückkosten. Demzufolge sind die Ergebnisse sowohl nach der Gewinnvergleichsrechnung als auch nach der Kostenvergleichsrechnung identisch.

Die Gegenüberstellung der Kosten des Projektes A einerseits und des Projektes B andererseits zeigt, dass die beiden Projekte durch jeweils unterschiedliche fixe und variable Kostenstrukturen gekennzeichnet sind. Tritt hinzu, dass die Ausbringung der Alternativen unterschiedlich ist, ist es zwingend, diejenige Ausbringungsgröße zu ermitteln, bei der die Kosten der Projektalternativen gleich sind, um zu erkennen, bis zu welcher Ausbringungsmenge welches Verfahren wirtschaftlicher ist. Für die Ermittlung der kritischen Menge oder auch kritischen Auslastung gilt folgende Formel:

$$X_{Kr} = \frac{K_{fixA} - K_{fixB}}{K_{variabelA/St} - K_{variabelB/St}}$$

Die mathematische Berechnung der kritischen Menge ausgehend von den Daten des Aufgabenbeispiels stellt sich wie folgt dar:

$$X_{Kr} = \frac{110.000 - 160.000}{5,111 - 3,167} = 25.720$$

Ergebnis: Bis zu einer Ausbringungsmenge von 25.720 St./Jahr ist das Projekt A vorteilhafter, ab einer Ausbringungsmenge von 25.720 St./Jahr ist das Projekt B vorzuziehen.

Folgende Ableitung ist zulässig: bis zu der kritischen Menge (=Auslastung) ist das personalintensivere Verfahren, ab der kritischen Menge ist das kapitalintensivere Verfahren vorteilhafter (vgl. Hoffmeister 2000, S. 65).

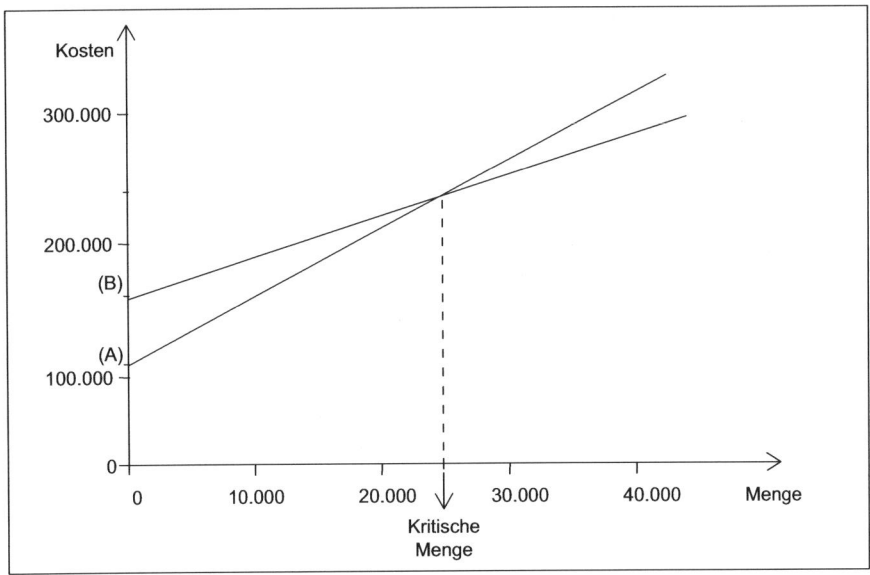

Abb. 8.32 Grafische Ermittlung der kritischen Menge

Zur graphischen Ermittlung der kritischen Menge wird auf Abb. 8.32 verwiesen.

4. Durchführung einer Rentabilitätsvergleichsrechnung

Die Ermittlung ist in Abb. 8.33 vollzogen.

	Projekt A €	Projekt B €
Überschuss pro Jahr		
• Projekt A	42.000	
(30.000 € Gewinn + 12.000 € kalkulatorische Zinsen)		
• Projekt B		120.000
(100.000 € Gewinn + 20.000 € kalkulatorische Zinsen)		
durchschnittlich gebundenes Kapital		
• Projekt A (1/2 von 300.000 €)	150.000	
• Projekt B (1/2 von 500.000 €)		250.000
Rentabilität	28 %	48 %

Abb. 8.33 Rentabilitätsvergleichsrechnung

Nach der Entscheidungsregel der Rentabilitätsvergleichsrechnung, dasjenige Investitionsobjekt zu wählen, dass die höhere Rentabilität aufweist, ist das Projekt B zu realisieren. Dieses Ergebnis ist deckungsgleich mit den Ergebnissen der Gewinnvergleichsrechnung und der Kostenvergleichsrechnung jeweils zu Gunsten des Projektes B.

In Anlehnung an *Schierenbeck* (vgl. Schierenbeck 1995, S. 332 f.) werden nachfolgend die ermittelten Rentabilitätskennziffern zerlegt, um zusätzliche Informationen zu gewinnen. Grundlage bildet die Spitzenkennzahl aus der RoI-Pyramide – das Return on Investment – mit den entsprechenden Komponenten Umsatzrentabilität und Kapitalumschlag (vgl. Abb. 8.34 bis 8.36 für die Projekte A und B).

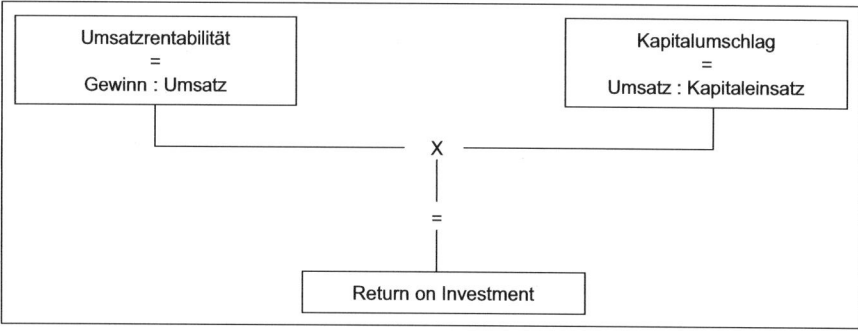

Abb. 8.34 Die Return on Investment-Spitze

* Umsatzrentabilität

$$\frac{\text{Gewinn}}{\text{Umsatz}} \times 100 = \frac{42.000}{360.000} \times 100 = 11{,}67\%$$

* Kapitalumschlag

$$\frac{\text{Umsatz}}{\text{Kapitaleinsatz}} \times 100 = \frac{360.000}{150.000} = 2{,}4$$

* RoI

Umsatzrentabilität	x	Kapitalumschlag	=	RoI
11,67 %	x	2,4	=	28%

Abb. 8.35 Ermittlung der RoI für das Projekt A

- Umsatzrentabilität

$$\frac{\text{Gewinn}}{\text{Umsatz}} \times 100 = \frac{120.000}{450.000} \times 100 = 26,67\%$$

- Kapitalumschlag

$$\frac{\text{Umsatz}}{\text{Kapitaleinsatz}} \times 100 = \frac{450.000}{250.000} = 1,8$$

- RoI

Umsatzrentabilität	x	Kapitalumschlag	=	RoI
26,67 %	x	1,8	=	48%

Abb. 8.36 Ermittlung der RoI für das Projekt B

8.3 Investitionsrechenverfahren unter Unsicherheit

Die Entscheidungsregel für eine Investition oder ein Investitionsprogramm lautet, soll die Investition bzw. das Investitionsprogramm realisiert werden oder nicht. Investitionsrechenverfahren mit der Berechnung von Kapitalwerten, Annuitäten oder Internen Zinsfüßen sind im Rahmen des Entscheidungsprozesses lediglich eine Entscheidungshilfe. Das bedeutet jedoch nicht, dass Kapitalwerte beispielsweise unsichere Größe wären, sie sind nicht interpretierbar und sie sind sicher.

Unstrittig ist, dass die Grundlage der dynamischen Investitionsrechenverfahren eine zukunftsorientierte Planungsrechnung ist. Somit sind zwangsläufig die eingehenden Größen, als da sind Einzahlungen und Auszahlungen, mit Unsicherheit behaftet. Eine veränderte Wettbewerbssituation kann beispielsweise andere Einzahlungsströme nach sich ziehen, die Projektlebensdauer muss u. U. technisch bedingt verkürzt werden, der Kalkulationszinssatz erweist sich als unrealistisch usw. Letztlich können Änderungen eintreten, die die Gefahr einer Fehleinschätzung bedeuten und die die mit der Realisierung einer Investition erhofften Wirkungen nicht eintreten lassen. Selbst die im Allgemeinen als sicher angesehenen Anschaffungsauszahlungen können bei entsprechender langer Planungsvorlaufzeit nicht exakt prognostiziert werden.

Nun werden in der Investitions- und Finanzierungstheorie die finanziellen Ziele durch den Konsumeinkommensstrom erfasst. Ein derartiger Konsumeinkommensstrom ist durch die Dimension Breite, zeitliche Struktur und Unsicherheit gekennzeichnet. Die dynamischen Investitionsrechenverfahren können sich wie in Kap. 8.2. dargestellt, auf die Problematik der Bewertung konzentrieren, weil sie die Dimension Unsicherheit ausblenden. Ob dieses Vorgehen realistisch ist oder nicht, steht dahin.

Die Investitionsrechenverfahren zur Berücksichtigung von Unsicherheit beziehen die Dimension Unsicherheit ein. Eine Übersicht der verschiedenen Investitionsrechenverfahren vermittelt die Abb. 8.37.

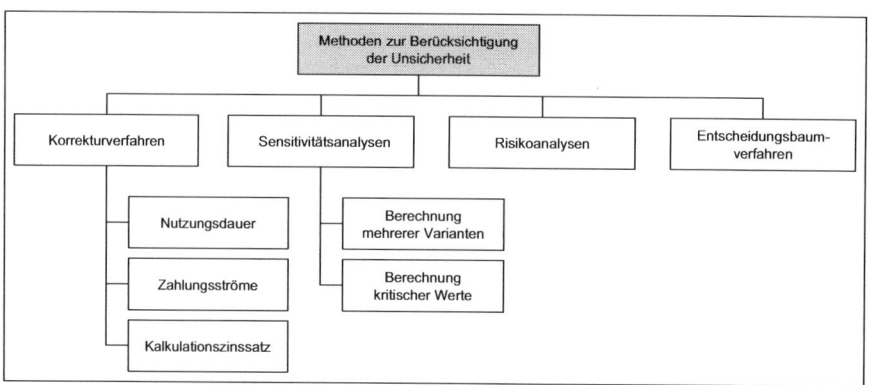

Abb. 8.37 Methoden zur Berücksichtigung der Unsicherheit der Daten bei Investitionsrechnungen. (Quelle: Vgl. Schaufelbühl et al. 2007, S. 488)

Korrekturverfahren

Die Nutzungsdauer der vorgesehenen Investition, der gewählte Kalkulationszinssatz sowie die erwarteten Zahlungsströme sind die kritischen Größen, die in den Investitionsrechenverfahren Eingang finden. Die Korrekturverfahren berücksichtigen die Unsicherheit einzeln oder in Kombination durchpauschale Risikoabschläge oder Risikozuschläge. Die Parameterkorrektur ist umso größer, je größer die Unsicherheit eingeschätzt wird. Es besteht die Gefahr der Kumulation von Korrekturen, so dass nicht ausgeschlossen werden kann, dass die Risikozuschläge eine Investitionsentscheidung unmöglich machen. Ob die vorgenommenen Datenkorrekturen nachvollziehbar sind, bleibt dahingestellt. Die in der Praxis gelegentlich vorgenommene Einteilung der Investitionen in Risikoklassen ist abzulehnen, da Kapitalwerte auf der Grundlage unterschiedlicher Kalkulationszinssätze nicht verglichen werden dürfen.

Sensitivitätsanalysen

Bei den Sensitivitätsanalysen bzw. Sensibilitätsanalysen handelt es sich um (1) Berechnungen auf der Grundlage mehrerer Varianten und (2) um Verfahren zur Ermittlung kritischer Werte. Bei Berechnungen auf der Grundlage mehrerer Varianten wird ein Investitionsobjekt wie ein Simulationsobjekt angesehen. Es gilt, die Auswirkungen der unterschiedlichsten Veränderungen der einzelnen *variablen* Eingangsgrößen auf das Endergebnis hin festzustellen. Eine Ähnlichkeit zu den Korrekturverfahren ist gegeben. Die Kritische-Werte-Rechnung ermittelt denjenigen Wert (=kritischer Wert oder break-even-point) einer Investition, bei dem sich die Vorteilhaftigkeit umkehrt, z. B. der Kapitalwert einer Investition Null wird.

Im Rahmen der Gesamtdarstellung der statischen Investitionsrechenverfahren (Kap. 8.2.6) musste zur sachgerechten Lösung bei der Kostenvergleichsrechnung ein Stückkostenvergleich herangezogen werden. Der Stückkostenvergleich gab Auskunft, ab welcher Auslastung – der kritischen Menge – das kapitalintensivere Verfahren und bis zu welcher Auslastung das personalintensivere Verfahren vorteilhaft ist. Es handelte sich um eine Sensitivitätsanalyse zur Vorteilhaftigkeitsbestimmung.

Risikoanalyse

Die Risikoanalyse beruht auf dem Einsatz der Wahrscheinlichkeitsrechnung mit der Aufgabe, eine Wahrscheinlichkeitsverteilung der für die Entscheidung maßgeblichen Zielgröße (z. B. den Kapitalwert) zu gewinnen. Es wird zwischen der *analytischen* und der *simulativen* Risikoanalyse unterschieden. Analytische Lösungen zur Bestimmung der Wahrscheinlichkeitsverteilung des Kapitalwertes sind nur unter einschränkenden Voraussetzungen möglich (vgl. Heinhold 1994, S. 165). Der simulative Ansatz ist hingegen fast ohne Einschränkungen anwendbar. Das Verfahren der Risikoanalyse gliedert sich in mehrere Schritte, wobei anzumerken ist, dass die Anzahl der Schritte in der Literatur unterschiedlich dargestellt wird. Im Einzelnen handelt es sich um (1) die Auswahl der unsicheren Eingangsgrößen, (2) die Ermittlung der Wahrscheinlichkeitsverteilungen für die unsicher anzusehenden Eingangsgrößen, (3) die Ermittlung der statistischen Abhängigkeiten der Eingangsgrößen untereinander und (4) die Berechnung der Wahrscheinlichkeitsverteilung für die Zielgröße.

Entscheidungsbaumverfahren

Das Entscheidungsbaumverfahren findet seine Anwendung bei Planungsprozessen von mehrstufigen Investitionsentscheidungen. Derartige mehrstufige Entscheidungen sind dadurch gekennzeichnet, dass Entscheidungen nacheinander zu fällen sind, wobei die Folgeentscheidungen die Vorteilhaftigkeit der ursprünglichen Entscheidungen beeinflussen (vgl. Schierenbeck 1995, S. 374). Eine grafische Darstellung visualisiert das mehrstufige Entscheidungsproblem mit Hilfe eines Entscheidungsbaumes, wobei zu Beginn, d. h. im Zeitpunkt to, die Festlegung der Investitionsalternativen zu erfolgen hat. Dieses Verfahren verdeutlicht, dass die Durchführung von Investitionen einen Prozess darstellt (s. Kap. 8.1.3) und sich nicht ausschließlich auf Ereignisse zwischen den Zeitpunkte to bis tn reduzieren lässt, sondern dass es sich um einen vielschichtigen Vorgang mit vielen auch unterschiedlichen Handlungsmöglichkeiten handelt (vgl. auch Jaspersen 1997, S. 77).

8.4 Projektlaufzeitentscheidungen

Die Ermittlung des Kapitalwertes ebenso wie die der Annuität und des Internen Zinsfußes einer Investition im Zusammenhang mit den vorgestellten dynamischen Investitionsrechenverfahren setzt u. a. voraus, dass die Nutzungsdauer des zu bewertenden Investitionsobjektes eine vorgegebene bestimmbare Größe ist. Nachfolgend wird nunmehr die Investitionsdauer zum Entscheidungsproblem erhoben.

Eine Projektlaufzeitentscheidung bezieht sich auf zwei Fragestellungen:

1. Wie hoch ist die optimale Nutzungsdauer einer Sachinvestition, wenn diese Investition nur einmalig realisiert werden soll?

2. Wie hoch ist die optimale Nutzungsdauer bei wiederholter Realisierung?

Die Lösung dieser Fragestellungen ist sowohl nach der Kapitalwertmethode als auch nach der Annuitätenmethode möglich (vgl. hierzu und im Folgenden Däumler 1996, S. 211 ff.).

8.4.1 Optimale Nutzungsdauer bei einmaliger Investition

Bei einer einmaligen Investition geht der Investor davon aus, dass das Investitions-objekt lediglich einmalig realisiert wird. Die Gründe können unterschiedlicher Natur sein, z. B. die Auftragsfertigung eines bestimmten Werkstücks, die zeitlich begrenzte Übernahme eines Schulbusverkehres oder eines Berufsverkehrs durch ein Busunternehmen o.ä. Die Ermittlung der optimalen Nutzungsdauer kann eine Orientierung bei entsprechenden Vertragsverhandlungen bezüglich der Vertrags-laufzeit sein.

Die rechnerische Vorgehensweise wie die optimale Nutzungsdauer ermittelt wird, sofern die Investitionen lediglich einmalig realisiert werden soll, ist dem Beispiel „Ermittlung der optimalen Nutzungsdauer bei einmaliger Investition" zu entneh-men. Erkennbar ist, dass am Ende des dritten Nutzungsjahres der höchste Kapital-wert zu verzeichnen ist, demzufolge eine längere Laufzeit nicht angezeigt ist.

Beispiel: Ermittlung der optimalen Nutzungsdauer bei einmaliger Investition

Ausgangsdaten

Die Anschaffungsauszahlungen eines Investitionsobjektes wird mit 150.000 EUR veranschlagt. Der Kalkulationszins wird mit 10 % festgelegt. Als Nutzungsdau-er werden 5 Jahre veranschlagt. Die Einzahlungsüberschüsse betragen im Zei-traum $t_1 = 120.000$ EUR, $t_2 = 90.000$ EUR, $t_3 = 60.000$ EUR, $t_4 = 30.000$ EUR und $t_5 = 15.000$ EUR. Als Liquidationswert werden geschätzt in $t_1 = 145.000$ EUR, $t_2 = 105.000$ EUR, $t_3 = 75.000$ EUR, $t_4 = 45.000$ EUR und $t_5 = 15.000$ EUR.

Wie hoch ist die optimale Nutzungsdauer dieser Investition?

Lösung

Die Lösung ist tabellarisch in Abb. 8.38 vollzogen.

Jahr	Jährliche Zahlungs-überschüsse	Abzinsungs-faktoren	Barwert der Zahlungs-überschüsse	Kumulierte Barwerte der Zahlungs-überschüsse	Barwert des Liquidations-erlöses	Kapitalwert
t						
1	120.000	0,909091	109.091	109.091	131.818	90.909
2	90.000	0,826446	74.380	183.471	86.777	120.248
3	60.000	0,751315	67.513	250.984	56.349	157.333
4	30.000	0,683013	20.490	271.474	30.736	152.210
5	15.000	0,620921	9.314	280.788	9.314	121.474

Abb. 8.38 Ermittlung der optimalen Nutzungsdauer bei einmaliger Investition

Die optimale Nutzungsdauer beträgt 3 Jahre.

8.5   Unternehmensbewertung

Die Vielzahl von Anlässen, die es erforderlich machen, eine Bewertung von Unternehmen oder Unternehmensanteilen vorzunehmen, macht es notwendig, eine Systematik vorzunehmen. Zu unterscheiden ist hinsichtlich der zahlreichen Bewertungsanlässe zwischen nicht transaktionsbezogenen Anlässen sowie transaktionsbezogenen Anlässen (vgl. hierzu und im Folgenden Mandel und Schrempf 2008, S. 1275).

Nicht transaktionsbezogene Anlässe sind beispielsweise Vorgänge der Steuerbemessung oder der Kreditwürdigkeitsprüfung. Wird die Unternehmensbewertung ausgehend von einer geplanten oder einer tatsächlichen Änderung der Eigentumsverhältnisse vorgenommen, handelt es sich um einen *transaktionsbezogenen Anlass*. Bei transaktionsbezogenen oder auch entscheidungsabhängigen Anlässen wird des Weiteren unterschieden in dominierte und nicht dominierte Konfliktsituationen. *Nicht dominierte Konfliktsituationen* liegen vor, wenn eine Veränderung der Eigentumsverhältnisse der zur Bewertung anstehenden Unternehmung nicht von einer Partei allein durchgesetzt werden kann. Dieser Sachverhalt kann bei einer Fusion, dem Kauf oder Verkauf eines Unternehmens oder Unternehmensanteilen vorliegen. Von *dominierten Konfliktsituationen* wird gesprochen, sofern eine der handelnden Parteien gegen den erklärten Willen der anderen Partei eine Änderung der bestehenden Eigentumsverhältnisse herbeiführen kann. Gründe hierfür können sein, das Ausscheiden eines Gesellschafters durch Kündigung, der zwangsweise Ausschluss von Gesellschaftern, Abfindung von Minderheitsgesellschaftern.

8.5.1   *Die Funktionen von Unternehmensbewertungen*

Ausgehend von den zuvor skizzierten Bewertungsanlässen ist die Funktion einer Unternehmensbewertung abzuleiten. Unterschieden wird zwischen Hauptfunktionen und Nebenfunktionen. Als *Hauptfunktion* können die Beratung und die Vermittlung angesehen werden. Bei den *Nebenfunktionen* ist zu unterscheiden zwischen der Argumentation, der Steuerbemessung und der Information (vgl. Lücke 1991, S. 390).

Die Beratungsfunktion hat zum Beispiel zum Ziel, dem Auftraggeber einen Wert zur Verfügung zu stellen, den dieser zur Grundlage seiner Entscheidung hinsichtlich seines Vorhabens, sei es, dass er als Käufer oder als Verkäufer auftritt, machen kann. Dieser **Entscheidungswert** ist letztlich ein Grenzwert, der die Grenzen der Konzessionsbereitschaft der beteiligten Interessenten bestimmt (vgl. Abb. 8.39).

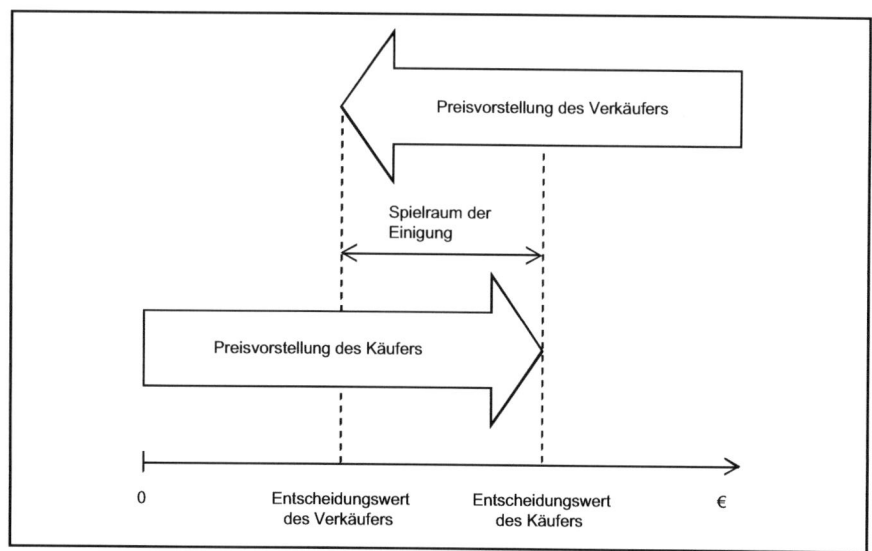

Abb. 8.39 Verhandlungsspielraum bei einem Kauf/Verkauf einer Unternehmung. (Quelle: modifiziert entnommen Achleitner 2002, S. 167)

Ist die Interessenslage derart unterschiedlich, dass von einer Konfliktsituation gesprochen werden kann, ist im Rahmen der *Vermittlungsfunktion* ein Wert zu finden, der geeignet ist, einen Interessensausgleich zwischen den verschiedenen Parteien herbeizuführen. Ein derartiger **Schiedswert** (= **Arbitriumwert**) kann sowohl bei der dominierten als auch bei der nicht dominierten Konfliktsituation benötigt werden.

Das Ergebnis einer Unternehmensbewertung kann im Rahmen der Nebenfunktion desweiteren dazu dienen, Informationen über das Unternehmen zu erhalten, Steuerbemessungsgrundlagen zu ermitteln, sowie Argumente im Sinne einer Beeinflussung zu finden.

8.5.2 Die Bewertungsverfahren

Wie zuvor skizziert, existieren die unterschiedlichsten Anwendungsfälle für eine Unternehmensbewertung. Ausgehend von den vielschichtigen Anforderungen hat sich eine Vielfalt von Methoden herausgebildet. Eine Übersicht der Bewertungsverfahren gibt die Abb. 8.40.

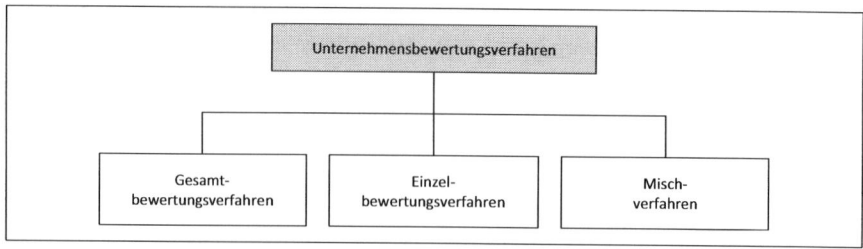

Abb. 8.40 Systematisierung der Unternehmensbewertungsverfahren

- **Gesamtbewertungsverfahren**

Gesamtbewertungsverfahren erfassen das zu bewertende Unternehmen als Gesamt-
einheit, dabei wird der Unternehmenswert im Rahmen des investitionstheoretischen
Ansatzes durch Diskontierung der erwarteten zukünftigen Einzahlungsüberschüsse
ermittelt (vgl. Achleitner 2002, S. 172). Maßgeblich ist die Gesamtheit einer Unternehmung hinsichtlich zukünftiger Leistungsfähigkeit. Die beiden Verfahren, die auf
dieser Grundlage den Unternehmenswert ermitteln, sind zum einen das Ertragswertverfahren und die Discounted-Cashflow-Verfahren.

Das **Ertragswertverfahren** ist bilanzorientiert, zur Bewertung werden die zukünftigen Ertragsüberschüsse herangezogen und entsprechend auf den Bewertungs-
stichtag diskontiert. Die **Discounted-Cashflow-Verfahren** werden im Allgemeinen systematisiert in *Nettoverfahren* (=Equity Approach), hierzu zählt das Flow-
to-Equity-Verfahren (FTE-Verfahren) und in *Bruttoverfahren* (=Entity Approach).
Zu den Bruttoverfahren zählen das Adjusted-Present-Value-Verfahren (=APV-
Verfahren), das Total-Cashflow-Verfahren (TCF-Verfahren) und das Free-Cash-
flow-Verfahren (FCF-Verfahren). Diese verschiedenen Verfahren haben unterschiedliche Cashflow-Größen als Grundlage. Die indirekte Methode zur Cashflow-
Ermittlung ist dem Schema in Abb. 8.41 zu entnehmen (vgl. Häberle 2008, S. 289):

	Ergebnis vor Zinsen und Steuern (EBIT)
-	Unternehmenssteuern bei (fiktiv) reiner Eigenfinanzierung
+/-	Aufwendungen/Erträge aus Anlagevermögen
+/-	Abschreibungen/Zuschreibungen
+/-	Bildung/Auflösung langfristiger Rückstellungen
-/+	Erhöhung/Senkung liquider Mittel
-/+	Erhöhung/Senkung des Nettoumlaufvermögens
-/+	Investitionen/Desinvestitionen
=	Free Cashflow (FCF)
+	Steuerersparnis aus Absetzbarkeit der Zinsen (Tax Shield)
+	Total Cashflow
-	Zinsen
-/+	Tilgung/Aufnahme von Fremdkapital
=	Flow to Equity (FTE)

Abb. 8.41 Cashflow-Ermittlung

Im Hinblick auf die Diskontierung der prognostizierten zukünftigen Cashflows
wird zur Bestimmung des Diskontierungssatzes auf das Capital Asset Pricing Model (=CAPM) zurückgegriffen.

Zu den Vergleichsverfahren im Rahmen der Gesamtbewertungsverfahren zählen desweiteren das Multiplikatorenverfahren, sowie der Comparative Company
Approach, die eine Vergleichs- bzw. Marktorientierung aufweisen. Die Multi-
plikatorenmethode, geeignet insbesondere zur Bewertung kleinerer und mittlerer
Unternehmen, versucht den Wert einer Unternehmung aus Marktdaten von Ver-
gleichsunternehmen abzuleiten. Der Comparative Company Approach mit seinen
verschiedenen Konzeptionen bindet die Unternehmenswertermittlung an konkrete
Transaktionspreise, d. h. es erfolgt eine ausschließliche Orientierung an realisierten
Kaufpreisen vergleichbarer Unternehmen (vgl. Abb. 8.42).

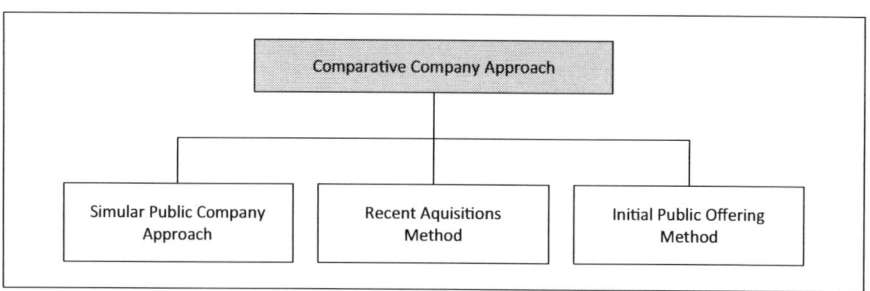

Abb. 8.42 Ausprägungen des Comparativ Company Approach. (Quelle: Vgl. Hommel und Braun 2005, S. 74)

Bei dem *Simular Public Company* Approach steht die Bewertung einzelner Anteile im Vordergrund und nicht der Transaktionspreis des gesamten Unternehmens. Schlüsselgrößen im Hinblick auf die Vergleichbarkeit sind die Branche, der das Unternehmen angehört, sowie seine Größe gemessen beispielsweise am Umsatz. Die *Recent Aquisitions Method* zieht zeitnahe tatsächlich gezahlte Marktpreise von vergleichbaren Transaktionen für den Kauf bzw. Verkauf ganzer Unternehmen oder einer Mehrheit an Unternehmen heran (vgl. Hommel und Braun 2005, S. 73 ff.). Nicht so sehr Unternehmenskäufe stehen im Vordergrund bei der Anwendung der *Initial Public Offering Method*, sondern die Bewertung bei der Börseneinführung.

• **Einzelbewertungsverfahren**
Zu unterscheiden ist bei den Einzelbewertungsverfahren zwischen der *Substanzwertmethode* und der *Liquidationswertermittlung*. Beiden Verfahren ist gemeinsam, dass der Wert der Unternehmung aus der Bewertung der einzelnen Vermögensgegenstände und Schulden ermittelt wird. Die Substanzwertermittlung geht vom Going-Concern-Prinzip aus, der Substanzwert wird in diesem Sinne als Reproduktionswert angesehen, wobei im Rahmen der Wertermittlung Wiederbeschaffungswerte zu Grunde gelegt werden. Nicht die Fortführung des Unternehmens sondern seine Zerschlagung ist Ausgangspunkt zur Ermittlung des Liquidationswertes (=Zerschlagungswertes). Die Liquidationskosten sind in Ansatz zu bringen.

• **Mischverfahren**
Mischverfahren stellen eine Kombination von Gesamtbewertungsverfahren und Einzelbewertungsverfahren dar. Das *Mittelwertverfahren*, auch als Praktikerverfahren bezeichnet, ermittelt den Unternehmenswert als arithmetisches Mittel aus Ertrags- und Substanzwert, wobei es allerdings nur zum Tragen kommt, wenn der Ertragswert größer ist als der Substanzwert (vgl. hierzu und im Folgenden Schierenbeck 1995, S. 392).

Den verschiedenen Methoden der *Übergewinnverfahren* ist gemeinsam, dass der Unternehmenswert als Summe von Substanzwert und Geschäftswert angesehen wird. Der Geschäftswert wird als Wert der Übergewinne bezeichnet. Bei dem Stuttgarter Verfahren handelt es sich um eine Methode der Übergewinnermittlung.

• **Unternehmensbewertung nach IDW S1**

In der Fassung von 2008 bilden die Grundsätze zur Durchführung von Unterneh-
mensbewertungen (IDW S1) die Grundlage heutiger praktischer Bewertungen ganzer Unternehmungen (vgl. Bieg und Kußmaul 2009, S. 304). Dieser Standard ist
maßgeblich dafür, wie Wirtschaftsprüfer die Bewertung von Unternehmen vorzunehmen haben. Der Unternehmenswert kann danach entweder auf der Grundlage
des Ertragswertverfahrens oder nach den Discounted-Cashflow-Verfahren berechnet werden.

8.6 Nutzwertanalyse

Die Nutzwertanalyse ergänzt die klassische Investitionsrechnung. Sie ist eine in der
Praxis weit verbreitete Methode und gilt als pragmatischer Ansatz. Ihr Begründer
ist Zangemeister. Er definiert dieses Verfahren als „Analyse einer Menge komplexer Handlungsalternativen mit dem Zweck, die Elemente dieser Menge entsprechend den Präferenzen des Entscheidungsträgers bezüglich eines multidimensiona-
len Systems zu ordnen" (Zangemeister 1976, S. 45).

Bei der Beurteilung eines Investitionsvorhabens berücksichtigt sie auch qualitative
Bewertungskriterien. Zugrunde gelegt wird eine mehrdimensionale Zielfunktion.
Die Zielerfüllung verschiedener Investitionsobjekte wird gemessen und als Teilnut-
zen angeben. Unter Berücksichtigung der Kriteriengewichtung werden die Teilnut-
zenwerte für die jeweiligen Investitionsalternativen zu einem Nutzwert zusammengefasst. (vgl. Wöltje 2002, S. 138: Poggensee 2009, S. 218 f.).

Die Nutzwerte können mit Hilfe unterschiedlicher Verfahren ermittelt werden. So
können einfache Ranking-Verfahren, Rating-Verfahren etc. zum Einsatz kommen.
Die besondere Herausforderung bei der Nutzwertanalyse ist sicherlich die richtige
Gewichtung der Teilziele und damit auch die Bewertung des Zielbeitrages der jeweiligen Investitionsalternativen. Vor diesem Hintergrund findet sie Anwendung
bei komplexen Projekten mit einer Vielzahl von entscheidungsrelevanten Konsequenzen (Standortwahl, Investitionen im Umweltschutz, Auswahl von Produk-
tionssystemen etc.) (Poggensee 2009, S 218; Gutenberg 2004, S. 173; Wöltje 2002,
S 139).

Klassischerweise wird bei der Nutzwertanalyse wie folgt vorgegangen:

1. Bestimmung der zur würdigenden Investitionen

2. Definition und Strukturierung der Zielkriterien. Hierbei werden die für die
   Beurteilung notwendigen Kriterien ausgewählt und operationalisiert. Für jedes
   Kriterium wird eine Messskala (nominales, ordinales, kardinales Skalenniveau)
   bestimmt.

3. Zielkriteriengewichtung. Ausgehend von der Intervallskalierung wird jedes
   Teilziel mit einem entsprechenden Gewichtungsfaktor versehen. Die jeweilige
   Gewichtung ist Ausdruck der Wertigkeit einzelner Kriterien.

4. Bestimmung des Teilnutzens. Für alle Teilziele der Investitionsobjekte werden die jeweiligen Zielerreichungen ermittelt. Die Messung kann mit Nominal-, Ordinal- oder Kardinalskalen erfolgen. Die Zielerreichungswerte werden jeweils in einen Teilnutzwert transformiert. Wird bspw. die Zielerreichung durch eine Punktskala zwischen 0 und 10 ermittelt, bedeutet der Wert 10 die vollständige Erreichung des Teilziels.

5. Ermittlung des Nutzwertes für jede Investitionsalternative durch Gewichtung der Zielerreichung mit dem Teilzielgewicht und Addition aller gewichteten Teilziele (Wertsynthese).

6. Auswahl des vorteilhaftesten Investitionsprojektes.

Die Nutzwertanalyse ist ein universell einsetzbares, systematisches und relativ einfaches Verfahren zur Entscheidungsfindung bei Mehrzielproblemen. Allerdings sollte die Bewertung von Projekten auch immer vor dem Hintergrund der Vor- und Nachteile dieses Verfahren erfolgen (Wöltje 2002, S. 144 f.).

Vorteile:

- Anordnung verschiedenster Zielkriterien,

- komplizierte und umfassende Entscheidungen werden visualisiert,

- Entscheidungssituationen sind plausibel und nachvollziehbar,

- Würdigung aller wichtigen Kriterien auch besonders kritischer,

- Ergebnisse werden dokumentiert und sind jederzeit nachvollziehbar,

- komplexe Entscheidungen werden überprüft und somit objektiviert.

Nachteile:

- Vortäuschung der Objektivität der Entscheidungsfindung durch subjektive Bewertungs- und Zielkriterienauswahl,

- komplizierte Herstellbarkeit der Nutzenabhängigkeit der Zielkriterien,

- schwierige Formulierung von operationalen Bewertungskriterien,

- vielfältige Abstimmungen können dazu führen, dass das Verfahren sehr aufwendig und zu komplex wird.

- es kann zu Inkonsistenz bei der Beurteilung von Investitionsobjekten führen.

Glossar

Adressenausfallrisiko	Risiko des Verlustes, der dadurch entsteht, dass ein Kreditnehmer, beispielsweise im Insolvenzfall, seinen Verpflichtungen gegenüber seinen Gläubigern nicht mehr nachkommen kann
Asset Allocation	Aufteilung des Vermögens auf verschiedene Anlageformen, Rendite und Risiko können somit optimiert werden
American Depository Receipt (ADR)	Von US-amerikanischen Banken ausgegebene Hinterlegungsscheine nicht-amerikanischer Aktiengesellschaften
Asset Management	Management der Vermögensstruktur eines Unternehmens mit der Zielsetzung des effizienten Einsatzes dieses Vermögens in der Geschäftstätigkeit
Asset sales deal	Übernahmetransaktion, bei der ein großer Teil des Kaufpreises durch Verkäufe der Aktiva der übernommenen Gesellschaft realisiert wird
Asset Stripping	Zerschlagung eines übernommenen Unternehmens durch den Verkauf von Teilbereichen
Backstop Facilities	Von Kreditinstituten eingeräumte fest zugesagte Kreditlinien, die eine sichere Liquiditätsversorgung im Falle ungünstiger Kapitalmarktbedingungen darstellen
Bank für internationalen Zahlungsausgleich (BIZ)	Bank der Zentralbanken mit Sitz in Basel, die die Zusammenarbeit der Zentralbanken fördert. Der bei ihr angesiedelte Baseler Ausschuss für Bankenaufsicht trägt zur Vereinheitlichung bankaufsichtlicher Standards bei
Behavioral Finance	Die verhaltensorientierte Kapitalmarktforschung untersucht Ökonomie und Psychologie
Blue Chips	Aktien von großen, international ausgerichteten Unternehmen
Bridge Financing	Unternehmen werden finanzielle Mittel zur Vorbereitung eines Börsenganges mit dem Ziel der Verbesserung der Eigenkapitalquote zur Verfügung gestellt

J. Prätsch et al., *Finanzmanagement*, Springer-Lehrbuch,
DOI 10.1007/978-3-642-25391-1, © Springer-Verlag Berlin Heidelberg 2012

Bundesanstalt für Finanzdienstleistungs- aufsicht (BaFin)	Die BaFin ist zuständig für die Banken-, Versiche- rungs- und Wertpapieraufsicht. Hauptzweck ist die Funktionsfähigkeit des Finanzsektors in Deutschland sicherzustellen
Captive Finanzeinheit	Die innerhalb eines Industriekonzerns als Geschäfts- bereich organisierte Finanzdienstleistungseinheit, die vorwiegend Kunden Finanzierungslösungen anbietet
Cash generating units	Zahlungsmittel generierende Einheit: kleinste iden- tifizierbare Gruppe von Vermögenswerten, welche durch die Nutzung Liquiditätszuflüsse erzeugt, die jedoch weitgehend unabhängig von Geldzuflüssen anderer Vermögenswerte sind
Compliance	Einhaltung von gesetzlichen Bestimmungen, regu- latorischen Standards und weiteren Regelungen, die auf eine Unternehmung und das Handeln seiner Mit- arbeiter einschließlich der Führungskräfte Anwen- dung finden
Convenants	Verschuldungsgrade
Corporate Finance	Unternehmensfinanzierung
Corporate Governance Code	Regeln transparenter und wertorientierter Unterneh- mensführung
Corporate Social Responsibility (CSR)	Ökologische und soziale Verantwortung, die Unter- nehmen freiwillig über Gesetzesvorhaben hinaus wahrnehmen
Debt-to-Equity-swap	Tausch Kredit gegen Eigenkapital
Deckungsstockfähigkeit	Eigenschaft von Vermögenswerten in den Deckungs- stock (s. § 66 VAG) eingebracht zu werden
Defined Benefit Obligation (DBO)	Leistungsorientierte Pensionsverpflichtungen der am Stichtag erdienten und bewerteten Pensionsansprü- che einschließlich wahrscheinlicher künftiger Erhö- hungen von Renten und Gehältern
Discontinued operations	Nicht fortgeführte Geschäftsaktivitäten, d. h. zum Verkauf bestimmt oder bereits veräußert
Dow Jones Sustainability Index	Index für börsennotierte Unternehmen, die ihre Stra- tegie am Konzept der Nachhaltigkeit ausgerichtet haben

Earnings less Riskfree Interest Charge (ErIC)	Management- und Wertbeitrags- Konzept, bei dem die Kapitalkosten auf der Grundlage eines risikofreien Zinssatzes ermittelt und in Rechnung gestellt werden
Emerging Markets	Bezeichnung von Märkten in Schwellenländern
Euro Overnight Index Average (EONIA)	Auf der Basis effektiver Umsätze berechneter Durchschnittszinssatz für Tagesgeld im Euro-Interbankengeschäft
European Currency Unit (ECU)	Die ECU war zentraler Bestandteil des europäischen Währungssystems. Mit dem Start der europäischen Währungsunion am 01.01.1999 wurde sie durch den Euro ersetzt
European Financial Reporting Advisory Group (EFRAG)	Europäische Beratungsgruppe für Finanzberichterstattung
Financial Covenants	Mindest- bzw. Höchstgrenzen, die für bestimmte Finanzkennzahlen – für gewöhnlich im Rahmen von Kreditverträgen – einzuhalten sind
Franchise	Übernahme eines bestehenden Geschäftsmodells durch einen selbständigen Unternehmer
Free Float	Bezeichnung für die umlaufenden Titel einer Emission, die sich somit nicht in festen Händen befinden
Fristentransformation	Hereinnahme kurzfristiger Einlagen und Vergabe langfristiger Kredite durch Banken. Bei der Fristentransformation können Banken die Laufzeitprämie vereinnahmen, sie sind jedoch dem Risiko einer Änderung der Zinsstruktur ausgesetzt
Gearing	Finanzkennzahl, die das Verhältnis von Nettokreditverschuldung zuzüglich bilanzierter Pensionsverpflichtungen zum Eigenkapital anzeigt
Gewährsträgerhaftung	Hiermit wird die unbeschränkte Haftung von Körperschaften des öffentlichen Rechts für die Verbindlichkeiten von öffentlich-rechtlichen Sparkassen bezeichnet
Hidden Information	Der Kapitalnehmer behält dem Kapitalgeber wichtige Informationen vor
Hostile Takeover	Erwerb der Unternehmensmehrheit mit dem Ziel, das Management zu ersetzen

Insourcing	Unternehmerische Funktionen und Prozesse anderer Unternehmen werden in die eigene Organisation eingegliedert
Joint Contracts	Im Rahmen des Ratings wird ein Unternehmen über mehrere Perioden beurteilt, um u. a. eine Reputation aufzubauen
Initial Public Offering (IPO)	Erstmaliges öffentliches Angebot von Aktien im Primärmarkt
International Accounting Standards bzw. International Financial Reporting Standards (IAS/IFRS)	Vom International Accounting Standards Board (IASB) verfasste, internationale Rechnungslegungsnormen, deren Hauptzweck die Förderung von Qualität, Transparenz und internationaler Vergleichbarkeit von Jahresabschlüssen ist
International Financial Reporting Interpretations Committee (IFRIC)	Es handelt sich um ein Gremium, das Auslegungen und Interpretationen zu den Rechnungslegungsstandards IFRS bzw. IAS veröffentlicht
International Organisation Of Securities Commission (IOSCO)	Internationale Organisation der Wertpapieraufsichtsbehörden
International Securities Identification Number (ISIN)	Wertpapier-Kennnummer (früher WKN)
International Securities Market Association (ISMA)	ISMA-Methode: Einheitliche Methode der EU-Mitgliedsstaaten, die für die Berechnung des effektiven Jahreszinses bei Verbraucherkrediten verwendet werden sollte
Kapitalsammelstellen	Institutionen und Unternehmen, bei denen sich laufend langfristige Mittel in größerem Umfange ansammeln
Kernkapital = tier I capital	Das bankenaufsichtliche Kernkapital umfasst im Wesentlichen das eingezahlte Kapital, Einlagen stiller Gesellschafter, offene Rücklagen, den Sonderposten für allgemeine Bankrisiken gem. § 340 HGB, sowie in begrenztem Umfang innovative Kapitalinstrumente
Key Performance Indicator	Kennzahlen, anhand derer der Fortschritt oder der Erfüllungsgrad hinsichtlich wichtiger Zielsetzungen oder kritischer Erfolgsfaktoren innerhalb einer Organisation gemessen und/oder ermittelt werden kann
Kofinanzierung	Finanzierung von Projekten durch mehrere Kreditgeber

Leerverkauf	Veräußerung von geliehenen Vermögenswerten, die nicht Eigentum des Verkäufers sind. Zu unterscheiden ist hierbei zwischen Transaktionen, die durch eine Wertpapierleihe unterlegt sind (Leerverkauf), von solchen, bei denen eine vergleichbare Absicherung fehlt (nackter oder ungedeckter Leerverkauf)
Lender of last Resort	Dieser Begrifft beschreibt die Funktion der Zentralbank, durch die Bereitstellung von Zentralbankgeld eventuelle Liquiditätssengpässe einer solventen Bank zu überbrücken.Es soll verhindert werden, dass eine Liquiditätskrise auf andere Banken übergreift
Letter of Comfort	Verbindliche Bürgschaft einer Bank
Loan to Value (LTV)	Beleihungsauslauf. Es handelt sich um den Quotienten aus Darlehensbetrag zur Finanzierung einer Immobilie im Verhältnis zum Beleihungswert des Objektes
Marge	Bezeichnet die Differenz zwischen den Zinssätzen im Kredit- und Einlagengeschäft einer Bank zu einem Referenzzinssatz
Market-to-Book-Ratio	Kennzahl der Bilanzanalyse: entspricht der Marktkapitalisierung geteilt durch bilanzielles Eigenkapital (= Börsenkurs zu Bilanzkurs)
Markets in Financial Instruments Directive (MIFID)	Die EU-Richtlinie regelt den Vertrieb und daraus sich ergebende Dienstleistungen bei Finanzinstrumenten und betrifft alle Wertpapierdienstleister der EU
Marktliquidität	Fähigkeit bzw. Möglichkeit von Marktteilnehmern, jederzeit großvolumige Transaktionen mit lediglich geringem Preiseffekt am Markt durchführen zu können
Material Adverse Change	Substanzielle Bonitätsverschlechterung eines Kreditnehmers
Mengentender	Tenderverfahren, bei dem der Zinssatz im Voraus von der Zentralbank festgelegt wird und die teilnehmenden Geschäftspartner den Geldbetrag bieten, für den sie zum vorgegebenen Zinssatz abschließen wollen
Monolines	Versicherungen, die sich auf die Absicherung von Kreditrisiken spezialisiert haben, auch Monoline Insurer

Negative Pledge	Verpflichtung dritten Gläubigern gegenüber keine Kreditsicherheiten zu stellen ohne den Gläubiger ebenfalls zu besichern
Outperformance	Wertentwicklung eines Wertpapiers oder Anlageproduktes, welche besser ist als die Wertentwicklung des Marktes oder des Basiswertes
Post employment benefits	Leistungen nach Beendigung des Arbeitsverhältnisses
Private Equity	Sammelbegriff für Eigenkapitalinvestitionen in nicht börsennotierten Unternehmen
Public Private Partnership (PPP)	Partnerschaftliches Zusammenwirken von öffentlicher Hand und Privatwirtschaft mit dem Ziel einer besseren Erfüllung öffentlicher Aufgaben
Real Estate Investment Trusts (REITS)	Immobiliengesellschaften, deren Anteile an der Börse gehandelt werden
Recovery performance	Forderungsmanagement
Repo-Geschäft	Es handelt sich um eine befristete Transaktion, bei der ein Geschäftspartner Wertpapiere verkauft (Pensionsgeber) und sich zugleich verpflichtet, diese Wertpapiere zu einem bestimmten Zeitpunkt zum vereinbarten Preis vom anderen Geschäftspartner (Pensionsnehmer) wieder zurückzukaufen
Restrictions on Borrowings by Subsidairies	Beschränkung der Fremdkapitalannahme der Tochtergesellschaften
RORAC	Return on risk-adjusted capital Maßstab für die Kapitalrendite im Bankgeschäft
Screening	Prozess der Beschaffung, der Auswertung und der Beurteilung von Informationen über Kreditnehmer zur Bewertung der Solvenz
Secondary Public Offering (SPO)	Platzierung eines Anteilbesitzes über den öffentlichen Kapitalmarkt
Securities and Exchange Commission (SEC)	Börsen- und Wertpapieraufsichtsbehörde der USA, die den gesamten nationalen Markt überwacht
Senior Debt	Besichertes vorrangiges Fremdkapital
Share Deal	Unternehmensübernahme durch den Kauf von Geschäftsanteilen
Single Euro Payments Area (SEPA)	Bezeichnung für den einheitlichen Euro-Zahlungsraum

Society for Worldwide Interbank Financial Telecommunications (SWIFT)	Datenübertragungsnetz von Kreditinstituten zur Beschleunigung des internationalen Zahlungsverkehrs und der Nachrichtenübermittlung
Stopp-loss-order	Orderverfahren, welches das Verlustrisiko bei Wertpapiergeschäften einschränkt. Bereits beim Kauf kann ein Kurs unter dem Einstiegskurs festgesetzt werden, zu dem das Papier automatisch zu dem gültigen Marktpreis verkauft wird, um weitere Verluste zu vermeiden
Subordinated Debt	Unbesichertes nachrangiges Fremdkapital
Syndizierter Kredit	Ein von mehreren Banken gemeinsam gewährter Kredit, auch Konsortialkredit genannt, wobei eine oder mehrere Banken die Federführung übernehmen
Target	Zahlungssystem der europäischen Zentralbank und der nationalen Zentralbanken der Euro-Länder. Es dient insbesondere der Abwicklung des Zahlungsverkehrs von Banken untereinander
Umlaufrendite	Durchschnittliche Rendite der im Umlauf befindlichen Anleihen
Value at Risk (VaR)	Es handelt sich um eine Risikomessgröße, die den prognostizierten Maximalverlust eines Portfolios für eine festgelegte Wahrscheinlichkeit in einem vorgegebenen Zeitraum (Haltedauer) angibt. Darüber hinaus ist es ein Risikosteuerungsinstrument, indem VaR-Limite gesetzt werden, die nicht überschritten werden dürfen

Biographische Hintergrundinformationen zu wichtigen Ökonomen

Coase, Ronald H.
1910 –

Der us-amerik. Ökonom hat im Zusammenhang mit der Frage, warum Unternehmen existieren, den Grund und die Bedeutung von Transaktionskosten aufgezeigt (The nature of the firm, 1937). Hier kann der Ausgangspunkt der Institutionsökonomie gesehen werden. Der Aufsatz „The problem of social costs" (1960) beschäftigt sich mit der Problematik der Verfügungsrechte.

Dean, Joel
1906–1979

Das Verfahren zur Ermittlung des optimalen Investitions- und Finanzierungsprogramms (Capital Budgeting, New York 1969) wurde von dem us-amerikanischen Ökonom 1950 entwickelt.

Fisher, Irving
1867–1947

Nach diesem us-amerikanischen Mathematiker und Wirtschaftswissenschaftler, einem Vertreter der Neoklassik, wurden u.a. die Vergleichsrechnung (Geldtheorie) und die Separation (Zinstheorie) benannt. Das Fisher-Separationstheorem zeigt die Bedingungen für die Trennbarkeit von Investitions- und Finanzierungsentscheidungen unter Sicherheit (Kapitalwertmethode) auf (Theory of Interest, New York 1930).

Markowitz, Harry M.
1927 –

Us-amerikanischer Ökonom, der die Theorie der Wertpapiermischung (= Portefeuilletheorie oder Portfolio Selection Theory) entwickelte. Erhielt 1990 zusammen mit W. Sharpe und M. Miller den Nobelpreis (Portfolio Selection 1952 sowie Portfolio Selection, New York 1959).

Modigliani, Franco
1918–2003

Er entwickelte zusammen mit Merton H. Miller das M/M-Theorem zur Unternehmensfinanzierung (= Irrelevanz der Kapitalstruktur).

Schmalenbach, Eugen
1873–1955

Schmalenbach gilt als der Begründer der Betriebswirtschaftslehre als akademisches Lehrfach. Er verfasste grundlegende Arbeiten zur Thematik der Finanzierung (Finanzierung).

Schneider, Erich
1900–1970

Der deutsche Wirtschaftstheoretiker veröffentlichte 1951 das für die Investitionslehre wichtige Werk „Wirtschaftlichkeitsrechnungen" (Tübingen1968) zur Theorie der Investitionen.

Literaturverzeichnis

Achleitner, A.-K., (2002). *Handbuch investment banking* (3. Aufl.). Wiesbaden.

Achleitner, A.-K., von Einem, Chr., von Schröder, B. (Hrsg.) (2004). *Private Debt – Altnernative Finanzierung für den Mittelstand.* Stuttgart: Schäffer-Poeschel.

Arbeitskreis „Finanzierung" der Schmalenbach-Gesellschaft (1992). Asset Backed Securities – ein neues Finanzierungsinstrument für deutsche Unternehmen. *Zeitschrift für betriebswirtschaftliche Forschung,* 495 ff.

Arbeitskreis „Externe Unternehmensrechnung" der Schmalenbach-Gesellschaft (1996). Empfehlungen zur Vereinheitlichung von Kennzahlen in Geschäftsberichten. *Der Betrieb,* 1989 ff.

Arbeitskreis „Externe Unternehmensrechnung" der Schmalenbach-Gesellschaft (2002). Grundzüge für das Value Reporting. *Der Betrieb,* 2337.

Assmann, H.-T. (1987). *Motivationsschub durch erhöhte Freiheit Blick durch die Wirtschaft.* S. 1.

Baetge, J. (1998). *Bilanzanalyse.* Düsseldorf: IDW.

Baetge, J., & Jerschensky, A. (1996). Beurteilung der wirtschaftlichen Lage von Unternehmen mit modernen Verfahren der Jahresabschlussanalyse. Bilanzbonitäts-Rating von Unternehmen mit künstlichen Neuronalen Netzen. *Der Betrieb* 1581 ff.

Baetge, J., Kirsch, H.-J., & Thiele, S. (2004). *Bilanzanalyse* (2. Aufl.). Düsseldorf: IDW.

Baetge, J. et al. (1989). Möglichkeiten der Früherkennung negativer Unternehmensentwicklungen mit Hilfe statistischer Jahresabschlussanalysen. *Zeitschrift für Betriebswissenschaft,* 792 ff.

Baetge, J. et al. (1992). Kreditwürdigkeitsprüfung mit Diskriminanzanalyse. *Die Wirtschaftsprüfung,* 749 ff.

Baetge, J. et al. (1994). Bilanzbonitätsanalyse mit Hilfe der Diskriminanzanalyse nach neuem Bilanzrecht. *Controlling,* 320 ff.

Ballwieser, P., & Ramke, R. (1990). Management Buy-Out (MBO) als Privatisierungsalternative für Unternehmen der DDR. Der Betriebswirt, Sonderheft „Von Marx und Markt".

Banh, M., Cluse, M., & Cremer: (2010). Basel III – Modifizierte Kapitalanforderungen im Spiegel der Finanzmarktkrise. November 2011 von Deloitte & Touche GmbH Wirtschaftsprüfungsgesellschaft: http://www.deloitte.com/view/de_DE/de/branchen/financial_services/6690a3803 7928210VgnVCM200000bb42f00aRCRD.htm.

Bankenverband. (2011). *Folgen von Basel III für den Mittelstand.* Berlin.

Bartone, R., & Klapdor, R. (2005). *Die Europäische Aktiengesellschaft Recht, Steuer, Betriebswirtschaft* (1. Aufl.). Berlin: Erich Schmidt Verlag GmbH Co.

BASF (2007). Geschäftsbericht.

Basel Committee on Banking Supervision. (2010). http://www.bis.org/publ/bcbs172.pdf.

Basler Ausschuss für Bankenaufsicht. (2002). Basler Ausschuss für Bankenaufsicht erzielt Einigung zu Fragen der Neuen Eigenkapitalvereinbarung, Pressemitteilung vom 11.07.2002. http://www.bundesbank.de/bank/download/pdf/biz_press_0702.pdf. Zugegriffen: 02.12.2002.

Basler Ausschuss für Bankenaufsicht. (2010). Pressemitteilung – Gruppe der Zentralbankpräsidenten und Leiter der Bankenaufsichtsinstanzen gibt höhere globale Mindestkapitalanforderungen bekannt. Basel.

Baum, H.-G., Coenenberg, A. G., & Günther, Th. (2004). *Strategisches Controlling.* Stuttgart: Schäffer-Poeschel.

Baumgärtner, J. (1998). *Realisierung operativer Controlling-Systeme.* München: Vahlen.

Beck, C. H. (Hrsg.) (2006). *Aktiengesetz (AktG)/GmbH-Gesetz (GmbHG), UmwandlungsG, MitbestimmungsG, WpüG, SpruchG* (39. Aufl.). München.

Beck, C. H. (Hrsg.) (2007a). *Bankrecht (BankR)* (34. Aufl.). München.

Beck, C. H. (Hrsg.) (2007b). *Bürgerliches Gesetzbuch (BGB)* (59. Aufl.). München.

Beck, C. H. (Hrsg.) (2007c). *Handelsgesetzbuch (HGB)* (45. Aufl.). München.

Becker, B., Böttger, P., Ergün, I., & Müller, S. (2011, August). Basel III und die möglichen Auswirkungen auf die Unternehmensfinanzierung. *Deutsches Steuerrecht/Wochenschrift,* 375–380.

Beike, R., Schlütz, J. (1999). *Finanznachrichten – lesen – verstehen – nutzen* (2. Aufl.). Stuttgart.

Betge, P. (2000). *Investitionsplanung, Methoden-Modelle-Anwendungen* (4. Aufl.). Wiesbaden: Vahlen Franz Gmb.

Bette, K. (1999). *Das Factoringgeschäft in Deutschland*. Stuttgart: Schäffer-Poeschel.

Bieg, H., & Kußmaul, H. (2000). Investitions- und Finanzierungsmanagement (Bd. 2). *Finanzierung*. München: Franz Vahlen.

Binder, U., Jünemann, M., Merz, F., & Sinewe, P. (2007). *Die Europäische Aktiengesellschaft (SE) Recht, Steuern, Beratung* (1. Aufl.). Wiesbaden: Gabler.

Börse Berlin – Geschäftsbedingungen für den Freiverkehr. In: Börse Berlin AG (Hrsg.), *Börse Berlin – Regelwerk* (S. 47–50) Berlin.

Boxberg, F. (1989). *Das Management Buyout-Konzept. Eine Möglichkeit zur Herauslösung krisenhafter GmbH-Tochterunternehmen.* Hamburg: Kovac.

Brettel, M. (2005). „Business Angels". In: C. J. Börner, & D. Grichnik, (Hrsg.), *Entrepreneurial Finance: Kompendium der Gründungs- und Wachstumsfinanzierung.* Heidelberg: Physica.

Brzenk, T., Cluse, M., & Leonhardt, A. (2010). Basel III – Die neuen Liquiditätsanforderungen. http://www.deloitte.com/assets/Dcom-Germany/Local%20Assets/Documents/15_ERS/2010/ de_con_frs_WP37_Baseler_Liquiditaetsanforderungen_100302_final.pdf.

Bundesministerium der Finanzen. (2011). Kreditwesengesetz. In Verlag C. H. Beck (Hrsg.), *Bankrecht* (S. 87–283). München: Deutscher Taschenbuch Verlag.

Bundesverband Deutscher Banken. (2011). Bewertung der vorliegenden Beschlüsse zu Basel III. Berlin.

Büschgen, H. E. (1997). *Internationales Finanzmanagement* (3. Aufl.). Frankfurt a. M.: Fritz Knapp.

Büschgen, H. E. (1999). *Bankbetriebslehre* (5. Aufl.). Wiesbaden.

Bundesverband Alternative Investments (2006). *Private Equity als alternative Anlageklasse für institutionelle Investoren.* Bonn.

Busse, F. J. (1996). *Grundlagen der betrieblichen Finanzwirtschaft* (4. Aufl.). München: Oldenbourg.

Coenenberg, A. (2001). *Jahresabschluss und Jahresabschlussanalyse* (18. Aufl.). Landsberg: Moderne Industrie.

Corsten, H. (2000). *Projektmanagement*. München: Oldenbourg.

Däumler, K. D. (1996). *Anwendung von Investitionsrechenverfahren in der Praxis* (4. Aufl.). Herne: NWB.

Däumler, K. D. (2002). *Betriebliche Finanzwirtschaft* (8. Aufl.). Herne: NWB.

Deutsches Aktieninstitut e. V. (Hrsg.) (2004). Aktien richtig einschätzen. Frankfurt.

Deutsches Aktieninstitut DAI- Factbook (2010). Frankfurt a. M.

Deutsche Bank (1999). *Zinsmanagement mit modernen Finanzinstrumenten.* Frankfurt a. M.

Deutsche Bank (2003). *Closing the Funding Gap.* Frankfurt.

Deutsche Bundesbank (Hrsg.) (2001). Die neue Baseler Eigenkapitalvereinbarung (Basel II). In: *Deutsche Bundesbank Monatsbericht* April 2001 (S. 15 ff.). Frankfurt a. M.

Deutsche Bundesbank (Hrsg.) (2006). Entwicklungstendenzen der gesamtwirtschaftlichen Finanzierungsströme. *Deutsche Bundesbank Monatsbericht*, Juni 2006 (S. 18 ff.). Frankfurt a. M.

Deutscher Factoring-Verband e. V. (Hrsg.) (2006). Jahresbericht 2005, Mainz.

Deutsches Rechnungslegungs Standards Committee e. V. (Hrsg.) (1999). Deutscher Rechnungslegungsstandard Nr. 2, Kapitalflussrechnung. Berlin.

Deutsches Rechnungslegungs Standards Committee e. V. (Hrsg.) (2001). Deutscher Rechnungslegungsstandard Nr. 5, Risikoberichterstattung. Berlin.

Deutsche Vereinigung für Finanzanalyse und Asset Management (2006). DVFA – Grundsätze für effektive Finanzkommunikation. Dreieich.

Dicken, A. (1999). *Kreditwürdigkeitsprüfung* (2. Aufl.). Berlin: Steuer- und Wirtschafts.

Douglas (2008/2009). Geschäftsbericht.

Dunst, K. H. (1983). *Portfolio Management* (2. Aufl.). Berlin: Verlag Walter de Gruyter.

Eilenberger, G. (1997). *Betriebliche Finanzwirtschaft* (6. Aufl.). München:Oldenbour.

Eisenhardt, U. (2007). *Gesellschaftsrecht* (13. Aufl.). München: C. H. Beck OHG.

Ertl, M. (2000). *Finanzmanagement in der Unternehmenspraxis*. München: Beck Juristischer.

Essmann, B. (1996). *Die Bankbeziehungen im Cash Management der Unternehmen*. Stuttgart.

Ewert, R., & Wagenhofer, A. (2003). *Interne Unternehmensrechnung* (5. Aufl.). Berlin: Springer.

Falter, M. (1994). *Die Praxis des Kreditgeschäftes* (14. Aufl.). Stuttgart.

Fama, E. F. (1970). Efficient capital markets: A review of theory and empirical work. *Journal of Finance, 25*(2), 383–417.

Fanselow, K.-H. (1993). Finanzierung besonderer Unternehmensphasen (Management-Buy-Out, Management-Buy-In, Spin-off, Existenzgründung, Innovationsvorhaben). In: G. Gebhardt, W. Gerke, M. Steiner (Hrsg.), *Handbuch des Finanzmanagements* (S. 383 ff.). München.

Fischer, C., & Rudolph, B. (2000). Grundformen von Finanzsystemen. In: J. von Hagen, J. H. von Stein, (Hrsg.), *Obst/Hintner (Begr.), Geld-, Bank- und Börsenwesen* (40. Aufl., S. 371 ff). Stuttgart: Carl Ernst Poeschel Verlag GmbH.

Fitch Deutschland GmbH. (2011). Ficht Ratings. http://www.fitch-makler.de/about.php.

Franke, R., & Kötzle, A (Hrsg.) (1997). *Controlling der Unternehmensbereiche*. Frankfurt.

Frankfurter Wertpapierbörse (Hrsg.) (2007). *Börsenordnung für die Frankfurter Wertpapierbörse*. Stand 26.03.2007.

Franzen, D. (2009). *Business Angels, Unternehmensfinanzierung mit Venture Capital*. Düsseldorf: GRIN.

Freidank, C.-C. (1993). Anforderungen an bilanzpolitische Expertensysteme als Instrument der Unternehmensführung. *Die Wirtschaftsprüfung, 46*, 312 ff.

Frenkel, M., & Rudolf, M. (2010). Die Auswirkungen einer Leverage Ratio als zusätzliche aufsichtrechtliche Beschränkung der Geschäftätigkeit von Banken.

Friedl, B. (2003). *Controlling*. Stuttgart: Lucius & Lucius.

Gaugler, E., Keese, D., & Schawilye, R. (2000). *Die kleine AG in der betrieblichen Praxis: Ergebnisse einer empirischen Untersuchung zur Entwicklung und Akzeptanz der so genannten „kleinen AG"* (2. Aufl., S. 1–191). Mannheim.

Gerke, W., & Bank M. (1998). *Finanzierung*. Stuttgart: Kohlhammer.

Gräfer, H., Beike, R., & Scheld, G. A. (2001). *Finanzierung* (5. Aufl.). Berlin: Erich Schmidt.

Grill, W., & Perczynski, H. (2005). *Wirtschaftslehre des Kreditwesens*. Troisdorf, Bad Homburg: Gehlen.

Günther, T. (1997). *Unternehmenswertorientiertes Controlling*. München: Franz Vahlen.

Guttenberg, S. (2004). *Investition*. Rinteln.

Haasis, H. (2011). Basel III: Nur Gleiches mit Gleichem vergleichen. *Zeitschrift für das gesamte Kreditwesen*, 19.

Hall, S., Kasprowicz, T., Köckritz, H., Leach, J., Ott, K., & Rückbeil, A. (2011). KPMG Financial Services. http://www.kpmg.com/Global/en/IssuesAndInsights/ArticlesPublications/Pages/Basel-3-dec-2010.aspx.

Hermann, H.-J. (1997). Asset backed securities als innovatives Finanzierungsinstrument. *Das Wirtschaftsstudium*, S. 223 ff.

Hinterhuber, H. H. (2004). Strategische Unternehmensführung. Berlin.

Höche, F. W. (o. J.). Factoring im Vergleich zu anderen Finanzierungsinstrumenten. In: Deutsche Factoring Bank (Hrsg.), *Factoring, das moderne Finanzierungsinstrument* (S. 4 ff). Bremen.

Hoffmann, P., & Ramke, R. (1992). *Management Buy- Out in der Bundesrepublik Deutschland. Anspruch, Realität und Perspektiven*. Berlin: Erich Schmidt.

Honert, J. (1995). Der deutsche Management-Buy-Out – Bedingungen, Methodik und rechtliche Besonderheiten. *Dissertation*, Bremen.

Horn, S. (2001). *Der Neue Markt: Investieren in Wachstumsbranchen*. Rosenheim.

Horváth, P. (2006). *Controlling*. (10. Aufl.). München.

http://deutsche-boerse.com.

http://www.banson.net/index.php?id=7.

http://www.bankstudent.de/downloads2/bbl34.htm.

http://boersenlexikon.faz.net.

http://www.bvk-ev.de.

http://de.finance.yahoo.com/q/bc?s=%5EGDAXI&t=my&l=on&z=m&q=l&c=

http://www.direktrat.de/boerse/boersenlexikon/index.html.

http://www.ifm-bonn.org/index.htm?/dienste/definition.htm.

http://www.frankfurt-main.ihk.de/recht/themen/eu_recht/europa_ag/. Zugegriffen: 07.09.2010.

http://www.konstanz.ihk.de/produktmarken/recht_und_fair_play/europarecht/europaeische_ Rechtsformen/EuropaAG.jsp. Zugegriffen: 07.09.2010.

http://www.bpb.de/popup/popup_lemmata.html?guid=2HLOE3. Zugegriffen 15.02.2011.

http://www.boerse-frankfurt.de/DE/index.aspx?pageID=112&EntryID=12760. Zugegriffen: 10.-02.2010.

http://www.business-angels.de/default.aspx/G/111327/L/1031/R/-1/T/131081/A/1/ID/134045/ P/0/LK/-1. Zugegriffen: 15.02.2011.

Hull, J. (2011). Risikomanagement (2. Aufl.). München: Pearson Education Deutschland GmbH.

Hull, John C. (2006). Optionen, Futures und andere Derivate. (6. Aufl.). München.

Jahrmann, F.-U. (1999). Finanzierung. (4. Aufl.). Herne: Neue Wirtschafts-Briefe.

Jaschinski, S., Ossola-Haring, C. & v. Horstig, B. (2009). Die kleine AG: Recht, Steuern, Praxis (2. Aufl., S. 1–5). München: Beck Juristischer.

Jaspersen, Th. (1997). Investition. München: Oldenbourg.

Kaplan, R. S., & Norton, D. P. (2001). Wie die Geschäftsstrategie den Mitarbeitern verständlich machen. Harvard Business Manager.

Keitsch, D. (2000). Risikomanagement. Stuttgart: Schäffer-Pöschel.

KGAL Der Immobilienbrief.

Kirchhoff, U., & Müller-Godeffroy, H. (1996). Finanzierungsmodelle für kommunale Investitionen (6. Aufl.). Stuttgart: Deutscher Sparkassen.

Kirn, S., & Weinhardt, C. (Hrsg.) (1994). Künstliche Intelligenz in der Finanzberatung. Wiesbaden: Gabler.

Kloock, J., & Coenen, M. (1996). Cash-Flow-Return on Investment als Rentabilitätskennzahl aus externer Sicht. Das Wirtschaftsstudium 12/1996, 1101 ff.

Kommanditgesellschaft Allgemeine Leasing (o. J.). Innovativ denken – Erfolgreich Handeln. Grünwald.

Kratz, C. (2011). Die wichtigsten Kritikpunkte an Basel III, http://www.zehn.de/was-sind-die-wichtigsten-kritikpunkte-2618603-4.

Kroll, M. (Hrsg.) (2002). Leasing-Handbuch für die öffentliche Hand (8. Aufl.). Lichtenfels: Leasoft.

Kroll, M. (Hrsg.) (2010). Leasing-Handbuch für die öffentliche Hand (11. Aufl.). Lichtenfels: Leasoft.

Kruschwitz, L. (1993). Investitionsrechnung (5. Aufl.). Berlin: de Gruyter.

Küpper, H.-U. (2001). Controlling (3. Aufl.). Stuttgart: Schäffer-Poeschel.

Küting, K., & Weber, C.-P. (2006). Die Bilanzanalyse. Lehrbuch zur Beurteilung von Einzel- und Konzernabschlüssen (8. Aufl.). Stuttgart: Schäffer-Poeschel.

Legenhausen, C. (1998). Controllinginstrumente für den Mittelstand. Wiesbaden.

Lehmeier, O., & Leuner, R. (2008). Steuerliche Anreize für Business Angels – ein Vorschlag, Corporate Finance Fachportal (Bd. 04, S. 306–315). Düsseldorf: Fachverlag der Verlagsgruppe Handelsblatt GmbH.

Leimbach, A. (1991). Unternehmensübernahmen im Wege des Management Buy-outs in der Bundesrepublik Deutschland: Besonderheiten, Chancen und Risiken. Zeitschrift für betriebswirtschaftliche Forschung, S. 450 ff.

Lezius, M. (1989). Mehr Beteiligungen für Beschäftigte. Frankfurter Allgemeine Zeitung (117) B14 Verlagsbeilage „Unternehmensbeteiligungen – Management Buy-Out".

Löntz, A. (2007). Finanzierung junger Unternehmen durch Business Angels" Venture Capital und Investment Banking. Neue Folge (Bd. 10). Lohmar.

Lück, J. T. (1989). Legitime und ernstzunehmende Alternative zum Firmenverkauf an Fremde. Kassel.

Lüpken, S. (2003). Alternative Finanzierungsinstrumente für mittelständische Unternehmen vor dem Hintergrund von Basel II. Bremen: Institut f. Finanz- u. Di.

Lütjen, G. (Hrsg.) (1992). *Management Buy-Out. Firmenübernahmen durch Management und Belegschaft.* Wiesbaden: Gabler.

Matschke, M. J. (1993). *Investitionsplanung und Investitionskontrolle.* Herne: Neue Wirtschafts-Briefe.

Matschke, M. J., & Olbrich, M. (2000). *Internationale Außenhandelsfinanzierung.* München: Oldenbourg.

Mellert, Ch., & Verfürth, L. (2005). *Wettbewerb der Gesellschaftsformen Ausländische Kapitalgesellschaften als Alternative zu AG und GmbH* (1. Aufl.). Berlin: Erich Schmidt Verlag GmbH & Co.

Mensch, G. (2001). *Finanz-Controlling.* München: Oldenbourg.

Merchel, R. (1990). Management Buy-Out und Mitarbeiterbeteiligung: Lösungsansatz für Nachfolgeprobleme. In: *Gablers Magazin* (S. 40 ff). Wiesbaden.

Niemann, C. (1995). *Informationsasymmetrie beim Unternehmensverkauf.* Wiesbaden.

Nitsch, R., & Niebel, J. (1997). *Praxis des Cash Managements.* Wiesbaden: Gabler.

Nittka, I. (2000). *Informelles venture capital am Beispiel von business angels.* Stuttgart: Deutsche Sparkassen.

o.V. Prime vs. General vs. Entry Standard, Verlagsgruppe Handelsblatt, Newsletter 2006, Nr. 3.

o.V. Neue Hoffnungen auf IPOs (2005). Entry Standard oder AIM?, Verlagsgruppe Handelsblatt, Newsletter Nr. 11.

o.V. (2003). Deutsches Universalwörterbuch (5. überarb. Aufl.). digital, Mannheim.

o.V. (1999). Das große Wörterbuch der deutschen Sprache (Bd. 1, 3. Aufl.). Mannheim.

o.V. (2005). Gabler Wirtschaftslexikon (16. Aufl.). Wiesbaden.

o.V. (2003). Brockhaus Enzyklopädie.

o.V. Regelwerk für das Marktsegment M (2005). Access an der Börse, München, Stand 01. Juli 2005.

Olfert, K., & Reichel, C. (2005). *Finanzierung* (13. Aufl.). Ludwigshafen (Rhein): Kiehl Friedrich.

Paul, S., & Stein, S. (2002). *Rating, Basel II und die Unternehmensfinanzierung.* Köln: Bank.

Peemöller, V. H. (2005). *Controlling* (5. Aufl.). Herne: NWB.

Perridon, L., & Steiner, M. (2007). *Finanzwirtschaft der Unternehmung* (14. Aufl.). München: Vahlen.

Perridon L., Steiner M., & Rathgeber A. (2009). *Finanzwirtschaft der Unternehmung* (15. Aufl.). München: Vahlen.

Pick, Th., & Spreter, J. (2002). *Immobilien Manager.*

Poggensee, K. (2009). *Investitionsrechnung, Grundlagen – Aufgaben – Lösungen.* Wiesbaden: Gabler.

Pohl, M. (2011). Wirtschaftslexikon Gabler, http://wirtschaftslexikon.gabler.de/Archiv/895015/basel-iii-v2.html.

Poth L. G. (1986). *Marketing.* München: Vahlen.

Prätsch, J. (1986). *Langfristige Finanzplanung und Simulationsmodell.* Frankfurt a. M.: Lang.

Prätsch, J. (2004). Controlling – State of the Art und Perspektiven. In: Wollenberg (Hrsg.), *Taschenbuch der Betriebswirtschaft* (2. Aufl., S. 253 ff). Wien.

Priermeier, T., & Schubeck, T. (1999). *Am Neuen Markt verdienen: Erfolgsstrategien für die Superbörse.* Freiburg.

Raiser, Th., & Veil, R. (2006). *Recht der Kapitalgesellschaften* (4. Aufl.). München: Franz Vahlen.

Rams, A., & Remmen, J. (1999). Perspektiven der Venture-Finanzierung in Deutschland. *Die Bank, 11/1999,* 687 ff.

Regelwerk für das Marktsegment M (2011). Access an der Börse. München.

Reichmann, T. (2006). *Controlling mit Kennzahlen und Managementberichten* (7. Aufl.). München: Vahlen.

Reis, D. (1999). *Finanzmanagement in internationalen mittelständischen Unternehmen.* Wiesbaden: Gabler.

Reuter, A. (1993). Risikomanagement in Kreditinstituten – Frühwarnsysteme, Portfolio-Analyse, Rating. In: K. Juncker, E. Priewasser (Hrsg.), *Handbuch Firmenkundengeschäft* (S. 231 ff). Frankfurt a. M.

Reuter, A., & Wecker, C. (1999). *Projektfinanzierung*. Stuttgart: Schäffer Poeschel.

Richtsfeld, J. (1994). *In-House-Banking, Neue Erfolgsstrategien im Finanzmanagement internationaler Unternehmen*. Wiesbaden.

Riebell, C. (2001). *Die Praxis der Bilanzauswertung* (7. Aufl.). Stuttgart: Deutscher Sparkassen.

Roderich C., & Tümmel (2005). *Die Europäische Aktiengesellsacht (SE) Leitfaden für die Unternehmens- und Beratungspraxis* (1. Aufl.). Frankfurt a. M.: Verlag Recht und Wirtschaft.

Rödl, B., & Zinser, T. (2000). *Going Public: Gang mittelständischer Unternehmen an die Börse* (2. Aufl.). Frankfurt a. M.

Rüchard, B. (2010). Vor- und Nachteile der Änderungsvorschläge zu Basel III, www.vbw-bayern. de/agv/downloads/48270@agv/Information.

Rudolph, B. (1997). Grundlagen der Börsenorganisation aus ökonomischer Sicht. In: K. J. Hopt, B. Rudolph, & H. Baum (Hrsg.), *Börsenreform – Eine ökonomische, rechtsvergleichende und rechtspolitische Untersuchung* (S. 143–285). Stuttgart.

RWE AG (Hrsg.) (2009). Geschäftsbericht 2008/09, Essen.

Schäfer, H. (2002). *Unternehmensfinanzen, Grundzüge in Theorie und Management* (2. Aufl.). Heidelberg: Physica.

Scharpf, P. (200). Finanzrisiko. In: D. Dörner, P. Horváth, & H. Kagermann (Hrsg.), *Praxis des Risikomanagements*. Stuttgart.

Schierenbeck, H. (2000). *Grundzüge der Betriebswirtschaftslehre* (15. Aufl.). München: Oldenbourg.

Schierenbeck, H., & Lister, M. (1998). *Value Controlling. Grundlagen Wertorientierter Unternehmensführung*. München: Oldenbourg.

Schmid, U. (1998). Das Anspruchsgruppen-Konzept. *Das Wirtschaftsstudium*, S. 1062 ff.

Schmidt, R. H., & Terberger, E. (2006). *Grundzüge der Investitions- und Finanzierungstheorie* (Nachdruck der 4. Aufl.). Wiesbaden: Gabler.

Schulte, G. (1999). *Investition*. Stuttgart: Kohlhammer.

Schulte-Mattler, H. (2002). Basel II: Start der Quantitative Impact Study 3. *Die Bank*, 11/2002, 768 ff.

Schulte-Mattler, H., & Tysiak, W. (2002). Basel II: Neue IRB-Formel für den Mittelstand. *Die Bank* 12/2002, 836 ff.

Schumacher, C., Schwarze, S., & Lüke, S. (2001). *Investor Relations Management und Ad-hoc Publizität*. München.

Schwanfelder, W. (2000). *Aktien für Einsteiger: Schritt für Schritt zum Anlage-Erfolg* (5. Aufl.). Frankfurt a. M.

Schwarz, W. (2002). *Factoring* (4. Aufl.). Stuttgart.

Schwinn, R. (1996). *Betriebswirtschaftslehre* (2. Aufl.). München: Oldenbourg.

Seibert, H.-D. (1998). Vier-Stufen-Modell der Venture-Capital-Finanzierung. *Zeitschrift für das gesamte Kreditwesen*, 231 ff.

Skiera, B., & Pfaff, D. (2004). *Das Wirtschaftsstudium*, 11/2004, 1399 ff.

Spremann, K. (1996). *Wirtschaft, Investition und Finanzierung* (5. Aufl.). München.

Spreter, J. (2005). Der Immobilien-Brief, 87/2005, S. 11 f.

Sprink, J. (2000). *Finanzierung*. Stuttgart: Kohlhammer.

Stedler, H., & Peters, H. (2002). *Businsess Angels in Deutschland, Empirische Studie der FH Hannover im Auftrag der tbg Technologie-Beteiligungs- Gesellschaft mbH der Deutschen Ausgleichsbank*. Hannover.

Steiner, M., & Bruns, C. (2002). *Wertpapiermanagement* (8. Aufl.). Stuttgart: Schäffer-Poeschel.

Streuer, O. (2004). *Handbuch Investor Relations*. Wiesbaden.

Süchting, J. (1995). *Finanzmanagement, Theorie und Politik der Unternehmensfinanzierung* (6. Aufl.). Wiesbaden: Gabler.

Tietmeyer, H., & Rolfes, B. (Hrsg.) (2002). *Basel II – Das neue Aufsichtsrecht und seine Folgen, Beiträge des Duisburger Banken-Symposiums*. Wiesbaden.

Trossmann, E. (1998). *Investition*. Stuttgart: Lucius und Lucius.

Urbanek, P., & von Bismarck, J. (1997). Steuerfolgen bei Owner Buy-Out. in: *Handelsblatt* Nr. 79 vom 24.04.1997, o. S.

Vogel, H.-W. (2003). *Die Börse – Basiswissen für Einsteiger*. Stuttgart.

Van Lier, O. (2003). Das IKB-Partnerschaftsmodell – Ideen für den Mittelstand. *Die Bank, 7/2003*.

Von Hagen, J., & von Stein, J. H. (Hrsg.) (2000). *Obst/Hintner (Begr.), Geld-, Bank- und Börsenwesen* (40. Aufl.) Stuttgart: Carl Ernst Poeschel Verlag GmbH.

Wagner, K.-R. (1989). Mitarbeiterbeteiligung im Rahmen eines Buy-Out. *Kapitalanlagen (KaRS)*, S. 82 ff.

Wagner, K.-R. (1991). MBO und Mitarbeiterbeteiligung – zukünftige gemeinsame Finanzierungsform der Unternehmensfortführung? *Kapitalanlagen (KaRS)* S. 190 ff.

Wallisch, M. (2009). *Der informelle Beteiligungskapitalmarkt in Deutschland,; Rahmenbedingungen, Netzwerke und räumliche Investitionsmuster*. München.

Walz, H., & Gramlich, D. (1993). *Investitions- und Finanzplanung* (4. Aufl.). Heidelberg: Recht und Wirtschaft GmbH.

Walz, H., & Gramlich D. (2004). *Investitions- und Finanzplanung* (6. Aufl.). Heidelberg: Recht und Wirtschaft GmbH.

Weber, J. (1997). A never-ending story? *Controlling, 3/1997*, 180 ff.

Wehlen, E. (1998). Das Cash-Management im Konzern. In: M. Lutter, E. Scheffler, U. H. Schneider (Hrsg.), *Handbuch der Konzernfinanzierung* (S. 745 ff.). Köln.

Wieselhuber und Partner (o. J). Wertorientierte Unternehmensführung, München.

Wöhe, G., & Bilstein, J. (2002). *Grundzüge der Unternehmensfinanzierung* (9. Aufl.). München: Franz Vahlen.

Wöltje, J. (2002). *Investitions- und Finanzmanagement, Eine praxisorientierte Einführung*. Trosidorf: Fortis.

Zangemeister, C. (1976). *Nutzwertanalyse in der Systemtechnik*. München: Wittemannsche Buchhandlung.

Sachwortverzeichnis

Printed in Poland
by Amazon Fulfillment
Poland Sp. z o.o., Wrocław